U0346723

环境应急管理工作指南

HUANJING YINGJI GUANLI
GONGZUO ZHINAN

梁 佳 刘 佳 薛丽洋 等 / 著

中国环境出版集团·北京

图书在版编目（CIP）数据

环境应急管理工作指南 / 梁佳等著. -- 北京：中
国环境出版集团, 2022.12
ISBN 978-7-5111-5200-8

Ⅰ.①环… Ⅱ.①梁… Ⅲ.①环境污染事故—应急对
策—指南 Ⅳ.①X507-62

中国版本图书馆CIP数据核字(2022)第118604号

出 版 人　武德凯
责任编辑　曹　玮
装帧设计　岳　帅

出版发行　中国环境出版集团
　　　　　（100062 北京市东城区广渠门内大街16号）
　　　　　网　　　址：http://www.cesp.com.cn
　　　　　电子邮箱：bjgl@cesp.com.cn
　　　　　联系电话：010-67112765（编辑管理部）
　　　　　发行热线：010-67125803　010-67113405（传真）
印　　刷　北京中科印刷有限公司
经　　销　各地新华书店
版　　次　2022年12月第1版
印　　次　2022年12月第1次印刷
开　　本　787×1092　1/16
印　　张　46.25
字　　数　900千字
定　　价　228.00元

著作委员会

前　言

　　党的十八大以来，以习近平同志为核心的党中央站在实现中华民族永续发展的战略高度，把生态文明建设作为统筹推进"五位一体"总体布局和协调推进"四个全面"战略布局的重要内容，开展了一系列根本性、开创性、长远性工作，推动我国生态环境保护发生历史性、转折性、全局性变化。环境就是民生，青山就是美丽，蓝天也是幸福。随着我国社会生产力水平的明显提高和人民生活的显著改善，人民群众期盼更优美的生态环境。因此，必须坚持以人民为中心的发展思想，深入打好污染防治攻坚战，以满足人民日益增长的优美生态环境的新期待，提升人民群众的获得感、幸福感和安全感。

　　生态文明建设需要生态环境安全提供底线保障，健全风险防范化解机制，坚持从源头防范化解重大环境风险，真正把问题解决在萌芽之时，这是各级生态环境管理部门应尽的责任。生态环境安全关乎党的使命宗旨，是重大政治问题，也是关系民生的重大社会问题。当前，我国多省份生态文明建设正处于压力叠加、负重前行的关键时期，依然面临复杂严峻的环境风险形势，各类重大突发环境事件次生环境影响至今仍历历在目，发人深省！一方面，突发环境事件易发、多发；另一方面，各类事故隐患和安全生产风险交织叠加、易发多发，影响公共安全的因素日益增多，环境应急管理体系和能力仍存在短板。在推进环境治理体系和治理能力现代化的大背景下，如何扬优势、固根基、补短板、堵漏洞，建构起与经济社会发展相适应的应急处置体系，是实现环境治理能力现代化的一项紧迫任务，也是一项长期任务。

"明者防祸于未萌，智者图患于将来"。预防是最佳的处置，应急管理关键是关口前移、重心下移。作者立足当前，着眼长远，从近年环境应急管理工作以及历次突发环境事件应急处置工作中总结经验与教训，强化应急技术支撑作用，最终探索形成《环境应急管理工作指南》。本书正文部分包括8章内容，其中梁佳编写了第3章突发环境事件风险评估、第5章环境应急演练、第6章突发环境事件应对，共计21万字；刘佳编写了第1章概述、第2章环境风险隐患排查、督查，共计13万字；魏斌编写了第4章突发环境事件应急预案管理、第7章事故调查与处理、第8章档案管理，共计10万字；薛丽洋编写了附录（一）（二）（三）部分，共计22万字；王亚变主编了附录（四）（五）（六）部分，共计20万字。兰州交通大学李杰教授、生态环境部南京环境科学研究所李子处长提供了大力支持。全书由梁佳统稿。

生态环境应急工作者承担着防范化解重大环境风险、及时应对处置各类突发环境事件的重要职责，担负着维护环境质量、守护生态环境安全的重要使命，希望本书能够推进环境应急管理标准化、程序化、科学化、专业化、智能化、精细化水平，为护航我国生态安全发挥积极作用，为经济社会持续健康发展提供坚强保障。

目　录

第1章 概述

    "十三五"期间全国共发生突发环境事件1 361起，其中重大突发环境事件8起，较大突发环境事件28起，环境应急管理面临严峻挑战。做好环境应急管理工作，有效防范和妥善应对突发环境事件，减少突发环境事件的危害，对于深入贯彻落实总体国家安全观、保障人民群众生命财产和环境安全、促进经济社会又好又快发展、维护社会和谐稳定具有非常重要的现实意义。

    本章从突发环境事件应急全过程管理的角度，介绍了生态环境应急管理的意义，以"事前预防—应急准备—应急响应—事后管理"全过程管理为主线介绍了基本概念及工作原则，介绍了生态环境应急管理"一案三制"的主要内容，梳理了法律法规中关于各个责任主体在生态环境应急管理中的法定职责。旨在为本书后续章节提供充分的理论支撑，为初次接触突发环境事件及从事环境应急处置的工作人员、学者提供一个较为具体的概念轮廓。

1.1 生态环境应急管理的意义

    改革开放四十余年，我国经济社会取得了举世瞩目的发展，中华民族在世界民族之林中的地位已经举足轻重，中国人民已经奠定了实现民族伟大复兴宏伟目标的基础。然而，中国在用四十余年时间追赶西方发达国家两百余年实现工业化与现代化的发展过程中，也集约地使用了环境资源，所产生的环境问题显现出聚集性、复合性、压缩性、反复性与突发性。其中近十年来的突发环境事件，反映了我国一些地区经济增长方式与环境资源管理之间还存在不同程度的矛盾，生态环境安全问题逐渐凸显。生态环境安全是国家安全重要的基础性组成部分，是经济社会持续健康发展的重要保障。因此，不断强化环境应急管理工作是保障环境安全、维护大局稳定、协同推进经济社会高质量发展与生态环境高水平保护的坚强保障。

1.1.1　强化环境应急管理是生态文明建设的重要保障

加强生态环境应急管理，是落实习近平生态文明思想的必然要求，是全面履行环境综合管理职能的应有之义。党中央、国务院高度重视生态环境安全，党的十八大以来，采取了一系列重大措施，生态环境安全治理体系逐步健全，治理能力显著提升。习近平总书记提出"四个全面"战略布局，强调牢固树立和贯彻落实"五大发展理念"，深刻回答了新形势下党和国家事业发展的一系列重大理论和现实问题。特别是提出坚持"绿水青山就是金山银山"理念和绿色发展理念、深化生态文明体制改革、尽快建立生态文明制度的"四梁八柱"等重要论述，旗帜鲜明地指出绿色发展就是生态环境工作服务经济发展的最终目标。习近平总书记还指出，"要牢固树立生态红线的观念。在生态环境保护问题上，就是要不能越雷池一步，否则就应该受到惩罚"。时任生态环境部部长李干杰在 2020 年全国生态环境保护工作会议上的讲话中指出："增强忧患意识，有效防范化解生态环境风险。突发环境事件风险以及环境问题引发的社会风险是生态环境领域的'黑天鹅'和'灰犀牛'。必须坚持底线思维，下好先手棋、打好主动仗，做好生态环境风险防范化解工作，坚决守住环境安全底线，为全面建成小康社会提供良好的环境安全保障。"随着生态文明建设逐步推进，人民群众对打赢打好污染防治攻坚战、改善环境质量的期望值越来越高，守好环境安全底线、预防和减少突发环境事件发生的重要性越来越凸显。目前，经济转型进入换挡期，环境安全形势进入高风险期，这其中有的是环境自身的问题，有的是衍生出来的问题，区域性、布局性、结构性环境风险更加突出，环境事故呈高发频发态势。2015 年以来，我国相继发生的福建漳州古雷石化（PX）项目爆炸、天津港"8·12"特别重大火灾爆炸事故、黑龙江省伊春市伊春鹿鸣矿业有限公司尾矿库泄漏等一系列重特大安全生产事故表明，长期以来粗放式发展的负面影响开始显现。因此，必须始终牢记环境安全意识，环境安全防线不能有一丝一毫放松。

1.1.2　抓实环境应急管理是各级生态环境部门的底线性工作任务

中央生态文明体制改革"1+6"方案、《中华人民共和国环境保护法》（2014 修订）施行和《大气污染防治行动计划》《水污染防治行动计划》《土壤污染防治行动计划》等系列配套举措的出台实施，进一步把生态文明体制改革的决策部署转化为落实生态环境保护的设计图和路线图，战略部署更加清晰。2015 年《环境保护督察方案（试行）》实施后，2016 年 11—12 月第二批中央环保督察组进驻甘肃、北京、上海、湖北、广东、重庆和陕西 7 个省（市），督察的内容从"督企"到"督政"，力度、强度和广度前所未有。可见，中央抓环保的决心深入人心，社会公众全方位关注、参与生态环境保护和各级党委、政府及有关部门主动作为的大环保格局正在形成。

但是，伴随经济社会的长期高速发展，由布局性、结构性、区域性导致的生态环境安全问题在短时期内仍难以得到根本化解，而快速工业化、城镇化带来的新的安全风险又不断显现，我国生态环境安全仍面临许多重大问题，突出表现为突发性和累积性环境风险事件高发且影响大，水、大气、土壤环境安全形势严峻，生态环境带来的社会影响日益凸显。加强环境应急管理工作，作为守住生态环境保护底线的重要环节，是政府履行社会管理和公共服务职能的一项重要内容和重要职责。

1.1.3　做好环境应急管理工作是以人为本、增进民生福祉的重要体现

近年来，随着生态文明建设的持续深入，人民群众要求改善环境质量、提高生活水平的呼声越来越高。全国生态环境保护大会胜利召开，确立了习近平生态文明思想，我国从新的历史起点出发，做出"大力推进生态文明建设"的战略决策。习近平总书记在 2019 年全国两会上指出："解决好人民群众反映强烈的突出环境问题，既是改善环境民生的迫切需要，也是加强生态文明建设的当务之急。"为人民群众谋福祉，保障人民群众的利益不受侵害、不受损失，是各级生态环境部门义不容辞的责任。作为全国"大应急"的一分子，能否科学稳妥化解环境危机，是考验各级政府稳定社会、落实总体国家安全观的执政能力的重要表现。因此，进一步强化自身能力建设、建立完善的预警体系和高效的应急机制、保护环境和减少突发环境事件给人民群众生命财产造成重大损失是生态环境工作的重中之重。

1.2　基本概念及工作原则

环境应急管理主要包括常态管理和非常态管理，根据突发环境事件的特点和实际，环境应急管理应强调对潜在突发环境事件实施事前、事中、事后的管理，也可以分为预防、准备、响应和恢复四个阶段。这四个阶段并没有严格的界限，预防与应急准备、监测与预警、应急处置与救援、事后恢复与重建等应急管理活动贯穿于每个阶段之中，每个环节的任务各不相同又密切相关，共同构成环境应急管理工作动态的循环改进过程。

1.2.1　预防阶段

预防是指为减少和降低环境风险，避免突发环境事件发生而实施的各项措施，主要包括建设项目环境风险评估、环境风险源的识别评估与监控、环境风险隐患排查监管、预测与预警等内容。它有两层含义：一是突发环境事件的预防工作，即通过管理和技术手段，尽可能地防止突发环境事件的发生；二是在假定突发环境事件必然发生的前提下，通过预先采取一定的预防措施，降低或减缓突发环境事件造成的影响或后果。

建设项目环境风险评估是指针对建设项目建设和运行期间发生的可预测突发性事件或事故（一般不包括人为破坏及自然灾害）引起有毒有害、易燃易爆等物质泄漏，或突发事件产生的新的有毒有害物质所造成的对人身安全与环境的影响和损害进行评估，提出防范、应急与减缓措施。

环境风险源的识别评估与监控是指在识别风险源的基础上，进一步对风险源的危险性进行分级，从而有针对性地对重大或特大的风险源加强监控和预警。环境风险源的监控是指在风险源识别与分级的基础上，对环境风险源进行监控及动态管理，特别要对重大风险源进行实时监控。

环境风险隐患排查监管是指生态环境部门为及时发现并消除隐患，减少或防止突发环境事件发生，根据环保法律法规以及环境应急管理等制度的规定，督促生产经营单位（企业）就其可能导致突发环境事件发生的物质的危险状态、人的不安全行为和管理上的缺陷进行的监督检查行为。

预测与预警是指通过对预警对象和范围、预警指标、预警信息进行分析研究，及时发现和识别潜在的或现实的突发环境事件因素，评估预测即将发生突发环境事件的严重程度并决定是否发出预警，以便及时采取相应的预防措施，减少突发环境事件的发生或减轻其破坏程度，从而实现防患于未然的目的。

此外，加强公众环境应急知识的普及和教育，提高公众突发环境事件的预防意识及预防能力，加强突发环境事件事前预防的理论研究与科技研发等也是事前预防的重要内容。

1.2.2　准备阶段

应急准备是指为提高对突发环境事件快速、高效的反应能力，防止突发环境事件升级或扩大，最大限度地减小事件造成的损失和影响，针对可能发生的突发环境事件而预先进行的组织准备和应急保障。

组织准备主要是指根据可能发生突发环境事件的类型和区域,对应急机构职责、人员、技术、装备、设施(备)、物资、救援行动及其指挥与协调等方面预先有针对性地做好组织、部署。一般来说,组织准备主要通过编制应急预案并进行必要的演练来实现。应急预案是指针对可能发生的突发环境事件,为确保迅速、有序、高效地开展应急处置,减少人员伤亡和经济损失而预先制定的计划或方案。

应急保障主要是指为确保环境应急管理工作正常开展,突发环境事件得到有效预防及妥善处置,人民群众生命财产和环境安全得到充分维护所需的各项保障措施,主要包括政策法律保障、组织管理保障、应急资源保障三大要素。政策法律保障指的是建立完善的环境应急法制体系;组织管理保障指的是建立专 / 兼职的环境应急管理机构并确保一定数量的人员编制;应急资源保障具体包括人力资源保障、装备资源保障、物资资源保障等。

此外,环境应急宣传教育培训、应急处置技术和设备的开发等工作也是应急准备的重要内容之一。

1.2.3　响应阶段

应急响应是指突发环境事件发生后,为遏制或消除正在发生的突发环境事件,控制或减缓其造成的危害和影响,最大限度地保护人民群众的生命财产和环境安全,根据事先制定的应急预案,采取的一系列有效措施和应急行动,具体包括事件报告、分级响应、预警、通报、信息发布、应急疏散、应急控制、应急终止等环节及要素。

事件报告是指突发环境事件发生后,法定的事件报告义务主体依照法定权限及程序及时向上级政府或部门报告事件信息的行为。

分级响应是指根据突发环境事件的类型,对照突发环境事件的应急响应分级,启动相应的分级响应程序。

预警是指为确保突发环境事件波及地区的公众及时做出自我防护响应,而采取的告知突发环境事件性质、对健康的影响、自我保护措施以及其他注意事项等信息的行为。

通报是指突发环境事件发生后,承担法定通报义务的政府部门及时向毗邻和可能波及地区的相关部门、所在区域的其他政府部门通报突发环境事件情况的行为。

信息发布是指突发环境事件发生后,行政机关或被授权组织依照法定程序,及时、准确、有效地向社会公众发布突发环境事件情况、应对活动状态等方面信息的行为或过程。

应急疏散是指在突发环境事件发生后，为尽量减少人员伤亡，将安全受到威胁的公众紧急转移到安全地带的环境应急管理措施。

应急控制是指突发环境事件发生后，为尽快消除险情，防止突发环境事件扩大和升级，尽量减少事件造成的损失而采取各种处理处置措施的过程，包括警戒与治安、人员安全防护与救护、现场处置等内容。

应急终止是指应急指挥机构根据突发环境事件的处置及控制情况，宣布终止应急响应状态。

应急响应是应对突发事件的关键阶段和实战阶段，考验着政府和企业的应急处置能力，尤其需要解决好以下几个问题：一是要提高快速反应能力。反应速度越快，意味着越能减少损失。经验表明，建立统一的指挥中心或系统将有助于提高快速反应能力。二是应对突发环境事件，特别是重大、特别重大突发环境事件，需要政府具有较强的组织动员和协调能力，使各方面的力量都参与进来，相互协作，共同应对。三是要为一线救援、处置人员配备必要的防护装备和处置技术装备，以提高危险状态下的应急处置能力，并保护好一线工作人员。

1.2.4　恢复阶段

恢复是指突发环境事件的影响得到初步控制后，为使生产、工作、生活和生态环境尽快恢复到正常状态进行的各种善后工作。应急恢复应在突发环境事件发生后立即进行，首先应使突发环境事件影响区域恢复到相对安全的基本状态，再逐步恢复到正常状态。

要求立即进行的恢复工作包括评估突发环境事件损失、进行原因调查、清理事发现场、提供赔偿等。在短期恢复工作中，应注意避免出现新的紧急情况。

突发环境事件环境影响评估包括现状评估和预测评估。现状评估是分析事件对环境已经造成的污染或生态破坏的危害程度；预测评估是分析事件可能会造成的中长期环境污染和生态破坏的后果，并提出必要的保护措施。

损害价值评估是指对事件造成的危害后果进行经济价值损失评估，便于统计和报告损失情况，并为后续生态补偿、人身财产赔偿做准备。

补偿赔偿是指由事件责任方或由国家对受损失的人群加以经济补偿、赔偿，是体现社会公平、维护社会稳定的重要环节。

应急回顾评估是指对事件应急响应的各个环节存在的问题和不足进行分析，总结经验教训，为改进今后的事件应急工作提供依据，同时为对事件应急工作中各方的表现进行奖惩提供依据。

长期恢复包括重建被毁设施、开展生态环境修复工程、重新规划和建设受影响区域等。环境恢复是指对已经造成的危害或损失采取必要的控制发展和补救措施，对可能造成的中长期环境污染和生态破坏采取必要的预防措施以减少危害程度，在长期恢复工作中，应汲取突发环境事件和应急处置的经验教训，开展进一步的突发环境事件预防工作。

1.3　主要内容

应急管理体系是指应对突发事件时的组织、制度、行为、资源等相关应急要素及要素间关系的总和。环境应急管理体系是指在政府领导下，以法律为准绳，全面整合各种资源，制定科学规范的应急机制和应急预案，建立以政府为核心、全社会共同参与的组织网络，预防和应对各类突发环境事件，保障公众生命财产和环境安全，保证社会秩序正常运转的工作系统。

中国环境应急管理体系以"事前预防—应急准备—应急响应—事后管理"四个阶段的全过程管理为主线，围绕应急预案建设、应急管理体制建设、应急管理机制建设、应急管理法制建设，构建起了"一案三制"的核心框架，该体系包括风险防控、应急预案、指挥协调、恢复评估四大核心要素，以及政策法律、组织管理、应急资源三大保障要素相互联系、相互作用，共同形成一个有机整体，是一个不断发展的开放体系。

1.3.1　预案建设

预案建设是环境应急管理的龙头，是"一案三制"的起点。预案具有应急规划、纲领和指南的作用，是应急理念的载体，是应急行动的宣传书、动员令、冲锋号，是应急管理部门实施应急教育、预防、引导、操作等多方面工作的有力抓手。制定预案是依据宪法及有关法律、行政法规，把应对突发事件的成功做法规范化、制度化，明确今后如何预防和处置突发环境事件。实质上是把非常态事件中的隐性的常态因素显性化，也就是对历史经验中带有规律性的做法进行总结、概括和提炼，形成有约束力的制度性条文。启动和执行应急预案，就是将制度化的内在规定性转为实践中的外化的确定性。预案为突发环境事件中的应急指挥和处置、救援人员在紧急情况下行使权力、实施行动的方式和重点提供了导向，以降低因突发环境事件的不确定性而失去对关键时机、关键环节的把握或浪费资源的概率。

科学的环境应急预案体系应包括国家级应急预案、行业应急预案、各级政府管理应急预案、相关部门应急预案和企业应急预案，预案体系横向到边、纵向到底，符合综合化、系统化、专业化和协同化要求，预案之间相互衔接、统一协调、综合配套，发挥整体效用。

科学的环境应急预案应具备"准""活"的特点。所谓"准"就是根据事件发生、发展和演变规律，针对本地区、本部门、本企业环境风险隐患和薄弱环节，科学制定和实施预案，实现预案的管用、扼要、可操作；所谓"活"就是在认真总结经验教训的基础上，根据地区产业结构和布局的变动、行业技术和替代品的发展、企业作业条件与环境的变迁等，适时修订完善，实现动态管理。

1.3.2　体制建设

应急管理体制主要包括应急指挥机构、社会动员体系、领导责任制度、专业处置队伍和专家咨询队伍等。

我国应急管理体制按照"统一领导、综合协调、分类管理、分级负责、属地管理为主"的原则建立。从机构和制度建设看，既有中央级的非常设应急指挥机构和常设办事机构，又有地方政府对应的各级指挥机构，并建立了一系列应急管理制度。从职能配置看，应急管理机构在法律意义上明确了在常态下编制规划和预案、统筹推进建设、配置各种资源、组织开展演练、排查风险源的职能，规定了在突发事件中采取措施、实施步骤的权限。从人员配备看，既有负责日常管理的从中央到地方的各级行政人员和专职救援、处置的队伍，又有高校和科研单位的专家。我国环境应急管理的组织体系由应急领导机构、综合协调机构、有关类别环境事件专业指挥机构、应急支持保障部门、专家咨询机构、地方各级人民政府突发环境事件应急领导机构和应急处置队伍组成。

1.3.3　机制建设

应急管理机制是行政管理组织为保证环境应急管理全过程有效运转而建立的机理性制度。应急管理机制是为积极发挥体制作用服务的，同时又与体制有着相辅相成的关系，建立"统一指挥、反应灵敏、功能齐全、协调有力、运转高效"的应急管理机制，既可以促进应急管理体制的健全和有效运转，又可以弥补体制存在的不足。经过几年的努力，我国初步建立了环境风险预测预警机制、环境应急预案动态管理机制、环境应急响应机制、信息通报机制、部门联动工作机制、企业应急联动机制、环境应急修复机制、环境损害评估机制等。我国在培育应急管理机制时，重视应急管理工作平台建设。国务院制定了"十一五"期间应急平台建设规划并启动了这一工程，其中，公共安全监测监控、预测预警、指挥决策与处置等核心技术难关已经基本攻克，统一指挥、功能齐全、先进可靠、反应灵敏、实用高效的国家公共安全应急体系技术平台正在加快建设步伐，为构建一体化、准确、快速应急决策指挥和工作系统提供支撑和保障。环境应急管理机制有以下几个类型。

1.3.3.1　环境风险预测预警机制

加强国内外突发环境事件信息收集整理、研究，按照"早发现、早报告、早处置"的原则，开展对国内外环境信息、自然灾害预警信息、常规环境监测数据、辐射环境监测数据的综合分析、风险评估工作，包括对发生在境外、有可能对我国造成环境影响事件信息的收集与传报。开展环境安全风险隐患排查监管工作，加强环境风险隐患动态管理，加强日常环境监测，及时掌握重点流域、敏感地区的环境变化，根据地区、季节特点有针对性地开展环境事件防范工作。

1.3.3.2　环境应急预案动态管理机制

进一步完善突发环境事件应急预案体系，指导社区、企业层面全面开展突发环境事件应急预案的编制工作，提高预案的实效性、针对性和可操作性，制定分行业、分类别的环境应急预案编制指南，规范预案编制、内容、修订、评估、备案和演练等。

1.3.3.3　环境应急响应机制

按照"统一领导、分类管理、分级负责、条块结合、属地管理为主"的原则，建立分级响应机制。事发地人民政府接到事件报告后，要立即启动本级突发环境事件应急预案，组织有关部门进行先期处置。出现本级政府无法应对的突发环境事件时，应当马上请求上级政府直接管理。"属地管理为主"不排除上级政府及其有关部门对其工作的指导，也不能免除发生地其他部门的协同义务。

1.3.3.4　信息通报机制

突发环境事件已经或者可能涉及相邻行政区域的，事件发生地生态环境主管部门应当及时通报相邻区域同级人民政府生态环境主管部门，并向本级人民政府提出向相邻区域人民政府通报的建议，使其能及时采取必要的防控和监控措施。接到通报的生态环境主管部门应当及时调查了解情况，并按照《突发环境事件信息报告办法》的规定报告突发环境事件信息。必要时，生态环境部可直接通报受影响或可能波及的省（区、市）生态环境部门。

1.3.3.5　部门联动工作机制

各级政府建设综合性、常设的、专司环境应急事务的协调指挥机构，采用统一接警，分级、分类出警的运行模式。公安、应急、卫生、生态环境、质监、水利、自然资源、气象等部门加强横向联系，毗邻省（区、市），特别是流域上下游相邻地区建立信息通报、应急联动等工作机制。

1.3.3.6　企业应急联动机制

建立各级人民政府与企业、企业与企业、企业与关联单位之间的应急联动机制，形成统一指挥、相互支持、密切配合、协同应对各类突发公共事件的合力，协调有序地开展环境应急工作。

1.3.3.7　环境应急修复机制

环境应急修复机制是指环境事件发生后，政府及有关部门采取的应急处置措施，控制和减少环境污染损害，包括水环境应急修复、大气环境应急修复、土壤环境应急修复、固体废物转移和安全处置等。

1.3.3.8　环境损害评估机制

环境损害评估包括直接经济损失评估和间接经济损失评估等。环境损害评估涉及多个政府部门，例如，农业部门负责农作物、渔业损失的评估，林业部门负责林业损失的评估，卫生部门负责人员救治的评估等。

1.3.4　法制建设

法律手段是应对突发环境事件最基本、最主要的手段。应急管理法制建设就是依法开展应急工作，使突发事件的处置走向规范化、制度化和法制化轨道，使政府和公民在应对突发事件中明确权利、义务，使政府得到高度授权，维护国家利益和公共利益，使公民基本权益得到最大限度的保护。

目前，我国应急管理法律体系基本形成，主要体现在《中华人民共和国宪法》《中华人民共和国突发事件应对法》中。在宪法规定的指导下，我国的综合性生态环境保护法律、环境污染防治单行法律、生态破坏防治与自然资源保护单行法律对突发环境事件的应急处理分别作出了综合性和专门的法律规定，这些具体规定将在后文列出。

1.4　法定职责

2007 年 11 月 1 日正式施行的《中华人民共和国突发事件应对法》是我国第一部立足应急管理的专项法律。该法对政府部门以及有关单位的应急管理职责作出了界定。《中华人民共和国突发事件应对法》第七条规定，"县级人民政府对本行政区域内突发事件的应对工作负责……法律、行政法规规定由国务院有关部门对突发事件的应对工作负责的，从其规定；地方人民政府应当积极配合并提供必要的支持。"第二十二条规定，"所有单位应当建立健全安全管理制度，定期检查本单位各项安全防范措施的落实情况，及时消除事故隐患；掌握并及时处理本单位存在的可能引发社会安全事件的问题，防止矛盾激化和事态扩大；对本单位可能发生的突发事件和采取安全防范措施的情况，应当按照规定及时向所在地人民政府或者人民政府有关部门报告。"尤其强调了地方各级政府及有关单位的管理责任。事实上，在突发环境事件风险防范、应急准备、应急处置以及事后调查阶段，政府各部门、事发企业事业单位、社会公众以及新闻媒体都参与其中，并发挥着不同的责任及作用。因此，理顺和落实环境应急管理中的各方职责，是完善环境应急管理责任体系的基础。

在环境应急管理工作中，要切实执行"省级督办、地方监管、企业负责"的制度。各级政府是环境应急管理的责任主体；环境保护及有关职能部门是环境应急管理的组织实施主体；企业是环境应急管理的第一道防线；社会公众既是权益主体，又是重要的参与者和监督者。

1.4.1　环境应急管理相关责任

1.4.1.1　地方政府的管理责任

常态下政府的环境应急管理职责。目前我国大部分省（区、市）均成立了应急办，并建立了比较畅通的信息调度渠道，初步形成了综合协调的能力和基础。但由于客观因素，各部门在应对部分突发环境事件时，仍然会有职责不清从而导致推诿扯皮的现象。在这种情况下，政府部门的综合协调能力还有待加强。

《中华人民共和国突发事件应对法》第八条规定："国务院在总理领导下研究、决定和部署特别重大突发事件的应对工作；根据实际需要，设立国家突发事件应急指挥机构，负责突发事件应对工作；必要时，国务院可以派出工作组指导有关工作。县级以上地方各级人民政府设立由本级人民政府主要负责人、相关部门负责人、驻当地中国人民解放军和中国人民武装警察部队有关负责人组成的突发事件应急指挥机构，统一领导、协调本级人民政府各有关部门和下级人民政府开展突发事件应对工作；根据实际需要，设立相关类别突发事件应急指挥机构，组织、协调、指挥突发事件应对工作。上级人民政府主管部门应当在各自职责范围内，指导、协助下级人民政府及其相应部门做好有关突发事件的应对工作。"

1.4.1.2　企业的主体责任

根据 2015 年 6 月 5 日施行的《突发环境事件应急管理办法》（环境保护部令　第 34 号），企业是环境应急管理的第一责任主体，并在突发环境事件的事前、事中、事后三个阶段承担着十个方面的主要责任，即在日常管理方面，企业事业单位应当开展突发环境事件风险评估、健全突发环境事件风险防控措施、排查治理环境安全隐患、制定突发环境事件应急预案并备案演练、加强环境应急能力保障建设；在事件应对方面，企业事业单位应立即采取有效措施处理、及时通报可能受到危害的单位和居民、并向所在地生态环境主管部门报告、接受调查处理、并对所造成的损害依法承担责任。

1.4.1.3　市场的服务与引导责任

我国基层生态环境部门"既当家长、又当老师"的现象普遍存在。尤其是在环境应急管理方面，企业对于环境风险管理、风险排查、预案编制等要求知之甚少，相应的技术服务市场又相对欠缺，第三方技术机构的服务与引导作用没有得到有效发挥。生态环境部门政策执行和技术保障的双重身份在短时间内难以得到拔离。

1.4.1.4　公众的监督责任

在当前媒体形式多样化的形势下，各类媒体与公众对于突发环境事件的关注度越来越高，充分发挥公众的监督管理责任能够在事前、事中以及事后加强各个层面的环境应急管理水平。其中，公众参与、信息公开是国外加强环境应急管理的一种重要手段。目前，我国这一体系的建设尚处起步阶段，公众参与度有待大幅提高。

1.4.2　政府职责及政策依据

各级人民政府及其有关部门，应当依照《中华人民共和国突发事件应对法》的规定，做好突发环境事件的风险控制、应急准备、应急处置和事后恢复等工作，并负有以下法律责任。主要依据如下：

1.4.2.1　环境风险

（1）环境风险评估

1）《国务院关于加强环境保护重点工作的意见》

2011 年 10 月 17 日，《国务院关于加强环境保护重点工作的意见》（国发〔2011〕35 号）在第一部分"（四）有效防范环境风险和妥善处置突发环境事件。"中提出，开展重点流域、区域环境与健康调查研究。在"（六）严格化学品环境管理。"中提出，把环境风险评估作为危险化学品项目评估的重要内容，提高化学品生产的环境准入条件和建设标准。

2）《突发事件应急预案管理办法》

2013 年 11 月 25 日，《突发事件应急预案管理办法》（国办发〔2013〕101 号）第十五条中规定，编制应急预案应当在开展风险评估和应急资源调查的基础上进行。

3）《企业事业单位突发环境事件应急预案备案管理办法（试行）》

2015 年 1 月 8 日，《企业事业单位突发环境事件应急预案备案管理办法（试行）》（环发〔2015〕4 号）："第六条　县级以上地方生态环境主管部门可以参照有关突发环境事件风险评估标准或指导性技术文件，结合实际指导企业确定其突发环境事件风险等级。"

4）《中共中央　国务院关于加快推进生态文明建设的意见》

2015 年 4 月 25 日，《中共中央　国务院关于加快推进生态文明建设的意见》"（二十七）加强统计监测。"中提出，提高环境风险防控和突发环境事件应急能力，健全环境与健康调查、监测和风险评估制度。

（2）环境风险隐患排查检查

1）《国务院关于加强环境保护重点工作的意见》

2011 年 10 月 17 日，《国务院关于加强环境保护重点工作的意见》（国发〔2011〕35 号）在第一部分"（六）严格化学品环境管理。"中提出，对化学品生产经营企业进行环境隐患排查，强化安全保障措施。

2）《突发环境事件应急管理办法》

2015 年 6 月 5 日，《突发环境事件应急管理办法》（环境保护部令　第 34 号）第九条中规定，企业事业单位应当按照环境保护主管部门的有关要求和技术规范，完善突发环境事件风险防控措施。"第十二条　县级以上地方环境保护主管部门应当对企业事业单位环境风险防范和环境安全隐患排查治理工作进行抽查或者突击检查，将存在重大环境安全隐患且整治不力的企业信息纳入社会诚信档案，并可以通报行业主管部门、投资主管部门、证券监督管理机构以及有关金融机构。"

（3）环境应急联动机制建设

2015年6月5日，《突发环境事件应急管理办法》（环境保护部令　第34号）："第五条　县级以上地方环境保护主管部门应当按照本级人民政府的要求，会同有关部门建立健全突发环境事件应急联动机制，加强突发环境事件应急管理。相邻区域地方环境保护主管部门应当开展跨行政区域的突发环境事件应急合作，共同防范、互通信息，协力应对突发环境事件。"

1.4.2.2　应急准备

（1）环境应急预案备案管理

1）《中华人民共和国水污染防治法》

2017年6月27日，《中华人民共和国水污染防治法》（主席令　第70号）第七十九条中规定，市、县级人民政府应当组织编制饮用水安全突发事件应急预案。饮用水供水单位应当根据所在地饮用水安全突发事件应急预案，制定相应的突发事件应急方案，报所在地市、县级人民政府备案，并定期进行演练。

2）《中华人民共和国固体废物污染环境防治法》

2020年9月1日，《中华人民共和国固体废物污染环境防治法》（主席令　第43号）："第八十五条　产生、收集、贮存、运输、利用、处置危险废物的单位，应当依法制定意外事故的防范措施和应急预案，并向所在地生态环境主管部门和其他负有固体废物污染环境防治监督管理职责的部门备案；生态环境主管部门和其他负有固体废物污染环境防治监督管理职责的部门应当进行检查。"

3）《突发环境事件应急预案管理暂行办法》

2010年9月28日，《突发环境事件应急预案管理暂行办法》（环发〔2010〕113号）："第五条　县级以上人民政府环境保护主管部门应当根据有关法律、法规、规章和相关应急预案，按照相应的环境应急预案编制指南，结合本地区的实际情况，编制环境应急预案，由本部门主要负责人批准后发布实施。县级以上人民政府环境保护主管部门应当结合本地区实际情况，编制国家法定节假日、国家重大活动期间的环境应急预案。"

4）《集中式地表饮用水水源地环境应急管理工作指南（试行）》

2011年7月29日，《集中式地表饮用水水源地环境应急管理工作指南（试行）》（环办〔2011〕93号）："环境保护部门应建议政府完善水源地应急预案体系。水源地应急预案体系应包括政府总体应急预案、饮用水突发环境事件应急预案、环保

（水务、卫生等）部门突发环境事件应急预案、风险源突发环境事件应急预案、连接水体防控工程技术方案、水源地应急监测方案等。"

5）《国务院关于加强环境保护重点工作的意见》

2011 年 10 月 17 日，《国务院关于加强环境保护重点工作的意见》（国发〔2011〕35 号）："制定切实可行的环境应急预案，配备必要的应急救援物资和装备，加强环境应急管理、技术支持和处置救援队伍建设，定期组织培训和演练。"

6）《突发事件应急预案管理办法》

2013 年 11 月 25 日，《突发事件应急预案管理办法》（国办发〔2013〕101 号）："应急预案按照制定主体划分，分为政府及其部门应急预案、单位和基层组织应急预案两大类。"

7）《企业事业单位突发环境事件应急预案备案管理办法（试行）》

2015 年 1 月 8 日，《企业事业单位突发环境事件应急预案备案管理办法（试行）》（环发〔2015〕4 号）："第十三条　受理部门应当将环境应急预案备案的依据、程序、期限以及需要提供的文件目录、备案文件范例等在其办公场所或网站公示。""第二十条　县级以上地方环境保护主管部门应当及时将备案的环境应急预案汇总、整理、归档，建立环境应急预案数据库，并将其作为制定政府和部门环境应急预案的重要基础。""第二十一条　县级以上环境保护主管部门应当对备案的环境应急预案进行抽查，指导企业持续改进环境应急预案。县级以上环境保护主管部门抽查企业环境应急预案，可以采取档案检查、实地核查等方式。抽查可以委托专业技术服务机构开展相关工作。县级以上环境保护主管部门应当及时汇总分析抽查结果，提出环境应急预案问题清单，推荐环境应急预案范例，制定环境应急预案指导性要求，加强备案指导。"

8）《突发环境事件调查处理办法》

2015 年 3 月 1 日，《突发环境事件调查处理办法》（环境保护部令　第 32 号）第十二条中规定，对环境保护部门的调查内容，按规定编制环境应急预案和对预案进行评估、备案、演练等的情况，以及按规定对突发环境事件发生单位环境应急预案实施备案管理的情况。

9）《突发环境事件应急管理办法》

2015 年 6 月 5 日，《突发环境事件应急管理办法》（环境保护部令　第 34 号）："第十四条　县级以上地方环境保护主管部门应当根据本级人民政府突发环境事件专项应急预案，制定本部门的应急预案，报本级人民政府和上级环境保护主管部门备案。"

（2）环境应急演练

1）《突发事件应急预案管理办法》

2013 年 10 月 25 日，《突发事件应急预案管理办法》（国办发〔2013〕101 号）第二十二条中规定，应急预案编制单位应当建立应急演练制度，根据实际情况采取实战演练、桌面推演等方式，组织开展人员广泛参与、处置联动性强、形式多样、节约高效的应急演练。专项应急预案、部门应急预案至少每 3 年进行一次应急演练。

2）《突发环境事件调查处理办法》

2015 年 3 月 1 日，《突发环境事件调查处理办法》（环境保护部令　第 32 号）第十二条中规定，对环境保护主管部门开展突发环境事件调查的内容包括：按规定编制环境应急预案和对预案进行评估、备案、演练等的情况。

3）《突发环境事件应急管理办法》

2015 年 6 月 5 日，《突发环境事件应急管理办法》（环境保护部令　第 34 号）："第十五条　突发环境事件应急预案制定单位应当定期开展应急演练，撰写演练评估报告，分析存在问题，并根据演练情况及时修改完善应急预案。"

4）《中华人民共和国水污染防治法》

2017 年 6 月 27 日，《中华人民共和国水污染防治法》（主席令　第 70 号）第七十七条中规定，可能发生水污染事故的企业事业单位，应当制定有关水污染事故的应急方案，做好应急准备，并定期进行演练。第七十九条中规定，市、县级人民政府应当组织编制饮用水安全突发事件应急预案。饮用水供水单位应当根据所在地饮用水安全突发事件应急预案，制定相应的突发事件应急方案，报所在地市、县级人民政府备案，并定期进行演练。

（3）环境应急预警

2015 年 6 月 5 日，《突发环境事件应急管理办法》（环境保护部令　第 34 号）："第十六条　环境污染可能影响公众健康和环境安全时，县级以上地方环境保护主管部门可以建议本级人民政府依法及时公布环境污染公共监测预警信息，启动应急措施。"

（4）突发环境事件信息收集

2015 年 6 月 5 日，《突发环境事件应急管理办法》（环境保护部令　第 34 号）："第十七条　县级以上地方环境保护主管部门应当建立本行政区域突发环境事件信息收集系统，通过'12369'环保举报热线、新闻媒体等多种途径收集突发环境事件信息，并加强跨区域、跨部门突发环境事件信息交流与合作。"

（5）环境应急值守

2015 年 6 月 5 日，《突发环境事件应急管理办法》（环境保护部令　第 34 号）："第十八条　县级以上地方环境保护主管部门应当建立健全环境应急值守制度，确定应急值守负责人和应急联络员并报上级环境保护主管部门。"

（6）环境应急知识宣传、教育和培训

1）《国务院关于加强环境保护重点工作的意见》

2011 年 10 月 17 日，《国务院关于加强环境保护重点工作的意见》（国发〔2011〕35 号）第一部分中 "（四）有效防范环境风险和妥善处置突发环境事件。"中提出，加强环境应急管理、技术支撑和处置救援队伍建设，定期组织培训和演练。

2）《突发环境事件应急管理办法》

2015 年 6 月 5 日，《突发环境事件应急管理办法》（环境保护部令　第 34 号）："第七条　环境保护主管部门和企业事业单位应当加强突发环境事件应急管理的宣传和教育，鼓励公众参与，增强防范和应对突发环境事件的知识和意识。"第二十条中规定，县级以上环境保护主管部门应当定期对从事突发环境事件应急管理工作的人员进行培训。

（7）三支队伍建设

1）《国务院关于加强环境保护重点工作的意见》

2011 年 10 月 17 日，《国务院关于加强环境保护重点工作的意见》（国发〔2011〕35 号）第一部分中 "（四）有效防范环境风险和妥善处置突发环境事件。"中提出，加强环境应急管理、技术支撑和处置救援队伍建设，定期组织培训和演练。

2）《突发环境事件应急管理办法》

2015 年 6 月 5 日，《突发环境事件应急管理办法》（环境保护部令　第 34 号）第二十条中规定，省级环境保护主管部门以及具备条件的市、县级环境保护主管部门应当设立环境应急专家库。

3）《甘肃省人民政府关于进一步加强环境保护工作的意见》

2012 年 2 月 15 日，《甘肃省人民政府关于进一步加强环境保护工作的意见》（甘政发〔2012〕17 号）"三、着力解决影响科学发展和群众健康的突出环境问题""（五）有效防范环境风险"中提出，依托环保部门专业性强和公安消防部队反应迅速的优势，建立和完善环境应急救援队伍及应急专家队伍，承担突发环境事件现场救援任务。

（8）环境应急能力建设和物资管理

1）《突发环境事件应急管理办法》

2015 年 6 月 5 日，《突发环境事件应急管理办法》（环境保护部令　第 34 号）第二十条中规定，县级以上地方环境保护主管部门和企业事业单位应当加强环境应急处置救援能力建设。第二十一条中规定，县级以上地方环境保护主管部门应当加强环境应急能力标准化建设，配备应急监测仪器设备和装备，提高重点流域区域水、大气突发环境事件预警能力。第二十二条中规定，县级以上地方环境保护主管部门可以根据本行政区域的实际情况，建立环境应急物资储备信息库，有条件的地区可以设立环境应急物资储备库。

2）《甘肃省人民政府关于进一步加强环境保护工作的意见》

2012 年 2 月 15 日，《甘肃省人民政府关于进一步加强环境保护工作的意见》（甘政发〔2012〕17 号）在"三、着力解决影响科学发展和群众健康的突出环境问题"中"（五）有效防范环境风险。"中提出，建设省、市州级环境应急指挥中心和应急指挥平台，提高全省环境应急快速指挥响应能力，妥善处置突发环境事故。在"四、创新完善环境保护体制机制""（五）加强环境保护能力建设。"中提出，全面推进监测、监察、应急、固体废物监管、核与辐射安全监管、宣教、信息等环保能力标准化建设。

3）《甘肃省环境保护监督管理责任规定》

2013 年 10 月 1 日，《甘肃省环境保护监督管理责任规定》（甘肃省人民政府令　第 101 号）第三十二条中规定，县级以上人民政府及有关部门应当按照各自职责开展突发环境事件的预防工作包括：加强突发环境事件应急科研和应急指挥技术平台建设工作。

1.4.2.3　应急处置

（1）第一时间报告信息

1）《中华人民共和国固体废物污染环境防治法》

2020 年 9 月 1 日，《中华人民共和国固体废物污染环境防治法》（主席令　第 31 号）："第八十七条　在发生或者有证据证明可能发生危险废物严重污染环境、威胁居民生命财产安全时，县级以上地方人民政府生态环境主管部门或者其他固体废物污染环境防治工作的监督管理部门必须立即向本级人民政府和上一级人民政府有关行政主管部门报告，由人民政府采取防止或者减轻危害的有效措施。有关人民政府可以根据需要责令停止导致或者可能导致环境污染事故的作业。"

2）《中华人民共和国水污染防治法》

2017 年 6 月 27 日，《中华人民共和国水污染防治法》（主席令　第 87 号）第七十八条中规定，企业事业单位发生事故或者其他突发性事件，造成或者可能造成水污染事故的，应当立即启动本单位的应急方案，采取隔离等应急措施，防止水污染物进入水体，并向事故发生地的县级以上地方人民政府或者环境保护主管部门报告。环境保护主管部门接到报告后，应当及时向本级人民政府报告，并抄送有关部门。

3）《突发环境事件信息报告办法》

2011 年 5 月 1 日，《突发环境事件信息报告办法》（环境保护部令　第 17 号）："第三条　突发环境事件发生地设区的市级或者县级人民政府环境保护主管部门在发现或者得知突发环境事件信息后，应当立即进行核实，对突发环境事件的性质和类别做出初步认定。对初步认定为一般（IV 级）或者较大（III 级）突发环境事件的，事件发生地设区的市级或者县级人民政府环境保护主管部门应当在四小时内向本级人民政府和上一级人民政府环境保护主管部门报告。对初步认定为重大（II 级）或者特别重大（I 级）突发环境事件的，事件发生地设区的市级或者县级人民政府环境保护主管部门应当在两小时内向本级人民政府和省级人民政府环境保护主管部门报告，同时上报环境保护部。省级人民政府环境保护主管部门接到报告后，应当进行核实并在一小时内报告环境保护部。突发环境事件处置过程中事件级别发生变化的，应当按照变化后的级别报告信息。"

4）《国家突发环境事件应急预案》

2014 年 12 月 29 日，《国家突发环境事件应急预案》（国办函〔2014〕119 号）中规定，事发地环境保护主管部门接到突发环境事件信息报告或监测到相关信息后，应当立即进行核实，对突发环境事件的性质和类别作出初步认定，按照国家规定的时限、程序和要求向上级环境保护主管部门和同级人民政府报告。地方各级人民政府及其环境保护主管部门应当按照有关规定逐级上报，必要时可越级上报。

5）《突发环境事件调查处理办法》

2015 年 3 月 1 日，《突发环境事件调查处理办法》（环境保护部令　第 32 号）第十二条中规定，开展突发环境事件调查，应当查明有关环境保护主管部门环境应急管理方面的情况包括：按规定赶赴现场并及时报告的情况；接到相邻行政区域突发环境事件信息后，相关环境保护主管部门按规定调查了解并报告的情况。

6）《突发环境事件应急管理办法》

2015 年 6 月 5 日，《突发环境事件应急管理办法》（环境保护部令　第 34 号）：
"第二十四条　获知突发环境事件信息后，事件发生地县级以上地方环境保护主管部门应当按照《突发环境事件信息报告办法》规定的时限、程序和要求，向同级人民政府和上级环境保护主管部门报告。"

7）《甘肃省道路交通安全条例》

2012 年 1 月 1 日，《甘肃省道路交通安全条例》："第八十三条　公安机关交通管理部门接到重特大道路交通事故或者危险品运输事故报警时，应当立即采取应急措施，并通过本级公安机关报告当地人民政府。"

（2）及时通报信息

1）《突发环境事件信息报告办法》

2011 年 5 月 1 日，《突发环境事件信息报告办法》（环境保护部令　第 17 号）：
"第八条　突发环境事件已经或者可能涉及相邻行政区域的，事件发生地环境保护主管部门应当及时通报相邻区域同级人民政府环境保护主管部门，并向本级人民政府提出向相邻区域人民政府通报的建议。接到通报的环境保护主管部门应当及时调查了解情况，并按照本办法第三条、第四条的规定报告突发环境事件信息。"

2）《国家突发环境事件应急预案》

2014 年 12 月 29 日，《国家突发环境事件应急预案》（国办函〔2014〕119 号）："3.3，因生产安全事故导致突发环境事件的，安全监管等有关部门应当及时通报同级环境保护主管部门。事发地环境保护主管部门接到突发环境事件信息报告或监测到相关信息后，应当立即进行核实，并通报同级其他相关部门。突发环境事件已经或者可能涉及相邻行政区域的，事发地人民政府或环境保护主管部门应当及时通报相邻行政区域同级人民政府或环境保护主管部门。"

3）《突发环境事件调查处理办法》

2015 年 3 月 1 日，《突发环境事件调查处理办法》（环境保护部令　第 32 号）第十二条中规定，开展突发环境事件调查，应当查明有关环境保护主管部门环境应急管理方面的情况包括：突发环境事件已经或者可能涉及相邻行政区域时，事发地环境保护主管部门向相邻行政区域环境保护主管部门的通报情况。

4）《突发环境事件应急管理办法》

2015 年 6 月 5 日，《突发环境事件应急管理办法》（环境保护部令　第 34 号）：
"第二十五条　突发环境事件已经或者可能涉及相邻行政区域的，事件发生地环境保护主管部门应当及时通报相邻区域同级环境保护主管部门，并向本级人民政府提出向相邻区域人民政府通报的建议。"

（3）第一时间赶赴现场

1）《国家突发环境事件应急预案》

2014年12月29日，《国家突发环境事件应急预案》（国办函〔2014〕119号）"4.2.1现场污染处置"中规定，当涉事企业事业单位或其他生产经营者不明时，由当地环境保护主管部门组织对污染来源开展调查，查明涉事单位，确定污染物种类和污染范围，切断污染源。

2）《突发环境事件调查处理办法》

2015年3月1日，《突发环境事件调查处理办法》（环境保护部令　第32号）第十二条中规定，开展突发环境事件调查，应当查明有关环境保护主管部门环境应急管理方面的情况包括：按规定赶赴现场并及时报告的情况。

3）《突发环境事件应急管理办法》

2015年6月5日，《突发环境事件应急管理办法》（环境保护部令　第34号）："第二十六条　获知突发环境事件信息后，县级以上地方环境保护主管部门应当立即组织排查污染源，初步查明事件发生的时间、地点、原因、污染物质及数量、周边环境敏感区等情况。"

（4）及时提出建议，配合政府开展应急处置

1）《危险化学品安全管理条例》

2011年12月1日，《危险化学品安全管理条例》（国务院令　第591号）第六条中规定，环境保护主管部门负责废弃危险化学品处置的监督管理，依照职责分工调查相关危险化学品环境污染事故和生态破坏事件。

2）《国家突发环境事件应急预案》

2014年12月29日，《国家突发环境事件应急预案》（国办函〔2014〕119号）中规定，初判发生特别重大、重大突发环境事件，分别启动Ⅰ级、Ⅱ级应急响应，由事发地省级人民政府负责应对工作；初判发生较大突发环境事件，启动Ⅲ级应急响应，由事发地设区的市级人民政府负责应对工作；初判发生一般突发环境事件，启动Ⅳ级应急响应，由事发地县级人民政府负责应对工作。

3）《中华人民共和国环境保护法》

2015年1月1日，《中华人民共和国环境保护法》（主席令　第9号）第四十七条中规定，各级人民政府及其有关部门和企业事业单位，应当依照《中华人

民共和国突发事件应对法》的规定，做好突发环境事件的风险控制、应急准备、应急处置和事后恢复等工作。

4）《突发环境事件调查处理办法》

2015 年 3 月 1 日，《突发环境事件调查处理办法》（环境保护部令　第 32 号）第十二条中规定，开展突发环境事件调查，应当查明有关环境保护主管部门环境应急管理方面的情况包括：按职责向履行统一领导职责的人民政府提出突发环境事件处置或者信息发布建议的情况。

5）《突发环境事件应急管理办法》

2015 年 6 月 5 日，《突发环境事件应急管理办法》（环境保护部令　第 34 号）："第二十八条　应急处置期间，事发地县级以上地方环境保护主管部门应当组织开展事件信息的分析、评估，提出应急处置方案和建议报本级人民政府。"

6）《甘肃省道路交通安全条例》

2012 年 1 月 1 日，《甘肃省道路交通安全条例》："第八十八条　发生道路交通事故，造成车辆损坏或者在道路上散落物品，妨碍其他车辆正常通行的，当事人应当按照公安机关交通管理部门的要求及时清除障碍。当事人无法及时清除的，由公安机关交通管理部门通知清障单位清除，清障费用由机动车所有人、管理人或者驾驶人支付。"

（5）第一时间提出发布信息的建议

1）《危险化学品安全管理条例》

2011 年 12 月 1 日，《危险化学品安全管理条例》（国务院令　第 591 号）："第七十四条　危险化学品事故造成环境污染的，由设区的市级以上人民政府环境保护主管部门统一发布有关信息。"

2）《关于进一步做好突发环境事件信息公开工作的通知》

2014 年 5 月 20 日，《关于进一步做好突发环境事件信息公开工作的通知》（环办函〔2014〕593 号）："做好突发环境事件信息发布工作。突发环境事件发生后，要认真研判事件影响和等级，对重特大突发环境事件，涉及有毒有害气体、饮用水、重金属、居民聚居区、学校、医院以及可能引发群体性事件等敏感突发环境事件，要及时向本级政府提出信息发布建议。及时发布事件动态、处置进展等情况，对污染原因、责任调查等情况要严格把关，认真核实。建立突发环境事件信息发布协调机制，明确跨行政区域突发环境事件信息发布形式，统筹协调，确保信息的一致性和权威性。发生重污染天气情况时，参照突发环境事件信息发布有关要求，协调本级政府，及时发布预警等级、监测数据、应对措施、健康防护建议等信息，最大限度降低重污染天气的社会影响。突发环境事件信息可通过政府公报、新闻发布会、媒体通气会、政府负责人访谈等形式，经报纸、电视、广播、网站、手机短信、微博、微信等媒介发布。"

3）《国家突发环境事件应急预案》

2014 年 12 月 29 日，《国家突发环境事件应急预案》（国办函〔2014〕119 号）中规定，通过政府授权发布、发新闻稿、接受记者采访、举行新闻发布会、组织专家解读等方式，借助电视、广播、报纸、互联网等多种途径，主动、及时、准确、客观向社会发布突发环境事件和应对工作信息，回应社会关切，澄清不实信息，正确引导社会舆论。

4）《突发环境事件调查处理办法》

2015 年 3 月 1 日，《突发环境事件调查处理办法》（环境保护部令　第 32 号）第十二条中规定，开展突发环境事件调查，应当查明有关环境保护主管部门环境应急管理方面的情况包括：按职责向履行统一领导职责的人民政府提出突发环境事件处置或者信息发布建议的情况。

5）《突发环境事件应急管理办法》

2015 年 6 月 5 日，《突发环境事件应急管理办法》（环境保护部令　第 34 号）："第三十五条　突发环境事件发生后，县级以上地方环境保护主管部门应当认真研判事件影响和等级，及时向本级人民政府提出信息发布建议。履行统一领导职责或者组织处置突发事件的人民政府，应当按照有关规定统一、准确、及时发布有关突发事件事态发展和应急处置工作的信息。"

（6）第一时间开展应急监测

1）《危险化学品安全管理条例》

2011 年 12 月 1 日，《危险化学品安全管理条例》（国务院令　第 591 号）第六条中规定，环境保护主管部门负责危险化学品事故现场的应急环境监测。

2）《突发环境事件调查处理办法》

2015 年 3 月 1 日，《突发环境事件调查处理办法》（环境保护部令　第 32 号）第十二条中规定，开展突发环境事件调查，应当查明有关环境保护主管部门环境应急管理方面的情况包括：按规定组织开展环境应急监测的情况。

3）《突发环境事件应急管理办法》

2015 年 6 月 5 日，《突发环境事件应急管理办法》（环境保护部令　第 34 号）：

"第二十七条　获知突发环境事件信息后，县级以上地方环境保护主管部门应当按照《突发环境事件应急监测技术规范》开展应急监测，及时向本级人民政府和上级环境保护主管部门报告监测结果。"

4）《甘肃省环境保护监督管理责任规定》

2013 年 10 月 1 日，《甘肃省环境保护监督管理责任规定》（甘肃省人民政府令　第 101 号）第三十四条中规定，突发环境事件发生后，事发地环境保护部门应当按照规定，立即开展环境应急监测，及时、准确掌握突发环境事态发展和相关数据，为突发环境事件应急决策提供技术支撑。

5）《中华人民共和国大气污染防治法》

2018 年 10 月 26 日，《中华人民共和国大气污染防治法》（主席令　第 31 号）："第九十七条　发生造成大气污染的突发环境事件，人民政府及其有关部门和相关企业事业单位，应当依照《中华人民共和国突发事件应对法》《中华人民共和国环境保护法》的规定，做好应急处置工作。生态环境主管部门应当及时对突发环境事件产生的大气污染物进行监测，并向社会公布监测信息。"

1.4.2.4　事后恢复

（1）第一时间开展事件调查

1）《危险化学品安全管理条例》

2011 年 12 月 1 日，《危险化学品安全管理条例》（国务院令　第 591 号）第六条中规定，环境保护主管部门负责废弃危险化学品处置的监督管理，依照职责分工调查相关危险化学品环境污染事故和生态破坏事件。

2）《国家突发环境事件应急预案》

2014 年 12 月 29 日，《国家突发环境事件应急预案》（国办函〔2014〕119 号）第 5.2 条中规定，突发环境事件发生后，根据有关规定，由环境保护主管部门牵头，可会同监察机关及相关部门，组织开展事件调查，查明事件原因和性质，提出整改防范措施和处理建议。

3）《突发环境事件调查处理办法》

2015 年 3 月 1 日，《突发环境事件调查处理办法》（环境保护部令　第 32 号）："第四条　环境保护部负责组织重大和特别重大突发环境事件的调查处理；省级环境保护主管部门负责组织较大突发环境事件的调查处理；事发地设区的市级环境保护主管部门视情况组织一般突发环境事件的调查处理。上级环境保护主管部门可以视情况委托下级环境保护主管部门开展突发环境事件调查处理，也可以对由下级环境保护主管部门负责的突发环境事件直接组织调查处理，并及时通知下级环境保护主管部门。下级环境保护主管部门对其负责的突发环境事件，认为需要由上一级环境保护主管部门调查处理的，可以报请上一级环境保护主管部门决定。

第五条　突发环境事件调查应当成立调查组，由环境保护主管部门主要负责人或者主管环境应急管理工作的负责人担任组长，应急管理、环境监测、环境影响评价管理、环境监察等相关机构的有关人员参加。环境保护主管部门可以聘请环境应急专家库内专家和其他专业技术人员协助调查。环境保护主管部门可以根据突发环境事件的实际情况邀请公安、交通运输、水利、农业、卫生、安全监管、林业、地震等有关部门或者机构参加调查工作。调查组可以根据实际情况分为若干工作小组开展调查工作。工作小组负责人由调查组组长确定。

第七条　开展突发环境事件调查，应当制定调查方案，明确职责分工、方法步骤、时间安排等内容。

第八条　开展突发环境事件调查，应当对突发环境事件现场进行勘查，并可以采取以下措施：（一）通过取样监测、拍照、录像、制作现场勘查笔录等方法记录现场情况，提取相关证据材料；（二）进入突发环境事件发生单位、突发环境事件涉及的相关单位或者工作场所，调取和复制相关文件、资料、数据、记录等；（三）根据调查需要，对突发环境事件发生单位有关人员、参与应急处置工作的知情人员进行询问，并制作询问笔录。……开展突发环境事件调查，应当制作调查案卷，并由组织突发环境事件调查的环境保护主管部门归档保存。

第十四条　开展突发环境事件调查，应当在查明突发环境事件基本情况后，编写突发环境事件调查报告。

第十六条　特别重大突发环境事件、重大突发环境事件的调查期限为六十日；较大突发环境事件和一般突发环境事件的调查期限为三十日。突发环境事件污染损害评估所需时间不计入调查期限。调查组应当按照前款规定的期限完成调查工作，并向同级人民政府和上一级环境保护主管部门提交调查报告。调查期限从突发环境事件应急状态终止之日起计算。"

4）《突发环境事件应急管理办法》

2015 年 6 月 5 日，《突发环境事件应急管理办法》（环境保护部令　第 34 号）："第三十二条　县级以上环境保护主管部门应当按照有关规定开展事件调查，查清突发环境事件原因，确认事件性质，认定事件责任，提出整改措施和处理意见。"

5）《中华人民共和国土壤污染防治法》

2018 年 8 月 31 日，《中华人民共和国土壤污染防治法》（主席令　第八号）"第四十八条　土壤污染责任人不明确或者存在争议的，农用地由地方人民政府农业农村、林业草原主管部门会同生态环境、自然资源主管部门认定，建设用地由地方人民政府生态环境主管部门会同自然资源主管部门认定。认定办法由国务院生态环境主管部门会同有关部门制定。"

6）《中华人民共和国水污染防治法》

2017 年 6 月 27 日，《中华人民共和国水污染防治法》（主席令　第 87 号），第七十八条中规定，造成渔业污染事故或者渔业船舶造成水污染事故的，应当向事故发生地的渔业主管部门报告，接受调查处理。其他船舶造成水污染事故的，应当向事故发生地的海事管理机构报告，接受调查处理；给渔业造成损害的，海事管理机构应当通知渔业主管部门参与调查处理。

（2）及时组织开展应急处置阶段污染损害评估

1）《关于开展环境污染损害鉴定评估工作的若干意见》

2011 年 5 月 25 日，《关于开展环境污染损害鉴定评估工作的若干意见》（环发〔2011〕60 号），确定了环境污染损害鉴定评估的指导思想、工作原则和工作目标，并提出了《环境污染损害数额计算推荐方法（第 I 版）》。2011—2012 年为探索试点阶段，重点开展案例研究和试点工作，在国家和试点地区初步形成环境污染损害鉴定评估工作能力；2013—2015 年为重点突破阶段，以制定重点领域管理与技术规范以及组建队伍为主，强化国家和试点地区环境污染损害鉴定评估队伍的能力建设；2016—2020 年为全面推进阶段，完善相关评估技术与管理规范，推进相关立法进程，基本形成覆盖全国的环境污染损害鉴定评估工作能力。

2）《突发环境事件应急处置阶段污染损害评估工作程序规定》

2013 年 8 月 2 日，《突发环境事件应急处置阶段污染损害评估工作程序规定》（环发〔2013〕85 号）："第三条　县级以上环境保护主管部门按照同级人民政府应对突发环境事件的安排部署，组织开展的污染损害评估工作适用本规定。

第六条　县级以上环境保护主管部门应当在突发环境事件发生后及时开展污染损害评估前期工作，并在应急处置工作结束后及时制定评估工作方案，组织开展污染损害评估工作。

第七条　对于初步认定为特别重大和重大、较大、一般突发环境事件的，分别由所在地省级、地市级、县级环境保护主管部门组织开展污染损害评估工作。对于初步认定为一般突发环境事件的，可以不开展污染损害评估工作。跨行政区域突发环境事件的污染损害评估，由相关地方环境保护主管部门协调解决。

第八条 县级以上环境保护主管部门可以委托有关司法鉴定机构或者环境污染损害鉴定评估机构开展污染损害评估工作，编制评估报告，并组织专家对评估报告进行技术审核。

第九条 污染损害评估应当于应急处置工作结束后 30 个工作日内完成。情况特别复杂的，经省级环境保护主管部门批准，可以延长 30 个工作日。"

3）《环境损害鉴定评估推荐机构名录（第一、二、三批）》

2014 年 1 月 6 日，《环境损害鉴定评估推荐机构名录（第一批）》（环办〔2014〕3 号），公布了 12 家推荐机构，国家系统 4 家（中国环境监测总站、环境保护部华南环境科学研究所、环境保护部环境规划院环境风险与损害鉴定评估研究中心、中国环境科学学会环境损害鉴定评估中心）、其他省份 8 家 [天津市环境污染损害鉴定评估中心、浙江省环境保护科学设计研究院、安徽省环境科学研究院、山东省环境科学研究院、湖南省环境保护科学研究院、广东省环境科学研究院、重庆市环境科学研究院（重庆市环境监测中心）、昆明环境污染损害司法鉴定中心]。

2016 年 2 月 4 日，《环境损害鉴定评估推荐机构名录（第二批）》（环办政法〔2016〕10 号），公布了 17 家推荐机构（中国环境科学研究院、环境保护部南京环境科学研究所、北京市环境保护科学研究院、山西省环境污染损害司法鉴定中心、辽宁省环境科学研究院、黑龙江省环境科学研究院、上海市环境科学研究院、江苏省环境科学研究院、福建省环境科学研究院、河南省环境保护科学研究院、湖北省环境科学研究院、广西环境监测中心站、四川省环境保护科学研究院、贵州省环境科学研究设计院、甘肃省环境科学设计研究院、新疆环境保护科学研究院、绍兴市环境监测中心站）。

2020 年 4 月 29 日，《生态环境损害鉴定评估推荐机构名录（第三批）》（环办法规函〔2020〕211 号），公布了 13 家推荐机构 [辽宁大学、江西省环境保护科学研究院、山东省生态环境规划研究院、河南省地质矿产勘查开发局第二地质环境调查院、中国地质大学（武汉）、武汉大学、陕西省地质调查实验中心、宁夏环境科学研究院（有限责任公司）、河北中旭生态环境损害司法鉴定中心、内蒙古环投环境损害司法鉴定中心、大连理工大学司法鉴定中心、吉林省中实环境技术开发集团有限公司、青海省环境科学研究设计院司法鉴定中心]，并明确了其详细的鉴定评估类别。

相关说明：（1）推荐名单不属于行政许可，不具备强制力，生态环境部门可以向当事人推荐没有列入名录的鉴定评估机构；（2）环境损害鉴定评估机构根据当事人委托自主独立开展环境损害鉴定评估工作。

4）《环境损害鉴定评估推荐方法（第II版）》

2014 年 10 月 24 日，《环境损害鉴定评估推荐方法（第II版）》（环办〔2014〕90 号）对《环境污染损害数额计算推荐方法（第I版）》进行了修订，并更名为《环境损害鉴定评估推荐方法（第II版）》。适用于因污染环境或破坏生态行为（包括突发环境事件）导致人身、财产、生态环境损害、应急处置费用和其他事务性费用的鉴定评估。不适用于因核与辐射所致环境损害的鉴定评估。突发环境事件应急处置阶段环境损害评估适用《突发环境事件应急处置阶段环境损害评估技术规范》。

5）《生态环境损害赔偿制度改革方案》

2018 年 12 月 17 日，中共中央办公厅、国务院办公厅印发《生态环境损害赔偿制度改革方案》，规定："适用范围　本方案所称生态环境损害，是指因污染环境、破坏生态造成大气、地表水、地下水、土壤、森林等环境要素和植物、动物、微生物等生物要素的不利改变，以及上述要素构成的生态系统功能退化。（一）有下列情形之一的，按本方案要求依法追究生态环境损害赔偿责任：1. 发生较大及以上突发环境事件的；2. 在国家和省级主体功能区规划中划定的重点生态功能区、禁止开发区发生环境污染、生态破坏事件的；3. 发生其他严重影响生态环境后果的。各地区应根据实际情况，综合考虑造成的环境污染、生态破坏程度以及社会影响等因素，明确具体情形……"

6）《国家突发环境事件应急预案》

2014 年 12 月 29 日，《国家突发环境事件应急预案》（国办函〔2014〕119 号）第 5.1 条中规定，突发环境事件应急响应终止后，要及时组织开展污染损害评估，并将评估结果向社会公布。评估结论作为事件调查处理、损害赔偿、环境修复和生态恢复重建的依据。突发环境事件损害评估办法由环境保护部制定。

7）《突发环境事件应急处置阶段环境损害评估推荐方法》

2014 年 12 月 31 日，《突发环境事件应急处置阶段环境损害评估推荐方法》（环办〔2014〕118 号），规定了损害评估的工作程序、评估内容、评估方法和报告编写等内容，适用于在中华人民共和国领域内突发环境事件应急处置阶段的环境损害评估工作。

8）《中华人民共和国环境保护法》

2015 年 1 月 1 日，《中华人民共和国环境保护法》（主席令　第 9 号）第四十七条中规定，突发环境事件应急处置工作结束后，有关人民政府应当立即组织评估事件造成的环境影响和损失，并及时将评估结果向社会公布。

9）《突发环境事件调查处理办法》

2015 年 3 月 1 日，《突发环境事件调查处理办法》（环境保护部令　第 32 号）："第十条　环境保护主管部门应当按照所在地人民政府的要求，根据突发环境事件应急处置阶段污染损害评估工作的有关规定，开展应急处置阶段污染损害评估。应急处置阶段污染损害评估报告或者结论是编写突发环境事件调查报告的重要依据。"

第十二条中规定，开展突发环境事件调查，应当查明有关环境保护主管部门环境应急管理方面的情况包括：按规定开展突发环境事件污染损害评估的情况。

第十三条中规定，开展突发环境事件调查，应当收集地方人民政府和有关部门在突发环境事件发生单位建设项目立项、审批、验收、执法等日常监管过程中和突发环境事件应对、组织开展突发环境事件污染损害评估等环节履职情况的证据材料。

10）《突发环境事件应急管理办法》

2015 年 6 月 5 日，《突发环境事件应急管理办法》（环境保护部令　第 34 号）："第三十一条　县级以上地方环境保护主管部门应当在本级人民政府的统一部署下，组织开展突发环境事件环境影响和损失等评估工作，并依法向有关人民政府报告。"

11）《甘肃省人民政府关于进一步加强环境保护工作的意见》

2012 年 2 月 15 日，《甘肃省人民政府关于进一步加强环境保护工作的意见》（甘政发〔2012〕17 号）"二、扎实做好环境保护各项重点工作""（五）大力发展环保科技和产业。"中提出，大力发展环境咨询服务业，重点发展环境监理、环境风险损害评估、环境影响评价、清洁生产审核、环境教育普及与培训等环境咨询服务。

12）《甘肃省环境保护监督管理责任规定》

2013 年 10 月 1 日，《甘肃省环境保护监督管理责任规定》（甘肃省人民政府令　第 101 号）第三十四条中规定，突发环境事件发生后，事发地人民政府及有关部门应当采取的应急处置措施包括：组织有关专家对突发环境事件造成的环境影响受损情况进行科学评估，制定补助、补偿、抚恤、安置和环境恢复等善后工作计划，并组织实施。责令负有直接责任的企业事业单位对受损害的环境进行修复。

13）《生态环境损害鉴定评估技术指南　总纲和关键环节　第 1 部分：总纲》

2021 年 1 月 1 日，《生态环境损害鉴定评估技术指南　总纲和关键环节　第 1

部分：总纲》（GB/T 39791.1—2020）："本标准规定了生态环境损害鉴定评估的一般性原则、程序、内容和方法。本标准适用于因污染环境或破坏生态导致的生态环境损害的鉴定评估。"

（3）及时公开突发环境事件相关信息

公开内容包括突发环境事件调查结论、环境污染损害评估结论、突发环境事件定期统计分析、突发环境事件发生单位的环境违法信息。

1）《突发环境事件应急处置阶段污染损害评估工作程序规定》

2013 年 8 月 2 日，《突发环境事件应急处置阶段污染损害评估工作程序规定》（环发〔2013〕85 号）："第十条　组织开展污染损害评估的环境保护主管部门应当于评估报告技术审核通过后 20 个工作日内，将评估报告报送同级人民政府和上一级环境保护主管部门，并将评估结论向社会公开。"

2）《关于进一步做好突发环境事件信息公开工作的通知》

2014 年 5 月 20 日，《关于进一步做好突发环境事件信息公开工作的通知》（环办函〔2014〕593 号）："做好突发环境事件应对情况的定期公开。要定期对突发环境事件进行汇总分析，每季度在政府门户网站上主动公开行政区内所有突发环境事件应对处置情况。及时公开公民、法人或者其他组织申请获取的突发环境事件信息。定期汇总行政区内重污染天气发生及预警发布情况，总结应对经验，评估处置措施效果，并按季度向社会公开。"

3）《国家突发环境事件应急预案》

2014 年 12 月 29 日，《国家突发环境事件应急预案》（国办函〔2014〕119 号）第 5.1 条中规定，突发环境事件应急响应终止后，要及时组织开展污染损害评估，并将评估结果向社会公布。

4）《中华人民共和国环境保护法》

2015 年 1 月 1 日，《中华人民共和国环境保护法》（主席令　第 9 号）第四十七条中规定，突发环境事件应急处置工作结束后，有关人民政府应当立即组织评估事件造成的环境影响和损失，并及时将评估结果向社会公布。

第五十四条中规定，县级以上人民政府环境保护主管部门和其他负有环境保护监督管理职责的部门，应当依法公开环境质量、环境监测、突发环境事件以及环境行政许可、行政处罚、排污费的征收和使用情况等信息。

第六十八条中规定，地方各级人民政府、县级以上人民政府环境保护主管部门和其他负有环境保护监督管理职责的部门有下列行为之一的，对直接负责的主管人员和其他直接责任人员给予记过、记大过或者降级处分；造成严重后果的，给予撤职或者开除处分，其主要负责人应当引咎辞职；应当依法公开环境信息而未公开的。

5)《突发环境事件调查处理办法》

2015 年 3 月 1 日，《突发环境事件调查处理办法》（环境保护部令 第 32 号）："第十七条 环境保护主管部门应当依法向社会公开突发环境事件的调查结论、环境影响和损失的评估结果等信息。

第二十条 环境保护主管部门应当将突发环境事件发生单位的环境违法信息记入社会诚信档案，并及时向社会公布。"

6)《突发环境事件应急管理办法》

2015 年 6 月 5 日，《突发环境事件应急管理办法》（环境保护部令 第 34 号）第三十六条中规定，县级以上地方环境保护主管部门应当对本行政区域内突发环境事件进行汇总分析，定期向社会公开突发环境事件的数量、级别，以及事件发生的时间、地点、应急处置概况等信息。

（4）依法进行责任追究

1)《中华人民共和国水污染防治法》

2017 年 6 月 27 日，《中华人民共和国水污染防治法》（主席令 第 87 号）："第九十三条 企业事业单位有下列行为之一的，由县级以上人民政府环境保护主管部门责令改正；情节严重的，处二万元以上十万元以下的罚款：

（一）不按照规定制定水污染事故的应急方案的；

（二）水污染事故发生后，未及时启动水污染事故的应急方案，采取有关应急措施的。

第九十四条 企业事业单位违反本法规定，造成水污染事故的，除依法承担赔偿责任外，由县级以上人民政府环境保护主管部门依照本条第二款的规定处以罚款，责令限期采取治理措施，消除污染；未按照要求采取治理措施或者不具备治理能力的，由环境保护主管部门指定有治理能力的单位代为治理，所需费用由违法者承担；对造成重大或者特大水污染事故的，还可以报经有批准权的人民政府批准，责令关闭；对直接负责的主管人员和其他直接责任人员可以处上一年度从本单位取得的收入百分之五十以下的罚款；有《中华人民共和国环境保护法》第六十三条规定的违法排放水污染物等行为之一，尚不构成犯罪的，由公安机关对直接负责的主管人员和其他直接责任人员处十日以上十五日以下的拘留；情节较轻的，处五日以上十日以下的拘留。

对造成一般或者较大水污染事故的，按照水污染事故造成的直接损失的百分之二十计算罚款；对造成重大或者特大水污染事故的，按照水污染事故造成的直接损失的百分之三十计算罚款。

造成渔业污染事故或者渔业船舶造成水污染事故的，由渔业主管部门进行处罚；其他船舶造成水污染事故的，由海事管理机构进行处罚。"

2）《中华人民共和国土壤污染防治法》

2018 年 8 月 31 日，《中华人民共和国土壤污染防治法》（主席令　第 8 号）"第九十七条　污染土壤损害国家利益、社会公共利益的，有关机关和组织可以依照《中华人民共和国环境保护法》《中华人民共和国民事诉讼法》《中华人民共和国行政诉讼法》等法律的规定向人民法院提起诉讼。"

3）《中华人民共和国固体废物污染环境防治法》

2020 年 9 月 1 日，《中华人民共和国固体废物污染环境防治法》（主席令　第 31 号）："第一百一十八条　违反本法规定，造成固体废物污染环境事故的，除依法承担赔偿责任外，由生态环境主管部门依照本条第二款的规定处以罚款，责令限期采取治理措施；造成重大或者特大固体废物污染环境事故的，还可以报经有批准权的人民政府批准，责令关闭。

造成一般或者较大固体废物污染环境事故的，按照事故造成的直接经济损失的一倍以上三倍以下计算罚款；造成重大或者特大固体废物污染环境事故的，按照事故造成的直接经济损失的三倍以上五倍以下计算罚款，并对法定代表人、主要负责人、直接负责的主管人员和其他责任人员处上一年度从本单位取得的收入百分之五十以下的罚款。"

4）《中华人民共和国突发事件应对法》

2007 年 11 月 1 日，《中华人民共和国突发事件应对法》："第六十三条　地方各级人民政府和县级以上各级人民政府有关部门违反本法规定，不履行法定职责的，由其上级行政机关或者监察机关责令改正；有下列情形之一的，根据情节对直接负责的主管人员和其他直接责任人员依法给予处分：

（一）未按规定采取预防措施，导致发生突发事件，或者未采取必要的防范措施，导致发生次生、衍生事件的；

（二）迟报、谎报、瞒报、漏报有关突发事件的信息，或者通报、报送、公布虚假信息，造成后果的；

（三）未按规定及时发布突发事件预警、采取预警期的措施，导致损害发生的；

（四）未按规定及时采取措施处置突发事件或者处置不当，造成后果的；

（五）不服从上级人民政府对突发事件应急处置工作的统一领导、指挥和协调的；

（六）未及时组织开展生产自救、恢复重建等善后工作的；

（七）截留、挪用、私分或者变相私分应急救援资金、物资的；

（八）不及时归还征用的单位和个人的财产，或者对被征用财产的单位和个人不按规定给予补偿的。

第六十四条　有关单位有下列情形之一的，由所在地履行统一领导职责的人民政府责令停产停业，暂扣或者吊销许可证或者营业执照，并处五万元以上二十万元以下的罚款；构成违反治安管理行为的，由公安机关依法给予处罚：

（一）未按规定采取预防措施，导致发生严重突发事件的；

（二）未及时消除已发现的可能引发突发事件的隐患，导致发生严重突发事件的；

（三）未做好应急设备、设施日常维护、检测工作，导致发生严重突发事件或者突发事件危害扩大的；

（四）突发事件发生后，不及时组织开展应急救援工作，造成严重后果的。

前款规定的行为，其他法律、行政法规规定由人民政府有关部门依法决定决罚的，从其规定。"

5）《中华人民共和国刑法》

2020 年 12 月 26 日，《中华人民共和国刑法修正案（十一）》"第三百三十八条　【污染环境罪】违反国家规定，排放、倾倒或者处置有放射性的废物、含传染病病原体的废物、有毒物质或者其他有害物质，严重污染环境的，处三年以下有期徒刑或者拘役，并处或者单处罚金；情节严重的，处三年以上七年以下有期徒刑，并处罚金；有下列情形之一的，处七年以上有期徒刑，并处罚金：

（一）在饮用水水源保护区、自然保护地核心保护区等依法确定的重点保护区域排放、倾倒、处置有放射性的废物、含传染病病原体的废物、有毒物质，情节特别严重的；

（二）向国家确定的重要江河、湖泊水域排放、倾倒、处置有放射性的废物、含传染病病原体的废物、有毒物质，情节特别严重的；

（三）致使大量永久基本农田基本功能丧失或者遭受永久性破坏的；

（四）致使多人重伤、严重疾病，或者致人严重残疾、死亡的。

有前款行为，同时构成其他犯罪的，依照处罚较重的规定定罪处罚。

第四百零八条　【环境监管失职罪；食品监管渎职罪】负有环境保护监督管理职责的国家机关工作人员严重不负责任，导致发生重大环境污染事故，致使公私财产遭受重大损失或者造成人身伤亡的严重后果的，处三年以下有期徒刑或者拘役。"

6）《最高人民法院、最高人民检察院关于办理环境污染刑事案件适用法律若干问题的解释》

2013年6月19日，《最高人民法院、最高人民检察院关于办理环境污染刑事案件适用法律若干问题的解释》（法释〔2013〕15号）第一条规定，实施刑法第三百三十八条规定的行为，具有下列情形之一的，应当认定为"严重污染环境"：（一）在饮用水水源一级保护区、自然保护区核心区排放、倾倒、处置有放射性的废物、含传染病病原体的废物、有毒物质的；（二）非法排放、倾倒、处置危险废物3t以上的；（三）排放、倾倒、处置含铅、汞、镉、铬、砷、铊、锑的污染物，超过国家或者地方污染物排放标准3倍以上的；（四）排放、倾倒、处置含镍、铜、锌、银、钒、锰、钴的污染物，超过国家或者地方污染物排放标准10倍以上的；（五）通过暗管、渗井、渗坑、裂隙、溶洞、灌注等逃避监管的方式排放、倾倒、处置有放射性的废物、含传染病病原体的废物、有毒物质的；（六）二年内曾因违反国家规定，排放、倾倒、处置有放射性的废物、含传染病病原体的废物、有毒物质受过两次以上行政处罚，又实施前列行为的；（七）重点排污单位篡改、伪造自动监测数据或者干扰自动监测设施，排放化学需氧量、氨氮、二氧化硫、氮氧化物等污染物的；（八）违法减少防治污染设施运行支出100万元以上的；（九）违法所得或者致使公私财产损失30万元以上的；（十）造成生态环境严重损害的；（十一）致使乡镇以上集中式饮用水水源取水中断12小时以上的；（十二）致使基本农田、防护林地、特种用途林地5亩^①以上，其他农用地10亩以上，其他土地20亩以上基本功能丧失或者遭受永久性破坏的；（十三）致使森林或者其他林木死亡50 m³以上，或者幼树死亡2 500株以上的；（十四）致使疏散、转移群众5 000人以上的；（十五）致使30人以上中毒的；（十六）致使3人以上轻伤、轻度残疾或者器官组织损伤导致一般功能障碍的；（十七）致使1人以上重伤、中度残疾或者器官组织损伤导致严重功能障碍的；（十八）其他严重污染环境的情形。

第三条规定，实施刑法第三百三十八条、第三百三十九条规定的行为，具有下列情形之一的，应当认定为"后果特别严重"：（一）致使县级以上城区集中式饮

---

①1亩 ≈ 666.67 m²。

用水水源取水中断 12 小时以上的；（二）非法排放、倾倒、处置危险废物 100 t 以上的；（三）致使基本农田、防护林地、特种用途林地 15 亩以上，其他农用地 30 亩以上，其他土地 60 亩以上基本功能丧失或者遭受永久性破坏的；（四）致使森林或者其他林木死亡 150 m^3 以上，或者幼树死亡 7 500 株以上的；（五）致使公私财产损失 100 万元以上的；（六）造成生态环境特别严重损害的；（七）致使疏散、转移群众 15 000 人以上的；（八）致使 100 人以上中毒的；（九）致使 10 人以上轻伤、轻度残疾或者器官组织损伤导致一般功能障碍的；（十）致使 3 人以上重伤、中度残疾或者器官组织损伤导致严重功能障碍的；（十一）致使 1 人以上重伤、中度残疾或者器官组织损伤导致严重功能障碍，并致使 5 人以上轻伤、轻度残疾或者器官组织损伤导致一般功能障碍的；（十二）致使 1 人以上死亡或者重度残疾的；（十三）其他后果特别严重的情形。

7）《危险化学品安全管理条例》

2011 年 12 月 1 日，《危险化学品安全管理条例》（国务院令 第 591 号）："第九十四条 危险化学品单位发生危险化学品事故，其主要负责人不立即组织救援或者不立即向有关部门报告的，依照《生产安全事故报告和调查处理条例》的规定处罚。"

8）《环境保护主管部门实施查封、扣押办法》

2015 年 1 月 1 日，《环境保护主管部门实施查封、扣押办法》（环境保护部令 第 29 号）："第四条 排污者有下列情形之一的，环境保护主管部门依法实施查封、扣押：

……

（五）较大、重大和特别重大突发环境事件发生后，未按照要求执行停产、停排措施，继续违反法律法规规定排放污染物的；

……

已造成严重污染或者有前款第四项、第五项情形之一的，环境保护主管部门应当实施查封、扣押。"

9）《环境保护主管部门实施限制生产、停产整治办法》

2015 年 1 月 1 日，《环境保护主管部门实施限制生产、停产整治办法》（环境保护部令 第 30 号）："第六条 排污者有下列情形之一的，环境保护主管部门可以责令其采取停产整治措施：

……

（五）因突发事件造成污染物排放超过排放标准或者重点污染物排放总量控制指标的。"

10）《突发环境事件调查处理办法》

2015年3月1日，《突发环境事件调查处理办法》（环境保护部令 第32号）："第十九条 对于连续发生突发环境事件，或者突发环境事件造成严重后果的地区，有关环境保护主管部门可以约谈下级地方人民政府主要领导。

第二十条 环境保护主管部门应当将突发环境事件发生单位的环境违法信息记入社会诚信档案，并及时向社会公布。

第二十一条 环境保护主管部门可以根据调查报告，对下级人民政府、下级环境保护主管部门下达督促落实突发环境事件调查报告有关防范和整改措施建议的督办通知，并明确责任单位、工作任务和完成时限。

接到督办通知的有关人民政府、环境保护主管部门应当在规定时限内，书面报送事件防范和整改措施建议的落实情况。"

11）《突发环境事件应急管理办法》

2015年6月5日，《突发环境事件应急管理办法》（环境保护部令 第34号）第六条中规定，发生或者可能发生突发环境事件时，企业事业单位应当依法进行处理，并对所造成的损害承担责任。

第三十七条中规定，较大、重大和特别重大突发环境事件发生后，企业事业单位未按要求执行停产、停排措施，继续违反法律法规规定排放污染物的，环境保护主管部门应当依法对造成污染物排放的设施、设备实施查封、扣押。

第三十八条中规定，企业事业单位有下列情形之一的，由县级以上环境保护主管部门责令改正，可以处一万元以上三万元以下罚款：

（一）未按规定开展突发环境事件风险评估工作，确定风险等级的；

（二）未按规定开展环境安全隐患排查治理工作，建立隐患排查治理档案的；

（三）未按规定将突发环境事件应急预案备案的；

（四）未按规定开展突发环境事件应急培训，如实记录培训情况的；

（五）未按规定储备必要的环境应急装备和物资的；

（六）未按规定公开突发环境事件相关信息的。

（5）主动参与现场恢复

1）《国家突发环境事件应急预案》

《国家突发环境事件应急预案》（国办函〔2014〕119 号）"第 5.3 条 善后处置"中规定，事发地人民政府要及时组织制订补助、补偿、抚慰、抚恤、安置和环境恢复等善后工作方案并组织实施。保险机构要及时开展相关理赔工作。

2）《突发环境事件应急管理办法》

《突发环境事件应急管理办法》（环境保护部令 第 34 号）："第三十三条 县级以上地方环境保护主管部门应当在本级人民政府的统一领导下，参与制定环境恢复工作方案，推动环境恢复工作。"

（6）及时总结评估响应过程

《突发环境事件应急管理办法》（环境保护部令 第 34 号）："第三十条 应急处置工作结束后，县级以上地方环境保护主管部门应当及时总结、评估应急处置工作情况，提出改进措施，并向上级环境保护主管部门报告。"

1.4.2.5 公开日常环境应急管理信息

公开内容包括环境应急管理规定和要求、环境应急预案、环境应急演练、备案企业预案名单。

（1）《企业事业单位突发环境事件应急预案备案管理办法（试行）》

2015 年 1 月 8 日，《企业事业单位突发环境事件应急预案备案管理办法（试行）》（环发〔2015〕4 号）第七条中规定，受理备案的环境保护主管部门应当及时将备案的企业名单向社会公布。

（2）《突发环境事件应急管理办法》

2015 年 6 月 5 日，《突发环境事件应急管理办法》（环境保护部令 第 34 号）第三十六条中规定，县级以上环境保护主管部门应当在职责范围内向社会公开有关突发环境事件应急管理的规定和要求，以及突发环境事件应急预案及演练情况等环境信息。

1.4.3 企业事业单位职责及政策依据

企业事业单位应当按照要求，开展突发环境事件风险评估，完善突发环境事件风险防控措施，排查治理环境安全隐患，制定突发环境事件应急预案并备案、演练，加强环境应急能力保障建设等工作。发生或者可能发生突发环境事件时，企业事业单位应当依法进行处理，并对所造成的损害承担责任。

1.4.3.1　风险控制

企业事业单位应当按照规定开展突发环境事件风险评估，确定环境风险防范和环境安全隐患排查治理措施。企业事业单位应当按照生态环境主管部门的有关要求和技术规范，完善包括有效防止泄漏物质、消防水、污染雨水等扩散至外环境的收集、导流、拦截、降污等在内的突发环境事件风险防控措施；并且应当按照有关规定建立健全环境安全隐患排查治理制度，建立隐患排查治理档案，及时发现并消除环境安全隐患。对于发现后能够立即治理的环境安全隐患，企业事业单位应当立即采取措施，消除环境安全隐患。对于情况复杂、短期内难以完成治理，可能产生较大环境危害的环境安全隐患，应当制定隐患治理方案，落实整改措施、责任、资金、时限和现场应急预案，及时消除隐患。

（1）环境风险评估

《企业突发环境事件风险评估指南（试行）》《国家突发环境事件应急预案》《企业事业单位突发环境事件应急预案备案管理办法（试行）》《突发环境事件调查处理办法》《尾矿库环境风险评估技术导则（试行）》《突发环境事件应急管理办法》。

（2）环境风险隐患自查

《国家突发环境事件应急预案》《突发环境事件调查处理办法》《突发环境事件应急管理办法》《甘肃省环境保护监督管理责任规定》。

（3）落实环境风险防控措施

《突发环境事件调查处理办法》《水污染防治行动计划》《突发环境事件应急管理办法》。

（4）建立环境应急管理工作制度

《突发环境事件调查处理办法》《突发环境事件应急管理办法》《甘肃省环境保护监督管理责任规定》。

1.4.3.2　应急准备

企业事业单位应当按照规定，在开展突发环境事件风险评估和应急资源调查的基础上制定突发环境事件应急预案，并按照分类分级管理的原则，报县级以上生态环境主管部门备案；并且应当定期开展应急演练，撰写演练评估报告，分析存在的问题，并根据演练情况及时修改完善应急预案；应当将突发环境事件应急培训纳入单位工作计划，对从业人员定期进行突发环境事件应急知识和技能培训，并建立培训档案，如实记录培训的时间、内容、参加人员等信息。企业事业单位应当储备必要的环境应急装备和物资，并建立完善相关管理制度。

（1）编制备案环境应急预案

《中华人民共和国固体废物污染环境防治法》《废弃危险化学品污染环境防治办法》《中华人民共和国突发事件应对法》《中华人民共和国水污染防治法》《石油化工企业环境应急预案编制指南》《尾矿库环境应急管理工作指南》《集中式地表饮用水水源地环境应急管理工作指南》《危险化学品安全管理条例》《关于加强化工园区环境保护工作的意见》《关于进一步加强环境影响评价管理防范环境风险的通知》《化学品环境风险防控"十二五"规划》《突发事件应急预案管理办法》《中华人民共和国环境保护法》《企业事业单位突发环境事件应急预案备案管理办法（试行）》《突发环境事件调查处理办法》《突发环境事件应急管理办法》《甘肃省环境保护监督管理责任规定》《甘肃省环境保护厅关于转发企事业单位突发环境事件应急预案备案管理办法的通知》。

（2）突发环境事件应急演练

《中华人民共和国水污染防治法》《突发环境事件应急管理办法》。

（3）突发环境事件预防

《中华人民共和国水污染防治法》《突发环境事件调查处理办法》。

（4）环境应急知识宣传、教育和培训

《突发环境事件应急管理办法》。

（5）环境应急能力建设和物资储备

《突发环境事件应急管理办法》。

1.4.3.3　应急处置

造成或者可能造成突发环境事件时，企业事业单位应当立即启动突发环境事件应急预案，采取切断或者控制污染源以及其他防止危害扩大的必要措施，及时通报可能受到危害的单位和居民，并向事发地县级以上生态环境主管部门报告，接受调查处理。在应急处置期间，应当服从统一指挥，全面、准确地提供本单位与应急处置相关的技术资料，协助维护应急秩序，保护与突发环境事件相关的各项证据。

（1）开展先期处置

《中华人民共和国环境保护法》《中华人民共和国大气污染防治法》《中华人民共和国固体废物污染环境防治法》《中华人民共和国水污染防治法》《突发环境事件调查处理办法》《突发环境事件应急管理办法》。

（2）立即报告信息

《中华人民共和国环境保护法》《中华人民共和国大气污染防治法》《中华人

民共和国固体废物污染环境防治法》《中华人民共和国水污染防治法》《国家突发
环境事件应急预案》《突发环境事件调查处理办法》《突发环境事件应急管理办法》。

（3）及时通报信息

《中华人民共和国环境保护法》《中华人民共和国大气污染防治法》《中华人
民共和国固体废物污染环境防治法》《国家突发环境事件应急预案》《突发环境事
件调查处理办法》《突发环境事件应急管理办法》。

（4）服从当地政府指挥

《突发环境事件调查处理办法》《突发环境事件应急管理办法》。

（5）及时公开突发环境事件信息

《突发环境事件应急管理办法》。

1.4.3.4　事后恢复

事件处置结束后，企业事业单位要主动接受相关部门调查处理，主动承担环境
恢复等相应责任。并且，企业事业单位要在日常管理中采取便于公众知晓和查询的
方式公开本单位环境风险防范工作开展情况、突发环境事件应急预案及演练情况、
突发环境事件发生及处置情况以及落实整改要求情况等。

（1）接受调查处理

《中华人民共和国大气污染防治法》《中华人民共和国固体废物污染环境防治
法》《突发环境事件调查处理办法》《突发环境事件应急管理办法》。

（2）主动承担责任

《突发环境事件应急管理办法》。

（3）信息公开

公开日常环境应急管理信息，包括环境应急预案、环境风险防范工作、环境应
急演练。依据《企业事业单位环境信息公开办法》《突发环境事件应急管理办法》。

1.5　应急管理工作发展历程

1.5.1　环境应急管理体系逐步健全

2005 年 11 月的松花江水污染事件是推动我国突发环境事件应急管理发展的重
要里程碑事件，在此之后，国家根据突发事件应对需要，出台了《中华人民共和国
突发事件应对法》（2007 年），修订了《国家突发环境事件应急预案》（2014 年），

发布了《国务院关于全面加强应急管理工作的意见》（2006 年）、《国务院关于加强环境保护重点工作的意见》（2011 年）等。

十多年来，我国不断推动突发环境应急管理机构建设，环境应急法律法规制度与规范标准等逐步发展完善，初步形成了突发环境事件风险防控与应急管理体系。我国环境应急管理主要经历了三个发展阶段：第一阶段主要规范了信息报告与环境应急工作的程序、内容；第二阶段主要围绕"一案三制"（"一案"是指制订、修订应急预案；"三制"是指建立健全应急体制、机制和法制），重点规范突发环境事件应急预案管理，完善环境应急预案体系，推动国家、地方环境应急机构建设与应急能力建设，并探索建立环境应急救援物资保障制度等，实现了应急管理的常态化；第三阶段重点突出环境风险防控，把突发环境事件的预防和应急准备放在优先位置，建立了以预防为主的企业环境风险评估管理、环境风险隐患排查治理制度，组织开展了重点行业企业环境风险及化学品检查工作，并初步确定了全国石化化工行业重点风险企业名单，推动了应急管理向风险防范的转变。

《国家突发事件应急体系建设"十三五"规划》要求，构建应急管理标准体系。着力加强应急标志标识、风险隐患识别评估、预警信息发布、应急队伍及装备配置、公共场所应急设施设备配置、应急避难场所建设、物资储备、应急通信、应急平台、应急演练等相关标准研制。积极参与国际应急管理标准制定。推动应急管理标准实施应用，促进应急管理工作规范化和应急技术装备标准化。应急管理工作进一步迈上了标准化、制度化的道路。

1.5.2 环境应急管理制度逐步健全

经过多年的发展，我国环境应急管理体系建设取得历史性突破，事前、事中、事后管理制度逐步完善。颁布实施《突发环境事件信息报告办法》，规范了报告程序，理顺了报告机制，明确了报告内容，确立了定期通报制度，初步建成以各级生态环境主管部门报告为主，部门联动、网络媒体、群众举报等为辅的多渠道突发环境事件信息收集网络体系，推进环境应急值守规范化、系统化、科技化；修订《国家突发环境事件应急预案》，颁布《突发环境事件应急预案管理暂行办法》，印发《石油化工企业环境应急预案编制指南》，规范了编制、评估、备案、修订、演练等工作程序，成立环境应急专家组，初步建成由国家总体应急预案、国家专项应急预案、国务院部门应急预案、地方应急预案、企业事业单位应急预案和临时应急预案组成的应急预案网络，着力加强应急联合演练，初步形成了环境应急预案管理体系；规范应急预案编制和备案管理，针对石油化工、尾矿库、油气管道等典型行业企业出台应急预案编制指南；加强事后调查处理和修复工作，制定《突发环境事件调查处理办法》和损害鉴定评估、场地修复等相关技术文件，具体应急管理相关管理制度和技术规范；制定《突发环境事件应急处置阶段污染损害评估工作程序规定》，提高突发环境事件处置应对和调查处理的科学有效性；总结事件处置经验，提出加强事后管理建议，开展重特大突发环境事件污染损害评估，编制工作规程，建立突发环境事件环境污染损害评估机制，有效促进突发环境事件事后管理；出台《企业突发环境事件隐患排查和治理工作指南（试行）》，强化企业事业单位突发环境事件隐患排查；印发《全国环保部门环境应急能力建设标准》和《全国环保部门环境应急能力标准化建设达标验收暂行办法》，选取试点示范地区，积极探索环境应急能力建设模式，稳步推进环境应急能力建设；制定《突发环境事件应急监测技术规范》，指导应急监测。现行管理制度和技术规范见表 1-2。

表 1-2　应急管理相关管理制度和技术规范

应急管理阶段		管理制度和技术规范（发布时间）
事前	隐患排查	《企业突发环境事件隐患排查和治理工作指南（试行）》（2016 年）
	风险评估	管理制度： 《关于对重大环境污染事故隐患进行风险评价的通知》（1990 年） 《关于加强环境影响评价管理防范环境风险的通知》（2005 年） 《废弃危险化学品污染环境防治办法》（2005 年） 《新化学物质环境管理办法》（2009 年） 《关于进一步加强环境影响评价管理防范环境风险的通知》（2012 年） 《危险化学品环境管理登记办法（试行）》（2012 年） 技术规范： 《环境风险评估技术指南——氯碱企业环境风险等级划分方法》（2010 年） 《环境风险评估技术指南——硫酸企业环境风险等级划分方法（试行）》（2011 年） 《环境风险评估技术指南——粗铅冶炼企业环境风险等级划分方法（试行）》（2013 年） 《重点环境管理危险化学品环境风险评估报告编制指南》（2013 年） 《污染场地风险评估技术导则》（2014 年） 《企业突发环境事件风险评估指南（试行）》（2014 年） 《尾矿库环境风险评估技术导则（试行）》（2015 年） 《污染地块风险管控技术指南——阻隔技术（试行）（征求意见稿）》（2017 年） 《铬污染地块风险管控技术指南（试行）（征求意见稿）》（2017 年） 《环境应急资源调查指南（征求意见稿）》（2017 年） 《行政区域突发环境事件风险评估推荐方法》（2018 年） 《企业突发环境事件风险分级方法》（2018 年） 《建设项目环境风险评价技术导则》（2018 年）

应急管理阶段		管理制度和技术规范（发布时间）
事前	应急预案	管理制度： 《突发环境事件应急预案管理暂行办法》（2010 年） 《突发事件应急预案管理办法》（2013 年） 《企业事业单位突发环境事件应急预案备案管理办法（试行）》（2015 年） 《突发环境事件应急管理办法》（2015 年） 技术规范： 《危险废物经营单位编制应急预案指南》（2007 年） 《全国环护部门环境应急能力建设标准》（2010 年） 《石油化工企业环境应急预案编制指南》（2010 年） 《尾矿库环境应急管理工作指南（试行）》（2010 年） 《尾矿库环境应急预案编制指南》（2015 年） 《油气管道突发环境事件应急预案编制指南（征求意见稿）》（2017 年） 《典型行业企业突发环境事件应急预案编制指南（征求意见稿）》（2017 年） 《企业事业单位突发环境事件应急预案评审工作指南（试行）》（2018 年） 《集中式地表水饮用水水源地突发环境事件应急预案编制指南（试行）》（2018 年）
事中	应急处置	《突发环境事件信息报告办法》（2011 年） 《突发环境事件应急监测技术规范》（2021 年）
事后	调查处理	《突发环境事件调查处理办法》（2015 年）
	损害评估	《突发环境事件应急处置阶段污染损害评估工作程序规定》（2013 年） 《突发环境事件应急处置阶段环境损害评估推荐方法》（2014 年） 《环境损害鉴定评估推荐方法（第 II 版）》（2014 年） 《生态环境损害赔偿制度改革试点方案》（2015 年） 技术标准 《生态环境损害鉴定评估技术指南　总纲和关键环节　第 1 部分：总纲》（2020 年） 《生态环境损害鉴定评估技术指南　总纲和关键环节　第 2 部分：损害调查》（2020 年） 《生态环境损害鉴定评估技术指南　环境要素　第 1 部分：土壤和地下水》（2020 年） 《生态环境损害鉴定评估技术指南　环境要素　第 2 部分：地表水和沉积物》（2020 年） 《生态环境损害鉴定评估技术指南　基础方法　第 1 部分：大气污染虚拟治理成本法》（2020 年） 《生态环境损害鉴定评估技术指南　基础方法　第 2 部分：水污染虚拟治理成本法》（2020 年）
	赔偿	污染修复 《场地环境调查技术导则》（2014 年） 《场地环境监测技术导则》（2014 年） 《污染场地土壤修复技术导则》（2014 年） 《工业企业场地环境调查评估与修复工作指南（试行）》（2014 年） 《土壤污染治理与修复成效技术评估指南（试行）》（2017 年）

1.5.3　应急管理工作形势

"十三五"时期，全国共发生突发环境事件 1 300 余起，比"十二五"时期下降近 50%；其中重大事件 9 起，比"十二五"时期下降 65%；无特别重大事件发生；较大事件 25 起，比"十二五"时期下降 50%。得益于污染防治攻坚战的科学施策，"十三五"时期年均违法排污事件比"十二五"期间下降 56%；妥善处理了一批有重大和敏感社会影响的事件，有力维护了人民群众的生命财产和生态安全。

但是，突发环境事件多发频发的态势没有根本改变，次生突发环境事件高发，涉水事件比例高，事件空间分布区域聚集特征显著。"十三五"时期，全国平均每年仍发生近 300 起突发环境事件。从诱因上看，安全生产、交通事故次生的突发环境事件比例逐步增大，年平均已超过 80%，2019 年的比例更是高达 95%。从类型上看，涉水污染的事件比例达到 64%，"十三五"时期发生的 9 起重大事件全部为突发水环境事件。从污染物上看，涉及油类和苯系物污染的事件约占事件总数的一半。从空间分布上看，事件主要集中在长三角、环渤海、陕甘、两广、两湖、成渝等地区，这些区域发生的事件数量占全国总数的近 70%。

结构性、布局性环境风险仍较为突出，短时间内难以得到根本扭转。我国现有危险化学品生产经营企业超过 21 万家，全国道路运输危险货物量每天近 300 万 t，油气管道总里程超过 13 万 km，尚有各类尾矿库近万座。沿江、沿河区域高环境风险行业企业集聚，人居活动与高风险工业活动区域交织。这些结构性、布局性带来的环境风险因素短时间内难以得到根本扭转。未来一定时期内，伴随人为活动、气候变化等因素不确定性的持续增加，各类事故、事件风险形势依然严峻，影响范围大、后果严重的"灰犀牛"甚至"黑天鹅"突发环境事件仍可能发生。

进入新发展阶段，在全社会共同努力持续改善生态环境质量、建设美丽中国的背景下，突发环境事件尤其是重大敏感事件的防控已成为检验绿色发展、高质量发展成效的一项重要标尺，全过程、多层级应对不能有丝毫放松。同时，随着新媒体的快速发展和后疫情时期公众对突发事件信息的感知更加灵敏，突发环境事件的曝光度、关注度越来越高，各界监督意愿越来越强，参与途径越来越多，对事件的容忍度也越来越低，环境风险防控与应急工作面临较大的公众监督压力。

总之，当前阶段，我国严峻的环境安全形势尚未得到根本扭转，环境风险异常突出，突发环境事件总量居高不下、诱因复杂、危害影响大。与严峻的突发环境事件风险形势以及治理体系和治理能力现代化要求相比，我国现有环境应急管理体系和能力仍有很大差距。在新的时期亟须深化环境应急管理，推进环境管理战略转型，将全过程管理主线贯穿于环境应急管理始终，推动环境管理向环境风险防控战略转型，突出风险防控在环境应急管理中的核心地位，继续提高环境应急管理保障水平。环境管理战略转型对环境应急管理提出的新要求，在实际工作中，需要以全过程管理为主线，以风险防控为核心，建立完善的现代环境应急管理体系，健全环境应急管理法制机制，不断提升环境应急能力，健全应急管理机构，突出预防优先，强调有急必应，提高群众服务质量和效果，做到重大环境风险可知可控，有效遏制突发环境事件高发态势，通过预防、应急处置、事后处理的各个环节，最大限度地减少突发环境事件对群众健康和生态环境的损害。

第2章　环境风险隐患排查、督查

2.1　企业环境风险隐患排查

耦合性、全面性的高风险是我国经济增长方式与环境资源管理之间深层次矛盾的表现。现阶段，我国环境风险主要呈现以下特点：

（1）环境风险呈复合态势，区域环境风险日益凸显。

区域环境风险具有多源和多途径的特点，污染因素相互作用、相互影响，通过协同、拮抗、累加等效应，呈现区域性蔓延态势。面对不断增长的优质环境资源需求，生态系统的区域性变异使环境资源受污染的风险状况变得更为复杂。

（2）环境高压态势下环境风险事件呈陡增趋势。

当前，我国大部分企业与地区的诸多生产设施安全防护不足，更未考虑不利自然条件下的耦合事故排放，由此形成的环境风险事件不断；人为的隐性环境风险事故此起彼伏。

（3）痕量污染物成为普遍性环境风险。

在我国粗放的低端产业排放积累的"三废"中，痕量污染物已形成长期性环境风险。即使人们认为是清洁的产业，也可能隐藏着环境风险，并影响到生态环境安全。我国消耗品的快速商品化更使痕量污染物普及到人们生活的各个角落。然而，目前我国痕量污染物监管体系尚未完善，痕量污染物在水环境中尤为突出，构成了水环境的普遍性环境风险。

（4）区域性生态失衡风险已构成生存环境安全的潜在威胁。

生产生活中常年排入水体的巨量氮、磷营养物已使水生境发生了根本性的变化；工业化、城市化过程的用水排水矛盾由局部扩展到全域。除了水圈风险，大气圈、土壤圈、生物圈均有隐患和风险，对环境生态平衡的稳定与健康造成巨大威胁。

环境风险的主要因素是人们没有正视经济社会活动中有损生态环境的行为，甚至为了利益故意隐瞒损害事实。当不为社会意识到的潜在损害与正常波动的自然过程耦合，且发生各要素"正向耦合"中的"强耦合"（风险的强度更大、范围更广、速度更快）时，社会公众才会感觉到生态环境的突发性变异（如重污染天气），即环境风险呈现为环境损害事件。只有认识到人为因素与自然过程中量与质的变化过程与规律，才能揭示环境风险耦合机理，从而为我们主动控制人为风险因素并有针对性地提出解耦方法，更好地管理和控制环境风险提供基本的理论指导。

2.1.1　企业环境风险隐患排查概述

环境安全风险是某一特定危害污染事件发生的可能性与其后果严重性的组合；环境安全风险点是指存在风险隐患的设施、部位、场所和区域，以及在设施、部位、场所和区域实施的伴随风险的作业活动，或以上两者的组合；对环境安全风险所采取的管控措施存在缺陷或缺失时就形成事故隐患，包括物的不安全状态、人的不安全行为和管理上的缺陷等方面。企业是环境风险隐患排查治理的主体，应当逐级落实风险隐患排查治理责任，对风险全面管控，对事故隐患治理实行闭环管理，建立健全环境安全风险隐患排查治理工作机制，建立风险隐患排查治理制度并严格执行，全体员工应按照安全生产责任制要求参与风险隐患排查治理工作。

企业环境风险隐患排查需要首先明确环境风险企业类别，划定重点环境风险管理企业范围，总的排查原则是针对可能发生突发环境事件的（已建成投产或处于试生产阶段的）企业，主要为生产、使用、存储或释放涉及《企业突发环境事件风险分级方法》（HJ 941—2018）附录中的突发环境事件风险物质及临界量清单中的化学物质（以下简称环境风险物质）（包括生产原料、燃料、产品、中间产品、副产品、催化剂、辅助生产物料、"三废"污染物等），以及其他可能引发突发环境事件的化学物质的企业。在初步排查的基础上，依据《重点环境管理危险化学品目录》，筛选确定涉及重点危险化学品管理的企业，确定危险化学品是否具有持久性、生物累积性和毒性（PBT）或高持久性和高生物累积性（vPvB）化学品。

各级生态环境监管部门可以结合本地区环境风险特征制定重点排污单位和重点环境风险管控单位名录，满足地方生态环境质量改善和公众健康保障总体目标，支撑深入打好污染防治攻坚战，助力健康中国和美丽中国建设。其中，重点排污单位是指向环境排放化学需氧量、氨氮、总氮、总磷等水污染物或者二氧化硫、氮氧化物、颗粒物、挥发性有机物等大气污染物，排放量较大或排放行为对区域生态环境质量产生重要影响的企业事业单位，包括水环境重点排污单位和大气环境重点排污单位。重点环境风险管控单位是指排放有毒有害物质可能对公众健康和生态环境造成危害或影响的企业事业单位，包括水环境风险重点管控单位、大气环境风险重点管控单位、土壤环境风险重点管控单位和其他环境风险重点管控单位。具体筛选标准为：

（1）具备下列条件之一的企业事业单位，列为水环境重点排污单位：

①排放化学需氧量、氨氮、总氮、总磷等水污染物中任一种且排放量近 3 年内任一年度进入本行政区域生态环境统计工业污染源年排放总量占比累计达到 65% 的工业企业，或者满足化学需氧量年排放量大于 50 t、氨氮年排放量大于 3 t、总氮年排放量大于 10 t、总磷年排放量大于 0.5 t 其中之一的企业事业单位。

设区的市级人民政府生态环境主管部门可根据本行政区域的水环境承载力以及水环境质量改善要求，设定严于前款规定的排放量筛选比例或筛选限值。

②已核发排污许可证，实施排污许可重点管理，且设有废水主要排放口的企业事业单位。

③设区的市级人民政府生态环境主管部门认为其他有必要的情形。

（2）具备下列条件之一的企业事业单位，列为大气环境重点排污单位：

①排放二氧化硫、氮氧化物、颗粒物、挥发性有机物等大气污染物中任一种且排放量近 3 年内任一年度进入本行政区域生态环境统计工业污染源年排放总量占比累计达到 65% 的工业企业，或者满足二氧化硫年排放量大于 100 t、氮氧化物年排放量大于 100 t、颗粒物年排放量大于 200 t、挥发性有机物年排放量大于 100 t 其中之一的企业事业单位。

设区的市级人民政府生态环境主管部门可根据本行政区域的大气环境承载力以及环境空气质量改善要求，设定严于前款规定的排放量筛选比例或筛选限值。

②已核发排污许可证，实施排污许可重点管理，且设有废气主要排放口的企业事业单位。

③设区的市级人民政府生态环境主管部门认为其他有必要的情形。

（3）排放《有毒有害水污染物名录》中列出的有毒有害水污染物的企业事业单位，列为水环境风险重点管控单位。

（4）排放《有毒有害大气污染物名录》中列出的有毒有害大气污染物的企业事业单位，列为大气环境风险重点管控单位。

（5）满足下列条件之一的企业事业单位，列为土壤污染重点监管单位，同时按照土壤环境风险重点管控单位管理：

①有色金属冶炼、石油加工、化工、焦化、电镀、制革等行业中已纳入排污许可重点管理的企业。

②有色金属矿采选、石油开采行业规模以上企业。

③位于依法开展土壤污染状况普查、详查中确定为土壤污染潜在风险高的地块，且涉及生产、使用、储运、处置或排放有毒有害物质的在产企业。

（6）满足以下条件之一的，列为其他环境风险重点管控单位。

①年产生危险废物 100 t 以上的企业事业单位。

②持有危险废物经营许可证单位，或者具有危险废物自行利用处置设施的企业事业单位。

③运营维护生活垃圾填埋场或焚烧厂的企业事业单位，包含已封场的垃圾填埋场。

④按照尾矿库分级分类环境监管要求，需要重点管控的尾矿库所属生产经营单位。

⑤除铀（钍）矿外所有矿产资源开发利用活动中原矿、中间产品、尾矿（渣）或者其他残留物中铀（钍）系单个核素含量超过 1 Bq/g 的企业事业单位。

⑥具有试验、分析、检测等功能的化学、医药、生物类省级重点及以上实验室或三级及以上医院。

⑦生产《中国受控消耗臭氧层物质清单》所列化学品的企业事业单位。

⑧生产、使用或排放《优先控制化学品名录》所列化学品，且不属于水、大气、土壤环境风险重点管控单位的企业事业单位。

2.1.2　企业环境应急管理工作方面排查总纲

2.1.2.1　开展突发环境事件风险评估，确定风险等级

（1）是否编制突发环境事件风险评估报告，并与预案一起备案。

提供评估报告并明确预案备案情况。

（2）企业现有突发环境事件风险物质种类与风险评估报告相比是否发生变化。

明确现有及风险评估报告中的风险物质种类。

（3）企业现有突发环境事件风险物质数量与风险评估报告相比是否发生变化。

明确现有及风险评估报告中的风险物质数量。

（4）企业突发环境事件风险物质种类、数量变化是否影响风险等级。

明确企业现有环境风险等级。

（5）突发环境事件风险等级确定是否正确合理。

明确企业周边大气（水）环境风险受体敏感程度（E）、涉气（水）风险物质数量与临界量比值（Q）和生产工艺过程与大气（水）环境风险控制水平（M）。

（6）突发环境事件风险评估是否通过评审。

企业要存档企业事业单位突发环境事件应急预案评审表。

2.1.2.2　制定突发环境事件应急预案并备案

（1）是否按要求对预案进行评审，评审意见是否及时落实。

企业需要存档企业事业单位突发环境事件应急预案评审意见表、企业事业单位突发环境事件应急预案修改说明表。

（2）是否将预案进行了备案，是否每3年进行回顾性评估或修订。

企业需要存档企业事业单位突发环境事件应急预案备案表。

（3）是否存在下列情况，若存在，预案需要及时进行修订。

①面临的突发环境事件风险发生重大变化，需要重新进行风险评估；

②应急管理组织指挥体系与职责发生重大变化；

③环境应急监测预警机制发生重大变化，报告联络信息及机制发生重大变化；

④环境应急应对流程体系和措施发生重大变化；

⑤环境应急保障措施及保障体系发生重大变化；

⑥重要应急资源发生重大变化；

⑦在突发环境事件实际应对和应急演练中发现问题，需要对环境应急预案作出重大调整的。

企业需要对应排查以上情况，并存档相关资料。

2.1.2.3　建立健全隐患排查治理制度，开展隐患排查治理工作和建立档案

（1）是否建立隐患排查治理责任制，是否责任到岗，责任到人。

企业需要建立隐患排查治理责任制及内容，制度要在相应工作区域上墙公开。

（2）是否制定本单位的隐患分级规定。

企业根据隐患分级情况制定相关整改规定。

（3）是否有隐患排查治理年度计划；内容是否完善、可行。

企业需要制订隐患排查年度计划，内容要满足排查要求。

（4）在完成年度计划的基础上，当出现下列情况时，是否组织了隐患排查：

①出现不符合新颁布、修订的相关法律、法规、标准、产业政策等情况的；

②企业有新建、改建、扩建项目的；

③企业突发环境事件风险物质发生重大变化导致突发环境事件风险等级发生变化的；

④企业管理组织应急指挥体系机构、人员与职责发生重大变化的；

⑤企业生产废水系统、雨水系统、清净下水系统、事故排水系统发生变化的；

⑥企业废水总排口、雨水排口、清净下水排口与水环境风险受体连接通道发生变化的；

⑦企业周边大气和水环境风险受体发生变化的；

⑧季节转换或发布气象灾害预警、地质地震灾害预报的；

⑨敏感时期、重大节假日或重大活动前；

⑩突发环境事件发生后或本地区其他同类企业发生突发环境事件的；

⑪发生生产安全事故或自然灾害的；

⑫企业停产后恢复生产前。

企业需要对应排查以上情况，并存档组织隐患排查的相关记录等资料。

（5）是否建立自查、自报、自改、自验的隐患治理组织实施制度。

企业事业单位需要制定隐患治理组织实施制度，制度要在相应工作区域上墙公开。

（6）是否建立隐患记录报告制度，是否制定隐患排查表。

企业事业单位要建立隐患记录报告制度，按计划填写隐患排查表（企业可参照《企业突发环境事件隐患排查和治理工作指南》及实际情况自拟，但内容要完整且必须标明每个隐患的级别）。

（7）重大隐患是否制定治理方案。

有重大隐患存在的企业事业单位要制定重大隐患治理方案，制度要在相应工作区域上墙公开。

（8）是否建立重大隐患督办制度。

有重大隐患存在的企业事业单位要制定重点隐患督办制度，制度要在相应工作区域上墙公开。

（9）是否建立隐患排查治理档案。

企业事业单位要建立隐患排查治理档案。

2.1.2.4　开展突发环境事件应急培训，如实记录培训情况

（1）是否将应急培训纳入单位工作计划。

企业事业单位应提供包括应急培训在内的企业工作计划。

（2）是否开展应急知识和技能培训。

企业事业单位要对企业培训资料、培训会议安排及培训照片或视频存档。

（3）是否健全培训档案，如实记录培训时间、内容、人员等情况。

企业事业单位要提供相关档案记录。

2.1.2.5　储备必要的环境应急装备和物资

（1）是否按规定配备足以应对预设事件情景的环境应急装备和物资。

明确环境应急装备和物资的数量、布设地点及责任人。

（2）是否已设置专职或兼职人员组成的应急救援队伍。

明确专职或兼职应急救援队伍组成。

（3）是否与其他组织或单位签订应急救援协议或互救协议。

提供相关应急救援协议和互救协议。

（4）是否对现有物资进行定期检查，对已消耗或耗损的物资装备进行及时补充。

明确定期检查内容及责任人。

2.1.2.6　公开突发环境事件应急预案及演练情况

（1）是否制订突发环境事件应急演练工作计划，并纳入单位工作计划。

企业事业单位应提供包括应急演练在内的企业工作计划。

（2）是否按时组织开展了突发环境事件应急演练。

企业事业单位应对相关应急演练资料进行存档，做好记录。

（3）是否对突发环境事件应急演练的情况进行评估。

企业事业单位应在应急演练结束后自行或邀请相关专家对演练情况进行评估，并记录评估内容。

（4）是否按规定公开突发环境事件应急预案及演练情况。

企业事业单位应对预案及演练情况进行公开。

2.1.3　企业环境风险防控措施方面排查总纲

2.1.3.1　中间事故缓冲设施、事故应急水池或事故存液池（以下统称应急池）

（1）是否设置应急池。

要明确应急池的位置、容积等基本情况。

（2）应急池容积是否满足环评文件及批复等相关文件要求。

企业应了解环评文件及批复等相关文件对应急池容积的要求；

应急池在非事故状态下需占用时，是否符合相关要求，并设有在事故时可以紧急排空的技术措施；

明确是否占用，明确紧急排空技术措施的可行性。

（3）应急池位置是否合理，消防水和泄漏物是否能自流进入应急池；如消防水和泄漏物不能自流进入应急池，是否配备有足够能力的排水管和泵，确保泄漏物和消防水能够全部收集。

自流是首选，如做不到需说明能力配备情况及可操作性。

（4）接纳消防水的排水系统是否具有接纳最大消防水量的能力，是否设有防止消防水和泄漏物排出厂外的措施。

明确消防水接纳能力的核算依据和相关控制措施。

（5）是否通过厂区内部管线或协议单位，将所收集的废（污）水送至污水处理设施处理。

明确收集的废（污）水最终去向。

2.1.3.2　厂内排水系统

（1）装置区围堰、罐区防火堤外是否设置排水切换阀，正常情况下通向雨水系统的阀门是否关闭，通向应急池或污水处理系统的阀门是否打开。

明确排水切换阀的位置、正常状态下的启闭状态，应急情况下的操作方式，明确责任人员。

（2）所有生产装置、罐区、油品及化学原料装卸台、作业场所和危险废物贮存设施（场所）的墙壁、地面冲洗水和受污染的雨水（初期雨水）、消防水，是否都能排入生产废水系统或独立的处理系统。

明确排放方式及是否需要动力。

（3）是否有防止受污染的冷却水、初期雨水进入雨水系统的措施，受污染的冷却水、初期雨水是否都能排入生产废水系统或独立的处理系统。

明确控制措施，排放方式及是否需要动力。

（4）各种装卸区产生的事故液、作业面污水是否设置污水和事故液收集系统，是否有防止事故液、作业面污水进入雨水系统或直接排出的措施。

根据实际情况进行说明。

（5）有排洪沟（排洪涵洞）或其他非工业纳污管道穿过厂区时，排洪沟（排洪涵洞）是否与渗漏观察井、生产废水、清净下水排放管道连通。

根据实际情况进行说明。

（6）雨水排口是否设置监视及关闭闸（阀），是否设专人负责紧急情况下闸（阀）操控，确保受污染的雨水、消防水和泄漏物等排出厂界。

明确监测及关闭闸（阀）的位置、正常状态下的启闭状态，应急情况下的操作方式，明确责任人员。

（7）污（废）水的排水总出口是否设置监视及关闭闸（阀），是否设专人负责关闭总排口，确保不合格废水、受污染的消防水和泄漏物等不会排出厂界。

明确监测及关闭闸（阀）的位置、正常状态下的启闭状态，应急情况下的操作方式，明确责任人员。

2.1.3.3　突发大气环境事件风险防控措施

（1）企业与周边重要环境风险受体的各种防护距离是否符合环境影响评价文件及批复的要求。

说明实际情况及各文件及批复的要求。

（2）涉有毒有害大气污染物名录的企业是否在厂界建设针对有毒有害污染物的环境风险预警体系。

明确体系形式及设置情况。

（3）涉有毒有害大气污染物名录的企业是否定期监测或委托监测有毒有害大气特征污染物。

按企业自行监测计划提供最近的监测报告。

（4）突发环境事件信息通报机制建立情况，是否能在突发环境事件发生后及时通报可能受到污染危害的单位和居民。

明确可能受到污染危害的单位和居民的联系方式及通知方式。

2.1.4　排查频次要求

隐患排查工作计划应明确排查频次、排查规模、排查项目等内容。

排查可分为综合排查、日常排查、专项排查及抽查等方式，以日常排查为主。综合排查是指企业以厂区为单位开展全面排查，一年应不少于一次。日常排查是指以班组、工段、车间为单位组织的对单个或几个项目采取日常的、巡视性的排查工作，其频次根据具体排查项目确定。一月应不少于一次。专项排查是在特定时间或对特定区域、设备、措施进行的专门性排查，其频次根据实际需要确定。企业可根据自身管理流程，采取抽查方式排查隐患。

重大隐患是指情况复杂，短期内难以完成治理并可能造成环境危害的隐患；可能产生较大环境危害的隐患，如可能造成有毒有害物质进入大气、水、土壤等环境介质次生较大以上突发环境事件的隐患。除此之外的隐患可认定为一般隐患。

2.2　企业环境风险排查分类技术要点

2.2.1　石油化工企业

石油化工企业（以下简称石化企业）应建立有效的水体环境风险综合预防与控制体系，确保全部事故排水处于受控状态，并进行妥善处置；至少每 3 年开展一次水体环境风险评估，环境风险发生重大变更时应及时重新评估，根据评估和排查结果采取必要的预防与控制措施，有效控制水体环境风险。石化企业面临的最大环境风险隐患为涉水危险化学品事故排放，企业应结合当地地形、厂区平面布置、道路、雨水系统等因素综合考虑，以自流排放为原则，对厂区进行合理的事故排水汇水区划分，尽量减少汇入事故排水的清净雨水量。事故状态下，企业应避免事故排水进入外环境。第一，把事故排水控制在围堰和罐区防火堤内；第二，把事故排水控制在排水系统范围内；第三，把事故排水控制在厂区范围内；第四，利用环境通道避免大量事故排水进入敏感水体。同时，企业应与周边企业建立联防联控机制，在确保安全的前提下可将事故排水储存设施互联互通，提高防控能力。

2.2.1.1　工程建设环境风险隐患排查技术要求

（1）装置区

①是否设置装置区小围堰或大围堰（或收集明沟），小围堰应满足《石油化工企业设计防火规范》设计要求；围堰区内初期雨水收集后通过初期雨水管道收集到初期雨水储存池或切换到生产污水系统收集。

②排水系统宜划分且不限于生产污水、初期雨水和清净雨水三个排水系统，各排水系统宜独立设置。当装置生产污水量少且没有连续流时，生产污水与初期雨水的排水系统是否合并设置，以及在围堰处设置生产污水和清净雨水的切换阀。

③装置区或多个装置联合区域是否设置初期雨水储存池和生产污水储存池，生产污水与初期雨水是否在分别提升后送去污水处理场；对于装置受到条件限制时，生产污水与初期雨水可合并设置生产污水储存池，生产污水与初期雨水一并提升后去污水处理场；在条件允许情况下，装置区生产污水、初期雨水可通过生产污水管道系统收集重力输送到污水处理场，但应符合《石油化工工程防渗技术规范》的防渗要求。

④清净雨水出装置区时是否设置切换设施，必要时可将围堰外污染雨水或事故排水切换到初期雨水系统收集或生产污水系统收集。

⑤切换设施是否在地面上操作。

⑥围堰内是否设置混凝土地坪，并按照《石油化工工程防渗技术规范》等相关规范或项目要求采取防渗措施，围堰检修专用通道是否加漫坡处理。

（2）罐区

①罐区防火堤和隔堤的设计是否满足《石油化工企业设计防火规范》和《储罐区防火堤设计规范》等相关标准的要求。

②罐区排水是否划分生产污水和清净雨水两个排水系统，原油等需要收集浮盘初期雨水的罐区是否设置初期雨水系统。

③清净雨水出罐区时是否设置切换设施，必要时可将罐区初期雨水或事故排水切换到生产污水系统或初期雨水系统进行收集、储存、转运。

④罐区或多个罐区区域是否设置生产污水储存池，原油等需要收集浮盘初期雨水的罐区是否设置初期雨水储存池，生产污水储存池和初期雨水储存池是否分别设置，提升后去污水处理场；对于罐区受到条件限制时，生产污水与初期雨水可合并设置生产污水储存池，生产污水与初期雨水一并提升后去污水处理场；在条件允许情况下，罐区生产污水、初期雨水可通过生产污水管道系统收集重力输送到污水处理场，但应符合《石油化工工程防渗技术规范》的防渗要求。

⑤酸性水、碱渣、酸碱、液氨、苯等环境风险物质储罐及生产污水储罐是否设置防火堤或事故存液池，泄漏时不得进入全厂事故排水系统；防火堤或事故存液池的有效容积不宜小于罐组内 1 个最大储罐的容积，并设置提升设施和固定管道，将泄漏的物料转运到相邻的同类物料储罐。

⑥切换设施是否在地面操作。

（3）工艺管廊

①是否根据区域环境特点、物料性质对工艺管廊采取相应的水体环境风险防控措施。

②厂外管廊在可能影响水环境敏感区的阀门、法兰、阀组等部位周边，是否有针对性地采取截污、储存、导流或转输措施。

（4）事故排水系统

①事故排水系统宜与雨水系统合建。有条件或项目环境影响评价报告要求时，是否设置独立的事故排水系统。

②事故排水系统与雨水系统合建时，事故排水系统设置是否根据地形、厂区平面布置、道路、雨水系统等因素综合考虑，以自流排放为原则，合理划分多个独立

的、可切换的事故排水汇水区。

③事故排水区域收集系统是否设置切换设施或区域事故排水储存提升设施，将事故区域的事故排水切换、收集到全厂事故排水储存设施或通过提升泵转运到全厂事故排水储存设施，尽量减少事故区域的汇水面积。转运能力是否与事故排水流量相匹配。

④事故排水系统管道是否采用防止闪燃引起变形的材料，不宜采用非金属管线；应尽可能采用密闭形式收集输送，并做好水封，难以采用密闭形式时应采取安全防范措施，防止因气体扩散造成火灾爆炸事故和人身伤害事故。

⑤清净雨水兼做事故排水收集系统时，其排水能力是否按事故排水量进行校核，以满足事故排水的需要。通过装置区生产污水系统、初期雨水系统的转运量可以扣除。

⑥在装置区、罐区防火堤、建构筑物接入事故排水系统的排出管道上，全厂性的支干管与干管交汇处的支干管上，是否设置水封设施。事故排水采用暗管系统时是否采用密封井盖及井座，并与铺砌路面平齐比绿化地面高出 50 mm；采用雨水明沟时，是否考虑防止挥发性气体和火灾蔓延，在水封设施 15 m 范围内是否设置密封盖板。水封设施不得设在车行道、人行道上，远离可能产生明火的地点，水封井水封高度不小于 250 mm。

⑦收集转运腐蚀性事故排水的管道、检查井内壁是否有防腐蚀和防渗措施。

⑧事故排水切换设施应简单快捷，密闭防爆，采用电动、气动方式驱动，可手动操作。重要的阀门和距离远不便操作的阀门是否采用远程控制、手动控制双用阀，保证在事故状态下可操作。

⑨清净雨水管道或明沟在出厂界前是否设置切断阀门或闸门。

⑩是否核定事故排水储存设施总有效容积。容积应根据发生事故的设备泄漏量、事故时消防用水量及可能进入事故排水的降雨量等因素确定，并将厂区排放口周边与外界隔开的池塘、污染物外泄产生的影响程度等纳入综合考虑因素。在现有储存设施不能满足事故排水储存容量要求时，是否设置事故池或采取其他替代措施。

（5）事故池

①事故池是否单独设置，非事故状态下需占用时，占用容积不得超过 1/3，且具备在事故发生时 30 min 内紧急排空的设施。

②事故池宜采取地下式，事故排水是否重力流排入，事故池是否根据项目选址、地质等条件，采取防渗、防腐、抗浮、抗震等措施。当不具备条件时可采用事故罐，

事故排水向事故罐转入能力应不小于收集区域内最大事故排水汇水区的事故排水产生量。

③事故池是否设置转运设施，将事故排水转运到污水处理场或其他储存、处置设施。

④事故排水转运到污水处理场的量不能影响污水处理系统的稳定运行，其余的事故排水必要时在确保安全的前提下转运到原油罐、全厂污油罐或其他不影响生产运行的储罐储存。

⑤事故排水转运管道是否为固定管道；转运管道与污水处理场储罐的连接是否采用固定连接，与原油罐或其他生产用储罐的连接宜为临时连接，事故时采用快速接头迅速连接。

⑥事故池是否设置物料收集设施、标尺液位计和物料转运提升泵。

⑦事故池收集挥发性有害物质时，其用电设备、消防设施、平面布置是否采取安全措施，火灾危险类别是否按甲类管理。

⑧事故池不宜加盖。事故池周围是否设置消火栓，用于水消防或泡沫消防。消火栓距离事故池宜不小于 15 m。

⑨事故池收集挥发性有害物质时，周边 15 m 范围为防爆区，所有用电设备应防爆。

⑩事故池兼作雨水监控时，进水管道、出水管道上是否设置切断阀，出水管道正常情况下阀门应处于关闭状态，监测合格后打开出水阀门。

⑪自流进水事故池的设计液位是否低于该收集系统范围内的最低地面标高，池顶高于所在地面不应小于 200 mm，保护高度不应小于 500 mm。

⑫独立设置的事故池不得设有通往外部的管道或出口。

（6）装卸设施

1）火车装卸区

①是否设置事故排水收集、排放系统，用于收集铁路装卸区产生的事故排水。

②在距装车栈桥边缘 10 m 以外的油品和液化石油气输入管道上，是否设置便于操作的紧急切断阀。

③事故池容积是否按照规范要求进行核算，或依托厂区事故池。

2）汽车装卸区

①是否设置事故排水收集、排放系统，用于收集公路装卸区产生的事故排水。

②装卸车场是否采用现浇混凝土地面。

③在装卸设施周围是否设截污沟。

④在距装卸鹤管 10 m 以外的油品装卸管道上，是否设置便于操作的紧急切断阀。

⑤装卸区竖向低点区域是否设置汇水沟，做到清污分流。

⑥事故池容积是否按照规范要求进行核算，或依托厂区事故池。

（7）石油库与石油储备库

①石油库与石油储备库是否与周边企业共同形成事故防控体系。

②石油库与石油储备库事故预防与控制设施是否结合当地水文、地质条件及储存物料特性，按审批要求或相关规范采取防渗措施。

③石油库与石油储备库水体环境风险防控系统一般由罐组防火堤、罐组周围路堤式消防道路与防火堤之间的低洼地带、雨水收集系统、事故排水收集池、库区围墙组成，满足《石油库设计规范》和《石油储备库设计规范》的相关要求。

④事故池容积是否按照规范要求进行核算，容积不应低于《石油库设计规范》的相关要求。

⑤石油库与石油储备库应是否按照《石油库设计规范》和《石油储备库设计规范》要求设置围墙。

2.2.1.2　监测监控设施隐患排查技术要求

①企业是否在雨水排口、油品码头等可能发生溢油风险的区域设置溢油实时监测报警设施。

②报警设施是否具备现场和远程报警的功能，也可考虑与紧急切断阀、排水闸门等设施进行联动。

2.2.2　尾矿库企业

尾矿是指金属非金属矿山开采出的矿石，经选矿厂选出有价值的精矿后产生的固体废物。尾矿库是指用以储存尾矿的场所。尾矿库的封场也称闭库。尾矿库污染隐患是指由于环境保护措施不到位，导致尾矿库及其附属设施存在发生有毒有害物质渗漏、扬散、流失的风险，可能对水、气、土壤造成潜在的污染。

尾矿库环境风险与传统的石化企业危险品的环境风险既有相似之处，也有其独特的地方。尾矿库的风险因子并不仅仅是储存的矿渣，在工程方面如尾矿坝、回水系统、排水系统等也存在很大的环境风险隐患，并且后者是造成尾矿库突发生态环境事件的主要风险因子。对 2006 年以后发生的 54 起尾矿库突发环境事件分析发现，有 80% 是由安全生产事故或自然灾害造成的坝体、排洪系统、输送系统等损毁引起的。由于尾矿库环境风险因素具有较为复杂的特点，它难以像化工企业那样只需要采用危险品量值一个指标就基本可以反映风险总体情况，环境风险的表征需要更为系统的分类指标体系。同时，尾矿库作为一个复杂系统，其环境风险不仅涉及尾矿库自身基本情况，还与外界环境、管理水平等紧密关联，需要制定科学、合理、有效的尾矿库环境风险排查技术指标体系。

尾矿库运营、管理单位为尾矿库污染隐患排查治理工作的责任主体（地方人民政府为无生产经营主体尾矿库的责任主体）。尾矿库责任主体可根据自身技术能力情况，自行组织开展污染隐患排查治理，或者委托相关专业技术单位协助完成排查治理。生态环境部门在日常监督检查中发现存在污染隐患的尾矿库，可指导尾矿库责任主体及时开展污染隐患排查治理。

2.2.2.1 风险隐患排查工作流程及要点

尾矿库污染隐患排查治理一般包括资料收集、污染隐患现场排查、污染隐患治理、治理成效核查、台账信息建立等。

（1）资料收集

重点收集尾矿库基本信息、环境管理信息、污染防治措施等。

①基本信息：尾矿库名称、责任主体、地址、生产状况、尾矿种类与属性、排尾和回水管道分布、水文地质勘察资料等。

②环境管理信息：环境影响评价文件及批复、建设项目竣工验收报告、排污许可证（或排污登记）；尾矿废水、地下水、周边土壤等环境监测报告；突发环境事件风险评估报告、突发环境事件应急预案（或环境应急预案专章）；历年尾矿库污染隐患排查治理台账等。

③污染防治措施：尾矿废水收集处理、排放口流量和视频监控、环境监测、防扬尘等污染防治措施状况；环境应急物资储备情况等。

（2）污染隐患现场排查

尾矿库责任主体可根据尾矿库实际生产运行状态，参照运营及封场后尾矿库污染隐患排查表开展尾矿库污染隐患现场排查，并逐项记录污染隐患排查情况。同时还要摸清周边环境敏感点相关情况（见 2.2.2.2 节）。

尾矿库污染隐患排查分为运营和封场后两类。尾矿库责任主体参照 2.2.2.3 节对停用等生产状况的尾矿库开展排查时，排查中不涉及的污染隐患点可备注"不涉及"或注明特殊情况。封场后的尾矿库若连续两年没有渗滤液产生或产生的渗滤液未经处理即可稳定达标排放，且地下水水质连续两年不超出上游监测井水质或区域地下水本底水平，可不再开展污染隐患排查。

尾矿库监测方案中特征污染因子可在环境影响评价文件及其批复有关要求基础上参考 2.2.2.5 节确定。

（3）污染隐患治理

尾矿库责任主体应根据污染隐患排查情况，因地制宜制定污染隐患治理方案，并按照污染隐患治理方案及时实施治理。治理方案应根据尾矿库企业实际情况，针对排查发现的污染隐患逐项提出具体的治理措施、计划完成时间以及后续管理措施。

（4）治理成效核查

尾矿库责任主体完成治理后，应逐项开展现场核验，按照 2.2.2.3 节进行核验，其中关键排查环节的治理成效需拍照留存。

（5）台账信息建立

尾矿库责任主体应建立污染隐患排查治理台账。台账信息包括但不限于：尾矿库环境管理相关资料、尾矿库污染隐患排查表、尾矿库污染隐患治理方案、尾矿库治理成效核查表及相关证明材料等内容。

2.2.2.2　尾矿库周边环境敏感性

尾矿库周边环境敏感性反映了尾矿库周边环境的敏感性，主要从下游涉及的跨界情况、周边环境敏感区与保护目标情况、周边环境功能类别情况三方面来进行排查并作为基础信息掌握、管控。

（1）下游涉及的跨界情况

指尾矿库事故后可能涉及的跨越行政区污染情况。跨界是突发环境事件分级的重要考虑因子之一，也是影响尾矿库环境风险的重要因素之一。对跨界情况的评估主要从跨越的行政区边界类型及相对行政区边界的距离两方面来进行评估。通常距离行政边界越近，行政边界类型越高，其环境风险越大。尾矿库一般规模大、势能大、影响范围远，一旦出现事故较容易出现跨界环境污染事件。

重点排查内容：

①涉及跨界类型，主要包括国界、省界、市界、县界等。

②涉及跨界距离，指沿着尾矿库事故后污染物的可能流向的曲线距离。

（2）周边环境敏感区与保护目标情况

主要指尾矿库周边可能涉及的各类环境敏感区与保护目标的分布情况。通常周边环境敏感区与保护目标分布越多，敏感性越高，事故后环境危害越大。对周边环境敏感区与保护目标情况的评估，主要从环境敏感区与保护目标的类型、规模等级等方面来进行排查。

重点排查内容：

①所在区域是否处于国家重点生态功能区、国家禁止开发区域、水土流失重点防治区、沙化土地封禁保护区、江河源头区和重要水源涵养区。

②尾矿库下游涉及水环境风险受体是否包括以下类别：服务人口在 2 000 人及以上的饮用水水源保护区或自来水厂取水口；重要湿地、天然林、珍稀濒危野生动植物天然集中分布区、重要水生生物的自然产卵场及索饵场、越冬场和洄游通道、天然渔场、资源性缺水地区、封闭及半封闭海域、富营养化水域等；流量大于等于 $15m^3/s$ 的河流；面积大于等于 $2.5\ km^2$ 的湖泊或水库；规模在 100 亩及以上的水产养殖区；服务人口在 2 000 人以下的饮用水水源保护区或自来水厂取水口；流量小于 $15m^3/s$ 的河流；面积小于 $2.5\ km^2$ 的湖泊或水库；规模在 100 亩及以下的水产养殖区。

③尾矿库下游是否涉及其他类型风险受体：累计人口在 2 000 人及以上的人口聚集区；累计人口在 2 000 人以下、200 人及以上的人口聚集区；国家级（或 4A 级及以上）自然保护区、风景名胜区、森林公园、地质公园、世界文化或自然遗产地、重点文物保护单位以及其他具有特殊历史、文化、科学、民族意义的保护地；规模在 1000 亩及以上的国家基本农田、基本草原、种植大棚、农产品基地等；重大环境风险企业或重大二次环境污染源、风险源；累计人口在 200 人以下人口聚集区；涉及省级及以下（或 4A 级以下）自然保护区、风景名胜区、森林公园、地质公园、世界文化或自然遗产地，重点文物保护单位以及其他具有特殊历史、文化、科学、民族意义的保护地；规模在 1000 亩及以下的国家基本农田、基本草原、种植大棚、农产品基地；一般、较大环境风险企业或其他二次环境污染源、风险源。

④尾矿库输送管线、回水管线是否涉及以下穿越区域：服务人口在 2 000 人及以上的饮用水水源保护区、自来水厂取水口；规模在 100 亩及以上的水产养殖区；江、河、湖、库等大型水体。

（3）周边环境功能类别情况

指尾矿库所在区域周边背景环境的敏感性，从周边环境的功能类别来进行评估。通常，尾矿库周边背景环境功能类别越高，敏感性越高。根据尾矿库的特殊性，主要考虑水环境（地表水、海水）、土壤环境和大气环境。

重点排查内容：

①下游水体地表水、海水类别。

②尾矿库地下水类别。

③尾矿库土壤环境类别。

④尾矿库区域大气环境类别。

2.2.2.3　运营尾矿库污染隐患排查要点

（1）检查尾矿库相关环境管理制度落实情况

检查内容：

①是否开展环境影响评价；

②是否开展项目竣工验收；

③是否依法取得排污许可证或并完成登记；

④制定自行监测方案（监测方案中应包含地下水、土壤监测内容，存在尾矿废水排放的尾矿库还需包含尾矿废水监测内容）；

⑤是否落实上一次污染隐患排查治理工作流程中的各项措施。

整改意见建议：补充开展相应的环境管理工作并完善尾矿库环境管理、污染防治等相关资料。按照有关法律和《环境监测管理办法》（国家环境保护总局令　第39号）、《企业环境信息依法披露管理办法》（生态环境部令　第24号）、"排污单位自行监测技术指南"、《地下水环境监测技术规范》（HJ 164—2020）等规定，建立监测制度，制定监测方案，开展监测并公开监测结果。补充上一次尾矿库污染隐患排查治理缺项工作，形成污染隐患排查治理全过程闭环。

（2）检查尾矿库污染隐患排查治理制度建立和落实情况

检查内容：

①是否建立污染隐患排查治理制度；

②是否明确承担污染防治工作的部门和专职技术人员；

③明确单位负责人和相关人员的责任；

④开展汛期前污染隐患排查。

整改意见建议：建立健全尾矿库污染隐患排查制度，明确责任部门和责任人员以及相关责任。补充开展一次全面的污染隐患排查。

（3）检查突发环境事件应急预案（或环境应急预案专章）备案情况

检查内容：是否向当地生态环境部门备案突发环境事件应急预案（或环境应急预案专章）（含超过3年未更新备案）。

整改意见建议：开展尾矿库突发环境事件风险评估，编制突发环境事件应急预案（或环境应急预案专章）并向当地生态环境部门备案；至少每3年进行一次回顾性评估，修订并更新备案。

（4）检查环境应急物资储备情况

检查内容：是否按照突发环境事件应急预案（或环境应急预案专章）要求，存储充足的环境应急物资。

整改意见建议：按照突发环境事件应急预案（或环境应急预案专章）要求，参考《环境应急资源调查指南（试行）》（环办应急〔2019〕17号）补足必要的环境应急物资，或与应急物资生产、储存等厂商签署物资保障协议，保障应急状态时物资充足。

（5）检查突发环境事件应急演练方案及组织过程的相关证明材料

检查内容：是否按要求组织开展突发环境事件应急演练。

整改意见建议：定期组织突发环境事件应急演练，并留存演练过程照片等相关材料。

（6）检查尾矿库滩面防扬尘情况

检查内容：干滩是否存在明显扬尘或滩面干燥起尘。

整改意见建议：补充防扬尘措施（洒水降尘、雾炮机、抑尘网、抑尘剂等），采取其中的一种及以上防扬尘措施，满足滩面无明显扬尘。

（7）检查尾矿库堆积坝外坡面防扬尘情况

检查内容：堆积坝外坡面有明显扬尘，或堆积坝坝面干燥起尘。

整改意见建议：对尾矿库堆积坝外坡面采取覆绿或用碎石覆面等措施，满足坝面无明显扬尘。

（8）检查干排尾矿库带式输送情况

检查内容：干排尾矿库尾矿输送带是否采取封闭等措施。

整改意见建议：干排尾矿采用带式输送的，应当采取封闭等措施，防止尾矿流失和扬散。

（9）检查排尾管道有无"跑、冒、滴、漏"情况（查看管道巡查记录、沿管道巡查，或借助无人机等设备巡查，重点关注管道连接处）

检查内容：排尾管道是否存在"跑、冒、滴、漏"污染或"跑、冒、滴、漏"痕迹。

整改意见建议：对管道"跑、冒、滴、漏"部分及时进行修补或更换；加强管道日常巡查和维护，并做好管道巡查记录。

（10）检查排尾管道穿越敏感区域的防护情况（排尾管道未穿越敏感区的，不涉及此项）

检查内容：排尾管道穿越敏感区域（农田、河流、湖泊等）时是否采取地上明管或架空管道，并设置管沟、套管等设施。

整改意见建议：新（改、扩）建尾矿库排尾管道穿越敏感区域部分采取地上明管或架空管道，建设管沟、管套等预防措施并配套建设环境应急事故池；对穿越敏感区域的管道重点巡查。

（11）检查回水管道有无"跑、冒、滴、漏"情况（查看管道巡查记录、沿管道巡查，或借助无人机等设备巡查，重点关注管道连接处）

检查内容：回水管道是否存在"跑、冒、滴、漏"污染或"跑、冒、滴、漏"痕迹。

整改意见建议：对管道"跑、冒、滴、漏"部分及时进行修补或更换；加强管道日常巡查和维护，并做好管道巡查记录。

（12）检查回水管道穿越敏感区域的防护情况（回水管道未穿越敏感区，不涉及此项）

检查内容：回水管道穿越敏感区域（农田、河流、湖泊等）时是否采取地上明管或架空管道，并设置管沟、套管等设施。

整改意见建议：新（改、扩）建尾矿库回水管道穿越敏感区域部分采取地上明管或架空管道，建设管沟、管套等预防措施并配套建设环境应急事故池；对穿越敏感区域的管道重点巡查。

（13）检查回水池防渗、防漫流情况（查看建设项目相关资料及回水池现场）（无回水池，不涉及此项）

检查内容：

①回水池是否采取有效的防渗措施；

②回水池是否存在漫流或漫流痕迹。

整改意见建议：采取不低于对应尾矿库防渗要求的防渗措施；对回水系统进行改造，调整废水泵出量或增大回水池容积；采取防漫流措施。

（14）检查环境应急事故池建设和运行情况（资料和现场）（无环境应急事故池，不涉及此项）

检查内容：

①是否针对 V 形管、泵房、废水处理设施等建设环境应急事故池；

②环境应急事故池中是否有废水或其他杂物存放；

③环境应急事故池容积是否满足泵房和废水处理设施突发停电或检修、排尾或回水管道泄漏收集管道内尾矿或废水的应急需要；

④环境应急事故池是否采取有效的防渗措施。

整改意见建议：建设满足尾矿输送系统、回水系统、尾矿水处理系统等非正常情况下的环境应急事故池；清理环境应急事故池中废水或其他杂物，扩大环境应急事故池使其容积满足应急需要；采取不低于对应尾矿库防渗要求的防渗措施。

（15）检查渗滤液收集设施建设和运行情况（无渗滤液渗出，不涉及此项）

检查内容：

①尾矿库导渗管有渗滤液流出的情况下是否建设渗滤液收集设施；

②渗滤液收集设施是否采取有效的防渗措施；

③尾矿库坝上、坝肩、坝底，渗滤液是否全部流入渗滤液收集设施（包括途中通过支流或其他方式流入外环境）；

④渗滤液收集设施是否存在漫流或漫流痕迹。

整改意见建议：有渗滤液渗出的尾矿坝下游应设置渗滤液收集设施，保证渗滤液全部收集；渗滤液收集池采取不低于对应尾矿库防渗要求的防渗措施；对渗滤液收集系统进行改造，确保所有渗滤液全部有效收集；对渗滤液收集设施进行改造，采取防漫流措施，如调整渗滤液泵回量、扩大渗滤液收集设施或对渗滤液进行处理达标排放。

（16）检查尾矿废水排放情况（查阅监测报告，必要时可现场采样）（无尾矿废水排放，不涉及此项）

检查内容：向环境排放（含汛期外排和非正常工况外排）尾矿废水（包含尾矿库的澄清水、渗滤液 / 渗水等）是否达标。

整改意见建议：建设并规范运行尾矿废水治理设施，落实自行监测要求，确保尾矿废水达标排放。

（17）检查排放口规范设置情况（无尾矿废水排放，不涉及此项）

检查内容：

①是否按要求规范设置排放口并设立标志；

②排放口的流量计、视频监控是否正常运行；

③流量计和视频监控记录是否完备。

整改意见建议：排放尾矿废水的尾矿库，按照有关规定设置规范排放口并设立标志，依法安装流量计和视频监控；流量计和视频监控保证正常运行；排放口视频监控记录保存期限不得少于 3 个月。

（18）查阅监测报告，检查尾矿废水自行监测落实情况（无尾矿废水排放，

不涉及此项）

检查内容：

①监测方案中尾矿废水特征污染因子监测项目是否齐全；

②尾矿废水的监测频次是否达到每月至少监测 1 次的要求。

整改意见建议：结合环境影响评价文件及批复要求，根据尾矿主要成分，明确特征污染因子监测项目；对尾矿废水定期监测（包含特征污染物），原始监测记录、流量计监测记录等保存期限不得少于 5 年。

（19）检查有毒有害水污染物监测情况（无有毒有害水污染物排放，不涉及此项）

检查内容：

①是否对周边受纳水体有毒有害水污染物开展监测；

②周边受纳水体有毒有害水污染物是否超标。

整改意见建议：排放有毒有害水污染物的尾矿库，应当按照相关技术规范对周边受纳水体开展有毒有害水污染物监测；及时查明原因，采取措施防止新增污染，并开展调查与风险评估，因地制宜采取风险管控措施。

（20）查阅监测报告和运行维护记录，检查尾矿废水处理设施建设和运行情况（无尾矿废水产生或尾矿废水无须处理即可达标排放，不涉及此项）

检查内容：

①存在尾矿废水超标排放的尾矿库是否按要求建设废水处理设施；

②尾矿废水处理设施记录是否完整，是否正常运行。

整改意见建议：建设尾矿废水处理设施，确保尾矿废水处理后达标排放；对尾矿废水处理设施进行维修，确保设施正常运行，并准确记录。

（21）检查地下水水质监测井建设和监测情况（查阅水文勘察资料）

检查内容：

①是否建立或者规范建立地下水水质监测井；

②地下水监测方案特征污染因子监测项目是否齐全；

③地下水监测方案中污染物的检测方法是否正确；

④是否按要求定期监测地下水（一般为一个季度监测一次，且两次监测之间间隔不少于 1 个月）；

⑤是否存在地下水被污染的迹象（检查并对比分析地下水监测报告）。

整改意见建议：按照《一般工业固体废物贮存和填埋污染控制标准》（GB 18599—2020）及《地下水环境监测技术规范》（HJ 164—2020）要求，补充建设地下水监测井；地下水监测井的设置需经论证能够满足要求；根据尾矿特性，制定特征污染因子监测项目；根据地下水评价标准，结合检测方法适用范围，选择正确的检测方法；按照《一般工业固体废物贮存和填埋污染控制标准》要求，对尾矿库区域内地下水进行定期监测；建立地下水监测台账；及时查明原因，采取措施防止新增污染，并开展调查与风险评估，因地制宜采取风险管控措施。

（22）检查周边有无尾矿乱堆乱放情况（可借助无人机等设备）

检查内容：尾矿库区周边是否存在尾矿随意堆放。

整改意见建议：对随意堆放的尾矿进行清理，保证尾矿妥善处理，防止对周边生态环境造成影响。

（23）检查土壤污染状况监测和评估情况

检查内容：

①是否按照有关技术规范要求，定期进行土壤污染状况监测和评估；

②是否存在土壤被污染的迹象。

整改意见建议：按照相关技术规范，定期开展土壤污染状况监测和评估；应及时查明原因，采取措施防止新增污染，并开展调查与风险评估，因地制宜采取风险管控措施。

（24）其他污染隐患

2.2.2.4 封场后尾矿库污染隐患排查要点

（1）检查尾矿库相关环境管理制度落实情况

检查内容：

①是否落实上一次污染隐患排查治理工作流程中的各项措施；

②是否制定自行监测方案（监测方案中应包含地下水、土壤监测内容，存在尾矿废水排放的尾矿库还需包含尾矿废水监测内容）。

整改意见建议：补充上一次尾矿库污染隐患排查治理缺项工作，形成污染隐患排查治理全过程闭环；按照有关法律和《环境监测管理办法》（国家环境保护总局令 第 39 号）、《企业环境信息依法披露管理办法》（生态环境部令 第 24 号）、"排污单位自行监测技术指南"、《地下水环境监测技术规范》（HJ 164—2020）等规定，建立监测制度，制定监测方案，开展监测并公开监测结果。

（2）检查渗滤液收集设施建设和运行情况（无渗滤液渗出的，不涉及此项）

检查内容：

①尾矿库导渗管有渗滤液流出是否建设渗滤液收集设施；

②是否采取有效的防渗措施；

③尾矿库坝上、坝肩、坝底，渗滤液是否全部流入渗滤液收集设施（包括途中通过支流或其他方式流入外环境）；

④渗滤液收集设施是否存在漫流或漫流痕迹。

整改意见建议：有渗滤液渗出的尾矿坝下游应设置渗滤液收集设施，保证渗滤液全部收集；采取不低于对应尾矿库防渗要求的防渗措施；对渗滤液收集系统进行改造，确保所有渗滤液全部有效收集；对渗滤液收集设施进行改造，采取防漫流措施，如扩大渗滤液收集设施或对渗滤液进行处理达标排放。

（3）检查尾矿废水排放情况（查阅监测报告，必要时可现场采样；无尾矿废水排放的，不涉及此项）

检查内容：排放的尾矿废水（主要是渗滤液 / 渗水等）是否达标。

整改意见建议：建设并规范运行尾矿废水治理设施，落实自行监测要求，确保尾矿废水达标排放。

（4）检查排放口规范设置情况（无尾矿废水排放的，不涉及此项）

检查内容：

①是否按要求规范设置排放口并设立标志；

②排放口的流量计、视频监控是否正常运行；

③流量计和视频监控记录是否完备。

整改意见建议：排放尾矿废水的尾矿库，按照有关规定设置规范排放口并设立标志，依法安装流量计和视频监控；流量计和视频监控保证正常运行；排放口视频监控记录保存期限不得少于 3 个月。

（5）查阅监测报告，检查尾矿废水自行监测落实情况（无尾矿废水排放的，不涉及此项）

检查内容：

①监测方案中尾矿废水特征污染因子监测项目是否齐全；

②尾矿废水的监测频次是否达到每月至少监测 1 次的要求。

整改意见建议：结合环境影响评价文件及批复要求，根据尾矿主要成分，明确特征污染因子监测项目；对尾矿废水进行定期监测（包含特征污染物），原始监测记录、流量计监测记录等保存期限不得少于 5 年。

（6）检查有毒有害水污染物监测情况（无有毒有害水污染物排放的，不涉及此项）

检查内容：

①对周边受纳水体有毒有害水污染物开展监测；

②周边受纳水体有毒有害水污染物超标情况。

整改意见建议：排放有毒有害水污染物的尾矿库，应当按照相关技术规范对周边受纳水体开展有毒有害水污染物监测。

（7）查阅监测报告和运行维护记录，检查尾矿废水处理设施建设和运行情况（无尾矿废水产生或尾矿废水无须处理即可达标排放的，不涉及此项）

检查内容：

①存在尾矿废水超标排放的尾矿库是否按要求建设废水处理设施；

②尾矿废水处理设施记录是否完整，或是否正常运行。

整改意见建议：建设尾矿废水处理设施，确保尾矿废水处理后达标排放；对尾矿废水处理设施进行维修，确保设施正常运行，并准确记录。

（8）检查地下水水质监测井建设情况（查阅水文勘察资料）

检查内容：

①是否建立或者未规范建立地下水水质监测井；

②地下水监测方案特征污染因子监测项目是否齐全；

③地下水监测方案中污染物的检测方法是否正确；

④是否按要求定期监测地下水（至少每半年 1 次，且两次监测之间间隔不少于 1 个月）；

⑤是否存在地下水被污染的迹象（检查并对比分析地下水监测报告）。

整改意见建议：按照《一般工业固体废物贮存和填埋污染控制标准》（GB 18599—2020）及《地下水环境监测技术规范》（HJ 164—2020）要求，补充建设地下水监测井；地下水监测井的设置需经论证能够满足要求；根据尾矿特性，制定特征污染因子监测项目；根据地下水评价标准，结合检测方法适用范围，选择正确的检测方法；按照《一般工业固体废物贮存和填埋污染控制标准》要求，对尾矿库区域内地下水进行定期监测；建立地下水监测台账；及时查明原因，采取措施防止新增污染，并开展调查与风险评估，因地制宜采取风险管控措施。

（9）检查尾矿库周边有无尾矿乱堆乱放情况（可借助无人机等设备）

检查内容：尾矿库区周边存在尾矿随意堆放。

整改意见建议：对随意堆放的尾矿进行清理，保证尾矿妥善处理，防止对周边生态环境造成影响。

（10）检查土壤污染状况监测和评估情况

检查内容：

①是否按照有关技术规范要求，定期进行土壤污染状况监测和评估；

②是否存在土壤被污染的迹象。

整改意见建议：按照相关技术规范，定期开展土壤污染状况监测和评估；应及时查明原因，采取措施防止新增污染，并开展调查与风险评估，因地制宜采取风险管控措施。

（11）其他污染隐患

2.2.2.5　尾矿库特征污染因子

（1）金矿尾矿库

尾矿主要成分：金尾矿中主要化学成分为：SiO_2、Al_2O_3、Fe、MgO 等。

潜在污染因子：铜（Cu）、铅（Pb）、砷（As）、锌（Zn）、镉（Cd）、汞（Hg）、氰化物（氰化工艺）。

主要管控因子：铜（Cu）、铅（Pb）、砷（As）、锌（Zn）、氰化物（氰化工艺）。

主要关注的环境问题：地下水氰化物、砷超标问题；土壤砷超标问题。

（2）铜矿尾矿库

尾矿主要成分：铜尾矿中主要化学成分为：SiO_2、Al_2O_3、Fe_2O_3、CaO 等。

潜在污染因子：铜（Cu）、砷（As）、锌（Zn）、铅（Pb）、镉（Cd）、汞（Hg）。

主要管控因子：铜（Cu）、砷（As）、锌（Zn）、铅（Pb）、镉（Cd）、汞（Hg）。

主要关注的环境问题：地下水铜、锌、砷等重金属[1]超标问题；土壤重金属超标问题。

（3）铅锌矿尾矿库

尾矿主要成分：铅锌尾矿中主要化学成分为：SiO_2、Al_2O_3、Fe、K_2O、MgO、CaO 等。

潜在污染因子：铅（Pb）、锌（Zn）、铜（Cu）、砷（As）、镉（Cd）、汞（Hg）、铊（Tl）。

主要管控因子：铅（Pb）、锌（Zn）、砷（As）、镉（Cd）、铜（Cu）、汞（Hg）、铊（Tl）。

主要关注的环境问题：地下水铅、锌、砷、镉等重金属超标问题；土壤铅、砷、

---

[1]　本书中所述重金属包含类金属砷（As）。

镉等重金属超标问题。

（4）锡矿尾矿库

尾矿主要成分：锡尾矿中主要化学成分为：SiO_2、$CaCO_3$、Fe_2O_3、SO_3、As_2O_3 等。

2.2.3　涉重金属企业

生态环境风险防控涉及的重金属是以铅（Pb）、汞（Hg）、镉（Cd）、铬（Cr）和类金属砷（As）五种元素为重点的重金属污染物，兼顾铊（Tl）、锑（Sb）、镍（Ni）、铜（Cu）、锌（Zn）、银（Ag）、钒（V）、锰（Mn）、钴（Co）等其他重金属污染物。以此排放为重点，涉及行业包括有色金属矿采选业（铅锌矿采选、铜矿采选、金矿采选等）、重有色金属冶炼业（铅锌冶炼、铜冶炼、金冶炼等）、金属表面处理及热处理加工业（电镀）、铅酸蓄电池制造业、皮革及其制品制造业、化学原料及化学制品制造业（基础化学原料制造和涂料、颜料及类似产品制造、硫化物矿制酸）等。

涉重金属企业环境风险管控应坚持源头防控，优化行业布局，严格控制重金属污染物排放，实施分区防控策略，实现增产减污。强化涉重金属企业空间布局管控，提升清洁生产水平。风险排查的主导理念应是加强涉重金属企业污染源环境风险管控，以涉重金属排放企业环境风险申报为基础，全面掌握企业环境风险现状，并逐步将企业环境风险及含重金属原辅材料纳入常态化管理。在排查重点上应聚焦涉重企业危险废物安全处理处置与污染场地风险管控。在危险废物管理方面，应关注有色金属冶炼、大型有色金属采选和冶炼的废渣、含汞废物等无害化利用和处置；在污染场地风险管控方面，应以建立污染场地清单为基础工作，以拟再开发利用的已关停并转、破产、搬迁的化工、金属冶炼、农药、电镀、危险化学品企业原有场地及其他重点监管工业企业场地为对象，组织开展工业用地土壤污染状况调查和风险排查，实施污染场地分类管理。

2.2.3.1　风险排查要求

企业基本要求如下：

①建设项目必须符合国家产业政策要求，且环保审批手续齐全。

②落实环评批复的污染防治设施，通过项目竣工环境保护验收，各种管线及环保设施标识清楚，污染物稳定达标排放。

③清净水、污水、雨水彻底分流，建设规范的排水系统。

④用于堆存原料、物料的场地应硬化，符合"三防"（防扬撒、防流失、防渗

漏）要求，建设避雨棚，不得露天堆存。

⑤完善企业的基础信息，建立健全各项环保规章制度，建立"一厂一册"环境管理制度，完善环境风险防范措施和应急预案。

⑥使用先进的清洁生产工艺，杜绝生产过程中的"跑、冒、滴、漏"现象，降低能源消耗，减少污染物排放。厂区美化绿化，道路硬化。

⑦建设规范排污口，安装特征污染物在线监控设施。

⑧依法进行排污申报登记，办理排污许可证。

（1）有色金属冶炼电解企业

1）废水处理

①重金属的生产废水必须配套建设处理设施，确保废水稳定达标排放；重金属一类污染物必须在车间口达标，废水循环使用，不外排。

②冷却水应尽量做到闭路循环使用，不外排。

③生产车间地面采取防渗、防腐措施，配套完善截污设施，排污沟做到雨污分流。

④厂区内必须采取清污分流、污污分流、雨污分流，规范建设污水收集沟和雨水收集沟。所有车间或工段都要设置污水收集沟（按防腐、防渗漏建设），将收集污水送污水处理站处理或送车间使用；一个企业只能建设一个规范的废水排放口，需要排放的废水，须经处理合格后，先排入废水储存池（排入储存池的废水必须达标，容积 20 m³ 以上），再向外环境排放。

⑤企业须建设一条满足收集厂区原材料、生产和产品区域的沟渠和一个足够容积的初期雨水收集池，收集池有效容积为 40 mm 降水量与厂区（原材料区＋生产区＋产品区）面积的乘积，每次降雨企业必须收集，初期雨水收集量须超过初期雨水收集池有效容积 80% 的雨水后才允许外排，各企业须在降雨停后三天内处理完毕初期雨水收集池中收集的雨水。

⑥建设规范排污口，企业各取水口和排污口应安装流量装置，有条件的应当安装特征污染物在线监控设施，监控设施取水点须安装于废水储存池内。

⑦完善厂区防洪、泄洪设施和事故应急池。

2）废气处理

冶炼废气必须配套建设脱硫设施等净化装置，确保废气稳定达标排放，集中排放废气须安装在线监控设施（监测二氧化硫、烟尘、氮氧化物等主要因子，有条件的企业应加装特征污染物在线监控设施）。

3）废渣处理

采用湿法冶炼工艺的废渣堆放场地必须建设有渗滤液收集装置，收集的渗滤液要及时送至污水处理站或回收使用，禁止渗滤液直接外排；用于堆存一般固体废物的渣场，必须按照国家相关技术规范要求建设；冶炼产生的危险废物，须按《危险废物贮存污染控制标准》（GB 18597—2001）及有关污染治理环境保护技术规范要求妥善处置，配套钢筋混凝土防渗漏贮存池管理；严格危险废物转移制度，需要转移的，必须填写危险废物转移联单报送环境保护主管部门审批。以火法冶炼炉渣、废渣为生产原料的企业，含有重金属（铅、镉、汞、铬和类金属砷）的原料堆放场必须严格按照危险废物的要求来建设和管理。

（2）有色金属矿山采选企业

1）废水处理

矿山井口、选洗矿的废水应尽量循环使用，减少外排，废水确需排放的，必须完善废水治理设施，确保废水经处理后达标排放，有条件的排放口应当安装特征污染物在线监控设施。

2）废渣处理

①采矿废渣必须按照环评审批的要求建设堆渣场，对停用的堆渣场必须进行生态恢复，防止流失，严禁将采矿废渣倾倒至河道；选洗渣库服务期满必须要覆土绿化。

②尾矿库必须经有资质的部门设计，符合安全生产条件，完善相关审批手续，有地质水文资料，严禁在有溶洞或岩溶发达的地方建设尾矿库，选矿废渣必须存放于尾矿库内。

③为防止雨水径流进入渣场内，渣场周边要设置导流渠；渣场的下游要设置水质监控井，定期监测地下水质变化情况。对现有的渣场要经过调查并对地下水进行监测，对造成地下水污染的渣场要停止使用。已造成污染的要采取补救措施消除污染，并承担相应的法律责任。

（3）铅蓄电池（生产、加工、组装和回收）企业

1）废水处理

①在铅蓄电池的生产过程中，涂板工序、化成工序以及电池清洗等工序产生的含铅重金属废水，必须配套建设处理设施，确保废水稳定达标排放；重金属一类污染物必须在车间口达标，废水循环使用。

②废弃的化成液及清洗极片的废水含有一定浓度的硫酸，必须收集处理达标后

排放。

③生产车间地面必须采取防渗、防腐措施，配套完善截污设施，排污沟做到雨污分流。一个企业只能建设一个规范的废水排放口，需要排放的废水，须经处理合格后，先排入废水储存池（容积 20m³ 以上，排入储存池的废水必须达标），再向外环境排放。

④企业须建设一条满足收集厂区原材料、生产和产品区域的沟渠和初期雨水收集池，收集池有效容积为 40 mm 降水量与厂区（原材料区＋生产区＋产品区）面积的乘积，每次降雨企业必须收集，初期雨水收集量须超过初期雨水收集池有效容积 80% 的雨水后才允许外排，各企业须在降雨停后三天内处理完毕初期雨水收集池中收集的雨水。

⑤建设规范排污口，企业各取水口和排污口均应安装流量装置，有条件的应当安装特征污染物在线监控设施，监控设施取水点须安装于废水储存池内。

2）废气处理

①在铅粉制造、合金配制、板栅铸造、和膏、极板分离及装配等工序产生的含铅烟、铅尘，都应设有单独的废气收集和处理系统。其中，铅粉制造设备球磨机应该设铅粉收集和除尘器二级处理，处理达标后排放。

②在化成等工序中产生的硫酸雾必须进行收集，应安装硫酸雾净化装置，处理达标后排放。

③使用锅炉生产的企业，须对锅炉产生的废气进行脱硫、除尘处理，处理达标后排放。

3）废渣处理

①企业内的铅泥（含污水处理站污泥）、收集的铅尘、铅渣、含铅废料、废电池、废极板、废活性炭等含铅固体废物必须交由有危险废物处理资质的单位进行集中处理处置，必须按《危险废物贮存污染控制标准》（GB 18597—2001）及有关污染治理环境保护技术规范要求，配套钢筋混凝土防渗漏贮存管理，做好防渗、防泄漏以及防风、防雨、防晒等措施；严格危险废物转移制度，需要转移的，必须填写危险废物转移联单报送环境保护主管部门审批。

②用于堆存一般固体废物的渣场，必须按照国家相关技术规范要求建设。

（4）皮革及其制品企业

1）废水处理

①废水应采用二级生化方式进行处理，外排废水须执行《污水综合排放标准》

（GB 8978—1996）中的一级排放标准。

②含铬废水、含硫化物废水、综合废水、生活污水、雨水，必须实施"五水分流分治"，其中含铬废水、含硫化物废水须经单独预处理达标后方可排入综合废水处理设施。

③车间地面要经防渗处理，不得渗漏、外溢。

④皮革企业（园区）应设置事故应急池，并做好防渗漏处理，确保环境安全。编制环境风险应急预案，建立应急组织体系，配备必要的应急救援物资，落实事故防范措施。

2）废气处理

①使用锅炉的，锅炉须配套建设除尘脱硫装置，废气排放须执行环评批复要求的相应标准。

②企业必须远离居民区，必须达到环评批复要求的卫生防护距离，防止恶臭污染。对不能达标排放、造成周边大气环境污染的现有皮革企业，应予搬迁或取缔。

3）废渣处理

①配套污泥压滤机对污水处理站污泥进行压滤后处置。

②综合处置皮革固体废物，禁止随意丢弃或排入废水处理设施。未利用的蓝湿皮和染色后的皮革废弃物、含铬污泥，以及经鉴别为危险废物的综合废水处理产生的含铬污泥，均属于危险废物，应交有处理资质的厂家进行无害化处理。

③生产中的危险废物须按《危险废物贮存污染控制标准》（GB 18597—2001）及有关污染治理环境保技术规范要求妥善处置，配套钢筋混凝土防渗漏贮存池管理。

（5）电镀企业

1）废水处理

①水污染物排放严格执行《电镀污染物排放标准》（GB 21900—2008）限值要求；车间内严格落防腐、防渗、防混措施。排水系统，特别是建筑物和构筑物进出水管应有防腐蚀、防沉降、防折断措施。

②生产车间内废水必须按照环保规范要求进行分质、分流，废水管道应满足防腐、防渗漏要求。

③电镀废水处理工艺应严格按照《电镀废水治理工程技术规范》（HJ 2002—2010）选取。含氰废水应单独收集，应采用碱性氯化、电解或臭氧氧化等方法等进行破氰预处理。含铬废水单独收集处理，先将六价铬还原为三价铬后，再中和沉淀去除。含镍废水宜采用化学沉淀、离子交换等技术。含锌废水宜采用化学沉淀技术，

严格控制 pH 值的范围。含金属络合物废水需经过破络沉淀预处理。COD、石油类、总磷、氨氮与总氮等污染物，宜采用生物处理达标后排放。电镀废水深度处理及回用宜采用砂滤、活性炭吸附、离子交换、膜处理等技术。

④建设规范排污口，企业各取水口和排污口应安装流量装置，有条件的应当安装特征污染物在线监控设施。

⑤电镀企业（园区）应设置事故应急池，并做好防渗漏处理，确保环境安全。编制环境风险应急预案，建立应急组织体系，配备必要的应急救援物资，落实事故防范措施。

2）废气处理

大气污染物排放严格执行《电镀污染物排放标准》（GB 21900—2008）排放限值要求。产生大气污染物（硝酸雾、氢氰酸雾、铬酸雾、前处理酸洗废气）的工艺装置应设立局部气体收集系统和集中净化处理装置，氢氰酸雾、铬酸雾产生工段应单独设置处理装置，气体处理达标后高空排放。

3）废渣处理

①要根据"减量化、资源化、无害化"的原则，对固体废物进行分类收集、规范处置。危险化学品包装物、废液（电镀液、退镀液）、废渣（阳极泥、过滤残渣、滤芯等）、废水处理污泥应按照危险废物进行管理。

②废水处理过程中产生的污泥经污泥浓缩池浓缩后，采用板框压滤机或者带式压滤机脱水，浓缩池上清液和压滤液要返回污水处理站重新处理。

③生产中的危险废物须按《危险废物贮存污染控制标准》（GB 18597—2001）及有关污染治理环境保护技术规范要求妥善处置，配套钢筋混凝土防渗漏贮存池管理。

（6）电解锰企业

1）废水处理

①含铬废水必须建有稳定达标的处理设施，并且在车间排放口做到达标排放。

②冷却水应做到闭路循环使用，不得外排。

③建设规范排污口，各取水口和排污口均应安装流量装置，安装特征污染物在线监控设施。

④生产车间地面采取防渗、防腐措施，严禁生产过程中存在"跑、冒、滴、漏"现象。

2）废气处理

化合车间的硫酸雾采取吸收法处理，电解车间安装玻璃钢制轴流风机，采取自然通风和机械排风相结合的方式增大车间换气次数，降低车间内无组织逸出的氨气、少量硫酸雾。

3）废渣处理

①新建用于堆存锰渣的渣场要按照《一般工业固体废物贮存和填埋污染控制标准》（GB 18599—2020）有关规定执行；对现有的渣场要经过调查并对地下水进行监测，对造成地下水污染的渣场要停止使用，并采取补救措施消除污染，承担相应的法律责任。

②服务期满的渣库必须要覆土植被；渣场堆存的锰渣达到设计标高后，应逐步覆土、压实并绿化。

③位于渣场附近的压滤机滤布严禁用水直接冲洗，经压滤机压滤后的废渣含水率不得大于30%。

④为防止雨水径流进入渣场，避免渗滤液量增加和滑坡，渣场周边要设置导流渠；在渣场的下游设置水质监控井，定期监测地下水质变化情况。

⑤渣坝下游应建有渗滤液收集装置，并把废渣渗滤液引入生产废水处理池或就地处理达标后排放，禁止渗滤液直接外排。

⑥生产车间含铬废水处理后产生含铬污泥，属于危险废物。须按《危险废物贮存污染控制标准》（GB 18597—2001）及《铬渣污染治理环境保护技术规范（暂行）》（HJ/T 301—2007）要求进行仓库式钢筋混凝土防渗漏贮存池的建设和管理，或者销售给有资质处理危险废物的单位进行处置。

⑦精滤渣和阳极泥应全部回收利用。

⑧锰矿粉应采取封闭式或防扬散储存。

（7）铁合金企业

1）废水处理

①水循环利用率达95%以上。

②电炉炉体和电炉变压器冷却水和冲渣水均闭路循环，不外排。

③锰矿、焦炭、富锰渣等原料须建有原料棚堆放，修建完善原料场及厂区集排雨水沟渠，防止雨水径流冲刷原料流失污染环境。厂区集排雨水沟渠末端设置沉淀池，对厂区初期雨水进行沉淀处理达标后方可外排，定期对初期雨水沉淀池进行清理，沉渣可作为生产硅锰合金的配料消纳。

2）废气处理

废气污染防治设施建设规模应与项目的生产规模相匹配，并加强管理，确保除尘设施高效运行和废气长期稳定达标排放。出铁口须设置集烟罩，烟气经烟罩、排烟管引入矿热炉烟气除尘系统一并采用非热能回收型干法（袋式除尘器）净化，使处理后烟气中的烟尘、二氧化硫浓度达到《工业炉窑大气污染物排放标准》（GB 9078—1996）二级标准要求，正常运行状态下，旁路阀门必须锁死，禁止通过旁路偷排。废气排放口要求安装在线监控设施。

3）废渣处理

按照《一般工业固体废物贮存和填埋污染控制标准》（GB 18599—2020）要求建设水淬渣和废耐火材料临时渣场，渣场地面进行砼化，水淬渣滤出水及淋滤水应引入冲渣水池作为冲渣用水，不能外排，水淬渣外运应控制其含水率，尽量避免运输环节对环境造成污染，并按协议及时外运综合利用。

2.2.3.2　重金属环境风险排查技术要点

重金属元素具有较强的迁移、富集和隐藏性，可经空气、水、食物链等途径进入人体，生物毒性显著，易引发慢性中毒，具有致癌、致畸及致突变作用，对免疫系统有一定影响，威胁人体健康和食品安全。由于重金属污染持续时间长、治理技术落后、监督管理薄弱，重金属的不可降解性使污染地区水体底泥、场地和土壤中污染物不断累积，潜在事故风险较高。在区域重金属污染场地环境调查与评估基础上，结合国家重金属污染场地数据库和信息管理系统，开展污染场地风险排查评估，实施全过程风险管理。

（1）重金属监测体系

重点区域污染场地是否建立定期监测和公告制度，加密监测水质、空气质量和土壤环境质量；是否对重点区域内的重点企业及其周边水、气、土壤、农产品（水产品）、水生生物开展重金属长期跟踪监测，建立环境污染监测网络；重金属废水排放企业是否安装相应重金属污染物在线监控装置，重金属废气排放企业是否优先安装汞、铅、镉尘（烟）等在线监控系统，在线监测装置是否与生态环境部门联网。

（2）重金属污染事故预警应急体系

企业是否在可能影响饮用水水源地、河流等敏感区域污染场地建设重金属污染预警体系；是否建立突发性重金属污染事故应急响应机制，健全重金属环境风险源风险防控系统和环境应急预案体系，建设精干实用的环境应急处置队伍，储备必要的药剂和活性炭等应急物资，建立环境应急物资储备网络，加强应急演练，建立统

一、高效的环境应急信息平台，做好风险防范工作。

（3）污染场地重金属风险防控体系

①重点场所和重点设施设备是否具有基本的防渗漏、流失、扬散的污染预防功能（如具有腐蚀控制及防护的钢制储罐；设施能防止雨水进入，或者能及时有效排出雨水），以及有关预防场地污染管理制度建立和执行情况。

②在发生渗漏、流失、扬散的情况下，是否具有防止污染物进入场地的设施，包括普通阻隔设施、防滴漏设施（如原料桶采用托盘盛放）以及防渗阻隔系统等。

③是否能有效、及时发现并处理泄漏、渗漏，或者具备防止场地污染的设施或者措施，如泄漏检测设施、土壤和地下水环境定期监测应急措施和应急物资储备等。普通阻隔设施需要更严格的管理措施，防渗阻隔系统需要定期检测防渗性能。

2.2.4　油气输送与存储企业

油气输送与存储企业涉及环境风险隐患点主要为陆域区域输送石油、天然气的管道及附属设施（管道附属设施包括管道站场、油库、装卸栈桥和各类阀室）。开展环境风险隐患排查，需要从环境风险与应急管理、泄漏预防、泄漏环境应急处置等方面明确不同管段分级管控要求。首先，应当结合管段环境风险特征，划定管段环境风险等级，制定针对性分级管控措施，包括相关管理制度制定及落实，也包括和管道泄漏相关的质量安全、泄漏监测等技术因素。此外，油品泄漏后的环境应急处置也是输油管道环境风险防控的重要内容。

2.2.4.1　风险排查主要环节

油气输送与存储企业环节风险排查首先按如下原则划分管段：第一，管道相邻的两个具有截断功能的阀之间的部分划为一个管段；第二，对每一管段宜按环境风险受体类型和敏感性再次进行划分。划分的每一管段应分别开展环境风险排查。

（1）收集资料清单

1）管道信息

①设计数据（基本信息，如输送量、管径、长度、材质、高程等；油品性质，种类、密度、黏度等；自控系统情况，泄漏监测发现及响应时间等；阀室设置情况，手动、电动等；其他相关数据）；②管道历史事故数据（事故原因、发生过程及环境影响后果，带来的经验教训）；③环境风险与应急管理数据（应急预案编制、演练情况，应急队伍建设情况，环境应急物资配备、管理、使用等情况，和周边企业、专业公司等应急联动情况）。

2）相邻设施信息

①设施基本信息（名称、功能、用途、距离、方位等）；②风险分析（安全评价、环境影响评价等文件中，火灾、爆炸等事故对相应管段造成影响的可能性及影响程度分析）。

3）路由信息

①当地法律、法规、标准及企业管理制度（重点明确当地对于管道环境风险及应急管理具体要求）；②管道沿线环境风险受体数据（环境风险受体名称、类型、环境功能、规模等，和管道之间地理高程、距离及方位关系，两者之间是否存在沟、渠等环境通道等）；③当地地质、水文、水利、气象资料等数据（管道路由经过地区地质状况，河流流量、水深等；水闸等水利设施及联系人信息等）。

（2）风险控制水平分析指标

1）环境风险管理情况

①制度建立情况，如环境风险与应急管理制度（环境风险评估、环境应急管理、突发环境事件隐患管理等）。

②制度执行落实，如定期开展环境风险评估，按要求编制应急预案、备案、定期修订及演练，定期开展隐患排查及治理，重大突发环境事件隐患得到整改。

2）泄漏预防措施

①管道质量管理，如按要求定期进行设备设施质量检测、检验，阴极防护、水击保护等重要安全保护措施是否正常使用，是否超期使用，降压运行是否经过论证，翻越点后低洼段及泵站出站段、穿越公路、穿（跨）越河流、防止水击、大落差段等安全保护措施是否正常使用，阀室设置安全防护及监控设施。

②泄漏监测，是否设置泄漏监测系统及设施是否正常使用。

③第三方损坏控制，如管道线路及阀室巡护、管道标识信息完善。

3）泄漏环境应急处置措施

①泄漏紧急关断措施，是否具备有效的线路截断阀、手动截断阀、远控截断阀。

②泄漏紧急封堵措施，是否在要求时限内控制泄漏源。

③泄漏油品处置措施，如应急处置能力（具有完善的应急队伍、应急物资装备建设，或与周边单位及专业公司建立应急联动，能较好地满足事故状况下应急处置需求）、泄漏油品处置措施（可能影响取水口等敏感环境风险受体时，现场设置了围堵、拦截、导流等控制措施）。

4）管道环境风险信息管理系统

①管道基本信息：管道名称、输送介质及其性质、管道线路走向（管道起点和终点名称、管道走向图、管道高程图、竣工测量图等）、主要设计参数（管道长度、设计压力、输送能力以及材质、管径、壁厚、焊接工艺、管道埋深等）、工艺站场、穿跨越敏感目标名称及穿跨越方式等。

②环境风险受体信息：名称、保护级别、环境特征（气象、水文、地形、地质、地貌等）与管道的相对位置等基本信息。

③环境应急资源信息：维抢修队伍相关信息，自有及可依托的环境应急物资、装备储备相关信息，企业环境应急专家相关信息，企业、政府以及流域等相关管理部门突发环境事件应急预案等。

④环境风险评估及隐患排查信息：管道环境风险评估报告、突环境事件隐患排查治理档案等。

⑤巡护及第三方施工信息。

⑥管道泄漏事故与应急处置统计分析。

（3）应急响应措施有效性指标

该类排查指标主要体现在发生事故后，各应急机构应当采取的具体行动措施，包括预案启动、信息报告、分级响应、现场处置、警戒隔离、应急监测等。重点是分级响应与处置措施。

根据事故的可能影响范围、可能造成的危害和需要调动的应急资源，明确事故的响应级别，通常分为Ⅰ级响应（社会级）和Ⅱ级响应（企业级）。根据自身应急情况可在Ⅱ级响应（企业级）中再分解响应级别。同时，明确响应流程与升（降）级的关键节点，并以流程图表示。

1）Ⅰ级响应（社会级）

事故范围大，难以控制与处置，对人群与环境构成极端威胁，可能需要大范围撤离；或需要外部力量、资源进行支援的事故。包括但不限于以下情况：

①发生在环境敏感区的油品泄漏量超过 10 t，以及在非环境敏感区油品泄漏量超过 100 t。

②对社会安全、环境造成重大影响，或需要紧急转移疏散 1 000 人以上。

③区域生态功能部分丧失或濒危物种生存环境受到污染。

④油品管道泄漏污染导致或可能导致集中式饮用水水源取水中断 12 小时以上，或饮用水水源一级保护区、重要河流、湖泊、水库、沿海水域或自然保护区核心

区大面积污染，单独地区公司启动预案且无法救助的。

⑤油气长输管道与城镇市政管网交叉点段发生泄漏。

在 I 级响应（社会级）状态下，管道运营单位必须在第一时间内向上级管理部门和地方人民政府有关部门，或其他外部应急救援力量报警，请求支援。企业在地方人民政府和相关部门的指挥和指导下，积极采取各项应急措施。

2）II 级响应（企业级）

事故或泄漏可以完全控制，一般不需要外部援助，不需要额外撤离其他人员。事故限制在小区域范围内，不会立即对人群和环境构成威胁。在 II 级响应（企业级）状态下，可完全依靠企业自身应急能力处理。

2.2.4.2　处置措施

①管道泄漏发生后紧急停泵，迅速关闭截断阀，并及时封堵泄漏源。

②泄漏发生在岸上时，采取围堵措施围住泄漏点油品，阻止油品进入水体。

③泄漏油品进入小河流、沟渠、小溪等区域后，适宜采取筑坝方式进行拦截。溢油发生在有水闸的河流时，宜通过控制河流上下游水闸，合理控制上游来水量，防止溢油继续向下游扩散。溢油发生在没有水闸的小溪或小型河流，可考虑在溢油点上游挖设临时引流沟渠，或利用临时水泵将上游来水引入下游，防止溢油继续向下游扩散。

④进入水面的油品，适宜采取布放围油栏、吸油拖栏等措施拦截泄漏油品继续扩散。

⑤泄漏至陆地、岸滩、水面的油品，可采取真空泵、收油机等机械回收等方式对油品进行回收，不具备机械回收条件时，可考虑采用受控燃烧、喷洒溢油分散剂等方式进行处置。

⑥环境应急过程产生的含油废弃物需妥善处置。

⑦受管道泄漏影响的区域，宜根据情况开展环境生态修复。

⑧泄漏油品环境应急处置过程需要注意安全防爆，防止次生爆炸等安全事故发生。

2.2.5　危险废物产生与经营企业

危险废物是指列入国家危险废物名录或者根据国家规定的危险废物鉴别标准和鉴别方法认定的具有毒害性、易燃性、腐蚀性、化学反应性、传染性和放射性的废物（含医疗废物）。按照现行的《国家危险废物名录（2021 年版）》，危险废物共包括 46 大类、467 小类，随意倾倒或利用处置不当会严重危害人体健康，甚至对生态环境造成难以恢复的损害。在我国当前经济发展新常态下，工业转型升级与城镇化建设加速，危险废物产生量持续位于高位，且种类繁多、成分复杂，含有重金属、有机污染物等多种有毒有害物质，所带来环境问题的复杂性、严峻性不断加剧。"十三五"期间，我国危险废物污染防治虽然取得了重要进展，但仍面临一些主要问题，污染防治形势依旧严峻，主要表现在：①管理体系顶层设计仍不完善。危险废物管理制度和排污许可制度尚未充分衔接。企业涉及环境影响评价的作用未能充分发挥，环评与企业运营期的监管衔接不够严密，企业的环评文件中危险废物源头识别、认定不准确，缺乏对项目产生危险废物环境风险的系统评估，管理措施不到位的问题突出。②污染机理特性不明。目前危险废物处理处置标准仅包括填埋和焚烧，现有的调查统计方法也无法准确掌握危险废物处置去向，除填埋和焚烧，往往只是笼统填写"自行处置"或"综合利用"，难以对其处理处置方式的合理性进行判断和监管。③缺少危险废物环境风险精准识别理论和方法。现有分类体系未统筹资源环境属性，难以指导危险废物循环处置及风险防控。

2.2.5.1　危险废物管理经验借鉴

1976 年，美国《资源保护与恢复法》（*Resource Conservation and Recovery Act*，RCRA）在危险废物产生量激增及环境污染事件暴发的背景下应运而生。RCRA 建立了美国危险废物监管框架以及一套"从摇篮到坟墓"的全过程管理模式。该法律是预防性的法律，通过对危险废物产生者、运输者、处理处置者提出明确的法律规定，最大限度地减少危险废物污染环境的可能性。RCRA 将危险废物定义为：数量、浓度或物理、化学特性或传染性，能够产生或明显导致死亡率上升、严重不可逆转疾病的增长，或因处理、贮存、运输、处置不当而造成大量即时性或潜在性人体健康或环境危害的某一固体废物或者固体废物的混合物。其全生命周期监管流程对危险废物"从摇篮到坟墓"的全过程中各相关方均设定了重大责任，要求危险废物产生者对其产生的危险废物负全过程的主体责任，并建立了从产生、运输到处理贮存及处置设施的一套联单制度，对危险废物进行有效追踪。总体来说，RCRA 确定了危险废物产生者主体责任原则，对危险废物产生者提出了关于鉴别、收集、标识、记录、报告、最终处置等全过程的监管要求。

2.2.5.2　危险废物全过程环境风险排查指标体系

危险废物产生、收集、贮存、运输、利用、处置企业是危险废物环境风险防控第一责任主体，危险废物产生单位和经营单位构成了我国危险废物运营管理的两大风险排查主体。风险排查应遵循全过程、全时段、全要素原则，即建设项目危险废物的产生、收集、贮存、运输、利用、处置等全过程，建设期、运营期、服务期满后等全时段，环境空气、地表水、地下水、土壤等全要素，同时还包括环境敏感保护目标等，做到危险废物环境风险排查、监督管理全覆盖，切实提高企业危险废物管理规范化水平。

（1）危险废物企业环境风险排查原则

1）重点排查，科学估算

对于所有产生危险废物的企业在建或生产项目，应科学分析产生危险废物的种类和数量，并将危险废物作为重点进行环境分析评估。

2）科学排查，降低风险

对企业产生的危险废物种类、数量、利用或处置方式、环境风险等进行科学评估，全面分析污染防治对策措施有效性。坚持无害化、减量化、资源化原则，妥善利用或处置产生的危险废物，保障环境安全。

3）全程排查，规范管理

对危险废物的产生、收集、贮存、运输、利用、处置全过程进行分析排查，严格落实危险废物各项法律制度，提高企业危险废物环境管理规范化水平。

（2）危险废物产生单位排查指标

1）污染环境防治责任制度

产生工业固体废物的单位应当建立、健全污染环境防治责任制度，采取防治工业固体废物污染环境的措施。

排查要点：建立了责任制度，负责人明确，责任清晰；负责人熟悉危险废物管理相关法规、制度、标准、规范；制定的制度得到落实，采取了防治工业固体废物污染环境的措施。执行危险废物污染防治责任信息公开制度，在显著位置张贴危险废物防治责任信息。

2）标识制度

危险废物的容器和包装物必须设置危险废物识别标志。收集、贮存、运输、利用、处置危险废物的设施、场所，必须设置危险废物识别标志。

排查要点：依据《危险废物贮存污染控制标准》（GB 18597—2001）、《环境保护图形标志　固体废物贮存（处置）场》（GB 15562.2—1995）要求，设置危险废物识别标志。

3）管理计划制度

危险废物管理计划包括减少危险废物产生量和危害性的措施，以及危险废物贮存、利用、处置措施。管理计划应报所在地县级以上地方人民政府生态环境主管部门备案，危险废物管理计划内容有重大改变的，应当及时申报。

排查要点：制订了危险废物管理计划；内容齐全，危险废物的产生环节、种类、危害特性、产生量、利用处置方式描述清晰。报生态环境部门备案；及时申报了重大改变。

4）申报登记制度

如实地向所在地县级以上地方人民政府生态环境主管部门申报危险废物的种类、产生量、流向、贮存、处置等有关资料。申报事项有重大改变的，应当及时申报。

排查要点：如实申报（可以是专门的危险废物申报或纳入排污申报、环境统计中一并申报）且内容齐全；能提供证明材料，证明所申报数据的真实性和合理性，如关于危险废物产生和处理情况的日常记录等。及时申报了重大改变。

5）源头分类制度

按照危险废物特性分类进行收集。

排查要点：危险废物按种类分别存放，且不同类废物间有明显的间隔（如过道等）。

6）转移联单制度

在转移危险废物前，向生态环境部门报批危险废物转移计划，并得到批准。转移危险废物的，按照《危险废物转移管理办法》（生态环境部　公安部　交通运输部令　第23号）有关规定，如实填写转移联单中产生单位栏目，并加盖公章，转移联单保存齐全。

排查要点：有获得生态环境部门批准的转移计划。按照实际转移的危险废物，如实填写危险废物转移联单，截至排查日期前的危险废物转移联单齐全。

7）经营许可证制度

转移的危险废物，全部提供或委托给持危险废物经营许可证的单位从事收集、贮存、利用、处置的活动。年产生10 t以上的危险废物产生单位有与危险废物经营单位签订的委托利用、处置合同。

排查要点：除贮存和自行利用处置的，全部提供或委托给持危险废物经营许可证的单位；需提供与持危险废物经营许可证的单位签订的合同。

8）应急预案备案制度

制定意外事故的防范措施和应急预案，向所在地县级以上地方人民政府生态环境主管部门备案，按照预案要求每年组织应急演练。

排查要点：提供事故应急预案（综合性应急预案有相关篇章或有专门应急预案），并在当地生态环境部门备案。查看预案重点环节内容与实际风险现状相符性，预案涉及事故情景至少包括但不限于：①危险废物溢出。如危险废物溢出导致易燃液体或气体泄漏，可能造成火灾或气体爆炸；危险废物溢出导致有毒液体或气体泄漏；危险废物的溢出不能控制在厂区内，导致厂区外土壤污染或者水体污染。②火灾。如火灾导致有毒烟气产生或泄漏；火灾蔓延可能导致其他区域材料起火或导致热引发的爆炸；火灾蔓延至厂区外；使用水或化学灭火剂可能产生被污染的水流。③爆炸。如存在发生爆炸的危险，并可能因产生爆炸碎片或冲击波导致安全风险；存在发生爆炸的危险，并可能引燃厂区内其他危险废物；存在发生爆炸的危险，并可能导致有毒材料泄漏；已经发生爆炸。按照预案要求每年组织应急演练，演练内容至少包括预案规定的主要现场应急处置措施，如迅速控制污染源，防止污染事故继续扩大；采取覆盖、收容、隔离、洗消、稀释、中和、消毒（如医疗废物泄漏时）等措施，及时处置污染物，消除事故危害。

9）业务培训

危险废物产生单位应当对本单位工作人员进行培训。

排查要点：相关管理人员和从事危险废物收集、运输、暂存、利用和处置等工作的人员掌握国家相关法律法规、规章和有关规范性文件的规定；熟悉本单位制定的危险废物管理规章制度、工作流程和应急预案等各项要求；掌握危险废物分类收集、运输、暂存的正确方法和操作程序。

10）贮存设施管理

依法进行环境影响评价，完成"三同时"验收。符合《危险废物贮存污染控制标准》（GB 18597—2001）的有关要求。未混合贮存性质不相容而未经安全性处置的危险废物；未将危险废物混入非危险废物中贮存。建立危险废物贮存台账，并如实和规范记录危险废物贮存情况。

排查要点：提供环评材料并完成"三同时"验收。贮存场所地面作硬化及防渗处理；场所应有雨棚、围堰或围墙；设置废水导排管道或渠道，将冲洗废水纳入企业废水处理设施处理或危险废物管理；贮存液态或半固态废物的，需设置泄漏液体收集装置；装载危险废物的容器完好无损。做到分类贮存；规范制作台账，并如实记录危险废物贮存情况。

11）利用设施管理

依法进行环境影响评价，完成"三同时"验收。建立危险废物利用台账，并如实记录利用情况。定期对利用设施污染物排放进行环境监测，并符合相关标准要求。

排查要点：提供环评材料并完成"三同时"验收。提供台账并如实记录危险废物利用情况。监测项目及频次符合要求，有定期环境监测报告，并且污染物排放符合相关标准要求。

12）处置设施管理

依法进行环境影响评价，完成"三同时"验收。建立危险废物处置台账，并如实记录危险废物处置情况。定期对处置设施污染物排放进行环境监测并符合《危险废物焚烧污染控制标准》（GB 18484—2020）、《危险废物填埋污染控制标准》（GB 18598—2019）等相关标准要求。

排查要点：提供环评材料并完成"三同时"验收。提供台账并如实记录危险废物处置情况。提供环境监测报告，且污染物排放符合相关标准要求。

（3）危险废物经营单位排查指标

1）经营许可证制度

从事收集、贮存、利用和处置危险废物经营活动的单位，依法申请领取危险废物经营许可证，按照许可证规定从事危险废物收集、贮存、利用、处置的经营活动。领取危险废物经营许可证的单位，应当与处置单位签订接收合同，并将收集的危险废物在 90 个工作日内提供或者委托给处置单位处置（仅适用于持危险废物收集经营许可证的单位）。

排查要点：具有与其经营范围相对应的生态环境部门颁发的危险废物经营许可证且具备相应的资质，严格按照危险废物经营许可证规定从事经营活动。签订了符合要求的合同，并能在 90 个工作日内将危险废物移给上述单位。

2）识别标识制度

危险废物的容器和包装物必须设置危险废物识别标志。收集、贮存、运输、利用、处置危险废物的设施和场所，必须设置危险废物识别标志。

排查要点：依据《危险废物贮存污染控制标准》（GB 18597—2001）、《环境保护图形标志　固体废物贮存（处置）场》（GB 15562.2—1995）、《医疗废物专用包装物、容器标准和警示标识规定》（环发〔2003〕188 号）所示标签，设置危险废物（含医疗废物）识别标志。

3）管理计划制度

危险废物管理计划包括减少危险废物产生量和危害性的措施，以及危险废物贮存、利用、处置措施报所在地县级以上地方人民政府生态环境主管部门备案。危险废物管理计划内容有重大改变的，应当及时申报。

排查要点：制订了危险废物管理计划；内容齐全，危险废物的产生环节、种类、危害特性、产生量、利用处置方式描述清晰。及时报生态环境部门备案；及时申报了重大改变。

4）申报登记制度

如实向所在地县级以上地方人民政府生态环境主管部门申报危险废物的种类、产生量、流向、贮存、处置等有关资料。申报事项有重大改变的，应当及时申报。

排查要点：如实申报（可以是专门的危险废物申报或纳入排污申报、环境统计中一并申报）且内容齐全；能提供证明材料，证明所申报数据的真实性和合理性，如关于危险废物产生和处理情况的日常记录等。及时申报了重大改变。

5）转移联单制度

按照《危险废物转移管理办法》有关规定，如实填写转移联单中接受单位栏目，并加盖公章。转移联单保存齐全，并与危险废物经营情况记录簿同期保存。需转移给外单位利用或处置的危险废物，全部提供或委托给持危险废物经营许可证的单位从事收集、贮存、利用、处置的活动。利用处置过程产生不能自行利用处置的危险废物应与有相应资质的危险废物经营单位签订的委托利用、处置危险废物合同。

排查要点：按照实际接收的危险废物，如实填写危险废物转移联单，当年截至排查日期前的危险废物转移联单齐全。利用处置过程产生但不能自行利用处置的危险废物，全部提供或委托给持有危险废物经营许可证的单位，提供与持有危险废物经营许可证的单位签订的合同。

6）应急预案备案制度

参照《危险废物经营单位编制应急预案指南》，制定事故防范措施和应急预案，向所在地县级以上地方人民政府生态环境主管部门备案。按照预案要求每年组织应急演练。

排查要点：提供事故应急预案（综合性应急预案有相关篇章或有专门应急预案），并在当地生态环境部门备案。查看预案重点环节内容与实际风险现状相符性，预案涉及事故情景至少包括但不限于：①危险废物溢出。如危险废物溢出导致易燃液体或气体泄漏，可能造成火灾或气体爆炸；危险废物溢出导致有毒液体或气体泄漏；危险废物的溢出不能控制在厂区内，导致厂区外土壤污染或者水体污染。②火灾。如火灾导致有毒烟气产生或泄漏；火灾蔓延可能导致其他区域材料起火或导致热引发的爆炸；火灾蔓延至厂区外；使用水或化学灭火剂可能产生被污染的水流。③爆炸。如存在发生爆炸的危险，并可能因产生爆炸碎片或冲击波导致安全风险；存在发生爆炸的危险，并可能引燃厂区内其他危险废物；存在发生爆炸的危险，并可能导致有毒材料泄漏；已经发生爆炸。按照预案要求每年组织应急演练，演练内容至少包括预案规定的主要现场应急处置措施，如迅速控制污染源，防止污染事故继续扩大；采取覆盖、收容、隔离、洗消、稀释、中和、消毒（如医疗废物泄漏时）等措施，及时处置污染物，消除事故危害。

7）贮存设施

贮存期限不超过一年；延长贮存期限的，报经相应生态环境部门批准。分类收集、贮存危险废物，未混合贮存性质不相容且未经安全性处置的危险废物，装载危险废物的容器完好无损；未将危险废物混入非危险废物中贮存。

排查要点：危险废物贮存不超过一年，超过一年的报经相应生态环境部门批准。按照腐蚀性、毒性、易燃性、反应性和感染性等危险特性分类贮存；装载危险废物的容器和包装物无破损、泄漏和其他缺陷。

8）利用处置设施

按照有关要求定期对利用处置设施污染物排放进行环境监测，并符合《危险废物焚烧污染控制标准》（GB 18484—2020）、《危险废物填埋污染控制标准》（GB 18598—2019）、《危险废物集中焚烧处置工程建设技术规范》（HJ/T 176—2005）等相关标准要求。填埋危险废物的经营设施服役期届满后，危险废物经营单位应当对填埋过危险废物的土地采取封闭措施，并在划定的封闭区域设置永久性标记。

排查要点：监测频次符合要求，有定期环境监测报告，并且污染控制符合相关标准要求。对封场的填埋场采取封闭措施，设置了永久性标记。

9）运行安全要求

危险废物（医疗废物除外）入厂时进行特性分析。定期对处置设施、监测设备、安全和应急设备以及运行设备等进行检查，一旦发现破损，应及时采取措施清理更换，应对环境监测和分析仪器进行校正和维护。按照培训计划定期对危险废物利用处置的管理人员、操作人员和技术人员进行培训。

排查要点：对所接收的性质不明确的危险废物进行危险特性分析。定期对相关设施进行检查和维护，且运行正常。制订了培训计划，并开展相关培训。单位负责人、相关管理人员和从事危险物收集、运输、暂存、利用和处置等工作的人员掌握国家相关法律法规、规章和有关规范性文件的规定；熟悉本单位制定的危险废物管理规章制度、工作流程和应急预案等各项要求；掌握危险废物分类收集、运输、暂存、利用和处置的正确方法和操作程序。

10）记录和报告经营情况制度

参照《危险废物经营单位记录和报告经营情况指南》，建立危险废物经营情况记录簿，如实记载收集、贮存、处置危险废物的类别、来源去向和有无事故等事项。按照危险废物经营许可证及生态环境部门的要求，定期报告危险废物经营活动情况。将危险废物经营情况记录簿保存 10 年以上，以填埋方式处置危险废物的经营情况记录簿应当永久保存。

排查要点：建立经营情况记录簿，能如实记录危险废物经营情况。每年定期向生态环境部门报告危险废物经营情况，符合保存时限要求。

2.2.5.3　关键环节排查技术要点

危险废物处置企业环境风险排查关键环节主要是贮存设施、运输设施及环境治理设施。

（1）贮存设施排查技术要点

危险废物贮存可分为产生单位内部贮存、中转贮存及集中性贮存，所对应的贮存设施分别为：产生危险废物的单位用于暂时贮存的设施，拥有危险废物收集经营许可证的单位用于临时贮存废矿物油、废镍镉电池的设施，危险废物经营单位所配置的贮存设施。

排查技术要点为：

①危险废物贮存设施地面与裙脚应用坚固、防渗的材料建造（用于堵截泄漏的裙脚，地面与裙脚所围的容积不低于堵截最大容器的最大储量或总储量的 1/5），建筑材料应与危险废物相容。

②贮存危险废物时应按危险废物的种类和特性进行分区贮存，每个贮存区域之间宜设置挡墙间隔，并应设置防雨、防火、防雷、防扬尘装置。见图 2-1、图 2-2。

图 2-1　贮存设施

图 2-2　贮存场分隔墙

③用以存放装载液体、半固体危险废物容器的地方，应有耐腐蚀的硬化地面，且表面无裂隙。

④危险废物贮存系统中应有二级容器和泄漏检测控制系统，场所建有雨棚、围堰或围墙，设置废水导排管道或渠道以防止液体渗漏，检测并收集漏液。

⑤贮存易燃易爆危险废物应配置有机气体报警、火灾报警装置和导出静电的接地装置。

⑥危险废物贮存设施应在醒目位置设置警示标志和安全标志，如实、完整填写类别、数量、危险特性、产生日期和责任人等相关信息。

⑦危险废物贮存单位应根据贮存废物种类和危险特性设置安全监控措施，包括可燃、有毒气体检测报警系统、视频监控系统、温控调节系统、防静电装置、通风系统、火灾报警系统及紧急喷淋系统等，并定期维护、保养，保证其正常使用。

⑧危险废物贮存设施应设置气体导出口及气体净化装置，安装照明设施和观察窗口。

⑨危险废物包装应能有效隔断危险废物迁移扩散途径，并达到防渗、防漏要求，遇水反应性危险废物应装在防潮防湿的密闭容器中。容器标签应详细标明危险废物的名称、重量、成分、特性以及发生事故时的应急措施。

⑩危险废物贮存单位应建立危险废物管理台账或数据库，记录危险废物的名称、来源、数量、危险特性和贮存容器的类别、入库日期、存放库位、危险废物出库日期及接收单位名称。数据保存期限不少于 3 年，且应采用不同形式进行备份，做到实时可查。

⑪库房内应设置温湿度记录装置，根据所存物品的性能特点确定每天观测记录频次，观测记录应保存不少于 1 年。

（2）运输设施排查技术要点

①危险废物运输应由持有危险废物经营许可证的单位按照其许可证的经营范围组织实施，承担危险废物运输的单位应获得交通运输部门颁发的危险货物运输资质。

②运输单位承运危险废物时，应在危险废物包装上按照规定设置标志。

③危险废物运输时的中转、装卸过程应遵守如下技术要求：

a.卸载区的工作人员应熟悉废物的危险特性，并配备适当的个人防护装备，装卸剧毒废物应配备特殊的防护装备。

b.卸载区应配备必要的消防设备和设施，并设置明显的指示标志。

c.危险废物装卸区应设置隔离设施，液态废物卸载区应设置收集槽和缓冲罐。

④全封闭式集装箱作为批量贮存危险废物的设施，仅可用于不超过 1t 各类危险废物的运输和转移，其设计、制造和技术要求应符合相关规定，且不得使用 10 年以上的集装箱盛装危险废物。

⑤周转危险废物包装容器再次利用时，不应盛装与上次盛装废物不相容的废物；如不能再次使用，应按照危险废物进行管理。

（3）环境治理设施排查技术要点

①危险废物利用处置设施应配备雨污分流、清污分流、污水综合处理系统；推荐建立中水回用系统，宜优先循环利用、梯级利用。

②应设置专用卸料区、洗车区、包装物清洗区。卸料区应设置粉尘、挥发性废气收集设施。可能产生液体的作业区域应设置液体接口防滴漏设施。

③厂区内灰渣接收、转运应优先采用机械密闭输送或气力输送。移动式转运设施应采取措施防止固体废物遗撒、粉尘飘散。

2.2.6　工业园区

我国工业化程度不断提高，工业园区数量与日俱增，在推动社会经济发展的同时，也带来区域性的环境风险问题。与单一企业不同，工业园区内环境风险源种类繁多，存储量大，布局比较集中，突发环境事件风险加大，环境风险管理难度较大。如何能够在工业园区层面有效降低风险成为亟待解决的关键问题之一。工业园区环境风险管理是我国环境风险管控体系构建的重要环节，工业园区突发环境事件风险排查结果可服务于环境应急预案的编制、工业园区规划布局调整、筛选环境风险管理的重点区域，与环境风险管控各项工作息息相关。

在工业园区环境应急能力建设方面，通过工业园区突发环境事件风险排查工作，可以弄清工业园区环境风险的类型、分布，系统诊断识别出工业园区内的重点环境风险源、重点环境风险受体、应急监测以及环境风险防控能力建设方面存在的差距，并制定针对性的环境风险源分类分级管理、应急监测以及环境风险防控和应急能力建设方案。在日常管理方面，可以全面排查和梳理地方环境应急管理部门在企业突发环境事件风险评估及应急预案备案、企业环境安全隐患排查与治理等日常环境应急管理工作中的不足，督促环境管理部门加强对相关日常管理工作的重视，有效推动其他相关环境应急管理工作的有序开展。通过工业园区突发环境事件风险排查结果的横向和纵向比较，上级生态环境管理部门可以识别出辖区内的环境风险源分布重点区域、环境风险受体重点脆弱区，以及各自的重点防控风险源、风险受体、区域特征污染物等，并对各工业园区的应急能力建设情况进行考核。根据工业园区内及周边可利用的应急资源摸查结果，建立区域应急资源档案并不断更新。结合工业园区环境应急监测和环境风险防控能力建设需求、管理部门和行业应急资源储备标准等，明确园区内急需的应急资源缺项，辅助上级管理部门优化辖区内的应急资源配置，包括优化应急物资库点位设置，基于识别出的特征污染物优先购置相关应急监测和应急处置物资，补充区域应急救援队伍和应急专家等。

2.2.6.1 排查资料准备

（1）环境风险识别

对工业园区可能涉及环境风险物质的固定源、移动源进行识别，形成环境风险源清单，应包括环境风险源类别、名称、地理位置、规模、主要环境风险物质名称及数量等。同时，识别环境风险受体，应包括环境风险受体类别、名称、地理位置、规模、保护要求等。识别过程应突出典型突发环境事件案例分析，重点收集工业园区及国内外同类工业园区近5年以来发生的突发环境事件典型案例，案例内容应包括发生事件、地点、引发原因、物料泄漏量、采取的应急措施、事件影响情况等。

（2）风险源强度信息

在大气环境风险源方面，收集工业园区内涉气环境风险物质数量、大气环境风险等级为较大及以上企业数量、工业园区内危险废物年产生量、工业园区内每年以道路运输方式运输的涉气环境风险物质数量、运输涉气环境风险物质的地上与地下管线长度等固定和移动风险源；在涉水风险源方面，收集工业园区内涉水环境风险物质数量、水环境风险等级为较大及以上等级的企业数量、工业园区单位企业危险废物年产生量、工业园区内港口码头涉水环境风险物质吞吐量、每年以内陆水运输方式运输涉水环境风险物质数量、每年以道路运输方式运输涉水环境风险物质数量、运输涉水环境风险物质的地上与地下管线长度等固定和移动风险源。

（3）环境风险受体信息

大气方面，重点排查工业园区内部及外部 5km 半径区域内可能存在的敏感目标及人口数量（万人），如居住区、医疗卫生机构、文化教育机构、科研机构、行政机关、企业事业单位、商场、公园和涉及军事禁区、军事管理区、国家保密相关区域；水环境方面，重点排查工业园区雨水排口、清净废水排口、污水排口下游 10km 范围内有是否存在一类或多类环境风险受体，如集中式地表水、地下水饮用水水源保护区（包括一级保护区、二级保护区及准保护区），农村及分散式饮用水水源保护区以及生态保护红线划定的或具有水生态功能区的其他水生态环境敏感区和脆弱区。

（4）环境风险管理与应急能力差距分析

从环境风险防控和监控预警措施、环境应急管理制度、环境应急预案管理、环境应急队伍建设、环境应急资源储备、环境应急监测能力等方面对工业园区及区内企业现有环境风险管理与应急能力进行分析，找出差距和问题，并制定相应的整改计划、目标、时限、责任人等。

2.2.6.2　排查技术要点

（1）涉气环境风险排查内容

①工业园区内涉及有毒有害气体环境风险企业的厂界预警装置安装率。

②废气连续在线监控设施安装且信息已接入环境监管平台的比例。

③园区配套建设大气预防预警监控点，是否完全覆盖园区内、园区边界、重点企业厂界、周边环境敏感目标处。

④工业园区涉及的有毒有害气体具备自行监测能力。

（2）涉水环境风险排查内容

①工业园区企业废水在线监控设施安装及信息接入环境监管平台的比例。

②当突发环境事件发生时，工业园区通过筑坝、导流等方式对污染物的拦截能力；通过上游调水降低水体中污染物浓度的能力；通过物化处理、吸附等方式对污染物就地处置或异地处置能力，重点排查是否具备拦截、导流、调水及物理化学处理能力。

③园区是否配套建设地表水自动监控设施，是否覆盖敏感水体、污水厂总排口下游处。

④工业园区废水、雨水排口是否均安装监控设施，且正常运行。

（3）其他环境风险防控能力排查内容

①工业园区配套风险防控环境应急指挥平台建设情况，是否建设有环境应急指挥平台且信息接入完整。

②是否编制突发环境事件应急预案，根据要求及时更新且每年组织演练。

③建立环境应急管理机构、专职环境救援机构、应急专家组。

④工业园区或所在市、县（区）配置了应急物资库。

⑤工业园区内环境应急监测能力能否达到全国环境监测站建设标准中关于机构、人员能力和应急环境监测仪器配置要求。

2.2.7　城镇污水处理厂

城镇污水处理厂是指对进入城镇污水收集系统的污水进行净化处理的城镇环保基础设施，也可定义为为实现污水、污泥和恶臭等污染治理所配备的机械、设备、装置和建筑物与构筑物等的总称。污水处理厂运行管理要求所有运行管理人员应具备合格的运行管理技能，且运行管理人员数量应满足污水厂运行管理需要；污水处理厂应设置专用化验室，具备污染物检测和全过程监控能力，按相关规定实施全过程检测；应具有完备的防火、防爆、防范突发环境事件的设施、设备和技术措施，制定突发事故环境应急预案，结合实际健全运行管理体系，建立岗位责任、操作规程、运行巡检、安全生产、设备维护、人员考核培训、信息记录和档案管理等规章制度。

2.2.7.1　运行管理排查技术要点

（1）工艺运行

①污水处理厂应设置专门工艺运行管理机构，配备专职工艺运行管理人员，负责生产调度、巡查管理和工艺参数调整等工作。

②污水处理厂应建立完善的工艺运行管理制度和操作规程，制定严格的岗位责任制度，编制工艺运行管理作业指导书。

③工艺运行管理人员和专业技术人员应具有相应技术职称；各岗位操作人员应经过专业培训，了解处理工艺，熟悉本岗位设施、设备的运行要求和技术指标，熟练掌握本岗位工作技能，并按有关规定持证上岗。

④运行管理人员和操作人员应按照工艺运行管理制度的规定定期巡检并做好相应记录；发现异常情况，应按规定程序及时处理，设立和妥善保管生产运行台账。

⑤污水处理厂应确保进厂污水全部经过处理，并达标排放，不得擅自减产、停产，不得偷排。

（2）设备及设施运行

①污水处理厂应设置专门的设备及设施管理机构，配备专职管理人员，负责维护保养、检修、维修、故障鉴定和更新等管理工作。应建立完善的设备及设施管理制度、设备操作规程、设备及设施维护规程以及点检制度、交接班制度、巡回检查制度、重点设备定期检查制度和岗位责任制度。

②污水处理厂应采用计划维修与故障维修相结合的方式，安排大、中、小修理，严格按照维修作业流程进行。需要停产或部分停产检修维护时，应上报主管部门批准后方可实施。出现紧急停产维护和抢修时，应及时报主管部门备案。

③污水处理厂应按设备重要性科学地分类管理设备，加强重点关键设备的维修保养工作，并建立设备运行台账管理的制度。

④污水处理厂应建立设备三级巡检和二级维护的管理体系，明确设备管理人员和各级巡视人员的职责。

⑤污水厂应对其设施设置明显标识。包括进水口、出水口（排放口）、水污染物检测取样点、污水处理、污泥处理和废气恶臭处理的构筑物、全部运转设备、各类管道和电缆，以及主要工艺节点处等。在潜在的落空、落水、窒息、中毒、触电、起火、绞伤、传染处应设置警示标识。

⑥构筑物之间的管道和明渠等连接设施每年应至少清理一次，各管道、管件、闸门应无破损，无明显锈蚀，无"跑、冒、滴、漏"现象。

2.2.7.2　应急管理排查技术要点

（1）工艺运行

如出现以下情况，污水厂是否制定相关预案，立即采取有效措施及时处置，并及时向主管部门和生态环境部门报告：

①进水水质异常，影响污水处理效果的。进水水质异常指：

a. 水质超过设计标准；

b. 可生化性差（如 $BOD_5/COD_{Cr} < 0.3$）导致生化系统不能正常运行；

c. 碳源严重不足（如 $BOD_5/TKN < 4$ 或 $BOD_5/TP < 20$）影响生化系统除磷脱氮；

d. 有毒有害物质浓度超过所规定的最高允许浓度致使生化系统遭到破坏。

②水量超出污水处理厂设计峰值处理能力，或持续超出设计处理能力影响污水处理效果的。

③因供电部门线路故障、错峰用电、紧急限电等造成长时间停电或停产，或主

要设备、控制系统遭到雷击等自然灾害造成停产，影响正常运行的。

④设备、设施的抢修、检修，以及按计划进行的大修或技术改造，影响正常运行的。

（2）设备及设施运行

①应建立设备事故报告制度和工单管理制度。设备事故通常分为一般事故、重大事故和特大事故。一般事故应及时处理，尽快恢复生产；重大事故应在 4 小时内电话报告企业的相关主管部门；特大事故应在 2 小时内电话报告相关主管部门，并在 12 小时内向上述部门报送书面报告。

②化验室工作人员应遵守化验室安全管理制度。易燃易爆物及贵重器具应由专门部门负责保管，使用时应有严格手续；剧毒药品应制订专门的保管、使用制度，设专柜双人双锁保管。

③加氯间、污泥脱水机房、泵房等车间和连接排泥管道的闸门井、廊道等应保持良好通风。

④采用氯消毒的，氯瓶使用和加氯操作应符合相关规定。加氯间内部应设置事故池和排风地沟，排风地沟在工作前通风 5～10min 并设置报警装置。加氯间应配备合格的隔离式防毒面具、抢修材料、工具箱、检漏氨水。使用完毕的隔离式防毒面具应清洗、消毒、晾干，放回原处，并对使用情况详细记录。

（3）行政管理

污水处理厂应建立安全生产制度、安全事故报告制度、安全操作规程和安全管理体系，制定意外事故应急机制和紧急处理预案，并加强日常检查和专项检查，发现问题及时整改，并做好相关记录。记录应包括检查时间、地点、检查内容、发现的问题及其处理情况等事项。应与主管部门建立安全信息报送联动机制，指定专人负责并保证通信畅通，如出现安全生产事故，应确保第一时间报送至主管部门。

2.2.7.3　排查台账管理

污水厂应根据环境风险排查情况，建立分类管理信息台账。

（1）设施建设台账

设施建设台账记录的信息包括但不限于：①设施建设期的项目设计批复或核准文件、环境影响评价批复文件、工程竣工环保验收报告等；②设施建设的设计文件，包括处理能力、处理工艺、建成投运时间和污水处理服务区范围、汇水面积、服务人口及入驻的工业企业等情况；③管网建设情况、污水收集量的变化情况、污染减排量核算情况及环境统计情况等。

（2）设施运行台账

设施运行台账记录的信息包括但不限于：①按日记录的进、出水水量、水质和污泥的产生量、转移量及其去向情况；②曝气机等主要设备的运行状况和维护保养与修理情况等；③按月记录设备的用电量、用药量、干污泥处置量等。

（3）污染减排台账

污染减排台账记录的内容包括但不限于：①污水处理设施基本情况和污染物削减总量等情况；②设施运行产生的电耗、药耗、污泥减量化处理和无害化处置等情况；③新增污染减排能力及运行减排效果的动态变化情况等。

（4）设施运行记录

设施运行记录，包括但不限于：①单体设备的运行情况，累计运行时间，及现场各类仪表的运行数据的统计表；②运行情况记录表：按月统计的月处理水量，进、出水水质，出厂污泥量，耗电量等；③中控系统主要数据统计表，设备故障时间统计表，各处理单元工艺的运行状态报表；④中控系统主要情况变化趋势曲线图：月流量（进、出水水量，鼓风量和污泥量）、约束性指标 [COD、氨氮（以 N 计）] 以及关键工艺参数（ DO、 MLSS 等）；⑤污水回用量、回用设施运行情况和回用水出售业绩等资料。

2.3　政府部门环境风险管理和督查

2.3.1　政府主导模式下环境风险管控分析

2007 年颁行施行的《中华人民共和国突发事件应对法》对政府、部门以及有关单位的应急管理职责作出了界定，其第七条："县级人民政府对本行政区域内突发事件的应对工作负责；涉及两个以上行政区域的，由有关行政区域共同的上一级人民政府负责，或者由各有关行政区域的上一级人民政府共同负责。突发事件发生后，发生地县级人民政府应当立即采取措施控制事态发展，组织开展应急救援和处置工作，并立即向上一级人民政府报告，必要时可以越级上报。突发事件发生地县级人民政府不能消除或者不能有效控制突发事件引起的严重社会危害的，应当及时向上级人民政府报告。上级人民政府应当及时采取措施，统一领导应急处置工作。法律、行政法规规定由国务院有关部门对突发事件的应对工作负责的，从其规定；地方人民政府应当积极配合并提供必要的支持。"强调了政府部门的环境应急管理职责。事实上，在突发环境事件风险防范、应急准备、应急处置以及事后调查阶段，政府各部门、社会公众以及新闻媒体都参与其中，发挥着不同的责任及作用。2014年4月新修订的《环境保护法》对环境应急工作的法律责任和问责情况作出了明确规定，政府及相关部门如何准确定位、尽责履职地做好环境应急管理工作是当前亟须研究和关注的问题。从大的方面来看，生态环境保护工作可以分为常态工作和非常态工作。所谓常态工作主要是指日常的、常规的环保工作，例如，环境影响评价、污染防治、总量控制、环境执法等；所谓非常态工作主要是指为了预防和减少突发环境事件的发生，控制、减轻和消除突发环境事件引起的危害，所进行的一系列工作。然而从我国生态环境应急工作发展历程看，环境风险事故并没有伴随立法、管理、监督的增强而减少。在防范环境风险时，人们往往寄希望于政府，事实上我国实行的一直是"政府主导的环境风险防治政策和机制"。但是，涉及相关风险管控的部门远远不止生态环境部门一家，这些部门关系错综复杂、结构盘根错节、分工细化，政府以及相关部门没有完全形成有机整体，一定程度上影响了应急处置工作效率。在突发环境事件的应急过程中，突发环境事件应对政策往往局限于依靠行政命令和行政指导来实现，由于有些部门管理者对突发环境事件处置的职责分工和要求不甚了解，往往认为只要出现环境污染，就应当由生态环境部门负责处理。同时，政府内部职能交叉导致生态环境部门"统一监督管理"的职能在很大程度上被肢解和架空。

2035年，我国将达到"生态环境根本好转、美丽中国建设目标基本实现"这一远景目标，与这个宏伟目标对应的环境应急管理基本目标是：到2025年，环境应急体制、机制、法制基本健全，综合应对能力得到显著提升，突发环境事件多发频发的高风险态势得到有效遏制；2030年，高风险态势得到根本扭转；2035年，实现与美丽中国建设目标相匹配的现代化环境应急管理体系和能力，风险得到全面防控。因此，政府及相关部门应主动作为，建立政府部门常态化环境风险排查治理体系，树牢底线思维，实施精准治理，围绕应急准备、响应处置、调查评估等重点环节，大力推动环境应急管理体系和能力现代化，全面提高环境应急精准化、规范化、科学化水平。

2.3.2　政府环境风险管理理念的形成

2.3.2.1　环境风险管理内涵

环境风险管理的对象首先是环境风险。"环境风险"通常指"因人类生命活动引起的环境负载,通过各种环境因素,对人类健康造成影响的可能性",也可以认为是"某些化学物质对人的健康和生态系统造成的危害因素"。环境风险管理的目的则是实现环境风险的减轻、转移及避免。目前,对环境风险管理的定义有两种解释。广义上将环境风险管理看作是风险管理在环保行业的应用;狭义上是指环境风险评估的后续过程。从国家层面考虑环境风险管理,综合考虑环境风险防范与应急,特别是把环境风险管理纳入环境质量管理体系的时候,就要求我们对环境风险管理作出广义的理解,这种广义的环境风险管理应包含对风险的识别、评估、控制和应急等多种环节,是一种全方位、全过程的环境风险管理。为实施风险管理,西方国家政府相继启动了风险管理的实践,并总结出了四条规律:一是创新理念,既要强化全面的风险应对,又要突出"抓大放小"的思路,并寻求两者之间的平衡;二是创新制度,构建风险管理体制并设置常态运行机制;三是科学操作,定位风险管理的"抓手",实施标准化的管理;四是可持续发展,注重风险的把控,着手风险管理为导向的政府全面改革。《中华人民共和国环境保护法》第四十七条第一款规定:"各级人民政府及其有关部门和企业事业单位,应当依照《中华人民共和国突发事件应对法》的规定,做好突发环境事件的风险控制、应急准备、应急处置和事后恢复等工作"。自 2015 年 6 月 5 日起施行的《突发环境事件应急管理办法》进一步明确了生态环境部门和企业事业单位在突发环境事件应急管理工作中的职责定位,从风险控制、应急准备、应急处置和事后恢复四个环节构建全过程突发环境事件应急管理体系,规范工作内容,理顺工作机制,从事前、事中、事后全面系统地规范政府部门环境风险排查重点内容,围绕生态环境部门和企业事业单位两个主体,构建了八项基本制度,分别是风险评估制度、隐患排查制度、应急预案制度、预警管理制度、应急保障制度、应急处置制度、损害评估制度、调查处理制度。这八项基本制度组成了环境风险管理的核心内容。

2.3.2.2　环境风险管理经验借鉴

20 世纪后期,欧美等国家和地区的常规性环境污染问题得到了较有效的解决,环境风险则成为环境管理的重点。欧美等国家和地区环境风险管理相关领域的基础性研究较为完善,实践中环境风险的防控一般都经历了由事故应急向全过程防控的转变。

（1）欧盟

风险防范管理是很多欧盟成员国环境管理工作中重要的原则之一。同时,环境风险评估也被视为风险防范原则能否适用的选择依据之一。欧盟一些相关的立法主要起源于职业健康保护和职业污染防范等领域，后逐渐过渡到环境污染风险防范。1992 年签署的《欧洲联盟条约》（即《马斯特里赫特条约》）将风险防范上升到宪法层面，2000 年通过的《关于风险预防原则的公报》为环境风险防范尤其是环境风险评价指明了方向。又如 1980 年，英国为了验证新提出的理论的有效性和降低企业环境风险概率，针对泰晤士河堪维岛的石油化工区域进行了环境风险评价，降低了企业环境风险的概率。荷兰也对本国瑞金孟德地区进行了区域级长期风险评价研究，有效降低了工业化中期大量出现环境风险概率。

欧盟安全管理与环境风险管理联系十分密切，尤其关注化学品与工业污染事故防范。通过化学物质的控制立法，出台了一系列的指令、条例和决定等，凸显预防为原则的危险化学品的管理理念。2007 年生效的《关于化学品注册、评估、授权和限制的法规》（REACH）被认为是欧盟近年来在环保立法方面确立的最重要的法律，对化学品的生产者、使用者的相关职责做了明确规定；对于工业活动风险的管理，采用风险识别与评估实现对工业活动造成的环境污染事件的风险防控；明确了环境风险管理的对象，通过分类、分级管理，出台系列指令和相关规定以及《工业活动的重大事故指南》，以降低工业事故暴发频率，减轻事故对环境的影响。

（2）美国

美国环境风险管理最早起源于对健康风险的重视，20 世纪 90 年代以后逐步过渡到生态环境风险领域。1990 年，美国国家环境保护局（USEPA）发布了标题为《减轻风险：环境保护重点和战略的确定》的报告，意味着环境风险管理成为美国环境管理的重要策略。另外，许多环境相关法律都涉及风险防范的内容，如《清洁空气法》《清洁水法》《应急规划和社区知情权法》《有毒物质控制法》《综合环境反应、赔偿和责任法》（也称《超级基金法》），并形成了相关的导则、指南、体系，以指导各地区、各领域的工作。

美国在长期的理论与实践过程中逐渐建立起了较为完善的健康风险评估和生态风险评估方法体系，并在化学物质、污染场地以及溢油事故等领域的风险评估与管理中进行了广泛应用。环境风险评估的结果为环境基准的确立提供了科学依据，而环境标准的设定则建立在环境基准的基础之上。美国国家环境保护局（USEPA）要求特定设施的企业或经营者准备和实施风险管理计划（RMP），该计划包括危险评估、预防计划以及应急反应计划等内容（图 2-3）。

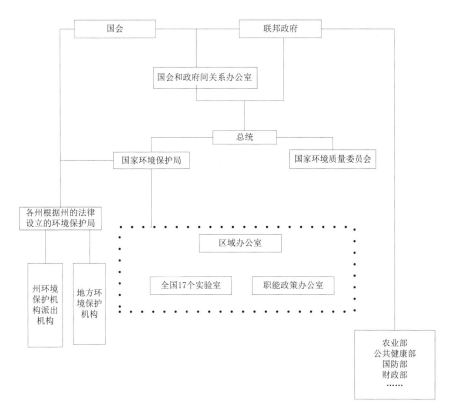

图 2-3　美国环境管理体系结构

2.3.3　政府环境风险隐患督查主要内容

一般而言，形成环境风险必须具备以下三方面因素：一是存在诱发环境风险的因子，即环境风险源；二是环境风险源具备形成污染事件的必备条件，即环境风险源的控制管理机制；三是在环境风险因子影响范围内有人、自然环境、有价值物体等环境敏感保护目标，即环境风险受体。这三方面因素互相作用、互相影响、互相联系，形成了一个具有一定结构、特征、功能的复杂的环境风险体系。因此，地方政府环境风险排查应从环境风险源、控制管理机制、环境风险受体三个因素入手，针对环境污染事件的各个环节建立起环境风险全过程的管控体系。同时，应当将生态环境保护督查机制引入排查过程中，督查成果可作为被督查部门考核评价、奖惩任免和具体责任追究的重要依据，建立生态环境风险控制责任清单，量化实施细则，提高问题问责的精准度；加强督查结果与综合执法有机衔接，进一步完善约谈、执法检查制度，督促地方党委、政府履行防风险主体责任。

2.3.3.1　突发环境事件风险管控体系

（1）开展突发环境事件风险评估

建立完善重大环境风险隐患数据库，实现各类重大环境风险和隐患的识别、评估、监控、预警、处置等全过程动态管理。

督查重点：按照《中华人民共和国突发事件应对法》第二十条"县级人民政府应当对本行政区域内容易引发自然灾害、事故灾害和公共卫生事件的危险源、危险区域进行调查、登记、风险评估，定期进行检查、监控，并责令有关单位采取安全防范措施。省级和设区的市级人民政府应当对本行政区域内容易引发特别重大、重大突发事件的危险源、危险区域进行调查、登记、风险评估，组织进行检查、监控，并责令有关单位采取安全防范措施。县级以上地方各级人民政府按照本法规定登记的危险源、危险区域，应当按照国家规定及时向社会公布。"启动实施辖区突发环境事件涉及企业、行政区域、流域的风险评估，并将其作为制定环境应急预案、区域流域环境风险防控技术方案的重要基础。

（2）环境风险管控和隐患排查治理体系

强化危险化学品使用及运输、涉重金属（包括尾矿库、金属冶炼）、石油气管线运输、危险废物使用及处理、石化等行业领域的环境安全监管及风险管控。

督查重点：政府部门加强组织领导、健全工作机制，协调辖区环境风险隐患排查整治工作，督促指导下级部门排查整治行动。各级政府成立相应的领导工作机构，列入政府重要议事日程，细化分工，健全机制，制定具体实施方案。排查工作应明确督办责任，规范工作程序，做到层层把关、责任到人，对现场检查、排查资料会审、整改督办、整改验收等各个环节都要审核签字确认；加强整治工作的督查督办，按照各阶段工作要求制定具体检查方案，将所有环境风险隐患整改和违法问题查处任务按管理权限分解到单位、落实到人，专人督办，全过程跟踪，并做好现场督办记录；坚持实行约谈、通报等制度，对工作不力、问题突出、整治进展缓慢的实行通报批评，对违反有关法律法规、出现重大决策失误、造成群发性健康危害事件或环境严重污染事件，以及存在严重环境违法行为隐瞒不报或查处不力，甚至包庇、纵容违法排污企业，致使群众反映强烈的问题长期得不到解决的，依法依纪追究责任。

（3）构建全过程、多层级环境风险防范体系，实施环境风险全过程管理

加强重点流域水污染、饮用水水源污染、有毒有害气体释放等重点领域风险预警与防控；完善工业园区环境风险预警和防控体系。

督查重点：详见 2.4 节、2.5 节、2.6 节。

2.3.3.2　专业环境应急救援能力建设

依托大型企业、工业园区、公安消防应急救援力量，建设危险化学品应急救援基地和队伍，推进区域性危险化学品应急救援队伍建设，加强危险化学品生产储运企业应急救援队伍建设，配备专家人才和特殊装备器材，强化应急处置战术训练演练，提高危险化学品泄漏检测、物质甄别、堵漏、灭火、防爆、输转、洗消等应急处置能力。

2.3.3.3　环境应急平台支撑能力建设

（1）推进政府综合环境应急平台体系建设

加强应急基础数据库建设；推动应急平台之间互联互通、数据交换、系统对接、信息资源共享；提升应急平台智能辅助指挥决策等功能；加强基层应急平台终端信息采集能力建设，实现突发环境事件视频、图像等信息的快速报送。

（2）完善应急物资保障体系

加强环境应急物资保障体系建设，健全应急物资实物储备、社会储备和生产能力储备管理制度；推进应急物资综合信息管理系统建设，完善应急物资紧急生产、政府采购、收储轮换、调剂调用机制，提高应急物资综合协调、分类分级保障能力。

2.3.3.4　完善环境应急管理体系

推进以"一案三制"为核心的应急管理体系建设，完善环境应急管理工作机制：预案管理机制、信息报告机制、应急联动机制、信息发布机制、损害评估机制、资金投入机制。

2.4　重点环境风险企业风险排查

督导企业对本单位的环境安全承担主体责任，具体体现在日常管理和事件应对两个层次十项具体责任上。在日常管理方面，企业应当开展突发环境事件风险评估、健全突发环境事件风险防控措施、排查治理环境安全隐患、制定突发环境事件应急预案并备案、演练、加强环境应急能力保障建设；在事件应对方面，企业应立即采取有效措施处理、及时通报可能受到危害的单位和居民、向所在地生态环境主管部门报告、接受调查处理，并对所造成的损害依法承担责任。

企业开展环境风险排查，应当从企业基本情况、企业环境风险源基本情况、企业周边环境状况以及环境敏感目标等几个方面入手。

（1）企业基本情况

包括企业从业人数、地理位置等。

（2）企业环境风险源基本情况

包括以下方面：

①企业主、副产品以及生产过程中产生的中间体的名称与日产量，原材料、燃料名称以及日消耗量、物料最大储存量和加工量，应列出涉及危险物质名称及数量。

②核查企业生产工艺流程、主要生产装置、危险物质储存方式，了解企业平面布置，排放管网和应急设施（备）布置。

③调查企业排放污染物名称及排放量，污染治理设施处理量及处理后废物产生量，污染治理工艺流程、设备以及其他环境保护措施等。

④调查企业危险废物产生、储存、转移、处置情况，危险废物处理单位名称、地址、联系方式、资质、处理场所的位置，危险废物处理防范环境风险情况；企业危险物质及危险废物的运输单位、运输方式、日运量、运输地点、运输路线。

（3）企业周边环境状况以及环境敏感目标

包括以下方面：

①企业所在地（区域）气候特征、地形地貌以及厂址的特殊状况。

②企业废水排放去向，废水输送方式与排污口位置，水域功能类别。排污口下游一定距离涉及环境敏感保护目标。

③区域内各环境敏感目标名称、与企业边界方位和距离，人口集中居住区人口数量，企业相关地表水、地下水、大气环境功能区划，受纳水体（包括支流和干流）情况及执行的环境标准；企业下游地下水打井取水情况；企业危险物质和危险废物运输路线中的环境敏感目标。

（4）全程风险防范措施

①源头采取防范措施

厂区总平面布置以及各装置区内平面布置、各装置之间，装置内部的设备之间，罐区以及油罐之间应有相应的安全距离。所有潜在火源均应分别布置在有可能泄漏可燃物料场所的上风向；对与大容量储罐相连接的泵，其紧急截止阀应安装在泵以及设备的安全距离之外，各油罐区均应设有防火堤。装置泄压或开停工吹扫排出的可燃气体均送入火炬系统；在各危险区域设可燃气体浓度报警器，实时监测和报警。

②采取污染防控措施

水污染物应采取三级防控措施。第一级防控设置装置围堰，完善罐区隔堤和防火堤，将泄漏物料和污染雨水切换至收集与处理系统，防止轻微事故环境污染；第二级防控应在污染严重装置或厂区设置事故缓冲池或拦污坝，切断泄漏物料、污染消防水与外部的通道，将污染控制在厂内，防止较大事故；第三级防控应在进入江河湖海的总外排口前或污水处理厂终端建设事故缓冲池，作为泄漏物料和污染消防水的储存与调控手段，将污染物控制在区内，防止重大事故。对于大气污染排放防控，应注意大气环境防护距离或卫生防护距离。

③完善污染事故应急处置措施

水污染事件现场处置主要考虑可能受影响水体情况，如水体规模、水文情况、水体功能、水质现状等；事件发生后及时切断污染源的有效方法；泄漏至外环境的污染物控制、削减技术方法；水中毒事件预防措施，中毒人员救治措施；需要其他措施的说明（如其他企业污染物限排、停排，调水、污染水体疏导，自来水厂应急措施）；跨界污染事件应急处置措施等。有毒气体扩散事件现场处置方面，主要考虑的内容应包括切断污染源的有效措施；制定气体泄漏事件所采取的现场洗消措施或其他处置措施；明确可能受影响区域及区域环境状况；可能受影响区域企业、单位、社区人员疏散的方式和路线、基本保护措施和个人防护方法；周边道路隔离或交通疏导方案等。

2.5 流域环境风险防控措施

各省级生态环境部门确定管控河流（河段）名单。实施范围包括行政区域内河流（河段）干流及其一、二级支流，可延伸至三级支流。支流涉及重要环境敏感目标的，应单独纳入实施河流（河段）名单。督查主要内容包括：

（1）生态环境部门流域环境风险防控基础信息清单

规范收集整理流域内（河道收水范围内以及河道及两岸各 1km 范围内）重点环境风险源、环境敏感目标、水文水系、水环境功能及水质目标、环境应急空间与设施等基础资料，应包括但不限于以下资料：

①环境风险源资料：流域内"一废一库一品"等重点环境风险企业清单（含企业名称、地址、正门经纬度、行业、主要环境风险物质等信息）、流域内危险化学品运输路线（道路、管道、航线）资料（矢量数据等）。

②环境敏感目标资料：流域内县级及以上集中式地表水饮用水水源地基本信息（含名称、经纬度、级别等信息）和跨国界、省界断面，以及自然文化资源保护区、

国家重点生态功能区、水功能区划、重点风景名胜区及其他生态保护红线划定或具有生态服务功能的环境敏感区。

③水文水系：流域干、支流近3年水文资料（含丰、平、枯不同水期的平均流量、流速数据）、流域河湖名录、一河一档资料。

④环境应急空间与设施：流域内水库、湿地、坑塘、闸坝（含拦河闸、泵站、橡胶坝、滚水坝）、引水式电站、坝式水电站、干枯河道、江心洲型河道、桥梁、临时筑坝点、其他设施（名称、中心经纬度等信息）；政府（部门）建设的环境应急物资库等基础数据（含名称、经纬度、主要环境应急物资等信息）；生态环境部门河流断面自动监测站和水文站点信息。

（2）以地市级行政区域为单位编制流域"一河一策一图"环境应急响应方案

主要包括编制说明、流域水系及敏感点分布图、流域重点环境风险源分布图、流域环境应急空间与设施分布图、流域环境应急空间与设施使用说明等五部分内容。

（3）环境应急空间与设施使用技术方案

应涵盖流域内水库、湿地、坑塘、闸坝、引水式电站、坝式水电站、干枯河道、江心洲型河道、桥梁、临时筑坝点以及其他设施等使用原则与主要方法，具体阐明流域防控设施拦污截污、分流引流、调蓄降污等具体情景技术应用。

2.6　饮用水水源地环境风险防控措施

县级及以上人民政府应当定期或不定期地调查和评估本行政区域内地表水饮用水水源地环境风险状况，编制或修订水源地风险源名录，报上级政府备案。跨县级行政区域水源地风险源名录，可由有关县级人民政府协商后共同编制，或由其共同的上一级市级人民政府组织编制，有关县级人民政府参与编制并联合管理；跨省（或市）级行政区域水源地风险源名录，由有关市级人民政府协商后共同编制并联合管理。

当风险排查范围内点源的数量或类型发生变化（包括企业内部风险物质的种类或数量、生产工艺过程变化等）、移动源的数量或类型发生重大变化时，应及时修订风险源名录。

督查重点：是否按照饮用水水源地环境概况调查（水源地环境概况包括水源地基础状况、自然资源状况、社会经济状况、水环境监测状况、水环境质量状况等），确定风险排查范围，风险源基础状况调查，风险源识别与评估，确定风险源名单，提出风险管控要求，风险源名录编制与信息化、技术审查与备案 8 个步骤完成调查。其中：

（1）饮用水水源地环境概况调查

水源地基础状况，包括水源工程建设基础信息、水文基础信息、水源地所在区域自然资源和社会经济状况等信息。

①水源工程建设基础信息：包括水源地类型、设计供水量、实际供水量、服务年限、服务人口数量、规范化建设情况。

②水文基础信息：包括河流型水源的年径流量，丰水期径流量、枯水期径流量；湖库型水源的库容量、上游来水量、下泄水量。

③自然资源状况：包括自然地理概况，气象，水系组成，闸坝、泵站、泄洪口分布。

④社会经济状况：包括行政区划、人口分布、产业规模和结构。

水环境监测和水环境质量状况，包括断面名称，断面位置及经纬度坐标，断面属性（国控、省控、市控），年监测频次，监测指标，水质现状类别，主要污染物超标情况，湖库富营养化水平。

（2）风险排查范围

结合水源地所在地的行政区范围、各级保护区边界情况，按照以下要求确定排查范围：

①点源：水源地设准保护区的，为准保护区及准保护区边界上游长度 20 km、陆域宽度 1 km 内，且不超过分水岭的范围；水源地未设准保护区的，为二级保护区边界上游 20 km、陆域宽度 1 km 以内，且不超过分水岭的范围。当水源地位于感潮河段时，应根据涨落潮的实际情况，将饮用水水源保护区下游边界外上述距离内的水域、陆域一并纳入风险排查范围。

②移动源：排查范围除点源涉及范围外，还包括水源一级保护区和二级保护区。

（3）点源调查的主要内容

①工业企业：厂址和排放口的位置、排放方式、排放去向；存储的风险物质类型及存量、主要风险环节、已采取或可采取的风险防范措施、距取水口的距离等。

②尾矿库：厂址和排放口的位置、排放方式、排放去向、矿种类型、特征污染物指标浓度情况、现状库容、基本生产和安全情况、自然条件情况、环境保护情况、历史事件情况和周边环境敏感情况、已采取或可采取的风险防范措施、距取水口的距离等。

③规模化养殖场：场址和排放口的位置、粪污处理工艺、养殖种类和规模、距

取水口的距离、已采取或可采取的风险防范措施等。

④污水处理厂：厂址和排放口的位置、处理工艺、设计规模、处理规模、距取水口的距离等。

⑤垃圾填埋场：场址和排放口的位置、渗滤液处理工艺、距取水口的距离、已采取或可采取的风险防范措施等。

⑥闸坝、泵站、泄洪口：位置及拐点坐标。

（4）移动源调查的主要内容

跨越水体或与水体并行的县级及以上公路、桥梁的基本情况及其现有环境风险防范措施和危险化学品运输监管措施等，包括但不限于公路和桥梁的位置、长度、宽度、建设等级、养护程度，公路和桥梁与水源保护区及取水口的位置关系，公路和桥梁的最大日车流量，桥梁可承受的最大载重量，公路和桥梁现有环境风险防控措施、危险化学品运输种类和最大运载量、危险化学品运输管理制度建设情况等。

航道、运输危险化学品的船舶的基本情况、运载物质信息及监管措施等，包括但不限于水源地连接水体的航道分布，航道与取水口的位置关系，船舶运输油品、化学品种类和规模，船舶运输登记监督、水上交通运输安全防护措施等。

第3章　突发环境事件风险评估

3.1　环境风险评估概述

3.1.1　总体进展

（1）国外环境风险评估研究进展

环境风险评估兴起于发达工业国家，主要是美国。纵观国外的风险评估发展历史，大致经历了以下 3 个发展阶段。

第一阶段：20 世纪 30—60 年代，属于萌芽阶段。这一阶段主要采用毒物鉴定方法进行健康影响分析，以定性研究为主。例如，关于致癌物的假定只能定性说明暴露于一定条件下的致癌物会造成一定的健康风险。直到 20 世纪 60 年代，毒理学家才开发了一些定量的方法进行低浓度暴露条件下的健康风险评估。

第二阶段：20 世纪 70—80 年代，属于高峰期，此阶段风险评估体系基本形成。最具代表性的评估体系是美国核管理委员会 1975 年完成的《核电厂概率风险评估实施指南》。而具有里程碑意义的文件是 1983 年美国国家科学院出版的红皮书《联邦政府的风险评估：管理程序》，提出风险评估"四步法"，即风险识别、剂量—效应关系评估、暴露评估和风险表征，成为环境风险评估的指导性文件，被荷兰、法国、日本、中国等国家和国际组织采用。随后，USEPA 根据红皮书制定并颁布了一系列技术性文件、准则和指南，包括 1986 年发布的《致癌风险评估指南》《致畸风险评估指南》《化学混合物的健康风险评估指南》《发育毒物的健康风险评估指南》《暴露风险评估指南》《超级基金场地健康评估手册》，1988 年颁布的《内吸毒物的健康评估指南》《男女生殖性能风险评估指南》等。

第三阶段：20 世纪 90 年代至今，属于不断发展和完善阶段，生态风险评估逐渐成为新的研究热点。随着相关基础学科的发展，风险评估技术也在不断完善。美国对 20 世纪 80 年代出台的一系列评估技术指南进行了修订和补充，同时又出台了一些新的指南和手册。例如，1992 年出版的《暴露评估指南》替代了 1986 年的版本；1998 年出台了《神经毒物风险评估指南》。加拿大、英国、澳大利亚等国也在 20 世纪 90 年代中期提出并开展了生态风险评估。联合国全球化学品统一分类和标签制度专家委员会于 2002 年 12 月 13 日通过的《全球化学品统一分类和标签制度》系统地确定了化学品的分类标准和标签制度（GHS），该制度对化学品释放后的环境影响做了权威的评估，补充了以往相关公约、规则的不足，其中列出的评估项目和指标可作为对化学品进行环境风险评估的依据。

（2）我国环境风险评估研究进展

我国环境风险评估研究起步较晚，但政府比较重视。1989 年 3 月，国家环境保护总局设立了有毒化学品管理办公室，标志着我国开展风险评估和风险管理已正式提上日程。国内环境风险评估研究早先以介绍国外理论为主，在 1993 年中国环境科学学会举办的"环境风险评估学术研讨会"上，首次探讨了在我国开展风险评估的办法。2004 年 12 月 11 日，国家环境保护总局发布了《建设项目环境风险评价技术导则》（HJ/T 169—2004））（2018 年被 HJ/T 169—2018 代替），对我国环境风险评估工作的目的、基本原则、程序、方法和内容做出了相关规定。2006 年 2 月，国家环境保护总局宣布对 127 个重点化工石化类项目进行环境风险排查，促使环境风险评估工作不断完善，风险管理水平不断提高。目前国内主要关注研究人群健康风险，生态风险也逐步得到重视。

3.1.2　环境风险评估框架体系

党的十八大把生态文明建设纳入中国特色社会主义事业"五位一体"总体布局，但当前严峻的环境风险形势依然是人们对美好生活的向往和生态文明建设的制约因素。2015 年施行的《中华人民共和国国家安全法》，也明确提出了"强化生态风险的预警和防控，妥善处置突发环境事件"，环境安全问题已经被纳入国家安全体系。为满足公众对生态环境安全日益增长的要求以及国家安全保障的需求，需要采取措施控制我国的环境风险水平，但具体需要控制到什么样的风险水平，这就要涉及环境风险管理目标的问题。

3.1.2.1　环境风险管理目标体系

环境风险管理目标包括宏观层面的总体风险管理目标以及微观层面的目标。宏观层面目标指在战略意义上国家和区域环境风险总体需要控制到什么水平；微观层面的目标则是针对不同类型的环境风险设定的具体的、量化的风险控制目标（或标准）。目前我国尚未形成完善的环境风险管理目标体系，缺乏宏观层面上的战略目标。

在微观层面上，国家安全监管总局 2014 年发布了《危险化学品生产、储存装置个人可接受风险标准和社会可接受风险标准（试行）》，给出了不同类型区域新建、在役装置的风险管理标准。此外，《建设用地土壤污染风险评估技术导则》(HJ 25.3—2019) 提出了单一污染物的可接受致癌风险水平为 10^{-6}，单一污染物的可接受危害商为 1。在微观层面，我国环境风险管理目标已经有了初步的尝试，但总体上环境风险类型多样复杂，对环境风险水平现状及未来趋势认识不够清楚，尚未形成完善的体系。

（1）环境风险管理需求分析

环境风险是指由自然原因或人类活动引起的，通过降低环境质量及生态服务功能，从而能对人体健康、自然环境和生态系统产生损害的事件及其发生的可能性（概率），其中包括突发性环境风险和长期累积性环境风险。在过去 30 年间，在各类环境事件的推动下，我国采取了各种措施来应对环境风险，环境风险管理水平得到了不断的提升，例如，2005 年松花江水污染事故后，我国采取了一系列应对突发污染事故的措施；在一系列重金属污染事件暴发后，我国制定了《重金属污染综合防治"十二五"规划》；在 $PM_{2.5}$ 污染引发公众关注后，2012 年我国发布了新修订的《环境空气质量标准》，2013 年发布《大气污染防治行动计划》。

从我国环境风险现状、成因及发展趋势分析，环境风险形成的根源包括社会需求和互联网等新媒体传播手段的出现。社会需求是由于经济社会引发各类社会活动，进而形成各类环境风险表征。社会需求及经济活动的因子，如城市化、GDP 增长、工业化等，均可表征为环境风险压力因子。未来一段时间内，我国仍会处于城市化发展时期，GDP 和工业化水平也将会持续提升，这个过程对我国环境风险水平的压力也将越来越大。与此同时，我国环境风险呈现出的另一个特点是公众环境诉求不断增加，环保类群体事件也逐年增多。公众凭借自身主观印象和直觉对环境风险水平作出响应，会因不同的社会经济特征、地域分布、教育水平出现不同的态度，从而影响风险水平的判断及风险防控水平。互联网等新媒体传播手段的出现使得信息传播速度更加快速，而媒体信息传播会造成不实风险，信息被传播放大导致公众主观的风险感知水平与客观的风险水平之间存在着一定偏差。

总体来看，如果继续维持我国以事件驱动型为主的环境管理模式，环境风险水平虽然会处于波动下降趋势，但是随着我国国民收入、受教育水平的不断提高，公众可接受环境风险水平将会快速下降并低于实际风险水平。可以预期，未来我国公众可接受风险水平会呈持续下降趋势，导致环境风险水平与公众需求的差距继续扩大。因此，新时代发展背景下建立我国环境风险管理目标体系，促进环境风险管理水平提升，不仅需要考虑实际风险水平，更需要关注公众对环境风险的感知和可接受水平。

（2）国外环境风险管理目标的经验

欧美国家目前已形成了较为完善的环境风险管理体系。20 世纪 60 年代，美国医学界研究提出 10^{-8} 癌症发病安全线，并于 1973 年被美国食品药品监督管理局采用。鉴于实际管理中投入成本过高的因素，结合社会、科学和经济利益三者关系，1977 年将致癌风险管理准则修正为 10^{-6}，至今仍是风险管理的黄金准则。例如，USEPA 将 10^{-6} 作为超级基金制度中土壤修复标准和《清洁空气法》残留气态有毒物质风险控制标准。此外，许多国家根据本国国情也制定了相应的环境风险管理标准。例如，加拿大、意大利、丹麦等国家将 10^{-6} 作为土壤修复的环境风险控制目标；澳大利亚、新西兰等国家则将 10^{-5} 作为土壤环境风险控制标准。国外环境风险目标体系研究成果带给我们最重要启示是，同一个国家内具有不同风险类型管理标准，应当制定具有差异化的目标体系，同时考虑风险控制成本。

（3）我国环境风险管理目标体系

1）宏观层面

我国环境风险管理需要吸取国内外过去的教训，迫切需要将管理模式转变为以风险控制为目标导向的环境管理模式，通过建立战略目标推动我国环境风险管理体系的完善和环境风险水平的持续降低。因此，我国环境风险管理的总体目标是实现"社会经济发展所带来的环境风险与公众接受水平相协调"。一方面，通过建立和完善以风险控制为目标导向的环境风险管理模式，促使我国环境风险水平持续不断下降，缩小与公众可接受环境风险水平之间的差距；另一方面，需要通过建立合理的环境风险交流模式，正确引导符合社会经济发展水平的风险感知水平。

2）微观层面

国内外经验表明，环境风险类型多样复杂，不同地区、不同时段社会经济发展水平相异，环境风险也有差异。同时，可接受风险水平也是一个动态概念，受到社会经济环境等诸多因素的影响。我国地域辽阔、各地区社会文化、经济发展和教育水平等存在很大差异，因此在制定我国环境风险管理目标体系时，需要遵循以下原则。

① 风险类型差异化管理原则

针对不同类型环境风险，制定风险管理目标，这需要在对我国各类环境风险开展综合分析与评估基础上，厘清不同类型环境风险的特征。

②动态原则

针对不同社会发展阶段的特征，设定与之相符的环境风险管理控制目标。这要求对环境风险管理目标体系实施动态管理，适时开展更新评估，对管理目标进行修改和调整。

③区域差异原则

针对不同区域之间社会经济发展水平的差异，制定符合区域特征的区域环境风险管理目标，按要求开展区域性的环境风险分析与评价。

3.1.2.2　环境风险评估分类

环境风险评估包括突发性环境风险、累积性环境风险。

3.1.2.2.1　突发性环境风险评估

突发性环境风险评估是针对易引发生态污染事故各类危险因素实施的风险识别、风险评价与表征以及风险控制水平差异分析。环境风险管理的潜在"节点"可能存在于突发环境事件风险隐患的任何环节，需要对环境风险事故全过程进行管理。欧盟各国在欧盟塞维索二号指令 (Seveso II Directive) 的框架下联合开展了"工业事故风险评估方法"(ARAMIS) 项目研究，通过危害识别、安全措施评估、安全管理效率、事故情景识别、事故严重性和受体易损性评估，不仅满足了风险管理不同阶段和部门的决策需求，而且保障了更加透明和连贯的决策过程。综合分析国外风险评估理念，可以看出我国环境风险研究相对缺乏全过程的理念和框架。因此，将突发环境事件风险发生、发展过程的各方面信息综合起来进行风险评估，将为风险全过程管理提供科学支撑。

（1）全过程风险评估概念模型

基于风险解析理论，对环境风险事故潜伏、发生和发展的动态过程进行解析，揭示各阶段因果联系与可能存在的风险控制节点，构建环境风险全过程评估与管理体系（图 3-1）。

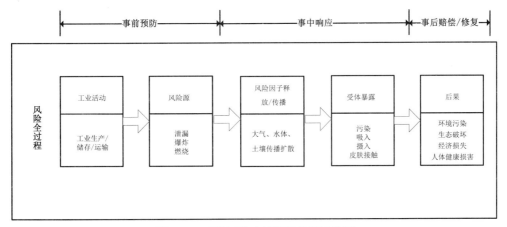

图 3-1　环境风险全过程评估概念体系

该体系从事前预防、事中响应和事后修复与赔偿 3 个方面进行风险控制。如以某企业为例，事前预防是在产业布局、选址、设计阶段和日常运行过程中，通过安全规划和管理降低风险事故发生概率和潜在后果；事中响应是通过风险预警和快速处置避免风险因子在环境中的释放和扩散，并采取应急救援措施降低受体在风险场的暴露强度；事后修复与赔偿是对事故造成的生态破坏和环境污染进行修复，并通过损害赔偿减轻事故不利影响。环境风险全过程管理通常采用优先管理，按照某种优先顺序实施风险管理，各阶段风险评估筛选出的重点风险源、敏感风险受体、高风险区、优先实施的控制措施、重点损害对象和规模等风险控制关键节点，是实施环境风险"优先管理"的基础。全过程环境风险评估的程序包括风险源识别与评估、受体易损性评价、风险表征、风险应急多目标决策以及风险事故损失后评估，由此建立全过程环境风险管理目标体系（图 3-2）。

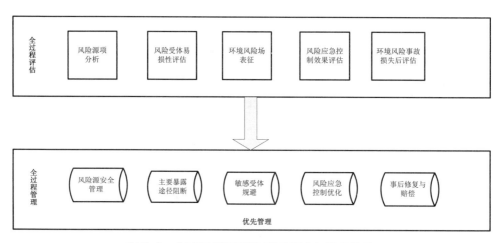

图 3-2　全过程环境风险评估的程序与管理体系

（2）全过程环境风险评估流程

1）风险源识别与评估

风险源识别与评估的目的是识别需进行风险管理的风险物质、设备和管理节点，并评估潜在风险事故的发生概率。国外的通常做法是通过物质类型及数量或工艺固有安全性来判断危险源风险水平，评价方法较为简单，风险源识别结果存在一定偏差。从我国近年环境风险评估实践经验分析，总结得出风险源识别与评估程序，包括风险物质识别、风险设备识别、风险源管理节点辨识、风险源管理有效性评估和可能的风险事故情景识别及概率评估（图 3-3）。在风险物质和设备识别的基础上，多采用蝴蝶结分析方法，利用故障树和事故树相结合的方式分析事故的前因和后果，构建最大可能事故情景，识别形成事件发生、演化的节点，即风险源管理的关键节点。

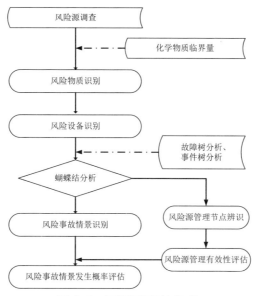

图 3-3　风险源识别与评估

2）环境风险受体易损性评估

环境风险事故情景确定之后，为明确事故影响范围内潜在受体的可能损害和影响后果，需要进行受体易损性分析。以环境风险系统理论为基础，结合自然灾害领域的受体易损性研究思路，将环境风险受体易损性界定为受体可能暴露于某一风险因子的程度，以及受体对风险的应对能力的综合度量。国内研究了更多关注于人口结构、经济水平、应急资源可获得性等社会易损性影响因素，建立了层次分析法、专家咨询法以及 GIS 空间分析方法等研究方法，可为研究与表征环境风险受体易损性提供参考。

易损性可以从 两个层面进行剖析：

①受体系统内在物理易损性。通过环境风险评估"四步法"中的"剂量—响应分析"与暴露评估确定受体受到风险因子的胁迫强度，该部分易损性决定了是否需要采取风险规避措施以保护受体，减缓损害影响，例如，在规划项目建设中受体需要避开对其造成不利效应的风险因子，污染事故发生时应重点针对暴露在风险场中的敏感受体采取应急救援措施。

②受体系统外部决定的社会易损性，反映受体对风险响应能力与应急资源的不

足，是加强受体抗风险能力的关键因子（图3-4）。

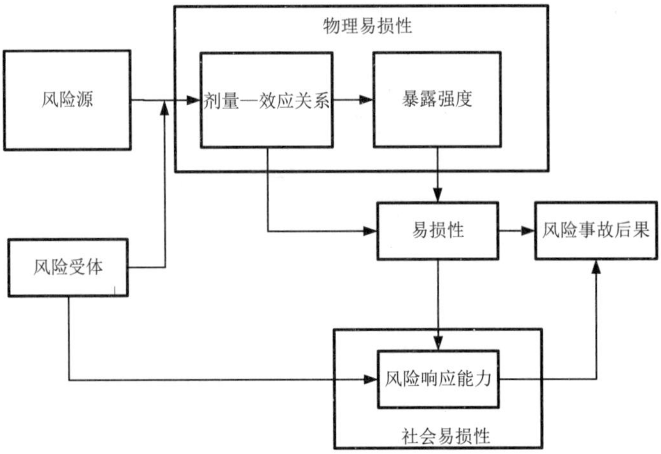

图 3-4　环境风险受体易损性评估概念模型

3）环境风险表征

风险表征关键在于客观地向风险决策者及其他受影响人群反馈已知的科学信息，包括风险因子引起不利效应的性质、关键暴露参数、相关的毒理数据、受体信息、模型与数据的变化和不确定性以及其他相关信息。结合风险源评估与受体易损性评估结果，构建基于风险概率 - 后果严重性的风险矩阵以表征风险大小，有效地阐释或总结风险信息，应对关键暴露参数或剂量 - 响应评估的内在不确定性、模型假设或者分析上的缺陷，以及对风险评估过程存在的其他不确定性做必要的探讨。

4）风险应急控制多目标决策

风险评估的目的是根据可利用的信息为环境风险管理者提供决策支持，制定与一定社会经济条件相适宜的风险控制对策。在满足社会、经济、技术约束及最优化目标的前提下，应尽可能降低区域内的总体环境风险水平。从风险管理的需求和风险特征看，应建立在不确定条件下进行风险控制方案分析的决策方法，建立统一的框架处理和表征风险控制成本、效果、技术可行性等不同类型的数据。据此，应基于成本控制、有效性、经济技术可行性等原则，建立多目标决策模型进行科学评估和决策。

5）风险事故损失后评估

目前，环境风险管理中经常面临事后评估法律职责不清、损失难以定量、责任认定和损失赔偿难以落实等问题，需要加强环境风险损害赔偿的立法研究，包括污染损害赔偿责任的认定，明确环境污染致财产、人体健康损害的赔偿范围，在全方位组建我国环境损害鉴定评估机构基础上，建立环境污染事故损害评估体系。环境污染事故损失是指突发环境事件由于破坏环境、资源和财产而对企业自身以及社会、经济和环境带来的损失。对风险事故损失进行科学定量的评估，可以为环境风险损害赔偿提供科学信息支持。损害评估方法常采用机会成本法、影子工程法、改进的人力资本法、资源等价分析法等。

（3）全过程环境风险评估通用模型

突发性环境事件具有随机性、复杂性、高强度、高风险特点，如何对可能发生的重大污染事件进行有效预防、预测和预警，在事件发生前后赢取主动、管理有序、决策科学是亟待解决的问题。从源头规避突发性环境事件的发生是防范环境风险的有效途径。因此，对可能导致突发性环境事件的环境风险源进行科学识别、分类分级有效管理是源头防范的关键，符合当前环境风险防范的迫切需求。

1）国外经验借鉴

a. 美国——企业环境风险分级管理模式

美国从 20 世纪 70 年代着手进行环境风险防范与应急管理的相关研究，目前已经形成较为完善的环境风险管理法律、法规与标准体系（图 3-5）。

- 1968 年，《全国应急计划》NVCP，美国处理或应对泄漏污染的综合法律框架
- 1972 年，《清洁水法案》（CWA）
- 1975 年，《危险物质运输法案》（HMTA）
- 1980 年，《综合环境应对、赔偿和责任法案》（CERCLA）
- 1986 年，《应急计划与公众知情权法案》（EPCRA）
- 1990 年，《空气清洁法修正案》（CAAA）
- 1990 年，《油污染控制法案》（OPA）

- 1973 年，《油污染控制防范》（40 CFR 112）
- 1987 年，《应急计划与报告法规》（40 CFR 335）
- 1987 年，《危险化学品报告：社区知情权》（40 CFR 307）
- 1990 年修订，《油污染防范》（40 CFR 112）
- 1999 年，《化学品事故防范法规》（40 CFR 68）

图 3-5 美国企业环境风险管理法规体系

1990 年美国颁布的《空气清洁法修正案》要求将使用、贮存有毒有害物质的风险源设施纳入风险管理计划，对有毒物质的事故排放进行风险评估并建立应急响应机制。USEPA 随后颁布《化学品事故防范法规》，该法规成为美国第一部为了预防可能危害公众与环境的化学品事故而制定的联邦法规。法规中列出了 77 种有毒物质和 63 种易燃物质控制清单与临界量值，要求生产、使用、贮存清单所涉及的物质超过临界量标准的企业必须提交并实施风险管理计划。

依据风险分析与辨识情况，选择适宜模型对环境风险源导致事故发生的可能性和严重程度进行定性与定量评价，并基于风险源可能导致的事故后果，将企业风险

划分为 3 个等级，从 1 级到 3 级风险水平依次增高。"1 级"为最坏情况条件下，安全距离内无公众受体并且在过去的 5 年内没有引起场外环境不良后果的事故发生；"3 级"为符合美国职业安全与健康管理局（OSHA）的过程安全管理标准（PSM）或为指定的 10 类高风险行业之一；"2 级"为既不是 1 级也不适合 3 级的其他情形。10 类高环境风险行业包括纸浆造纸、石化炼油、石油化工制造、氯碱制造、所有其他基本无机化工生产、循环原油和中间体制造、所有其他基本有机化工生产、塑料和树脂材料制造、氮肥制造业、农药及其他农业化学品制造业。依据企业环境风险分级结果，详细规定了不同风险水平企业制订、提交、修改以及更新风险管理计划的具体要求。

b. 欧盟——塞维索指令

20 世纪 70 年代，欧洲发生了如 1976 年 6 月意大利塞维索化学污染事故，促使欧盟在 1982 年出台了《工业活动中重大事故危险法令》（即《塞维索指令Ⅰ》），该指令重在预防重大事故对人和环境的影响。伴随着全球化学品统一分类和标签制度的建立与完善，欧盟在 2012 年发布了《塞维索指令Ⅲ》，对企业实行 3 个级别的风险控制。其中，意大利以《塞维索指令Ⅲ》为基础对环境风险企业进行分级，依据企业涉及的危险工业类型、工艺过程目录以及危险物质数量，将企业分为非危险级、危险级和非常危险级风险源，进一步量化企业事故对周边城镇居民、农业与工业生产可能造成的影响，以此研判风险源风险大小。

c. 德国——清单法

德国联邦环境局采用清单法对工业设施安全性进行分析和评级，旨在系统降低企业风险，同时对水资源环境进行全面保护。与我国生产安全与生态环境跨部门监管模式相比，德国企业安全生产和环境风险管理均由德国联邦环境局统一负责，因此为企业内部生产安全与环境污染事故的风险控制与统筹管理提供了良好条件。清单法以对企业的综合评价为基础，其评价步骤包括：划分工艺单元、风险物质评价、计算水环境风险指数；对储罐设备、防外溢保险设备、管道、物质的储存情况、防火设施和方案、密封系统、废水设施等不同的工艺单元进行分析和评估，据此得到企业平均环境风险值，进而计算企业的真实风险值，根据风险值将企业水环境风险划分为 3 个级别。

从欧美国家环境风险源评估经验来看，风险源识别以化学物质类别与数量为依据，分级指标较为真实地体现出企业内外风险因子特征，指标评级易于操作，为我国不同行业企业环境风险评估与分级技术方法的制定提供了借鉴。

2）我国环境风险全过程评估主要思路

我国环境风险评估强调以防范突发性环境事件、保障公众与环境安全为目标，遵循风险源"分类、分级、分区"管理原则。分类是指明确环境风险类型和高环境风险行业、企业，有针对性地建立风险防控方案；分级是指划分企业风险等级，对不同级别企业实施不同管理策略与管理要求；分区是指划分高环境风险区域，有针对性地制定政策、优化应急资源配置。在环境风险评估实践工作中，我国目前将环境风险评估类型依据敏感受体范围划分为 3 个维度，即企业、行政区域（包括工业园区）以及流域范围。

a. 环境风险源分类

突发性环境事件风险系统包括风险源、风险释放与传播过程、风险控制过程、环境风险受体，研究环境风险系统组成及其之间的关联，是建立风险源识别与分级方法的理论基础。同时，对历史上突发性环境事件作出系统分析是科学识别环境风险源、制定风险防控措施的重要依据。突发性环境事件案例特征分析包括风险源类型、污染物、事件发生与发展趋势、事件级别与类型、事件原因、环境危害等要素。综合考虑风险源的状态、类型，以及风险受体差异因素，风险评估通常构建基于物质状态、事故传播途径、环境受体、饮用水水源地、活动性差异以及综合分类的 6 种环境风险源分类方法。

b. 环境风险源识别

环境风险源识别以环境风险物质为核心。环境风险物质定义为具有有毒、有害、易燃、易爆等特性，在意外释放条件下可能对场外公众或环境造成伤害、损害、污染的化学物质。突发性环境事件风险大小与环境风险物质的理化性质、危险性和数量的多少密切相关，以环境风险物质清单识别企业环境风险，依据明确、易于操作。我国环境风险物质的选择主要以国内外已有物质清单及突发性环境事件案例中出现的污染物为基础进行筛选，遵循"伤害等值"的原则，确定环境风险物质的临界量，目前建立了 238 种优先控制的环境风险物质清单，通过清单比对，对风险源进行识别。

c. 环境风险源评估方法

环境风险源定量评估以事故全过程模拟评估为理念，综合考虑事故源头、传播与作用过程与环境敏感受体的交互关系，评估过程基于事故源强分析、事故扩散过程模拟、事故危害损失评估、概率计算以及综合风险值计算等步骤进行。事故危害范围模拟依据不同风险源类型源强、传播扩散模型输出结果得出，危害损失评估对象包括周边人群、社会、经济及生态环境等 4 个方面，在评估人群危害时侧重于事故强度与持续性、污染物特性以及人群分布的关系，评估社会损失时侧重于事件造成的社会影响，分别计算环境风险源对人群、社会、经济、生态环境的危害指数，通过加权得到环境风险源综合评价指数，依据综合评价指数对环境风险源进行分级表征。在涉及企业、尾矿库等点源的环境风险评估方面，我国普遍采用环境风险源矩阵分级方法，该方法在简化环境危害后果评估基础上，综合考虑了企业环境风险物质种类与数量、生产工艺特征、环境风险防控技术水平及环境风险受体敏感性等因素，通过指标量化、建立分级矩阵表征风险源等级，将环境风险源划分为重大风险、较大风险和一般风险3个级别，矩阵分级法主要适用于城市区域及宏观尺度的环境风险源分级。

3.1.2.2.2　累积性环境风险评估

（1）总体研究概况

美国是最早开始累积性环境风险评估研究的国家，USEPA将累积风险（cumulative risk）定义为来源于包括物理、化学、生物多个压力源的综合暴露的组合风险，累积性环境风险评估则是分析、表征和量化由于多种原因、来自多个压力源对人类和环境造成的危害，其特征体现为多来源、多暴露方式、多传播途径、多影响、持续时间长、人口集中的组合风险的综合评估。按照该定义，美国累积性环境风险主要指组合风险和叠加风险，其涵盖宽泛，是一种综合风险评估。

我国对累积性环境风险尚未给出明确定义，缺乏对累积性环境风险评估流程与内容的技术指导。目前此类研究主要考虑人类健康和生态两方面，侧重于单一污染物或化学品进入环境后潜在的健康危害和生态效应。一种研究认为累积性环境风险指自然、人类活动中潜在的对人类健康和生态环境产生危害的行为，主要强调风险源的潜在累积影响，也有学者将蓝藻水华归为累积性环境风险的研究范畴。

（2）国外累积性环境风险评估进展

20世纪70年代，美国率先提出了环境污染累积效应概念，累积性环境风险评估则兴起于20世纪90年代。1989年，美国超级基金会首次提出了环境风险对人类健康的重要性。1996年，美国颁布了《食品质量保护法》，提出为保护儿童健康和食品安全的农药残留的标准，引入"综合风险"（来自多个压力源）、"累积暴露"（具有相同毒性机制农药）的概念，并要求USEPA开展累积性环境风险评估的研究，累积性环境风险评估开始正式发展起来。1997年，USEPA提出了"累积性环境风险评估指南第一部分：规划和范围"，阐明了累积性环境风险评估重点由单个压力源、单一传播途径、单一评估端点转向多来源、多传播途径、多评估受体的评估，从而为风险管理者提供一个清晰、透明、合理的评估基础。1998 年，USEPA 首次提出了农药的共同毒性作用机制，并于 1999 年颁布了该类农药的识别方法，并于 2002 年正式颁布具有相同毒性作用机制的农药物质的累积性环境风险评估的指导文件，提出了累积性环境风险评估的基本原则和对该类物质评估的 10 步评估程序，首次将不确定性因素作为风险评估中的重要考虑因素。在此基础上，2002 年，USEPA 对 39 种有机磷农药实施初步的累积性环境风险评估。2003 年，USEPA 颁布了累积性环境风险评估框架，对框架的 3 个主要阶段进行了详细的阐述，旨在确定累积性环境风险评估过程中的基本元素，这是 USEPA 在长期努力下制定累积性环境风险评估指南的第一步，是处理累积性环境风险和风险决策关系的一个重要里程碑，为后续研究奠定了重要的理论基础。2004 年，国际环境司法委员会研讨了环境司法决策和累积性风险关系，指出累积性环境风险评估在风险决策中发挥着重要作用，同时风险评估也转向以社区为基础，考虑人类、动物、植物及生态系统的综合的累积性环境风险评估。2010 年，学者提出了将风险决策和累积性环境风险评估相联系的工作思路，并从公众健康的角度探讨了累积性环境风险评估在风险决策中的重要作用。累积性环境风险评估向着更全面、更科学、更人性的方向发展。尽管在科学理论方面，累积性环境风险评估已经取得了相当大的进展，但在实践上却相对落后，缺乏可用来支持理论分析的具体实践方法和工具。为解决这一问题，2007 年，USEPA 开发了一个关于污染场地的累积性环境风险评估工具，提供了累积性环境风险评估应用程序在线访问工具箱。随着累积性环境风险评估研究的不断发展，USEPA 陆续颁布了一系列指导性文件，包括相关的评估指南、政策和特定的分析方法、数据处理方法等，为累积性环境风险评估的发展提供了重要的指引。

欧洲也逐渐重视累积性环境风险评估研究，欧盟第六框架计划（FP 6）将多压力源的累积性环境风险评估新方法作为重要研究项目之一，自 2004 年起，来自 17 个欧盟成员国的 100 余位科学家参加了该项目，研究了化学、生物和物理等综合风险源作用下的环境风险评估方法，包括难降解化学物质的累积性环境风险，低剂量有毒物质的长期累积效应，对特殊人群尤其是儿童的健康风险以及风险管理等。

（3）我国提出的累积性环境风险评估程序

我国累积性环境风险评估程序见图 3-6。

1）规划、审定和问题构建阶段

在该阶段，风险管理者、风险评估者和其他利益相关者首先确定评估对象的来源、目标、范围、深度、关注点和方法，形成数据库，最终构建一个概念模型和一个分析计划。

2）风险分析阶段

该阶段主要是专家应用风险评估方法开展工作的过程，包括形成暴露途径、考虑压力源间的相互作用，进行受体脆弱性分析，开展风险识别、剂量效应分析，用定性或者定量的方法进行暴露评估等。

3）风险表征阶段

即对风险进行定性或者定量的表述，对风险水平与发展趋势进行预测，得出危害最大、优先考虑的风险源，预测评估人口或亚种群的风险。对风险的不确定性进行分析，明确不确定性的来源和可能造成的额外风险，并进行敏感性分析。

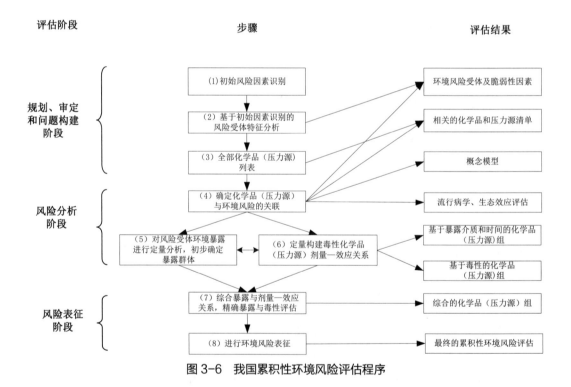

图 3-6　我国累积性环境风险评估程序

近年来，我国该研究工作主要是从生态风险和健康风险两方面进行，但还存在着诸多问题，主要可归纳为以下几方面：

1）评估方法亟须完善

虽然 USEPA 已将累积性环境风险评估方法应用于农药环境风险评估，但总体看该方法仍处于研究和初步应用阶段，累积性环境风险包含的内容复杂，需要一个综合的评估方法，通过评估识别出对风险贡献最重要的因子，制定更为有效的风险管理对策，从而最大限度保护环境和人体健康。如何识别最重要的累积性风险源、多风险源及其与环境要素的相互作用是风险评估的难点。此外，适合一个区域的研究方法，在变换了环境、压力源、暴露途径后，存在方法不适用的问题，制约了方法的大规模应用。

2）不确定性分析不足

累积性环境风险评估具有不确定性，尽管已经有相关的研究试图将评价过程中的不确定性定量化表达出来，但更多的是侧重于表达风险评价结果的不确定性。对更为关键的如何减小输入值及参数的不确定性，还需要进行大量的调查和统计才能获得。因此，不确定性的研究仍然是累积性环境风险评价中需重点考虑的问题。

3）基础数据缺乏，国内累积性环境风险评估还处于起步阶段，开展的研究性工作很少。国内尤其缺乏区域特征污染物浓度的长期监测和基础数据，暴露调查和暴露参数等尚未建立有效的基础数据库，特征污染物毒性机理研究也不够透彻，导致累积性环境风险评估的研究受到种种限制。

4）突发生态环境事件产生污染物的长期累积效应研究应引起重视

我国仍处于事故高发期，事故发生后，多侧重环境应急处理与处置，很少开展事故污染的长期生态环境影响和风险评估。应重视加强重特大环境污染事故的后评估。

5）宏观环境政策引导需进一步加强

与国外相比，我国在累积性环境风险评估方面尚未出台明确的管理要求，缺乏技术引导。应尽快明确相关概念与管理要求，制定累积性环境风险评估框架、流程与相应的技术指南，尝试建立以环境风险受体保护为导向的环境风险管理策略，推进研究的深入和实践探索，为长效的环境管理提供决策依据。

（4）生态环境部门环境风险评估理论

我国已进入突发性环境事件多发期和矛盾凸显期，突发性环境事件的数量居高不下，环境问题已成为威胁人体健康、公共安全和社会稳定的重要因素之一。国务院和生态环境部高度重视环境风险防范与管理，国家在环境保护"十二五"规划中就已经单独列出"重点领域环境风险防控"一章，提出了"推进环境风险全过程管理，开展环境风险调查与评估"。2012年全国环境保护工作会议上提出要"落实企业环境安全主体责任，全面排查企业环境风险，开展企业环境风险等级评估"。企业是环境风险防范与管理的责任主体，必须加强企业环境风险防控和监管，从源头防范环境风险，降低突发环境事件的发生频率。因此，开展企业环境风险分级评估、加强企业环境风险管理，是我国当前有效防范环境风险的重大需求。

目前，我国已出台的《建设项目环境风险评价技术导则》（HJ 169—2018）主要是对企业环境风险的可接受水平进行评估。2010 年 1 月，环境保护部发布了《环境风险评估技术指南——氯碱企业环境风险等级划分方法》，此后又发布了《环境风险评估技术指南——硫酸企业环境风险等级划分方法（试行）》，这两种方法从评价事故环境风险出发，旨在推进重点行业环境污染责任保险，为科学设定保险费率提供依据，该指南的发布为企业环境风险等级评估奠定了一定的工作基础。但这两种方法涵盖行业范围窄，无法从通用企业层面解决环境风险分类分级评估问题。2011 年 8 月—2012 年 2 月，我国以"重点行业企业环境风险及化学品检查工作"数据为基础进行了全国企业事故环境风险案例研究，对全国 4 万余家重点行业企业的事故环境风险等级进行了划分，并以典型企业为例深入研究，进一步修正和调整评估指标和参数，得到的评估结果与具有突发性环境事件史的企业进行比对验证，基本符合实际情况，实用性和准确性较好，经过专家论证咨询，形成了《企业环境风险等级评估方法》，旨在为我国企业环境风险评估和管理提供依据。至此，我国开启了系统评估生态环境事故隐患的新阶段，从环境风险扩散影响受体范围出发，相继提出了企业、行政区域、化工园区以及流域等不同层级的突发生态环境事件风险评估技术指南。

3.2　行政区域环境风险评估

3.2.1　工作目的

（1）摸清环境风险底数，说明突发环境事件情景及后果，支持政府环境预案编修。

（2）获得区域环境风险分布特征。

（3）分析查找差距与问题，消除区域环境安全隐患。

3.2.2　评估程序

区域环境风险评估按照资料准备、环境风险识别、环境风险评估子区域划分、区域环境风险分析、环境风险防控与应急措施差距分析五个步骤实施（图 3-7）。

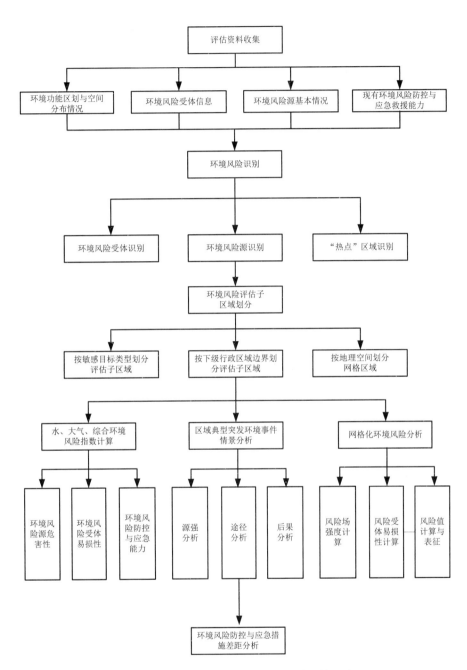

图 3-7　行政区域突发环境事件风险评估程序

3.2.2.1　资料准备

围绕环境风险源、环境风险受体、环境风险防控与应急救援能力等因素开展行政区域环境风险评估基础资料收集，主要包括：

①行政区域环境功能区划与空间布局。

②水环境风险受体、大气环境风险受体、生态保护红线信息。

③行政区域各类环境风险源突发环境事件应急预案（以下简称环境应急预案）、环境风险评估报告。

④针对未开展环境风险评估和环境应急预案编制的环境风险源，收集基本信息、环境风险物质存储量与运输量等。

⑤行政区域经济水平。

⑥行政区域环境风险防控与应急救援能力，环境应急资源现状与需求等。

资料收集的基准年为环境风险评估工作年份的上一年度，资料提供部门或单位应当对资料的准确性和真实性负责。

3.2.2.2　环境风险识别

（1）环境风险受体识别

根据上述收集整理的环境风险受体相关资料，列表说明水环境风险受体、大气环境风险受体基本情况，包括受体类别、名称、地理坐标以及规模等信息。以水系图、行政区划图为基础，分别绘制水环境风险受体分布图、大气环境风险受体分布图。

（2）环境风险源识别

根据上述收集整理的环境风险源相关资料，列表说明水环境风险源、大气环境风险源基本情况，包括风险源类别、名称、地理坐标、规模、主要环境风险物质名称和数量以及风险等级等信息。以水系图、行政区划图为基础，分别绘制水环境风险源分布图、大气环境风险源分布图。

（3）"热点"区域识别

对水和大气环境风险源、环境风险受体分布图进行叠加分析，初步判断水环境风险、大气环境风险以及综合环境风险"热点"区域（即分布相对集中的区域）。针对"热点"区域，列表说明环境风险类型、主要环境风险源以及环境风险受体信息。

3.2.2.3　环境风险评估子区域划分

（1）按敏感目标类型划分评估子区域

对于受外来环境风险源影响较大的行政区域，可按敏感目标类型划分环境风险评估子区域，包括突发水环境事件风险评估子区域、突发大气环境事件风险评估子区域和综合环境风险评估区域。

（2）综合环境风险评估区域

水环境风险评估子区域、大气环境风险评估子区域和地市或区县行政边界叠加的区域为综合环境风险评估区域。综合环境风险评估区域仅有一个，水环境风险评估子区域和大气环境风险评估子区域可有多个。

评估子区域包含其他行政区域 50% 以上辖区面积时，应商请其他行政区域或请示上级主管部门协调开展评估资料的收集工作，或由上级主管部门将这些区域作为一个整体开展跨区域环境风险评估。跨省界大江大河的水环境风险评估，建议由相关省（自治区、直辖市）联合开展。

（3）按下级行政区域边界划分评估子区域

在不考虑跨界影响的情况下，可按照评估区域的下级行政区域边界划分评估子区域，直接计算每个下级行政区域的风险指数，并进行比较和排序。例如，含有 10 个区县的地级市开展环境风险评估时，可以按照区县行政边界划分成 10 个评估子区域。

（4）按地理空间划分网格区域

对于资料数据充分、环境风险源和受体地理坐标较为精确的行政区域，可以按照地理空间将评估区域划分为若干网格区域，以网格为单元进行区域环境风险分析。网格精度可根据评估区域大小和实际需求确定，原则上网格不应大于 5 km×5 km，建议按照 1 km×1 km 划分网格。

3.2.2.4　区域环境风险分析

（1）环境风险指数计算法

环境风险指数计算法（以下简称指数法）包括水环境风险指数计算、大气环境风险指数计算和综合环境风险指数计算，是在资料准备和环境风险识别的基础上，分别确定水、大气、综合环境风险指标，按照程序（图 3-8）对环境风险源强度指数（S）、环境风险受体脆弱性指数（V）、环境风险防控与应急能力指数（M）的各项指标分别打分并加和，得出指数值；使用式（3-1）～式（3-3）计算得出环境风险指数（R）；按照表 3-1 判定环境风险等级。指数法适用于对区域环境风险总体水平进行分析。

$$R_{水} = \sqrt[3]{S_{水} V_{水} M_{水}} \tag{3-1}$$

$$R_{气} = \sqrt[3]{S_{气} V_{气} M_{气}} \tag{3-2}$$

$$R_{综合} = \sqrt[3]{S_{综合} V_{综合} M_{综合}} \tag{3-3}$$

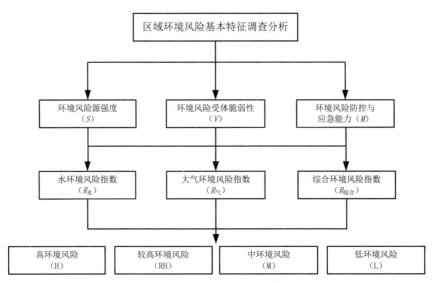

图 3-8   行政区域突发环境事件风险等级划分程序

表 3-1   环境风险等级划分原则

环境风险指数（$R_水$、$R_气$、$R_综合$）	环境风险等级
≥ 50	高（H）
[40，50)	较高（RH）
[30，40)	中（M）
< 30	低（L）

（2）网格化环境风险分析法

网格化环境风险分析是在对评估区域划分网格的基础上，按照风险场理论和环境风险受体易损性理论，分别量化每个网格环境风险场强度和环境风险受体易损性，并计算网格环境风险值的过程。该方法能更好地反映评估区域风险的空间分布特征，精准识别高风险区域。

网格化环境风险分析法（以下简称网格法）适用于分析区域环境风险空间分布特征。区县级、辖区面积较小或环境风险等级为高或较高的行政区域，建议开展网格化环境风险分析，识别区域内重点关注的风险"热点"区域。化工园区、工业聚集区等风险源叠加效应明显的区域，可以用网格法开展环境风险分析。

1）网格环境风险场强度计算

环境风险场强度与环境风险物质的危害性和释放量以及与风险源的距离有关，可视为环境风险源的环境风险物质最大存在量与临界量的比值、计算点与风险源距离的函数。

环境风险场按风险因子传播途径可以分为水环境风险场、大气环境风险场和土壤环境风险场。土壤环境风险场因其时间跨度大，在评估突发性环境风险时，暂不考虑。

水环境风险场：水环境风险主要通过水系（或流域）扩散，本方法采用线性递减函数构建水环境风险场强度计算模型，假设最大影响范围为 10km。区域内某一个网格的水环境风险场强度可表示为

$$E_{x,y}=\begin{cases}\sum_{i=1}^{n}Q_iP_{x,y} & 0\leqslant l_i\leqslant 1\\[2mm]\sum_{i=1}^{n}\left(\dfrac{10Q}{l_i}-Q_i\right)P_{x,y} & 1\leqslant l_i\leqslant 10\\[2mm]0 & 10<l_i\end{cases}\qquad(3\text{-}4)$$

式中：$E_{x,y}$ 为某一个网格的水风险场强度；Q_i 为第 i 个风险源环境风险物质最大存在量与临界量的比值；$P_{x,y}$ 为风险场在某一个网格出现的概率，一般可取 10^{-6}/a（可根据评估区域风险源特征适当调整）；l 为网格中心点与风险源的距离，单位为 km；n 为风险源的个数。

为便于各个网格水环境风险场强度的比较，本方法对各个网格的水环境风险场强度进行标准化处理，公式如下：

$$E_{x,y}=\frac{E_{x,y}-E_{\min}}{E_{\max}-E_{\min}}\qquad(3\text{-}5)$$

式中：$E_{x,y}$ 为某一个网格的水环境风险场强度；$E_{\max}$ 为区域内网格的最大水环境风险场强度；$E_{\min}$ 为区域内网格的最小水环境风险场强度。

2）大气环境风险场

假设评估区域地势平坦开阔，且忽略人工建筑对气体扩散的影响，区域内某一个网格的大气环境风险场强度可表示为

$$E_{x,y} = \sum_{i=1}^{n} \frac{Q_i(\mu_i+1)}{2} P_{x,y} \quad （3-6）$$

$$\mu_{i=} \begin{cases} 1+0k_1+0k_2+0j, & l_i \leqslant s_1 \\[2mm] \dfrac{s_2-l_i}{s_2-s_1} + \dfrac{l_i-s_i}{s_2-s_1} k_1 + 0k_2 + 0j, & s_1 < l_i \leqslant s_2 \\[2mm] 0 + \dfrac{s_3-l_i}{s_3-s_2} k_1 + \dfrac{l_i-s_2}{s_3-s_2}, & s_2 < l_i \leqslant s_3 \\[2mm] 0 + 0k_1 + \dfrac{s_4-l_i}{s_4-s_3} k_2 + \dfrac{l_i-s_3}{s_4-s_3} j, & s_3 < l_i \leqslant s_3 \\[2mm] 0 + 0k_1 + 0k_2 + 1j, & l_i \leqslant s_4 \end{cases} \quad （3-7）$$

式中：$E_{x,y}$ 为某一个网格的大气环境风险场强度；μ_i 为第 i 个风险源与某一个网格的联系度，Q_i 为第 i 个风险源环境风险物质最大存在量与临界量的比值；$P_{x,y}$ 为风险场在某一个网格出现的概率，一般可取 10^{-5}/a（可根据评估区域风险源特征调整）；l_i 为网格中心点与风险源的距离，单位为 km；n 为风险源的个数；k、j 分别为差异系数、对立系数，地势平坦开阔的地区取 $k_1=0.5$、$k_2=-0.5$、$j=-1$；s_1、s_2、s_3、s_4 分别取 1km、3km、5km、10km（可根据评估区域地理气象特征适当调整）。

标准化处理方法见式（3-3）。

3）网格环境风险受体易损性计算

a. 水环境风险受体易损性计算

水环境风险受体易损性指数 $V_{x,y}$ 可根据生态红线涉及的不同区域的敏感性确定，具体方法见表 3-2。

表 3-2　$V_{x,y}$ 确定方法

目标	指标	描述	分值
水环境风险受体易损性指数	生态红线	网格位于国家级和省级禁止开发区内	100
		网格位于国家级和省级禁止开发区以外的生态红线内	80
		网格位于生态红线以外的区域	40

对于已划分水环境功能区的区域，可根据水环境功能区类别对水环境风险受体易损性指数进行确定。未进行生态红线划定和水环境功能区划分的区域，可根据地

表水水域环境功能和保护目标，对水环境风险受体易损性指数进行估算。

b. 大气环境风险受体易损性计算

大气环境风险受体易损性计算模型可表示为

$$V_{x,\,y}=\frac{pop_{max}-pop_{min}}{pop_{max}-pop_{min}}\times100 \qquad (3-8)$$

式中：$V_{x,\,y}$ 为某一个网格的大气环境风险受体易损性指数；$pop_{x,\,y}$ 为某一个网格的人口数量；pop_{max} 为区域内网格的人口数量最大值；pop_{min} 为区域内网格的人口数量最小值。

4）网格环境风险值计算

利用公式进行各个网格环境风险值的计算。可分别计算水环境风险值和大气环境风险值，并取两者的高值作为网格环境风险值。根据网格环境风险值的大小，将环境风险划分为四个等级：高风险（$R>80$）、较高风险（$60<R\leq80$）、中风险（$30<R\leq60$）、低风险（$R\leq30$）。整个评估区域的环境风险值可用所有网格风险值的平均值计算。

$$R_{x,\,y}=\sqrt{E_{x,\,y}V_{x,\,y}} \qquad (3-9)$$

（3）典型突发环境事件情景分析

服务于环境应急预案编制的区域环境风险评估应进行典型突发性环境事件情景分析，以分析典型突发性环境事件的影响范围和程度。

可以依据环境风险识别结果开展典型突发性环境事件情景分析，也可以在指数法和网格法分析的基础上，针对风险源和受体分布较为集中的区域开展典型突发性环境事件情景分析。

3.2.2.5　环境风险防控与应急措施差距分析

根据环境风险识别与环境风险分析结果，重点对区域环境风险等级为较高及以上的区域，从环境风险受体、环境风险源以及区域环境风险管理与应急能力方面对比分析，找出问题和差距。

（1）环境风险受体管理差距分析

按照《集中式饮用水水源环境保护指南（试行）》《生态保护红线划定指南》等有关规定，分析饮用水水源保护区以及生态保护红线等敏感目标的监控、防护等要求的落实情况。

重点对比分析在饮用水水源保护区内是否设置排污口，在饮用水水源一级保护区内是否存在与供水设施和保护水源无关的建设项目，在饮用水水源二级保护区内是否存在新建、改建、扩建排放污染物的建设项目以及从事危险化学品装卸作业的货运码头、水上加油站，在饮用水水源二级保护区内是否新建、扩建对水体污染严重的建设项目，是否存在其他环境违法行为。

重点对比分析生态保护红线内是否存在不符合功能定位的开发活动。

机关、学校、医院、居民区等重要环境风险受体与环境风险源的各类防护距离是否符合环境影响评价文件及批复的要求。

（2）环境风险源管理差距分析

按照《企业事业单位突发环境事件应急预案备案管理办法（试行）》《企业突发环境事件风险评估指南（试行）》《企业突发环境事件隐患排查和治理工作指南（试行）》等文件要求，分析区域内企业环境应急管理与风险防控措施落实情况。

例如，企业是否制定环境应急预案并备案、公开环境应急预案及培训演练情况；是否开展环境风险评估，确定风险等级；是否储备必要的环境应急装备和物资；是否建立健全隐患排查治理制度、突发水环境事件风险防控措施、环境风险监测预警体系（涉及有毒有害大气、水污染物名录的企业）以及信息通报等其他环境风险防控措施。

移动源按照《危险化学品安全管理条例》《道路危险货物运输管理规定》等有关规定，分析道路、水路运输监控、路线以及管理制度等要求的落实情况。

例如，危险化学品运输载具是否按规定安装 GPS 设备；承运人是否有资质；是否按专用路线和规定时间行驶。

（3）区域环境风险管理与应急能力差距分析

1）环境风险源布局与管理

按照《国务院办公厅关于推进城镇人口密集区危险化学品生产企业搬迁改造的指导意见》以及国家、地方有关淘汰落后产能、产业准入的要求，筛选重点环境风险防控区域、重点环境风险企业、行业及道路、水路运输重点风险源，分析区域环境风险是否可接受，并实施差异化、有针对性的环境风险管理。

2）环境应急处置能力

重点分析突发水环境事件的应急处置能力。例如，分析评估区域能否通过筑坝、导流等方式对污染物进行拦截，通过上游调水降低水体中污染物浓度，通过投加反应剂、投加吸附剂等方式对污染物就地或异地处置；是否建设取水口应急防护工程；重点防控道路和桥梁是否设置导流槽、应急池。

重点分析突发大气环境事件的应急防护能力。例如，评估突发大气环境事件发生时，能否及时告知并组织环境风险源周边人员紧急疏散或就地防护。

3）环境监测预警能力

重点分析区域环境监测预警能力是否满足应急需要。例如，是否按照《全国环境监测站建设标准》等有关规定，配备满足基本监测和应急监测需要的人员、仪器等；是否具备重要特征污染物的监测能力并按有关要求开展应急监测；是否在饮用水水源地取水口和连接水体建设监控预警设施，在涉及有毒有害气体的化工园区建设有毒有害气体监控预警设施，并具备有毒有害气体实时分析预警能力。

4）环境应急预案管理

重点分析环境应急预案是否按照《突发事件应急预案管理办法》《突发环境事件应急管理办法》等要求进行管理。例如，是否对政府和部门环境应急预案定期评估和修订，是否按要求备案和演练；生态环境部门是否对企业环境应急预案进行有效管理。

5）环境应急队伍建设

重点分析环境应急队伍是否满足本区域环境应急管理的需要。例如，按照有关规定、规划，分析环境应急管理机构应急管理人员数量、学历以及培训上岗率等；参照《环境保护部环境应急专家管理办法》等规定，分析专家库的建设情况；分析区域是否建立环境应急救援队伍。

6）环境应急物资储备

重点分析本区域是否储备必要的环境应急物资。例如，分析应急物资实物、协议及生产能力储备情况；重点防控区域如化工园区、化学品运输码头、水上交通事故高发地段以及油气管道等，是否就近储备吸附剂、围油栏、临时围堰等应急物资。

7）环境应急联动机制

重点分析存在跨界影响的相邻区域、相关部门之间是否签订应急联动协议、制定应急联动方案并建立机制保障实施。

3.2.3　报告编制

3.2.3.1　前言

说明编制目的及编制过程。

3.2.3.2　总则

（1）编制原则

（2）编制依据，政策法规、技术指南、标准规范及其他文件

3.2.3.3　资料准备

（1）行政区域环境功能区划与空间分布情况

（2）行政区域环境风险受体信息

（3）行政区域环境风险源基本情况

（4）行政区域现有环境风险防控与应急救援能力

3.2.3.4　环境风险识别

（1）环境风险受体识别

（2）环境风险源识别

（3）"热点"区域识别

3.2.3.5　环境风险评估子区域划分

（1）按敏感目标类型划分评估子区域

（2）按下级行政区域边界划分评估子区域

（3）按地理空间划分网格区域

3.2.3.6　环境风险分析

（1）环境风险指数计算

1）水环境风险指数计算与等级划分

2）大气环境风险指数计算与等级划分

3）综合环境风险指数计算与等级划分

（2）网格化环境风险分析

1）网格环境风险场强度计算

2）网格环境风险受体易损性计算

3）网格环境风险值计算与等级划分

3.2.3.7　典型突发环境事件情景分析

（1）突发环境事件情景设定

（2）突发环境事件情景源强分析

（3）突发环境事件情景释放途径分析

（4）突发环境事件情景后果分析

3.2.3.8　环境风险防控与应急措施差距分析

（1）环境风险受体管理差距分析

（2）环境风险源管理差距分析

（3）区域环境风险管理与应急能力差距分析

3.2.3.9　行政区域环境风险管理措施建议

从列举优先管理对象清单、优化区域环境风险空间布局、区域环境风险防控和应急救援能力建设、环境应急预案管理等方面提出建议。

3.2.4　行政区域环境风险管理措施建议举例

3.2.4.1　列举优先管理对象清单

根据识别分析结果，筛选建立包括重点环境风险源、重点环境风险受体以及重点管控区域在内的优先管理对象清单，对清单中风险源、风险受体以及区域实施重点监管。

3.2.4.2　区域环境风险空间布局优化

根据区域环境风险分布特点，按照相关法律法规、规划要求，从保护人口集中区、集中式饮用水水源保护区等重要环境风险受体角度出发，按照源头防控的原则，提出区域环境风险空间布局优化建议。

（1）环境风险源

例如，对于评估为高风险等级的区域，不再新建、改建、扩建增大环境风险的建设项目；推进工业园区外的风险企业入园，逐步淘汰重污染、高环境风险企业，对不符合防护距离要求的涉危、涉重企业实施搬迁，鼓励企业减少环境风险物质使用；合理调整危险化学品运输路线，避开人口集中区、集中式饮用水水源保护区等。

（2）环境风险受体

例如，严格集中式饮用水水源保护区监管，取缔集中式饮用水水源一级保护区内与供水设施和保护水源无关的建设项目，及时纠正环境违法行为；若高环境风险区域内的环境风险源短时间无法搬迁，对受影响的人口实施必要的搬迁、转移。

3.2.4.3　区域环境风险防控和应急救援能力建设

根据区域环境风险水平和能力差距分析结果，重点从环境监测预警、应急防护工程、队伍建设、物资储备以及联动机制等方面，提出区域环境风险防控和应急救援能力建设建议。

（1）环境监测预警

例如，根据相关标准规范，加强基础环境监测分析能力，强化重点特征污染物应急监测能力；在饮用水水源保护区取水口和连接水体、涉及有毒有害气体的化工园区或工业聚集区，建设监控预警设施及研判预警平台，提高水和大气环境应急监测预警能力。

（2）环境应急防护工程

例如，针对环境风险等级为较高以上的区域及可能的污染物扩散通道，加强污染物拦截、导流、稀释和物理化学处理能力建设，建设取水口应急防护工程，针对道路和桥梁建设导流槽、应急池。

（3）环境应急队伍建设

例如，建立健全环境应急管理机构，提高人员业务能力；加强环境应急专家库建设；设立专职或兼职的环境应急救援队伍，提高专业化、社会化水平。

（4）环境应急物资储备

例如，建立健全政府专门储备、企业代储备等多种形式的环境应急物资储备模式，建设环境应急资源信息数据库，提高区域综合保障能力；针对化工园区等重点区域，就近设置环境应急物资储备库。

（5）环境应急联动机制建设

例如，存在跨界影响的相邻区域，签订应急联动协议，制定跨区域、流域环境应急预案，定期会商、联合演练、联合应对。

3.2.4.4 区域突发环境事件应急预案管理

以提高环境应急预案针对性、实用性为目标，重点从企业、政府两个方面提出环境应急预案管理建议。

（1）企业环境应急预案

加强企业环境风险评估与环境应急预案备案管理，督促企业做好环境应急预案培训、演练，落实主体责任。

（2）政府环境应急预案

根据典型突发环境事件情景分析结果，编制、修订政府环境应急预案，明确应急指挥机构、职责分工、预警、应对响应流程，重点针对各种典型事件情景，细化应急处置方案及人员、物资调配流程，针对高、较高环境风险区域编制专项环境应急预案或实施方案。

3.3　重点流域突发水污染事件风险评估

3.3.1　工作目的

1）摸清环境风险底数，说明突发环境事件情景及后果，支持政府环境预案编修。

2）获得流域环境风险分布特征。

3）分析查找差距与问题，消除区域环境安全隐患。

3.3.2　总体思路

3.3.2.1　评估单元划分

将获取的评估区域基础地形图作为底图，以 10km×10km 作为评估单元，利用 Arc GIS 软件的 create fishnet 功能将评估区域划分为边长为 10km 的正方形区域，并对网格进行编号。

3.3.2.2　评估指标体系构建

针对流域环境风险评估，参考现有的环境风险评估文献，各项评估指标的选取主要结合评估数据的可获得性以及评估区域环境风险特征。常规意义上的环境风险是事故发生概率与后果的乘积。基于环境风险系统理论，事件发生的概率与评估区域的企业数量、高风险的企业数量、区域突发水污染事件发生情况（近 5 年突发水污染事件数量）相关；后果与污染物的泄漏量、风险防范及应急响应的效率、可能受到影响的环境保护目标及等级相关。围绕环境风险源强度、环境风险受体易损性、排污通道扩散性构建流域突发水污染事件风险评估指标体系，见表 3-3。

表 3-3　流域突发水污染事件风险评估指标体系

目标层	基准层	指标层
流域突发水污染事件风险（R）	环境风险源强度（S）	网格内企业数量（S_1）
		网格内环境风险等级为重大的企业数量（S_2）
		网格内突发水污染事件发生数量（S_3）
		网格内危险化学品最大存在总量（S_4）
		网格内危险废物产生量（S_5）

目标层	基准层	指标层
流域突发水污染事件风险（R）	环境风险源强度（S）	网格内危险化学品运输量（S_6）
	环境风险受体易损性（V）	网格内涉水国家级自然保护区数量（V_1）
		网格内城镇及以上饮用水水源地数量（V_2）
		网格内重要水生生物栖息地数量（V_3）
	排污通道扩散性（P）	网格内规模以上企业数量百分比（P_1）
		网格内环境应急队伍人员数量（P_2）

基于生产安全事故和交通运输事故是我国突发环境事件主要诱发因素的基本判断，环境风险源强度指标要综合考虑评估区域内环境风险活动的强度、历年突发环境事件发生情况、工业企业危险化学品及危险废物存量与产排量以及危险化学品运输强度，具体包括网格内企业数量、风险等级为重大的企业数量、突发水污染事件发生数量、危险化学品存量、危险废物产生量、危险化学品运输量等指标。指标数值与风险源强度呈正相关，如评估区域内危险化学品存量越高、危险废物产生量越大、危险化学品运输量越大，风险源强度越高。

典型的水环境风险受体包括饮用水水源地保护区、涉水自然保护区、重要湿地、重要水生生物栖息地等，因此环境风险受体易损性指标包括网格内涉水自然保护区数量、城镇及以上饮用水水源地数量、重要水生生物栖息地数量3个指标。指标数值与风险受体脆弱性呈正相关，如评估区域内各类水环境风险受体数量越多，受体脆弱性就越强。

排污通道扩散性主要受到各类环境风险源管理水平以及评估区域环境风险防范与应急能力等因素制约，根据我国近5年突发性环境事件统计数据，企业规模与管理能力呈现一定的相关性，即小型企业环境风险管理水平较低，大中型企业环境风险管理专业性强。由于企业环境风险管理水平指标不易直接获取，故以企业规模指标进行替代。排污通道扩散性由网格内规模以上企业数量百分比、环境应急队伍人员数量2个指标进行表征。指标数值与排污通道扩散性呈负相关关系，如评估区域内规模以上企业数量百分比越高、环境应急队伍人员数量越大，排污通道扩散性就越差。

3.3.2.3 环境风险综合指数计算与风险分级

针对表 3-3 列出的指标层，开展了风险评估数据收集、处理与量化计算，长江流域突发水污染事件各风险评估指标的说明及量化方法见表 3-4。

表 3-4 长江流域突发水污染事件风险评估指标说明及量化方法

指标名称	单位	指标说明	量化方法
网格内企业数量（S_1）	个	根据环境统计数据，计算各个网格内的企业数量	百分化处理
网格内环境风险等级为重大的企业数量（S_2）	个	根据《企业突发环境事件风险评估指南（试行）》，结合各评估区域企业环境应急预案中对风险等级的判定，计算各个网格内环境风险等级为重大的企业数量	百分化处理
网格内突发水污染事件发生数量（S_3）	起	根据我国环境保护部近 5 年调度处置的突发水污染事件数量及涉及的省市，确定流域内各行政区域突发水污染事件数量，根据评估网格所属的省市与之相匹配	百分化处理
网格内危险化学品最大存在总量（S_4）	t	根据企业环境应急预案中的相关章节提取危险化学品存量，计算各个网格内危险化学品最大存在总量	百分化处理
网格内危险废物产生量（S_5）	t	根据环境统计数据，计算各个网格内危险废物产生量	百分化处理
网格内危险化学品运输量（S_6）	t	利用各省（区、市）交通局提供的年危险化学品运输量，结合危险化学品运输道路，确定各个网格内危险化学品运输量	百分化处理
网格内涉水国家级自然保护区数量（V_1）	个	根据全国生态环境调查数据，利用空间信息在矢量地图上标注，进而确定评估网格内涉水国家级自然保护区的数量和类别	核心区赋值为100，缓冲区赋值为75，试验区赋值为50，外围保护地带赋值为25，其他赋值为0

指标名称	单位	指标说明	量化方法
网格内城镇及以上饮用水水源地数量（V_2）	个	根据全国饮用水水源地调查的空间数据，将其在矢量地图上标注，进而判断网格内是否存在城镇及以上饮用水水源地	存在城镇及以上饮用水水源地赋值为100，不存在城镇及以上饮用水水源地赋值为0
网格内重要水生生物栖息地数量（V_3）	个	根据全国生态环境调查数据，利用空间信息在矢量地图上标注，进而判断网格内是否存在重要水生生物栖息地	存在重要水生生物栖息地赋值为100，不存在重要水生生物栖息地赋值为0
网格内规模以上企业数量百分比（P_1）	%	根据环境统计数据，计算各个网格内企业规模为"中"的企业数量，并与各个网格内企业总数相比，得到网格内规模以上企业数量百分比	百分化处理
网格内环境应急队伍人员数量（P_2）	人	计算长江经济带各省市单位面积环境应急人员数量，确定属于该省市网格内的环境应急队伍人员数量	百分化处理

风险评估指标数值的百分化处理采用极差法，通过对原始数据的线性变换，将数值映射到 0 ~ 100，具体计算方法为

$$x= \frac{x_i - x_{min}}{x_{max} - x_{min}} \times 100 \qquad (3\text{-}10)$$

式中：x 为指标百分化处理后的数值；x_i 为指标在 i 网格中的实际数值；x_{max} 为指标在所有网格实际数值中的最大值；x_{min} 为指标在所有网格实际数值中的最小值。

环境风险源强度、环境风险受体脆弱性、排污通道扩散性各项指标的计算公式为

$$S= \sqrt[6]{S_1 \cdot S_2 \cdot S_3 \cdot S_4 \cdot S_5 \cdot S_6} \qquad (3\text{-}11)$$
$$V= \sqrt[3]{V_1 \cdot V_2 \cdot V_3} \qquad (3\text{-}12)$$
$$P= 100 - \sqrt[2]{P_1 \cdot P_2} \qquad (3\text{-}13)$$

将各项指标定量化、标准化处理后，代入如下区域环境风险评价模型，可得到区域环境风险综合指数（R_i）：

$$R_i = \sqrt[3]{S_i \cdot V_i \cdot P_i} \tag{3-14}$$

式中：R_i 为网格 i 的环境风险综合指数；S_i 为网络 i 的环境风险源强度评价因子值；V_i 为网格 i 的环境风险受体脆弱性评价因子值；P_i 为网格 i 的排污通道扩散性因子值；i 为网格序号。

通过评估得出的各个网格 R 值，按照三分位数划分为高、中、低 3 个风险等级。具体划分方法是：筛选评估结果中 R_{min} 和 R_{max} 的数值差 L，根据数值范围划分为 3 个区间，R 值属于 $[R_{min}，R_{min}+1/3L)$ 为低风险，R 值属于 $[R_{min}+1/3L，R_{min}+2/3L)$ 为中风险，R 值属于 $[R_{min}+2/3L，R_{max}]$ 为高风险。

3.3.3　重点流域突发环境事件风险评估报告编制

3.3.3.1　前言
说明编制目的及编制过程

3.3.3.2　总则
（1）编制原则

（2）编制依据，政策法规、技术指南、标准规范及其他文件

3.3.3.3　流域概况
（1）流域基本情况（自然地理、社会经济、水资源利用）

（2）环境功能区划

（3）环境质量情况

3.3.3.4　环境风险识别和评估

3.3.3.5　典型突发环境事件情景分析
（1）突发环境事件情景设定

（2）突发环境事件情景源强分析

（3）突发环境事件情景释放途径分析

（4）突发环境事件情景后果分析

3.3.3.6　环境风险防控与应急措施差距分析
（1）环境风险受体管理差距分析

（2）环境风险源管理差距分析

（3）区域环境风险管理与应急能力差距分析

3.3.3.7　流域环境风险管理措施建议

3.4　企业环境风险评估

3.4.1　工作目的

（1）提高企业环境应急预案编制水平

通过指导企业开展环境风险识别、应急资源调查、各种可能发生的突发环境事件及其后果情景分析、现有环境风险防控与应急措施差距分析、完善环境风险防控与应急措施实施计划的制定等一系列工作，使企业系统评估自身环境风险状况，根据可调用的应急资源，落实可行的环境风险防控和应急措施。

（2）提高企业环境风险防控和隐患排查治理水平

指导企业从环境风险管理制度、环境风险防控与应急措施、环境应急资源、历史经验教训等方面，对现有环境风险防控与应急措施的完备性、可行性和有效性进行分析，排查隐患、找出差距，根据其危害性、紧迫性和治理时间，制定短期、中期和长期的完善计划并逐项落实整改。

企业按照这些方法持续排查、治理各类环境安全隐患，不仅可以提高环境风险防控和应急响应水平，还能动态完善应急预案，从而降低突发环境事件的发生概率，减轻其危害程度。

（3）提升地方政府和生态环境部门环境应急管理水平

根据要求，企业开展环境风险评估，并将评估报告作为环境应急预案的附件向当地生态环境部门备案。地方政府和生态环境部门通过评估报告掌握辖区内企业环境风险等级、风险状况及应急资源情况。一方面可以将其作为区域环境应急预案编制的重要基础，提高预案的针对性和可操作性；另一方面还可根据环境风险等级，对企业实施差别化管理，在管理资源有限的情况下，优先关注重大环境风险企业。

3.4.2　评估程序和内容

第一步，资料准备与环境风险识别。是对企业涉及环境风险物质及其数量、环境风险单元及现有环境风险防控与应急措施、周边环境风险受体、现有应急资源等环境风险要素的全面梳理，是风险评估的基础。

第二步，可能发生的突发性环境事件及其后果情景的分析。是将前一步识别的潜在风险与所有可能的突发性环境事件情景及后果联系起来，这是风险评估的核心，也是解决预案针对性和实用性的关键。

第三步，结合风险因素和可能的事件，分析现有环境风险防控与环境应急措施。

是风险评估的重要环节，也是企业排查环境安全隐患、提高预案可操作性的前提。

第四步，针对这些问题，制定完善环境风险防控和应急措施的实施计划。是风险评估的主要目的，也是提高企业环境风险防控及应急响应水平、降低突发环境事件发生概率与危害程度的实现途径。

第五步，划定企业环境风险等级。可用于完善区域环境应急预案及对企业实行差别化管理，也可用于企业的横向对比，提高其重视程度。

五个步骤相互关联，紧密衔接，缺一不可。

3.4.3 评估方法

对企业环境风险等级划分包括三个方面的影响因素，一是企业内涉及的可能释放或泄漏、从而导致突发性环境事件的环境风险物质的种类和数量；二是企业突发环境事件风险释放过程与风险控制技术水平；三是企业周边环境风险受体的脆弱程度和敏感程度。企业环境风险评估总体流程见图 3-9。

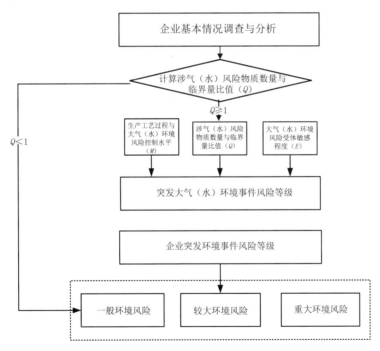

图 3-9　企业环境风险评估总体流程

3.4.3.1 环境风险物质清单

突发性环境事件风险的大小与化学物质的理化性质、危险性和物质数量密切相关。以环境风险物质清单识别企业环境风险，易于管理操作。国内外根据不同的识别与管理目的，提出了包括极危险物质清单、危险物质清单、管制物质清单以及我国的危险源辨识清单等。不同清单中物质选择依据和临界量计算没有统一的标准，物质种类及其临界量差异很大，难以直接作为我国风险源的识别依据。因此，选择环境风险物质应遵循如下原则：

（1）危害性

考虑化学品的固有危害属性，包括物理、化学和毒物学性质。

（2）代表性

优先从历史事件案例分析中选择具有事故史的化学品。

（3）普遍性

考虑国内外已有化学品名录或清单中具有普遍性的化学品。

（4）通用性

考虑在我国大量、广泛使用的化学品。

参照《危险化学品重大危险源辨识》（GB 18218—2018）、USEPA 颁布的《化学品事故防范法规》、欧盟颁布的《塞维索指令》和加拿大的《环境应急管理条例》等，从事故释放能直接导致人群、环境或生态系统损害的角度，将环境风险物质划分为五大类：毒性物质、易燃物质、其他类有害物质、其他重金属及其化合物、其他类物质及污染物。目前，我国《企业突发环境事件风险分级方法》（HJ 941—2018）共确定突发环境事件风险物质 392 种（类）。环境风险物质清单应该是动态的，随着研究和认识的深入，物质清单应不断补充、完善和更新。各级生态环境保护部门应根据本辖区内突发性环境事件发生状况，补充和确定本辖区内实施重点管理的突发性环境事件环境风险物质清单。

3.4.3.2 企业突发环境事件风险分级方法

根据企业生产、使用、存储和释放的突发环境事件风险物质数量与其临界量的比值（Q），评估生产工艺过程与环境风险控制水平（M）以及环境风险受体敏感程度（E）的评估分析结果，分别评估企业突发大气环境事件风险和突发水环境事件风险，将企业突发大气或水环境事件风险等级划分为一般环境风险、较大环境风险和重大环境风险三级，分别用蓝色、黄色和红色标识。同时涉及突发大气和水环境事件风险的企业，以等级高者确定企业突发环境事件风险等级。

企业下设位置毗邻的多个独立厂区，可按厂区分别评估风险等级，以等级高者确定企业突发环境事件风险等级并进行表征，也可分别表征为企业（某厂区）突发环境事件风险等级。企业下设位置距离较远的多个独立厂区，分别评估确定各厂区风险等级，表征为企业（某厂区）突发环境事件风险等级。

（1）突发大气环境事件风险分级

1）计算涉气风险物质数量与临界量比值（Q）

涉气风险物质包括 HJ 941—2018 附录 A 中的第一、第二、第三、第四、第六部分全部风险物质以及第八部分中 NH_3-N 浓度 ≥ 2000 mg/L 的废液、CODcr 浓度 ≥ 10 000 mg/L 的有机废液之外的气态和可挥发造成突发大气环境事件的固态、液态风险物质。

判断企业生产原料、产品、中间产品、副产品、催化剂、辅助生产物料、燃料、"三废"污染物等是否涉及大气环境风险物质（混合或稀释的风险物质按其组分比例折算成纯物质），计算涉气风险物质在厂界内的存在量（如存在量呈动态变化，则按年度内最大存在量计算）与其在 HJ 941—2018 附录 A 中临界量的比值（Q）：

①当企业只涉及一种风险物质时，该物质的数量与其临界量比值，即为 Q。

②当企业存在多种风险物质时，则按式（3-15）计算：

$$Q= \frac{w_1}{W_1} + \frac{w_2}{W_2} + \cdots \frac{w_n}{W_n} \qquad (3\text{-}15)$$

式中，w_1，w_2，...，w_n 分别表示每种风险物质的存在量，t；W_1，W_2，...，W_n 分别表示每种风险物质的临界量，t。

按照数值大小，将 Q 划分为 4 个水平：

① $Q < 1$，以 Q_0 表示，企业直接评为一般环境风险等级；

② $1 \leqslant Q < 10$，以 Q_1 表示；

③ $10 \leqslant Q < 100$，以 Q_2 表示；

④ $Q \geqslant 100$，以 Q_3 表示。

2）生产工艺过程与大气环境风险控制水平（M）评估

采用评分法对企业生产工艺过程、大气环境风险防控措施及突发大气环境事件发生情况进行评估，将各项指标分值累加，确定企业生产工艺过程与大气环境风险控制水平（M）。

A. 生产工艺过程含有风险工艺和设备情况

对企业生产工艺过程含有风险工艺和设备情况的评估按照工艺单元进行，具有多套工艺单元的企业，对每套工艺单元分别评分并求和，该指标分值最高为30分（表3-5）。

表 3-5　企业生产工艺过程评估

评估依据	分值
涉及光气及光气化工艺、电解工艺（氯碱）、氯化工艺、硝化工艺、合成氨工艺、裂解（裂化）工艺、氟化工艺、加氢工艺、重氮化工艺、氧化工艺、过氧化工艺、胺基化工艺、碘化工艺、聚合工艺、烷基化工艺、新型煤化工工艺、电石生产工艺、偶氮化工艺	10/ 每套
其他高温或高压、涉及易燃易爆等物质的工艺过程 [a]	5/ 每套
具有国家规定期限淘汰的工艺名录和设备 [b]	5/ 每套
不涉及以上危险工艺过程或国家规定的禁用工艺 / 设备	0

　　注：a. 高温指工艺温度 ≥ 300℃，高压指压力容器的设计压力（p）≥ 10.0MPa，易燃易爆等物质是指按照 GB30000.2 至 GB30000.13 所确定的化学物质；

　　b. 指《产业结构调整指导目录》中有淘汰期限的淘汰类落后生产工艺装备。

B. 大气环境风险防控措施及突发大气环境事件发生情况

　　企业大气环境风险防控措施及突发大气环境事件发生情况评估指标见表 3-6。对各项评估指标分别评分、计算总和，各项指标分值合计最高为 70 分。

表 3-6　企业大气环境风险防控措施与突发大气环境事件发生情况评估

评估指标	评估依据	分值
毒性气体泄漏监控预警措施	（1）不涉及附录 A 中有毒有害气体的；或 （2）根据实际情况，具备有毒有害气体（如硫化氢、氰化氢、氯化氢、光气、氯气、氨气、苯等）厂界泄漏监控预警系统的	0
	不具备厂界有毒有害气体泄漏监控预警系统的	25
符合防护距离情况	符合环评及批复文件防护距离要求的	0
	不符合环评及批复文件防护距离要求的	25

评估指标	评估依据	分值
近 3 年内突发大气环境事件发生情况	发生过特别重大或重大等级突发大气环境事件的	20
	发生过较大等级突发大气环境事件的	15
	发生过一般等级突发大气环境事件的	10
	未发生突发大气环境事件的	0

C. 企业生产工艺过程与大气环境风险控制水平

将企业生产工艺过程、大气环境风险防控措施及突发大气环境事件发生情况各项指标评估分值累加，得出生产工艺过程与大气环境风险控制水平值，按照表 3-7 划分为 4 个类型。

表 3-7　企业生产工艺过程与环境风险控制水平类型划分

生产工艺过程与环境风险控制水平值	生产工艺过程与环境风险控制水平类型
$M < 25$	M_1
$25 \leqslant M < 45$	M_2
$45 \leqslant M < 65$	M_3
$M \geqslant 65$	M_4

3）大气环境风险受体敏感程度（E）评估

大气环境风险受体敏感程度类型按照企业周边人口数进行划分。按照企业周边 5km 或 500m 范围内人口数将大气环境风险受体敏感程度划分为类型 1、类型 2 和类型 3 三种类型，分别以 E_1、E_2 和 E_3 表示，见表 3-8。

大气环境风险受体敏感程度按类型 1、类型 2 和类型 3 顺序依次降低。若企业周边存在多种敏感程度类型的大气环境风险受体，则按敏感程度高者确定企业大气环境风险受体敏感程度类型。

表 3-8 大气环境风险受体敏感程度类型划分

敏感程度类型	大气环境风险受体
类型 1 （E_1）	企业周边 5 km 范围内居住区、医疗卫生机构、文化教育机构、科研单位、行政机关、企业事业单位、商场、公园等人口总数 5 万人以上，或企业周边 500 m 范围内人口总数 1 000 人以上，或企业周边 5 km 涉及军事禁区、军事管理区、国家相关保密区域
类型 2 （E_2）	企业周边 5 km 范围内居住区、医疗卫生机构、文化教育机构、科研单位、行政机关、企业事业单位、商场、公园等人口总数 1 万人以上、5 万人以下，或企业周边 500 m 范围内人口总数 500 人以上、1 000 人以下
类型 3 （E_3）	企业周边 5 km 范围内居住区、医疗卫生机构、文化教育机构、科研单位、行政机关、企业事业单位、商场、公园等人口总数 1 万人以下，且企业周边 500 m 范围内人口总数 500 人以下

4）突发大气环境事件风险等级确定

根据企业周边大气环境风险受体敏感程度（E）、涉气风险物质数量与临界量比值（Q）和生产工艺过程与大气环境风险控制水平（M），按照表 3-9 确定企业突发大气环境事件风险等级。

表 3-9 企业突发环境事件风险等级矩阵

环境风险受体敏感程度（E）	风险物质数量与临界量比值（Q）	生产工艺过程与环境风险控制水平（M）			
		M_1 类水平	M_2 类水平	M_3 类水平	M_4 类水平
类型 1 （E_1）	$1 \leqslant Q<10$（Q_1）	较大	较大	重大	重大
	$10 \leqslant Q<100$（Q_2）	较大	重大	重大	重大
	$Q \geqslant 100$（Q_3）	重大	重大	重大	重大
类型 2 （E_2）	$1 \leqslant Q<10$（Q_1）	一般	较大	较大	重大
	$10 \leqslant Q<100$（Q_2）	较大	较大	重大	重大
	$Q \geqslant 100$（Q_3）	较大	重大	重大	重大
类型 3 （E_3）	$1 \leqslant Q<10$（Q_1）	一般	一般	较大	较大
	$10 \leqslant Q<100$（Q_2）	一般	较大	较大	重大
	$Q \geqslant 100$（Q_3）	较大	较大	重大	重大

5）突发大气环境事件风险等级表征

企业突发大气环境事件风险等级表征为两种情况：

① $Q<1$ 时，企业突发大气环境事件风险等级表示为"一般 - 大气（Q_0）"。

② $Q \geqslant 1$ 时，企业突发大气环境事件风险等级表示为"环境风险等级 - 大气（Q 水平 -M 类型 -E 类型）"。

（2）突发水环境事件风险分级

1）计算涉水风险物质数量与临界量比值（Q）

涉水风险物质包括 HJ 941—2018 附录 A 中的第三、第四、第五、第六、第七和第八部分全部风险物质，以及第一、第二部分中溶于水和遇水发生反应的风险物质，具体包括：溶于水的硒化氢、甲醛、乙二腈、二氧化氯、氯化氢、氨、环氧乙烷、甲胺、丁烷、二甲胺、一氧化二氯、砷化氢、二氧化氮、三甲胺、二氧化氯、三氟化硼、硅烷、溴化氢、氯化氰、乙胺、二甲醚，以及遇水发生反应的乙烯酮、氟、四氟化硫、三氟溴乙烯。

判断企业生产原料、产品、中间产品、副产品、催化剂、辅助生产物料、"三废"污染物等是否涉及水环境风险物质，计算涉水风险物质（混合或稀释的风险物质按其组分比例折算成纯物质）与其临界量的比值（Q），计算方法同（1）中部分。

2）生产工艺过程与水环境风险控制水平（M）评估

采用评分方法对企业生产工艺过程、水环境风险防控措施及突发水环境事件发生情况进行评估，将各项分值累加，确定企业生产工艺过程与水环境风险控制水平（M）。

A. 生产工艺过程含有风险工艺和设备情况

对企业生产工艺过程含有风险工艺和设备情况的评估按照工艺单元进行，具有多套工艺单元的企业，对每套工艺单元分别评分并求和，该指标分值最高为 30 分表 3-10。

表 3-10　企业生产工艺过程评估

评估依据	分值
涉及光气及光气化工艺、电解工艺（氯碱）、氯化工艺、硝化工艺、合成氨工艺、裂解（裂化）工艺、氟化工艺、加氢工艺、重氮化工艺、氧化工艺、过氧化工艺、胺基化工艺、碘化工艺、聚合工艺、烷基化工艺、新型煤化工工艺、电石生产工艺、偶氮化工艺	10/ 每套
其他高温或高压、涉及易燃易爆等物质的工艺过程 [a]	5/ 每套
具有国家规定期限淘汰的工艺名录和设备 [b]	5/ 每套
不涉及以上危险工艺过程或国家规定的禁用工艺 / 设备	0

注：a. 高温指工艺温度 ≥ 300℃，高压指压力容器的设计压力（p）≥ 10.0MPa，易燃易爆等物质是指按照 GB30000.2 至 GB30000.13 所确定的化学物质；

b.《产业结构调整指导目录》中有淘汰期限的淘汰类落后生产工艺装备。

B. 水环境风险防控措施及突发水环境事件发生情况

企业水环境风险防控措施及突发水环境事件发生情况评估指标见表 3-11。对各项评估指标分别评分、计算总和，各项指标分值合计最高为 70 分。

表 3-11　企业水环境风险防控措施及突发水环境事件发生情况评估

评估指标	评估依据	分值
截流措施	（1）环境风险单元设防渗漏、防腐蚀、防淋溶、防流失措施；且 （2）装置围堰与罐区防火堤（围堰）外设排水切换阀，正常情况下通向雨水系统的阀门关闭，通向事故存液池、应急事故水池、清净废水排放缓冲池或污水处理系统的阀门打开；且 （3）前述措施日常管理及维护良好，有专人负责阀门切换或设置自动切换设施，保证初期雨水、泄漏物和受污染的消防水排入污水系统	0
	有任意一个环境风险单元（包括可能发生液体泄漏或产生液体泄漏物的危险废物贮存场所）的截流措施不符合上述任意一条要求的	8
事故废水收集措施	（1）按相关设计规范设置应急事故水池、事故存液池或清净废水排放缓冲池等事故排水收集设施，并根据相关涉及规范、下游环境风险受体敏感程度和易发生极端天气情况，设计事故排水收集设施的容量；且 （2）确保事故排水收集设施在事故状态下能顺利收集泄漏物和消防水，日常保持足够的事故排水缓冲容量；且 （3）通过协议单位或自建管线，能将所收集废水送至厂区内污水处理设施处理	0
	有任意一个环境风险单元（包括可能发生液体泄漏或产生液体泄漏物的危险废物贮存场所）的事故排水收集措施不符合上述任意一条要求的	8
清净废水系统风险防控措施	（1）不涉及清净废水；或 （2）厂区内清净废水均可排入废水处理系统；或清污分流，且清净废水系统具有下述所有措施： ①具有收集受污染的清净废水的缓冲池（或收集池），池内日常保持足够的事故排水缓冲容量，池内设有提升设施或通过自流，能将所收集物送至厂区内污水处理设施处理；且 ②具有清净废水体统的总排口监视及关闭设施，有专人负责在紧急情况下关闭清净废水总排口，防止受污染的清净废水和泄漏物进入外环境	0
	涉及清净废水，有任意一个环境风险单元的清净废水系统风险防控措施不符合上述（2）要求的	8

评估指标	评估依据	分值
雨水排水系统风险防控措施	（1）厂区内雨水均进入废水处理系统；或雨污分流，且雨水排水系统具有下述所有措施： ①具有收集初期雨水的收集池或雨水监控池；池出水管上设置切断阀，正常情况下阀门关闭，防止受污染的雨水外排；池内设有提升设施或通过自流，能将所收集物送至厂区内污水处理设施处理； ②具有雨水系统总排口（含泄洪渠）监视及关闭设施，在紧急情况下有专人负责关闭雨水系统总排口（含与清净废水共用一套排水系统情况），防止雨水、消防水和泄漏物进入外环境 （2）如果有排洪沟，排洪沟不得通过生产区和罐区，或具有防止泄漏物和受污染的消防水等流入区域排洪沟的措施	0
	不符合上述要求的	8
生产废水处理系统风险防控措施	（1）无生产废水产生或外排；或 （2）有废水外排时： ①受污染的循环冷却水、雨水、消防水等排入生产废水系统或独立处理系统； ②生产废水排放前设监控池，能够将不合格废水送废水处理设施处理； ③如企业受污染的清净废水或雨水进入废水处理系统处理，则废水处理系统应设置事故水缓冲设施； ④具有生产废水总排口监视及关闭设施，有专人负责启闭，确保泄漏物、受污染的消防水、不合格废水不排出厂外	0
	涉及废水外排，且不符合上述（2）中任意一条要求的	8
废水排放去向	无生产废水产生或外排	0
	（1）依法获取污水排入排水管网许可，进入城镇污水处理厂；或 （2）进入工业废水集中处理厂；或 （3）进入其他单位	6
	（1）直接进入海域或进入江、河、湖、库等水环境；或 （2）进入城市下水道再入江、河、湖、库或再进入海域；或 （3）未依法取得污水排入排水管网许可，进入城镇污水处理厂；或 （4）直接进入污灌农田或蒸发地	12
厂内危险废物环境管理	（1）不涉及危险废物的；或 （2）针对危险废物分区贮存、运输、利用、处置具有完善的专业设施和风险防控措施	0
	不具备完善的危险废物贮存、运输、利用、处置设施和风险防控措施	10

评估指标	评估依据	分值
近 3 年内突发水环境事件发生情况	发生过特别重大及重大等级突发水环境事件的	8
	发生过较大等级突发水环境事件的	6
	发生过一般等级突发水环境事件的	4
	未发生突发水环境事件的	0

注：本表中相关规范具体指 GB 50483、GB 50160、GB 50351、GB 50747、SH 3015。

C. 企业生产工艺过程与水环境风险控制水平

将企业生产工艺过程、水环境风险控制措施及突发水环境事件发生情况各项指标评估分值累加，得出生产工艺过程与水环境风险控制水平值，按照表 3-7 划分为4 个类型。

3）水环境风险受体敏感程度（E）评估

按照水环境风险受体敏感程度，同时考虑河流跨界的情况和可能造成土壤污染的情况，将水环境风险受体敏感程度类型划分为类型 1、类型 2 和类型 3，分别以 E_1、E_2 和 E_3 表示，见表 3-12。

水环境风险受体敏感程度按类型 1、类型 2 和类型 3 顺序依次降低。若企业周边存在多种敏感程度类型的水环境风险受体，则按敏感程度高者确定企业水环境风险受体敏感程度类型。

表 3-12　水环境风险受体敏感程度类型划分

敏感程度类型	水环境风险受体
类型 1 （E_1）	（1）企业雨水排口、清净废水排口、污水排口下游 10 km 流经范围内有如下一类或多类环境风险受体：集中式地表水、地下水饮用水水源保护区（包括一级保护区、二级保护区及准保护区）；农村及分散式饮用水水源保护区； （2）废水排入收纳水体后 24 小时流经范围（按受纳河流最大日均流速计算）内涉及跨国界的

敏感程度类型	水环境风险受体
类型 2（E_2）	（1）企业雨水排口、清净废水排口、污水排口下游 10km 流经范围内有生态保护红线划定的或具有水生态服务功能的其他水生态环境敏感区和脆弱区，如国家公园，国家级和省级水产种质资源保护区，水产养殖区，天然渔场，海水浴场，盐场保护区，国家重要湿地，国家级和地方级海洋特别保护区，国家级和地方级海洋自然保护区，生物多样性保护优先区域，国家级和地方级自然保护区，国家级和省级风景名胜区，世界文化和自然遗产地，国家级和省级森林公园，世界、国家和省级地质公园，基本农田保护区，基本草原； （2）企业雨水排口、清净废水排口、污水排口下游 10 km 流经范围内涉及跨省的； （3）企业位于熔岩地貌、泄洪区、泥石流多发等地区
类型 3（E_3）	不涉及类型 1 和类型 2 情况的

注：本表中规定的距离范围以到各类水环境保护目标或保护区域的边界为准。

4）突发水环境事件风险等级确定

根据企业周边水环境风险受体敏感程度（E）、涉水风险物质数量与临界量比值（Q）和生产工艺过程与水环境风险控制水平（M），按照表 3-9 确定企业突发水环境事件风险等级。

5）突发水环境事件风险等级表征

企业突发水环境事件风险等级表征分为两种情况：

① $Q < 1$ 时，企业突发水环境事件风险等级表示为 "一般 - 水（$Q0$）"。

② $Q \geqslant 1$ 时，企业突发水环境事件风险等级表示为 "环境风险等级 - 水（Q 水平 -M 类型 -E 类型）"。

3.4.3.3　企业突发环境事件风险等级确定与调整

（1）风险等级确定

以企业突发大气环境事件风险和突发水环境事件风险等级高者确定企业突发环境事件风险等级。

（2）风险等级调整

近 3 年因违法排放污染物、非法转移处置危险废物等行为受到生态环境主管部门处罚的企业，在已评定的突发环境事件风险等级基础上调高一级，最高等级为重大。

（3）风险等级表征

只涉及突发大气环境事件风险的企业，风险等级按突发大气环境事件风险等级表征。

只涉及突发水环境事件等闲的企业，风险等级按突发水环境事件风险等级表征。

同时涉及突发大气和水环境事件风险的企业，风险等级表示为"企业突发环境事件风险等级[突发大气环境事件风险等级表征＋突发水环境事件风险等级表征]"。例如，重大[重大-大气（Q_1—M_3—E_1）＋较大—水（Q_2—M_2—E_2）]。

3.5　尾矿库企业环境风险评估

3.5.1　评估目的

指根据尾矿库的环境风险特点，划分尾矿库环境风险等级，识别尾矿库可能引发突发环境事件的危险因素，并对其进行系统的环境风险分析，预测可能产生的后果，提出环境风险防控和环境安全隐患排查治理对策建议的过程。

3.5.2　评估程序

尾矿库环境风险评估工作程序，由尾矿库环境风险评估准备、尾矿库环境风险预判、尾矿库环境风险等级划分、尾矿库环境风险分析与报告编制四个阶段，见图3-10。

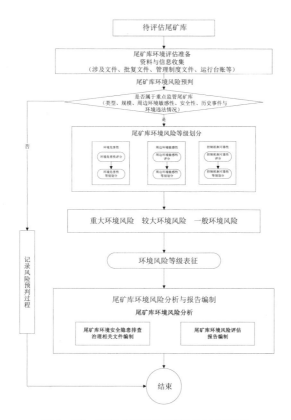

图 3-10 尾矿库环境风险评估工作程序

3.5.2.1 尾矿库环境风险评估准备

根据尾矿库环境风险评估的各项工作需要，收集相关资料与信息，主要包括环境影响评价文件及相关批复文件、设计文件、竣工验收文件、安全生产评价文件、环境监理报告、环境监测报告、特征污染物分析报告、应急预案、管理制度文件、日常运行台账等。

3.5.2.2 尾矿库环境风险预判

从尾矿库的类型、规模、周边环境敏感性、安全性、历史事件与环境违法情况五个方面，利用尾矿库环境风险预判表对尾矿库环境风险进行初步分析，对于满足预判表中任何条件之一的尾矿库即认定为重点环境监管尾矿库，需要进一步开展后续的环境风险评估工作。非重点环境监管尾矿库只需开展风险预判工作，并记录风险预判过程和预判结果。

3.5.2.3 尾矿库环境风险等级划分

尾矿库环境风险等级划分采用矩阵法。分别评估尾矿库环境危害性（H）、周边环境敏感性（S）、控制机制可靠性（R）三方面的等别，对照尾矿库环境风险等级划分矩阵（表 3-13），将尾矿库环境风险划分为重大、较大、一般三个等级。

表 3-13　尾矿库环境风险等级划分矩阵

序号	情形			环境风险等级
	环境危害性（H）	周边环境敏感性（S）	控制机制可靠性（R）	
1	H_1	S_1	R_1	重大
2			R_2	重大
3			R_3	较大
4		S_2	R_1	重大
5			R_2	较大
6			R_3	较大
7		S_3	R_1	重大
8			R_2	较大
9			R_3	一般
10	H_2	S_1	R_1	重大
11			R_2	较大
12			R_3	较大
13	H_2	S_2	R_1	较大
14			R_2	一般
15			R_3	一般
16		S_3	R_1	一般
17			R_2	一般
18			R_3	一般
19	H_3	S_1	R_1	较大
20			R_2	较大
21			R_3	一般
22		S_2	R_1	一般
23			R_2	一般
24			R_3	一般
25		S_3	R_1	一般
26			R_2	一般
27			R_3	一般

采用评分方法，对类型、性质和规模三方面指标进行评分与累计求和，评估尾矿库环境危害性（H）（表 3-14），各指标评分方法见表 3-15、表 3-16、表 3-17、表 3-18。

表 3-14　尾矿库环境危害性（H）等别划分指标体系

序号	指标项目				指标分值
1	尾矿库环境危害性	类型	矿种类型 / 固体废物类型 / 尾矿（或尾矿水）成分类型		48
2		性质	特征污染物指标浓度情况	浓度倍数情况	pH	8
3				指标最高浓度倍数	14
4				浓度倍数 3 倍及以上指标项数	6
5		规模			24

表 3-15　尾矿库环境风险预判表

符合下列情形之一，列入重点环境监管尾矿库			相关说明
类型	矿种类型（包括主矿种、附属矿种）/ 尾矿（或尾矿水）成分类型固体废物类型	固体废物类型	
	1. □相关的生产过程中使用了列入《重点环境管理危险化学品目录》的危险化学品。 2. □重金属矿种：铜、镍、铅、锌、锡、锑、钴、汞、镉、铋、砷、铊、钒、铬、锰、钼。 3. □贵金属矿种：金、银、铂族（铂、钯、铱、铑、锇、钌）。 4. □轻有色金属矿种：铝（铝土）、镁、锶、钡。 5. □稀土元素的矿种：钇、镧、铈、镨、钕、钷、钐、铕、钆、铽、镝、钬、铒、铥、镱、镥。 6. □有色金属矿种：钨、钛。 7. □非金属矿种：化工原料或化学矿。 8. □涉及硫（包括主矿、共生矿）、磷（包括主矿、共生矿）。 9. □涉及酸性岩矿种或产生酸性废液的矿种	10. □危险废物。 11. □一般工业固体废物（Ⅱ类）	
规模	12. □尾矿库等别：四等及以上		
周边环境敏感性	所处区域	13. □处于国家重点生态功能区、国家禁止开发区域、水土流失重点防治区、沙化土地封禁保护区等。 14. □处于江河源头区和重要水源涵养区。	

	符合下列情形之一，列入重点环境监管尾矿库		相关说明
周边环境 敏感性	尾矿库下游评估范围内或者尾矿库输送管线、 回水管线涉及穿越	15. □涉及跨省级及以上行政区边界。 16. □饮用水水源保护区、自来水厂取水口。 17. □重要江、河、湖、库等大型水体。 18. □重要湿地、天然林、珍稀濒危野生动植物天然集中分布、区、重要水生生物的自然产卵场及索饵场、越冬场和洄游通道、天然渔场、资源性缺水地区、封闭及半封闭海域、富营养化水域等。 19. □水产养殖区，且规模在20亩及以上。 20. □下游涉及人口聚集区，且人口规模在100人及以上。 21. □下游涉及自然保护区、风景名胜区、森林公园、地质公园、世界文化或自然遗产地，重点文物保护单位以及其他具有特殊历史、文化、科学、民族意义的保护地等。 22. □涉及基本农田保护区、基本草原、种植大棚，农产品基地等，且规模在20亩及以上。 23. □涉及环境风险企业、二次环境污染源或风险源	

符合下列情形之一，列入重点环境监管尾矿库		相关说明
安全性	24. □属于危库 / 险库 / 病库。 25. □处于按《地质灾害危险性评估技术要求（试行）》评定为"危害性中等"或"危害性大"的区域。 26. □处于地质灾害易灾区。 27. □处于岩溶（喀斯特）地貌区。 28. □已被相关部门鉴定为"三边库""头顶库"的尾矿库	
历史事件与环境违法情况	29. □近 3 年内发生过较大及以上等级的生产安全事故或突发环境事件。 30. □近 3 年内存在恶意环境违法行为或因环境问题与周边存在纠纷	

注：（1）类型：指矿种类型（包括主矿种、附属矿种）/ 固体废物类型 / 尾矿（或尾矿水）成分类型，以环境危害大的计算。

（2）表中复选框"□"表示可以多选。

表 3-16　尾矿库环境危害性指标评分表

指标因子	评分依据	评分	相关说明
类型 （48分）	1. □相关的生产过程中使用了列入《重点环境管理危险化学品目录》的危险化学品。 2. □危险废物。 3. □重金属矿种：铜、镍、铅、锌、锡、锑、钴、汞、镉、铋、砷、铊、钒、铬、锰、钼。 4. □贵金属矿种（采用氰化物采选工艺）：金、银、铂族（铂、钯、铱、锇、铑、钌）。 5. □有色金属矿种：钨	48	
	6. □一般工业固体废物（Ⅱ类）。 7. □贵金属矿种（采用无氰化物采选工艺）：金、银、铂族（铂、钯、铱、铑、锇、钌）。 8. □轻有色金属矿种：铝（铝土）、镁、锶、钡。 9. □稀土元素的矿种：钇、镧、铈、镨、钕、钷、钐、铕、钆、铽、镝、钬、铒、铥、镱、镥。 10. □稀有金属矿种：铌、钽、铍、锆、锶、镓、锂、铯。 11. □稀散元素矿种：锗、镓、铟、铪、铼、钪、硒、碲。 12. □有色金属矿种：钛。 13. □非金属矿种：化工原料或化学矿。 14. □涉及硫（包括主矿、共生矿）、磷（包括主矿、共生矿）。 15. □涉及酸性岩矿种或产生酸性废液的矿种	24	

指标因子	评分依据				评分	相关说明
类型 （48分）	16.□一般工业固体废物（I 类）。 17.□黑色金属矿种：铁。 18.□轻有色金属矿种：钠、钾、钙。 19.□非金属矿种：冶金辅助原料矿。 20.□非金属矿种：建材原料矿。 21.□非金属矿种：黏土、轻质材料、耐火材料非金属矿。 22.□非金属矿种：特种非金属矿。 23.□非金属矿种：能源矿种。 24.□非金属矿种：其他非金属矿种				0	
性质 （28分）	特征污染物指标浓度情况（28分）	浓度倍数情况（22分）	pH（8分）	1.○ [0，4）	8	
				2.○ [4，6）	6	
				3.○ [6，9）	0	
				4.○（9，11]	5	
				5.○（11，14]	7	
			指标最高浓度倍数（14分）	1.○有指标浓度倍数为 10 倍及以上	14	
				2.○有指标浓度倍数 3 倍及以上，且所有指标浓度倍数均在 10 倍以下	7	
				3.○所有指标浓度倍数均在 3 倍以	0	
		浓度倍数 3 倍及以上的指标项数（6分）	1.○5 项及以上：		6	
			2.○2 至 4 项：		4	
			3.○1 项：		2	
			4.○无		0	
规模 （24分）	现状库容（24分）	1.○大于等于 3 000 万 m³			24	
		2.○大于等于 1 000 万 m³，小于 3 000 万 m³			18	
		3.○大于等于 100 万 m³，小于 1 000 万 m³			12	
		4.○大于等于 20 万 m³，小于 100 万 m³			6	
		5.○小于 20 万 m³			0	

注：（1）类型：指矿种类型（包括主矿种、附属矿种）/固体废物类型/尾矿（或尾矿水）成分类型，以环境危害大的计算。

（2）特征污染物浓度倍数：指特征污染物的实测浓度与该特征污染物的排放标准或质量标准（排放标准优先）的比值。取样于尾矿库库区积液、库区渗滤液或输送管中的水样品，以排在前面的优先。

（3）指标最高浓度倍数：指所有特征污染物指标浓度倍数的最大值。

（4）表中复选框"□"表示可以多选，按其中最高得分计算；单选框"○"表示只能单选。

表 3-17 尾矿库周边环境敏感性指标评分表

指标因子		评分依据		评分 / 分	特别说明
下游涉及的跨界情况（24分）	下游涉及的跨界情况（24分）	1.〇国界		18	可能涉及跨国界
		2.〇省界		12	可能涉及跨省级行政区边界
		3.〇市界		6	可能涉及跨地市级行政区边界
		4.〇县界		3	可能涉及跨县级行政区边界
		5.〇其他		0	其他
	涉及跨界距离（6分）	1.〇2 km 及以内		6	指沿着尾矿库事故后污染物的可能流向的曲线距离
		2.〇2 km 以外，5 km 及以内		4	
		3.〇5 km 以外，10 km 及以内		2	
		4.〇10 km 以外		0	
周边环境风险受体情况（54分）		所在区域	1.□处于国家重点生态功能区、国家禁止开发区域、水土流失重点防治区、沙化土地封禁保护区等	54	
			2.□处于江河源头区和重要水源涵养区		
		尾矿库下游涉及水环境风险受体	3.□服务人口 1 万人及以上的饮用水水源保护区或自来水厂取水口	54	
			4.□服务人口 2 000 人及以上的饮用水水源保护区或自来水厂取水口	36	
			5.□重要湿地、天然林、珍稀濒危野生动植物天然集中分布区、重要水生生物的自然产卵场及索饵场、越冬场和洄游通道、天然渔场、资源性缺水地区、封闭及半封闭海域、富营养化水域等		

指标因子		评分依据	评分／分	特别说明
周边环境风险受体情况（54 分）	尾矿库下游涉及水环境风险受体	6. □流量大于等于 15 m³/s 的河流 7. □面积大于等于 2.5 km² 的湖泊或水库 8. □水产养殖 100 亩及以上	36	
		9. □服务人口 2 000 人以下的饮用水水源保护区或自来水厂取水口 10. □流量小于 15 m³/s 的河流 11. □面积小于 2.5 km² 的湖泊或水库 12. □水产养殖 100 亩以下	18	
	尾矿库下游涉及其他类型风险受体	13. □人口聚集区：累计人口 2 000 人及以上	54	
		14. □人口聚集区：累计人口 2 000 人以下，200 人及以上 15. □国家级（或 4A 级及以上）的自然保护区、风景名胜区、森林公园、地质公园、世界文化或自然遗产地、重点文物保护单位，以及其他具有特殊历史、文化、科学、民族意义的保护地等 16. □国家基本农田、基本草原、种植大棚、农产品基地等 1 000 亩及以上 17. □重大环境风险企业或重大二次环境污染源、风险源	36	
		18. □人口聚集区：累计人口 200 人以下 19. □涉及省级及以下（或 4A 级以下）：自然保护区、风景名胜区、森林公园、地质公园、世界文化或自然遗产地、重点文物保护单位，以及其他具有特殊历史、文化、科学、民族意义的保护地等 20. □国家基本农田、基本草原、种植大棚、农产品基地等 1 000 亩以下 21. □一般、较大环境风险企业或其他二次环境污染源、风险源	18	

指标因子				评分依据	评分/分	特别说明
周边环境风险受体情况（54分）	尾矿库输送管线、回水管线涉及穿越			22.□服务人口在 2 000 人及以上的饮用水水源保护区、自来水厂取水	36	
				23.□规模在 100 亩及以上的水产养殖区	18	
周边环境功能类别（22分）	水环境（15分）	下游水体（9分）	地表水	1.○地表水：Ⅰ类	9	
				2.○地表水：Ⅱ类		
				3.○地表水：Ⅲ类	6	
				4.○地表水：Ⅳ类	3	
				5.○地表水：Ⅴ类	0	
			海水（不涉及海水则不计算该项）	1.○海水：Ⅰ类	9	
				2.○海水：Ⅱ类	6	
				3.○海水：Ⅲ类	3	
				4.○海水：Ⅳ类	0	
		地下水		1.○地下水：Ⅰ类	6	
				2.○地下水：Ⅱ类		
				3.○地下水：Ⅲ类	4	
				4.○地下水：Ⅳ类	2	
				5.○地下水：Ⅴ类	0	
	土壤环境（4分）			1.○土壤：Ⅰ级	4	
				2.○土壤：Ⅱ级	3	
				3.○土壤：Ⅲ级	1	
	大气环境（3分）			1.○大气：Ⅰ级	3	
				2.○大气：Ⅱ级	1.5	
				3.○大气：Ⅲ级	0	

注：（1）下游涉及的跨界情况：指沿着尾矿库事故后污染物的可能流向 10 km 评估范围（根据实际情况可以适当扩大评估距离）内存在行政区边界的情况。如果涉及多种类型，以等级最高的行政区边界进行计算。

（2）周边环境风险受体情况：包括 1）"所在区域"敏感性情况；2）"尾矿库下游涉及水环境风险受体"敏感性情况；3）"尾矿库下游涉及其他类型风险受体"敏感性情况；4）"尾矿库输送管线、回水管线涉及穿越"敏感性情况共计四方面 24 种的情形。评估时需要综合考虑这四方面情况，取其中得分最高的作为最后"周边环境风险受体情况"的得分。

（3）下游水体：主要考虑地表水。如果下游同时还涉及海水，则评估时需综合"地表水""海水"两方面得分，取其中得分最高的作为最后"下游水体"方面得分。

（4）一般、较大、重大环境风险源企业：指依据《企业突发环境事件风险评估指南（试行）》评估具有一般、较大、重大环境风险等级的企业。

（5）重大二次环境污染源、风险源：指尾矿库下游可能危及的，依据当地地方相关标准、文件或其他行业标准被划分为具有重大等级的环境污染源或风险源。

（6）其他二次环境污染源、风险源：指尾矿库下游可能危及的，依据当地地方相关标准、文件或其他行业标准被划分为具有除重大等级之外的其他等级的环境污染源或风险源。

（7）周边环境风险受体情况评分时：如果涉及多种情况，则按最高分计算。

（8）表中复选框"□"表示可以多选，按其中最高得分计算；单选框"○"表示只能单选。

表 3-18　尾矿库控制机制可靠性指标评分表

指标因子			评分依据	评分 / 分	相关说明
基本情况 15（分）	堆存（4.5 分）	堆存种类（1.5 分）	1.○混合多用途：多种不同类型的尾矿或固体废物、废水的排放场所	1.5	
			2.○单一用途：仅一种类型尾矿或固体废物、废水的排放场所	0	
		堆存方式（1 分）	1.○湿法堆存	1	
			2.○干法堆存	0	
		坝体透水情况（2 分）	1.○透水坝，无渗滤液收集设施	2	
			2.○透水坝，但有渗滤液收集设施	1	
			3.○不透水坝	0	
	输送（4 分）	输送方式（1.5 分）	1.○沟槽＋自流（无人为加压）	1.5	
			2.○管道输送＋泵站加压	1	
			3.○管道输送＋自流（无人为加压）	0.5	
			4.○车辆运输 5.○传送带运输	0	
		输送量（1 分）	1.○大于等于 10 000 m³/d	1	
			2.○大于等于 1 000 m³/d，小于 10 000 m³/d	0.5	
			3.○小于 1000 m³/d	0	
		输送距离（1.5 分）	1.○大于等于 10 km	1.5	指实际的曲线距离
			2.○大于等于 2 km 而小于 10 km。	0.75	
			3.○小于 2 km	0	

指标因子			评分依据	评分 / 分	相关说明
基本情况 15（分）	回水（2.5 分）（仅在有回水系统时计算该项）	回水方式（1 分）	1.〇沟槽 + 自流（无人为加压）	1	
			2.〇管道输送 + 泵站加压	0.5	
			3.〇管道输送 + 自流（无人为加压）	0	
		回水量（0.5 分）	1.〇大于等于 10 000 m³/d	0.5	
			2.〇大于等于 1000 m³/d，小于 10 000 m³/d	0.25	
			3.〇小于 1 000	0	
		回水距离（1 分）	1.〇大于等于 10 km	1	
			2.〇大于等于 2 km 而小于 10 km	0.5	
			3.〇小于 2 km	0	
	防洪（4 分）	库外截洪设施（2 分）	1.〇无	2	
			2.〇有，雨污不分流	1	指外部雨水未能通过截洪沟直接流向外界，而是进入尾矿库渗滤液收集池、事故池等设施
			3.〇有，雨污分流	0	指外部雨水能直接通过截洪沟流向外界，而不进入尾矿库相关设施（比如库区、渗滤液收集池、事故池等）
		库内排洪设施（2 分）	1.〇无	2	指不仅作为排洪通道，还作为日常回水或排水通道
			2.〇有，作为日常尾矿水排放或回水通道	1	指汛期作为库区泄洪通道，而日常生产中，通过库内排洪设施将库区澄清水引到渗滤液收集池等设施
			3.〇有，仅作为排洪通道	0	指通常情况下该通道关闭，不连通外界，仅在汛期紧要情况下连通外界

指标因子			评分依据	评分／分	相关说明
自然条件情况（9分）		1. ○开展了地质灾害危险性评估	1-A. ○危害性中等或危害性较大	9	
			1-B. ○危害性小	0	
		2. ○未开展地质灾害危险性评估	2-A. ○处于地质灾害易灾区或岩溶（喀斯特）地貌区	9	
			2-B. ○不处于地质灾害易灾区或岩溶（喀斯特）区地貌	0	
生产安全情况（15分）护情况（50分）	尾矿库安全度等别（15分）	1. ○危库		15	未核定则按最高分进行评分
		2. ○险库		11	
		3. ○病库		7	
		4. ○正常库		0	
	环保审批（8分）	是否通过"三同时"验收（8分）	1. ○否	8	是否有环评报告书或报告表，且通过了"三同时"验收及相关批复
			2. ○是	0	
	污染防治（8.5分）	水排放情况（3分）	1. ○不达标排放	3	未知则按最高分进行评分
			2. ○达标排放，但不满足总量控制要求	1.5	
			3. ○达标排放，且满足总量控制要求	0.75	
			4. ○不对外排放尾矿水或渗滤液等	0	
		防流失情况（1.5分）	1. ○不符合环评等相关要求	1.5	主要针对堆积坝及其他可能流失尾矿的位置。参照设计、环评及相关批复等文件的相关要求进行评分
			2. ○符合环评等相关要求	0	
		防渗漏情况（2.5分）	1. ○不符合环评等相关要求	2.5	主要针对库区底部及库区内边坡。参照设计、环评及相关批复等文件的相关要求进行评分
			2. ○符合环评等相关要求	0	

指标因子			评分依据		评分 / 分	相关说明
生产安全情况（15分）护情况（50分）	污染防治（8.5分）	防扬散情况（1.5分）	1.○不符合环评等相关要求		1.5	主要针对库区干滩及堆积坝体边坡。参照设计、环评及相关批复等文件的相关要求进行评分
			2.○符合环评等相关要求		0	
	环境应急（26.5分）	环境应急设施（8.5分）	事故应急池建设情况（5分）	1.○无	5	主要指针对库区和坝体防范措施建设情况。比如漫坝、坝体裂缝泄漏等。参照设计、环评及相关批复等文件的相关要求进行评分
				2.○有，但不符合环评等相关要求	3	
				3.○有，且符合环评等相关要求	0	
			输送系统环境应急设施建设情况（2分）（如果采用车辆运输，则不计算该项）	1.○无	2	主要指针对输送管道等输送系统的防范措施建设情况。比如防止输送管线爆裂等。参照设计、环评及相关批复等文件的相关要求进行评分
				2.○有，但不符合环评等相关要求	1	
				3.○有，且符合环评等相关要求	0	
			回水系统环境应急设施建设情况（1.5分）（仅在有回水系统时计算该项）	1.○无	1.5	主要指针对回水管等回水系统的防范措施建设情况。比如防止回水管爆裂等。参照设计、环评及相关批复等文件的相关要求进行评分
				2.○有，但不符合环评等相关要求	1	
				3.○有，且符合环评等相关要求	0	
		环境应急预案（6.5分）			6.5	按照环境应急预案的编制、报备及落实等情况进行综合评分
		环境应急资源（2分）			2	按照应急资源的储备、管理、维护等情况进行综合评分
		环境监测预警与日常检查（4分）	监测预警（2分）		2	按照监测预警方案的制定、开展及相关台账等情况进行综合评分
			日常检查（2分）		2	按照日常检查工作方案的制定、开展及相关台账等情况进行综合评分

指标因子			评分依据		评分/分	相关说明
生产安全情况（15分）护情况（50分）	环境应急（26.5分）	环境安全隐患排查与治理（5.5分）	环境安全隐患排查（3分）		3	按照环境安全隐患排查工作方案的制定、开展及相关台账等情况进行综合评分
			环境安全隐患治理（2.5分）		2.5	按照安全隐患的发现、治理及报告等情况进行综合评分
		环境违法与环境纠纷情况（7分）	近3年来是否存在环境违法行为或与周边存在环境纠纷（7分）	1.○是	7	
				2.○否	0	
历史情况（11分）	近3年来发生事故或事件情况（包括安全和环境方面）（11分）	事件等级（8分）	1.○发生过重大、特大事故		8	以发生过最高等级事件或事故进行评分
			2.○发生过较大事故		6	
			3.○发生过一般事故		4	
			4.○无		0	
		事件次数（3分）	1.○2次及以上		3	一般、较大、重大、特大事件或事故次数
			2.○1次		1.5	
			3.○0次		0	

注：表中单选框"○"表示只能单选。

3.5.3　环境风险分析与报告编制

　　对于重点环境监管尾矿库，在尾矿库环境风险评估准备、风险预判、风险等级划分的基础上，开展尾矿库环境风险分析及尾矿库环境安全隐患排查治理相关文件编制；并记录尾矿库环境风险评估的开展过程，总结尾矿库环境风险评估的相关工作内容，编制尾矿库环境风险评估报告。对于非重点环境监管尾矿库，只需记录环境风险预判开展过程。

3.6　油气长输管线环境风险评估

3.6.1　评估目的

　　（1）掌握油气长输管线存在的环境风险节点。

　　（2）查找油气长输管线可能会发生的突发环境事件，支持编制修订相关突发环境事件应急预案。

（3）分析查找差距与问题，消除油气长输管道环境安全隐患。

3.6.2 环境风险源识别

环境风险源识别应遵循以下原则：

（1）相邻两个切断阀之间的管道作为一个风险源；

（2）相对独立区域内，可以紧急关断的一条或多条油气集输管道可作为一个风险源；

（3）近年来，多次发生第三方损坏的管段（事故地段），作为重点环境风险因素（类型）进行识别。

3.6.2.1 环境风险物质数量 / 环境风险物质数量与临界量比值

（1）油品输送管道

计算风险源涉及油品最大可能泄漏量（考虑紧急关断阀门之前的泄漏量与关闭之后的可能泄漏量），将最大可能泄漏量分为：① $Q<1$ t，② 1 t $\leqslant Q<10$ t，③ 10 t $\leqslant Q<100$ t，④ $Q \geqslant 100$ t 四种情况，并分别以 Q_1、Q_2、Q_3 和 Q_4 表示。

（2）天然气及化学品输送管道

计算风险源涉及环境风险物质最大可能泄漏量（q_i）（考虑紧急关断阀门之前的泄漏量与关闭之后的可能泄漏量）与临界量（Q）的比值（R），将 R 值分为：① $R<1$；② $1 \leqslant R<10$；③ $10 \leqslant R<100$；④ $R \geqslant 100$ 四种情况，并分别以 R_0、R_1、R_2 和 R_3 表示。

采用管廊输送时，分别计算每根管道最大存在总量与临界量（Q）比值，取 R 值最大值作为该管风险源的 R 值参与评估。

3.6.2.2 环境风险控制水平

采用评分法对风险源安全生产控制、环境风险防控措施等指标进行评估汇总，确定环境风险控制水平。评估指标及分值分别见表 3-19、表 3-20。

表 3-19 环境风险控制水平评估指标

指标		分值 / 分
安全生产控制（50 分）	危险化学品经营许可	10
	安全评价及专项检查情况	20
	设备设施质量控制情况	20
环境风险控制（50 分）	环境风险监测措施	10
	环境风险防控措施	20
	建设项目环保要求落实情况	10
	现场环境风险应急预案	10

表 3-20　环境风险控制水平

环境风险控制水平（M）	环境风险控制水平
$M<30$	M_1 类水平
$30 \leqslant M<45$	M_2 类水平
$45 \leqslant M<60$	M_3 类水平
$M \geqslant 60$	M_4 类水平

（1）安全生产及设备质量管理

对风险源消防安全、危险化学品管理等涉及安全生产的情况按照表 3-21 进行评估。

表 3-21　安全生产及设备评估指标

评估指标	评估依据	分值 / 分
危险化学品经营许可（10 分）	危险化学品经营单位未取得经营许可证	10
	不涉及危险化学品，或危险化学品经营单位取得经营许可证	0
安全评价及专项检查情况（40 分）	存在下列任意一项的：①未按规定开展安全评价的；②未通过安全验收的；③安全评价提出的环境安全隐患问题未得到整改的；④安全专项检查提出的限期整改（或 A 类）问题未完成整改的	20
	安全专项查提出的环境安全（非含限期整改问题）未完成整改的，每一项记 5 分，记满 20 分为止	0～20
	不存在上述问题	0
设备设施质量控制情况（20 分）	存在下列任意一项的：①未按规定进行设备设施质量检测、检验的；②设备登结果不满足质量要求的；③未按设计标准建设的；④未按规定设置警示标志的；⑤未按规定采取管线保护措施的	20
	存在下列情况的，每项记 10 分，记满 20 分为止：①设备设施超期使用的；②设备设施降等额使用的；③质量检测要求不明确的；④设计变更未经主管部门批准的；⑤不按规定巡线的	0～20
	不存在上述问题	0

（2）环境风险控制

按照表 3-22 评估。

表 3-22　环境风险控制措施评估

评估指标	评估依据		分值 / 分
环境风险监测措施（10 分）	未按规定设置环境风险物质监测措施的		10
	存在下列情况的每项计 5 分，记满为止：①安装不符合规范的；②不按规定校验的；③不能正常使用的；④监测因子缺项的（每项计 5 分）		0～10
	按规定安装泄漏监测、监测措施的		0
环境风险防控措施（20 分）	事故紧急关断措施（10 分）	不具备有效的事故紧急关断措施（关断阀失效或不能符合紧急关断时效要求）	10
		具备有效的手动紧急关断措施（符合紧急关断时效要求）	5
		具备有效的自动紧急关断措施	0
	事故污染物处置措施（10 分）	无事故污染物处置措施	10
		事故污染物处置措施不完善；或应急物资配置不满足应急处置要求	0～10
		具有完善的事故污染物处置措施（吸油毡、围油栏、收油机等围控、回收、转输设备设施）	0
建设项目环保要求落实情况（10 分）	存在下列任意一项的：①建设项目环评手续不完整的；②建设项目环境风险防控措施不落实的		10
	不存在上述问题		

评估指标	评估依据	分值/分
环境风险源事故现场处置方案（10分）	存在以下情况的，每项记5分，记满10分为止：①无风险源事故处置预案的或风险源事故处置预案无环保内容的；②未按要求开展应急预案演练并记录的；③未按要求进行备案的	
	不存在上述问题	0

3.6.2.3 环境风险受体敏感度判别

根据环境风险受体的重要性和敏感程度，由高到低将风险源周边可能受影响的环境风险受体类型1、类型2、类型3，分别为 E_1、E_2、E_3，具体如表3-23所示。如果风险源周边存在多种类型的环境风险受体，则按照重要性和敏感度高的类型计。

表3-23 周边环境风险受体情况划分

类则	环境风险受体情况
类型1（E_1）	管道直接经过，或可能影响如下一类成多类环境风险受体的：乡镇及以上城镇饮用水水源（地表水或地下水）保护区；自来水厂取水口；水源涵养区；自然保护区；重要湿地；珍稀濒危野生动植物天然集中分布区；重要水生生物的自然产卵场及索饵场越冬场和洄游通道；风景名胜区；特殊生态系统；世界文化和自然遗产地；红树林、珊瑚等滨海湿地生态系统；珍稀、濒危海洋生物的天然集中分布区；海洋特别保护区；海上自然保护区；盐场保护区；海水浴场；海洋自然历史遗迹；县及以上城镇地下水饮用水水源地保护区（包括一级保护区、二级保护区及准保护区）； 管道中心两侧各200 m范围内，任意划分2 km的范围内人口总数大于1 000人；管道和市政管道、沟渠（如雨水、污水等）交叉（包括立面设置），或管道中心两侧5 m范围有市政管道、沟（如雨水、污水等）
类型2（E_2）	管道直接经过，或可能影响如下一类或多类环境风险受体的：水产养殖区；天然渔场；耕地、基本农田保护区；富营养化水域；基本草原；森林公园；地质公园；天然林；海滨风景游览区；具有重要经济价值的海洋生物生存区域；管道两侧各200 m范围内，任意划分2 km的范围内人口总数大于500人，小于1 000人；县级以下城镇地下水饮用水水源地保护区（包括一级保护区、二级保护区及准保护区）； 管道中心两侧5～10 m范围内有市政管道、沟渠（如雨水、污水等）
类型3（E_3）	管道直接经过，或可能影响的范围内无上述类型1和类型2包括的环境风险受体；管道两侧各200 m范围内，任意划分2 km的范围内人口总数小于500人；管道中心两侧10 m范围有市政管道、沟（如雨水、污水等）

3.6.3　环境风险评估

风险源周边环境风险受体属于类型 1 时，按照表 3-24 确定环境风险等级。

表 3-24　类型 1（E_1）环境风险源分级表

环境风险物质数量（Q）/环境风险物质数量与临界量比值（R）	环境风险控制水平（M）			
	M_1 类水平	M_2 类水平	M_3 类水平	M_4 类水平
Q_1 或 R_0	一般风险源	一般风险源	较大风险源	较大风险源
Q_2 或 R_1	较大风险源	较大风险源	重大风险源	重大风险源
Q_3 或 R_2	较大风险源	重大风险源	重大风险源	重大风险源
Q_4 或 R_3	重大风险源	重大风险源	重大风险源	重大风险源

风险源周边环境风险受体属于类型 2 时，按照表 3-25 确定环境风险等级。

表 3-25　类型 2（E_2）环境风险源分级表

环境风险物质数量（Q）/环境风险物质数量与临界量比值（R）	环境风险控制水平（M）			
	M_1 类水平	M_2 类水平	M_3 类水平	M_4 类水平
Q_1 或 R_0	一般风险源	一般风险源	较大风险源	较大风险源
Q_2 或 R_1	一般风险源	较大风险源	较大风险源	重大风险源
Q_3 或 R_2	较大风险源	较大风险源	重大风险源	重大风险源
Q_4 或 R_3	较大风险源	重大风险源	重大风险源	重大风险源

风险源周边环境风险受体属于类型 3 时，按照表 3-26 确定环境风险等级。

表 3-26　类型 3（E_3）环境风险源分级表

环境风险物质数量（Q）/环境风险物质数量与临界量比值（R）	环境风险控制水平（M）			
	M_1 类水平	M_2 类水平	M_3 类水平	M_4 类水平
Q_1 或 R_0	一般风险源	一般风险源	一般风险源	一般风险源
Q_2 或 Q_1	一般风险源	一般风险源	一般风险源	较大风险源
Q_3 或 Q_2	一般风险源	一般风险源	较大风险源	重大风险源
Q_4 或 Q_3	较大风险源	较大风险源	重大风险源	重大风险源

第 4 章　突发环境事件应急预案管理

4.1　企业事业单位环境应急预案

根据《中华人民共和国环境保护法》《突发环境事件应急管理办法》《企业事业单位突发事件应急预案备案管理办法（试行）》要求，向环境排放污染物（包括污水、生活垃圾集中处理设施的运营企业），生产、贮存、经营、使用、运输危险物品，产生、收集、贮存、运输、利用、处置危险废物，尾矿库企业（包括湿式堆存工业废渣库、电厂灰渣库企业），以及其他可能发生突发环境事件的企业事业单位，应当编制突发环境事件应急预案。

4.1.1　编制意义

提供企业事业单位发生突发环境事件后应急处置的总体思路、工作原则和基本程序与方法；规定企业事业突发环境事件应急管理工作的组织指挥体系与职责，给出组织管理流程框架、应对策略选择标准以及资源调配原则；确定突发环境事件的预防和预警机制、处置程序、应急保障措施以及事后恢复与重建措施，明确在突发环境事件事前、事发、事中、事后的职责与任务，以及相应的策略和资源准备等；指明各类应急资源的位置和获取方法，减少混乱使用带来的处置不当或资源浪费。

4.1.2　主要类型

企业事业单位的环境应急预案包括综合环境应急预案、专项环境应急预案和现场处置预案。

对环境风险种类较多、可能发生多种类型突发事件的，企业事业单位应当编制综合环境应急预案。综合环境应急预案应当包括本单位的应急组织机构及其职责、预案体系及响应程序、事件预防及应急保障、应急培训及预案演练等内容。

对某一种类的环境风险，企业事业单位应当根据存在的重大危险源和可能发生的突发事件类型，编制相应的专项环境应急预案。专项环境应急预案应当包括危险性分析、可能发生的事件特征、主要污染物种类、应急组织机构与职责、预防措施、应急处置程序和应急保障等内容。

对危险性较大的重点岗位，企业事业单位应当编制重点工作岗位的现场处置预案。现场处置预案应当包括危险性分析、可能发生的事件特征、应急处置程序、应急处置要点和注意事项等内容。

企业事业单位编制的综合环境应急预案、专项环境应急预案和现场处置预案之间应当相互协调，并与所涉及的其他应急预案相互衔接。

4.1.3　存在的问题

虽然突发环境事件应急预案编制经过了多年的发展，但是还存在以下问题：

（1）环境特点不突出

突发环境事件情景分析不够；现场处置方案弱；大量摘抄生产安全事故预案救援内容；缺乏"救环境"的具体应对措施；应急资源调查不充分；处置措施与风险评估的关联度低。

（2）内容繁杂不直观

很多预案篇幅冗长，有的长达上百页甚至几百页，大量内容是对企业基本信息、环境风险评估、应急资源调查、环境影响评价报告的简单重复，难以找到实用信息。

（3）预案衔接不到位

企业总体、专项、现场预案定位不清、内容相仿；与企业内部其他预案或外部政府环境应急预案的关系梳理不到位、衔接不够；"先期处置"体现不足；应急组织机构分工不明确、职责不全面，没有充分考虑人的针对性和重要性；突发环境事件分级不具体，响应分级不合理；预案要素不完整，预案文本形式存在问题。

企业事业单位突发环境事件应急预案编制要在类别上注重针对性，避免"千篇一律"；内容上注重完整性，避免"支离破碎"；应用上注重操作性，避免"空洞无物"；制作上注重规范性，避免"杂乱无章"；管理上注重时效性，避免"束之高阁"。

4.1.4　编制程序

企业按照以下步骤制定环境应急预案：

（1）成立环境应急预案编制组

明确编制组组长和成员组成、工作任务、编制计划和经费预算。

（2）开展环境风险评估和应急资源调查

环境风险评估包括但不限于：分析各类事故演化规律、自然灾害影响程度，识别环境危害因素，分析与周边可能受影响的居民、单位、区域环境的关系，构建突发环境事件及其后果情景，确定环境风险等级。应急资源调查包括但不限于：调查企业第一时间可调用的环境应急队伍、装备、物资、场所等应急资源状况和可请求援助或协议援助的应急资源状况。

（3）编制环境应急预案

合理选择类别，确定内容，重点说明可能的突发环境事件情景下需要采取的处置措施、向可能受影响的居民和单位通报的内容与方式、向生态环境主管部门和有关部门报告的内容与方式，以及与政府预案的衔接方式，形成环境应急预案。编制过程中，应征求员工和可能受影响的居民和单位代表的意见。

（4）评审和演练环境应急预案

企业组织专家和可能受影响的居民、单位代表对环境应急预案进行评审，开展演练进行检验。评审专家一般应包括环境应急预案涉及的相关政府管理部门人员、相关行业协会代表、具有相关领域经验的人员等。

（5）签署发布环境应急预案

环境应急预案经企业有关会议审议，由企业主要负责人签署发布。

4.1.5　内容要求

应急预案应包括的主要内容有：预案总则、应急组织体系、应急响应、后期处置、应急保障措施、预案管理和预案附则及附件等内容。

4.1.5.1　预案总则

（1）编制目的

明确企业应急预案编制目的。

通常编制目的是健全企业突发环境事件应急机制，做好应急准备，提高企业应对突发环境事件的能力，确保突发环境事件发生后，企业能及时、有序、高效地组织应急救援工作，防止污染周边环境，将事件造成的损失与社会危害降到最低，保障公众生命健康和财产安全，维护社会稳定。并实现企业与地方政府及其相关部门现场处置工作的顺利过渡和有效衔接。

（2）编制依据

明确预案编制所依据的国家及地方法律法规、规章制度、部门文件、有关行业技术规范标准以及企业关于应急工作的有关制度和管理办法等。

（3）适用范围

明确应急预案适用的对象、范围。有固定场所的企业制定应急预案，应细化到各生产班组、生产岗位和员工个人应急处置卡。

通常应急预案适用于企业内发生或可能发生的突发环境事件的预警、信息报告和应急处置等工作。超出企业自身应对能力时，则与所在地县级人民政府发布的相关应急预案衔接。

（4）工作原则

明确应急预案的工作原则。

通常在应急预案实施过程中应遵循以人为本、减少危害；科学预警、做好准备；高效处置、协同应对；统一领导、分工负责等原则。

（5）应急预案关系说明

明确企业环境应急综合预案、专项预案和现场处置预案的关系。专项预案和现场处置预案重点对综合预案在监测预警、不同情景下的应对流程和措施等进行细化和补充。一般综合预案体现战略性，专项预案体现战术性，现场处置预案体现操作性。

明确企业应急预案与企业内部其他预案的关系，重点明确企业应急预案与企业内部其他预案在应急组织体系、信息报告与通报、生产安全事故发生后预警、切断与控制污染源等方面的内容。

明确企业应急预案和政府及有关部门应急预案的关系，重点明确在政府及有关部门介入后企业内部指挥协调、配合处置、参与应急保障等工作任务和责任人等方面的相关内容。

辅以预案关系图，表述预案之间横向关联及上下衔接关系。

4.1.5.2　应急组织体系

明确企业的应急组织体系，包括企业内部应急组织机构和外部应急救援机构。

（1）内部应急组织机构与职责

明确企业内部应急组织机构的构成、责任人及其联系方式、日常职位、应急状态的工作职责和日常的应急管理工作职责，发生变化时及时进行更新。

通常应急组织机构包括应急指挥部（包括总指挥、副总指挥和应急办公室）、综合协调组、现场处置组、应急监测组、应急保障组、专家组以及其他必要的行动组。各应急组织机构应建立 A、B 角制度，即明确各岗位的主要责任人和替补责任人，重要岗位应当有多个后备人员。

应急组织机构应当和企业内部的常设机构和其他预案的组织机构进行衔接，匹配相应职责。

（2）外部应急救援机构

明确突发环境事件时可请求支援的外部应急救援机构及其可保障的支持方式和支持能力，并定期更新相关信息。

通常为确保外部应急救援在需要时能够正常发挥作用，制定应急预案时，企业应同外部应急救援机构进行必要的沟通和说明，明确其应急能力、装备水平、联系人员及其联系方式、抵达距离及时限等，并介绍本单位有关设施、风险物质特性等情况，必要时签署救援协议。外部应急救援机构主要包括上级主管部门、专业公司或与企业签订应急联动协议的企业或单位。

按照应急预案附件要求在预案中列出协议单位及其联系方式。

4.1.5.3　应急响应

根据突发环境事件的发展态势、紧急程度和可能造成的危害程度，结合企业自身应急响应能力等，建立应急响应机制，并配以应急响应流程图。一般情况下，企业突发环境事件应急响应可分为两种情况，一是接到报警时生产安全等事故未发生，可以通过发布预警采取预警行动予以应对，根据事态发展调整或解除预警；二是接到报警时生产安全等事故已发生，需要立即采取应急处置措施。企业应根据自身实际情况画出应急响应流程图。

（1）预警

按照早发现、早报告、早处置的原则，根据可能引发突发环境事件的因素和企业自身实际，建立企业突发环境事件预警机制，明确接警、预警分级、预警研判、发布预警和预警行动、预警解除与升级的责任人、程序和主要内容。

企业的预警应当和企业内部的安全生产预案和其他预案的预警进行衔接，确保预警及时，避免流程独立而不符合企业实际情况导致操作无法有效实行。

1）接警

明确企业内部突发事件隐患和预警信息的接报和主动收集的责任人、职责、要求等。通常企业内部的报告程序可以由下级向上级逐级进行报告，在紧急情况下可越级报告。不同的企业应根据不同的生产情况制定明确的信息报告程序，并明确每个环节的岗位负责人及其联系方式，以及24小时应急值守电话。报警方式包括呼救、电话（包括手机）、报警系统等。

通常企业获取突发事件信息的途径包括但不限于以下几个途径：①政府新闻媒

体公开发布的信息；②基层单位或岗位上报生产安全事故信息；③经风险评估、隐患排查、专业检查等发现可能发生突发环境事件的征兆；④政府主管部门向企业应急指挥部告知的预警信息；⑤企业内部检测到污染物排放不达标现象；⑥周边企业或社会群众告知的突发事件信息。

2）预警分级

明确企业预警分级的原则、情景、内容和要求。

通常根据发生突发环境事件的可能性大小、紧急程度以及采取的响应措施，可将企业内部预警分为橙色和红色预警。

橙色预警是指接到报警时事故未发生的应急响应，企业最终只启动了橙色预警，并未启动应急处置。包括但不限于下列情景：①企业监控设施发现异常波动或者超标排放等情况；②接到有关主管部门通知企业可能出现非正常排放情况；③周边企业发生火灾爆炸事件时，可能影响到本厂区，导致多米诺效应（连锁反应）时；④政府部门发布极端天气和自然灾害预警信息时。

红色预警是指接到报警时事故已发生的应急响应或由橙色预警升级为红色预警，即启动了应急处置。包括但不限于下列情景：①由橙色预警升级为红色预警；②接警时已发生泄漏、火灾爆炸等生产安全事故；③接警时已发生污染治污设施故障事故。

3）预警研判

明确预警信息研判的责任人、程序、时限和内容等。

通常，在接到警报时，应先对报警信息进行初步的研判，若确定为假警时，针对假警的内容进行相应的信息处置；若确定报警信息真实，则上报应急指挥部，应急指挥部组织有关部门和专家，根据预报信息分析对该事件的危害程度、紧急程度和发展态势进行会商初判，必要时可同时安排人员进行先期处置，采取相应的防范措施，避免事态进一步恶化。

4）发布预警和预警行动

明确预警信息后，发布预警，并采取行动对事态进行控制。明确发布预警责任人、程序、时限、内容和发布对象等。

通常发布预警应采取包括但不限于以下几点内容：①下达启动预案命令；②通知本预案涉及的相关人员进入待命状态做好应急准备；③对可能造成或已造成污染的源头加强监控或进行控制；④明确在应急人员未抵达事故现场时，事故现场负责人需根据不同的事故情景，组织对事态进行先期控制，核实可能造成污染的风险物质、种类和数量，避免事态进一步加剧；⑤调集应急物资和设备，做好应急保障；⑥做好事故信息上报和通报或相关准备工作；⑦做好协助政府疏散周边敏感受体准备工作；⑧做好开展应急监测的准备。

5）预警解除与升级

明确预警解除与升级责任人、程序、时限和内容等。

通常当突发环境事件的危险已经消除，经过评估确认，由应急指挥部适时下达预警解除指令，应急办公室将指令信息及时传达至各相关职能部门，分为以下三种情况：一是接到报警时事故未发生，发布了橙色预警但未进行应急处置，预警解除。二是接到报警时事故未发生，发布了橙色预警且橙色预警升级为红色预警（即采取了应急处置），处置完成环境突发事件危险已经消除后预警解除（即应急终止）。三是接到报警时事故已发生，启动红色预警，处置完成环境突发事件危险已经消除后预警解除（即应急终止）。

为简化程序，一般预警解除即响应自动终止，响应终止即预警自动解除。

（2）信息报告与通报

明确信息报告与通报的责任人、程序、时限和内容等。

通常企业的信息报告包括企业内部信息报告、通知协议单位协助应急救援、向当地人民政府和生态环境部门报告和向邻近单位通报四种情况。

1）企业内部信息报告

明确企业内部在接警、发布预警和预警行动、预警解除与升级、应急处置、应急终止和后期处置等方面信息报告的责任人、程序、对象和内容等，并明确各个阶段信息报告的主要负责人的联系方式与24小时应急值守电话。

2）通知协议单位协助应急救援

明确企业内部向协议单位传递事件信息的责任人、程序、时限和内容等。明确通知协议单位时需传递的风险物质及风险源情况、应急物资需求、人员需求及其他必要的需求等信息。

3）向事发地人民政府和生态环境部门报告

明确一旦确认事故发生，企业应当按照有关法律、法规及政府应急预案的要求，立即向事发地人民政府及其相关部门报告（如生态环境、公安、消防、应急、水务、卫生等部门），跨行政区域的需向所有涉事区域人民政府报告，明确报告的责任人、程序、时限和内容等。

报告通常包括但不限于以下几点内容：①发生事件的单位名称和地址；②事件

发生的时间和具体位置；③事件类型：如有毒有害气体中毒事件、废水非正常排放事件、泄漏、火灾、爆炸等；④主要污染物特征、污染物质的量；⑤事件发生的原因、过程、进展情况及采取的应急措施等基本情况以及仍需进一步采取应急措施和预防措施的建议；⑥涉及有毒有害气体事故应重点报告泄漏物质名称、泄漏量、影响范围、近地面风向、疏散建议；⑦已污染的范围、潜在的危害程度、转化方式趋向，并提供可能受影响的敏感点分布示意图；⑧已监测的数据及仍需进一步监测的方案建议等；⑨联系人姓名及其电话。

4）向邻近单位通报

根据实际情况，自行或协助地方政府向周边邻近单位、社区、受影响区域人群通报事件信息，发出警报。明确相关责任人、通报方式、内容和要求。如果决定疏散，应当通知居民避难所位置和疏散路线。

（3）应急处置措施

企业应针对各种突发环境事件情景制定相应的应急处置措施，对流程、步骤、措施、职责、所需应急资源等进行事前规定并按照"一岗一卡"的原则制定应急处置卡，明确每一个岗位在突发环境事件发生时应该采取的具体行动以及行动要达到的目标。对应急预案实施卡片式管理，卡片要求内容完善、易理解、易操作。卡片要发放到岗位具体人员，上岗时做到随身携带。

1）分级响应

可根据事故的可能影响范围、可能造成的危害和需要调动的应急资源，明确应急响应级别。通常分为Ⅰ级响应（社会级）的响应和Ⅱ级响应（企业级）。根据自身应急情况可在Ⅱ级响应（企业级）中再分解响应级别。

明确响应流程与升（降）级的关键节点，并以流程图表示。

Ⅰ级响应（社会级）：污染的范围超出厂界或污染的范围在厂界内但企业不能独立处理，为了防止事件扩大，需要调动外部力量。Ⅰ级应急响应立即通报当地人民政府和相关部门，由政府主导应急响应，企业积极协助配合。

Ⅱ级响应（企业级）：污染的范围在厂界内且企业能独立处理。Ⅱ级响应由企业总指挥负责应急指挥，组织相关应急小组开展应急工作。

2）切断和控制污染源

无论在预警阶段还是直接应急处置阶段，企业应第一时间采取切断和控制污染源措施（表4-1），避免事态进一步扩大。其中，涉及生产安全事故应急预案的，应按照本单位相关安全生产应急预案的要求立即采取关闭、封堵、围挡、喷淋等措施，切断和控制泄漏点。做好有毒有害物质和消防废水、废液等的收集、清理和安全处置工作。

表 4-1   企业情景设置及现场处置措施（以焦化企业为例）

事故情景设置	环境风险物质	处置措施
荒煤气泄漏事故	荒煤气	1）一旦焦炉荒煤气放散必须立即采取自动点火（长明火）装置点燃，减轻环境污染和中毒风险； 2）确认泄漏位置，初步分析判断泄漏量和泄漏主要污染物及其浓度； 3）控制事故扩大及事故可能扩大后所需使用的药剂及工具
净煤气泄漏事故	净煤气	1）及时切断煤气来源（关闭阀门），减轻环境污染和中毒风险； 2）确认泄漏位置，初步分析判断泄漏量和泄漏主要污染物及其浓度； 3）控制事故扩大及事故可能扩大后所需使用的药剂及工具； 4）如果脱硫前煤气泄漏，可以采取氨水喷洒的方式，对硫化氢气体进行吸收，对收集的喷洒废水要及时收集到厂区应急池中，送至污水处理厂进行处理
车间火灾引起的次生环境事故	车间物料、事故废水等	1）根据车间生产工艺特点和事故情况，明确事故车间限产或紧急停产方案； 2）确认泄漏位置，初步分析判断泄漏量和泄漏溶液主要污染物及其浓度； 3）采用堵漏、输转的基本方法； 4）控制事故扩大及事故可能扩大后所需使用的药剂及工具； 5）明确启动截流措施、事故应急池收集措施的操作方案； 6）启动清净下水系统防控措施、雨水系统防控措施，及时切断、分流无污染的水流，避免污染物通过雨水管网进入外环境
硫酸等危险废液泄漏事故情景	硫酸等危险废液	1）立即关闭管道阀门切断物料来源； 2）确认泄漏位置，初步分析判断泄漏量和泄漏溶液主要污染物及其浓度； 3）采用堵漏和转移到备用容器的基本方法； 4）控制事故扩大及事故可能扩大后所需使用的药剂及工具； 5）明确启动截流措施、事故应急池收集措施的操作方案； 6）启动清净下水系统防控措施、雨水系统防控措施，及时切断、分流无污染的水流，避免污染物通过雨水管网进入外环境； 7）注意事项：将泄漏的硫酸引入应急池，大量硫酸必须回收，少量硫酸可用氨水中和，处置过程中穿戴好防护用品，注意飞溅伤人；二是也可使用沙土、水泥覆盖吸附；三是不能对泄漏硫酸或泄漏点直接喷水

事故情景设置	环境风险物质	处置措施
甲醇、苯类、酚类等危险化学品泄漏事故	甲醇、苯类、酚类等危险化学品	1）确认泄漏位置，初步分析判断泄漏量和泄漏溶液主要污染物及其浓度； 2）关闭泄漏罐体围堰区域雨水导流阀，启动导流回收设备，将泄漏在围堰中的危险化学品及时转移到备用的罐体或应急池中； 3）控制事故扩大及事故可能扩大后所需使用的药剂及工具； 4）明确启动截流措施、事故应急池收集措施的操作方案； 5）当危险化学品泄漏到围堰区外，启动雨水系统防控措施，避免危险化学品通过雨水管网进入外环境； 6）注意事项：苯类物质泄漏：一是操作人员佩戴防毒口罩或佩戴空气呼吸器，立即关闭管道阀门切断物料来源，将泄漏的苯类物质控制在防火堤内；二是使用泡沫进行覆盖，抑制其蒸发，然后进行转移处理，严禁苯类物质流入下水道；三是处理过程要消除静电和明火，防止发生火灾事故。 酚类物质泄漏：一是立即关闭管道阀门切断物料来源，将泄漏物质控制在防火堤内，引入地下槽内；二是少量泄漏用木屑、活性炭进行吸附，然后用水清洗，废水引入应急池；三是处理过程中要穿戴好个人防护用品，佩戴空气呼吸器；四是吸附了苯酚的木屑、活性炭可掺入炼焦用煤烧掉。 甲醇泄漏：一是立即关闭管道阀门切断物料来源，同时切断防火堤排水阀门；二是开启罐顶喷淋水，并用雾状消防水对泄漏空间及设备进行稀释冲洗，控制扩散，将甲醇收集在围堤内，启动回收泵将泄漏污染物回收至事故池，然后再回收到甲醇精馏系统进行处理；三是处理甲醇泄漏过程中要穿戴好个人防护用品，佩戴空气呼吸器
废水非正常排放事故情景	废水等	1）控制生产车间污水产生量，减少污水处理站负荷； 2）确认泄漏位置，初步分析判断泄漏量和泄漏溶液主要污染物及其浓度； 3）采用堵漏、输转的基本方法； 4）启动应急排污泵、生产废水系统防控措施等，及时转移、处理事故排水； 5）明确启动截流措施、事故应急池收集措施的操作方案； 6）启动清净下水系统防控措施、雨水系统防控措施，及时切断、分流无污染的水流，避免污染物通过雨水管网进入外环境
废气非正常排放事故情景	废气等	1）明确停止废气持续超标排放的措施； 2）结合废气排放口在线监测数据和环保设施运行情况，分析判断造成废气超标排放的原因； 3）恢复环保设施正常运行的方案和故障期间大气污染物应急处置措施； 4）确定受影响区域企业、单位、设区人员的紧急疏散方式、路线、保护措施和个人防护等

事故情景设置	环境风险物质	处置措施
厂内收集能力不足时	消防废水等	一旦消防废水以及各种物料废水由于厂区应急池收集能力不足等进入外环境（厂外）的，焦化企业要根据自身的地理条件和周边地区环境风险敏感目标的实际情况，明确处置措施，可以通过修筑临时收集池、围堰等对外泄废水进行妥善收集，事后及时对泄漏废水进行回抽处理；如果泄漏废水进入河道中，即事态扩大，特别是河道下游有饮用水水源地的，要第一时间向当地政府及环保部门进行报告，同时尽可能地对下泄废水进行拦截，通过投加药剂或者活性炭吸附等措施，减轻和消除对河道下游水体的污染。应急处置工作结束后，企业要委托有资质机构开展事故环境污染损害评估，抓紧河道生态治理赔偿和土壤修复等工作

应明确切断和控制污染源的责任人、程序、时限和内容等，并根据不同的污染源明确切断和控制污染源应准备的物质和工具等。同时在人员、程序、设备、物资等方面与安全生产应急预案的现场处置进行衔接及协调，避免流程独立而不符合企业实际情况导致操作无法有效实行。

3）现场处置

企业应充分梳理国内外同行业企业发生突发环境事件的类型，根据风险评估报告确定企业可能发生的突发环境事件情景，制定现场处置预案。

企业的现场处置预案应明确在政府及有关部门介入后企业内部指挥协调、配合处置、参与应急保障等工作任务和责任人等方面相关内容，例如，提供大气污染范围、敏感点信息、疏散建议等给有关部门做现场处置参考。

4）事件情景与应急处置卡

通常根据企业的环境事件污染类型可分为突发水环境事件和突发大气环境事件。

突发水环境事件的现场处置通常采取利用围堰收集事故废水（根据实际情况可用沙袋等构筑临时围堰），切换排水切换阀门将事故废水引入应急池，关闭雨水阀门、污水阀门和清净下水阀门，并采取拦截、导流、疏浚等措施防止水体污染扩大。

突发大气环境事件的现场处置通常需要及时切断污染源，并根据污染情况初步确定扩散范围、途径、可能影响的敏感点和影响程度等，及时上报政府部门并协助政府部门做好周边敏感点的警戒、隔离和疏散等工作。

针对不同情境的现场处置措施制定突发环境事件应急处置卡。应急处置卡是指针对各种突发环境事件情景，指导现场处置措施及时有效实施，减缓或者避免有毒有害物质扩散进入环境，而对处置流程、操作步骤、应急处置措施、岗位职责、所需应急资源等内容事前规定并反复演练后公开周知的操作卡片。突发环境事件应急卡包括规定人员职责的岗位卡和按事件演变的情景卡。岗位责任人员在工作时间应携带突发环境事件应急卡。

应急处置卡（表 4-2）应明确特定环境事件的现场处置措施的整一套流程及相应部门，包括风险描述、报告程序、上报内容、预案启动、排查、控源截污、监测、后勤保障、后期处置、恢复处置和注意事项等方面内容。

表 4-2　××突发环境事件现场应急处置卡（示例）

类别	内容	
风险描述：结合风险评估及应急预案中的分级响应内容，说明废水超标排放事件应急响应的导火线、风险情况等		
应急程序	应急处置操作	责任岗位
报告程序	根据信息报告程序图简单说明上报程序	明确具体的岗位和责任人
上报内容	时间、地点、事件类型、影响范围；人员遇险情况；事件原因的初步判断；已采取的应急抢救方案、措施和进展情况	
预案启动	应急总指挥启动相应级别的应急预案	
排查	说明事件原因排查点位、方式等内容	
控源截污	结合导致废水超标排放的各项情景，如进水超标、设备损坏、工艺失调等情景导致的废水超标排放，有针对性地对各项情景进行处置措施编制	
监测	1.现场或实验室监测泄漏物浓度等，记录数据；2.监测点位和监测方案；3.考虑不具备监测能力时的处置措施	
后勤保障	1.物资的供应；2.应急救护措施；3.其他保障措施	
恢复处置	1.运行生产恢复措施；2.现场恢复措施；3.受纳水体的恢复措施；4.其他恢复处置措施	
注意事项：1.应急人员防护措施；2.危险状况防护措施；3.其他相关注意事项		

注：以上主要为处置提示点，需根据企业实际情况进行细化和完善。

5）应急监测

根据不同事故情景下产生的特征污染物种类、数量、可能影响范围程度以及周边环境敏感点分布情况等，结合自身环境监测能力，特别是快速环境监测能力，制定企业内部应急监测方案，为应急决策提供依据。

在企业自行监测能力下，应当明确企业可监测的因子、监测方法、监测的仪器设备类型、监测设备数量、监测设备的使用情况、存放地点、联系人及联系方式等内容。若企业自身无监测能力的，应和协议单位一起制定应急监测方案。

企业的应急监测方案应明确在政府及有关部门介入后，企业应急监测与政府及有关部门监测的衔接，明确配合监测、上报企业已监测内容、监测方案建议等工作任务和责任人等方面相关内容给有关部门做应急监测参考。

（4）政府主导应急处置后的指挥与协调

当政府或者有关部门介入或者主导突发环境事件的应急处置工作时，企业应积极配合政府部门进行现场应急处置工作，同时需明确企业内部指挥协调、配合处置、参与人员疏散、应急保障和环境监测等工作的责任人和工作任务。

（5）应急终止

结合企业的实际，明确应急终止责任人、终止条件和终止程序；同时在明确应急状态终止后，应继续进行环境跟踪监测和评估。

企业应急终止的同时，预警自动解除。

通常企业可以从以下几个方面明确终止条件：①事故现场得到控制，事故条件得到消除；②污染源的泄漏或释放已得到完全控制；③事件已造成的危害已彻底消除，无继发可能；④事故现场的各种专业应急处置行动无继续的必要；⑤采取了必要的防护措施以保护公众免受再次危害，并使事件可能引起的中长期影响趋于合理并且尽可能低的水平；⑥根据环境应急监测和初步评估结果，由应急指挥部决定应急响应终止，下达应急响应终止指令。

4.1.5.4　后期处置

企业要明确突发环境事件后期处置各项工作的责任人、具体任务和工作要求等。

（1）事后恢复

明确事后恢复的责任人、程序、时限和内容等，通常包括：现场污染物的后续处理；环境应急相关设施设备的维护；配合开展环境损害评估、赔偿、事件调查处理等。

1）现场保护

明确现场保护的责任人、程序、时限和内容等。通常企业进行现场保护应做到：①设置内部警戒线，以保护现场和维护现场秩序；②保护事件现场被破坏的设备部件、碎片、残留物等及其位置；③在现场搜集到的所有物件应贴上标签，注明地点、时间及管理者；④对搜集到的物件应保持原样，不得冲洗擦拭。

2）现场清消与恢复

明确现场清消与恢复的责任人、程序、时限和内容等。

通常现场清消与恢复工作应明确应急过程中造成环境污染物产生的环节及根据污染物的特征类型与事件造成的影响程度提出相应的清消和恢复方法，并注意明确清消废水的排水路径与最终处理处置情况。

3）污染物跟踪与评估

明确污染物跟踪与评估的责任人、程序、时限和内容等。通常企业协助政府部门或委托有资质单位对污染状况进行跟踪调查，根据水体及大气进行有计划的监测，及时记录监测数据，对监测情况进行反馈。具体监测点位视企业发生突发环境种类及程度进行设置。同时根据监测数据和其他数据可编制分析图表，预测污染迁移强度、速度和影响范围，及时调整对策。

4）环境恢复计划

明确环境恢复计划的责任人、程序、时限和内容等。

根据环境恢复工作的各项内容，科学、合理地安排计划，以便有步骤、针对性地进行每一项工作，保证环境恢复工作的顺利完成。

5）善后处置

企业要明确对应急处置结束后现场遗留的污染物进行后续处理措施，对应急仪器设备进行维护、保养，对应急物资进行补充更新，恢复企业设备（施）的正常运转，逐步恢复企业的正常生产秩序的责任人和时限要求；配合地方政府及其生态环境等相关部门开展环境损害评估、赔偿、事件调查处理、环境修复和生态恢复等工作的责任人和主要内容。

（2）评估与总结

企业要明确组织有关专家对突发环境事件应急响应过程进行评估、配合地方政府开展评估、编制应急总结报告、提出修订预案建议的责任人和具体工作内容。

明确总结与评估的主要事项与内容，并形成文档，经过会议学习与讨论后进行发布。主要可包括事件调查分析、风险防范措施与应急准备的评估、应急过程、事件的影响等几方面内容（表 4-3）。

表 4-3　经验总结与评估情况（示例）

序号	评估事项	评估内容
1	事件调查	事件发生原因
2	风险防范与应急准备	风险源的监控、管理是否合理
3		工程防范措施是否满足
4		应急准备工作是否充足
5		……
6	应急过程	信息接收、传递、响应措施是否及时
7		事态的初步评估与发展趋势是否准确
8		处置措施是否恰当
9		应急任务的完成程度
10		出动的应急物资与人员是否与应急任务相适应
11		应急工作是否符合保护公众、环境的总要求
12		……
13	事件影响	事件造成的经济损失
14		事件对环境的损害程度
15		事件对公众的生活与心理造成的影响
16		……

事件结束后，组织人员对事件进行调查与评估，可从管理防范措施、工程防范措施等方面提出企业防范措施完善建议。具体的编制要求或内容可参考表 4-4。

表 4-4　防控措施完善计划（示例）

序号	完善项目		具体工作要求
1	管理防控措施	应急预案管理	应急过程中通过对事件的调查和评估，确定风险管理制度及环境应急管理制度的缺失与不足情况，以及根据应急响应过程中针对单元防控不足情况提出完善建议
		风险管理制度	
		环境应急管理	
2	工程防控措施	预警监测措施	应急过程中通过对事件的调查和评估，确定风险管理制度及环境应急管理制度的缺失与不足情况，以及根据应急响应过程中针对单元防控不足情况提出完善建议
		三级防控体系	
		各个环境风险单元风险防控措施	
		风险监控与预警	

（3）应急改进建议

应急改进建议应包括整个应急机制中各项工作改进建议，具体包括预警程序、上报程序、应急响应、物资配备及人员安排等方面的改进建议，并进一步完善应急预案内容。

4.1.5.5　应急保障措施

明确应急预案的应急资源、应急通信、应急技术、人力资源、财力、物资以及其他重要设施的保障措施。

（1）应急资源

针对应急资源调查，制定应急资源建设及储备目标，落实主体责任，明确应急专项经费来源，确定外部依托机构。落实应急专家、应急队伍、应急资金、应急物资配备、调用标准及措施。建立健全以应急物资储备为主、社会救援物资为辅的物资保障体系，建立应急物资动态管理制度。

（2）应急通信

明确与应急工作相关的单位和人员联系方式及方法，并提供备用方案。建立健全应急通信系统与配套设施，确保应急状态下信息通畅。

（3）应急技术

阐述应急处置技术手段、技术机构等内容。

（4）其他保障

根据应急工作需求，确定其他相关保障措施（交通运输、治安、医疗、后勤、体制机制、对外信息发布保障等）。

4.1.5.6　预案管理

（1）预案培训

明确本企业开展的预案培训计划、方式和要求。如果预案涉及相关方，应明确宣传、告知等工作。企业应通过编发培训材料等方式，对与应急预案实施密切相关的组织和人员开展应急预案培训，制作通俗易懂、好记管用的宣传普及材料，向企业员工及周边公众免费发放。

（2）预案演练

明确应急演练的方式、频次等内容，制定企业预案演练的具体计划，并组织策划和实施，适时组织有关企业和专家对应急演练进行观摩和交流，演练结束后做好总结。

企业应当建立应急演练制度，坚持每年至少开展一次演练，根据实际情况采取实战演练、桌面推演等方式，组织开展人员广泛参与、处置联动性强、形式多样、节约高效的应急演练。要对演练的执行情况，预案的合理性与可操作性，指挥协调和应急联动情况，应急人员的处置情况，演练所用设备装备的适用性进行评估，根据评估结果及时修订预案。

（3）预案修订

明确应急预案修订、变更、改进的基本要求及时限，以及采取的方式等内容。

（4）预案备案

明确预案备案的方式、审核要求、报备部门等内容。

4.1.5.7　预案附则及附件

（1）附则

1）应急预案中出现的名词术语解释等。

2）应急预案的签署发布、解释权限和实施时间等。

（2）预案附件内容要求

1）企业基本信息

明确企业平面分布图、企业所处位置图、区域位置图、本企业及周边区域人员撤离路线图、企业所在区域地下水流向图、饮用水水源保护区规划图等企业基本信息。

2）企业环境风险信息

明确企业环境风险物质分布图、环境风险源分布图、应急物资和应急设备分布图、事故废水走向图等企业环境风险信息图。可按照水污染事件和大气污染事件来制定企业环境风险信息图。

水污染事件包含污染源头、污染途径、截流位置、应急物资分布、应急池位置、雨水排口位置、污水排口位置、清净下水排口位置等信息。

大气污染事件包含污染源头、应急物资分布、影响范围、风玫瑰、受体情况等信息。

3）企业周围敏感受体信息

明确企业周围敏感受体信息，包括敏感点的范围、距离企业的距离、联系方式、联系人等内容。

明确环境保护目标分布及位置关系图（大气环境风险受体图和水环境风险受体图）。

4）企业应急组织机构与职责

明确企业应急资质机构的组成、责任人和联系方式、日常职位、日常职责和应急职责。

通常企业应急组织机构和职责设置如表 4-5 所示。

表 4-5　应急组织机构和职责（示例）

应急机构	组成	责任人和联系方式	日常职位	日常职责	应急职责
应急指挥部					
总指挥	为企业应对突发环境事件的总指挥，一般由企业的负责人直接负责	明确具体的责任人、手机、电话，并确保通畅能及时联系	明确具体人员的日常职位。通常企业应急组织机构的人员应与其日常职位匹配	1）贯彻执行国家、当地政府、上级主管部门关于突发环境事件发生和应急救援的方针、政策及有关规定；2）对突发环境事件应急预案的编制、修订内容进行审定、批准；3）保障企业突发环境事件应急保障经费的投入	1）接受政府的指令和调动；2）决定应急预案的启动与终止；3）审核突发环境事件的险情及应急处理进展等情况，确定预警和应急响应级别；4）发生环境事件时，亲自或委托副总指挥赶赴现场进行指挥及组织现场应急处理；5）发布应急处置命令；6）如果事故级别升级到社会应急，负责及时向政府部门报告并提出协助请求
副指挥	为企业应对突发环境事件的副指挥，一般由企业的相关部门负责人负责，并需要熟悉现场的实际情况			1）组织、指导员工突发环境事件的应急培训工作，协调指导应急救援队伍的管理和救援能力评估工作；2）检查、督促做好突发环境事件的预防措施和应急救援的各项准备工作；3）监督应急体系的建设和运转，审查应急救援工作报告	1）协助总指挥组织和指挥应急任务；2）事故现场应急的直接指挥和协调；3）对应急行动提出建议；4）负责企业人员的应急行动的顺利执行；5）控制现场出现的紧急情况；6）现场应急行动与场外人员操作指挥的协调

应急机构	组成	责任人和联系方式	日常职位	日常职责	应急职责
应急办公室	为企业现场应急负责上传下达的机构，一般由企业日常管理应急预案的人员负责	明确具体的责任人、手机、电话，并确保通畅能及时联系	明确具体人员的日常职位。通常企业应急组织机构的人员应与其日常职位匹配	1）负责组织应急预案制定、修订工作； 2）负责本公司应急预案的日常管理工作； 3）负责日常的接警工作； 4）组织应急的培训、演练等工作	1）上传下达指挥安排的应急任务； 2）负责人员配置、资源分配、应急队伍的调动； 3）事故信息的上报，并与相关的外部应急部门、组织和机构进行联络，及时通报应急信息； 4）负责保护事故发生后的相关数据
应急处置小组					
综合协调组	为企业现场应急时的综合协调机构，一般由熟悉全厂人员及全厂基本情况的人员组成	明确具体的责任人、手机、电话，并确保通畅能及时联系	明确具体人员的日常职位。通常企业应急组织机构的人员应与其日常职位匹配	1）熟悉疏散路线； 2）管理好警戒疏散的物资； 3）负责用电设施、车辆的维护及保养等； 4）参与相关培训及演练，熟悉应急工作	1）阻止非抢险救援人员进入事故现场； 2）负责现场车辆疏导； 3）根据指挥部的指令及时疏散人员； 4）维持厂区内治安秩序； 5）负责厂区内事故现场隔离区域和疏散区域的警戒和交通管制； 6）确保各专业队与场内事故现场指挥部广播和通信的畅通； 7）负责修复用电设施或敷设临时线路，保证事故用电，维修各种造成损害的其他急用设备设施； 8）按总指挥部命令，恢复供电或切断电源

应急机构	组成	责任人和联系方式	日常职位	日常职责	应急职责
现场处置组	为企业现场抢修及现场处置机构，一般由企业熟悉现场设备及现场工作的人员组成	明确具体的责任人、手机、电话，并确保通畅能及时联系	明确具体人员的日常职位。通常企业应急组织机构的人员应与其日常职位匹配	1）负责消防设施的维护保养，并负责其他抢险抢修设备的管理和维护等工作；2）熟悉抢险抢修工作的步骤，积极参与培训、演练及不断总结等工作，保证事故下的及时抢险抢修	1）负责紧急状态下现场排险、控险、灭火等各项工作；2）负责抢修被事故破坏的设备、道路交通设施、通信设备设施；3）负责抢救遇险人员，转移物资；4）及时掌握事故的变化情况，提出相应措施；5）根据事故变化及时向指挥部报告，以便统筹调度与救灾等有关的各方面人力、物力
应急监测组	为企业的应急监测及污染物截流机构，一般由企业的环保相关人员组成	明确具体的责任人、手机、电话，并确保通畅能及时联系	明确具体人员的日常职位。通常企业应急组织机构的人员应与其日常职位匹配	1）负责日常大气和水体的监测；2）负责应急池、雨水阀门、消防泵等环境应急资源的管理等；3）负责应急监测设备的维护及保养等；4）参与相关培训及演练，熟悉应急工作，并负责制定其中的应急监测方案	1）负责对事故状态下的大气、水体环境进行监测，为应急处置提供依据与保障；2）协助环保局或监测站进行环境应急监测；3）负责对事故产生的污染物进行控制，避免或减少污染物对外环境造成污染；主要包括雨水排口、污水排口和清净下水排口的截断，防止事故废水蔓延，同时包括将事故废水引入应急池等应急工作；4）负责对事故后的产生的环境污染物进行相应处理

应急机构	组成	责任人和联系方式	日常职位	日常职责	应急职责
后勤保障组	为企业现场应急的后勤保障机构，一般由日常负责企业后勤，有医疗救护经验等人员组成	明确具体的责任人、手机、电话，并确保通畅能及时联系	明确具体人员的日常职位。通常企业应急组织机构的人员应与其日常职位匹配	1）负责人员救护及救援行动所需物资的准备及其维护等管理工作；2）参与相关培训及演练，熟悉应急工作	1）负责对伤员的救护、包扎、诊治和人工呼吸等现场急救，及保护、转送事故中的受伤人员；2）负责车辆的安排和调配；3）为救援行动提供物质保证（包括应急抢险器材、救援防护器材、监测器材和指挥通信器材等）；4）负责应急时的后勤保障工作；5）负责善后处置工作，包括人员安置、补偿，征用物资补偿，救援费用的支付，灾后重建，污染物收集、清理与处理等事项；6）尽快消除事故后果和影响，安抚受害和受影响人员，保证社会稳定，尽快恢复正常秩序
应急专家组	为参谋机构，可由企业内部或外界应急管理、工程技术、安全生产、环境保护等方面的专家组成			指导企业进行日常的应急工作，包括培训、演练、隐患整改等	为现场应急处置行动提供技术支持

5）外部救援机构联系方式

明确相关上级主管部门的联系方式。

明确与企业签订协议的单位的联系方式、协议单位可提供的应急物资、应急设备和人员名单等内容，必要时可附上签订的协议。

6）企业应急监测方案

明确企业应急监测方案的具体内容，包括应急监测程序、应急监测内容、应急监测点位布设、应急监测频次、应急监测结果报告制度、应急监测人员的防护措施等。明确在企业不具备应急监测能力的情况下，企业应按照事发地政府环保部门要求，配合开展监测工作。

企业应急监测方案需要重点说明企业内部水体监测和大气监测的项目和点位等内容。根据事件的不同，对于厂内水体监测点位的建议设于污水处理场进水口与排放口，企业雨水排放、清净下水排口和应急池入口。对于厂内大气监测点位的布设采用扇形布点法，以点源为顶点，主导风向为轴线，在下风向地面上划出一个扇形区域作为布点范围。扇形角度与弧线的选取根据污染物质的扩散特点与事故发生时的风速、风向等进行选取，事故现场事故采样点设于边线与围墙的交点处。除此之外应在厂区内的人员密集区（如办公楼等）进行布点采样。

具体参考《突发环境事件应急监测技术规范》（HJ 589—2021）执行。

7）企业制度及程序

明确与本预案有关的各种制度、程序等，如突发环境事件信息报告（格式）表、应急预案启动（终止）令（格式）、应急预案变更记录表等。

8）其他相关证明文件

明确企业的相关证明文件，如危险废物处理处置合同及转移联单、环评批复等预案所必须的内容。

4.1.6　预案管理（编修、演练、培训等）

2015 年环境保护部印发的《企业事业单位突发环境事件应急预案备案管理办法（试行）》是现阶段我国政府、企业事业单位实施突发环境事件应急预案管理的基础依据。

（1）管理原则

环境应急预案的管理应当遵循全过程管理的原则，从预案的编制、评估、发布、备案、实施、修订等方面加以监管。生态环境部对全国环境应急预案管理工作实施统一监督管理，指导环境应急预案管理工作，县级以上生态环境部门负责本行政区域内环境应急预案的监督管理工作。

（2）环境应急预案编制

应急预案编制部门或单位，应当根据突发环境事件性质、特点和可能造成的社会危害，组织有关单位和人员，成立应急预案编制小组，或委托第三方技术服务机构开展应急预案起草工作，应急预案的编制过程必须要按照应急预案编制导则的有关规定，从程序、内容上一一对应；应当征求应急预案涉及的有关单位意见，有关单位要以书面形式提出意见和建议。根据《企业事业单位突发环境事件应急预案备案管理办法（试行）》要求，企业的突发环境事件应急预案必须在开展环境风险评估和应急资源调查的基础上编制并经过评审和演练后，签署发布环境应急预案。环境风险评估包括但不限于分析各类事故演化规律、自然灾害影响程度，识别环境危害因素，分析与周边可能受影响的居民、单位、区域环境的关系，构建突发环境事件及其后果情景，确定环境风险等级。应急资源调查包括但不限于：调查企业第一时间可调用的环境应急队伍、装备、物资、场所等应急资源状况和可请求援助或协议援助的应急资源状况。

（3）环境应急预案评估

制定环境应急预案的企业，组织专家和可能受影响的居民代表、单位代表，对环境应急预案、环境风险评估报告、环境应急资源调查报告及其相关文件进行评议和审查，必要时进行现场察看核实，以发现环境应急预案中存在的缺陷，为企业审议、批准环境应急预案提供依据而进行的活动。评审可以采取会议评审、函审或者相结合的方式进行。采取会议评审方式的需对环境风险物质及环境风险单元、应急措施、应急资源等进行查看核实。评估工作具体实施可参照 2018 年 1 月环境保护部印发的《企业事业单位突发环境事件应急预案评审工作指南（试行）》组织开展。

（4）发布及备案

环境应急预案经企业有关会议审议，由企业主要负责人签署发布。县级以上人民政府生态环境主管部门编制的环境应急预案应当报本级人民政府及上级人民政府生态环境主管部门备案。企业环境应急预案应当在环境应急预案签署发布之日起20 个工作日内，向企业所在地县级生态环境主管部门备案。县级生态环境主管部门应当在备案之日起 5 个工作日内将较大和重大环境风险企业的环境应急预案备案文件，报送市级生态环境主管部门，重大的同时报送省级生态环境主管部门。跨县级以上行政区域的企业环境应急预案，应当向沿线或跨域涉及的县级生态环境主管部门备案。县级生态环境主管部门应当将备案的跨县级以上行政区域企业的环境应急预案备案文件，报送市级环境备案准备期间产生的环境风险评估报告、应急资源调查报告、评审意见等是备案的必要文件。生态环境主管部门，跨市级以上行政区域的同时报送省级生态环境主管部门。省级生态环境主管部门可以根据实际情况，将受理部门统一调整到市级生态环境主管部门。受理部门应及时将企业环境应急预案备案文件报送有关生态环境主管部门。工程建设、影视拍摄和文化体育等群体性活动的临时环境应急预案，主办单位应当在活动开始3个工作日前报当地人民政府生态环境主管部门备案。

（5）修订

县级以上人民政府生态环境主管部门或者企业事业单位，应当按照有关法律法规的规定，根据实际需要和情势变化，依据有关预案编制指南或者编制修订框架指南修订突发环境事件应急预案。

环境应急预案每3年至少修订一次；有下列情形之一的，企业事业单位应当及时进行修订：①本单位生产工艺和技术发生变化的；②相关单位和人员发生变化或者应急组织指挥体系或职责调整的；③周围环境或者环境敏感点发生变化的；环境应急预案依据的法律、法规、规章等发生变化的；④生态环境主管部门或者企业事业单位认为应当适时修订的其他情形。

生态环境主管部门或者企业事业单位，应当于环境应急预案修订后30日内将修订的预案报原预案备案管理部门重新备案；预案备案部门可以根据预案修订的具体情况要求修订预案的生态环境主管部门或者企业事业单位对修订后的预案进行评估。

4.2　政府部门环境应急预案

政府突发环境事件应急预案为政府在突发环境事件发生后提供应急处置的总体思路、工作原则和基本程序与方法；规定突发事件应急管理工作的组织指挥体系与职责，给出组织管理流程框架、应对策略选择标准以及资源调配原则；确定突发事件的预防和预警机制、处置程序、应急保障措施以及事后恢复与重建措施，明确在突发事件事前、事发、事中、事后的职责与任务，以及相应的策略和资源准备等；指明各类应急资源的位置和获取方法，减少混乱使用带来的处置不当或资源浪费。

4.2.1　编制意义

环境应急预案在辨识和评估潜在的环境风险源危险、事件类型、发生的可能性、发生过程、事件后果及影响严重程度的基础上，对应急机构与职责、人员、技术、装备、设施（备）、物资、环境应急处置及其指挥与协调等方面预先做出具体安排，明确在突发环境事件之前、发生过程中以及结束之后，谁负责做什么，何时做，以及相应的策略和资源准备等。为应急准备和应急响应的各个方面所预先做出的详细安排，是开展及时、有序和有效事故应急救援工作的行动指南。

同时，环境应急预案的制定，明确了应急救援的范围和职责，使环境应急管理有据可依，有章可循。通过应急培训和演练，使应急救援人员熟悉所承担的工作内容和责任，并具备完成应急工作的能力，培养各部门之间的协调性。在应急救援中也发挥着重要作用。

①预案确定了应急救援的范围和体系，使应急准备和应急管理不再是无据可依、无章可循。尤其是培训和演练，它们依赖于应急预案；培训可以让应急响应人员熟悉自己的责任，具备完成指定任务所需的相应技能；演练可以检验预案和行动程序，并评估应急人员的技能和整体协调性。

②制定应急预案有利于做出及时的应急响应，降低事故后果。应急行动对时间要求十分敏感，不允许有任何拖延。应急预案预先明确了应急各方的职责和响应程序，在应急力量和应急资源等方面做了大量准备，可以指导应急救援迅速、高效、有序地开展，将事故的人员伤亡、财产损失和环境破坏降到最低限度。

③通过编制环境应急预案，可保证环境应急工作具有足够的灵活性，对那些事先无法预料的突发环境事件或事故，也可以起到基本的应急指导作用，成为保证环境应急救援的"底线"。

④有利于提高全社会的风险防范意识。预案的编制、评审以及发布和宣传，有利于社会各方了解可能面临的环境风险及其相应的应急措施，有利于促进社会各方提高环境风险防范意识和能力。

⑤提高环境应急决策的科学性和时效性，科学规范突发事件应对行为，合理配置应对突发事件的各种资源，减少混乱使用带来的处置不当或资源浪费。

4.2.2　主要类型

我国环境应急预案按照责任主体不同可分为政府应急预案、部门应急预案和企业事业单位应急预案。其中，政府应急预案按照行政级别又可分为国家级、省级、市级、区（县）级政府应急预案。省级体现指导性和协调性，侧重重大及以上事件指挥和资源保障；市级体现应对主体性，侧重对上执行、对下指导和支援协调；县级体现操作性，侧重现场处置。

国家层面专项和部门应急预案侧重明确突发事件的应对原则、组织指挥机制、预警分级和事件分级标准、信息报告要求、分级响应及响应行动、应急保障措施等，重点规范国家层面应对行动，同时体现政策性和指导性；省级专项和部门应急预案侧重明确突发事件的组织指挥机制、信息报告要求、分级响应及响应行动、队伍物资保障及调动程序、市县级政府职责等，重点规范省级层面应对行动，同时体现指导性；市县级专项和部门应急预案侧重明确突发事件的组织指挥机制、风险评估、监测预警、信息报告、应急处置措施、队伍物资保障及调动程序等内容，重点规范市（地）级和县级层面应对行动，体现应急处置的主体职能；乡镇街道专项和部门应急预案侧重明确突发事件的预警信息传播、组织先期处置和自救互救、信息收集报告、人员临时安置等内容，重点规范乡镇层面应对行动，体现先期处置特点。

政府及其部门突发环境事件应急预案由各级人民政府及其部门制定，包括总体应急预案、专项应急预案、部门应急预案等。

总体应急预案是应急预案体系的总纲，是政府组织应对突发环境事件的总体制度安排，由县级以上各级人民政府制定。

专项应急预案是政府为应对某一类型或某几种类型突发环境事件，或者针对重要目标物保护、重大活动保障、应急资源保障等重要专项工作而预先制定的涉及多个部门职责的工作方案，由有关部门牵头制订，报本级人民政府批准后印发实施。

部门应急预案是政府有关部门根据总体应急预案、专项应急预案和部门职责，为应对本部门（行业、领域）突发事件，或者针对重要目标物保护、重大活动保障、应急资源保障等涉及部门工作而预先制定的工作方案，由各级政府有关部门制定。

突发环境事件应急预案体系作为一个整体，由各类、各级突发环境事件应急预案构成，同时也是突发事件应急体系的重要组成部分，与其他突发事件应急体系相互衔接。

4.2.3　编制要求

县级以上人民政府生态环境主管部门应当根据有关法律、法规、规章和相关应急预案，按照相应的环境应急预案编制指南，结合本地区的实际情况，编制环境应急预案，由当地人民政府批准后发布实施。

编制应当符合以下要求：

①符合国家相关法律、法规、规章、标准和编制指南等规定；

②符合本地区、本部门、本单位突发环境事件应急工作实际；

③建立在环境敏感点分析基础上，与环境风险分析和突发环境事件应急能力相适应；

④应急人员职责分工明确、责任落实到位；

⑤预防措施和应急程序明确具体、操作性强；

⑥应急保障措施明确，并能满足本地区、本单位应急工作要求；

⑦预案基本要素完整，附件信息正确；

⑧与相关应急预案相衔接。

县级以上人民政府生态环境主管部门应当结合本地区实际情况，编制国家法定节假日、国家重大活动期间的环境应急预案。应当组织专门力量开展环境应急预案编制工作，并充分征求预案涉及的有关单位和人员的意见。有关单位和人员应当以书面形式提出意见和建议。环境应急预案涉及重大公共利益的，编制单位应当向社会公告，并举行听证。

在环境应急预案草案编制完成后，县级以上人民政府生态环境主管部门组织包括环境应急预案涉及的政府部门工作人员、相关行业协会和重点风险源单位代表以及应急管理和专业技术方面的专家为成员的评估小组，对本部门编制的环境应急预案草案进行评估。重点评估环境应急预案的实用性、基本要素的完整性、内容格式的规范性、应急保障措施的可行性以及与其他相关预案的衔接性等内容。

县级以上人民政府生态环境主管部门应当将环境应急预案的监督管理作为日常环境监督管理的一项重要内容。

4.2.4　内容要求

环境应急预案是整个环境应急管理工作的具体反映，它的内容不仅限于突发环境事件发生过程中的应急响应和救援措施，还应包括突发环境事件发生前的各种应急准备和事故发生后的紧急恢复以及预案的管理与更新等。

政府部门环境应急预案应当包括以下内容：

①总则，包括编制目的、编制依据、适用范围和工作原则等；

②应急组织指挥体系与职责，包括领导机构、工作机构、地方机构或者现场指挥机构、环境应急专家组等；

③预防与预警机制，包括应急准备措施、环境风险隐患排查和整治措施、预警分级指标、预警发布或者解除程序、预警相应措施等；

④应急处置，包括应急预案启动条件、信息报告、先期处置、分级响应、指挥与协调、信息发布、应急终止等程序和措施；

⑤后期处置，包括善后处置、调查与评估、恢复重建等；

⑥应急保障，包括人力资源保障、财力保障、物资保障、医疗卫生保障、交通运输保障、治安维护、通信保障、科技支撑等；

⑦监督管理，包括应急预案演练、宣教培训、责任与奖惩等；

⑧附则，包括名词术语、预案解释、修订情况和实施日期等；

⑨附件，包括相关单位和人员通讯录、标准化格式文本、工作流程图、应急物资储备清单等。

各要素之间既具有一定的独立性，又紧密联系，从应急组织体系、预防预警、准备、响应、恢复到预案的管理与评审改进，形成了一个有机联系并持续改进的环境应急管理体系。

4.2.5　预案管理（编修、演练、培训等）

根据《企业事业单位突发环境事件应急预案备案管理办法（试行）》。县级以上人民政府生态环境主管部门编制的环境应急预案应当报本级人民政府和上级人民政府生态环境主管部门备案。

县级以上人民政府生态环境主管部门，应当每年至少组织一次预案培训工作，通过各种形式，使有关人员了解环境应急预案的内容，熟悉应急职责、应急程序和岗位应急处置预案。每年至少组织一次应急演练。环境应急预案演练结束后，有关人民政府生态环境主管部门要对环境应急预案演练结果进行评估，撰写演练评估报告，分析存在问题，对环境应急预案提出修改意见。

同时县级以上人民政府生态环境主管部门，应当采取有效形式，开展环境应急预案的宣传教育，普及突发环境事件预防、避险、自救、互救和应急处置知识，提高从业人员环境安全意识和应急处置技能。

县级以上人民政府生态环境主管部门，要按照有关法律法规和本办法的规定，根据实际需要和情势变化，依据有关预案编制指南或者编制修订框架指南修订环境应急预案。

环境应急预案每3年至少修订一次；有下列情形之一的，企业事业单位应当及时进行修订：

（1）本单位生产工艺和技术发生变化的；

（2）相关单位和人员发生变化或者应急组织指挥体系或职责调整的；

（3）周围环境或者环境敏感点发生变化的；

（4）环境应急预案依据的法律、法规、规章等发生变化的；

（5）生态环境主管部门或者企业事业单位认为应当适时修订的其他情形。

生态环境主管部门，应当于环境应急预案修订后 30 日内将新修订的预案报原预案备案管理部门重新备案；预案备案部门可以根据预案修订的具体情况要求修订预案的生态环境主管部门或者企业事业单位对修订后的预案进行评估。

第 5 章　环境应急演练

　　我国正处于经济和社会转型期，面临的矛盾错综复杂，各类自然灾害、事故灾难、公共卫生事件和社会安全事件频发，如何提高应对突发环境事件协同作战能力，已经成为各级政府和企业必须认真面对的重要课题。我国各级政府高度重视应急演练工作，《中华人民共和国突发事件应对法》明确要求，"县级以上人民政府应当加强专业应急救援队伍与非专业应急救援队伍的合作，联合训练、联合演练，提高合成应急、协同应急的能力"；"县级人民政府及其有关部门、乡级人民政府、街道办事处应当组织开展应急知识的宣传普及活动和必要的应急演练"；"居民委员会、村民委员会、企事业单位应当根据所在地人民政府的要求，结合各自的实际情况，开展有关突发事件应急知识的宣传普及活动和必要的应急演练"。

　　环境应急演练作为一种模拟应对突发环境事件的行动演练，能够变被动应对为主动防范，起到教育公众、锻炼队伍、发现问题、提高应对突发环境事件能力的作用。突发环境事件应急演练旨在检验地方政府环境应急预案及应急响应机制，厘清相关部门职责分工，锻炼环境应急队伍、提高应急处置能力。综合演练是提高突发环境事件应对能力、保障环境安全的必要措施。我国相继发布《突发事件应急演练指南》《突发环境事件应急管理办法》《国家突发环境事件应急预案》《突发环境事件信息报告办法》等指导性文件。

　　经过多年发展，环境应急演练已从最初仅演示"如何处置"，向演练"发生事故后应急全流程"转变。在系统性、完整性及规范性逐渐增强的同时，演练时还需要调度更多部门，对各环节各部门专业性及配合度的要求更高。本章主要介绍环境应急演练理论，系统论述了应急演练的概念、目的、原则、分类及应急演练准备、组织机构、方案实施、评估总结等，对演练各环节进行分析，以期为今后可能发生的类似突发环境事件应急处置提供参考。

5.1　环境应急演练概述

　　突发环境事件是指由于污染排放或者自然灾害、生产安全事故等因素，导致污染物或放射性物质等有毒有害物质进入大气、水体、土壤等环境介质，突然造成或者可能造成环境质量下降，危及公众身体健康和财产安全，或造成生态环境破坏，或造成重大社会影响，需要采取紧急措施予以应对的事件，主要包括大气污染、水体污染、土壤污染等突发环境污染事件和辐射污染事件。事件具有突发性和不确定性，其破坏或可能破坏性强、影响或可能影响面广；事件应急处置需要多个责任部门及人员共同参与，指挥协调及应急处置十分复杂。科学、严谨、高效开展突发环境事件应急演练活动，对提高相关人员应对突发事件的能力水平，有效应对突发事件，具有重要意义。

5.1.1　环境应急演练的概念

环境应急演练是在事先虚拟的事件（事故）条件下，应急指挥体系中各个组成部门、单位或群体的人员，针对假设的特定情况，执行实际突发环境事件发生时各自职责和任务的排练活动。具体来说，演练就是政府部门或社会组织、企业事业单位模拟在面临突发环境事件时，启动应急反应机制和应对系统，组建突发环境事件应对工作机构并迅速投入运作，确认事件的状态并适时向公众公布事件真相，运用各种方法查明事件原因并制定应对事件的具体方案和组织实施，总结评估工作过程并调整和改进应对策略与方案这一完整的过程。作为应急管理的核心内容之一，环境应急演练是检验突发环境事件应急管理体系适应性、完备性和有效性的最好方式。定期进行应急演练，可以强化相关人员的警惕性和应急意识，提高快速反应能力和实战水平，发现应急预案和管理体系中的不足。同时，应急演练还可以有效减少真实应急行动中的人为错误，降低事发现场宝贵应急资源和响应时间的耗费。

环境应急演练一般都需要事前作出计划和预案，在某种意义上也可以说是环境应急预案演练，但不完全等同于预案演练。一般说来，应急演练包括针对某类突发环境事件而进行的演练和针对某个应急预案而开展的演练两大类。应急预案中事前作出的计划和方案，并不是针对接下来的某一确定的应急演练活动，而是对某一类应急演练都实用；而应急演练中的事前作出计划和方案是指应急演练组织者在开展应急演练活动前制定出的演练方案，以便指导应急演练的具体操作流程。简而言之，应急预案中事前作出计划和方案相当于一个资源库，随时准备供有关人员采用。但在具体实施某一应急预案演练方案时，还需制订一些针对此次演练的临时性策划、计划和行动方案。

5.1.2　应急演练的目的

突发环境事件应急演练是环境应急管理工作的核心环节之一，它能有效减少应急管理中出现的不合理行为，提高应急管理系统的科学性，最大限度提高相关工作人员应对真实突发事件的实践能力。应急演练作为一种主动行为，在一定程度上成功改变了人类长期以来面对突发事件时的被动处境。

（1）提高应对突发事件的风险意识

尽管人们可以通过一些渠道获得应对突发环境事件的技能和知识，但事件所造成的环境污染影响往往很难通过描述直观感受到，尤其是无法获得经历真实突发环境事件的心理状态。开展环境应急演练，通过模拟真实污染事件及应急处置过程，使参与者从直观上、感性上真正认识突发环境事件演变趋势，提高对突发环境事件风险源的警惕性，促使相关单位在事件尚未发生时进一步增强风险意识，主动学习并掌握环境风险防控知识和污染处置技能，提高救援能力，保障环境安全。

（2）检验应急预案的可操作性

多数环境应急预案的制定没有经过突发环境事件的实践检验，或者制定后没有根据形势变化及时更新，无法适应不断变化的新情况、新问题。通过应急演练，可以发现应急预案存在的问题，在突发环境事件发生前暴露预案的缺陷，验证预案在应对可能出现的各种污染情景所具备的适应性，找出预案需要修改和完善的内容。

（3）增强突发环境事件应急反应能力

应急演练是保持、提高、检验和评价应急能力的一个重要手段。通过接近真实、亲身体验的应急演练，可以提高领导者应对突发事件的分析研判、决策指挥和组织协调能力。同时，应急演练还可以帮助应急管理人员和各类援救人员熟悉突发环境事件情况，提高应急实战技能，改善应急组织机构和人员之间的交流沟通、协调合作。此外，应急演练还可以让公众学会在突发环境事件中保持良好的心理状态，减少恐慌，配合政府及其部门共同应对事件，从而有助于提高整个社会应急反应能力。2006年5月29日下午，兰州石油化工公司有机厂苯胺车间发生火灾，造成4人死亡、11人受伤。由于当地政府及有关部门和企业，此前经常组织相关应急演练，应急救援队伍和人员得到了充分锻炼，因而在面临真实事故时沉着冷静，处理事故有条不紊，整个火灾扑救过程指挥有序、配合密切，火灾被迅速控制。特别是在污染控制上，指挥人员借鉴了之前爆炸事故应急救援演练中防止水污染的模拟实战经验，对消防水采取土沙围堰截留、泵回事故应急池处理，有效防止了消防水污染事故。事后，经兰州市环保局调查监测，事故未造成空气及水污染，一场危机得到成功化解。

5.1.3　应急演练的原则

（1）结合实际，合理定位

环境应急演练应紧密结合应急管理工作实际，根据资源条件确定演练方式和规模。由于演练规模、演练真实程度等条件的限制，有时仅靠一次演练难以完成全部目的。因此，需要将应急演练过程中包含的内容和环节细化为多个具体演练目标，形成一套系统的目标体系。在具体演练实施中可根据应急演练的性质和实际需要，区分出演练活动的核心目标、重要目标和备选目标，有针对性地对一定数量的演练目标进行检验。这样既可以保证每次演练的质量，又可以检验和提高现有的环境应急能力。

（2）着眼实战，讲求实效

演练应以提高应急指挥人员的指挥协调能力、应急队伍的实战能力为着眼点。应急演练组织机构要精干，工作程序要简明，各类演练文件要实用，避免形式主义，以取得实效为检验演练质量的唯一标准。应急演练科目要结合当地可能发生的突发环境事件类型、环境危险源的特点、时空与客观条件以及应急准备工作的实际情况进行。此外，还要高度重视对演练效果及组织工作的评估考核，总结并推广好的经验，及时整改存在的问题。

（3）精心组织，确保安全

环境应急演练要围绕演练目的精心策划演练内容、科学设计演练方案、周密组织演练活动。开展应急演练必须得到相关单位及主要负责人的重视，相关领导同志应积极参与演练全过程并扮演与其职责相当的角色，精心组织应急演练。演练人员要熟悉应急演练流程及各个环节要求，各项演练活动应在统一指挥下实施。此外，开展应急演练要科学制定严格的安全措施，确保演练参与人员及演练装备设施的安全。例如，在灭火、堵漏以及疏散演练前，演练组织单位不仅要制定科学合理的工程救援措施，还应确定安全疏散路线，确保安全出口、疏散通道畅通。

（4）统筹规划，厉行节约

环境应急演练不可避免地要消耗一定量的人力、物力、财力。应急演练工作人员必须本着节约的精神，以最小的演练花费办最高效的实事。此外，应急演练组织人员要统筹规划应急演练活动，适当开展跨地区、跨部门、跨行业的综合性演练，充分利用现有资源，努力提高应急演练效益。

5.1.4　环境应急演练的分类

（1）按组织形式划分

1）桌面演练

桌面演练又称模拟场景演练或室内演练，是指由应急指挥机构成员以及各应急组织负责人利用地图、沙盘、流程图、计算机模拟、视频会议等辅助手段，针对事先假定的应急情景，讨论和推演应急决策及现场处置的过程。桌面演练一般通过分组讨论的形式进行，其信息注入的方式包括污染情景描述、事件发展描述等，整个过程只需展示有限的环境应急响应和内部协调活动。桌面演练一般针对应急管理相关单位主要人员，在没有时间压力的情况下，演练人员在检查和解决应急预案中存在问题的同时，获得一些建设性的讨论结果。其主要目的是在友好的、压力较小的情况下，锻炼演练人员制定应急策略、解决实际问题的能力，提高应急反应能力和应急管理水平。桌面演练的优点是资金花费少，筹备时间短，调用资源少；不足之处主要是现场感不强。

2）实战演练

实战演练是指参演人员利用应急处置涉及的设备和物资，针对事先设置的突发环境事件情景及其后续的发展情景，通过实际决策、行动，完成真实应急响应的过程，以检验和提高相关人员的临阵组织指挥、队伍调动、应急处置和后勤保障等应急能力。按照事前是否通知参演单位和人员，可分为"预知"型演练与"非预知"型演练。"预知"型演练是在演练正式开始前，演练策划组已将演练的具体安排告知参演组织和人员，演练人员事前有了心理准备，从而避免不必要的恐慌，有助于在演练中稳定发挥，展示应急技能水平；"非预知"型演练是演练开始后，应急组织部门通知各应急单位赶到指定现场处置突发事件，各应急组织在不知道是演练的情况下迅速组织人员做出相关应急响应行动，当应急组织人员到达现场后，才被告知这是一次演练并介绍演练的基本情况，然后再根据演练方案完成余下的演练内容。由于突发环境事件的发生发展往往是难以预料的，为了进一步增强演练的实效性，相关环境应急单位倾向于举行"非预知"型的综合演练活动，用接近实战的方式检验和提高应急能力。"非预知"型演练侧重于检验应急系统的报警程序和紧急情况下信息的传递效率，要求应急机制健全、应急组织训练有素，并能够应付突发的紧急情况。但这类演练在事先必须周密策划，一是要评估当地救援能力能否承受实战演练的考验，确保演练能够安全、顺利进行；二是要评估演练对现场周围的社会秩序可能造成的负面影响。

实战演练的特点是通常要在特定场所完成。流域污染事故发生过程中的污染处置演练一般采用实战演练，尤其是流域物资储备必须在实战演练过程中才能发现问题，提高控污效率，最大限度地保障环境安全。实战演练的优点是操作性和现场感强，影响力大；缺点是资金花费大，筹备时间长，调用资源多。

（2）按内容划分

1）单项演练

单项演练又称功能演练，是指针对某项应急响应功能或其中某些应急响应活动进行的演练活动。单项演练注重针对一个或少数几个参与单位（岗位）、某个污染特定环节进行检验。单项演练可以像桌面演练一样在指挥室内举行，也可以是小规模的现场演练。其主要目的是针对特定的应急响应功能，检验应急响应人员的某项保障能力或某种特定任务所需技能以及应急管理体系的策划和响应能力。常见的单项应急演练有：视频通信联络、信息报告程序演练；人员紧急集合、装备及物资器材到位演练；应急监测演练；污染处置演练；指导公众撤离、通道封锁与交通管制演练；医疗救护行动演练；人员防护演练等。

单项演练的特点是目的性强。演练活动主要围绕特定应急功能展开，无须启动整个应急救援系统，既控制了演练规模，降低了演练成本，又达到了"实战"锻炼的效果。

2）综合演练

综合演练是指针对某一类型突发环境事件应急响应全过程或应急预案内规定的全部应急功能，检测、评估应急体系整体应急处置能力的演练活动，也被称为全面演练。综合演练一般采取交互式进行，演练过程要求尽量真实，调用更多的应急资源开展人员、设备及其他资源的实战性演练，并要求应急响应部门（单位）广泛参加，以检查各应急处置单位的任务执行能力和各单位之间的相互协调能力。综合演练涉及应急组织和人员多，准备时间长，需要有专人负责应急运行、协调和方案拟定，还可能需要上级应急组织和人员在演练方案设计、协调和评估工作等方面提供技术支持。

综合演练的特点是真实性和综合性。演练过程涉及整个污染处置系统的每一个响应要素，能够较全面客观地反映目前救援力量应对重大突发环境事件所具备的应急能力，但演练成本也很高，因而不适宜频繁开展。

（3）按目的和作用划分

1）检验性演练

检验性演练是指为检验应急预案的可行性、应急准备的充分性、应急机制的协调性及相关人员的应急处置能力而组织的演练。检验性演练尤其注重对应急演练工作人员的语言表达、情绪控制、分析预测、事故调查、工程处置措施、应急监测等基本环节的检验。此外，演练工作人员之间的协调合作能力也是检验的重点。如调动和整合各方面资源，协调不同组织、不同部门、不同人群之间的关系，疏散可转移人员，组织统一行动等。

2）示范性演练

示范性演练是指为向观摩人员展示环节应急能力或提供示范教学而严格按照应急预案规定开展的表演性演练。通过标准示范，集中展示预案的合法性、实用性、基本要素的完整性、内容格式的规范性、组织体系的科学性、应急响应程序的合理性、应急措施的可操作性以及与其他相关预案的衔接性。

3）研究性演练

研究性演练是指为研究和解决突发环境事件应急处置的重点、难点问题，试验新方案、新技术、新装备而组织的演练，如大型油库灭火研究性演练。

上述不同类型的环境应急演练是按不同的分类标准划分的，往往在各种演练活动中都要综合运用多种演练类型。应急演练的形式多样，在实际操作过程中，可以根据需要灵活选择有效的演练形式，但要牢牢抓住演练的关键环节，以达到预期演练效果。

5.2　环境应急演练准备

规范的准备工作是环境应急演练活动顺利开展的前提。应急演练的前期准备工作基本程序包括确定演练目标、设计演练方案、演练动员与培训、应急演练保障等4个部分。

5.2.1　确定演练目标

应急演练准备阶段，演练策划组应确定应急演练目标。一个相对完整的应急演练一般包括以下18个指标：

（1）应急动员能力

展示突发环境事件发生后，应急组织、救援队伍、应急物资的快速启动能力。

（2）指挥控制

检验应急指挥部指挥人员、事故现场指挥人员和应急组织、行动小组负责人员按照应急预案成立应急指挥系统的能力，应急援救系统指挥能力和应急过程中控制相应行动的能力。

（3）事态评估

展示应急组织通过各种技术手段和渠道收集事故现场的信息、识别事件原因、评估现场污染程度、判断事故污染影响范围及其潜在危机的能力。

（4）资源管理

展示应急组织具备根据事件评估结果识别应急资源需求的能力，以及动员和整合内外部门应急资源的能力。

（5）联络通信

展示所有应急响应节点、应急组织人员以及参与应急行动人员之间有效联络通信、沟通交流的能力。

（6）应急设备

展示应急设施、装备、地图、通信器材以及其他应急处置材料的准备情况。

（7）预警公告

展示应急组织向公众发出预警和应急防护措施命令以及信息的能力。

（8）公共信息

展示应急组织及时向媒体和公众准确发布突发环境事件和应急响应行动信息、控制谣言和澄清不实传言的能力。

（9）公众保护

展示应急组织根据事态发展和危险性质选择并实施恰当的措施，保护公众人身安全的能力。

（10）人员安全

展示应急组织保护应急响应人员安全和健康，监测、控制应急响应人员所面临危险的能力。

（11）交通管制

展示应急组织控制应急现场、疏散区域、安置区域等交通流量的能力。

（12）人员管理

展示应急组织对疏散人员进行污染监测、隔离消毒、登记备案过程，以及收容疏散人员能力。

（13）医疗服务

展示应急组织将伤病人员转运医疗机构和为伤病人员提供现场医疗服务的能力。

（14）24 小时应急

展示应急组织全天不间断的应急响应能力。

（15）外部增援

展示应急组织向上级部门以及其他地区请求增援，并向外部增援机构提供资源支持的能力。

（16）现场控制

展示应急组织采取针对性措施、有效控制事态发展、污染清理和恢复现场的能力。

（17）文件资料

展示应急组织为事件及其应急响应过程提供记录、日志等文件资料的能力。

（18）调查分析

展示应急组织事件调查及应急响应分析、发现问题并提出改进建议的能力。

上述 18 项演练目标基本涵盖了突发环境事件应急响应过程中包含的工作内容和涉及的工作环节，形成一套系统的应急演练目标体系。应急演练策划组应结合应急演练目标体系进行演练需求分析，在此基础上确定本次应急演练的目标。演练需求分析是指在评价以往重大事件和演练案例的基础上，分析本次演练需要重点解决的问题、应急响应功能等，然后在目标体系中选取本次应急演练的目标。应急演练的范围根据实际需要，小到一个单位，大到整个部门或者一个地区。演练需要达到的目标越多，层次越高，则演练的范围越大，前期准备工作越复杂，演练成本也越高。

5.2.2 设计演练方案

演练方案是环境应急演练前期准备工作中非常重要的一环，是组织与实施应急演练的依据，涵盖演练过程的每个环节，直接影响到演练的效果。演练方案设计包括演练情景设计、明确演练内容等。

（1）演练情景设计

演练情景是指对假想突发环境事件按其发生过程进行叙述性的说明。演练情景设计就是针对假想事件的发展过程设计出一系列的情景，包括突发事件和次生、衍生事件，让参演人员在演练过程中犹如置身真实的事件环境一般，对情景事件的更替和变化作出真实的应急反应。演练的情景设计应具有典型性和针对性，尽量选择当地较常见的风险源，设置合理的事件触发条件和场景。

环境应急演练情景设计示例

政府相关部门以及环境风险源企业依据自身的环境风险特征，可选取但不限于以下所列演练情景：

①有毒有害危险化学品失控。主要描述有毒有害气态或易挥发性液态危险化学品泄漏引起的空气污染，继而对人员造成伤害的情景。

②易燃易爆危险化学品失控。主要描述液态或气态易燃易爆危险化学品泄漏引起的空气或水体污染，突出可能引起火灾爆炸的情景。

③腐蚀性危险化学品失控。主要描述腐蚀性危险化学品泄漏引起的水体污染、人员伤害或次生化学反应情景，重在体现对人员的安全防护。

④危险废物失控引起污染。主要描述因自然灾害或火灾次生的空气污染或水体污染，或两者组合的情景。

⑤生产废水超标排放。主要描述因原水超过设计处置能力，或工艺设备故障，或停电，或操作失误等引起的超标排放事件情景。

⑥生产废气超标排放。主要描述因管理失误、操作失误、装置故障引起的超标排放事件情景。

⑦火灾爆炸事故次生环境污染。主要描述涉危险化学品或危险废物火灾爆炸次生环境污染的情景。

⑧交通事故次生环境污染。主要描述运输危险化学品或危险废物的车辆发生交通事故，次生空气或饮用水水源地被污染的情景。

⑨环保设施生产安全事故。主要描述废水处理池维护检修作业过程中发生人员中毒、窒息事故的情景。

⑩相邻单位突发环境事件。主要描述相邻单位发生大气污染事件影响本企业所在区域，造成人员中毒伤害的情景。

在设计演练情景时，演练策划组应广泛搜集所要模拟突发环境事件的背景知识和基础信息，从有利于演练模拟的角度将事件的发生发展过程分解为一系列的连续事件。按照这些事件发生的先后顺序对其进行排序，并确定演练过程中每一环节触发的时间及方式，演练情境中必须说明何时、何地、发生何种污染事件、影响区域等事项。需要说明的是，演练人员在演练中的一切对策活动及应急行动主要是针对假想突发环境事件及其变化而产生的，情景设计的作用在于为演练人员的演练活动提供初始条件并说明初始事件的有关情况。在突发环境事件演练中，通常需要确定污染物类别及泄漏量，污染物类别一般选择环境风险较高的工业废水、危险化学品、固体废物、重金属、石油类等污染物。根据设定的突发环境事件触发条件及污染物，设计符合情景、贴合实际的泄漏量、扩散范围、污染浓度等参数，进而为各应急阶段的持续时间、应对措施等的把控提供数据支撑。事故发生的类型应充分考虑环境风险评估的结果及近年来突发环境事件的统计数据，模拟辖区可能发生的突发环境事件，或以历史上发生的典型突发环境事件为蓝本进行情景设计。如发生率较高的企业安全生产事故、违法违规排污、 水（陆）交通运输事故、尾矿库泄漏、自然灾害等引发的流域突发环境事件。

（2）明确演练内容

1）预警与报告

根据突发环境事件情景，向相关部门或人员发出预警信息，报告事件情况。

2）指挥与协调

根据突发环境事件情景，成立应急指挥部，调集应急处置队伍和相关资源，开展应急处置行动。

3）应急监测

根据突发环境事件情景，对事件现场的污染物种类、污染物浓度和环境影响范围进行监测。

4）现场处置

根据突发环境事件情景，按照应急预案和现场指挥部要求对事件现场进行控制和处理，包括安全警戒、风险区域内人员疏散转移、污染源控制、危险物品转移、污染物拦截、污染消除等作业。这是实战演练过程中最重要的内容。

5）应急通信

根据突发环境事件情景，在应急处置相关部门或人员之间进行音频、视频信号或数据信息互通。

6）医疗卫生

根据突发环境事件情景，调集医疗卫生专家和卫生应急队伍开展紧急医学救援，并开展卫生监测和防疫工作。

7）媒体沟通

根据突发环境事件情景，召开新闻发布会或事件情况通报会，通报环境事件有关信息。

8）后期处置

根据环境事件情景，应急处置结束后所开展的现场洗消、伤员治疗、安全检查确认、事件原因调查、应急处置过程评估与总结、经济损失评估和相关善后工作。

桌面演练是实战演练的预演，其目的在于使参与演练的各方熟悉演练实施过程的各环节，主要内容包括讨论或模拟信息报告、指挥协调、现场处置、应急监测、演练流程、安全防护和应急保障等。桌面演练后，必要时需完善实战演练方案和脚本。

5.2.3 应急演练组织

5.2.3.1 制订演练计划

演练计划由演练策划组编制，经演练领导小组批准。主要内容包括：

①确定演练目的，明确举办应急演练的原因、演练要解决的问题和期望达到的效果。

②分析演练需求，在对事先设定事件的风险及应急预案认真分析的基础上，确定需调整的演练人员、需锻炼的技能、需检验的设备、需完善的应急处置流程和需进一步明确的职责等。

③确定演练范围，根据演练需求、经费、资源和时间等条件，确定演练事件类型、等级、地域、参演机构、人数及演练方式等。演练需求和演练范围往往互为影响。

④安排演练准备与实施的日程计划，包括各种演练文件编写与审定的期限、物资器材准备的期限、演练实施的日期等。

⑤编制演练经费预算，明确演练经费筹措渠道。

环境风险源企业要根据实际情况，依据相关法律法规和环境应急预案的规定，制订年度应急演练计划，按照"先单项后综合、先桌面后实战、循序渐进、时空有序"等原则，合理规划应急演练的频次、规模、形式、时间、地点及经费预算等。

5.2.3.2 演练准备

5.2.3.2.1 成立演练组织机构

企业环境综合应急演练通常成立演练领导小组，下设策划组、执行组、保障组、评估组等专业工作组。根据演练规模大小，可调整组织机构。综合演练一般由所在地人民政府或生态环境部门主办，如跨行政区划或涉及重要敏感目标，可多地政府或与上级生态环境部门联合举办；如涉及较多企业职责，则应与相关企业联合举办。根据所在地突发环境事件应急预案，确定现场应急指挥部总指挥及下属工作组，各工作组在指挥部的统一调度下开展工作，政府部门可设置污染处置组、应急监测组、医学救援组、新闻宣传组、社会稳定组、调查评估组、专家组 7 个工作组。其中，污染处置组由当地政府应急、消防、武警、公安等部门组成，应急监测组、调查评估组、专家组由生态环境部门牵头，医学救援组、新闻宣传组、社会稳定组分别由当地卫生、宣传、公安部门牵头。

（1）演练领导小组

负责环境应急演练活动筹备和实施过程中的组织领导工作，任命演练总指挥，具体负责审定演练工作方案与脚本、演练经费、演练评估总结以及其他需要决定的重要事项等。

（2）策划组

负责编制演练工作方案、演练脚本、演练意外处置方案、宣传报道材料、工作总结和改进计划等。

（3）执行组

负责环境演练活动筹备及实施过程中与相关单位、工作组的联络和协调、演练场地布置、参演人员调度和演练进程控制等。

（4）保障组

负责演练活动工作经费和后勤服务保障，确保演练保障措施落实到位。

（5）评估组

负责编制演练评估方案并实施，进行演练现场点评，撰写演练总结报告。原则上，评估组由企业委托第三方专业人士组成。

综合演练涉及的场景、参演单位、人员、物资众多，应制定详细的演练任务清单，确保各阶段有序推进。综合演练中，通常需制定信息上报、事态研判、污染处置、应急终止等阶段的任务清单，明确各参演单位在各阶段的主要任务、参演人员需求及物资配备，以便于各参演单位准备与配合。

5.2.3.2.2　编制演练文件

演练文件是指直接提供给参演人员文字材料的统称，主要包括演练方案、演练手册、演练评估方案等。演练文件应简明扼要、通俗易懂，一切以保障演练活动顺利进行为标准。演练文件由演练策划组成员编写，经演练策划组讨论、修订后发放到参演人员手中，时间上应尽量提前，以便参演人员学习了解演练情况。

（1）制定演练工作方案

演练工作方案主要包括两个方面：一是情况说明，即详尽描述演练所模拟的事件情景、可能的后果以及需要完成的任务，为演练人员的演练活动提供初始条件和初始事件；二是演练计划，对演练区域内各类活动的安排，即明确在演练区域内什么时候举行演练，举行哪种类型演练以及针对什么进行演练。一般以应急法规政策和应急预案要求为导向，组织当地专家根据区域环境应急工作的开展状况共同商讨、编制。需要注意的是，制定演练方案作为应急演练准备工作中的核心部分，必须具有现实可操作性。对综合性较强、风险较大的环境应急演练，评估组要对策划组制定的演练方案进行评审，确保演练方案科学可行，从而确保应急演练工作的顺利进行。

1）演练方案总体内容

①确定演练目标。演练目标是需完成的主要演练任务及其达到的效果，一般说明"由谁在什么条件下完成什么任务，依据什么标准，取得什么效果"。演练目标应简单、具体、可量化、可实现。一次演练一般有若干项演练目标，每项演练目标都要在演练方案中有相应的事件和演练活动予以实现，并在演练评估中有相应的评估项目判断该目标的实现情况。

②设计演练情景与实施步骤。演练情景要为演练活动提供初始条件，还要通过一系列的突发环境事件情景引导演练活动继续，直至演练完成。演练情景包括演练场景概述和演练场景清单。

a. 演练场景概述。要对每一处演练场景的概要说明，主要说明污染事件类别、发生的时间地点、发展速度、强度与危险性、环境受影响范围、人员和物资分布、已造成的损失、后续发展预测等。

b. 演练场景清单。要明确演练过程中各场景的时间顺序列表和空间分布情况。演练场景之间的逻辑关联依赖于污染事件发展规律、控制消息和演练人员收到控制消息后应采取的行动。

③设计评估标准与方案。演练评估是通过观察、体验和记录演练活动，比较演练实际效果与目标之间的差异，总结演练成效和不足的过程。演练评估应对演练目标为基础。每项演练目标都要设计合理的评估项目方法、标准。根据演练目标的不同，可以用选择项（例如：是 / 否判断，多项选择）、主观评分（例如：1—差、3—合格、5—优秀）、定量测量（例如：响应时间、完成任务、环境影响）等方法进行评估。

为便于演练评估操作，通常事先设计好评估表格，包括演练目标、评估方法、评价标准和相关记录项等。有条件时还可以采用专业评估软件等工具。

演练评估方案主要阐述演练计划中演练目标、评价标准及评价方法，介绍演练评估准则、策略和方法；主要内容包括说明演练目标、评价准则、评价工具及资料、评价程序、评价策略、评价组成以及评价人员在演练准备、演练实施和演练总结阶段的职责和义务。

④编写演练方案文件。演练方案文件是指导演练实施的详细工作文件。根据演练类别和规模的不同，演练方案可以编为一个或多个文件。编为多个文件时，可包括演练人员手册、演练控制指南、演练评估指南、演练宣传方案、演练脚本等，分别发给相关人员。对涉密应急预案的演练或不宜公开的演练内容，还要制订保密措施。

a. 演练人员手册。内容主要包括演练概述、组织机构、时间、地点、参演单位、演练目的、演练情景概述、演练现场标识、演练后勤保障、演练规则、安全注意事项、通信联系方式等，但不包括演练细节。演练人员手册可发放给所有参加演练的人员。

b. 演练控制指南。内容主要包括演练情景概述、演练事件清单、演练场景说明、参演人员及其位置、演练控制规则、控制人员组织结构与职责、通信联系方式等。演练控制指南主要供演练人员使用。

c. 演练评估指南。内容主要包括演练情景概述、演练事件清单、演练目标、演练场景说明、参演人员及其位置、评估人员组织结构与职责、评估人员位置、评估表格及相关工具、通信联系方式等。演练评估指南主要供演练评估人员使用。

d. 演练宣传方案。内容主要包括宣传目标、宣传方式、传播途径、主要任务及分工、技术支持、通信联系方式等。

e. 演练脚本，描述演练事件场景、处置行动、执行人员、指令与对白、视频背景与字幕、解说词等。

⑤演练方案评审。对综合性较强、风险较大的应急演练，评估组要对文案制定的演练方案进行评审，确保演练方案科学可行，以确保应急演练工作的顺利进行。

⑥环境应急演练工作方案结构示例

a. 成立演练组织机构。成立环境应急演练组织机构，可单独发文也可以在《环境应急演练工作方案》中公布。

为了搞好环境应急演练工作，通常成立演练领导小组，组长由生态环境、企业主要负责人或分管环保工作的领导担任。领导小组下设若干工作组，如策划组、执行组、保障组和评估组。各工作组应赋予明确的职责。

策划组的主要职责是：负责编制演练工作方案、演练脚本、演练意外处置方案、宣传报道材料、工作总结和改进计划等。

执行组的主要职责是：负责演练活动筹备及实施过程中与相关单位、工作组的联络和协调、演练场地布置、参演人员调度和演练进程控制等。

保障组的主要职责是：负责演练活动工作经费和后勤服务保障，确保演练安全保障落实到位。

评估组的主要职责是：负责编制演练评估方案并实施，进行演练现场点评，撰写演练总结报告。

b. 演练目的。主要阐明环境应急演练所要达到的目的，如检验环境应急预案的适用性、可操作性，检验指挥协调机制，检验应急物资的充分性和有效性，提高应急处置能力等。

c. 应急演练时间与地点。说明开展环境实战演练和桌面演练的具体时间，明确实战演练的具体位置和涉及的范围。

d. 应急演练情景设计。具体阐明本次演练针对的突发环境事件情景。

例如，某企业的环境应急演练情景是"公司在厂区内运送盐酸时，因塑料桶破裂，约 10 kg 盐酸洒落地面，工厂保安情急之下用消防水冲洗，导致氯化氢大量挥发污染空气，同时部分盐酸随消防水流入雨水管网，造成污染。安全环保经理见事态难以控制，决定依据公司环境应急预案的规定向区环保水务局报告，区环保水务局组织力量实施应急处置"。

e. 参演部门和人员主要任务及职责。明确各参演部门的主要任务与职责。通常是依据环境应急预案中对各应急小组担当部门所承担的职责，也可依据演练情景另行分配若干具体的任务。

f. 应急演练主要步骤与通用流程

2）实战演练的主要步骤

①险情发现与信息报送。信息报送应依据政府、企业环境应急预案规定的上一级部门报告。

②应急力量集结与处置任务分配。

③现场处置。包括人员疏散、污染源控制、危险物品转移、应急监测、污染消除等活动。

④扩大应急。往往指环境事件超出企业的处置能力，政府生态环境部门调动资

源采取的应急处置措施。扩大应急可考虑与生态环境部门联动，也可虚拟进行或不设置此环节。

⑤演练总结。

3）应急演练通用流程

综合演练应体现示范效应和样板效果，为可能发生的突发环境事件应急工作提供参考见图 5-1。因此，演练应尽可能保持应急流程的完整性及规范性，通常包括事件发生、应急响应、污染处置至应急终止及后续各项工作。演练各环节虽有所侧重，但尽量保持完整性，如应急监测环节包含制定监测方案、开展应急监测至应急响应终止后的跟踪监测等。演练各环节应参照相关国家标准、规范。例如，信息上报环节参照《突发环境事件信息报告办法》中上报流程、时限等要求开展；应急监测工作参照《突发环境事件应急监测技术规范》开展；其他环节（如事故处置、消防抢险、医学救援等）也应遵循该专业领域相关规范要求进行。

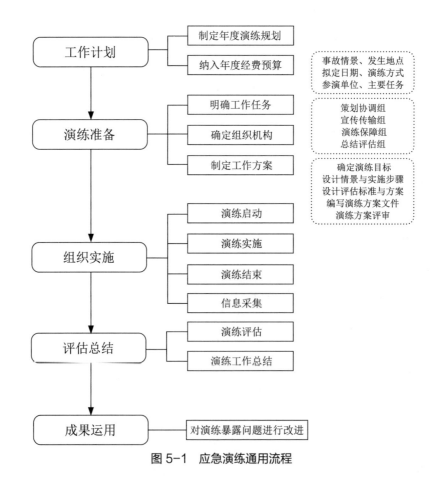

图 5-1　应急演练通用流程

4）参演应急物资

环境应急演练的参演物资与装备可参考表 5-1。可根据演练情景设计，以列清单的方式确定应急物资名称与数量。

表 5-1 环境应急资源清单

序号	类别	环境应急演练物资名称
1	处置工具	环境应急指挥车
2		吸污车或化学物品槽罐车
3		潜水泵
4		气动隔膜泵（针对易燃易爆物品）
5		电源和照明灯具
6		收集容器
7		发烟器
8		对讲机
9	应急监测	大气或水质监测装备
10	安全防护	过滤式防毒面具或自给式呼吸器
11		防化服、耐酸碱雨鞋和手套
12	处理或吸附材料	絮凝剂、吸附剂、中和剂、解毒剂、氧化剂、还原剂
13	其他	观摩台、摄像机或数码相机、音响、指引标牌

注：重点环境风险源企业可依据演练情景选取以上所列演练物资。

5）应急演练技术支撑及保障条件

根据演练情景设计，阐明实战演练的处置技术、人员安全保障、通信保障、医疗保障、交通保障和经费保障条件等。

6）演练评估总结

现场点评指评估组负责人对演练中发现的问题、不足以及取得的成效进行口头点评。

通常在演练现场可安排政府、企业领导对演练活动进行口头总结。事后进行书面总结。

环境应急演练结束后，演练领导小组根据演练过程中观察、记录以及应急预案等各种信息资料，对演练进行全面总结，形成书面总结报告。报告可对应急演练准备、策划和实施等工作进行简要总结分析，评估演练目标的实现情况、预案的合理性与可操作性、应急指挥人员的指挥协调能力、参演人员的处置能力、演练所用设备装备的适用性，重点是演练中暴露的问题和对完善预案、应急准备、应急机制、处置措施等方面的意见与建议。

5.2.3.2.3　演练脚本

根据需要，政府、企业演练可编制演练脚本。演练脚本是应急演练工作方案具体操作实施的文件，目的在于帮助参演人员全面掌握演练进程和内容。主要包括准备事项、活动介绍、演练实施（包含险情发现、信息报送、人员集结、现场处置、必要时扩大应急、后期处置）和现场评估总结 4 个环节，脚本的结构与内容可参照以下要求编制。

（1）演练准备事项

1）人员工作安排

应具体明确现场调度、现场解说和演练评估人。

2）演练场地布置与检查

主要依据演练情景，具体落实演练场地的布置工作，包括背景、观摩台、音响、横幅、演练道具、车辆停放区、指示牌、安全警示牌等。场地布置工作要落实到具体的部门和责任人，一般应在正式演练前 4 小时内完成。演练领导小组可安排人员督促检查场地的布置情况。

3）各参演单位自行检查

各参演部门参照演练工作方案的安排自行检查本部门的准备情况，包括装备、工具、人员等。

（2）演练活动介绍

演练活动介绍一般由解说员在正式演练前完成，其目的是向观摩人员介绍演练活动概况。其格式参见示例。

演练脚本示例（一）

1. 启动（时间：　　）

讲话人员	解说词
解说员	各位领导、各位来宾、各参演单位，大家好！"XXX 年度 XXX 突发环境事件应急演练"即将开始。请各位领导和观摩嘉宾就座

2. 介绍演练目的（时间：   ）

讲话人员	解说词
解说员	为贯彻落实《XXX 突发环境事件应急预案》，评估应急预案的适用性和可操作性，查找缺陷和不足，检验应急指挥协调机制，锻炼队伍，增强参演单位的应急处置能力，检验应对突发环境事件所需应急物资、装备、技术等方面的准备情况，我们举办本次突发环境事件应急演练。本次演练由 XXX 主办。XXX 等部门联合参演

3. 介绍与会领导和观摩团（时间：   ）

讲话人员	解说词
解说员	出席观摩今天演练活动的领导和嘉宾有：……

4. 介绍演练流程（时间：   ）

讲话人员	解说词
解说员	本次演练分为四个阶段：一、警情发现与信息报送；二、现场处置；三、扩大应急；四、应急总结

5. 情景介绍（时间：   ）

讲话人员	解说词
解说员	本次应急演练设定的情景是：……

6. 引出正式演练（时间：   ）

讲话人员	对白	应答人员	对白
解说员	各位领导、各位来宾，"XXX 年度 XXX 突发环境事件应急演练"马上开始		

演练脚本示例（二）

1. 下达演练指令（时间：　）

【现场场景】XXX 向领导请示演练开始。

讲话人员	对白	应答人员	对白
XXX	报告 XXX，"XXX 年度 XXX 突发环境事件应急演练"准备就绪，请指示	XXX	我宣布，演练开始

2. 事件模拟（时间：　）

【现场场景】展现具体的事件情景，如施放发烟器、喷洒雨水等。

讲话人员	解说词
解说员	具体表述演练情景……

3. 报警与接警（时间：　）

【现场场景】XXX 发现险情，不能自行处理，随即拨打 XXX 应急电话。

讲话人员	对白	应答人员	对白
报警人	报告，我是 XXX，刚才巡查时发现：……现场紧急，请您尽快派人处理	XXX	明白，我们马上到达现场处置

4. 启动预案、人员集结（时间：　）

【现场场景】XXX 领导宣布启动环境应急程序。

讲话人员	对白	应答人员	对白
解说员	XXX 宣布启动环境应急预案，同时向 XXX 报告信息		
XXX	各环境应急工作组请注意，XXX 突然发生了 XXX 环境事件，现在我宣布启动环境应急预案，XXX 任现场总指挥，请各环境应急工作组立即前往现场开展应急处置	各工作组	明白
XXX	报告 XXX，今天 XXX 时许，XXX 突然发生 XXX 环境事件，可能造成局部污染。我们正在实施应急处置，特向你局报告	XXX	明白，请随时报告处置进度。我们将跟踪调查

【现场场景】公司各应急工作组陆续到达现场，向现场总指挥报到。

讲话人员	对白	应答人员	对白
现场处置组组长	报告总指挥，现场处置组已到达，请指示	总指挥	请完成以下动作：……
	明白。我们立即实施		
应急监测组组长	报告总指挥，应急监测组已到达，请指示	总指挥	请完成以下动作：……
应急监测组组长	明白。我们立即实施		
	……	总指挥	请完成以下动作：……

5.现场处置（时间： ）

【现场场景】各小组按照总指挥的要求实施应急处置。

讲话人员	解说词
解说员	对现场的各项应急处置活动进行解说……，如"现场处置组正在用沙包实施拦截废水作业，用潜水泵将被污染的废水引入 xxx 废水处理站净处理"；"应急监测组正在对空气进行采样分析，以判断污染物的种类和浓度"等

注：解说具有一定的专业性，解说员应具备必要的环境应急处置和监测知识，解说应具体。

【现场场景】经过一段时间的应急处置，各应急工作组纷纷向指挥部报告处置进展情况。

讲话人员	对白	应答人员	对白
解说员	首先向总指挥报告工作的是现场处置组		
现场处置组组长	报告总指挥，我们完成了 xxx 等现场处置工作	总指挥	明白
解说员	请应急监测组报告工作		
应急监测组组长	报告总指挥，应急监测发现的污染物是 xxx，浓度是 xxx	总指挥	明白
	……	总指挥	明白

讲话人员	对白	应答人员	对白
总指挥	报告XXX，完成应急处置工作，未造成环境污染	XXX	明白

注：①如果情景设计上有"扩大应急"，就应该在此环节由现场处置组或应急监测组提出请求政府生态环境部门支援的建议，并由现场总指挥向政府生态环境部门求援，相应的台词展开。

②可在此基础上设计新的情节，体现处置的真实性、复杂性和曲折性。如出现次生性事件或监测不达标还需要继续处置等。

演练脚本示例（三）

【现场场景】现场总指挥请示总经理，结束演练。

讲话人员	对白	应答人员	对白
解说员	本次突发环境事件应急演练策划的内容已全部完成，现场总指挥请示XXX		
总指挥	报告XXX，本次演练科目已全部完成，达到了预期目的，是否结束本次演练，请指示	XXX	同意结束演练
总指挥	现在我宣布，本次演练结束		

【现场场景】各应急演练队伍在主观摩台前列队，进行演练总结。

讲话人员	对白	应答人员	对白
总指挥	请演练评估组对本次演练进行口头点评		
评估组组长	主要从演练策划、应急准备、信息报告、现场应急处置等方面，就策划合理性、处置有效性、物资充分性、行动及时性等进行评价		
总指挥	请XXX做总结讲话		
XXX	……		

（3）演练评估方案

演练评估方案通常包括：

1）评估内容。应急演练准备、应急演练组织与实施、应急演练效果等。

2）评估标准。应急演练各环节应达到的目标评判标准。

3）评估程序。演练评估工作主要步骤及任务分工。

4）记录表格。演练评估所需要用到的相关记录表格等。

（4）意外处置方案

针对环境应急演练活动可能发生的意外情况制定演练意外处置方案，做到相关人员应知应会，熟练掌握。演练意外处置方案应包括应急演练可能发生的意外情况、应急处置措施及责任部门，应急演练意外中止的条件与程序等。

（5）演练观摩事项说明

根据演练规模和观摩需要，可编制演练观摩事项说明，通常包括环境应急演练时间、地点、情景描述、主要环节及演练内容、安全注意事项等。综合演练展示及观摩的形式大致可分为观看预制视频、远程观看实况直播、现场观摩实战演练或相互穿插结合等形式。观看预制视频的形式场景可多次重拍及进行精细化的后期加工，呈现较华丽的成片。远程观看实况直播的形式可保持观摩人员不转场的情况下通过镜头切换，较完整且更生动地展示应急工作的各环节。现场观摩实战演练的形式可让观摩人员身临其境地体验现场应急工作。以上三种展示及观摩形式对场地、设备、参演人员等要求依次递增，实施难度也依次递增。在实际演练中，各演练环节可根据情景设计及演练目的等，灵活采用各种形式展示，呈现最佳效果。

5.2.3.2.4　演练动员和培训

在演练开始前要进行演练动员和培训，确保所有演练参与人员了解演练规则，熟悉演练情景和演练任务。按照在演练过程中所担负的不同职责，可将参与演练活动的人员分为 5 类，即指挥控制人员、演练实施人员、角色扮演人员、评估分析人员和观摩学习人员。在一些小规模的应急演练中，由于参与人数较少，可以一人肩负多个职责，但随着演练范围的扩大以及参演人数的增多，在演练动员过程中，人员的职能划分必须清晰，并要佩戴特定的标识，在演练现场进行区分。

（1）指挥控制人员

指挥控制人员即应急演练指挥机构负责人。包括演练总指挥和方案负责人，一般由应急演练的主办部门（单位）负责人或分管应急管理的负责人以及参演的各相关部门（单位）负责人担任。在演练过程中，指挥控制人员可根据现场情况调整演练方案，控制演练时间和进度，对演练中的意外情况作出反应和调整，保证现场演练人员的安全，充分展示演练目的并使之顺利完成。

（2）演练实施人员

演练实施人员即应急演练的现场参与人员。与指挥控制人员不同，演练实施人员是演练方案的具体执行者，按照演练方案要求，实施每一个应急行动步骤，是参演人员的主体，也是演练检验的主要对象。参演人员主要来自各有关职能部门、责任单位和应急救援机构。演练人员承担的主要任务包括迅速对突发环境事件作出合理反应，实施各种应急响应措施，使用各种应急资源处置紧急情况和次生、衍生事件。

（3）角色扮演人员

角色扮演人员即在演练过程中扮演、模拟突发环境事件的侵害对象、应急组织、社会团体和服务部门的人员，或者模拟突发环境事件事态发展的人员。角色扮演人员要熟悉各种模拟器材的使用方法，了解所模拟对象的职责、任务和能力，尽量客观反映这些组织和个人的行为，增强应急演练的真实性。

（4）评估分析人员

评估分析人员即负责观察记录演练过程和进展情况并对演练活动进行总结评估、得出评估报告的人员。评估分析人员事先了解整个演练方案，但不直接参与演练活动。评估人员一般由辖区行政官员、环境应急管理机构人员和应急管理专家担任，在演练过程中观察参演人员行动，记录观察结果，评估演练效果，并在不干扰演练的前提下协助指挥控制人员，以保证应急演练按预定方案进行。

（5）观摩学习人员

观摩学习人员即观看应急演练活动、学习了解相关应急处置过程的人员。观摩学习人员可以是相关部门、单位和机构工作人员，也可以是该类突发事件影响的目标人群，还可以是普通公众。演练现场应划分专门的区域供他们参观学习，并设立专人负责维护现场秩序，保证所有观摩学习人员能清晰、安全地观看整个演练流程。

总之，所有演练参与人员都要经过应急基本知识、演练基本情况、演练现场规则等方面的培训。例如，对指挥控制人员要进行岗位职责、演练过程控制和管理等方面的培训；对参演人员要进行应急预案、应急技能及个体防护装备使用等方面的培训；对评估分析人员要进行岗位职责、演练评估方法、工具使用等方面的培训；观摩学习人员要求严格遵守现场秩序等。

5.2.3.2.5　演练工作保障

（1）人员保障

按照演练方案和有关要求，策划、执行、保障、评估、参演等人员参加演练活动，必要时考虑替补人员。

（2）经费保障

根据演练工作需要，明确演练工作经费及承担单位。

（3）物资和器材保障

根据演练工作需要，确定部门准备演练物资和器材，如人员防护装备、应急监测装备、应急处置车辆、工具和材料等。

（4）场地保障

根据事件情景、演练方式和内容，选择合适的演练场地。演练场地应满足演练活动需要，同时避免影响企业和公众正常生产、生活。

（5）安全保障

根据演练工作需要，采取必要安全防护措施，确保参演、观摩等人员以及生产运行系统安全，确保演练不伤害环境敏感点。

（6）通信保障

根据演练工作需要，采用多种公用或专用通信系统，保证演练通信信息通畅。

（7）其他保障

根据演练工作需要，提供的其他保障措施。

5.3 环境应急演练实施

环境应急演练可以采取桌面推演、实战演练等方式开展。重大和较大环境风险企业至少每年进行一次环境应急演练，一般环境风险企业至少每 2 年进行一次环境应急演练。环境应急演练突出对"预案八要素"（预案的合法性、实用性、基本要素的完整性、内容格式的规范性、组织体系的科学性、应急响应程序的合理性、应急措施的可操作性以及与其他相关预案的衔接性）的审查验证，通过演练进一步明确应急人员的岗位与职责，提高熟练程度和协调性。

5.3.1 演练启动

演练正式启动前一般要举行简短仪式，由演练总指挥宣布演练开始并启动演练活动。演练开始前应检查确认演练所需的工具、设备、设施、技术资料以及参演人员到位，对应急演练安全保障措施以及设备、设施进行检查确认，确保安全保障措施可靠，所有设备、设施完好。确认演练活动不会对环境敏感点造成伤害。

5.3.2 演练执行

（1）演练指挥与行动

①演练总指挥负责演练实施全过程的指挥控制。当演练总指挥不兼任总策划时，

一般由总指挥授权策划对演练全过程进行控制。

②按照演练方案要求，应急指挥机构指挥各参演队伍和人员，开展对模拟演练事件的应急处置行动，完成各项演练活动。

③演练控制人员应充分掌握演练方案，按总策划的要求，熟练发布控制信息，协调参演人员完成各项演练任务。

④参演人员根据控制消息和指令，按照演练方案规定的程序开展应急处置行动，完成各项演练活动。

⑤模拟人员按照演练方案要求，根据未参加演练的单位或人员的行动，并做出信息反馈。

（2）演练过程控制

总策划负责按演练方案控制演练过程。

1）桌面演练过程控制

在讨论式桌面演练中，演练活动主要是围绕对所提出问题进行讨论。由总策划以口头或书面形式，部署引入一个或若干个问题。参演人员根据应急预案及有关规定，讨论应采取的行动。在角色扮演或推演式桌面演练中，由总策划按照演练方案发出控制消息，参演人员接收到事件信息后，通过角色扮演或模拟操作，完成应急处置活动。演练领导小组或演练总指挥可按照演练方案或脚本组织各参演单位和参演人员熟悉各自参演任务和角色，熟悉演练实施过程的各个环节，并组织开展相应的演练准备工作。桌面演练后还可以开展现场预演。

2）实战演练过程控制

在实战演练中，要通过传递控制消息来控制演练进程。总策划按照演练方案发出控制消息，控制人员向参演人员和模拟人员传递控制消息。参演人员和模拟人员接到信息后，按照发生真实事件的应急处置程序，根据应急行动方案，采取相应的应急处置行动。控制消息可由人工传递，也可用对讲机、电话、手机、传真机、网络等方式传送，或者通过特定的声音、标志、视频等呈现。演练过程中，控制人员应随时掌握演练进展情况，并向总策划报告演练中出现的各种问题。

演练总指挥下达演练开始指令后，参演单位和人员按照设定的事件情景，实施相应的应急响应行动，包括信息报送、前期处置、污染控制、应急监测、扩大应急和污染消除等一系列活动，直至完成全部演练内容。演练操作应高度模拟、动作规范、环环相扣，避免情景脱节。演练实施过程中出现特殊或意外情况，演练总指挥可决定中止演练。

信息报送及应急响流程的启动应按照本地应急预案开展，应急响应级别根据演练情景设计需求结合实际情况设定；事态研判环节主要发挥专家组的作用。专家组综合考虑水文、气象等基础数据，利用污染扩散模型，推算污染物到达各监测断面的时间及浓度，为应急指挥部提供处置建议，以便更合理地分配人力、物力进行应急处置措施的实施。处置过程中，对应急监测方案及监测快报进行研判，充分利用监测数据，为污染处置措施及应急响应的及时调整提供建议；应急监测的目的是为应急指挥部决策提供关键数据支撑，主要由地方环境监测部门实施；污染处置方案由专家组配合当地政府生态环境部门制定，由地方政府组织消防等相关部门具体执行。

3）演练解说

在演练实施过程中，演练组织单位可以安排专人对演练过程进行解说。解说内容一般包括演练背景描述、进程讲解、案例介绍、环境渲染等。对于有演练脚本的大型综合性示范演练，可按照脚本中的解说词进行讲解。

4）演练记录

演练实施过程中，一般要安排专门人员，采用文字、照片和音像等手段记录演练过程。文字记录一般可由评估人员完成，主要包括演练实际开始与结束时间、演练过程控制情况、各项演练活动中参演人员的表现、意外情况及其处置等内容，尤其要详细记录可能出现的环境影响及财产损失等情况。照片和音像记录可安排专业人员和宣传人员在不同现场、不同角度进行拍摄，尽可能全方位反映演练实施过程。

5）演练宣传报道

演练宣传组按照演练宣传方案作好演练宣传报道工作。认真做好信息采集、媒体组织、广播电视节目现场采编和播报等工作，扩大演练的宣传教育效果。对涉密应急演练要做好相关保密工作。

6）评估观察

演练评估人员根据演练事件情景设计以及具体分工，在演练实施过程中展开演练评估工作，记录演练过程中发现的亮点、问题或不足，收集演练评估需要的各种信息和资料。

（3）演练结束与终止

应急响应的终止指令由应急指挥部根据污染处置结果及专家研判意见下达，演练总指挥宣布演练结束。演练结束后所有人员停止演练活动，按预定方案集合进行现场总结讲评或者组织疏散。参演人员按预定方案集中或者有序退场。演练组织者应确认现场处于安全状态，参演物资归位存放，重新处于备用状态。保障部负责组织人员对演练场地进行清理和恢复。

演练实施过程中出现下列情况，经演练领导小组决定，由演练总指挥按照事先规定的程序和指令终止演练：

①出现真实突发环境事件，需要参演人员参与应急处置时，要终止演练，使参演人员迅速回归其工作岗位，履行应急处置职责。

②出现特殊或意外情况，短时间内不能妥善处置或解决时，可提前终止演练。

5.4　环境应急演练评估与总结

5.4.1　演练评估

应急演练评估是指在全面分析演练记录及相关资料的基础上，对比参演人员表现与演练目标要求，对演练活动及其组织过程作出客观评价，并编写演练评估报告的过程。所有应急演练活动都应进行演练评估。

演练结束后可通过组织评估会议、填写演练评价表（表5-2、表5-3）和对参演人员进行访谈等方式，也可要求参演单位提供自我评估总结材料，进一步收集演练组织实施的情况。演练评估报告的主要内容一般包括演练执行情况、预案的合理性与可操作性、应急指挥人员的指挥协调能力、参演人员的处置能力、演练所用设备装备的适用性、演练目标的实现情况、演练的成本效益分析、对完善预案的建议等。

表 5-2　实战演练评估表

评估指标	评估内容	评估结果
一票否决项		
1	演练造成重大事故的	
一级指标		
1	环境应急预案中组织结构、信息报告、典型情景、处置措施、应急监测、保障措施等内容经演练检验操作性、实用性、符合性差	
2	存在信息迟报、漏报现象	
3	应急处置措施实施不及时、不到位，对处置效果造成影响的	
4	应急监测特征污染因子选取不当，未能按时出具监测报告的	
5	参演单位职责不清、协调配合机制不顺畅，影响演练效果的	

评估指标		评估内容	评估结果
二级指标			
演练准备	1. 演练准备和策划	1.1 结合环境风险特征设置演练场景	是 / 否
		1.2 演练目标明确、合理、具体、可量化和可实现	缺项 / 较差 / 一般 / 优秀
		1.3 演练目标设置从提升参演单位环境应急能力角度考虑	是 / 否
		1.4 考虑到对周边环境及环境敏感点的影响	是 / 否
		1.5 演练场地符合情景设置要求，现场条件满足演练要求	
		1.6 演练各科目／环节相互衔接	缺项 / 较差 / 一般 / 优秀
	2. 演练文件编制	2.1 编制了演练工作方案、演练脚本、保障方案及演练突发事件应急预案等演练文件	缺项 / 较差 / 一般 / 优秀
		2.2 各单项文件要素齐全、内容合理、符合演练规范要求	是 / 否
		2.3 演练保障方案印发到演练各保障部门	是 / 否
		2.4 演练工作方案经过评审或论证	是 / 否
		2.5 有演练突发事件应急预案，且预案考虑充分、涵盖演练过程中可能发生的各类突发情况的妥善应对	是 / 否
		2.6 编制的观摩手册中各要素齐全，并有安全告知	是 / 否
演练实施	3. 预警与信息报告	3.1 能够根据监测监控系统数据变化状况、环境污染紧急程度和发展态势或有关部门提供的预警信息进行预警	较差 / 一般 / 优秀
		3.2 有明确的预警启动条件、预警方式和方法	是 / 否
		3.3 预警方式、方法和预警结果在演练中表现有效	较差 / 一般 / 优秀
		3.4 信息报送机制有效，能在规定时间内报告相关部门	是 / 否
		3.5 报送信息要素齐全，并能持续信息更新和报送	较差 / 一般 / 优秀
		3.6 信息通报机制有效，能快速通报周边群众、企业	是 / 否
	4. 响应启动与先期处置	4.1 能够初步判定可能造成的环境影响及事件等级	是 / 否
		4.2 及时启动预案及相应级别应急响应，并采取有效工作程序通知和动员参演范围内人员	较差 / 一般 / 优秀

评估指标		评估内容	评估结果
演练实施	4. 响应启动与先期处置	4.3 开展先期处置,有效控制污染态势进一步扩大	较差 / 一般 / 优秀
		4.4 演练单位能够适应事先不通知突袭抽查式的演练	较差 / 一般 / 优秀
	5. 指挥和协调	5.1 及时成立应急指挥部或现场指挥部	是 / 否
		5.2 指挥部各成员能够在较短或规定时间内到位,各负其责	较差 / 一般 / 优秀
		5.3 专家组能够及时提出科学、合理应急处置措施或制定现场处置方案	较差 / 一般 / 优秀
		5.4 应急指挥决策程序科学,内容有预见性	较差 / 一般 / 优秀
	6. 应急处置	6.1 现场处置措施有效、可操作	是 / 否
		6.2 根据处置进展随时调整处置方案或合理优化处置方案	是 / 否
		6.3 针对污染物及事件情景科学制定环境应急监测方案	较差 / 一般 / 优秀
		6.4 持续跟踪环境质量监测数据,并及时向现场指挥部汇报	较差 / 一般 / 优秀
		6.5 预案确定环境监测布点位置及监测频次符合性	较差 / 一般 / 优秀
	7. 环境应急资源保障	7.1 储备环境应急物资数量充足、性能适用	较差 / 一般 / 优秀
		7.2 联合储备 / 协议储备等外部物资调运及时规范	是 / 否
		7.3 参演人员能够正确、熟练使用应急器材、设备、物资	是 / 否
	8. 信息公开	8.1 明确信息发布职能部门、发布原则,信息发布时间、程序和内容符合要求	是 / 否
		8.2 能够持续发布事件处置情况	
	9. 应急通讯	能够建立起多途径的通信渠道,应急通讯效果良好,演练各方通信顺畅	是 / 否
	10. 现场警戒	现场警戒合理、警戒标识完备	是 / 否
	11. 人员防护	11.1 救援人员配备个人防护装备,防护装备与面临的安全风险相适应	是 / 否
		11.2 疏散环境污染区域人群并提出安全防护措施	是 / 否
	12. 医疗救护	12.1 先期对受污染影响人员采取医疗救护措施	是 / 否
		12.2 及时与场外医疗救援资源建立联系得救援,确保伤员及时得到救援	是 / 否
	13. 应急终止	应急终止条件确认准确	是 / 否

评估指标		评估内容	评估结果
14. 现场控制及恢复		14.1 针对事件可能造成的环境影响和生态破坏制定了降低环境影响或进行生态修复的技术对策或措施，且有效	是 / 否
		14.2 处置期间产生的污染物妥善收集并处置，未造成二次环境影响	较差 / 一般 / 优秀
		14.3 有效安置疏散人员，划定安全区域并提供生活保障	是 / 否
15. 其他		15.1 现场点评全面、有针对性，问题分析到位、建议合理	是 / 否
		15.2 现场解说清晰、准确，与现场同步，表达的专业性强	是 / 否
		15.3 演练全过程安排有文字、影像记录	是 / 否
		15.4 演练经费保障充分	是 / 否
		15.5 演练活动安全保障条件准备到位并满足要求	是 / 否

表 5-3　桌面演练评估表

评估指标	评估内容	评估结果
1. 演练策划和准备	1.1 演练目标明确且具有针对性，符合本单位实际	是 / 否
	1.2 演练目标明确、合理、具体、可量化和可实现	是 / 否
	1.3 设计的演练情景符合参演人员需要，且有利于促进实现演练目标和提高参与人员应急能力	较差 / 一般 / 优秀
	1.4 演练情景内容包括了情景概要、事件后果背景信息、演化过程等要素，要素较为全面	是 / 否
	1.5 演练情景中事件演化衔接关系设置科学、合理，各事件有确定的发生与持续时间	较差 / 一般 / 优秀
	1.6 确定了参演单位和角色在各场景中的期望行动以及期望行动之间的衔接关系	是 / 否
	1.7 制定了演练工作方案，明确了参演人员的角色和分工	是 / 否
	1.8 演练练现场布置、各种器材、设备等硬件条件满足桌面演练需要	是 / 否
2. 演练实施	2.1 演练背景、进程以及参演人员角色分工等解说清晰正确	是 / 否
	2.2 根据事态发展，响应迅速、准确	是 / 否
	2.3 按照模拟真实发生的事件表述应急处置方法和内容	较差 / 一般 / 优秀
	2.4 通过多媒体文件、沙盘、信息条等多种形式向参演人员展示应急演练场景，满足演练要求	是 / 否
	2.5 参演人员能够准确接收并正确理解演练注入的信息	是 / 否

评估指标	评估内容	评估结果
2.演练实施	2.6 参演人员根据演练提供的信息和情况能够作出正确的判断和决策	是 / 否
	2.7 参演人员能够主动搜集和分析演练中需要的各种信息	是 / 否
	2.8 参演人员制订的污染控制措施科学可行	是 / 否
	2.9 参演人员能够依据给出的演练情景快速确定事件可能造成的环境影响及等级	较差 / 一般 / 优秀
	2.10 参演人员能够根据事件级别，确定启动的应急响应级别，并能够熟悉应急响应的方法和程序	较差 / 一般 / 优秀
	2.11 参演人员能够熟悉事件信息的报送程序、方法和内容	较差 / 一般 / 优秀
	2.12 参演人员熟悉各自应急职责，并能够较好配合其他小组或人员开展工作	较差 / 一般 / 优秀
	2.13 参与演练各小组负责人能够根据各位成员意见提出本小组的统一决策意见	是 / 否
	2.14 参演人员对决策意见的表达思路清晰、内容全面	是 / 否
	2.15 参演人员作出的各项决策、行动符合角色身份要求	是 / 否
	2.16 参演人员能够与本应急小组人员共享相关应急信息	是 / 否
	2.17 演练的各项预定目标都得以顺利实现	较差 / 一般 / 优秀

5.4.2　演练总结

演练总结可分为现场总结和事后总结。

（1）现场总结

在演练的一个或所有阶段结束后，由演练总指挥、总策划、专家评估组长等在演练现场有针对性地进行讲评和总结。内容主要包括本阶段的演练目标、参演队伍及人员的表现、演练中暴露的问题、解决问题的办法等。

（2）事后总结

在演练结束后，由文案组根据演练记录、演练评估报告、应急预案、现场总结等材料，对演练进行系统和全面的总结，并形成演练总结报告。演练参与单位也可对本单位的演练情况进行总结。鼓励企业委托第三方进行演练评估与总结。

演练总结报告的内容包括：演练目的，时间和地点，参演单位和人员，演练方案概要，发现的问题与原因，经验和教训，以及改进有关工作的建议等。书面总结报告主要依据演练评估记录和其他信息资料对应急演练准备、策划和实施等工作进行简要总结分析，评估演练目标的实现情况、预案的合理性与可操作性、应急指挥人员的指挥协调能力、参演人员的处置能力、演练所用设备装备的适用性，重点是描述演练中暴露的问题和对完善预案、应急准备、应急机制、处置措施等方面的意见与建议。

（3）成果运用

对演练中暴露出来的问题，演练单位应当及时采取措施予以改进，包括修改完善应急预案、有针对性地加强应急人员的教育和培训、对应急物资装备有计划地更新等，并建立改进任务表，按规定时间对改进情况进行监督检查。应急演练结束后，环境管理部门应根据应急演练总结报告提出的问题和建议，对应急管理工作（包括应急演练工作）进行持续改进。企业管理层应督促相关部门和人员制定整改计划，明确整改目标，制定整改措施，落实整改资金，并应跟踪督察整改情况。

（4）文件归档与备案

演练组织单位在演练结束后应将演练计划、演练方案、演练评估报告、演练总结报告等资料归档保存。对于由上级有关部门布置或参与组织的演练，或者法律、法规、规章要求备案的演练，演练组织单位应当将相关资料报有关部门备案。

（5）考核与奖惩

演练组织单位要注重对演练参与单位及人员进行考核。对在演练中表现突出的单位和个人，可给予表彰和奖励；对不按要求参加演练，或影响演练正常开展的，可给予相应批评。

第6章　突发环境事件应对

6.1　责任主体及职责

突发环境事件应对工作坚持"统一领导、分级负责，属地为主、协调联动，快速反应、科学处置，资源共享、保障有力"的原则。突发环境事件发生后，各级人民政府和有关部门应立即按照职责分工和相关预案开展应急处置工作。根据《突发环境事件应急管理办法》和《国家突发环境事件应急预案》，突发环境事件应对工作涉及企业、生态环境部门及地方政府三个层面，主要包括预案启动、信息报告及通报、应急监测、应急处置、应急终止等内容。

根据突发环境事件的严重程度和发展态势，《国家突发环境事件应急预案》将应急响应设定为Ⅰ级、Ⅱ级、Ⅲ级和Ⅳ级四个等级，分别对应特别重大、重大、较大、一般突发环境事件。

本章以甘肃省生态环境厅应对突发环境事件为例进行阐述，有关突发环境事件可参照执行。

6.1.1　企业事业单位

企业事业单位是突发环境事件应急响应的第一责任单位，事发单位应当立即启动突发环境事件应急预案，指挥本单位应急救援队伍和工作人员营救受害人员，做好现场人员疏散和公共秩序维护；通报可能受到污染危害的单位和居民，按规定向当地人民政府和有关部门报告；控制危险源，采取污染防治措施，防止发生次生、衍生灾害和危害扩大，控制污染物进入环境的途径，尽量降低对周边环境的影响，并接受调查处理。应急处置期间，应当服从统一指挥，全面、准确地提供本单位与应急处置相关的技术资料，协助维护应急秩序，保护与突发环境事件相关的各项证据。

6.1.2　生态环境部门

突发环境事件发生后，地方生态环境部门应严格按照5个"第一时间"开展应急突发环境事件应对工作,即:第一时间赶赴现场、控制事态;第一时间准确研判、及时报告;第一时间开展监测、服务决策;第一时间展开调查、查明原因;第一时间引导舆论、维护稳定开展。

（1）信息报告与通报

获知突发环境事件信息后,事件发生地县级以上地方生态环境主管部门应当按照《突发环境事件信息报告办法》规定的时限、程序和要求,向同级人民政府和上级生态环境主管部门报告。突发环境事件已经或者可能涉及相邻行政区域的,事件发生地生态环境主管部门应当及时通报相邻区域同级生态环境主管部门,并向本级人民政府提出向相邻区域人民政府通报的建议。

（2）应急处置

突发环境事件发生后,地方生态环境主管部门应第一时间派员赶赴现场。事态严重或敏感的,地方生态环境主管部门主要领导应第一时间赶赴现场;到达现场后,应当立即组织排查污染源,初步查明事件发生的时间、地点、原因、污染物质及数量、周边环境敏感区等情况。同时,应由有关部门、机构、专业技术人员和专家开展事件信息的分析、评估,提出应急处置方案和建议报本级人民政府。

（3）应急监测

获知突发环境事件信息后,地方生态环境主管部门应当按照《突发环境事件应急监测技术规范》开展应急监测,及时向本级人民政府和上级生态环境主管部门报告监测结果。必要时,可要求省级生态环境监测力量予以支持。

（4）响应与终止

突发环境事件发生后,地方生态环境主管部门结合分析研判结果,向地方政府提供预案启动和终止及响应级别的建议;突发环境事件的威胁和危害得到控制或者消除后,地方生态环境主管部门应当根据本级人民政府的统一部署,停止应急处置措施。

6.1.3　地方人民政府

事发地人民政府接到信息报告后,要立即派出有关部门及应急救援队伍赶赴现场,迅速开展处置工作,控制或切断污染源,全力控制事件态势,避免污染物扩散,严防发生二次污染和次生、衍生灾害。组织、动员和帮助群众开展安全防护工作。同时根据事态启动应急响应,并开展应急处置工作,当事件条件已经排除、污染物质已降至规定限值以内、所造成的危害基本消除时,终止应急响应。

6.1.3.1   启动响应

根据突发环境事件的严重程度和发展态势，将应急响应设定为Ⅰ级、Ⅱ级、Ⅲ级和Ⅳ级四个等级，分别由省、市、县人民政府根据权限启动。

（1）启动Ⅰ级、Ⅱ级应急响应

初判发生特别重大或重大突发环境事件时，由省人民政府分别启动Ⅰ级或Ⅱ级应急响应。主要开展以下工作：

①组织专家进行会商，研究分析突发环境事件影响和发展趋势。

②根据需要，协调各级、各专业应急力量开展污染处置、应急监测、医疗救治、应急保障、转移安置、新闻宣传、社会维稳等应对工作。

③根据需要，成立并派出现场指挥部，赶赴现场组织、指挥和协调现场处置工作。

④统一组织信息报告和发布，做好舆论引导。

⑤向受事件影响或可能受影响的省（区、市）内有关地或相近、相邻省（区、市）通报情况。

⑥研究决定市州、县市区政府和有关部门提出的请求事项。

⑦协助生态环境部开展事件调查和损害评估工作。

⑧视情请求相近、相邻省区支援。

⑨配合国家环境应急指挥部或工作组开展应急处置工作。

（2）启动Ⅲ级应急响应

初判发生较大突发环境事件时，由事发地市州人民政府负责启动Ⅲ级应急响应并负责突发环境事件的应对工作。

（3）Ⅳ级应急响应

初判发生一般突发环境事件时，由事发地县市区人民政府负责启动Ⅳ级应急响应并负责突发环境事件的应对工作。

6.1.3.2   应急处置

突发环境事件发生后，各有关地方人民政府、有关部门和单位根据工作需要，组织采取以下措施。

（1）现场污染处置

事发地人民政府应组织制订综合治污方案，采用监测和模拟等手段追踪污染物扩散途径和范围；采取拦截、导流、疏浚等形式防止水体污染扩大；采取隔离、吸附、打捞、氧化还原、中和、沉淀、消毒、去污洗消、临时收贮、微生物消解、调水稀释、转移异地处置、临时改造污染处置工艺或临时建设污染处置工程等方法处置污染物。必要时，要求其他排污单位停产、限产、限排，减轻环境污染负荷。

（2）转移安置人员

根据突发环境事件影响及事发当地的气象、地理环境、人员密集度等，建立现场警戒区、交通管制区域和重点防护区域，确定受威胁人员疏散的方式和途径，有组织、有秩序地及时疏散转移受威胁人员和可能受影响地区居民，确保生命安全。妥善做好转移人员安置工作，确保有饭吃、有水喝、有衣穿、有住处和必要的医疗条件。

（3）医学救援

迅速组织当地医疗资源和力量，对伤病员进行诊断治疗，根据需要及时、安全地将重症伤病员转运到有条件的医疗机构加强救治。指导和协助开展受污染人员的去污洗消工作，提出保护公众健康的措施建议。视情增派医疗卫生专家和卫生应急队伍、调配急需医药物资，支持事发地医学救援工作。做好受影响人员的心理援助工作。

（4）应急监测

加强大气、水体、土壤等应急监测工作，根据突发环境事件的污染物种类、性质以及当地自然、社会环境状况等，明确相应的应急监测方案及监测方法，确定监测的布点和频次，调配应急监测设备、车辆，及时准确监测。根据监测结果，通过咨询专家和模型预测等方式，预测事件发展和污染物扩散趋势，为突发环境事件应急决策提供依据。

（5）市场监管和调控

密切关注受事件影响地区市场供应情况及公众反应，安排相关单位或部门加强对重要生活必需品等商品的市场监管和调控。禁止或限制受污染食品和饮用水的生产、加工、流通和食用，防范因突发环境事件造成的集体中毒等。

（6）信息发布和舆论引导

通过政府授权发布、发新闻稿、接受记者采访、举行新闻发布会、组织专家解读等方式，借助政府网站、广播、电视、报纸、互联网等多种途径，主动、及时、准确、客观地向社会发布突发环境事件和应对工作信息，回应社会关切，澄清不实信息，正确引导社会舆论。信息发布内容包括事件原因、污染程度、影响范围、应对措施、需要公众配合采取的措施、公众防范常识和事件调查处理进展情况等。

（7）维护社会稳定

加强受影响地区社会治安管理，严厉打击借机传播谣言制造社会恐慌、哄抢救灾物资等违法犯罪行为；加强转移人员安置点、救灾物资存放点等重点地区治安管控；做好受影响人员与涉事单位、事发地人民政府及有关部门矛盾纠纷化解和法律服务工作，防止出现群体性事件，维护社会稳定。

6.2　应对流程

6.2.1　事件接报与报告

6.2.1.1　信息接报

值班、值守人员应当及时处理以下各渠道接报的突发环境事件相关信息，并做好记录。

①省生态环境厅办公室、省政府总值班室转来省委省政府下达的突发环境事件应急指令，及省委省政府领导同志重要批示，厅领导具体指示。

②其他部门通报的突发环境事件相关信息。

③地方生态环境部门报告的突发环境事件信息。

④通过新闻媒体、"12369"环保举报平台等渠道获取的突发环境事件相关信息。

⑤其他途径获取的突发环境事件信息。

通过电话接报的，应同时做好书面记录。包括但不限于以下内容：接报时间、来文单位、基本情况、报告人姓名及联系方式等（模板范式6-1）。

6.2.1.2　调度核实

获悉突发环境事件相关信息后，值班、值守人员应立即报告厅应急处、应急中心相关领导，并向相关市级生态环境主管部门调度核实事件情况。必要时可直接向相关县级生态环境主管部门进行调度核实。调度内容包括事件发生时间、地点、原因、基本过程、主要污染物种类和数量、周边饮用水水源地等环境敏感点分布及受影响情况、监测布点和监测结果、事件处置情况、人员受害及疏散转移情况、事态发展趋势、信息报告和通报情况、下一步工作计划等（模板范式6-2、模板范式6-3）。同时视情况向省政府汇报启动Ⅱ级响应（模板范式6-4）。

同时，利用甘肃省生态环境监测大数据管理平台进行溯源分析、污染源、敏感点分布、应急资源信息查询、污染模拟和趋势研判，全方位了解事件情况，以辅助决策。

市（州）生态环境主管部门上报的突发环境事件信息，应以其正式报告为准。情况紧急时，可通过电话、短信、微信等方式报告，并及时补充正式报告。

6.2.1.3　会商研判

及时开展会商，根据事件调度核实情况，研判事件发展态势和环境影响，提出措施建议，指导督促地方妥善应对。

发生重特大突发环境事件或社会影响重大的敏感事件时，视情况组织开展集中会商，邀请有关单位相关专家参加。

初步判断情况严重或敏感的（包括但不限于以下 6 类情况），应急处负责同志及时向分管副厅长报告，提出派工作组赶赴现场的建议。因情况紧急未能事先报告的，应急处、应急中心可先行派员前往，并及时补充报告说明原因。情况特别严重的，由厅长、分管副厅长或生态环保督察专员带队赶赴现场。

6 类情况具体包括：

①党中央、国务院领导同志、省委、省政府领导同志作出批示的突发环境事件；

②超出事发地市级应对能力，需要大范围响应的事件；

③可能发展成为重大或特别重大级别的突发环境事件；

④社会关注度高的突发环境事件；

⑤可能造成黄河、嘉陵江、石羊河、黑河、疏勒河等重点流域干流，以引洮工程重要保护目标水质超标的突发环境事件；

⑥地方上报情况不清，或前期处置不力的突发环境事件。

初步研判事件影响不大，无须派员赶赴现场的，持续调度关注，直至事件处置完毕。

6.2.1.4　信息报告 [①]

按照《甘肃省突发环境事件应急预案》和《突发环境事件信息报告办法》，对初步认定为特别重大（Ⅰ级）或重大（Ⅱ级）突发环境事件的，应当在 1 小时内报告生态环境部和省委、省政府。对初步认定为一般（Ⅳ级）或者较大（Ⅲ级）突发环境事件的，要求事发地生态环境部门 4 小时以内上报省生态环境厅。

初步认定为较大重特大突发环境事件、敏感事件或其他有必要报告的突发环境事件，由应急处或应急中心起草《甘肃生态环境值班信息》（模板范式 6-5），报应急处负责同志审核。应急处负责同志核定后，呈报分管副厅长，提出是否向甘肃省政府总值班室和生态环境部应急办报送《甘肃生态环境值班信息》的建议。

生态环境厅领导签发报送值班信息后，由应急处以《甘肃生态环境值班信息》形式，报送甘肃省政府总值班室、生态环境部应急办，抄送生态环境部西北督察局。

---

①生态环境部门信息报告执行《突发环境事件信息报告办法》（环境保护部令　第 17 号）等相关规定。

情况紧急的，可先通过电话口头报告，并尽快补充书面报告。甘肃省政府总值班室和生态环境部应急办有明确报送时限要求的，严格按要求报送。持续做好事件处置进展续报、领导同志批示落实情况报告和终报工作。加大现场图像、视频等影像信息的收集报送力度。

①续报。事件处置过程中，密切跟踪事态进展，及时报送信息。

②领导同志批示落实情况报告。党中央、国务院领导同志，甘肃省委、省政府领导同志批示的，按照有关要求报送。

③终报。事件应急处置结束后，应及时终报。

6.2.1.5　值守协调

应急处、应急中心值班、值守人员持续做好应急值守和统筹协调工作（模板范式6-6），包括但不限于以下事项。

接到党中央、国务院领导同志，甘肃省委、省政府领导同志，以及厅领导批示后，第一时间向前方工作组和地方生态环境部门传达，确保及时准确落实到位。

应急处做好与相关单位的沟通协调工作。适时与现场人员、应急专家等进行视频连线，了解事件应急处置情况，组织开展远程会商，指导督促地方妥善应对。

对可能造成跨市、省影响的突发环境事件，及时通知并指导相关市州提前做好应急准备工作，通报相关省份事件情况，适时启动环境应急响应。

对重特大及敏感突发环境事件，做好相关舆情及"12369"环保举报情况的跟踪监测，全面掌握舆情发展情况。向甘肃省委宣传部汇报，并指导督促地方及时公开处置进展情况，视情通过甘肃省生态环境厅"两微一端"公开相关信息。

模板范式 6-1

甘肃省生态环境厅突发事件调度处理单

编号：20XX—X

接报人（搜集人）			时　间	
信息来源	网　络		相关信息（联系人、电话）	
	市州上报			
	上级通知			
	当事人直报			
发生时间			发生地点	
事件基本情况				
周围学校、医院、村庄、河流、饮用水水源地等敏感点分布及受影响情况				
相关部门已采取的处置措施				
我厅已采取的措施				
分管领导意见				
主要负责人意见				
调查处理结果				
是否定性为突发环境事件				

模板范式 6-2

调度事项参考清单

一、基本情况

事发时间、地点、原因、过程、涉事单位概况等。

二、涉及主要污染物

所涉化学品种类、数量、理化性质、特征污染物等。

三、周边环境敏感点等情况

（一）涉水

1. 河流（湖泊）

水系分布、距离、流速流量，污染物是否进入水体、数量等。

2. 饮用水水源地

下游饮用水水源地分布及受影响情况、取水方式、距离、供水范围和日供水量、是否有备用水源（供水能力、应急准备情况）等。

3. 是否涉及跨省 / 市

距离、受影响情况；是否向相关省 / 市通报等。

（二）涉有毒有害气体

居民区分布及人员受影响疏散 / 防护情况、交通管制情况、人畜中毒情况等。

（三）涉火灾、爆炸

是否起火、是否熄灭、何时熄灭；

周边是否有可能受火灾、爆炸影响的其他风险源；

是否因灭火降温等产生消防水？如有，产生量、收集处置情况、事故池 / 应急池库容、库容余量等。

四、监测情况

监测项目、布点、采样时间、频次、监测结果、参照标准，监测报告等。

五、处置措施

（一）已采取措施

1. 源头阻断（是否阻断、如何阻断、阻断时间等）；

2. 截流引流（是否采取相关措施、估算污水量）；

3. 工程削污 [筑坝拦截：位置、类型（临时土石坝 / 加高加固现有混凝土拦水坝 / 吸附坝）；投药降污情况等]；

4. 水利调度;

5. 供水保障情况;

6. 有毒有害气体处置措施;

7. 固体废物/污染土壤处置措施。

（二）其他信息

上下游水库闸坝分布（距离、容量等）及开闭情况;如已关闭闸坝截流,可以接纳多大水量、多长时间的上游来水。

六、现场人员情况

省、市、县生态环境部门到位情况及联系方式;地方政府到位情况等。

七、其他

天气情况,例如:是否降雨或是否可能出现强降雨;河道是否结冰等。

模板范式 6-3

突发事件调度记录单

事件名称　　　　　　　　　　　　　　　　　编号（起数—期数）

日　期	年　月　日	调度人员	
联系单位			
联系人		联系电话	
调度时间	调度内容	反馈情况	

模板范式 6-4

关于申请启动《甘肃省突发环境事件应急预案》Ⅱ级响应的请示

省政府：

XX 年 XX 月 XX 日 XX 时 XX 分，接到 XX 情况报告（通报）后，我厅立即启动省生态环境厅环境应急预案，派遣工作组赶赴现场，对相关水体进行排查、监测和应急处置。

根据 XX 日 XX 时 XX 分的样品监测结果，确认污染造成 XXXX，建议省政府启动甘肃省公共突发事件 XX 级响应。

甘肃省生态环境保护厅

20XX 年 XX 月 XX 日

模板范式 6-5

信息报告模板

甘肃生态环境值班信息

第　期

省生态环境厅办公室　　　　　　　　20XX 年 XX 月 XX 日

签发人：XXXX　　　　　　编辑：XX　时间：　时　分

1. 初报

甘肃省生态环境厅关于
XX 市 XX 事故至 XX（污染物）泄漏的初报【简要说明事件概况】

【说明信息获悉渠道及响应情况】从 XX 获悉（接到 XX 市生态环境局）关于 XX 事件的信息（报告）后，我厅立即调度核实相关情况，（并派工作组和专家赶赴现场，）督促指导地方政府和生态环境部门妥善处置事件，……

【简要说明事发时间、地点、基本过程等】据 XX 市生态环境局报告，X 月 X 日 X 时许，……

【事发点周边环境敏感点分布等】事发点下游 XX km 处为 XX 饮用水水源地 / 省市界，……

【当地政府和生态环境部门响应】事件发生后，当地政府立即采取措施，…… XX 省 / 市 / 县生态环境部门已于 X 日 X 时到达现场，……

【应急监测】目前，XX 市 / 县生态环境部门已在事故点周边布设 X 个大气监测点位，在 XX 至 XX 布设 X 个水质监测点位。X 日 X 时监测数据表明，……/ 监测数据正在分析中

【态势研判】根据目前掌握的情况，初步判断……

【下一步工作】……

我厅已要求……（我厅工作组已赶赴现场），重要情况随报（如不再续报，结束语为"特此报告"）

【所涉化学品理化性质】

【联系人及联系电话】

示意图

2. 续报

甘肃省生态环境厅关于
XX 市 XX 事故至 XX（污染物）泄漏的续报

【简要说明事故处置进展情况】

【简述工作开展情况】XX 时 XX 分（事故处置进展），我厅现场采取……措施，市州采取……措施。我厅要求……目前，……

【处置进展】

【应急监测】

【态势研判】扩大 / 可控

【下一步工作】

我厅应急工作组继续在现场 / 我厅将继续指导地方妥善处置事件，重要情况随报。

附件：现场信息示意图，以及有代表性的监测图表、现场照片等。

3. 终报

甘肃省生态环境厅关于
XX 市 XX 事故至 XX（污染物）泄漏的终报【简要说明事件影响】

【事件概况】X 月 X 日，XX 发生 XX 事故。

【事件环境影响】自 X 月 X 日 X 时起，事发地下游 XX 沿线各监测点位特征污染物浓度持续达标，（事件未对 XX 水质造成影响 /XX 水厂自 XX 时起恢复供水）。

【处置完毕】XX 政府自 XX 日 X 时起终止应急响应。

【后续工作】我厅将继续指导地方做好后续……

如无重要情况，我厅将不再续报。

模板范式 6-6

突发环境事件调度处理工作日志

事件名称：

序号	时间 （精确到分钟）	工作内容	记录人
1	11 月 26 日 14：23	XX 接到 XX 市 XX 电话汇报，XX 要求立即启动应急预案，要动用一切力量，上措施，决不允许污染水进入下游，处置不当可能引起跨省污染	
2	14：36	XX 电话、微信向 XX 汇报事件情况	
3	14：38	XX 电话、微信向 XX 反映了事件情况	
4	14：43	XX 电话、微信向应急处处长 XX 汇报事件情况	
5	14：53	XX 与 XX 县 XX 通电话，要求动用一切力量，采取截留、吸附等手段处置污染物，不要造成下游污染	
6	15：00	XX 再次要求 XX 市 XX，XX 市要高度重视，动员 XX 县沿途拦截吸附	
7	15：30	厅应急处、应急中心出发赶赴现场	
8	15：50	……	
9	16:00—17:00	……	
10	18：20	……	
…			

6.2.2　应急准备

按照生态环境厅党组和生态环境厅应急指挥领导小组安排，组建工作组赶赴现场，指导、协调、支持、督促地方政府开展环境应急响应工作。根据事件应急处置工作需要，做好人员调配、物资准备、行程安排、信息公开等工作。主要工作流程如下：

6.2.2.1　组建前方工作组

前方工作组由厅长或分管厅长带队，应急中心、调查中心、甘肃省环境监测中心站派员参与。专家优先从省级生态环境应急专家组成员名单和厅属单位相关领域专家团队中选择。

预计工作时间两周以上（含两周），前方工作组正式党员在 3 人以上的，应同时成立临时党支部，前方工作组所有党员均应编入临时党支部。临时党支部设书记 1 名，一般由现场带队同志担任。临时党支部建立情况，由厅应急处党支部向部机关党委备案。

确定前方工作组成员后，由值守人员负责通知并填写《甘肃省生态环境厅前方工作组名单》（模板范式 6-7）。

对社会关注度高的事件，应通过生态环境厅"两微一端"及时发布现场信息（模板范式 6-8）。

6.2.2.2　建立联络会商群

值守人员负责建立联络会商群，及时互通共享信息。参与人员包括生态环境厅前方工作组全体成员和值班值守人员。根据工作需要，前方工作组可建立包括地方工作人员在内的联络会商扩大群。前方工作组、值班、值守和地方生态环境部门三方应明确 1～2 名联络员。前方工作组人员有变动的，由前方联络员及时更新并填写工作组联络单（模板范式 6-9）。

6.2.2.3　物资准备

根据应急处置工作需要，携带单兵作战装备、个人防护物资、应急设备等。包括便携式单兵、无人机、防护口罩、护目镜、防护服、防护鞋、手电筒、便携式监测仪器、监测车等。因时间紧张或运送不便而未携带，但在事件处置过程中确有必要的，可商请地方协调支持。

6.2.2.4　行程安排

按照"从急从简"原则安排行程，确保工作组尽快抵达现场开展工作。

前方工作组人员名单及行程确定后，值守人员应及时转告地方生态环境部门联络员，商请协助预订住宿。事件处置期间入住宾馆应严格遵守差旅住宿费标准要求，地点尽可能便于现场开展工作。

模板范式 6-7

甘肃省生态环境厅前方工作组名单

XX 事件工作组						
序号	姓名	性别	单位 / 职务或职称	手机	到达地点、方式（火车 / 航班次等）及时间	备注
工作组						
工作组						
工作组						☆现场联络员
专家						
专家						
记者						
记者						

携带应急设备及防护物资
□监测车＿＿辆　　□监测仪器＿＿个　　□无人机＿＿台　　□手电筒＿＿个
□防护服＿＿套　　□防护口罩＿＿个　　□护目镜＿＿个　　□防护鞋＿＿双
□其他（类型 / 台套）

地方联络人员			
姓名	单位 / 职务或职称	联系方式	备注

记录人员：

填写日期：　　年　　月　　日

模板范式 6-8

甘肃省生态环境厅工作组紧急赶赴 XX 指导环境应急处置工作

【概述事故基本情况及环境影响】X 月 X 日 X 时 X 分许，XX 市（州）XX 县（区）（XX 公司）发生 XX 事故，导致……

【应急响应情况】获知信息后，生态环境厅高度重视，党组书记、厅长 XX 第一时间作出批示，启动应急响应程序。XX 副厅长率领工作组正（已）紧急赶赴事发现场，指导做好环境应急处置工作。

模板范式 6-9

前方工作组联络单

序号	姓名	单位	职务/职称	电话	到达日期	房号	备注

6.2.3　预案启动及分级响应

6.2.3.1　预案启动

按照突发环境事件严重性和紧急程度分为特别重大（Ⅰ级）、重大（Ⅱ级）、较大（Ⅲ级）和一般（Ⅳ级）4 级。

应急办公室接到突发环境事件信息后，与事发地政府总值班室、生态环境部门建立应急信息沟通渠道，进一步核实现场情况，密切跟踪了解事态发展，做好事件分析研判，及时将有关情况报告应急领导小组组长、副组长，为应急领导小组提供启动《甘肃省突发环境事件应急预案》、厅内部应急响应方案和事件响应级别的建议。应急领导小组根据实际情况提请省政府启动《甘肃省突发环境事件应急预案》和启动厅内部应急响应方案不同级别响应。在应急处置过程中，应急响应级别可根据现场应急处置情况进行调整。

6.2.3.2　分级响应

（1）特别重大突发环境事件，启动Ⅰ级响应。具体应对措施如下：

甘肃省生态环境厅进入紧急应急状态，7 个应急工作组按职责要求全面准备，随时出动；由应急领导小组组长带领各应急工作组，立即赶赴现场开展事件指挥处置工作；第一时间提请甘肃省政府启动《甘肃省突发环境事件应急预案》；应急领导小组各成员单位负责人 24 小时通信畅通，做到随叫随到，以优先保障应急工作为原则，其他日常工作服从事件应对工作。

应急办公室根据应急领导小组组长、副组长批示，密切跟踪了解事态发展，及时将有关情况通过临时组建的应急工作群、电话、手机短信等形势报告应急领导小组组长、副组长，并根据领导指示，向地方转达任务，并立即联系有关环境应急物资库做好物资调配准备。

（2）重大突发环境事件，启动Ⅱ级响应。具体应对措施同Ⅰ级响应。

（3）较大突发环境事件，启动Ⅲ级响应。具体应对措施如下：

由领导小组组长指定副组长带领工作所需的应急工作组赶赴现场指导事件处置工作。

应急办公室进入应急状态，安排值班人员 24 小时在岗；与事发地政府总值班室、生态环境部门建立应急信息沟通渠道，密切跟踪了解事态发展，及时将有关情况通过临时组建的应急工作群、电话、手机短信等形势报告应急领导小组组长、副组长。有需要时联系有关环境应急物资库做好物资调配准备。

（4）一般突发环境事件，启动Ⅳ级响应。具体应对措施如下：

应急办公室明确专人负责，跟踪了解事态发展及现场处置情况，及时上报；联系有关专家，通知相关工作组做好应急准备工作，指导事发地生态环境部门开展应急监测、处置等工作，并做好应急准备；必要时，按照厅领导批示指示要求，组织相关应急工作组赴现场指导应急处置工作。

6.2.3.3　应急处置

根据应急领导小组指示，按照职能分工，在应急领导小组的指挥下立即开展工作。

（1）先期指导

根据接报和调度动态信息，各应急工作组在赶赴现场途中，通过各种有效途径了解污染源特征及现场应急处置技术，初步制定应急监测和处置方案，电话指导事发地生态环境部门取样、监测，开展污染防控等先期处置工作。

（2）指挥协调

各应急工作组到达现场后，依据职责分工，督促、指导、协调当地政府及有关部门开展应急监测、污染防控、紧急处置、污染源调查等现场处置工作；一旦可能造成跨境污染，及时通报上下游省、市协同开展事件应对工作。

（3）现场处置

在查清污染物种类、数量、浓度、污染范围及其可能造成的危害作出预测判断的基础上，根据现场情况和应急专家组意见，及时优化监测、处置等工作方案，采取果断措施，确保污染得到及时控制，并防止污染蔓延和扩散，努力将污染危害降低到最低程度。

6.2.3.4　信息发布

突发环境事件的信息，由各级人民政府根据相应级别对外统一发布，各级组织指挥机构负责提供突发环境事件的有关信息。

厅系统内部提供突发环境事件的有关信息所需素材由各应急工作组组长审核签字后，统一报送新闻宣传组，经应急领导小组组长或副组长审核签字后统一报送省政府或省突发环境事件应急指挥部。

信息发布要严格落实"5×24"要求（发生重特大或者敏感事件时，5小时内要发布权威信息，24小时内要举行新闻发布会），主动做好突发环境事件信息公开。

6.2.3.5　应急终止

（1）应急终止的条件

突发环境事件的现场应急处置工作在事件的威胁和危害得到控制或者消除后，应当终止。应急终止应当符合下列条件之一：

1）事件现场危险状态得到控制，事件发生条件已经消除；

2）事件发生地人群、环境的各项主要健康、环境、生物及生态指标已经达到常态水平；

3）事件所造成的危害已经被彻底消除，无继发可能；

4）事件现场的各种专业应急处置行动已无继续的必要；

5）采取了必要的防护措施以保护公众免受再次危害，并使事件可能引起的中长期影响趋于合理且尽量低的水平。

（2）应急终止的程序

特别重大突发环境事件（Ⅰ级）的应急终止按照国务院突发环境事件应急指挥部或生态环境部的规定实施；重大突发环境事件（Ⅱ级）的应急终止由应急领导小组报甘肃省政府或甘肃省突发环境事件应急指挥部同意后实施；较大、一般突发环境事件（Ⅲ级、Ⅳ级）的应急终止由地方人民政府或市、县突发环境事件应急指挥部决定。

突发环境事件应急终止后，各应急工作组经过应急领导小组批准后方可离开现场；根据甘肃省委、省政府有关指示和实际情况，需要继续进行环境监测和后期评估工作的，由应急领导小组指定相关应急工作组继续进行现场工作，直至事件影响消除。

6.3　应急处置

6.3.1　主要任务

传达落实党中央、国务院领导，省委、省政府领导重要批示，生态环境部领导批示要求，生态环境厅领导指示要求；指导、协调、督促、支持地方政府妥善处置；牵头开展、指导地方科学开展环境应急监测、污染态势和环境影响评估；组织专家为环境应急处置工作提供技术和决策支持；全面收集掌握现场信息及污染状况，及时汇总并报告相关情况。

6.3.2　工作要点与流程

6.3.2.1　组织体系

前方工作组指挥长由带队赴现场的部领导担任。工作组可根据需要下设综合组、应急组、监测组、专家组、新闻组等。综合组主要负责统筹协调、沟通联络等工作，及时汇总并向后方应急值班值守报告应急处置进展；应急组主要负责指导地方开展事故应急，组织开展事故调查；监测组主要负责牵头制定监测方案，协调各方监测力量支持，组织开展科学监测；专家组主要负责研判污染态势，提出处置建议，指导工程实施、评估处置效果等；新闻组主要负责指导地方做好信息公开，做好省生态环境厅信息公开并组织开展宣传报道等。

应急期间，可根据工作需要组织召开现场调度会、专家会商会等，部署安排工作、统筹协调资源、会商研判态势。

6.3.2.2　应急目标

以"最大限度减小事件环境影响，保障生态环境安全"为原则，根据污染态势、处置难度、周边环境敏感目标分布等因素，统筹考虑可行性和科学性，确定切实可行的应急目标（模板范式 6-10）。应急目标应建立在充分了解现场情况、准确评估污染态势、全面掌握事件影响、处置措施切实可行的基础上，并在事发初期尽早确定。

需要注意的是，应急目标与应急响应终止条件不同。应急目标主要围绕污染态势得到有效控制，不会进一步扩大污染范围或加重影响程度。应急响应终止条件则严格按照相关环境应急预案规定的条件执行。当应急目标实现后，前方工作组可结束现场指导，后续应急处置工作可交由地方政府继续执行，直至解除应急响应。

6.3.2.3　实地勘查

通过实地勘查，全面核实掌握突发环境事件现状，包括污染断源情况、环境敏感目标受影响及应对情况、应急监测、物资储备、工程措施选址、实施情况、处置措施效果查验等。及时发现并解决出现的问题，确保应对措施取得实效（模板范式 6-11）。

模板范式 6-10

应急目标设定案例
XX 尾矿库泄漏事件应急目标

　　XXXX 年 X 月 XX 日 XX 时 XX 分，位于 XX 市的 XX 尾矿库溢流井倒塌，造成 XXX 万 m^3 尾矿砂水泄漏，下游重金属浓度最高超标 XX 倍。X 月 XX 日，指导组抵达 XX 市后，第一时间赶赴现场了解尾矿库封堵以及河流污染情况，X 月 XX 日 XX 时，指导组和 XX 省应急指挥部在召开会商调度会，确定"不让超标污水进入 XXX"为本次事件的应急目标。

　　该应急目标的确定，主要基于以下三方面考虑：一是污染现状（"两个不可避免"）。当时污染团已导致某市地表水饮用水水源地取水中断（县级饮用水水源地污染不可避免），预计数小时后污染团前锋进入某河口（污染团进入某河不可避免），该河经过几百千米后汇入跨国境河流。二是事件可能造成的影响。事发点位置位于我国和某国界河上游，具国际敏感性。当前污染团最高超标约 XX 倍，如不能得到有效处置，一旦跨国境河流出现超标情况，将造成较大的国际影响。三是处置难易程度。此次尾矿和尾矿水泄漏量为 XXX 万 m^3，是我国近 20 年来泄漏量最大的一次事件，应急处置必须在短时间的"窗口期"内完成，应急处置难度非常大。

　　鉴于此，以"最大限度减小事件环境影响，保障生态环境安全"为原则，结合污染态势与实际情况进行科学研判，将"不让超标污水进入跨国境河流"作为此次事件应急目标，为成功应对此次事件奠定了重要基础。

模板范式 6-11

实地勘查要点

一、勘查目的

主要包括以下 7 类。

污染源排查。对突发环境事件污染源不明的，第一时间开展溯源排查工作，避免污染持续输入。

核实现状。污染源封堵情况、污染现状、河道流量流速、周边环境、地形地貌、上下游水库实际可调节库容及下泄量等；应急监测情况；现场工艺研发进度及试验效果；应急处置工程施工及运行情况；饮用水水源地等环境敏感目标受影响及应对情况；受影响自来水厂应急处置情况；物资储备情况等。

工程选址。针对筑坝、围油栏、投药等工程选址进行现场勘查，综合交通、地形、占地等判断处置工程实施可行性。

实施指导。对应急处置工程的实施进行指导，包括筑坝、溶药池大小、位置、投药量、溶药浓度、加药管加工与布设等详细工程参数的现场培训。

督促执行。指导督促地方政府组织力量执行指挥部相关措施，检查措施执行情况，包括应急工程施工进度、运行情况。

协调解决。及时协调解决实地勘查发现的问题。

效果查验。现场查验应急处置工程实施效果。

二、工作内容

现场勘查重点随污染态势变化有所不同，可分为前期、中期和后期三个阶段。前期主要关注事发地封堵、污染现状以及截流引流工程、筑坝、溶药投药等实施位置，应急物资储备情况，环境敏感目标等。中期主要关注截流引流、筑坝工程和投药效果。后期主要关注末段污染带消除措施落实情况。如涉及流域性突发水环境污染事件，实地勘查点位应跟随污染带的迁移而变化。

三、行程安排

实地勘查的人员主要包括综合、监测、专家、新闻等小组主要成员，视情增加或减少人员。

勘查过程中，工作组或地方政府需安排专人记录相关要求，便于措施落实。

一般情况下每日均需开展实地勘查工作。

6.3.2.4 应急监测 [①]

应急第一时间组织环境监测力量开展应急监测，必要时可调集相关生态环境监测部门进行支援。事发地可采取购买服务的方式，调集社会环境监测机构的人员、物资或设备参与应急监测。

应急监测工作参照《突发环境事件应急监测技术规范》《重特大突发水环境事件应急监测工作规程》（模板范式6-12）执行。应急监测应当在尽可能短的时间内，以有足够代表性的监测信息，为突发环境事件应急决策提供可靠依据。根据目标的不同，应急监测分为污染态势初步研判和跟踪监测两个阶段。污染态势初步研判阶

① 主要以突发水污染事件为例，其他类型突发环境事件可参考。

段，应急监测的目标是尽快确定污染物种类、监测项目及污染范围；跟踪监测阶段，应急监测的目标是快速获取污染物浓度及其变化趋势信息。

（1）监测项目

优先选择突发环境事件特征污染物作为监测项目。特征污染物一般是事件中排放量较大或超标倍数较高、对生态环境有较大影响、可以表征事态发展的污染物。根据事件类型、污染源特征、生产工艺等，并结合事件发生地周边环境本底值情况和应急监测初筛结果确定特征污染物。必要时需增加监测指标或开展水质全分析监测。

（2）监测方法

突发环境事件现场应急监测方法应满足快速、准确、规范的基本要求。根据突发环境事件的类型、污染物种类和环境影响情况，综合考虑应急监测能力、现场监测条件以及监测方法优缺点，根据不同应急阶段的监测需求，选择合适的监测方法。在满足环境应急处置需要的前提下，有多种应急监测方法可选时，应优先选择国家标准、行业标准及行业认可的监测方法，为突发环境事件的事后定性定级、司法鉴定以及环境损害评估等提供数据支撑，如有必要可留样送实验室分析。对于跨省突发环境事件，受影响地区应共同商定应急监测方法，确保监测数据互通互认。对多个环境监测队伍协同参与的突发水环境事件，各监测方应选用经应急指挥部确定的应急监测方法（模板范式 6-13、模板范式 6-14）。

模板范式 6-12

重特大突发水环境事件应急监测工作规程①

为有效应对重特大突发水环境事件，确保应急监测工作有序开展，按照快速及时、准确可靠、数据说话、支撑决策的原则，制定本规程。

一、编制依据

（一）《国家突发环境事件应急预案》（国办函〔2014〕119 号）；

（二）《突发环境事件应急监测技术规范》（HJ 589）。

二、适用范围

---

① 引自 2020 年 10 月印发的《重特大突发水环境事件应急监测工作规程》。

适用于因污染物排放或自然灾害、生产安全事故等引起，初判为重特大突发水环境事件的应急监测。

不适用于海洋突发环境事件应急监测。

三、工作原则

重特大突发水环境事件应急监测坚持国家指导、区域协同、省级统筹、属地管理的原则。

事件发生地的生态环境部门在接到事件通知后，应第一时间启动应急监测预案，组织人员、调集应急监测设备赶赴现场开展应急监测，并将监测结果上报本级人民政府和上级生态环境主管部门。

省级生态环境部门统筹本行政区域内环境应急监测工作。当事件发生地不具备应急监测能力时，应及时报告省级生态环境部门，由省级生态环境部门组织本行政区域内力量支援。

流域生态环境监督管理局在生态环境部的统一部署下，根据需要委派技术专家和业务骨干赶赴现场，指导、参与应急监测工作。必要时调集监测设备、物资，及时进行支援。

生态环境部指导督促地方开展应急监测，根据需要安排中国环境监测总站参与应急监测工作，必要时调集相关生态环境监测部门或社会环境监测机构的人员、物资或设备进行支援。

四、应急监测

（一）监测方案

点位布设：监测断面的布设参照《突发环境事件应急监测技术规范》执行。以准确掌握污染团移动情况为核心，以实时监控污染物浓度变化为目标，根据事件特点和应急处置措施实施情况，建立监测断面动态调整机制。对于污染带较长的河流型突发水环境事件，结合应急处置工程措施、饮用水水源地等敏感点分布情况，一般每 10 ～ 20 km 布设一个控制断面。若污染带超过 100 km，可适当增加断面间距。必要时，根据信息发布要求固定若干个控制断面，作为对外发布信息的依据。

断面的布设应考虑交通状况、人员安全等，确保采样的可行性和方便性。

特征污染物：特征污染物一般是事件中排放量较大或超标倍数较高，对水生态环境有较大影响，可以表征事态发展的污染物。根据事件类型、污染源特征、生产工艺等，并结合事件发生地沿线河流的水质本底值情况和应急监测初筛结果确定特征污染物。必要时需增加监测指标或开展水质全分析监测。

监测频次：应急初期，控制断面原则上每 1～2 小时开展一次监测，其中，各控制断面采样时间应相同。用于发布信息的断面原则上每天监测次数不少于 1 次。根据处置情况和污染物浓度变化态势进行动态调整。

（二）样品采集

人员配备：初判为重特大突发水环境事件发生后，应第一时间调集本行政区域生态环境监测部门的监测人员开展监测，人员不足时可以协调社会环境监测机构进行补充。每个监测断面配备 2～4 组采样人员，每组至少 2 人，每组至少配备一辆样品运输车。对于交通不便的采样断面，可根据实际情况适当增加采样人员及样品运输车辆。

注意事项：水质采样过程中应注意兼顾安全和代表性，尽量选择混合均匀、便于采样的河段采集样品，可根据现场实际情况适当调整距离并做好记录。石油类应使用专用采样器在水面至 300 mm 采集柱状水样，重金属应分析溶解态含量，样品浑浊时应离心或过滤。每次采样过程应留有一定量的备用样品，用于质控和复测。

应急监测采样时，采样人员应拍照记录采样断面经纬度位置、采样时间和周边情况等。

（三）分析测试

实验室布设：污染带长度超过 30 km 的河流型突发水环境事件，以事件发生地为起点，每隔 30～50 km 布设一个现场实验室或应急监测车，负责附近监测断面的样品分析。

人员配备：每个实验室按照监测项目配备分析人员，每个监测项目配备 2～3 组人员，24 小时轮流值班。对于前处理复杂的样品，每组配备 4 人；对于前处理简单的样品，每组配备 2 人。由省级生态环境监测部门委派质量监督员，在每个实验室定点监督，对数据质量进行审核。

监测设备：结合现场条件，优先选用便携式或车载监测设备。常规项目优先采用现场便携或车载设备监测；重金属项目优先采用车载式电感耦合等离子体光谱仪（ICP）监测；挥发性有机物项目优先采用便携式气相色谱 - 质谱联用仪监测污染物种类和浓度；生物毒性项目优先采用便携式生物毒性分析仪等。

试剂准备：应按照 10 个监测断面，每 2 小时监测一次，准备 2 天的试剂包，同时做好后续的试剂保障工作。

（四）监测方法

　　为确保快速、及时、准确，可采用现场快速监测、在线监测、实验室手工监测方法相结合的方式开展应急监测。应急监测初始阶段需快速掌握污染物浓度和污染团移动情况，应选择便携式、直读式、多参数的现场监测或车载快速监测方法，部分常规项目可采用无人船连续自动监测。

　　便携式监测仪器不能准确测定污染物浓度时，为精准掌握污染物浓度，精确定位污染团位置，支撑应急决策，应选择实验室手工监测或车载高精度监测方法。

　　注意事项：突发水环境事件现场应急监测要加强质量控制工作。现场应急监测仪器设备要做好日常维护。开展突发水环境事件现场应急监测工作时，应按照标准规范或仪器作业指导书等要求进行仪器校准。应急监测方法之间应开展比对测试，便携式监测仪器、在线监测设备和实验室手工监测在对同一系列水样进行测试时，其测定结果变化趋势应保持一致。当测定结果偏差过大或变化趋势不一致时，应对应急监测仪器设备进行检查，确因应急监测仪器问题导致数据偏差过大时，应以实验室手工监测方法测定为准。

　　对于跨省突发水环境事件，受事件影响的上下游地区应共同商定应急监测方法，确保地区之间监测数据互通互认。对多个环境监测队伍协同参与的突发水环境事件，各监测方应选用应急指挥部确定的统一的应急监测方法。

　　（五）报告分析

　　人员配备：配备 2 组人员，每组 4～5 人，分别负责方案编制、数据收集、数据分析、报告编制等。

　　报告内容：监测结论应包括污染带前锋、污染团长度和范围、污染团浓度峰值等。根据实际情况评估应急处置工程效果，预测污染扩散趋势和对敏感目标的影响。

　　数据表征：包括污染物浓度的空间变化趋势图（同一时间不同点位污染物浓度的空间变化趋势）和时间变化趋势图（同一点位污染物浓度的时间变化趋势），趋势图中应有显示污染物是否达标或达到背景值的参考线。趋势图一般以折线图表示，每个趋势图中可包括一条或多条折线。

　　数据分析：特征污染物浓度明显超出本底值的河段定义为污染带，污染带中特征污染物浓度超标的河段定义为污染团，污染物浓度首次明显超过本底值的断面定义为污染带前锋，污染物浓度首次恢复至本底值的断面定义为污染带尾部。污染带前锋和尾部是动态变化的。污染带、污染团长度一般采用实测值计算。

　　预测模型：河流特征污染物可利用时空变化趋势法、水文流速预测模型、条件格式表格法或时间滚动－数据耦合模型等，分析污染团可能的位置和范围。

注意事项：报告应经过三级审核。

五、应急监测终止

最近一次监测方案中全部监测点位的连续 3 次监测结果达到评价标准或要求，或者应急专家组认为可以终止应急监测时，由应急监测组提出应急终止建议，根据应急指挥部的决定终止应急监测。

应急监测终止后，应按照应急指挥部要求组织开展跟踪监测。

模板范式 6-13

常见污染物应急监测方法推荐表[1]

环境空气		应急监测方法
无机污染物	无机气体	电化学传感器法、便携式傅里叶红外仪法、检测管法
	汞蒸气	便携式测汞仪分析法
有机污染物	甲醛	电化学传感器法、检测管法
	挥发性有机物	便携式气相色谱－质谱联用分析法、便携式气相色谱法
水环境		应急监测方法
常规项目	pH	电极法、试纸法
	浊度	浊度计法
	电导率、溶解氧、氟化物、余氯	电极法
	COD、氨氮、总磷、总氮、氰化物	便携式分光光度法、连续流动分光光度法
	硫化物、挥发酚、LAS	连续流动分光光度法、气相分子吸收光谱法（硫化物）
金属	铁、钴、镍、铜、锌、铅、镉、铬、锰、铍、银、铊、锑、铋、钼、钒、铝、钡、砷、硒、汞	车载电感耦合等离子体原子质谱法（ICP-MS）、车载电感耦合等离子体发射光谱法（ICP）、阳极溶出伏安法（铜、锌、铅、镉）、便携式分光光度法（六价铬、铁、锰、镍、砷）、便携式原子荧光法（砷、汞、硒、锑、铋）、便携式测汞仪分析法（汞）
有机污染物	石油类	便携红外／紫外分光光度法
	挥发性有机物	便携式气相色谱－质谱联用分析法（顶空）、便携式气相色谱法

---

[1] 常见污染物应急监测推荐方法将定期更新。

有机污染物	半挥发性有机物	便携式气相色谱－质谱联用分析法（固相微萃取）、便携式气相色谱法
生物指标	生物综合毒性	发光细菌法
	粪大肠菌群	酶底物法

土壤、沉积物及固体废物	应急监测方法
金属及其化合物	便携 X－荧光光谱法、车载电感耦合等离子体原子质谱法（ICP-MS）、车载电感耦合等离子体发射光谱法（ICP）、便携式测汞仪分析法（汞）
挥发性有机污染物	便携式气相色谱－质谱联用分析法（顶空）

模板范式 6-14

常用应急监测方法适用范围和优缺点

方法类型		适用范围	方法特点
电化学法	电化学传感器法	气：H_2S、Cl_2、HCl、HCN、光气等	优点：快速、操作简单、携带方便。缺点：检出限较高，部分物质存在干扰，定期需要更换
	阳极溶出伏安法	水：铜、铅、锌、镉等重金属	优点：检出限相对比色法较低、携带方便。缺点：检测元素种类有限，操作复杂
	电极法	水：pH、电导率、溶解氧、氯离子、氟化物等	优点：快速、操作简单、携带方便。缺点：部分不能准确定量，部分物质存在干扰，电极需定期更换
光谱分析法	便携式分光光度法（紫外－可见）	水：COD、氨氮、总磷、部分金属离子等	优点：便于携带，可测定多种元素。缺点：部分物质检出限较高
	连续流动分光光度法	水：COD、氨氮、总磷、硫化物、挥发酚、LAS 等	优点：准确度较高，可测定多种元素。缺点：操作相对复杂，专业性较强

方法类型		适用范围	方法特点
光谱分析法	便携红外分光光度法	水：石油类等。 气：CO、CO$_2$ 等	优点：准确度较高，分析速度相对较快。 缺点：操作专业性较强
	便携式傅里叶红外仪法	水：有机污染物。 气：HCN、HCl、CO、苯、甲苯、苯乙烯等	优点：适用范围广，携带方便。 缺点：检出限高，操作专业性较强
	便携式测汞仪分析法	水、气、土：Hg	优点：检出限低，携带方便。 缺点：目标物单一
	便携式原子荧光法	水：砷、汞、硒、锑、铋	优点：检出限低，确度较高，分析速度相对较快。 缺点：检测元素种类有限
光谱分析法	便携 X- 荧光光谱法	土壤和固体样品：金属元素	优点：制样简单，测定快速，携带方便，可同时测定多种元素，非破坏分析。 缺点：部分元素检出限较高，易受相互元素干扰影响
	车载电感耦合等离子体发射光谱法（ICP）	水、气、土：绝大多数金属和部分非金属元素	优点：可多元素同时分析，干扰少，稳定度好，灵敏度高，准确度高，易维护。 缺点：操作专业性较强，体积大，不易携带，使用条件要求较高
色谱分析法	便携式气相色谱法	水、气：VOCs 和 SVOCs 的监测	优点：分离效果好，灵敏度高，应用范围广。 缺点：对于未知物质难以定性
仪器联用技术	便携式气相色谱 – 质谱联用分析法	水、气、土：VOCs 和 SVOCs 的监测	优点：灵敏度高、选择性好、准确度高。 缺点：操作相对复杂
	车载电感耦合等离子体原子质谱法（ICP-MS）	水、气、土：绝大多数金属和部分非金属元素	优点：可多元素同时分析，定性准确，干扰少，稳定度好，检出限低，准确度高。 缺点：操作相对复杂，体积大，不易携带，使用条件要求较高

方法类型		适用范围	方法特点
微生物法	发光细菌法	水：生物综合毒性的检测	优点：能快速检测水质生物急性毒性。 缺点：不能对目标污染物定性，灵敏度较低，维护成本较高
	酶底物法	水：粪大肠菌群的检测	优点：方便、准确，手工操作步骤简单。 缺点：检测周期较长
试纸法		水：pH	优点：成本低廉、检测速度快、操作简单、携带方便，具有一定的灵敏性和专一性。 缺点：检出限较高，不能准确定量，部分物质存在干扰
检测管法		气：CO、Cl_2、H_2S、氨气、光气等	优点：快速、操作简单、携带方便。 缺点：不能准确定量，部分物质存在干扰

（3）点位布设

以准确掌握污染态势为核心，以实时监控污染物浓度变化为目标，根据事件特点和应急处置措施实施情况，建立监测点位动态调整机制。对于污染带较长的河流型突发水环境事件，结合应急处置工程措施、饮用水水源地等敏感点分布情况，一般每 10～20 km 布设一个控制点位。若污染带超过 100 km，可适当增加点位间距。必要时，根据信息发布要求固定若干个控制点位，作为对外发布信息的依据。

点位的布设应考虑交通状况、人员安全等，确保采样的可行性和方便性，并根据污染态势动态调整。同时，监测点位应合理编号，并采用插牌固定等方式进行明显标记，防止样品混淆。

（4）监测频次

监测频次主要根据处置情况和污染物浓度变化态势确定。力求以最合理的监测频次，做到既具备代表性、能满足处置要求，又切实可行。应急初期，控制点位原则上每 1～2 小时开展一次监测，各控制点位采样时间应保持一致。后期可视情动态调整。其中，用于发布信息的点位原则上每天监测次数不少于 1 次。

（5）采样分析

重特大突发水污染事件应急初期，每个监测点位配备 2～4 组采样人员，每组至少 2 人，每组至少配备一辆样品运输车。污染带长度超过 30 km 的河流型突发水环境事件，以事件发生地为起点，每隔 30 ~ 50 km 布设一个现场实验室或应急监测车，负责附近监测断面的样品分析。每个实验室按照监测项目配备分析人员，每个监测项目配备 2 ~ 3 组人员，24 小时轮流值班。前处理复杂的样品，每组配备 4 人；前处理简单的样品，每组配备 2 人。

应急监测采样时，采样人员应拍照并记录采样断面经纬度位置、采样时间和周边情况等。

（6）监测报告

监测报告是应急处置决策的重要支撑，分快报、简报和分析报告三类。监测快报通常包括经初步审核的监测数据，主要强调快，应第一时间报工作组。监测简报和分析报告还应包括对监测数据的分析研判内容，主要包括：污染现状（污染前锋、峰值位置，污染团长度和范围等）；趋势判断（预测污染扩散趋势及对环境敏感目标的影响）；效果评估（根据实际情况评估应急处置工程效果）；异常分析（对监测发现的异常情况进行原因分析）；污染物浓度空间 / 时间变化趋势图等。

6.3.2.5　处置方案

组织专家开展态势研判、工艺选择，向地方政府提出污染控制建议，协助制定环境应急处置技术方案，评估处置效果，根据实际情况及时调整方案。

（1）态势研判

根据污染源控制情况、污染物总量和理化性质、污染超标范围与时间、水文状况等，结合相关污染扩散模型，判断污染可能影响范围及程度，重点关注对环境敏感目标的影响。

（2）工艺选择

根据态势研判结果，判断是否需要采用工程措施削减污染。组织专家通过经验比对、现场实验、文献查询等方式，确定污染物去除工艺及相应参数，提出工程技术方案。

（3）方案制定

方案内容包括：总体情况、应急目标、污染态势、处置思路、工程措施、实施保障等（模板范式 6-15）。

其中，突发水污染事件环境应急处置工程措施包括源头阻断、截流引流、工程削污、调水稀释、供水保障等；化工园区爆炸次生突发环境事件应急处置工程措施除涉及污染水体的拦截削污外，还需做好空气质量监测、土壤及地下水污染调查、受污染土壤及废弃化学品清运等。

跟踪评估工程方案实施效果，结合应急处置的不同阶段、突发情况等不断调整和完善。

模板范式 6-15

环境应急处置技术方案大纲 [①]

一、事件概况

事件发生时间、地点、特征污染物、污染团（前锋、峰值、尾部等）分布及浓度、水系图、环境敏感目标、已采取措施等。

二、应急目标与处置原则

应急处置目标的背景及具体要求，根据现有条件提出污染处置原则。

三、态势预测

根据现有资料，预测未来的污染态势，以及可能会造成的严重后果。

四、处置思路

提出应急处置应对思路。

五、工程措施

详细介绍污水处理工艺原理、工程方案、选址等。

六、实施保障

为实施应急处置措施需指挥部配合的各项工作事宜。

6.3.2.6　信息报告和资料收集

前方工作组应全面了解事件进展，记录工作日志，并及时报送现场工作简报。事发初期，应每日不定时报送工作简报，处置状态平稳后，可视情况2～3天报送一期，遇重要情况应随时报告。

现场人员应及时报送现场影像信息，报送内容包括但不限于以下内容：事发点，入河点，河流交汇点，监测点，已有闸坝，新建拦截（吸附）坝，投药点，饮用水水源地，自来水厂等点位的照片、视频及定位信息。

同时，前方工作组应指定专人负责向工作组成员、随行记者、地方等，全面收

---

① 不同类型突发环境事件可视情调整大纲内容。

集事件处置相关文字、图表及现场影像等资料，并做好保存归档，为事件调查、损害评估、事件总结及回顾片制作做好准备。

6.3.3　突发环境事件应急处置技术方法

应急处置技术是应对突发环境事件的"硬核心"，在突发环境事件应对过程中选择适宜的环境应急处置技术，对提高事件的应急处置效率、效果具有决定性作用，综观现阶段我国突发环境事件应急处置技术研究现状可以得出，2005 年"松花江事件"后，突发环境事件应急处置理论和技术方面的研究逐渐增多，特别是近几年随着国家对环境安全和防范化解环境风险隐患的重视，专家学者针对突发环境事件基础理论研究逐渐成熟，对突发环境事件应急处置技术也有所探索研究，但缺乏应用实践的研究，特别是一些水处理、大气处理方面的成熟技术在突发环境事件中的应用研究报道较少，而这些方面研究的欠缺不足以支撑现阶段环境应急人员在开展现场处置时的现实需求。因此，本书对现阶段常用的环境应急处置技术方法进行总结归纳，形成了环境应急处置的基本方法，主要有：陆地封堵、拦截、吸附、絮凝沉淀、稀释、焚烧、冷却防爆、中和等，本章详细阐述了每种技术方法的使用场景及使用方法，并配以典型案例应用场景进行说明。

突发水污染事件是环境应急中比较常见的一种突发环境事件类型，相比于突发大气污染事件和土壤污染事件，突发水环境事件因污染物随水体流动，极易造成跨界突发环境事件发生或对河流饮用水水源地水质安全造成威胁，危害大、处置难度大。回顾历史事件，突发水污染事件应急处置中，先期拦截、隔离污染团至关重要，只有控制或减缓污染团的流动，才能掌握处置主动权，很多处置案例暴露出一些地方在处置中常常是"跟在污染团后跑"，应急处置陷入被动；而要想在有限的时间内高效拦截、隔离污染团，对其相应的拦截、隔离工程设施的修筑进行研究、掌握必不可少。

处置突发环境事件，特别是处置突发水环境事件时，常用的应急工程设施主要有浮油—围油栏、截留坝、清水拦截坝、活性炭拦截坝、深水区漂浮物吸附、清水导流等设施，下文逐一列出了上述常用应急工程设施的修筑方式和修筑技术要点，并配以修筑设计图纸和典型案例应用场景。考虑到应急工程设施修筑受地理位置、河流水量、污染物浓度以及事发地环境应急物资储备等的影响，本书根据不同影响因素给出了多种应急工程设施选择修筑的条件，以帮助应急人员可以针对不同应急处置情景，采用不同的应急处理方法。

6.3.3.1　环境应急处置基本方法

（1）陆地封堵、拦截及其应用示例

针对陆地泄漏的污染物，将污染物控制在最小的范围之内，防止其扩散。常采用的措施如下：

1）路边导流渠内设置围堰拦截

示例1： 2018年4月21日凌晨3时50分左右，十天高速甘肃省天水市秦州服务区附近发生一起拉运危险化学品车辆（据初步核算，车内装有31 t五硫化二磷）被同向行驶的白糖拉运车辆追尾，致使危险化学品车辆燃烧，现场产生大量烟气（图6-1）。事发地距离附近灰水河约70 m（灰水河事发点处约20 km汇入南沟河，后经约15 km汇入藉河）。事发后，现场处置工作组采取水泥封存事故车辆、调运水泥对路面燃烧遗留物进行覆盖处置、在高速公路路基下导流渠设置两道围堰拦截泄漏物（图6-2）、紧急疏散事故点周边100m范围内杨川村居民等措施，全力拦截现场燃烧残留物，最大限度地减小事件对周围环境和人民群众健康的影响。

图6-1　事发现场　　　　　图6-2　路边和路边水渠设置围堰拦截

示例2： 2011年1月1日凌晨5时，一辆由新疆哈密开往陕西省榆林市载有约30 t煤焦油的罐车在行驶至连霍高速公路甘肃省酒泉市玉门东收费站向东3 km处时发生侧翻事故，所载煤焦油全部泄漏至高速公路南侧的排水旱渠内（污染长度约60 m）（图6-3）。事故现场周边无居民、河流、饮用水水源地、学校及医院等环境敏感点。由于现场气温较低，泄漏煤焦油挥发性不强且全部凝固，现场处置人员封锁现场，拦截泄漏到水渠的煤焦油（图6-4），全部收集清除现场泄漏的所有煤焦油，及时清理被污染的土壤运往陕西省榆林市可接受煤焦油一公司再用。

图 6-3　煤焦油流入高速公路排水渠中　　图 6-4　围堰拦截泄漏到排水渠中的煤焦油

2）封堵源头、拦截坝拦截

示例 1：2009 年 4 月 25 日 13 时 37 分，张家口市某公司职工发现东坪尾矿库旧的排水斜槽进水，导致 4 000 多 m³ 含氰化物尾矿废水泄漏，废水流入清水河，受污染水体自尾矿库至下三道河，长约 22 km，距张家口市约 50 km。由于沿程张家口市河道施工截流和橡皮坝景观用水拦截，受污染的水集中在清水河，没有进入洋河，也没有对官厅水库造成影响。公司及当地政府迅速对泄漏点进行及时封堵和加固。事故发生一个小时后，尾矿库废水回水系统的漏水口封堵加固任务基本完成，废水外排的局面得到有效控制。

示例 2：2008 年 7 月 22 日 5 时 30 分左右，山阳县陕西永恒矿建公司双河钒矿，因尾矿库 1 号排洪斜槽竖井井壁及其连接排洪隧洞进口端突然发生塌陷，约 9 300m³ 的尾矿泥沙和库内废水泄漏，造成该县王闫乡双河、照川镇东河约 6km 河段河水受到污染，450 亩农田被淤积淹没，危及出陕进入湖北郧西谢家河流域环境安全（图 6-5）。

抢险控污指挥部紧急会商确认塌陷点，分析论证污染防控方式，在充分听取各位专家意见的基础上，及时制定了塌陷点封堵和污染物控制的具体工作方案，即采取抛填充物料等方式对塌陷斜槽实施封堵，至 7 月 23 日 19 时，塌陷斜槽封堵成功，尾沙污水泄漏得到有效控制，尾矿库大坝排洪口出水正常，塌陷泄漏险情成功排除。同时，严格防止污染扩散。此次污染事故主要是氨氮超标。经拦蓄沉淀处理后，河水水质 pH、COD 均达到《地表水环境质量标准》（GB 3838—2002）中Ⅲ类水质标准，氨氮含量明显下降，当地农业生产基本未受影响。

图6-5　事故现场

3）防止雨水冲刷扩散

示例：2012年8月10日，资兴市三都镇境内某公司的粗苯生产车间一储存罐阀门腐蚀断裂，导致约200 kg粗苯泄漏，其中，约60 kg粗苯流入附近河流。事故发生后，当地政府进行紧急处置，全力封堵泄漏源和沿途取水口，处理污染物，动态监测空气和水质，当天泄漏源头即已得到控制。随后，事故处置工作重点转向污染源头的后续处置。事发车间距宝源河河岸约30 m，为防范降雨影响，当地在粗苯泄漏罐区及外围斜坡区、河床围堵区搭建了雨棚，防止雨水冲刷地面残留粗苯。泄漏区受污染的土壤、砂石和残留水将采取置换处理，污水和污泥将依法运送至安全地区处置。泄漏区裸露的泥石斜坡段将浇筑混凝土永久封闭。为防止清污作业时产生火花引燃残留粗苯，现场设置了一台泡沫灭火消防车监控待命，同时加设一道防爆隔离警戒线。相关部门也加大了鱼禽产品的排查和检验力度，以确保食品安全。

4）过滤拦截、综合处置

示例：2015年3月7日10时左右，湖南省长沙市宁乡县经开区某新材料生产公司因硫酸与氧化钴反应发生爆炸引发大火，导致邻近的一大型车间也毁于一旦。在距离火灾现场数千米范围内都能闻到刺鼻的气味，可能有有毒气体逸散。火灾发生后，消防部门迅速调集23台消防车150余名消防官兵赶往现场进行处置。因火灾来势凶猛，当地环卫洒水车也被调动参与救火，经过3个多小时的救援，火灾基本得到控制。但新的问题又呈现在人们的面前，海纳新材旁边的一条小河流有棕黑色污水流出，现场检测pH小于1，强酸性，疑似化工、如酱油般的污水被流往下游。当地政府迅速装来几大卡车河沙，装成沙袋丢入下水道，对污水进行过滤处理，设立多个围堤，阻止废水流入沩水河，并加入石灰及氢氧化钠中和，最终废水没有进入沩水河。

（2）吸附及其应用示例

1）公路上利用吸附材料，因地制宜随时吸附

示例 1：2016 年 11 月 15 日 14 时，兰州市城关区雁儿湾东出口向东 500 m、某小区对面 50m 处，某物流园内一辆散桶装三氯丙酮货车因装卸不当造成一桶跌落破损，导致三氯丙酮泄漏（图 6-6），桶内有三氯丙酮 250 kg，泄漏量约为 75%，污染面积约 5 m^2。泄漏导致货车司机眼睛灼伤，送医院就医。当地政府应急办根据生态环境部门建议，对泄漏物质采用沙土覆盖方式降低挥发，减少污染（图 6-8）。同时利用沙土设置环形围挡（图 6-7），阻止泄漏液体进入下水管网。危险废物处置工作人员对沙土及泄漏物进行收集清扫装袋。随后采取活性炭（约 600 kg）对现场进行最终洒覆（图 6-9）。

图 6-6　肇事车辆

图 6-7　沙土设置环形围挡

图 6-8　覆土覆盖

图 6-9　活性炭洒覆

示例 2：2017 年 3 月 23 日 6 时 30 分许，一辆载有二甲基二硫（160 桶、32 t）的半挂车沿连霍高速行驶至山丹县境内时发生侧倾，导致 8 桶变形、4 桶破裂，破裂严重的 4 桶造成约 600 kg 二甲基二硫泄漏，漏至 10 余 m^2 范围内的高速路面和路肩；事故未造成人员伤亡，事故点周边 7 km 内无居民、河流、饮用水水源等环境敏感点（图 6-10）。事故发生后，当地市委带领相关部门，一是交通封闭；二是开展二甲基二硫包装桶的转移工作，对泄漏的二甲基二硫已采取炉渣和活性炭混合

吸附处置措施（图6-11）。收集吸附二甲基二硫的炉渣和活性炭混合物拟运至省危险废物中心安全处置；未破损的桶装二甲基二硫就近送往某盐化公司。

图6-10   事故现场   图6-11   活性炭和炉渣吸附

2）水中利用活性炭等材料吸附

示例： 2018年4月9日15时40分，A省某运输公司油罐车从银川开往汉中途中，行驶至A省某县境内省道某处，与相向行驶的一辆翻斗车相撞肇事，导致油罐车油罐破裂、车辆倾斜，24 t柴油（油罐车实载柴油31 t，扶正后尚存7 t）泄漏至道路路面泄漏至路面和R河干河床，约12.35 t柴油进入R河（R河先流入J河，后在乙进入庆阳境内，由丙进入A省）。

事件发生后，县政府第一时间在J河沿线布设三道油污吸附拦截带（图6-12）。在此后的4月10—13日期间，A省A、B两市先后在J河罗汉洞丈八寺段至乙出境断面设立拦截坝（带）72道，在水体内布设吸油毡、吸油棒、棉被、活性炭、拦油索、喷洒清洁剂等方式（图6-13），过滤、吸附、消除水体表面浮油。4月12日，在生态环境部和西北督察局的悉心指导下，设立了2处水泥涵管桥（图6-14），放置活性炭，有效地降解了石油类浓度。4月13日，西北督察局指导用塑料框篮装填活性炭钢管拦油坝[图6-13（e）、图6-14（a）]，此项处置措施为后期应急处置达标起到了决定性的作用。

图6-12   构筑不同形式的拦截坝

（a）铺设吸油毡吸油带吸附　　　（b）捆扎玉米秸秆做拦油带

（c）捆绑活性炭袋吸附　　　（d）拦油索　　　（e）利用竹筐构筑吸附带

图 6-13　过滤、吸附、消除水体表面浮油

（a）钢管、塑料网箱构筑油污吸附拦截带　（b）依托涵管桥构筑吸附拦截坝

图 6-14　因地制宜构筑吸附拦截坝

3）混凝沉淀

示例：2015 年 11 月 23 日 21 时，甘肃某公司尾矿库内溢流井水面下约 6 m 处隐蔽部分封堵井圈出现破裂，导致溢流井周围大量尾矿砂流入隧洞，与库区内积水及库区外山体来水混合后先流入太石河，而后汇入西汉水，最终进入 J 江。污染水体流经甘肃段总长约 120 km，致甘肃省西和县、成县、康县、A 省略阳县及 B 省B 市流域锑浓度超标。重点处置措施为技术降污。先后沿河设置 8 处投药点，连续24 小时投放硫酸、盐酸等 pH 调节剂以及硫酸亚铁、聚合硫酸铁等助凝剂采用混凝

沉淀原理药剂按照一定比例溶解后，采用加药设施投放，如图 6-15 所示。

临时溶药池（a）   临时溶药池（b）   临时溶药池（c）

加药设施（d）   加药设施（e）   加药设施（f）

图 6-15   混凝沉淀措施中的临时溶药池和加药设施

（3）稀释及其应用示例

1）自来水、消防水的小规模稀释

示例 1：2009 年 3 月 12 日 14 时 10 分，重庆市某药业有限公司原料供应商回收空桶，由于该回收公司搬运工操作不当，将一个装有 400 kg 氨气的钢罐阀门撞坏并造成氨气泄漏，致使在场的搬运工人一死一伤，泄漏持续时间约 2 min，泄漏量为 3～5 kg。事故发生后，该公司立即采取紧急堵漏和救援措施，采用大量自来水冲散泄漏氨气，并将处置过程中产生的废水排入废水处理系统。

示例 2：2009 年 8 月 5 日上午 8 时 45 分左右，一辆辽宁抚顺某化工厂装载约 30t 液态氨的罐装车在赤峰某制药集团卸载液态氨的过程中，金属软导管突然发生破裂，造成液氨泄漏。截至 8 月 7 日上午 10 时，事故造成 21 人住院治疗，其中 3 人较重，但无生命危险，88 人有刺激性反应在门诊观察，137 人离院回家。事故原因认定为：一是液氨罐车自带卸车金属软管存在质量问题，金属软管表面老化，磨损严重，局部有鼓包现象；二是罐体的紧急切断阀失灵。液氨泄漏后罐车司机马上到车尾部关闭紧急切断阀，阀门失灵，未能及时切断泄漏源；三是液氨罐车存在"超核定载重"现象。当地公安部门及时封锁控制现场，消防部门用消防水对泄漏液态氨进行降温稀释，控制氨气挥发。10时15分左右关闭了罐车阀门，彻底切断泄漏源。为防止含液氨消防冲洗水可能对污水处理厂造成冲击，立即通知赤峰市中心城区污水处理厂紧急关闭入水阀门，暂时停止运行，通知红山区红庙子镇水利公司关闭红庙子灌区进水口。应急专家组根据信息组提供的现场信息，提出了水污染应急处置方案和用盐酸溶液稀释建议，并通过综合协调组责成赤峰制药厂应急车辆配制盐酸溶液。水污染事故处理组派出三组人员对流入英金河道的碱性消防冲洗水团进行追踪监测，对从红山根闸口开始向下游的 1 500 m、2 500 m、4 000 m、4 900 m 梯次进行了现场监测，随时掌握河道水质变化情况和污染水团运动规律，用 8 t 盐酸溶液对污水团进行了中和处理。通过稀释中和，并及时通报有关可能被危害的对象，减轻和消除了因液氨泄漏造成周围环境污染。截至 8 月 6 日，大气、地下水、地表水监测结果，均符合综合排放标准标准值。

示例3：2006 年 5 月 31 日上午 10 时，某化肥有限公司 3# 液氨储罐 (图 6-16，图 6-17) 出口阀门阀体破裂，造成液氨泄漏。该液氨储罐设计容积为 100 m³，储量 50 t，事故发生时为 6 t。截至 31 日中午 11 时，储罐泄漏已完全控制。事故发生后，当地政府组织相关部门迅速启动应急救援预案，切断有关连接管线，采取向泄漏部位喷水吸收稀释的方法，迅速控制了险情，并立即组织对伤员抢救及周围人员疏散。此次事故的消防用水（约 50 t）排入 1 800 m³ 的循环池内存储并用酸中和。

图 6-16　发生泄漏的 3# 氨气罐　　　　图 6-17　环境应急监测车启动

2）江河水域的大规模水利调蓄稀释

示例1：2013 年 7 月 1 日 17 时，距广西贺州市 30 km 的八步区步头镇贺江断面网箱养鱼户出现网箱不明原因、数量不详的死鱼；7 月 5 日中午起，距广西贺州市 70 km 的信都镇贺江断面网箱养鱼也出现死鱼现象。经现场调查勘测，扶隆码头部分断面（位于该区与广东省交界处贺江上游约 500 m）的镉浓度为 0.010 89 mg/L，超标 1.2 倍，铊浓度达到 0.000 314 mg/L，超标 2.1 倍。6 日上午，与贺州市接壤的广东省肇庆市封开县南丰镇河段出现少量鱼类死亡现象。根据《泛珠三角区域内地9 省（区）突发事件信息通报机制》相关规定，7 月 6 日上午，广西壮族自治区政府将污染相关情况通报广东省人民政府，建议下游政府马上采取应急措施。两省（区）相应启动贺江流域水质污染事件应急响应，将此次事件定性为铊、镉重金属流域水污染事件。

在接到广西方面关于贺江水污染事件的通报和南丰镇关于发现死鱼的情况汇报后，封开县立即启动应急预案，要求贺江沿线村民和餐饮单位停止食用贺江水和加工食用贺江水产品；及时打捞收集贺江流域出现的死鱼，并进行无害化集中处理；对于受此次事件影响最大的是南丰镇，封开县相关部门在南丰镇水厂短暂停水后，每天从其他地方运送安全饮用水和矿泉水到此镇，并有秩序地发放到群众手中。加快应急备用水源工程和水厂工艺改造工作的进度。采用碱性条件下化学氧化以及高效澄清工艺为核心的应急净化技术路线，对南丰镇、江口镇自来水厂进行工艺改造，降低出厂水铊、镉含量，实现在进厂水铊浓度超标 2 倍以上的情况下，出厂水能处理达到相关饮用水标准，为江口水厂、南丰水厂恢复常态供水提供技术支撑。同时，在江口镇和南丰镇开始建设应急备用水源工程。

科学调度流域水资源。根据铊、镉元素的特性，处置受铊、镉污染水体最有效的办法是调水稀释。针对贺江来水量大幅减少和合面狮水库拦蓄能力已超极限等水情动态变化情况，封开县根据两省（区）共同制订的《贺江应急水量调度方案》，充分利用贺江区间清洁水自然稀释特征污染物，在确保防洪安全前提下，在污染水团入库时尽量关闸蓄水，以增加各水库稀释作用。积极与广西方配合，沟通相关部门进行应急水量的调度工作，加强贺江流域各控制断面的水量水质监控工作，联合广西的龟石水库、合面狮水库和爽岛水库对该县境内的江口电站、白垢电站、都平单站实施联合调度，有效延长了贺江水质污染团滞留时间。使污染物在贺江河段浓度最小化。有效利用调水稀释污染物，确保了贺江封开以下河段水质达标。在切断污染源工作上，贺州方面在事件发生后立马对沿江企业进行拉网式排查，确定了本次事件的重要污染源。

示例 2：2018 年 1 月 17 日，南阳市淇河发生有机磷污染事件，事发点距丹江约 30 km，距丹江口水库约 75 km。指挥部采取关闭电站闸坝、筑坝拦蓄、分流稀释等应急处置措施。在上河电站坝下 800 m 处河道狭窄处建设围堰应急池，形成临时应急池。电站有两个分水通道，利用泄洪池把污水引入应急池，再利用引水渠引流清水,在电站坝下 1 km 处实现清污配比,稀释排放。同时,围堰预留两个引流钢管,一高一低,一大一小,流量不同。可根据坝前水位和上游清水来量控制污水排放量,具体见图 6-18。

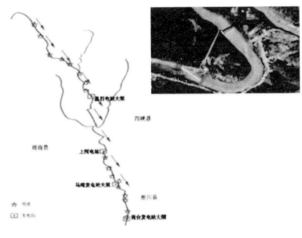

图 6-18　应急处置工程

（4）焚烧及其应用示例

焚烧是针对可燃污染物较直接、快捷的处置方法。该方法主要针对石油及其他可燃化学品,但要注意焚烧要远离居民点及其他敏感地点、在通风条件好的空旷地点进行。

示例:四川乐山市沙湾区省道 103 线顺河路段一辆运载三级危化品"粗苯"的罐车为避让一辆摩托车,与一辆东风大卡车相撞后冲出路基,造成"粗苯"泄漏。乐山"110"指挥中心接到报警后,乐山市沙湾区交警、消防和巡警立即出动,沙湾区公安局调动了上百民警到达现场:巡警抢救 4 名伤者,消防车喷洒水龙(图6-19、图 6-20),交警在 10 min 内把所有附近居民及围观群众撤离到安全地带,对公路实施了严厉的交通管制。乐山市环保局紧急指示:现场人员必须戴上防毒面具、湿口罩;粗苯易爆炸,绝不能现场有火花,关掉所有手机;立即堵住罐口渗漏处,把泄漏进泥土的粗苯彻底铲起来送回处理;将沿公路的排洪沟堵断,用河沙、木屑来吸附里面可能沾染粗苯的污水,最后将吸附物取出来焚烧以化解毒素。经过近 4 个小时的紧张抢险,险情被成功排除。

图 6-19　泄漏点

图 6-20　消防喷淋

（5）冷却防爆及其应用示例

示例： 2007 年 12 月 27 日 15 时，山东省滨州市沾化县境内，1 辆由滨州开往天津的客车超车时因雾未看清路面，与 1 辆装有二甲苯的大型槽罐车发生相撞。事故造成 6 人当场死亡、21 人受伤，槽罐车侧翻到公路旁沟壑里，罐体破裂，内装无色具有芳香烃类有机物所特有特殊气味的二甲苯液体往外泄漏，多名乘客因吸入该气体产生咳嗽、咽痛、胸痛等症状，事发点周围无人群居住及饮用水水源。滨州市疾病预防控制中心工作人员赶到现场时，在距事故发生点方圆约 100 m 范围内便可明显闻到芳香烃类有机物所特有的气味；事发点公路一旁的沟壑内存有部分积水，积水面积约为 10 m×1 m，水面上漂浮有约 3 cm 厚的油状物。

根据滨州市疾病预防控制中心监测分析结果：空气、土壤中以及水面上的油状物均检测出二甲苯，证实罐内液体主要成分为二甲苯；在距事发点约 5 m、10 m、50 m、100 m 处空气中二甲苯的浓度分别为 110.3 mg/m³、92.7 mg/m³、61.2 mg/m³、32.0 mg/m³。居住环境大气中二甲苯最高容许浓度为 0.3 mg/m³，表明该事发地的空气、土壤等环境已严重受二甲苯污染。

图 6-21　吊移罐车

图 6-22　转移受伤人员

交警部门联合医疗、消防救援人员迅速撤离泄漏污染区无关人员至安全区并进行隔离，严格限制出入，切断火源；应急处理人员佩戴自给正压式呼吸器、穿上消防防护服进入现场；喷水冷却槽罐，切断泄漏源，防止进入下水道、排洪沟等限制性空间；消防人员对破裂罐车进行喷水冷却、防爆、堵漏处理，并将罐内剩余的二甲苯转移到另外罐车里，于 18 时安全运离现场；积水上的二甲苯用活性炭吸收；将二甲苯污染范围内的土壤（约 20 cm 深）收集起来，转移到安全地带；对处理后的污染区域加强通风及阳光照射，可将挥发到空气中的二甲苯吹散、光解；同时在污染区域设置隔离带及警示牌直到二甲苯完全消除，提醒过往的行人勿在此长时间停留，以防发生中毒。

（6）中和、漂白粉解毒及其应用示例

示例 1：2014 年 12 月 6 日，陇南市两当县发生一起硫酸罐车侧翻事故，约 5t 硫酸进入两当河。事故发生后当地政府采取了以下措施：一是设置警示标识，划定周边人群安全活动范围；二是构建围堰，防止泄漏硫酸继续流入排水管网；三是调集 10 t 纯碱和 20 t 石灰对进入排水管网的硫酸进行中和（图 6-23 ～图 6-25）；四是对围堰内硫酸中和搅拌后合理处置；五是两当河布设三个地表水监测断面连续 24h 监测。

图 6-23　事故现场　　　　图 6-24　事发地周边环境　　　　图 6-25　石灰中和

示例 2：2010 年 7 月 3 日凌晨 2 时左右，某公司湿法厂环保车间 227 号的排洪涵洞，渗漏渗漏含铜酸性溶液约 9 100 m³，历时约 36 h；7 月 16 日 22 时 30 分，发生第二次渗漏，渗漏含铜酸性溶液约 500 m³。两次共渗漏含铜酸性溶液约 9 600 m³，均通过排洪涵洞流入 D 江。

经核查，造成污染事件的直接原因是：企业违规设计、施工，溶液池防渗结构基础密实度未达到设计要求，高密度聚乙烯（HDPE）防渗膜接缝、施工保护存在施工质量问题，加之受 6 月强降雨影响，导致溶液池底垫防渗膜破裂，致使大量含铜酸性溶液泄漏，并通过人为非法打通的 6 号渗漏观察井与排洪涵洞通道外溢，直接进入 D 江，引发重大泄漏污染事件。事故发生前，企业建有临时应急池，但未作防渗处理；事故发生后，对临时建设的用于事件抢险的 3 号应急中转污水池仅作了简单的防渗处理，致使 7 月 16 日防渗膜出现破裂，又造成约 500 m³ 含铜酸性溶液泄入 D 江。

事故采取了以下应急处置措施。封堵污染源、及时有效堵漏截流，开展现场应急监测；并责令该公司湿法厂立即停产，启用临时应急池，减少含铜酸性溶液外排量；投放碱性化学药剂对废水进行中和处理，降低溶液中铜的浓度；筑坝围堵，阻止渗漏含铜酸性溶液流入 D 江。截至 7 月 4 日 14 时 30 分，污水流入 D 江情况基本得到控制；7 月 17 日 7 时，用于"7·3"泄漏污染事件抢险的 3 号应急中转污水池渗漏问题基本得以解决。

为保护上杭县南岗水厂、东门水厂供水居民的身体健康和 D 江地表水安全，加强与 Cu 伴生的 Pb、Cd、Hg 等一类污染物的跟踪监测。经过污染应急处置之后，这些重金属可能会从水体进入沉积物，在适当的环境条件下还可能释放回水体，或被鱼类吸收富集，通过食物链危害人体健康。

图 6-26　紫金山金铜矿湿法厂现场　　图 6-27　紫金矿业水污染事件造成大量鱼类之死

示例 3：辽宁省东港市某矿输灰管爆裂事件

2008 年 7 月 15 日 8 时，辽宁东港市某矿尾矿库溢洪管发生破裂，12 万～13 万 m³ 尾矿渣经溢洪道进入板石河。板石河河水流速为 4 m³/s，流向铁甲水库。该水库为东港市（县级市）的饮用水水源地，库容 2 亿 m³，供水人口 15 万人。尾矿库距离铁甲水库入库口 7 km，入库口距离饮用水水源取水口 6 km。事发后，辽宁省环保局立即启动应急预案，当地政府立即采取紧急防控措施。15 日 11 时监测结果表明，尾矿库坝下氰化物严重超标，流入板石河下游 100 m 处也相应超标，更严重的是取水口氰化物浓度也呈现超标现象。

图 6-28　尾矿渣经溢洪道进入板石河　　　　图 6-29　尾矿库闭库

在尾矿泄漏后第一时间，省、市有关部门迅速调集向周边沈阳、锦州等地紧急调运 100 t 漂白粉及活性炭、液氯等物资，对污染物进行了洗消处理，对水厂采取应急措施，并尽最大力量封堵泄漏点。由当地政府组织 2 000 多名武警官兵在尾矿库坝至铁甲水库入库口 6 100 m 范围内构筑了 8 道由活性炭、漂白粉等填充的拦截坝。15 日 19 时，泄漏的溢洪管被封堵。16 日凌晨 3 时，被封堵的泄漏点再次发生泄漏，当地政府立即组织人员进行封堵。16 日 13 时，利用 2 台大功率水泵将少量外泄的污水重新打回尾矿库。至 17 日凌晨 2 时，尾矿库废水泄漏点已被封死，废水不再排入板石河，在尾矿库溢洪口下方已筑起 3 道拦截坝，在板石河筑起 11 道活性炭、漂白粉坝，对下泄的污染物进行洗消处理。

为确保东港市饮用水安全，省市相关部门迅速采取紧急措施，于 15 日 19 时关闭了取水口，停止了该水源对东港市的供水，停止捕鱼，并通知市民暂时停止食用库鱼。同时，丹东市自来水公司紧急启动另一条供水管道，调集了 190 多吨活性炭等物资，在水厂的沉砂池投放粉末活性炭和液氯，砂滤池投放颗粒活性炭和液氯，在确保水质绝对安全的前提下，由丹东水源对东港市临时恢复供水。

当地政府和生态环境部门实施了应对措施，一是减轻尾矿库坝体的压力，从 21 日 11 时起，停止将尾矿库漏点泄出的尾矿浆向尾矿库内反提作业；二是进一步处理尾矿浆，去除河水中的氰化物，即在下游板石河新筑 4 道拦截坝，阻滞河水流速，并向水坝内继续抛撒漂白粉、次氯酸钠、活性炭等药剂；三是加强应对东港地区可能出现暴雨天气的工程措施，又增加两台 110 kW、流量为 280 m³/h 的水泵，以备强排。

事故发生一个小时后，尾矿库废水回水系统的漏水口封堵加固任务基本完成，废水外排的局面得到有效控制。尾矿库漏水点于 5 月 1 日用混凝土彻底封堵，5 月

5 日完成漏水口混凝土墙封堵。

加强应急处置。政府沿清水河断面分别设 3 个点（上两间房、水晶屯、西甸子）向受污染水体投撒漂白粉共 6 t 多，进行降解消毒。

（7）清污及其应用示例

示例：2015 年甘肃某公司尾矿库尾砂泄漏重大突发环境事件

2015 年 11 月 23 日 21 时，甘肃某公司尾矿库内溢流井水面下约 6 m 处隐蔽部分封堵井圈出现破裂，导致溢流井周围大量尾矿砂流入隧洞，与库区内积水及库区外山体来水混合后先流入太石河，而后汇入西汉水，最终进入 J 江。污染水体流经甘肃段总长约 120 km，致甘肃省西和县、成县、康县、A 省略阳县及 B 省 B 市流域锑浓度超标。

在采用一系列应急措施过程中，同时采用河道清污（图 6-30）。制定了《河道污染底泥清理技术要点》，抢抓太石河断流时机，组织全县 20 个乡镇及沿河群众 4 000 余人，对裸露河道受污染底泥、围堰沉积物进行清理收集，全部送到固定场地进行集中处理。

（a）河道清淤　　　　　　　（b）泄漏涵洞口清淤

图 6-30　清污

（8）突发事件中供水保障技术

城市供水是城市的生命线。近年来，我国供水水源地突发性污染事故频发，对城市供水安全造成严重威胁。按照国务院关于加强应急体系建设的总体部署，为健全城市供水保障体系，为各地在突发水污染事件中的应急供水保障工作提供借鉴参考，我们收集国内相关科研成果，形成了由 6 类应急技术组成的突发事件供水保障技术体系，包括应对可吸附有机污染物的活性炭吸附技术、应对金属非金属污染物的化学沉淀技术、应对还原性污染物的化学氧化技术、应对微生物污染的强化消毒技术、应对挥发性污染物的曝气吹脱技术、应对高藻水源水及其特征污染物（藻、藻毒素、嗅味）的综合处理技术。该技术体系基本涵盖了可能威胁饮用水安全的各种污染物种类，并列出了突发事件中水厂应急设施改造与运行控制以及供水保障的质量控制。

1）饮用水水源应急工艺选择

①应对可吸附有机污染物的活性炭吸附技术

采用粉末活性炭，在取水口或净水厂进口处投加（推荐在取水口投加），吸附去除大部分有机物。活性炭吸附可有效去除饮用水标准中涉及的 80 多种污染物。此技术包括：

a. 污染物是否可以被吸附去除的可能性判定；

b. 活性炭种类筛选；

c. 活性炭吸附时间与吸附容量确定；

d. 可承受最大污染倍数等。

上述参数要依据具体污染物、水质、水温等条件，经过实验确定。

常见的活性炭吸附处理流程见图 6-31。

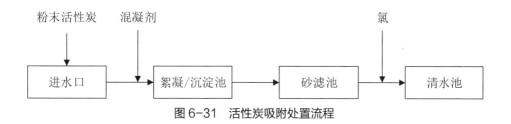

图 6-31　活性炭吸附处置流程

应用实例 1：松花江污染事件

2005 年 11 月 13 日，吉林石化公司双苯厂一车间发生爆炸。截至 11 月 14 日，共造成 5 人死亡、1 人失踪，近 70 人受伤。爆炸发生后，约 100 t 苯类物质（苯、硝基苯等）流入松花江，造成了江水严重污染，沿岸数百万居民的生活受到影响。

松花江水污染事故应急处置中，城市供水的应急处置经验是在取水口处投加粉末活性炭，利用水源水从取水口到净水厂的输送距离，在输水管道中完成吸附过程，等于把应对硝基苯污染的安全屏障前移，这成为应急处置取得成功的关键措施。粉末炭对水源水中硝基苯的平均去除率为 98.5%，出水硝基苯平均浓度为 0.001 9mg/L，再经过炭滤池，出水硝基苯平均浓度为 0.000 9mg/L，总的去除平均达到 99.4%。

②应对金属非金属污染物的化学沉淀技术

采用化学沉淀法，可有效去除约 30 种金属非金属污染物。该方法的关键是要确定正确的工艺参数，包括适宜 pH、混凝剂的种类和剂量等。

a. 除镉应急处置技术要点：在弱碱性条件净水除镉，控制 pH=9.0，混凝前加碱把源水调成弱碱性，要求絮凝反应的 pH 严格控制在 9.0 左右，在弱碱性条件下进行混凝、沉淀、过滤处理，以矾花絮体吸附去除水中的镉。滤后加酸回调水的 pH，把 pH 调回到 7.5 ～ 7.8（生活饮用水标准的 pH 范围为 6.5 ～ 8.5），满足生活饮用水的水质要求。

b. 除砷应急处置技术要点：采用预氯化 - 铁盐混凝的强化常规处理工艺；由于三价砷不能被混凝沉淀去除，先采用氯化氧化的预处理技术把三价砷氧化成五价砷，再用铁盐混凝剂混凝沉淀去除五价砷，铝盐除砷效果不好。

常见的化学沉淀技术处理流程见图 6-32。

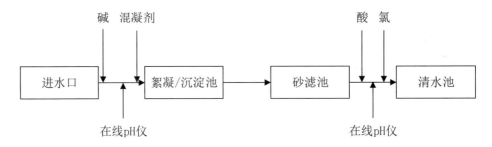

图 6-32　化学沉淀处置流程

③应对还原性污染物的化学氧化技术

对于硫化物、氰化物等还原性污染物，在取水口或净水厂进水处投加氧化剂，如高锰酸钾、氯等，都具有很好的去除效果。

该类应急处置方法的技术控制要点如下：

a. 最佳氧化剂种类的筛选；

b. 根据水源水质变化动态调控氧化剂投加量。氧化剂加量过多时，氧化剂过量；加量不足时，达不到处理效果；

c. 注意氧化剂带来的次生污染问题。

常见的化学氧化处理流程见图 6-33。

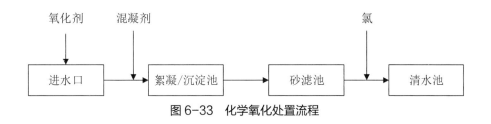

图 6-33　化学氧化处置流程

④应对微生物污染的强化消毒技术

医疗污水、生活污水、高浓度有机物都可导致水源水中生物过量繁殖。此时要采用强化消毒手段，即增加消毒剂投加剂量并保持较长的消毒接触时间，可在绝大多数情况下保障供水水质的微生物学安全。消毒剂首选药剂为氯，稳定型二氧化氯也可以考虑，臭氧、紫外消毒需现场安装设备，应急事件中不便采用。

当原水中有机污染物严重超标时，就像甘肃某地发生的情况，不仅水源水中微生物超标，一些线虫类的高等生物也会出现，此时采用强化消毒的手段无法杀灭线虫等高等生物，而这些线虫还会在沙砾中穿行，进入清水池，进而流入供水管网。此时要在强化消毒的基础上，采用膜过滤手段，同时尽快更换水源。

强化消毒处理流程见图 6-34。

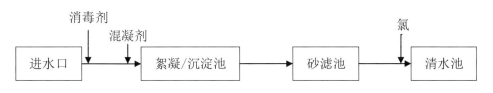

图 6-34　强化消毒处置流程

⑤应对挥发性污染物的曝气吹脱技术

对于难以吸附和氧化的挥发性污染物，如卤代烃类、烷类、芳烃类、脂类、醛类等，应在取水口外水源地设置应急曝气设备，吹脱去除。

曝气吹脱的主要缺点是需要设置曝气设备，应用受到现场条件限制。

曝气吹脱处理流程见图 6-35。

图 6-35　曝气吹脱处置流程

⑥应对高藻水源水及其特征污染物（藻、藻毒素、嗅味）的综合处理技术

引起高藻水的主要因素包括藻、代谢毒性物质（藻毒素等）、代谢致臭物质（2-甲基异莰醇、土臭素等）、腐败恶臭物质（硫醇、硫醚类等）。应急时必须确定主要污染物种类，再根据其去除特性，综合采用多种处理技术，形成应急处置工艺。

a. 膜过滤：当藻类污染严重时自来水厂可在混凝沉淀后采用超滤膜对水进行净化。

b. 化学处理：对富营养化较轻的源水采用化学药剂法，在水源地或进厂源水中投加藻类生长抑制剂或致灭剂，如硫酸铜、氯、二氧化氯等。

c. 生物处理：针对富营养化严重的水体，采用生物接触氧化、活性炭吸附法处理，该类方法可同时去除藻类、有机物、氨氮、致突变物质、臭味等污染。

d. 气浮法：对低浊高藻水多利用气浮法去除。水厂可临时改造沉淀池为气浮池，也可在原处理系统前增加气浮工艺，从而达到去除藻类的目的。

2）水厂应急设施改造与运行控制

根据中华人民共和国住房和城乡建设部《城镇供水设施改造技术指南》，水厂应急设施改造与运行控制应做到：

①根据突发性污染的风险类型及发生频率，合理确定应急处置的规模和能力，在重要的取水设施和水厂应预先配置应急设施。

②对于水源存在农药、苯系物等可吸附污染物风险的水厂，应设置粉末活性炭投加设施。

③对于水源存在重金属等污染风险的水厂，应设置碱性药剂投加设施，并根据污染物性质，设置氧化剂或还原剂投加设施，通过沉淀去除污染物。

④对于水源存在硫化物、氰离子等可氧化污染物风险的水厂，应设置氧化剂投加设施。

⑤对于水源存在突发性致病微生物污染风险的水厂，应设置强化消毒设施。

⑥对于水源存在油污染风险的水厂，应在取水口处储备围栏、撇油装置，并在取水口或水厂内设置粉末活性炭投加装置。

⑦应在水源或水厂设置人工采样监测与在线监测相结合的水质监测系统。

3）供水保障的质量监控

应急时，供水保障的质量监控主要包括对市政集中供水与分散式供水进行监控。

①监测目的与工作原则

通过监测及时掌握突发环境事件对饮用水水源水质的影响，最大限度减少因饮用水污染物超标对公众健康的影响，确保公众饮用水卫生安全，维护社会稳定。按照"预防为主，统一领导，分工合作，反应及时"的工作原则进行监测。

②监测点的选择

a. 监测点设置

市政供水：对集中式自来水厂的出厂水与供水管网末梢水，适量设置监测点位及频次。

自备水厂及分散式供水：对自备水厂及分散式供水，适量设置监测点位及频次。

b. 监测点启动

按污染水团到达水源保护区的时间，以确保出厂水与供水管网末梢水达标为原则，适时启动监测点位。

c. 监测频率

按污染水团到达水源保护区的时间及浓度，确定监测频次。一般水源超标时，应加大水厂监测频次，同时启动末梢水监测；水源水中污染物浓度正常后，可降低监测频次。

4）监测内容

水样的采集、保存和运输：集中式、分散式供水监测点适时采水样 1 份，并采平行样。具体方法按照《生活饮用水标准检验方法》（GB/T 5750—2006）进行。

①监测指标：根据突发环境事件特征污染物，以及处置相关措施来定。

②指标全分析：污染水团抵达取水口后或者出厂水重点监测指标合格、稳定后1 次。

5）检测方法与评价标准

按《生活饮用水标准检验方法》（GB/T 5750—2006）检测。出厂水、末梢水按《生活饮用水卫生标准》（GB 5749—2006）评价。水源水、地表水按《地表水环境质量标准》（GB 3838—2002）评价，地下水按《地下水质量标准》（GB 14848—2017）评价。

6）监测信息报告

检测结果出来后由地方疾控中心将结果报至地方卫生监督所，地方卫生监督所报告地方卫生局和应急指挥部。

一旦发现目标污染物及其他监测结果超标，应立即上报。

6.3.3.2　主要应急工程设施的修建方法

6.3.3.2.1　浮油收集——围油栏法及其应用示例

将围油栏两头固定在岸边选用的水泥桩、大树或者建筑物上后，再放入水中，用粗钢丝绳将围油栏和水泥桩、大树或者建筑物相连。修建示意图详见图6-36。

围油栏可以很好地阻截大面积的漂浮油，并可抵抗较大波浪。

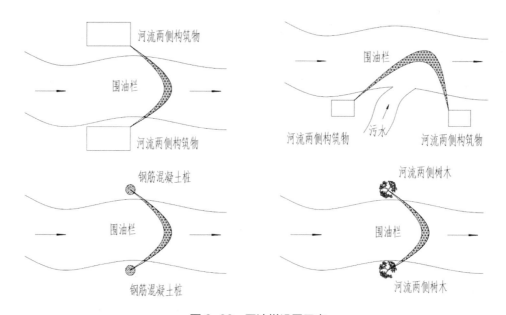

图 6-36　围油栏设置示意

应用实例 2：南通地方海事及时处置水体污染事件

2017年8月24日8时左右，江海大道兴南桥附近发生一起道路交通事故，事故造成8t汽油泄漏，部分燃油泄漏至附近河道，造成水体污染。事故发生后，南通地方海事局立即派出三艘海巡艇前往应急处置。

通过布设围油栏、投放吸油毡等措施及时控制燃油污染水域面积，有效地控制了泄漏燃油对通吕运河水体的危害。同时，海事部门加强对事发水域的交通管控，防止其他船舶误入该水域引起事故扩大。

截至当天下午17时，经生态环境部门现场取样检测，事故水域水质达标，海事部门解除该水域管控，完成该起道路交通事故水上应急处置。

6.3.3.2.2　截留坝及其应用示例

当污染河段水流较小，可以完全截留时，就修建截留坝，对河道中的清水与污水分别截留。

（1）构筑清水拦截坝

清水拦截坝主要用于清污分流，即防止污染点上游水体对污染物的冲刷，减小或减缓污染物移动速度，为应急争取时间并创造有利的应急措施实施环境条件。清水拦截坝建造时可根据现场情况修筑为土石坝、砌石坝，若现场无材料可直接用砂石填充的麻袋进行堆坝。清水拦截坝的修建为上窄下宽，以加强坝的稳定性。

水量较大时，也可采用橡胶坝。修建说明：

①橡胶坝是使用胶布按照设计规定的尺寸，锚固定于地板上成封闭状坝袋，用水或气充胀形成的袋式挡水坝，如图 6-37 所示。

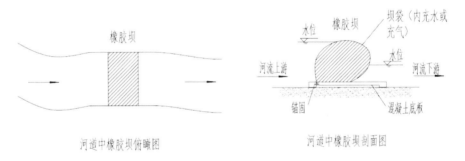

图 6-37　橡胶坝使用示意

②坝袋充水（或气），作用在坝体上的水压力，通过锚固螺栓传递到混凝土基础底板上，使坝袋得以稳定。

③不需要挡水时，放空坝袋内的水（或气），便可恢复原有河渠的过流断面。

应用实例 3：2019 年丹江口水库安全保障区跨市联动环境应急演练

豫陕交界丹江水质自动监测站数据显示，入河南境丹江水质氨氮浓度持续升高。处置措施如下：商洛市关闭莲花台水电站，拦蓄上游清水，筑坝拦截湘河及境内受污染水体。南阳市关闭小武当水电站，将污染团拦截在电站拦水坝上。将污染团引流至电站引水渠，多级筑坝截蓄并分质处理。污染团引流后，上游来水经电站退水口引流至下游，如图 6-38 所示。

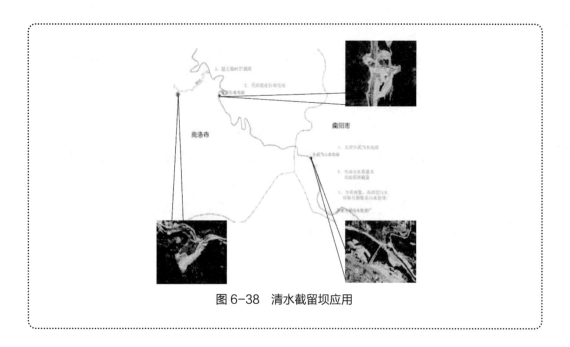

图 6-38　清水截留坝应用

（2）构筑污染水截留坝

修建围坝堵截工程：按水流方向迅速建立若干道拦截坝，对污染物进行围堵，减缓污染物扩散速度。此工程适用于能将污染水全部截留的情况。河水流量小时，直接用砂石填充的麻袋进行堆建，流量大时，也可使用采用橡胶坝。截留坝也可利用填充活性炭等的麻袋等修建成吸附坝（图 6-39），也可增加絮凝剂、降解剂等药物构成反应坝（图 6-40）。

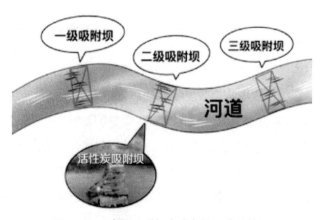

图 6-39　多级吸附坝在应急处置中的使用

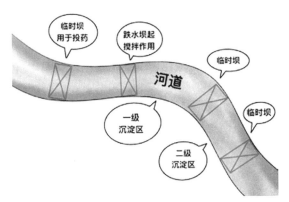

图 6-40　多级反应坝在应急处置中的使用

应用实例 4：2018 年庆阳市 "5·30" 非法倾倒含油废水事件

2018 年 5 月 29 日 17 时 20 分，有群众电话向华池县环境监察大队反映 "悦乐镇新堡村新堡桥下游 400 m 处近期夜间有多次偷排污水现象"。接到举报当晚，华池县环保局沿河进行现场蹲点排查。5 月 30 日 2 时 30 分，蹲守人员在新堡桥下发现两辆形迹可疑车辆，其中一辆改装罐车正在向柔远河水体排放含油污水。蹲守人员到达现场时，两车驾驶人员丢弃改装罐车逃逸。初步估算约 19 m³ 含油污水排入柔远河，而后汇入马莲河。

当地政府采取在柔远河布设 8 道拦油网、1 道拦油坝等方式拦截水面污染团，在柔远河、马莲河构筑 6 道活性炭拦截坝，投放活性炭、无磷洗涤剂等方式吸附、降解水体中污染物（图 6-41）。并在事发点拦截坝上游修筑导流渠导流上游来水，对事发点拦截坝内大量拦截污染水体投撒活性炭集中进行处理。同时，组织专家分析查找事发点持续超标原因，适时加固、改进活性炭拦截坝，有效降低了事发点污染物浓度。6 月 2 日 15 时，现场处置产生的固体废物及垃圾已全部清理，柔远河、马莲河石油类浓度全线持续达标 18 h，应急响应终止。

（a）土筑截留坝　（b）土筑截留坝　（c）沙袋钢管构筑截留坝

图 6-41　截留坝

（3）清水拦截坝内的清水引流

清水拦截坝内的清水必须通过引流的方法及时绕过污染区域，其目的一是减缓污染的扩散，二是避免小河上游清水流经事发点，冲走被河床和围堰残留的污染物污染。根据引流方式的不同，分为河道外与河道内引流两种方式。实际中可以根据水量与地理条件选择使用。

1）河道内引流

当污染河段不太长时，可采用河道内引流的方式。即先在小河上游建造清水拦截坝，采用钢管或者其他管道将清水拦截坝内的清水引流污染区下游。

河道内引流管及其引流管修建方式见图6-42。

导流管数量根据河流宽度与水量、导流管管径等因素变化，以能将上游清水畅通引至事发地下游为原则。

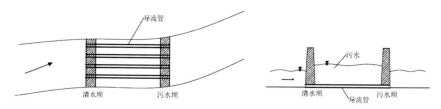

图6-42　河道内引流河水示意

2）河道外引流

河道外引流就是事发地小河临时改道。当污染河段太长、河水太大或者其他原因无法采用河道内引流时，可以在河道外侧开挖一条应急引流渠，将小河上游清水引入下游未污染河流中。见图6-43。

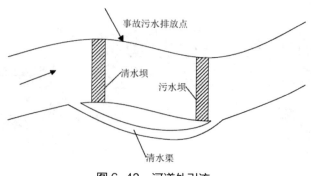

图6-43　河道外引流

3）河道永久性改道

若污染严重，可以启动河道永久性改道工作，通过在原河道和新河道之间砌筑河堤的方式，将河道向远离事发地方向改道。

应用实例 5：2015 年甘肃某公司尾矿库尾砂泄漏重大突发环境事件

甘肃某公司尾矿库内溢流井水面下约 6 m 处隐蔽部分封堵井圈出现破裂，导致溢流井周围大量尾矿砂流入隧洞，与库区内积水及库区外山体来水混合后先流入太石河，而后汇入西汉水，最终进入 J 江。致甘肃省西和县、成县、康县、A 省略阳县及 B 省 B 市流域锑浓度超标。甘肃省切断源头，在尾矿库涵洞出口下方设置 7 个围堰，成功截流近 19 000 m³ 高浓度含锑污染废水，投药处理后排放，并作为转入常态后的长期污水处理设施。先后建造临时拦截坝 198 座，在有效减缓污水下泄、为下游应急处置争取时间的同时，也为在河道通过技术措施实现降污目的创造了条件。A 省在西汉水段构筑了临时拦截坝 4 座有效拦截降污。截流尾矿库上游山泉水，实现与受污染区域隔离。采取引流措施，通过铺设管道（图 6-44）、开挖防渗沟渠（图 6-45）、修建防渗坝体对事发地上游清水进行引流，将尾矿库上游山泉水改道分流，减少尾矿库上游来水，阻止山泉水继续进入排水涵洞冲刷残存尾矿浆、将尾砂冲入河道造成污染。另外，在尾矿库下游围堰一侧铺设波纹管和修筑一条引流渠，使太石河上游未污染河水绕开坝内污水，防止将坝内污染冲入下游造成污染。

图 6-44　波纹管引流清水　　　　　图 6-45　开挖水渠引流清水

应用实例 6：2015 年陕西渭南"12·2"某集团含镉废水污染 W 河事件

2015 年，陕西省渭南市华县某集团有限公司废石场废水镉超标排放，致使 W 河污染。当地在 W 河橡皮坝上游修筑拦水坝拦截污染团，在 W 河河道内安装导流管道（Φ630 高分子聚乙烯管道）。河道上游来水经导流管至污染团下游，不再进入橡皮坝污染区域内。污染团被隔离后，当地采取综合措施降污，事件得到妥善处置，未造成洛河省界污染。

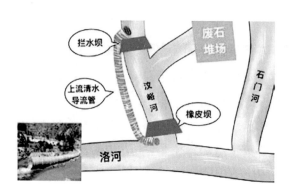

图 6-46　波纹管引流

4）污染水截留坝内漏油的处理及其应用示例

①截留坝内处理

围油栏可以很好地截留大面积的漂浮油，也可以采用吸附材料吸附。一般情况下采用吸油毡（图 6-47）、活性炭等吸附材料对可浮油进行吸附，紧急情况下也可采用玉米秸秆、小麦秸秆进行吸附。也可采用混凝吸附，投加絮凝剂配合吸附，可以更好地去除乳化油。最后投加工程菌，即投加专项微生物（工程菌），以降解溶解油。

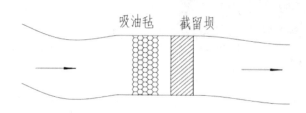

图 6-47　河道中截留坝内采用吸油毡处理示意

②截留坝外修建截留坑处理

如果地理条件允许，可在污染水截留坝旁边构筑截留坑（图 6-48）。截留坑挖好沟后应及时用土工膜敷设于沟槽及坑内外，防止污染地下水。

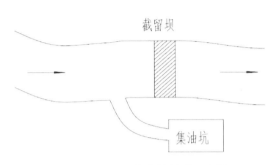

图 6-48　截留坑处理示意图

应用实例 7：江西省弋阳县交通事故导致氰化钠泄漏事件

　　2008 年，一辆装载 8 t 30% 液态氰化钠的槽罐车在江西省上饶市弋阳县侧翻，致使氰化钠泄漏。在应急工作组的指导下，疏散了现场围观群众，封锁了事故现场，禁止人畜接近或接触事故现场及其周边 1 km 范围内所有水源及地下水。采取在泄漏处抛洒硫代硫酸钠和漂白粉进行氧化处置，并调集消防车用清水自泄漏处向下水道反复灌水冲洗，冲洗的废水排入下水道出口处（图 6-49）开挖的土坑后再用槽罐车运走（图 6-50），冲洗至无氰化钠检出后结束。以上工作完成后，将事故现场土壤全部清理运到恒安金矿存放、处置，严防二次污染发生。

图 6-49　事故现场

图 6-50　下水道出口

图 6-51　现场开挖土坑

　　将截留坝内的污染水引到截留坑内，在截留坝和截留坑内同时拦截、吸附处理污染水。也可将污染水全部引入截留坑内按需要程序处理，及时恢复河道畅通。

　　5）活性炭吸附坝及其使用示例

　　当污染河段水流较大，使用截留坝无法完全截留时，就要采用河水过流吸附的处理方式，常见的是活性炭吸附坝处理方式。

　　活性炭吸附坝是突发环境应急中常用到的一种设施。活性炭可分为粉末状、颗粒状、不定型、圆柱形、球形等形状，突发环境应急中建议选用煤质颗粒状活性炭作为填充物，即应当选取颗粒活性炭（粒径2～4mm）进行袋装筑坝，以免引起水力阻力过大而使吸附坝垮塌。

向截流坑（池）、河道内截留坝、甚至流动水体中高浓度区，在投加絮凝剂时，也可配合使用活性炭进行吸附。

①河道外引流筑坝吸附

选河流落差较大的一段，在岸边挖一大坑，设置引流渠，通过落差可以将河流中的水自流进入坑内；坑的另一侧用装有颗粒活性炭的麻袋封堵成透水坝，当坑中的水流出时，水中的油被活性炭吸附（图6-52）。

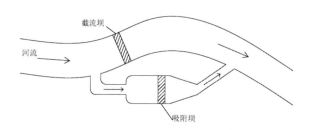

图6-52　高落差引流坝修筑示意

如果河流较平坦、落差很小时，活性炭出水坝的水无法回流到河流中去。此时可以采用水泵提升的方法修筑引流坝（图6-53）。

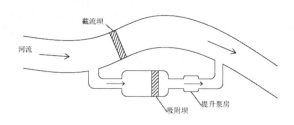

图6-53　低落差引流坝修筑示意

②河道内筑坝吸附

按水流方向利用填充活性炭等吸附剂的麻袋等迅速建立若干道拦截坝，减缓污染物扩散速度（图6-54）。为减缓河流水的冲击，可将筑坝断面的河道扩宽。见图6-55。

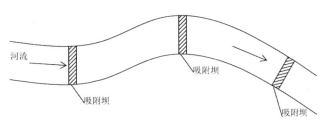

图 6-54　直接截流筑坝示意

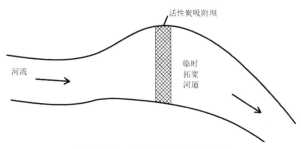

图 6-55　拓宽河道的拦截坝

活性炭吸附坝修筑要点：

a. 临时拓宽河道采用机械开挖，河道拓宽区为原宽度的 1.5 ～ 2 倍；

b. 活性炭填装麻袋时不应太满，以平放无圆鼓为宜；

c. 根据实际情况用铁丝串联同层麻袋进行加固，铁丝两端固定于河岸；也可用钢管和扣件搭建一个脚手架框架，将钢管框架横向固定于水中（适用于水流较小的河流），框架迎水面用装有颗粒活性炭的麻袋堆砌成坝，详见图 6-56。

d. 河道水量不大时，同一拓宽区可设多级进行吸附。

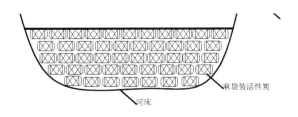

图 6-56　吸附坝的垒做方法

注意事项：

a. 筑坝时不可完全将水流堵死，袋与袋之间应有一定的间隙使水流通过；

b. 筑坝人员应做好防护，防止污染水体对人造成伤害；

c.应急结束应对拓宽河道进行恢复，预防生态破坏。

③利用桥梁建筑物构筑吸附坝

可以合理利用污染河流原有设施进行拦截坝或吸附坝的建造（图6-57）。桥梁往往是常用且较好的坝体依靠，但要注意修建坝体后水流对坝体的冲击要保证在桥体安全的范围内。

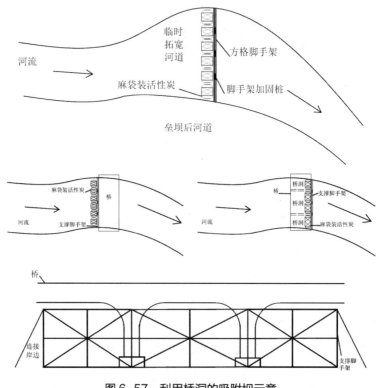

图6-57 利用桥洞的吸附坝示意

方格脚手架搭建拦截坝注意事项：

a.搭设过程中要及时设置斜撑杆、剪刀撑以及必要的加固结构；

b.严格按规定的构造尺寸进行搭设，一定要遵循横平竖直的原则；

c.采用脚手架制作吸附坝的形式，最高高度不能太大。

应用实例8：花都区花东镇槽罐车二甲苯泄漏污染事件处置案例

2006年，一辆装载有11t化学危险品二甲苯的槽罐车，司机把车停在公司的大门口，下车到门卫处进行登记，刚到门岗，就发现车子慢慢向后滑，司机慌忙向车子跑去，但为时已晚，槽罐车滑入干江油漆有限公司前的一条水沟，二甲苯立刻通过槽罐车顶部直径约 3 cm 的三个通气阀急速流入水渠，造成严重的环境污染。紧急调运活性炭、吸油毡等处理材料，对下游水闸、人工临时水坝敷设吸油毡、稻草，加大活性炭、木屑等吸附物的投放量，增强吸附能力；分别在事发地点下游约 8 km 处的清布桥和 12 km 处新雅大桥前的橡皮坝附近设置了拦截带，并投放了大量竹木、活性炭、木屑、稻草；至此，从事发地到新雅大桥之间的 13 km 区间内已经设置了 5 条防线，投放了活性炭 19 t、木屑近 1 000 包、稻草超 7 000 kg。

图 6-58　事故现场

图 6-59　起吊泄漏罐车

应用实例 9：2016 年新疆伊犁州"11·7"218 国道柴油罐车泄漏事件

2016 年，新疆维吾尔自治区伊犁州 218 国道一辆柴油车侧翻，导致约 30 t 柴油泄漏进入伊犁河主要支流巩乃斯河。有关部门通过污染源阻断、优化水利调度、多级拦油吸油等方式进行处置，根据河道自然特征，利用两道拦河坝建堰塞湖，截断污染源；清理事故点污染土壤；并在堰塞湖内用吸油毡等处理高浓度污染水体，现场处置措施见图 6-60。

图 6-60　现场应急处置措施

6）深水区船等漂浮物吸附

对于大河流中浮油的吸附，也可采用船挂活性炭的吸附方式（图6-61）。但要注意：

a. 船舷上悬挂活性炭麻袋的数量应根据船自身载重校核，保证行驶安全；

b. 均分各麻袋活性炭质量，保证船载重平衡均匀且单个麻袋所装活性炭不应过满过重；

c. 挂船侧大钩根据船舷薄厚情况具体采用钢制材料弯制；

d. 麻袋悬挂后应将船舷挂钩加以固定，防止中途侧滑后移造成船尾重船头轻；

e. 吸附两小时后应翻转麻袋，将初始贴船侧翻至水流侧。

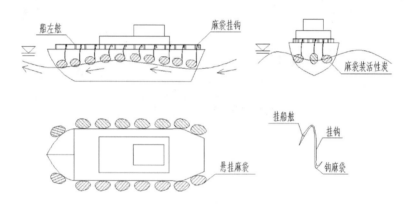

图6-61　船载活性炭吸附示意

7）混凝吸附系统的修建

当废水流出小河、在汇入大河前，往往会经历一段中等规模的河流（简称中河）。在此段河流中，应急措施主要以原位混凝吸附去除污染物为主，即通过物理及化学手段在构建的拦截工程中使污染物絮凝，强化吸附的效果，增加可浮油成分的去除。主要措施是根据流量和污染物浓度数据，在水流湍急区投加适量絮凝剂，增加下游吸附坝的吸附处理效果。

①絮凝剂制备系统的构建

絮凝剂制备系统包括絮凝剂溶解池与调配池。

絮凝剂溶解池构建：由于液体危险物品无法通过高速公路运输而及时使用，且应急现场的絮凝剂大多是固体状态，使用前需要溶解，所以在截留坝或者吸附坝等需要投加絮凝剂的地点，选择一适当地方修建一定容积的絮凝剂溶解池，池内铺土工膜，采用水泵抽水循环搅拌或者人工搅拌。常见的絮凝剂（如硫酸亚铁、聚合硫酸铝铁、聚合氯化铝、氯化铁）等絮凝剂的溶解速度较慢，在遇到冬季气候条件时溶解速度更慢，需要加热与保温。目前市场上严重缺乏大型加热快速溶药设备，所以要及时准备一些替代的小型设备，如水泥搅拌机等。根据 2015 年 11 月 23 日发生的甘肃西和某公司尾矿库尾砂泄漏重大突发环境事件的应急经验，也可通过在溶解池水面上漂浮若干个内置点燃的木炭（或煤炭）的铁皮桶对水体进行加热，以加速絮凝剂的溶解。

图 6-62 为某突发环境事件应急时的絮凝剂溶解现场。

图 6-62　絮凝剂溶解现场

②投药及扩散方式

絮凝剂的投加方式直接关系着污染物的絮凝沉淀效果。当河流较小时，可从岸边直接向截流坑（池）、河道内截留坝、甚至流动水体中高浓度区直接投加絮凝剂，需要时可配合使用活性炭进行吸附（图 6-63）。

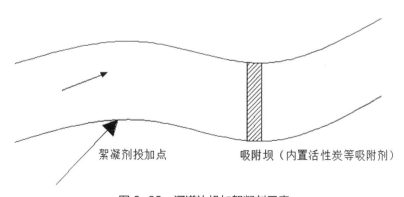

絮凝剂投加点　　　　　　　吸附坝（内置活性炭等吸附剂）

图 6-63　河道边投加絮凝剂示意

　　为达到絮凝剂与河水的快速混合目的，河道上絮凝剂的投加可采用沿河横向布置的穿孔压力管投加方式（图6-64）。在河流扰动较大的一定范围内沿河纵向布置、多点投加的方式，可达到全水面覆盖的效果，有利于下游吸附坝的吸附。若应急处置河段内有水电站，可在各水电站消力池内投撒药剂，从而增强混合效果。

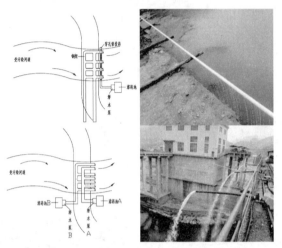

图6-64　河道上采用压力穿孔管投药示意

应用实例10：2020年伊春某矿业公司尾矿砂泄漏事件

　　2020年3月28日，伊春某矿业公司尾矿库4号溢流井挡板开裂，致使约253万 m³ 尾矿砂污水泄漏。围绕"不让超标污水进入松花江"的目标，当地全力实施筑坝拦截、絮凝沉降的"污染控制、削峰清洁"两大工程，在依吉密河筑坝拦截污染物，投加聚丙烯酰胺和聚铁，进行泥水分离，降低钼浓度；在呼兰河干流，利用闸坝、桥梁等构（建）筑物，设置五个投药点，确保呼兰河入松花江水质达标，现场处置措施见图6-65、图6-66。

图6-65　现场处置措施

图 6-66　加药设施

8）主要应急工程设施修建选择

主要应急工程设施的修建，主要依据事故泄油量及其污染河流的流量大小。在泄油量较大的情况下，河流水量的大小直接影响着事件等级与影响范围的大小。研究过程中，要针对不同流量的污染河道，采用不同的应急处理方法。

①小径流河道

事发时河道径流量小于 $0.1m^3/s$，可以实现完全截留。应追踪污染水团，并立即在污染区上、下游分别筑简易坝并布设导流管，将上、下游来水导流至污染区以下，将污染区域受污染的水抽至安全地方无害化处置。若污染带延伸较长，导流困难，可将上、下游未污染来水抽离河道。

②中等径流河道

事发时径流量在 $0.1 \sim 10 \ m^3/s$，完全截留难度大。追踪污染水团并在污染水团下游筑简易坝收缩水流面积，在过流处布设过滤活性炭吸附装置，并在坝前抛洒活性炭颗粒和对应的絮凝药剂（氧化还原剂、混凝剂、絮凝剂等），可布设多级抢险坝增加处置效果。

③大径流河道

事发时净流量大于 $10m^3/s$，无截留条件。应追踪污染水团，沿污染水团投加对应的解毒药剂或活性炭，并关闭下游取水口。根据污染物量和毒性判断对下游水库的影响，必要时下游水库泄洪转移蓄水。引水渠道立即关闭污染区上、下游水闸，就地投加解絮凝剂（混凝剂、絮凝剂等）无害化处置，或将污染水体抽到安全地方进行无害化处置，或在河道内进行船载活性炭进行吸附。

综上所述，泄漏区应根据具体现场环境灵活布置截水坝、引流渠（管）、截流池；泄漏区的应急吸附可采用玉米秸秆、小麦秸秆、吸附药剂等进行吸附。

9）应急处置工程实施保障和效果评估要点

①实施指导

指导协调削污工程实施进度，每个工程要落实到具体责任人，包括工程实施责任人、专家指导责任人、应急物资保障责任人等，建立通信录和工作群，随时掌握工程进度。专家组根据污染态势预测确定工程削污开始和结束时间，如需投药，则预测投药量，便于地方政府提前做好充足准备。根据污染态势变化，及时调整工程参数。

对每个工程削污应急处置点，专家组牵头，地方政府参与，应派至少一人现场指导，指导溶药池的建设、溶药方式的选择、加药设备及方式等工作，监督投药削污过程，并做好相关记录。记录内容包括投药时间、每小时投药量、总投药量、现场出现的问题等。必要时采取 24 h 轮流值班制度。

②效果评估

为准确评估削污工程效果，应对削污工程开展加密监测，可在工程位置前、下游 2 km、5 km、10 km 处设置监测点位，每 2 h 采样一次。根据监测数据对处理效果进行跟踪评估。必要时，可采用无人机航拍跟踪效果及污染带分布。对工程削污效果不明显的措施应深入分析原因，提出解决方案。

专家组应根据污染态势预测、水文天气等因素综合分析研判应急目标的可达性，如遇突发情况，应及时研究确定应对方案。

6.4　信息报告

突发环境事件发生后，涉事企业事业单位或其他生产经营者必须立即采取应对措施，并向当地生态环境主管部门和相关部门报告，同时通报可能受到污染危害的单位和居民。因生产安全事故、交通运输事故等导致发生突发环境事件的，安全监管、交通运输、公安等有关部门要及时通报同级生态环境主管部门。生态环境主管部门通过互联网信息监测、环境污染举报热线等多种渠道，加强对突发环境事件的信息收集，及时掌握突发环境事件发生情况。

事发地生态环境主管部门接到突发环境事件信息报告或监测到相关信息后，应立即进行核实，对突发环境事件的性质和类别作出初步认定，按照国家规定的时限、程序和要求向上级生态环境主管部门和同级人民政府报告，并通报同级其他相关部门。突发环境事件已经或者可能涉及相邻行政区域的，事发地人民政府或生态环境主管部门应当及时通报相邻区域同级人民政府或生态环境主管部门。接到通报的生态环境主管部门应当及时调查了解情况，并按照相关规定报告突发环境事件信息。地方人民政府及其生态环境主管部门应当按照有关规定逐级上报。必要时可直接上报省人民政府。

接到已经发生或者可能发生跨市州行政区域的突发环境事件信息时，省生态环境厅要及时通报相关市（州）生态环境主管部门。

对以下突发环境事件信息，市（州）人民政府和省生态环境厅应当立即向省人民政府报告，省人民政府接到报告后应当立即向国务院报告：

（1）初判为特别重大或重大突发环境事件；

（2）可能或已引发大规模群体性事件的突发环境事件；

（3）可能造成国际影响的境内突发环境事件；

（4）境外因素导致或可能导致我省境内发生突发环境事件；

（5）省级人民政府和生态环境部认为有必要报告的其他突发环境事件。

6.4.1　信息报告时限和程序

对初步认定为一般或者较大突发环境事件的，事件发生地市（州）或者县（市、区）人民政府生态环境主管部门应当在 4 h 内向本级人民政府和上一级人民政府生态环境主管部门报告。

对初步认定为重大或者特别重大突发环境事件的，事件发生地市（州）或者县（市、区）人民政府生态环境主管部门应当在 2 h 内向本级人民政府和省级人民政府生态环境主管部门报告，同时上报省人民政府和生态环境部。省级人民政府生态环境主管部门接到报告后，应当进行核实并在 1 h 内报告省人民政府，同时报告生态环境部。

突发环境事件处置过程中事件级别发生变化的，应当按照变化后的级别报告信息。

发生下列一时无法判明等级的突发环境事件，事件发生地市（州）、县（市、区）人民政府和生态环境主管部门应当按照重大或特别重大突发环境事件的报告程序上报：

（1）对饮用水水源保护区造成或者可能造成影响的；

（2）涉及居民聚居区、学校、医院等敏感区域和人群的；

（3）涉及重金属或者类金属污染的；

（4）有可能产生跨省或者跨国影响的；

（5）因环境污染引发群体性事件，或者社会影响较大的；

（6）地方生态环境主管部门认为有必要报告的其他突发环境事件。

6.4.2　信息报告方式和内容

突发环境事件的报告分为初报、续报和处理结果报告。

初报在发现或者得知突发环境事件后首次上报，续报在查清有关基本情况、事件发展情况后随时上报，处理结果报告在突发环境事件处理完毕后上报。

（1）初报

应当报告突发环境事件的发生时间、地点、信息来源、事件起因和性质、基本过程、主要污染物和数量、监测数据、人员受害情况、饮用水水源地等环境敏感点受影响情况、事件发展趋势、处置情况、拟采取的措施以及下一步工作建议等初步情况，并提供可能受到突发环境事件影响的环境敏感点的分布示意图。

示例1：XX关于XX市XX事故至XX（污染物）泄漏的初报【简要说明事件概况】

【说明信息获悉渠道及响应情况】从XX获悉（接到XX市生态环境局）关于XX事件的信息（报告）后，我厅立即调度核实相关情况，并派工作组和专家赶赴现场，督促指导地方政府和生态环境部门妥善处置事件，……

【简要说明事发时间、地点、基本过程等】据XX市生态环境局报告，X月X日X时许，……

【事发点周边环境敏感点分布等】事发点下游XX公里处为XX饮用水水源地/省市界，……

【当地政府和生态环境部门响应】事件发生后，当地政府立即采取措施，……XX省/市/县生态环境部门已于X日X时到达现场，……

【应急监测】目前，XX市/县生态环境部门已在事故点周边布设X个大气监测点位，在XX至XX布设X个水质监测点位。X日X时监测数据表明，……（或监测数据正在分析中）。

【态势研判】根据目前掌握的情况，初步判断……

【下一步工作】……

我厅已要求……（我厅工作组已赶赴现场），重要情况随报，（如不再续报，结束语为"特此报告"）。

【所涉化学品理化性质】……

【联系人及联系电话】……

（2）续报

应当在初报的基础上，报告有关处置进展情况。

示例2：×××关于××市××事故至××（污染物）泄漏的续报一【简要说明事故处置进展情况】

【简述工作开展情况】XX时XX分（事故处置进展），我厅现场采取……措施，市州采取……措施。我厅要求……目前，……

【处置进展】……

【应急监测】……

【态势研判】扩大/可控。

【下一步工作】

我厅应急工作组继续在现场/我厅将继续指导地方妥善处置事件，重要情况随报。

附件：现场信息示意图，以及有代表性的监测图表、现场照片等。

（3）终报

事件应急处置结束后，应及时终报。

示例3：×××生态环境厅关于××市××事故至××（污染物）泄漏的终报【简要说明事件影响】

【事件概况】X月X日，XX发生XX事故。

【事件环境影响】自X月X日X时起，事发地下游XX沿线各监测点位特征污染物浓度持续达标，（事件未对XX水质造成影响/XX水厂自XX时起恢复供水）。

【处置完毕】XX政府自X日X时起终止应急响应。

【后续工作】我厅将继续指导地方做好后续……

如无重要情况，我厅将不再续报。

（4）处理结果报告

应当在初报和续报的基础上，报告处理突发环境事件的措施、过程和结果，突发环境事件潜在或者间接危害以及损失、社会影响、处理后的遗留问题、责任追究等详细情况。

6.4.3　信息报告要求

突发环境事件信息应当采用传真或面呈等方式书面报告；情况紧急时，初报可通过电话报告，但应当在 1h 内补充书面报告。

书面报告中应当载明突发环境事件报告单位、报告签发人、联系人及联系方式等内容，并尽可能提供地图、图片以及相关的多媒体资料。

具体报告时限、程序和要求根据《突发环境事件信息报告办法》要求执行。

6.4.3.1　现场影像信息报送要求

1）前方工作组应明确专人负责，及时报送现场影像信息。

2）报送内容包括现场应急处置重要点位、关键环节和环境敏感目标等的位置及影像信息等。具体点位包括事发点、入河点、河流交汇点、监测点、已有闸坝、水库、新建拦截（吸附）坝、投药点、饮用水水源地、自来水厂、居民区等。

3）为保证位置信息准确，现场人员应尽量做到上传地点与信息内容所在位置一致。因网络信号不佳等原因无法及时上传的，应准确记录位置信息，待具备报送条件后，手动调整至准确定位后上传。

4）报送信息应具备典型性、代表性和完整性。每个点位信息报送量不少于 1 条。图片、视频须附带简短的文字说明，包括拍摄时间、地点、对象等要素。拍摄视频资料时，可同步录入简短语音说明。

5）影像资料一般为正面横屏拍摄，信息完整、清晰，图片分辨率不低于 2 480×3 720 像素，大小不小于 2M。视频分辨率不低于 1 080×720 像素，时长不少于 15s。

6.4.3.2　资料收集清单

（1）文字材料

包括但不限于以下内容：

1）流域水系图（JPG/PNG 格式及 shp 矢量数据）。

2）流域水文资料，事故点下游河流干流及主要支流的流量、流速数据。

3）监测示意图，监测点位经纬度及监测报告（包括对照点位）。

4）事故点周边环境敏感点信息，如事故点下游可能受影响区域内的饮用水水源地名称、级别及中心经纬度，重要生态环境功能区名称、中心经纬度等。

5）涉事企业基本信息，如环境应急预案及环境风险评估报告、环境影响评价报告，涉及化工园区企业爆炸或火灾，则同时收集爆炸区域内周边企业相关信息。

6）事故点下游流域可用环境应急设施（闸、坝、湖泊、湿地、水库、水电站）的经纬度、可调节库容等信息。

7）工程实施点位图，包括新建拦截坝、活性炭吸附坝、投药点等。

8）事故处置所需环境应急物资清单，包括已储备或可调用应急物资数量及位置信息。

9）应急处置方案等相关资料。

（2）影像资料

影像资料指通过手机、相机、摄像机、无人机等设备获取的图片、视频等静态或动态数字图像，对应简短的文字、语音说明。应具备典型性、代表性、完整性，反映事件应对各环节，一般为正面横屏拍摄，主题鲜明，人物、事件、位置等信息完整、清晰。内容包括但不限于以下几方面：

1）事件发生地影像。

2）工作开展情况。工作组召开协调会议、听取汇报、查阅资料、现场勘查等。

3）应急处置进展。例如，封堵泄漏点等断源情况，筑坝引流、建设应急池、投药等工程措施实施情况，采样分析等监测工作开展情况，以及处理工艺研发、污染转运、物资运输、供水保障等。

4）展示处置效果。如污染封堵 / 清除前后对比、工程实施前后对比、水库加大 / 减少下泄量或关闭闸坝等情况、受污染和污染消除后河道影像等。

6.5　信息公开

突发环境事件具有突然性和危害不确定性，信息公开工作作为事件应急处置过程中的重要环节，如不及时、准确、主动发布事件情况，容易引起舆情炒作，可能使不知情公众处于恐慌之中，严重损害政府部门的公信力，甚至直接影响社会稳定。及时主动发布权威信息，提高应急处置工作的透明度，正确引导舆论，既有助于保障人民群众的环境知情权、参与权和监督权，又有助于维护社会稳定。因此，生态环境部门应认真学习《突发环境事件应急预案》《突发环境事件应急管理办法》《突发环境事件信息报告办法》等文件，理清本部门在突发环境事件信息公开工作中的职责，协助当地人民政府做好突发环境事件信息公开工作。在发生突发环境事件后，积极主动做好应急监测、信息收集和综合研判，及时、准确、主动发布突发环境事件信息。

　　日常工作中，地方政府和生态环境部门应创新信息公开方式、完善公开制度。建立健全突发环境事件信息公开和舆论应对机制，大力发掘自媒体、微博、微信等渠道的突发环境事件信息公开渠道，充分发挥专家学者独特作用，多渠道主动回应社会关切，澄清不实信息，为突发事件应对创造良好舆论氛围。

　　事件发生后，地方人民政府应充分利用"两微一端"等新媒体平台，第一时间主动发声，以通俗语言说清环境影响情况，并根据工作进展持续发布权威信息，避免不实信息传播。涉及重特大突发事件，严格落实信息公开"5×24"要求（5 h 内发布权威信息，24 h 内举行新闻发布会）。密切关注舆情动态，对媒体、公众提出的问题或质疑，及时调查核实并公布情况，主动回应社会关切。生态环境部门要按照地方政府的统一部署，做好环境应急监测信息的公开，特别是重特大或敏感事件，要主动每天定时发布监测情况。对社会关注度高的事件，省级生态环境部门可通过"两微一端"及时发布现场信息。

　　同时，及时有序开展新闻报道。根据事件处置进展，针对公众和媒体的关注重点，及时推出专题报道，展示事件应对各方面工作。可通过专家采访或邀请媒体记者现场察看等方式，解答公众疑问，体现应对工作的科学性。

示例 4：XXX 工作组紧急赶赴 XX 指导环境应急处置工作

　　【概述事故基本情况及环境影响】X 月 X 日 X 时 X 分许，XX 市（州）XX 县（区）（XX 公司）发生 XX 事故，导致……

　　【应急响应情况】获知信息后，生态环境厅高度重视，党组书记、厅长 XX 第一时间作出批示，启动应急响应程序。副厅长 XX 率领工作组正（已）紧急赶赴事发现场，指导做好环境应急处置工作。

第7章　事故调查与处理

突发环境事件调查应当遵循实事求是、客观公正、权责一致的原则。主要目的在于及时、准确查明突发环境事件原因、事件应对过程，确认事件性质，认定事件责任，评估事件环境影响与损失评估。对负有责任的单位和人员提请当地政府予以问责，总结经验教训，提出防范和整改措施建议以及处理意见，督促指导各地采取有效措施，防止类似事件再次发生，维护环境安全。

7.1　调查程序

突发环境事件调查的主要程序包括调查准备、启动程序、开展调查、调查终结、信息公开等内容。

7.1.1　调查准备

（1）法律依据

根据不同事件类型，收集并熟悉相关法律法规。如《中华人民共和国环境保护法》《中华人民共和国突发事件应对法》《中华人民共和国安全生产法》《生产安全事故报告和调查处理条例》《国家突发环境事件应急预案》《突发环境事件调查处理办法》等。

（2）资料清单

收集应急处置过程资料。包括应急监测、信息报告、应对处置、经济损失等方面资料。根据不同事件类型和《突发环境事件调查处理办法》规定的须查明内容，梳理拟向地方调取的资料清单。

7.1.2　启动程序

（1）启动时间

突发环境事件发生后视情况及时开展调查。一般在事件处置形势稳定后开展调查，以不干涉应急处置为原则。

（2）制订方案

制定调查方案，明确调查组成员名单、职责分工、方法步骤、时间安排、注意事项等内容。

（3）启动方式

经有关领导批示同意成立调查组。视情发布开展调查信息，起草新闻通稿。调查组组长一般由分管领导担任，副组长一般由省生态环保督察专员担任，总联络人由应急处处长担任。应急、执法、监测、宣教等部门作为成员参加。可以聘请环境应急专家库内专家和其他专业技术人员协助调查。同时，可根据突发环境事件的实际情况邀请公安、交通运输、水利、卫生、应急管理等有关部门或者机构参加调查工作。

7.1.3　开展调查

（1）现场勘查

勘查突发环境事件现场，应当取样监测、拍照、录像、绘制现场图，并制作现场勘查笔录。调查组现场进行勘查应由调查组成员主持，调查组成员不得少于两人。勘查笔录，应由调查人员和参加勘查的人员签字（见7.2.2节）。

（2）人员询问

根据调查需要，对突发环境事件发生单位有关人员、参与应急处置工作的知情人员进行询问，并制作询问笔录。进行询问，不得少于两人。询问应当个别进行。询问前，应当了解被询问人的身份，与事件的关系，调查人员不得向被询问人泄露事件情况或者表示对事件的看法。询问笔录应由调查人、被询问人签字（见7.2.3节）。

（3）资料收集

调取和复制相关文件、资料、数据、记录等。调查组可以收集地方政府和有关部门在突发环境事件发生单位建设项目立项、审批、验收、执法等日常监管过程中和突发环境事件应对、组织开展突发环境事件污染损害评估等环节形成的材料以及履职情况的证据材料。收集的形式包括通过谈话方式形成的"谈话记录"。

7.1.4　调查终结

（1）调查报告

在查明突发环境事件基本情况后，及时起草突发环境事件调查报告。报经部领导同意后向相关地方政府或有关部门移交。调查报告视情可纳入相关责任追究情况。

（2）报告移送

需要相关部门开展责任追究等工作的，应及时做好移送工作。移送材料主要包括调查报告以及相关证明材料的复印件。移送文件可视情加盖部办公厅或应急办公章。

（3）案卷归档

制作调查案卷并归档保存。调查案卷应当包括调查方案、询问笔录、勘查笔录、收集清单、损害评估报告、突发环境事件调查报告等文书，还应包括其他关于事件的基本情况、突发环境事件单位的情况、有关生态环境部门应急管理方面的材料、地方政府和有关部门日常管理的相关材料，以及污染涉及范围记录、应急处置和各项损失费用记录、事件发生前后的气象水文资料、具有法律性质的文书的正本或副本、签报及有关领导同志重要修改的文稿、有关突发环境事件的请示、批复等内部活动材料。

（4）调查时限

特别重大突发环境事件、重大突发环境事件的调查期限为 60 日；较大突发环境事件和一般突发环境事件的调查期限为 30 日。突发环境事件污染损害评估所需时间不计入调查期限。调查组应当按照前款规定的期限完成调查工作，并向同级人民政府和上一级生态环境主管部门提交调查报告。调查期限从突发环境事件应急状态终止之日起计算。

7.1.5　信息公开

事件调查结束后，应当及时向社会公开调查结论或者调查报告。须起草新闻通稿。新闻通稿及调查报告（或结论）报经有关领导审批同意后，统一发布。

7.2　模板范式

7.2.1　调查方案模板

（1）基本原则和调查方式

基本原则：遵循实事求是、客观公正、权责一致的原则，及时、准确查明事件原因，确认事件性质，认定事件责任，总结事件教训，提出防范和整改措施建议以及处理意见。

调查方式：综合采取现场勘查、调查取证、技术鉴定、问询谈话、综合分析和专家论证等方式，形成调查结论证据链条。

（2）调查主要职责和任务

查明事件原因、事件应对过程，确认事件性质，认定事件责任，评估事件环境影响与损失评估，对负有责任的单位和人员提请当地政府予以问责，总结经验教训，督促指导各地采取有效措施，防止类似事件再次发生，维护环境安全。

调查组可根据事件不同情况下设多个小组。如综合组、管理组、技术组和评估组。各组主要职责和任务如下：

1）综合组

制定综合组工作方案。负责协调事件涉及的政府及其部门、企业以及其他相关单位的资料调取登记、调查会议材料准备及会议记录，问询和谈话人员联系、车辆保障等工作，汇总相关组工作报告，起草调查报告。

2）管理组

制定管理组工作方案。负责收集有关资料和证据材料，汇总技术组、评估组调查情况，开展调查问询和谈话。查明事件发生企业基本情况，企业贯彻落实有关法律法规、标准规范情况，查找企业管理问题。查明事件发生的时间、地点、应对经过，查明地方政府及有关部门在行政审批、日常管理和应急处置中履职尽责情况。提出责任追究和监管方面的建议。

3）技术组

制定技术组工作方案。负责事发企业基本情况，事件发生的时间、地点、经过、直接原因。开展事件现场勘查，搜集现场证据。开展直接原因分析、论证和认定，对处置过程进行技术评估。核算污染物的排量，评估处置措施是否有效。从技术角度提出预防同类事件发生的针对性措施。

4）评估组

制定评估组工作方案。负责协调相关环境影响及损害评估技术单位做好应急处置阶段污染损害评估工作，确定调查事件造成的直接经济损失、环境污染和生态破坏情况，收集评估报告。负责协调评估调查涉及的相关部门、组织和单位提供数据和材料。负责根据评估报告，为管理组提供事件损失的结论，为确定案件性质等提出建议。

（3）调查分组及人员名单

（4）调查工作纪律和要求

1）廉洁自律。

2）严格保密。

3）程序规范。

4）高质高效。

5）个人安全。

（5）其他事项须知

1）办公地点安排。

2）用餐安排。

3）谈话地点安排。

4）用车安排。

7.2.2　突发环境事件调查现场勘查笔录范式

突发环境事件调查现场

勘　查　笔　录

现场勘查开始时间　　年　　月　　　日

现场地点：

现场勘查情况：

现场勘查制图　张；照相　张；录像　分钟。

现场勘查人员：

本人签名：　　　单位：　　　　职务：

现场勘查单位见证人：

本人签名：　　　性别：　　　年龄：　职务：　住址：

联系方式：

7.2.3　突发环境事件调查询问笔录范式

突发环境事件调查

询问笔录

询问时间：　年 月 日 时 分至 　年 月 日 　时 分

询问地点：

被询问人：　　性别：　　年龄：　　身份证号码：

单位及职务：

现住址：

电　话：

询问人：　　　　单位及职务：

我们是　　　突发环境事件调查组，调查组按照法律规定对突发环境事件原因开展调查，现在对你进行询问，请如实回答。如果认为调查人员与本案有利害关系、可能影响公正调查，你有申请调查人员回避的权利。以上内容你是否听清。

答：……

问：你是否要求申请回避？

答：……

问：……

答：……

被询问人（签名）：　　　　年　　　月　　　日

询问人（签名）：

记录人（签名）：

7.3　原因分析

任何事故大体可分为物的不安全状态、人的不安全行为、环境的不良因素和管理监督上有缺陷这四个方面。

一起事故是当人员或物体接受到一定能量或危害物质而不能够安全地承受时发

生的，这些能量或危害物质就是这起事故的直接原因。通常是一种或多种不安全的行为、不安全状态或者两者共同作用的结果。间接原因可追踪与管理措施及决策的缺陷，或者是人的或环境的因素。在分析事故原因时，应从直接原因入手，逐步深入到间接原因，从而掌握事故的全部原因。

（1）物的不安全状态

物的不安全状态是导致事故的物质基础，导致的原因大体可分为以下几个方面：

①设施、设备、工具、附件的结构不合理。

②设施、设备、工具、附件的设计、安装、调整不良等。

③缺少安全装置和防护措施，或者安全装置和防护设施有缺陷。

④防护、保险、信号等装置缺乏或有缺陷。

⑤生产施工场所环境不良。

⑥对设备性能、物料的特性不熟悉。

⑦环境风险防控设施不完善、日常运维不规范等。

⑧设备腐蚀或自然老化、维修、更换不及时，带病作业，或长期运转，疲劳作业等。

（2）人的不安全行为

人的不安全行为是导致事故的主要因素，人的不安全因素有：

①忽视安全操作规程。

②违反劳动纪律。

③误操作和误处理。

④未做好个人防护。

⑤物体（物料）摆放不合理。

⑥工艺规范不成熟。

导致人发生不安全行为的原因大致有四个方面：

①心里方面的原因。

②生理方面的原因。

③知识方面的原因。

④环境方面的原因。

（3）管理监督上的缺陷

管理和监督上有缺陷也是导致事故的重要因素，管理和监督上的缺陷主要表现有：

①在产品开发或项目设计时，未贯彻安全设施"同时设计、同时施工、同时投产运行"的"三同时"原则，忽略了相关安全标准、规程、措施的贯彻落实。

②安全管理不科学。

③安全工作流于形式。

④思想工作欠佳。

⑤忽略防护措施的落实。

⑥劳动组织不合理。

⑦安全教育和技术培训不足或不切合实际。

⑧安全规程、条例，劳动保护法规，制度实施不力。

⑨对事故报告不及时，或瞒报、虚报。或调查处理不当，法治观念不强，执法不严等。

7.3.1　事故分析

（1）事故原因

导致事故发生的多重因素、若干事件和情况的集合。

1）直接原因

物的不安全状态、人的不安全行为或者不安全环境等因素对事故发生的作用程度，直接引起设备失控或者失效的因素。

2）间接原因

形成事故直接原因的基础因素。形成事故直接原因也有一个或者多个不安全行为，或者不安全条件和管理缺陷等因素对事故发生的作用程度，这种不安全行为、不安全条件或者因素构成事故原因的第二个层次，即事故的间接原因，主要指社会环境、管理以及个人因素等。

3）主要原因

对事故后果起主要作用的事件或者使事故不可逆转地发生事件为事故的主要原因。

4）次要原因

除事故的主要原因外，对事故后果起次要作用的其他影响事件为次要原因。一般事故的次要原因可能有若干个，可按照其对事故后果作用的大小进行排序。

（2）事故性质类别

1）非责任事故

①自然事故 。由自然灾害引发的事故。是指受自然力影响超过生产及环保设

施设备设计规范而导致的突发环境事件。

②技术事故。由技术不够完善或者设备、设施自然损耗等原因引起并且是在人所不能预见或者不能避免的情况下所发生的事故。

2）责任事故

①违规、违章、违纪造成的事故。

②可以预见、抵御和避免的事故，但是由于行为（责任）人或者管理者的原因，没有采取预防措施或者预防措施不力造成的事故。

（3）事故责任类别

1）责任者

是指因违反法律法规而必须承担法律后果和责任的法人、组织和自然人，即责任单位或者责任人员，也称责任主体。

2）事故责任

与事故原因有直接或者间接的联系，对事故后果有影响的行为和因素。

3）全部责任者

对事故后果所起全部作用的人员或者单位。

4）主要责任者

对事故后果起主要作用的人员或者单位，可以是一个，也可以是多个。

5）次要责任者

对事故后果起次要作用的人员或者单位，可以是一个，也可以是多个。

7.3.2　重点步骤

（1）整理和阅读调查材料

①突发环境事件有关材料。主要包括突发环境事件发生单位基本情况；突发环境事件发生的时间、地点、原因和事件经过；突发环境事件造成的人身伤亡、直接经济损失情况，环境污染和生态破坏情况；突发环境事件发生单位、地方人民政府和有关部门日常监管和事件应对情况；其他需要查明的事项等相关材料。

②突发环境事件发生单位有关材料。建立环境应急管理制度、明确责任人和职责的情况；环境风险防范设施建设及运行的情况；定期排查环境安全隐患并及时落实环境风险防控措施的情况；环境应急预案的编制、备案、管理及实施情况；突发环境事件发生后的信息报告或者通报情况；突发环境事件发生后，启动环境应急预案，并采取控制或者切断污染源防止污染扩散的情况；突发环境事件发生后，服从

应急指挥机构统一指挥，并按要求采取预防、处置措施的情况；生产安全事故、交通事故、自然灾害等其他突发事件发生后，采取预防次生突发环境事件措施的情况；突发环境事件发生后，是否存在伪造、故意破坏事发现场，或者销毁证据阻碍调查等有关材料。

③生态环境主管部门环境应急管理有关材料。按规定编制环境应急预案和对预案进行评估、备案、演练等的情况，以及按规定对突发环境事件发生单位环境应急预案实施备案管理的情况；按规定赶赴现场并及时报告的情况；按规定组织开展环境应急监测的情况；按职责向履行统一领导职责的人民政府提出突发环境事件处置或者信息发布建议的情况；突发环境事件已经或者可能涉及相邻行政区域时，事发地生态环境主管部门向相邻行政区域生态环境主管部门的通报情况；接到相邻行政区域突发环境事件信息后，相关生态环境主管部门按规定调查了解并报告的情况；按规定开展突发环境事件污染损害评估等有关材料。

④其他政府部门有关情况。地方人民政府和有关部门在突发环境事件发生单位建设项目立项、审批、验收、执法等日常监管过程中和突发环境事件应对、组织开展突发环境事件污染损害评估等环节履职情况等有关材料。

（2）技术分析

通过研究法规、标准、管理规定、操作要求以及人的行为等客观现象，以分析事故因果关系为主要目的，开展技术论证、论据、推演、推断分析等，从而确定事故原因。

7.4 损失计算

生态环境主管部门应当按照所在地人民政府的要求，根据突发环境事件应急处置阶段污染损害评估工作的有关规定，开展应急处置阶段污染损害评估。本节主要介绍突发生态环境事件应急处置阶段直接经济损失。突发生态环境事件责任方为保护公众健康、公私财产和生态环境，减轻或者消除危害主动支出的应急处置费用，以及环境介质中的污染物浓度恢复至基线水平、在没有产生损害情况下的生态环境损害量化费用以及后期预估的修复费用，不计入直接经济损失。

突发生态环境事件应急处置阶段直接经济损失评估，是指事件发生后至应急处置结束期间，对应急处置过程进行梳理，以及对事件造成的人身损害和财产损害、生态环境损害数额、应急处置费用以及其他可以确定的直接经济损失进行评估的活动。

7.4.1　核定程序

　　直接经济损失核定工作程序包括基础数据资料收集、数据审核、确定核定结果三个主要阶段。基础数据资料收集是对各项费用产生情况、费用数额、合同票据等资料进行统一收集的过程；数据审核是对收集的数据资料进行初审、确认、复审等一系列审查，确定有效数据，并进行整理分析的过程；确定核定结果是将审定的数据整理分析后，给出明确的核定结论的过程。

7.4.2　直接经济损失核定

　　（1）核定原则

　　1）规范性原则

　　直接经济损失核定要收集完整的损失或费用数据的证明材料，数据与证明材料要真实可靠且一一对应，缺失证明材料的损失和费用不能计入。对同一突发生态环境事件的直接经济损失核定要采用统一的数据调查统计方法、计算方法和核定标准，保证核定结果规范公正。产生应急处置费用的工作措施应当与应急处置方案的要求或者应急指挥部的部署一致，应当与减轻对生态环境损害的措施直接相关。

　　2）时效性原则

　　应急处置费用必须是在应急处置和预警期间，以及在受突发生态环境事件影响的区域范围内发生的费用。应急处置和预警期以应急处置方案界定的或者以应急指挥部研判确定的时间为准。事件发生前已列入财政支出预算或工作计划，因事件发生而提前执行的设备购置费、租赁费、工程施工费等支出，不计入直接经济损失。各应急工作参与单位的正式工作人员和长期聘用人员在应急处置期间的劳务费和工资性收入不计入直接经济损失。但由于事件引发计划变动产生的额外费用，可计入直接经济损失。

　　3）合理性原则

　　对于同一突发生态环境事件，不同单位、不同地区填报的损失和费用数据要符合逻辑，同类型损失和费用单价的差异要控制在合理范围内，根据实际调查或者历史相关数据，以上下浮动在一倍以内视为合理。因突发生态环境事件发生造成的材料、交通、人工等价格上涨，以不高于市场价一倍视为合理。由其他突发事件次生突发生态环境事件的情况，应当明确原生事件的核定时限和地域范围，避免重复或遗漏核定。

（2）核定方法

1）应急处置费用

①污染处置费用。污染处置费用是指从源头控制或者减少污染物的排放，以及为防止污染物继续扩散，而采取的清除、转移、存储、处理和处置被污染的环境介质、污染物和回收应急物资等措施所产生的费用，主要包括投加药剂、筑坝拆坝、开挖导流、放水稀释、废弃物处置、污水或者污染土壤处置、设备洗消等产生的费用。污染处置费用的计算方法有两种：

方法一：污染处置费用 = 材料和药剂费 + 设备或房屋、场地租赁费 + 应急设备维修或重置费 + 人员费 + 后勤保障费 + 其他

方法二：对于工作量能够用指标进行统一量化的污染处置措施，可以采用工作量核算法，根据事件发生地物价部门制定的收费标准和相关规定或调查获得的费用计算

$$污染处置费用 = 总工作量 \times 单位工作量单价$$

例如：

$$筑坝费用 = 坝体体积（m^3） \times 单位体积构筑单价（元 /m^3）$$

$$开挖导流费用 = 土方量（m^3） \times 单位土方量工程单价（元 /m^3）$$

$$污水处理费用 = 污水总量（t） \times 每吨污水处理单价（元 /t）$$

专栏 1　污染处置费用核算说明

a. 责任方内部污染源控制、污染拦截、污染清理等产生的费用，不计入直接经济损失。例如，某企业烧碱储罐泄漏事件中，企业为防止污染物流出厂界在企业内部采取拦截、吸附等措施产生的费用。

b. 非必需的污染处置费用，不计入直接经济损失。例如，饮用水水源地污染事件中启用备用水源，在备用水源水质符合地表水 III 类水质标准的情况下，采取上游截污、治污等改善水质措施产生的费用不计入直接经济损失。

c. 非突发生态环境事件产生废弃物的处置费用，不计入直接经济损失。例如，火灾爆炸事故次生的突发生态环境事件，火灾或爆炸产生的废弃物处置费不计入突发生态环境事件直接经济损失，但是危险化学品泄漏次生的突发生态环境事件中，危险化学品污染清理费用和被危险化学品污染产生的危险废物处置费用计入突发生

态环境事件的直接经济损失。

d. 超出应急处置实际所需的药剂或材料费用，不计入直接经济损失。当购置的药剂或材料数量远高于实际消耗时，可以按照实际消耗的 1.2 倍计入直接经济损失。例如，因投加药剂购入了 20 t 药剂，但应急处置实际仅消耗了 10 t，在核定药剂费用时，可以计入 12 t 药剂的购置费用。

e. 非合理时间内发生的设备或场地租赁费用，不计入直接经济损失。当租赁时间远超过应急处置时间，按照实际应急处置时间的 1.5 倍产生的费用计入直接经济损失。例如，为应急处置工作租用了 3 个月的民房作为现场办公场所，而实际应急工作仅持续了 1 个月，在核定房屋租赁费时计入 1.5 个月的租赁费用。

f. 已列入生产安全事故直接经济损失或自然灾害直接经济损失的非污染处置费用，不计入突发生态环境事件直接经济损失。例如，火灾爆炸事故中的消防灭火费用。

②保障工程费用。保障工程费用是指应急处置期间为了保障受污染影响区域公众正常生产生活，以及为了保障污染处置措施能够顺利实施而采取的必要的应急工程措施所产生的费用，主要包括道路整修、场地平整、管线引水、车辆送水、自来水厂改造等措施产生的费用。

保障工程费用 = 材料和药剂费 + 设备或房屋租赁费 + 应急设备维修或购置费用 + 人员费 + 后勤保障费 + 其他。

专栏 2　保障工程费用核算说明

a. 应急处置期间发生的属于日常工作职责的维护费、工程费等相关费用，不计入直接经济损失。例如，应急处置期间进行日常道路维护或修整产生的费用不计入直接经济损失，但是为保障应急处置措施顺利实施，因没有可通行道路而重新铺设道路产生的费用计入直接经济损失。

b. 个人或单位采取的非必要的保障措施产生的费用，不计入直接经济损失。例如，饮用水水源虽然受污染影响，但通过实施应急引水措施已经能够保证饮用水正常达标供应的情况下，个人或单位另行购置其他饮用水或者净水设备产生的费用，不计入直接经济损失。

③应急监测费用。应急监测费用是指应急处置期间，为发现和查明环境污染

情况和污染范围而进行的采样、监测与检测分析活动所产生的费用。应急监测费用的计算方法有两种：

方法一：应急监测费用=材料和药剂费+设备或房屋租赁费+应急设备维修或购置费用+人员费+后勤保障费+其他

方法二：样品数量（单样/项）×样品检测单价+样品数量（点/个/项）×样品采样单价+运输费+其他

专栏3 应急监测费用核算说明

a. 应急监测费用应发生在应急处置阶段以及合理的预警期内。预警期以应急处置方案的规定或者应急指挥部的部署为准，应急处置方案和应急指挥部决策没有相关具体要求的，根据污染团实际到达预警监测点位的时间判断，突发水环境事件以该时间点前24 h视为合理，突发大气环境事件以该时间点前2 h视为合理。

b. 监测频次和采样布点密度应按照应急监测方案执行，并符合相关采样监测技术文件要求。

c. 应急处置结束后48 h以外的、观察被污染区域环境质量是否持续、平稳达标产生的监测费用，不计入直接经济损失。

d. 明显与事件无关的采样或监测项目产生的费用，比如在事件特征污染物已确定后，仍监测其他不相关污染物产生的监测费用，不计入直接经济损失。

---

④人员转移安置费用。人员转移安置费用是指应急处置期间，疏散、转移和安置受影响和受威胁人员所产生的费用。

人员转移安置费用=材料费+设备或房屋租赁费+人员费+后勤保障费+其他

专栏4 人员转移安置费用核算说明

a. 因原生事件威胁人员生命健康组织人员转移安置产生的费用，不计入直接经济损失。例如，地震、山体滑坡等事件中的人员转移安置费用。

b. 应急处置结束后环境质量达标且不影响人员正常生活时，仍滞留在安置场所产生的费用，不计入直接经济损失。应急指挥部宣布的应急处置结束日期之后5天内可视为合理的缓冲时间，之后产生的费用不计入直接经济损失。

c. 在事件造成的环境污染不影响人员正常生活及人身健康的情况下，因个人原因居住别处产生的相关费用，不计入直接经济损失。

⑤组织指挥及后勤保障费用。组织指挥及后勤保障费用是指应急处置期间应急指挥和组织管理部门以及其他相关单位针对应急处置工作，开展的办公和公务接待活动等产生的相关费用。

保障费用 = 办公用品费 + 餐费 + 住宿费 + 会议费 + 专家技术咨询费 + 印刷费 + 交通费 + 水电费 + 取暖费 + 其他

专栏 5　组织指挥及后勤保障费用核算说明

a. 公务员和参照公务员管理人员的加班费或加班补贴，不计入直接经济损失。

b. 上级指导人员、专家及其他人员产生的未由当地政府承担的差旅费，不计入直接经济损失，但由当地政府承担的计入。

c. 高于公务接待标准的餐饮费和住宿费，不计入直接经济损失。

d. 车辆保养费用，不计入直接经济损失。因执行应急处置任务产生的维修费用可计入直接经济损失。

e. 明显与应急处置无关的事务性费用，不计入直接经济损失。例如，烟、酒、茶叶等物品的购置费用。

f. 政府及生态环境主管部门委托第三方组织开展突发生态环境事件生态环境损害评估工作发生的技术咨询费用，不计入直接经济损失。

2）人身损害费用

人身损害费用指在应急处置阶段可以确定的、因突发生态环境事件污染造成的人员就医治疗、误工、致残或者致死产生的相关费用。人身损害需要有专业医疗或鉴定机构出具的鉴定意见，或者相关政府部门出具的正式文件。

就医治疗的：人身损害费用 = 医疗费 + 误工费 + 护理费 + 交通费 + 住宿费 + 住院伙食补助费 + 营养费 + 其他

致残的：人身损害费用 = 医疗费 + 误工费 + 护理费 + 交通费 + 住宿费 + 住院伙食补助费 + 营养费 + 残疾赔偿金 + 残疾辅助器具费 + 被扶养人生活费 + 后续康复费 + 后续护理费 + 后续治疗费 + 其他

致死的：人身损害费用 = 医疗费 + 误工费 + 护理费 + 交通费 + 住宿费 + 住院

伙食补助费＋营养费＋丧葬费＋被抚养人生活费＋死亡赔偿金＋亲属办理丧葬事宜支出的交通费／住宿费／误工费＋其他

以上医疗费、误工费、护理费、交通费、住宿费、住院伙食补助费、营养费、残疾赔偿金、残疾辅助器具费、被抚养人生活费、丧葬费、死亡赔偿金等费用的计算参考《最高人民法院关于审理人身损害赔偿案件适用法律若干问题的解释》，计费标准应符合国家或地方相关规范标准要求。

专栏6　人身损害费用核算说明

非突发生态环境事件所致的人员伤亡产生的救治、丧葬、抚恤费用不计入人身损害费用。比如生产安全事故中爆炸、灼烧等导致的人员伤亡，交通事故造成的人员伤亡等，其产生的救治、丧葬、抚恤等费用，不计入直接经济损失。

3）财产损害费用

财产损害费用指因环境污染或者采取污染处置措施导致的财产损毁、数量或价值减少的费用，包括固定资产、流动资产、农产品和林产品等损害的直接经济价值。

财产损害费用＝固定资产损害费用＋流动资产损害费用＋农产品损害费用＋林产品损害费用＋其他

固定资产损害费用＝固定资产维修费＋固定资产重置费

流动资产损害费用＝流动资产数量×购置时价格-残值，其中残值应由专业技术人员或专业资产评估机构进行定价评估

农林产品损害费用＝农林产品损害总量×（正常产品市场单价-工业原材料市场单价）

当农林产品质量受损、但不影响其作为工业原材料等其他用途时，计算其用途变更后造成的直接经济损失。

专栏7　财产损害费用核算说明

a. 财产损害具体数量应通过现场调查、测量等方式方法进行核定。

b. 农产品、林产品、渔产品和畜牧产品等因突发生态环境事件影响产生的当期数量损失和质量损失以外的预期收益，不计入直接经济损失。

c. 生产企业或施工工程因突发生态环境事件停产或减产造成的损失，不计入直

接经济损失。

　　d.已列入生产安全事故或交通运输事故等造成的直接损失的，不再计入其次生的突发生态环境事件直接经济损失。例如，危险化学品交通运输泄漏事故中的车辆、车载货品和道路设施损毁等造成的损失，不计入直接经济损失。

　　e.当地政府在突发生态环境事件发生后制定了财产损失赔偿标准的，应根据赔偿标准进行经济损失计算。

4）生态环境损害数额

突发生态环境事件对生态环境造成损害、不能在应急处置阶段恢复至基线水平需要对生态环境进行修复或恢复，且修复或恢复方案及其实施费用在环境损害评估规定期限内可以明确的，生态环境损害数额计入直接经济损失，费用根据修复或恢复方案的实际实施费用计算。

专栏 8　生态环境损害数额核算说明

　　a.环境介质中的污染物浓度恢复至基线水平，在没有产生期间损害情况下的生态环境损害量化费用以及后期预估的修复费用，不计入直接经济损失。

　　b.需要对生态环境进行修复或恢复，但修复或恢复方案不能在应急处置阶段生态环境损害评估规定期限内完成的修复或恢复费用，不计入直接经济损失。

7.5　报告编写

　　开展突发环境事件调查，应当在查明突发环境事件基本情况后，编写突发环境事件调查报告。突发环境事件调查报告应当包括：突发环境事件发生单位的概况和突发环境事件发生经过；突发环境事件造成的人身伤亡、直接经济损失，环境污染和生态破坏的情况；突发环境事件发生的原因和性质；突发环境事件发生单位对环境风险的防范、隐患整改和应急处置情况；地方政府和相关部门日常监管和应急处置情况；责任认定和对突发环境事件发生单位、责任人的处理建议；突发环境事件防范和整改措施建议；其他有必要报告的内容。

7.5.1　封面

事件报告的封面包括三项内容，报告的名称和调查组的名称及形成报告日期，其中事件名称，由事故发生地点、发生时间、事件等级、事件类型及事件特征组成。发生地点包括事故发生所在的省（区、市）、市和县；发生时间包括事故发生的月和日，用阿拉伯数字，并且月与日之间用"·"符号隔开，加""。如某省某市 2018 年 4 月 9 日发生交通事故致柴油罐车泄漏次生重大突发环境事件，则报告名称为：A 省 A 市 A 县"4·9"交通事故致柴油罐车泄漏次生重大突发环境事件调查报告。

7.5.2　目录

目录主要包括事件基本情况、事件发生单位概况、事件发生过程及处置情况、人员伤亡、环境污染、生态破坏和直接经济损失情况、事故原因及性质、责任认定及处理建议、事件防范和整改措施建议等方面。事件编制过程中，可将其中几个方面进行合并。

7.5.3　内容

（1）事件基本情况

事故基本情况包括事故发生单位、地点、发生时间、事故特征、伤亡人数、事故等级组成。

（2）事件发生单位概况

事件发生单位情况包括企业生产经营情况、安全管理情况，事故直接人员等。如事故涉及多家单位，应当逐一描述其具体情况，并且阐述其相互关系。

（3）事故发生过程及应急处置情况

事件发生过程包括事故发生的时间、具体地址及其位置、事故发生经过、现场情况、设备损坏情况、事故后果等。应急处置情况包括事故报告、抢险救援等应急处置情况。

（4）人员伤亡、环境污染、生态破坏和直接经济损失

主要依据突发环境事件损害评估报告。

（5）事故原因及性质

事故原因具体描述事故的直接原因、间接原因、主要原因、次要原因。事故性质根据事故调查的事实和原因分析，写明事故性质。

（6）责任认定及处理建议

按照全部责任、主要责任、次要责任分别列出事故责任者的基本情况（单位、人员的姓名、职务、主管工作等）、责任认定事实、责任追究的法律依据及处理建议，并且按照以下顺序排列：

①移送司法机关处理的责任人员。包括应当追究责任，因死亡而无法追究责任的人员和已经被司法机关采取措施的人员。

②对事故责任单位的处罚和相关人员的处分。

③给予相关单位或者人员行政处罚或者处分。

（7）事件防范和整改措施建议

提出防止同类事件重复发生的措施和建议。主要从技术、教育和管理等方面对地方政府、有关部门和事故责任单位提出整改建议，并且对国家有关部门在制定政策和法规、规章及标准等方面提出建议。

7.5.4　实例

示例 1：A 省 A 市 A 县 108 国道交通事故致柴油泄漏事件调查报告

2016 年 3 月 22 日，108 国道 A 省 A 市 A 县某路段发生道路交通事故，致柴油泄漏污染 Q 河，威胁下游 B 省 B 市民饮用水安全。党中央、国务院高度重视，张高丽副总理作出重要批示，环境保护部陈吉宁部长、翟青副部长立即要求环境保护部应急办派出工作组赶赴现场，协调、指导两省地方政府和生态环境部门应急处置工作，确保下游群众饮水安全。

3 月 28 日起，A 省和 B 省各监测断面石油类浓度值全线持续稳定达标，B 省 B 市集中式供水安全得到有效保障，事件涉及的 B 省 B 市 B 区、A 省 A 市 A 县先后终止应急响应。根据《国家突发环境事件应急预案》中关于突发环境事件分级标准的规定，前方工作组初步判断此次事件属于造成跨省级行政区域影响的重大突发环境事件。根据《突发环境事件调查处理办法》（环境保护部令　第 32 号）第三条关于"环境保护部负责组织重大和特别重大突发环境事件的调查处理"的规定，报请环境保护部陈吉宁部长、翟青副部长同意，环境保护部启动了突发环境事件调查程序，以前方工作组为基础，成立了由环境保护部应急办冯晓波副主任任组长，环境保护部应急办、环境保护部规划院人员组成的现场调查组，就 A 省 A 市 A 县 108 国道交通事故致柴油泄漏事件开展调查。

3 月 28 日—4 月 5 日，调查组通过听取汇报、现场勘查、调查询问、资料核查、损害评估等方式，开展了一系列的细致、全面的调查工作，查清了事件原因、经过，认定此次事件是一起因道路交通事故引发的跨省界重大突发水污染事件。现将有关情况报告如下：

一、基本情况

（一）事件概况

3月22日19时50分，一辆装载约32 t柴油的重型罐式半挂车（车牌号为XXXXX）由A省入B省，行至108国道A省A市A县某路段处时侧翻，约30 t柴油泄漏，泄漏的柴油和部分消防水（约5 t）沿山坡、排水沟流入Q河。Q河是J江支流，流速为0.48 m/s，流量为1.08 m³/s（3月24日数据），事发地距Q河入B省断面约2 km，距离Q河入J江断面约37 km。事发地下游A省境内无集中式饮用水水源地，B省境内距离事发地最近的集中式饮用水取水口是位于Q河上的B市B区某自来水厂取水点（该水厂为B区备用水源，日供水量3 000 t，距离事发点约33 km），B市区第一水厂J江取水口距离事发点约60 km，日取水量10万t，供水人口24万人。经过A、B两省有关部门共同努力，将污染物基本控制在Q河入B省断面下游5 km处的围堰内，未对J江水体造成明显影响，未对B市供水造成影响。事件应对处置过程中，A、B两省生态环境部门先后设置应急监测断面22个，其中Q河A、B两省交界断面23日8时，石油类浓度达到峰值26.13 mg/L（超过《地表水环境质量标准》限值521.6倍），自26日15时起持续达标。B区火车站桥头断面（Q河汇入J江河口下游1 km处，距离A、B两省交界断面36.4 km）24日2时，石油类浓度达到峰值0.24 mg/L（超过《地表水环境质量标准》限值3.8倍），自24日14时起持续达标。B市B区于28日18时终止应急响应，A市A县于31日终止应急响应。

（二）肇事车辆的基本情况

A县公安局交通管理大队查明：肇事车辆驾驶员为高某某，男，汉族，生于XXXX年XX月XX日，住址：A省XX市XX县XX乡，驾驶证号：XXXXXXXX，准驾车型：A2。押运员为董某某，男，汉族，生于XXXX年XX月XX日，住址：A省XX市XX县XX乡，身份证号：XXXXXXXX。肇事车辆为东风牌重型罐式半挂车，车辆所有人为A省XXX县某货运车队，登记住址为A省XX市XX县XXX号，使用性质为危化品运输，车辆登记时间为2011年4月15日。

二、应急响应过程

事件发生后，A、B两省有关方面先期开展了污染封堵、拦截降污等前期处置工作。3 月 24 日，环境保护部工作组抵达现场后，连夜实地察看了应急处置、应急监测、供水保障等方面开展的工作，并召开两省现场协调会，听取了事件处置情况汇报，指导两省联合开展应对工作。一是协调两省将保障 B 市 B 区饮水安全作为目标，以同心合力治污的高压态势，采用科学的方法尽快消除污染；二是协调两省优化监测方案，规范取样及监测流程，为处置工作提供科学的数据支撑；三是指导两地建立应急监测和应对处置信息定期通报机制；四是要求两地做好处置过程中产生的危险废物收集及处置工作，防止产生二次污染。

A、B 两省有关部门在应急响应方面的主要做法包括：

一是迅速响应，地方政府和相关部门靠前指挥。A 县公安、消防部门于 22 日 20:28 到达现场开展应急救援，县应急办、环保、安监等部门负责同志于 20:45 到达事发现场开展相关工作，县政府领导于 21:30 到达事发现场指挥应急处置工作。B 市 B 区政府、生态环境部门于 22:23 接报后，于 23 时左右到达 Q 河 A、B 两省交界断面开展应急处置工作。

二是启动预案，成立应急指挥机构。23 日凌晨，A 省 A 县、B 市 B 区先后在事发现场召开应急处置工作会议，启动两地《突发环境事件应急预案》，分别成立应急处置指挥机构，明确部门分工和工作任务。当日，A 市、B 市政府也分别成立事件处置协调指导小组和保障供水安全应急处置指挥部，分别由副市长任组长、指挥长。

三是加强协作，上下游合力治污。23 日 0:20，A 省 A 县政府、B 省 B 市 B 区政府以及两地生态环境部门负责人在事发地召开情况通报暨处置协调会，商议建立信息通报机制，确定专人负责，定期通报和共享监测数据、处置情况，明确职责，加强沟通协调，形成治污合力。

四是综合施策，确保下游饮水安全。事发后，A 县、B 市 B 区政府在环境保护部工作组、省市两级政府和生态环境部门指导下，积极采取措施开展应急处置工作，尽快消除污染，确保下游 B 市饮水安全不受影响。A 县调集装载机、挖掘机，先后在事发段河道修筑 5 道围堰，对污染水体进行围堵；紧急采购调运棉被、拦油索、吸油毡、活性炭、草帘，对围堰内柴油进行吸附；组织县镇村干部群众 3 000 余人次，利用盆、瓢、桶等工具对河道漂浮油污进行打捞清理；对附着油污的棉被、油毡、拦油索和受到污染的土壤、砂石、柴草等及时进行清理清运；对被污染的河道砂石，动用人力和机械设备，通过反复冲洗等方式降低污染，截至 27 日 18 时，共清理清运油水混合物约 32 t、吸油废毡和草帘约 8 t。对清理清运的油水混合物，暂时存放在 A 县污水处理厂，下一步统一交由危险废物处理中心进行处理。对含油废毡、草帘等，采取与地面隔离的方式集中堆放，下一步统一交由有资质的单位进行处理。B 市 B 区先后组织修筑 12 道围堰，并利用城区 3 处闸坝进行拦截；采取铺设稻草、棉絮、吸油毡等措施进行油污吸附；紧急调运吸油毡、石油分散剂、大型拦油网、吸油索等物资；B 市 B 区政府及时启用了备用水源，通知沿线乡镇及村民停止从 Q 河取水，确保人民群众饮水安全。

五是强化监测，为科学处置提供依据。事件发生后，A、B 两省生态环境部门迅速开展应急监测，为事件的科学处置提供了重要依据。A 县生态环境部门于 22 日 21:00 布设 4 个取样点开始取样，23 日 0:30A 市环境监测站和 A 县环境保护局联合制定了应急监测方案，此后两次优化调整，在 A 省境内最多时设置 7 个监测点位，截至 28 日共报送监测快报 127 期。B 市 B 区环境监测站于 23 日 1:30 在 B 市环境监测中心站指导下，制定了应急监测方案，并先后九次优化调整，在 B 省境内最多时设置 15 个监测点位，截至 28 日共报送监测快报 11 期，应急监测结果报送表 30 期。

三、事件发生的原因和应对过程中存在的问题

经过调查组调查取证和分析论证，结合 A 县公安局交通管理大队对交通事故的调查情况，认定造成此次跨省界重大突发水污染事件主要原因和应对处置过程中存在的问题包括：

（一）事件发生的直接原因

此次跨省界重大突发水污染事件系驾驶员高某某驾驶运输柴油的重型罐式半挂车行至事故路段，遇湿滑水泥道路，连续下坡弯道，操作不当，导致车辆撞击道路左侧防护墩后发生侧翻。事故导致车辆罐体出现直径约 6.5 cm 的破口，同时罐体减压阀遭到破坏，罐体顶部直径 31 cm 的阀门被冲开，约 30 t 柴油在 30 min 左右时间内通过罐体顶部阀门及罐体破口处涌出泄漏到外环境，加之事发时正下小雨（当日 A 县降水量为 8.9mm），泄漏的柴油、道路上的雨水和约 5t 消防水混合的含油污水沿山坡流入泄洪沟，进入 Q 河造成污染。

（二）事件发生的间接原因

1.A 县消防部门在应急救援过程中未考虑环境影响。

在应急救援过程中，A 县消防部门使用消防水枪对罐体及油蒸汽进行了降温和稀释处理，持续时间 2 h 左右，共使用约 5t 消防水。在事故救援过程中未按照《A 县危险化学品安全生产事故应急预案》（宁安委会发〔2015〕5 号）中关于"泄漏液体、固体应统一收集处理，洗消水应集中净化处理，严禁直接外排"的规定，未

对含油消防废水采取必要的拦截、收集措施，消防废水通过山坡、泄洪沟流入 Q 河。监测数据显示，3 月 23 日凌晨，事故点下游 Q 河 200 m、700 m、A、B 两省交界断面石油类污染物相继出现两次峰值，经分析，系事故泄漏的柴油和含油消防废水先后进入 Q 河所致。

2.A 县政府及有关部门环境风险防范意识不足。

一是 A 县政府和相关部门从 2015 年年底陆续印发了《A 县突发环境事件应急预案》《A 县公安局突发环境事件应急预案》《A 县公安局交通管理大队剧毒、危险化学品公路运输车辆交通事故应急救援预案》《A 县危险化学品安全生产事故应急预案》《A 县道路危险货物运输事故应急预案》等多个相关预案，但是针对性和可操作性差。《A 县突发环境事件应急预案》在比新修订的《国家突发环境事件应急预案》晚一年印发的情况下，对突发环境事件级别的划分标准仍然沿用 2005 年《国家突发环境事件应急预案》中的划分标准，其中未将"造成跨省级行政区域影响的突发环境事件"作为"重大突发环境事件"的标准，致使事件处置初期未按重大突发环境事件及时上报省环保厅和环保部，影响上级政府和有关部门启动高级别应急响应。二是 A 县环境保护局与 B 市 B 区环境保护局于 2015 年 5 月签订了《跨界流域突发水污染事件应急联动工作机制》，明确规定重点加强"流域上游河岸重要交通干线可能因突发交通事故导致的石油、化学品运输车辆翻到泄漏污染流域水源的应急处置等演练"，但该协议签订近 10 个月，并未开展实质性工作。

3.A 县 108 国道危化品道路运输环境风险较大。

一是事发地位于某道出口约 100 m 的弯道处，出隧道即是右转弯（弯道半径 130 m）、长下坡（坡度 5.3%），事故地点距离 Q 河直线距离 500 m，事故点与 Q 河落差达 102.6 m，污染物入河点距离省界 2 km，一旦发生危化品道路运输事故，极易造成跨省界突发水污染事件。二是 108 国道 A 县段全长 64.1 km，路况复杂，入 B 省方向多为长下坡，道路等级参差不齐，四级公路占比 37.1%，加之 A 省境内不允许危化品运输车辆上高速行驶，导致 108 国道成为连接大西北和大西南地区唯一危险化学品运输通道，存在较大的环境安全风险。据统计，2011 年至 2016 年 3 月，国道 108 线 A 县境内共发生危化品运输车辆交通事故 31 起，2016 年已发生 6 起，其中两起造成了环境污染。

（三）应对过程中存在的问题

1.A 县政府事件应急响应程序不当。

一是事发当晚，县政府未按照《A 县突发环境事件应急预案》，指派县突发环境事件应急领导小组组长（分管环境保护工作的副县长）、副组长（县政府办主任）赶赴现场指挥应急处置工作。二是 3 月 23 日县政府越级启动了突发环境事件 III 级应急响应，根据《国家突发环境事件应急预案》（国办函〔2014〕119 号）、《A市突发环境事件应急预案》，突发环境事件 III 级应急响应由事发地设区的市级（A市）人民政府启动并负责应对工作。三是 A 县政府于 3 月 25 日向 A 市政府报送《关于启动我县"3·22"柴油罐车泄漏事故应急处置工作 II 级响应预警机制的请示》，请求 A 市政府批准 A 县启动"突发环境事故应急处置工作 II 级响应预警机制"，但各级突发环境事件预案中均无"II 级响应预警机制"的表述，且此时距离事发超过 2 天，已经全面进入应急响应阶段，不存在启动预警机制的适用。另外，根据《国家突发环境事件应急预案》和《A 市突发环境事件应急预案》，突发环境事件 II 级应急响应由事发地省级（A省）人民政府启动并负责应对，A 县请示内容存在错误。

2.A 县政府向下游 B 市 B 区通报迟缓。

A 县政府总值班室于 3 月 22 日 20:08 接报后，立即向值班领导和相关部门通报，县政府应急办主任于 20:45 抵达事故现场后，立即到 Q 河 A、B 两省交界处查看并确认污染物即将进入 B 省境内，但 A 县政府根据《A 县突发环境事件应急预案》中关于"突发环境事件可能涉及或影响到相邻县的，经县突发环境事件应急领导小组批准后及时通报邻县"的不当规定（《国家突发环境事件预案》《A 市突发环境事件应急预案中》均无此规定），经县政府领导同意后，才于当晚 22:03 开始联系 B 区政府。

3.B 省 B 市环境应急监测工作存在不足。

B 市、B 区环境监测部门虽然第一时间赶赴现场开展应急监测工作，但是存在应急监测预案针对性、操作性差，监测布点不合理、采样不规范，未能准确反映污染流向、浓度变化和污染团前峰情况，监测数据出现不合理的大范围波动。

四、损害评估情况

事件发生后，由环境保护部环境规划院环境风险与损害鉴定评估研究中心开展了应急处置阶段环境损害评估。结果显示，截至 3 月 28 日 18 时，共发生环境应急处置费用 XXXXX 元。其中，A 县支出 XXXXX 元，占总费用的 XX%；B 市 B 区支出 XXXXX 元，占总费用的 XX%。

五、事件性质

现场调查组根据调取的相关环境监测数据，地方政府和有关部门会议纪要、文件资料，相关部门和机构出具的事故认定书、鉴定结论等证据材料，结合调查组对相关人员的调查谈话和询问、现场勘查和损害评估情况，根据《国家突发环境事件应急预案》中关于突发环境事件分级标准的规定，认定此次事件是一起因道路交通事故引发的跨省界重大突发水污染事件。

六、责任认定及处理建议

（一）肇事司机及车辆所属单位责任和处理建议

肇事司机操作不当，发生交通事故，经A县公安交管部门认定，应负事故全部责任。建议A县公安交管部门在对事故进一步调查取证的基础上，及时依法对肇事司机、车辆所属A省XX县某货运车队进行处罚，涉嫌犯罪的依法追究刑事责任。

（二）A县政府及相关部门责任和处理建议

A县政府对区域环境风险状况认识不足，应急准备不充分，事发后向下游地区通报迟缓，应急响应程序不当；A县消防部门在应急救援过程中未考虑环境影响，导致大量含油消防废水进入Q河，加重了事件影响；A县生态环境部门环境风险防范意识不足，编制的《A县突发环境事件应急预案》存在错误，未积极履行与下游地区签订的应急联动协议，未及时开展突发环境事件应急演练。建议A省环境保护厅督促A市人民政府和有关部门对依法依规对相关责任人进行问责。

（三）B市生态环境部门处理建议

鉴于B市、B区环境监测部门没有及时汲取甘肃陇星锑业有限公司尾矿库泄漏事件应急监测工作的经验教训，没有根据区域环境风险现状，制定有针对性的应急监测预案，没有预设监测点位等问题，建议B省环境保护厅对B市、B区环境监测部门在应急监测工作中存在的问题提出批评，并督促指导B市、B区环境监测部门举一反三，切实改进和完善相关工作。

七、下一步工作建议

一是建议A县、B市B区继续做好后续清污工作。对清运的油水混合物、吸油废毡、草帘等交由有资质的单位妥善处理，确保不发生二次污染。

二是建议A县进一步加大危险化学品交通运输环境风险防范力度。A县应深刻汲取此次事件教训，举一反三，采取综合措施，切实防范环境风险。建议加强对乡、镇政府及办事处的应急响应能力，普及应急响应知识，设立24 h值班制度，确保第一时间能出动、能处置；在108国道沿线通过设立检查站、警示牌、临时停车休息场所等方式，掌握运载货品、司乘人员、车辆信息等情况，做好环境风险防范宣传教育工作；通过增设强制减速带、完善视频监控设施，加大交通违法违规车辆、驾驶人员和运输企业查处力度；组建专门的危险化学品运输车辆交通安全管理队伍，专职负责108国道A县段危险化学品运输车辆交通安全管理工作；在108国道A县段事故多发、易发地段，修建导流、拦截、缓冲设施，防范危险化学品泄漏污染外环境。

三是建议A县、B区进一步完善各类应急预案、加强应急联动、建立应急物资储备信息库。建议A县结合本县危险化学品道路运输环境风险现状，严格按照《突发事件应急预案管理办法》（国办发〔2013〕101号）、《突发环境事件应急预案管理暂行办法》（环发〔2010〕113号）要求，尽快对《A县突发环境事件应急预案》进行修订。A县和B区政府进一步完善相关各部门应急预案，提高预案的针对性、适用性和可操作性，加强环境应急培训，组织开展应急演练；建立健全多部门、上下游协同作战的环境应急工作机制，切实提升突发环境事件应急响应和处置能力；建立危险化学品突发环境事件应急救援物资储备信息库，为及时妥善处置突发环境事件提供保障。

四是建议以环境保护部名义向A省人民政府发函，对危险化学品道路运输环境风险予以警示。建议A省人民政府、省高速公路管理集团合理规划危险化学品运输线路，调研涉危车辆上高速路行驶的可能性，防止危险化学品运输车辆过分集中在108国道等路，减少环境风险；尽快实施108国道"提标改造"工程，提升108国道A县段路况和通行能力。

五是建议将B省B市饮用水水源地环境安全保障列入"水专项"研究课题。2015年11月以来，先后发生的甘肃陇星锑业有限公司尾矿库泄漏事件和此次A省A县交通事故致柴油泄漏事件，均对地处下游的B省B市饮用水水源地构成威胁，建议将B省B市饮用水水源地环境安全保障作为课题，列入"水专项"研究范围，提出有效的环境风险管控措施，切实保障饮水安全。

示例2：A省A市A县"4·9"交通事故致柴油罐车泄漏次生重大突发环境事件调查报告

2018年4月9日15时40分，A省A市A县发生柴油罐车道路交通事故，致柴油泄漏进入R河后汇入J河，造成跨A、B两省突发环境事件。事件发生后，生态环境部高度重视，迅速派出应急办、西北督察局组成工作组赶赴现场，协调、指导两省地方政府和生态环境部门做好应急应对工作。通过A、B两省共同努力，4月13日18时始，受污染河段石油类浓度持续稳定达标，事件得到了妥善处置，A、B两省先后终止应急响应。

按照《突发环境事件调查处理办法》（环境保护部部令　第 32 号）有关规定，生态环境部启动重大突发环境事件调查程序，成立调查组，按照"科学严谨、依法依规、实事求是、注重实效"的原则，通过现场勘查、资料核查、人员询问及专家论证，查明了事件原因和经过，认定此次事件是一起因交通事故致柴油罐车泄漏次生的重大突发环境事件。有关情况报告如下：

一、基本情况

（一）交通事故概况

2018 年 4 月 9 日 15 时 40 分，B 省某运输公司一辆重型油罐车（车牌号 XXXXX）途经 A 县境内省道某处，与相对方向行驶的一辆翻斗车（车牌号 XXXXX）相撞肇事，造成油罐车悬空于 R 河河堤，罐体形成 5 处裂口且高度倾斜，导致罐体内柴油泄漏至 R 河。

（二）污染过程

4 月 9 日 17 时，柴油罐车被救援运离现场；19 时甲断面（事发点下游 1 km）石油类超标 49.2 倍。10 日 23 时，J 河 A 省 A 市和 B 市两市交界乙断面（事故点下游 42 km）石油类超标 71.4 倍。11 日 2 时，A 省、B 省交界丙断面（事故点下游 72 km）石油类首次超标 10.4 倍，12 时最高超标 120.6 倍。13 日 12 时，B 省 B 市 B 县丁断面（事故点下游 182 km）首次超标 0.2 倍，13 时超标 0.4 倍，随后持续达标。

4 月 13 日 15 时起，A 省境内 J 河全线持续稳定达标；18 时起，A 省境内 J 河全线持续稳定达标。4 月 14 日 11 时起，A 省各级相关政府解除应急响应。4 月 15 日 12 时起，B 省 B 市政府解除应急响应。

（三）直接经济损失

经评估，此次事件应急处置阶段共造成直接经济损失 XXX 万元，其中 A 省 XXX 万元，B 省 XXX 万元。

（四）环境影响情况

事故罐车共载有柴油 31 t，罐体内残存 7 t，泄漏 24 t。其中泄漏至 R 河河堤后清理转运 11.6 t，泄漏入河 12.4 t。此次事件造成 R 河、J 河下游 182 km 河段水体受到不同程度污染，其中 A 省境内 72 km，A 省境内 110 km。经排查，沿河无集中式饮用水水源，未造成居民生活用水影响。

二、应对处置

事件发生后，A、B 两省相继启动了省、市、县三级政府突发环境事件应急响应，成立应急指挥部，统筹开展应对工作。4 月 11 日，生态环境部工作组紧急赶赴现场指导、协调两省联合开展应对。通过强化控源减污、应急监测、信息公开等措施，事件得到了妥善处置，避免了污染进一步扩大，并维护了社情舆情稳定。

（一）切断源头

事故发生后，A县第一时间对柴油罐车进行了安全移置，防止罐体内残存柴油继续泄漏；沿事故点R河河床修筑约1m高围堰，减少柴油流入R河；调用吸污车收集河床上相对集中的油污，铺设吸油毡吸附河床上分散油污；河床表面油污基本清除后，将受污染的河床土壤清运处置，并通过多次回填清洁土蘸和后再清运的方式切断污染源。

（二）拦截吸附

A省A、B两市先后设置吸油毡、拦油坝（索）72道，其中水泥管活性炭拦截坝3道，利用天然河床构筑临时纳污坑塘2个，对河面浮油进行人工收集和喷淋降解。通过多种措施进行降污，延缓了污水出省界约17个小时，为下游应急处置争取了时间。B省B市先后在A、B、C三县境内设置活性炭拦截坝5道，将污染控制消除在B省B市境内。

（三）应急监测

事件发生后，A省A、B两市环境监测站均第一时间赶赴现场，制定应急监测方案，开展应急监测，并先后6次优化调整方案。两市在应急前线建立现场临时实验室各1座，提高了监测分析效率。A省环境监测中心站第一时间派员赶赴现场，指导B省B市先后6次优化调整方案，统筹全市环境监测力量开展工作。应急期间，A、B两省共采集样品928个，出具监测快报235期，为应急处置科学决策提供了支撑。

（四）信息公开

事件发生后，A、B两省相关市县政府统筹组织，通过多种途径及时发布事件应急处置进展情况，密切关注舆情动态，及时回应社会关注。

4月11日，在预判可能会造成A、B两省跨界污染的情况下，A省A市及B省B县政府连夜召开新闻发布会，向社会和公众发布事件相关信息和应急工作开展情况。A省A、B两市分别通过市政府门户网站、广播电视台、手机客户端等官方媒体平台对事件处置相关情况进行报道。12日，B省B市通过政府网站、广播电视台对事件处置情况进行通报和报道。通过A、B两省三市及时公开信息，处置过程中未出现炒作、恶意宣传报道等情况，社会秩序良好。

三、主要问题

（一）A 县政府在事件初期对污染严重性预判不足，处置措施不够科学有效，未及时查明污染情况，对可能造成跨省界突发环境事件的污染形势预判不足，未提请上级政府启动高级别应急响应；对泄漏至 R 河河床上的柴油清理不彻底，未及时彻底切断污染源头；拦截吸附措施不够科学，初期仅使用吸油毡、拦油索、秸秆等开展处置。

（二）A 省 A 市环保局在事件初期未科学监测跟踪污染趋势，监测布点不科学。4 月 9 日 19 时—4 月 10 日 20 时共 12 批监测期间，在石油类监测指标已超标的事故点下游 2 km 处，至乙断面之间约 40 km 河道中，均未再设置监测点，且频次偏低，未能及时跟踪研判污染趋势，无法为科学设置拦截吸附设施提供技术支持；未及时查明掌握污染情况，在距离市界断面上游 5 km 处实际已发现受到污染的情况下，向市委市政府和省环保厅报送了包含"可断定境内污染源已全部切断并清除，预计短时间内可解除应急状态"相关内容的报告。

四、事件原因和性质

此次事件由交通事故致柴油泄漏直接引发，造成了 A、B 两省跨界污染，根据《国家突发环境事件应急预案》，事件级别为重大。经调查认定，事件的直接原因是交通事故致柴油罐车泄漏至 R 河后汇入 J 河。间接原因是有关地方政府和部门在事件初期对污染严重性预判不足，应对能力薄弱、措施不够科学有效，造成跨省界污染。

五、有关建议

（一）以强化预案管理统筹提升突发环境事件应对能力

地方各级政府及生态环境部门要及时修订完善政府预案，明确区域主要环境风险和敏感点，详细规定各部门职责、应急响应程序和处置措施。同时要以强化预案规范化管理为抓手，针对区域特征环境风险源，建立完善应急处置物资储备实体库和信息库、环境应急专家库，为及时妥善处置突发环境事件提供保障。A 省 A、B 两市要分别针对 J 河流经 A 省 A、B 两市段附近道路危险化学品运输环境风险突出的实际情况，有针对性地制定涉危跨界专项预案。

（二）强化环境应急监测能力建设

此次事件涉及的 A 省 A 市 A 县，B 市 B 县，B 省 B 市 A、B、C 县中仅有 B 县具备石油类指标的应急监测能力，其他 4 县环境应急监测工作均由相关市级生态环境部门支持开展。A 省 A 市生态环境部门存在监测人员少、应急监测设备缺乏且老旧严重等问题，在加密监测布点和检测分析方面存在较大困难。相关市县两级政府要按照《全国环境监测站建设标准》等相关要求，在全面评估当地主要环境风险源的基础上，有针对性地提高环境应急监测能力。同时各市要结合环保垂管工作实际，根据各县（区）环境监测标准要求的高低，探索建立分级环境监测模式，实现全市环境应急资源共享，补齐部分县级环境应急监测能力短板。

（三）建立完善跨区域联动机制

J河是A省B县与B省B县的界河，也是黄河第一大支流W河的最大支流，一旦受到污染，将极易造成跨省界重大突发环境事件，并对下游W河、黄河沿线饮用水水源地构成威胁。A省A、B两市，B省B市三市要切实加强应急联动、建立跨区域突发环境事件应急预案，构建跨省市、多部门、上下游协同作战的环境应急联动机制，采取切实可行的方案设计，促进信息、资源高效共享，提高突发环境事件防范和应急处置能力。

第8章 档案管理

为了加强环境应急管理工作档案的形成、管理和保护工作，根据《中华人民共和国档案法》及其实施办法、《中华人民共和国环境保护法》等相关法律法规，结合环境应急管理工作实际，做好档案管理工作。

8.1 档案管理的重要性和目的

8.1.1 档案管理的重要性

近几十年，突发事件的应急机构逐步构建、应急法律的体系日益完善、各类应急处置方案逐步详尽。2018年3月，国务院机构改革，成立应急管理部是机构改革之一。随后，从省级到市级直至县级，各级地方政府都相继组建了应急管理部门，应急管理的组织机构更加明确，这成为应急管理历史上浓妆重彩的一笔。作为全国"大应急"的一部分，生态环境应急管理也逐步从幕后转入台前，工作重要性逐步凸显。而在应急管理工作过程中档案管理工作也十分重要。

（1）环境应急管理档案的建立健全，有利于我国当前社会经济的发展

国际社会发展经验显示，国家的经济发展与突发事件之间具有一定的相关性。从现实情况来看，我国突发环境事件表现出全方位、多领域、易重复的特征。据统计"十三五"以来，全国共发生突发环境事件1 300余起，其中重大事件9起，较大事件25起，全国平均每年发生突发环境事件近300起。从诱因上看，安全生产、交通事故次生的突发环境事件比例逐步增大，平均每年占比已超过80%，2019年高达95%。由此可见，随着社会经济发展水平的日益增加，各类突发事件也呈现出频发、易发、多发的态势，我国环境安全形势不容乐观。要想更好地强化区域、部门突发环境事件的管理能力，最大限度地避免和减少事故造成的环境影响、人员伤害和财产损失，应当及早加强对环境应急管理工作档案的建设与管理，为我国经济发展创造一个稳定的环境、促进社会的全面发展奠定基础。

（2）环境应急管理档案的真实记录，是突发环境事件责任分析认定的基础资料，是维护保障从业人员权益的重要依据，是推进环境应急管理经验总结

为全面推进环境应急管理工作规范化、制度化，深入研究把握突发环境事件发生和演化规律特点，强化突发环境事件应急准备，逐步探索提升突发环境事件的应对能力水平，筑牢夯实环境应急管理基层基础具有不可替代的重要作用。当前我国环境应急管理工作档案管理还未成体系，在标准化、扁平化方面还有所欠缺，且基层生态环境部门存在重视不够、技术不规范、管理不完善、开发利用有限等方面的问题。本章就是针对目前存在的问题，结合环境应急管理工作实际，制定基础档案管理的技术规范。

（3）环境应急管理档案的整理完善，将促进档案事业的可持续发展

环境应急管理档案作为一种具有较强专业性的档案门类，是我国全部档案信息资源构成中不可或缺的重要部分。环境应急管理工作档案的管理，同其他档案的管理，既有密切的联系又有一定的区别，即各种专业档案既有档案的共性，又受各种专业实践的制约，有其特殊的个性。它们之间的联系主要表现在基本的管理理念、管理原理是相同或相似的，都具有档案的共性作用，即行政作用、业务作用、文化作用、法律作用、教育作用。同时，应急管理工作档案的整理应当遵守档案文件的形成规律，都强调文件管理的周期性，重视全宗理论的重要性。此外，它们之间的区别主要表现在具体的档案内容和管理措施。例如，不同的专业档案的归档制度的内容设计、分类标准和分类方法都存在一定的差异，特别是环境应急管理档案背后具有行政管理、责任认定、事故评估等方面的问题，因此，设计其归档范围、整理方法、保管期限和管理原则等要符合档案管理要求。尤其是在环境安全日益严峻的今天，环境应急管理工作档案由于其所包含的内容，大多是和人民群众的切身利益有密切关联的，引起了社会的广泛关注，所以开展环境应急管理工作档案是生态环境部门在开展应急管理工作中的重要内容之一。

生态环境部门应该将环境应急管理工作档案的管理作为一项重要工作，积极主动开展档案的收集整理，多渠道、多来源全面收集突发环境事件、应急预案和应急演练的档案材料，并对其进行整理、保管、利用。这些宝贵的档案资料将进一步转化为解决日常工作难题的聚宝盆、发现管理漏洞不足的诊断器、优化业务工作效能的知识库，在推进应急管理有序发展、服务党和国家经济社会全面发展中发挥它实际应用的价值。因此，科学全面地开展突发环境事件应急管理工作档案的整理工作意义重大。

8.1.2　档案管理的目的

加强生态环境应急管理工作档案，一方面可以科学规范留存应急管理日常工作资料，统一档案分类检索方法，实现应急档案管理统一化、规范化、标准化，提高分类检索效果，充分发挥应急管理档案作用；另一方面可为规范环境应急管理工作流程、逐步完善管理措施、探索优化管理模式提供理论技术支撑，更好地为生态环境应急管理工作和其他社会事业服务。

8.1.3　档案管理的原则

作为一种专业档案，环境应急管理工作档案的管理要符合真实全面、科学分类、便于查询的原则。

①环境应急档案管理要明确档案的类目、内容。力求能充分反映生态环境应急档案的特点。以适应生态环境应急事业和其他社会事业广泛利用应急管理档案的需要。

②环境应急管理档案实行分类管理。以环境应急管理实践活动的职能分工为基础，紧密结合环境保护档案记述所反映的事物属性关系，采取从总到分、从一般到具体的逻辑体系。

8.2　档案管理的基本要求

8.2.1　档案管理的要求

1）贯彻执行国家档案法律法规和工作方针、政策。根据各级生态环境主管部门应急管理机构根据档案管理相关规章制度、行业标准和技术规范并组织实施。

2）生态环境应急管理部门应当对环境应急管理工作档案进行集中统一管理，地方各级生态环境主管部门负责对本行政区域内环境应急管理工作档案进行收集、整理、监督和管理。

3）文件材料承办部门（承办人）可在本单位档案部门的指导下，分类整理文件材料，确保其真实有效、完整、安全、可用。

4）适时开展本部门档案信息化工作，开展本部门电子文件全过程管理工作，组织实施本部门档案数字化加工、电子文件归档和电子档案管理以及重要档案异地、异质备份工作。

5）根据本辖区环境应急管理工作文件（项目）材料的归档范围和保管期限，组织本部门的文件收集、整理、归档工作，组织档案信息资源的编研，科学合理开发利用，安全保管档案并按照有关规定向档案馆移交档案。

6）定期开展生态环境部门档案工作业务交流，组织档案管理人员专业培训。

8.2.2　环境应急管理工作档案的类型

环境应急管理工作档案，是指各级生态环境主管部门及其派出机构、直属单位（以下简称生态环境部门），在开展应急管理各项工作和活动中形成的，对国家、社会和单位具有利用价值、应当归档保存的各种形式和载体的历史记录，主要包括文书档案、音像（照片、录音、录像）档案及电子档案等。

8.3　档案管理的内容

为贯彻《中华人民共和国档案法》《中华人民共和国环境保护法》《环境保护档案管理办法》，加强生态环境应急管理工作档案的科学管理，规范生态环境应急管理档案工作，发挥生态环境应急管理档案在各项生态环境管理中的作用，生态环境应急管理工作中产生的具有保存价值的生态环境应急管理文件是生态环境应急管理机构（部门）档案的主体内容。文件材料归档范围参见表8-1。

表8-1　生态环境应急管理工作归档范围、保管期限表

序号	归档范围	保存时限
1	应急预案材料	
1.1	政府突发环境事件应急预案	
1.1.1	相关讨论研究会议纪要、应急预案编制说明、征求意见及采纳情况说明	10年
1.1.2	预案文本、备案登记表	30年
1.2	企业事业单位突发环境事件应急预案	
1.2.1	预案文本及编制说明、环境风险评估报告、环境应急资源调查报告、预案评审意见	修订后及时更新
1.2.2	环境应急预案变更申请及相关文本	修订后及时更新

序号	归档范围	保存时限
1.2.3	生态环境局向企业下达的材料 （突发环境事件应急预案备案表）	永久
2	应急演练材料	
2.1	演练工作方案、演练脚本、演练人员手册、演练控制 指南、演练评估指南、演练宣传方案	10 年
2.2	应急演练评估表、评估意见、演练点评、演练总结	10 年
2.3	视频及影像资料	30 年
3	突发事件相关材料	
3.1	肇事企业资料（相关文件、资料、数据、记录等）	
3.1.1	环境风险防范设施建设及运行检查记录	永久
3.1.2	排查环境安全隐患并及时落实环境风险防控措施记录	永久
3.1.3	环境应急管理制度、突发环境事件应急预案、事故指 挥小组名单	永久
3.1.4	信息报告或者通报情况	永久
3.1.5	突发环境事件发生后，启动环境应急预案，并采取控 制或者切断污染源防止污染扩散的情况报告	永久
3.1.6	相关数据资料	永久
3.2	政府及相关部门资料（相关文件、资料、数据、记录等）	
3.2.1	突发环境事件事故报告、信息发布建议、突发环境事 件总结报告	永久
3.2.2	生态突发环境事件监测技术方案、监测报告及相关 数据	永久
3.2.3	突发环境事件处置方案、专家意见	永久
3.2.4	相邻行政区域突发环境事件信息	永久
3.2.5	现场工作会议纪要、汇报材料	永久
3.2.6	突发环境事件污染损害评估报告、开展事故调查及责 任认定资料	永久
3.3	视频及图像资料：企业事业单位、政府及各相关部门 在开展突发环境事件应急响应、信息报送、事故调查、 损害评估、责任认定等过程中所拍摄的视频及图像	永久

序号	归档范围	保存时限
4	环境风险隐患排查、督查材料	
4.1	企业隐患排查材料	
4.1.1	隐患排查制度	10 年
4.1.2	隐患排查台账、整改台账、验收材料	10 年
4.2	生态环境部门隐患排查督查材料	
4.2.1	文件通知、排查人员名单、行程安排	10 年
4.2.2	督查问题清单、整改文件	10 年
4.2.3	整改落实情况文件、验收材料	10 年
4.3	视频及图像资料：企业排查、整改、政府督查过程中所拍摄的视频图像	30 年
5	应急管理培训材料	
5.1	培训安排文件、文件通知	10 年
5.2	参会名单、专家资料	10 年
5.3	培训资料、授课课件	10 年
6	各类环境应急管理项目材料	
6.1	任务书、建设方案、实施及验收材料	30 年
6.2	调研、考察材料	30 年
6.3	招标文件、投标文件（中标）、购置合同或协议	30 年
6.4	合同书、合同评审记录、分包协议、会议纪要	30 年
6.5	实施方案、评审意见	30 年
6.6	技术报告、编制说明、相关图件及相关电子文档	永久
6.7	其他相关资料	
7	环境应急能力建设材料	
7.1	环境应急物资库材料	
7.1.1	组建文件、合同、协议	永久
7.1.2	建设方案、实施及验收材料	30 年
7.1.3	招标文件、投标文件（中标）、购置合同或协议	30 年

序号	归档范围	保存时限
7.1.4	合同书、分包协议、会议纪要	30 年
7.1.5	实施方案及相关电子文档	30 年
7.1.6	物资清单、使用和更新记录	永久
7.2	应急救援队伍材料	
7.2.1	组建文件、合同、协议	永久
7.2.2	应急救援机构、人员、装备、能力等相关信息库	30 年
7.3	应急设备采购材料	
7.3.1	招、投标文件，购置合同，协议	30 年
7.3.2	使用、更新、维护、报废记录	30 年
7.4	其他能力建设材料	
8	工作方案、规划（计划）、总结	永久
9	其他应归档材料	

由于应急预案、应急演练及突发事件是应急管理工作的重点，且管理办法有特殊要求，因此，在本节单独列出。

8.3.1 应急预案

应急预案档案主要包括政府突发环境事件应急预案和企业事业单位突发环境事件应急预案及其相关材料。应急预案档案分为政府突发环境事件应急预案和企业事业单位突发环境事件应急预案，由于其编制单位的不同，实施主体和管理的侧重点也相应有所不同。

8.3.1.1 政府突发环境事件应急预案

政府突发环境事件应急预案是指各级人民政府及其部门、基层组织、企业事业单位、社会团体等为依法、迅速、科学、有序应对突发事件，最大限度地减少突发事件及其造成的损害而预先制定的工作方案。

预案种类包括：

（1）各级政府印发的涉及生态环境部门职责的各类预案；

（2）生态环境部门报请当地政府印发实施的突发环境事件应急预案；

（3）生态环境部门为配合政府或其他部门预案实施而制定的各类专项预案；

（4）生态环境部门内部规定的预案实施细则；

（5）为重要活动及敏感时期等制定的应急处置方案。

档案内容包括预案文本、应急预案编制说明、相关讨论研究会议纪要、征求意见及采纳情况说明、备案登记表等，若为其他单位预案，可只将预案文本进行归档。

8.3.1.2　企业事业单位突发环境事件应急预案

企业事业单位突发环境事件应急预案是企业为了在应对各类事故、自然灾害时，采取紧急措施，避免或最大限度地减少污染物或其他有毒有害物质进入厂界外大气、水体、土壤等环境介质，而预先制定的工作方案。

预案种类包括：

（1）可能发生突发环境事件的污染物排放企业，包括污水、生活垃圾集中处理设施的运营企业；

（2）生产、储存、运输、使用危险化学品的企业；

（3）产生、收集、储存、运输、利用、处置危险废物的企业；

（4）尾矿库企业，包括湿式堆存工业废渣库、电厂灰渣库企业；

（5）其他应当纳入适用范围的企业。

档案内容：按照《企业事业单位突发环境事件应急预案备案管理办法》要求，企业向所在地县（区）生态环境局提交备案材料（预案文本及编制说明、环境风险评估报告、环境应急资源调查报告、预案评审意见、环境应急预案变更申请）；生态环境局向企业下达的材料（突发环境事件应急预案备案表）。

8.3.2　应急演练

突发环境事件应急演练，针对可能发生的突发环境事件或环境污染事故情景，依据政府、相关部门、企业事业单位突发环境事件应急预案而模拟开展的应急活动。

应急演练种类按内容划分，可分为单项演练和综合演练；按目的与作用划分，应急演练可分为检验性演练、示范性演练和研究性演练。

档案内容：根据突发事件情景、演练类别和规模的不同，主要收集演练工作方案、演练脚本、演练人员手册、演练控制指南、演练评估指南、演练宣传方案、评估表、评估意见、演练点评、视频及影像资料、演练总结等相关材料。

8.3.3　突发事件

突发环境事件是指由于污染物排放或自然灾害、生产安全事故等因素，导致污染物或放射性物质等有毒有害物质进入大气、水体、土壤等环境介质，突然造成或可能造成环境质量下降，危及公众身体健康和财产安全，或造成生态环境破坏，或造成重大社会影响，需要采取紧急措施予以应对的事件，主要包括大气污染、水体污染、土壤污染等突发性环境污染事件和辐射污染事件。突发环境事件工作档案主要包括开展突发环境事件应急响应、信息报送、事故调查、损害评估、责任认定等全过程材料。

8.3.3.1　档案分类

根据突发事件类型分为突发环境事件和易造成环境影响的突发事件。

8.3.3.2　档案内容

档案内容包括涉事企业资料、政府及相关部门资料、视频及图像资料。

（1）涉事企业资料

①建立环境应急管理制度、明确责任人和职责的情况；

②环境风险防范设施建设及运行的情况；

③定期排查环境安全隐患并及时落实环境风险防控措施的情况；

④环境应急预案的编制、备案、管理及实施情况；

⑤突发环境事件发生后的信息报告或者通报情况；

⑥突发环境事件发生后，启动环境应急预案，并采取控制或者切断污染源防止污染扩散的情况；

⑦突发环境事件发生后，服从应急指挥机构统一指挥，并按要求采取预防、处置措施的情况；

⑧生产安全事故、交通事故、自然灾害等其他突发事件发生后，采取预防次生突发环境事件措施的情况；

⑨突发环境事件发生后，是否存在伪造、故意破坏事发现场，或者销毁证据阻碍调查的情况。相关文件、资料、数据、记录等。

（2）政府及相关部门资料

①按规定编制环境应急预案和对预案进行评估、备案、演练等的情况，以及按规定对突发环境事件发生单位环境应急预案实施备案管理的情况；

②按规定赶赴现场并及时报告的情况；

③按规定组织开展环境应急监测的情况；

④按职责向履行统一领导职责的人民政府提出突发环境事件处置或者信息发布建议的情况；

　　⑤突发环境事件已经或者可能涉及相邻行政区域时，事发地生态环境主管部门向相邻行政区域生态环境主管部门的通报情况；

　　⑥接到相邻行政区域突发环境事件信息后，相关生态环境主管部门按规定调查了解并报告的情况；

　　⑦按规定开展突发环境事件污染损害评估的情况；

　　⑧开展事故调查及责任认定资料。

　　（3）视频及图像资料

　　企业事业单位、政府及各相关部门在开展突发环境事件应急响应、信息报送、事故调查、损害评估、责任认定等过程中所拍摄的视频及图像。

8.4　归档与查阅

8.4.1　档案归档

8.4.1.1　归档的时间

　　生态环境文件材料归档工作一般应于次年3月底前完成。文件（项目）承办单位根据下列情形，按要求将应归档文件及电子文件同步移交本部门档案管理机构进行归档，任何人不得据为己有或者拒绝归档：

　　（1）文书材料应当在文件办理完毕后及时归档；

　　（2）突发事件档案应对在组织调查处理并形成事故调查报告后一个月内归档；

　　（3）应急预案应当在印发或完成备案后1个月内归档；

　　（4）重大会议、应急演练、应急活动等文件材料，应当在会议和活动结束后一个月内归档；

　　（5）科研项目、建设项目文件材料应当在成果鉴定和项目验收后两个月内归档，周期较长的科研项目、建设项目可以按完成阶段分期归档。

8.4.1.2　归档的管理

　　生态环境应急管理部门应当加强对不同门类、各种形式和载体档案的管理，确保环境保护档案真实、齐全、完整。生态环境应急管理工作档案的分类、著录、标引，依照《中国档案分类法 环境保护档案分类表》（HJ/T 7—1994）、《环境保护档案管理规范》（HJ/T 8—1994）等文件的有关规定执行，其相应的电子文件材料应当按照有关要求同步归档。

文书材料的整理归档，依照《归档文件整理规则》（DA/T　22—2015）的有关规定执行。

照片资料的整理归档，依照《照片档案管理规范》（GB/T 11821—2002）的有关规定执行。

录音、录像资料的整理归档，依照录音、录像管理的有关规定执行。

科技文件的整理归档，依照《科学技术档案案卷构成的一般要求》（GB/T 11822—2008）的有关规定执行。

电子文件的整理归档，依照《电子文件归档与电子档案管理规范》（GB/T 18894—2016）、《CAD 电子文件光盘存储、归档与档案管理要求》（GB/T 17678—1999）等文件的有关规定执行。重要的电子文件应当与纸质文件材料一并归档。

文件材料的归档份数：一般纸质文件归档 1 份，重要的、利用频繁的和有专门需要的可适当增加份数；电子文件可采用在线或离线方式归档，并至少储存备份 2 套。

8.4.2　档案的整理

8.4.2.1　档案的分组

文件材料整理应遵循文件材料的形成规律，保持卷内文件材料的有机联系和案卷成套系统。一般应按不同保管期限分别组卷，有机联系的文件材料不能分开，保管期限按照卷内文件的最长保管期限确定。

文件材料根据不同内容性质选择"年度—类别""年度—区域—项目""年度—机构—项目"进行组卷。

跨年度的文件材料在文件办结年度归档；长远规划、两年以上的总结、年报、年鉴及回顾性的文件材料按文件材料产生的年度归档。

8.4.2.2　卷内档案材料的排序

文件材料按产生时间或重要程度排序，文字在前、图样在后；正文在前，附件在后；正本在前，定稿（包括重要文件的历次修改稿）在后；不同文字的文本，无特殊规定的，汉文文本在前，少数民族文字文本在后；中文文本在前，外文文本在后。

生态环境监测数据类文件材料按"时间—类别—项目"排序。

卷内文件材料应按排列顺序，依次编写件号及页号。装订的案卷卷内文件材料均在有效书写内容页面的右下角编写页号；双面书写的文件材料，正面在右下角、背面在左下角编号，页号均从 1 开始；不装订的案卷，以件为单位编写页号，已有页号的文件可不再重新编写页号，应逐件在每份文件的首页上方空白处加盖档号章。

8.4.2.3　档案材料的编目

每个案卷应编写卷内目录，并填写卷内备考表（卷内目录、卷内备考表不编写页号）。

案卷编目式样见图 8-1、图 8-2、图 8-3。

图 8-1　案卷目录式样（单位：mm）

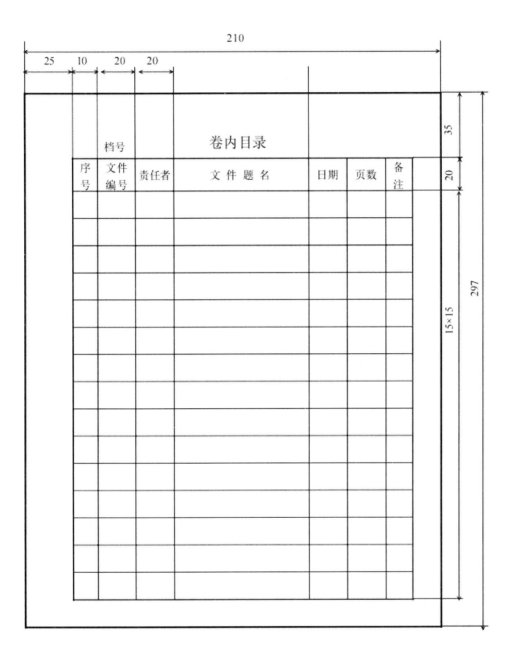

图 8-2　卷内目录式样（单位：mm）

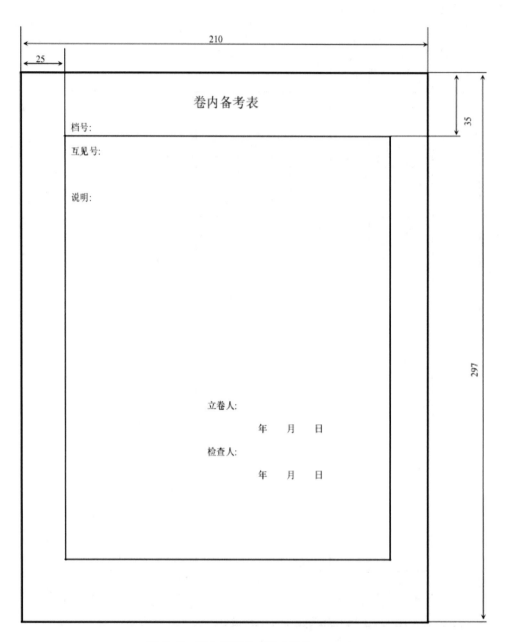

图 8-3 卷内备考表式样（单位：mm）

在编制档案目录时，应对档案内容和形式特征进行分析、选择和记录，以便检索。著录项一般包括题名与责任者项、稿本与文种项、密级与保管期限项、时间项、载体类型及形态项、技术参数项、附注与提要项、排检与编号项等。生态环境应急管理档案著录按 HJ/T 9—1995 有关规定执行。

8.4.3　档案的查阅

生态环境应急档案原则上以数字副本代替档案原件提供查阅。档案原件不得带出档案室。

利用生态环境应急管理工作档案的单位或者个人应当负责所利用档案的安全和保密，不得擅自转借，不得对档案原件进行折叠、剪贴、抽取、拆散，严禁在档案原件上勾画、涂抹、填注、加字、改字，或者以其他方式损毁档案。

8.4.4　档案的利用

生态环境应急管理部门应当积极开发生态环境应急管理工作档案信息资源，并根据环境应急管理工作实际需要，对现有档案信息资源进行综合加工和深度开发，为环境保护工作提供服务。

名词解释

突发环境事件：由于污染物排放或自然灾害、生产安全事故等因素，导致污染物或放射性物质等有毒有害物质进入大气、水体、土壤等环境介质，突然造成或可能造成环境质量下降，危及公众身体健康和财产安全，或造成生态环境破坏，或造成重大社会影响，需要采取紧急措施予以应对的事件，主要包括大气污染、水体污染、土壤污染等突发性环境污染事件和辐射污染事件。

环境应急预案：企业为了在应对各类事故、自然灾害时，采取紧急措施，避免或最大限度地减少污染物或其他有毒有害物质进入厂界外大气、水体、土壤等环境介质，而预先制定的工作方案。

突发环境事件应急演练：针对可能发生的突发环境事件或环境污染事故情景，依据政府、相关部门、企业事业单位突发环境事件应急预案而模拟开展的应急活动。

突发环境事件风险：企业发生突发环境事件的可能性及可能造成的危害程度。

环境风险受体：在突发环境事件中可能受到危害的企业外部人群、具有一定社会价值或生态环境功能的单位或区域等。

事故废水：事故状态下排出的含有泄漏物，以及施救过程中产生的含有其他有毒有害物质的生产废水、清净废水、雨水或消防水等。

桌面演练：针对事件情景，利用图纸、沙盘、流程图、计算机模拟、视频会议等辅助手段，进行交互式讨论和推演的应急演练活动。

实战演练：针对事件情景，选择（或模拟）生产经营、贮存运输等活动中的设备、设施、装置或场所，利用各类应急器材、装备、物资，通过决策行动、实际操作，完成真实应急响应的过程。

环境应急管理工作档案：各级生态环境主管部门及其派出机构、直属单位（以下简称生态环境部门），在开展应急管理各项工作和活动中形成的，对国家、社会和单位具有利用价值、应当归档保存的各种形式和载体的历史记录，主要包括文书档案、音像（照片、录音、录像）档案及电子档案等。

参考文献

[1] 吴舜泽，王金南，周劲松，等．国家环境安全评估报告 [M]．北京：中国环境科学出版社，2006．

[2] 曹国志，於方，秦昌波，等．我国生态环境安全形势与治理策略研究 [J]．环境保护，2019:13-15．

[3] 曹国志，於方．生态安全治理新格局 [M]．北京：国家行政学院出版社，2018．

[4] 朱文英，曹国志，王鲲鹏，等．我国环境应急管理制度体系发展建议 [J]．环境保护科学，2019，45（1）：5-8．

[5] 国务院办公厅．国家突发事件应急体系建设"十三五"规划（国办发〔2017〕2号）［EB/OL］．［2017-07-19］.http://www.gov.cn/zhengce/content/2017 -07/19/content_5211752.htm.

[6] 许振成．基于环境风险理论的国家环境管理体系建设构想 [J]．环境保护，2017，5（3）：20-22．

[7] 袁鹏，李文秀，彭剑峰，等．国内外累积性环境风险评估研究进展 [J]．环境工程技术学报，2015，5(5):393-400．

[8] 许静，王永桂，陈岩，等．中国突发水污染事件时空分布特征 [J]．中国环境科学，2018，38(12):4566-4575．

[9] 生态环境部．企业突发环境事件分级方法 [EB/OL].http://http://www.mee.gov.cn，2018-03-01．

[10] 生态环境部办公厅．化学物质环境风险评估技术方法框架性指南（试行）[EB/OL]. http:http://www.mee.gov.cn，2019-09-03．

[11]Q/SH 0729-2018，石化企业水体环境风险防控技术要求 [S]．

[12] 白飞，林星杰，尹波，等．尾矿库环境安全隐患排查技术要点分析及应用实例 [J]．有色金属，2017，69(5):80-83．

[13] 贾倩，刘彬彬，於方，等．我国尾矿库突发环境事件统计分析与对策建议 [J]．安全与环境工程，2015，22(2):92-96．

[14] 黄启飞，王菲，黄泽春，等．危险废物环境风险防控关键问题与对策 [J]．环境科学研究，2018，31(5):789-795．

[15] 刘宏博，吴昊，田书磊，等. "十四五"时期危险废物污染防治思路探讨 [J]. 中国环境管理，2020(4):56-61.

[16] 田为勇，周广飞. 全面规范突发环境事件应急管理有力维护国家环境安全 [J]. 环境保护，2015，11:12-14.

[17] 王金南，曹国志，曹东，等. 国家环境风险防控与管理体系框架构建 [J]. 中国环境科学，2013，33(1):186-191.

[18] 张剑智，李淑媛，李玲玲，等. 关于我国环境风险全过程管理的几点思考 [J]. 环境保护，2018，15:41-43.

[19] 吴舜泽，王金南，周劲松，等. 国家环境安全评估报告 [M]. 北京：中国环境科学出版社，2006.

[20] 毛小苓，刘阳生. 国内外环境风险评价研究进展 [J]. 应用基础与工程科学学报，2003，11(3):266-273.

[21] 毕军，马宗伟，曲常胜，等. 我国环境风险管理目标体系的思考 [J]. 环境保护科学，2015，41(4):1-5.

[22] 毕军，杨洁，李其亮. 区域环境风险分析和管理 [M]. 北京：中国环境科学出版社，2006.

[23] 王拓涵. 中国环境风险的社会根源 [J]. 理论界，2012(2): 57.

[24] 邱鸿峰. 环境风险的社会放大与政府传播：再认识厦门 PX 事件 [J]. 新闻与传播研究，2013(8): 105-117.

[25] 徐猛，颜增光，贺萌萌，等. 不同国家基于健康风险的土壤环境基准比较研究与启示 [J]. 环境科学，2013, 34(5): 1667-1678.

[26] Salvi Olivier, Debray Bruno. A global view on ARAMIS, a risk assessment methodology for industries in the framework of the SEVESO II directive [J]. Journal of Hazardous Materials, 2006,130:187-199.

[27] Kasperson R E, Kasperson J X, Hohenemser C. Corporate management of health and safety hazards: a comparison of current practice [M]. Boulder, CO: Westview Press, 1988.

[28] Scott A. Environment accident index: validation of a model [J]. Journal of Hazardous Materials, 1998,61:305-312.

[29] Gunasekera M Y, Edwards D W. Estimating the environmental impact of catastrophic chemical releases to the atmosphere an index method for ranking alternative chemical process routes [J]. Process Safety and Environmental Protection, 2003,81:463-474.

[30]Khan F I, Sadiq R, Veitch B. Life cycle index (LInX): a new indexing procedure for process and product design and decisionmaking [J]. Journal of Cleaner Production, 2004, 12:59-76.

[31]Cutter Susan L, Mitchell Jerry T, Scott Michael S. Revealing the vulnerability of people and places: a case study of Georgetown County, South Carolina [J]. Annals of the Association of American Geographers, 2000,90(4):713-737.

[32]Williams P R D, Paustenbach D J. Risk characterization: principles and practice [J]. Journal of Toxicology and Environmental Health, Part B, 2002,5:337-406.

[33]Minciardi R, Sacile R, Eva T. Resource allocation in integrated preoperational and operational management of natural hazards [J]. Risk Analysis, 2009,29(1):62-75.

[34]Chang Wen-Chung, Lee I-Nong, Hong Yu-Jue, et al. Discovering meaningful information from large amounts of environment and health data to reduce uncertainties in formulating environmental policies [J]. Journal of Environmental Management, 2006, 81: 434–440.

[35] 宋永会，袁鹏，彭剑峰，等 . 突发环境事件风险源识别与监控技术创新进展 [J]. 环境工程技术学报，2015，5(5):347-352.

[36] 环境保护部 . 企业突发环境事件风险评估指南（试行）[S]. 北京：环境保护部，2014.

[37] 马越，彭剑峰，宋永会，等 . 饮用水水源地突发事故环境风险分级方法研究 [J]. 环境科学学报，2012，32（5）:1211-1218.

[38] 贾倩，黄蕾，袁增伟，等 . 石化企业突发环境风险评价与分级方法研究 [J]. 环境科学学报 ,2010,30(7):1510-1517.

[39]US EPA . Proposed guidance on cumulative risk assessment of pestcide chemicals that have a common mechanism of toxicity[R]．Washington DC:Office of Pestcide Programs,1997.

[40]US EPA . Guidance on cumulative risk assessment:part 1．planning and scoping [R]．Washington DC:Risk assessment Forum ,1997.

附录

（一）法律

中华人民共和国环境保护法

（1989 年 12 月 26 日第七届全国人民代表大会常务委员会第十一次会议通过
2014 年 4 月 24 日第十二届全国人民代表大会常务委员会第八次会议修订）

第一章　总　则

第一条　为保护和改善环境，防治污染和其他公害，保障公众健康，推进生态文明建设，促进经济社会可持续发展，制定本法。

第二条　本法所称环境，是指影响人类生存和发展的各种天然的和经过人工改造的自然因素的总体，包括大气、水、海洋、土地、矿藏、森林、草原、湿地、野生生物、自然遗迹、人文遗迹、自然保护区、风景名胜区、城市和乡村等。

第三条　本法适用于中华人民共和国领域和中华人民共和国管辖的其他海域。

第四条　保护环境是国家的基本国策。

国家采取有利于节约和循环利用资源、保护和改善环境、促进人与自然和谐的经济、技术政策和措施，使经济社会发展与环境保护相协调。

第五条　环境保护坚持保护优先、预防为主、综合治理、公众参与、损害担责的原则。

第六条　一切单位和个人都有保护环境的义务。

地方各级人民政府应当对本行政区域的环境质量负责。

企业事业单位和其他生产经营者应当防止、减少环境污染和生态破坏，对所造成的损害依法承担责任。

公民应当增强环境保护意识，采取低碳、节俭的生活方式，自觉履行环境保护义务。

第七条　国家支持环境保护科学技术研究、开发和应用，鼓励环境保护产业发展，促进环境保护信息化建设，提高环境保护科学技术水平。

第八条　各级人民政府应当加大保护和改善环境、防治污染和其他公害的财政投入，提高财政资金的使用效益。

第九条　各级人民政府应当加强环境保护宣传和普及工作，鼓励基层群众性自治组织、社会组织、环境保护志愿者开展环境保护法律法规和环境保护知识的宣传，营造保护环境的良好风气。

教育行政部门、学校应当将环境保护知识纳入学校教育内容，培养学生的环境保护意识。

新闻媒体应当开展环境保护法律法规和环境保护知识的宣传，对环境违法行为进行舆论监督。

第十条　国务院环境保护主管部门，对全国环境保护工作实施统一监督管理；县级以上地方人民政府环境保护主管部门，对本行政区域环境保护工作实施统一监督管理。

县级以上人民政府有关部门和军队环境保护部门，依照有关法律的规定对资源保护和污染防治等环境保护工作实施监督管理。

第十一条　对保护和改善环境有显著成绩的单位和个人，由人民政府给予奖励。

第十二条　每年 6 月 5 日为环境日。

第二章　监督管理

第十三条　县级以上人民政府应当将环境保护工作纳入国民经济和社会发展规划。

国务院环境保护主管部门会同有关部门，根据国民经济和社会发展规划编制国家环境保护规划，报国务院批准并公布实施。

县级以上地方人民政府环境保护主管部门会同有关部门，根据国家环境保护规划的要求，编制本行政区域的环境保护规划，报同级人民政府批准并公布实施。

环境保护规划的内容应当包括生态保护和污染防治的目标、任务、保障措施等，并与主体功能区规划、土地利用总体规划和城乡规划等相衔接。

第十四条　国务院有关部门和省、自治区、直辖市人民政府组织制定经济、技术政策，应当充分考虑对环境的影响，听取有关方面和专家的意见。

第十五条　国务院环境保护主管部门制定国家环境质量标准。

省、自治区、直辖市人民政府对国家环境质量标准中未作规定的项目，可以制定地方环境质量标准；对国家环境质量标准中已作规定的项目，可以制定严于国家环境质量标准的地方环境质量标准。地方环境质量标准应当报国务院环境保护主管部门备案。

国家鼓励开展环境基准研究。

第十六条　国务院环境保护主管部门根据国家环境质量标准和国家经济、技术条件，制定国家污染物排放标准。

省、自治区、直辖市人民政府对国家污染物排放标准中未作规定的项目，可以制定地方污染物排放标准；对国家污染物排放标准中已作规定的项目，可以制定严于国家污染物排放标准的地方污染物排放标准。地方污染物排放标准应当报国务院环境保护主管部门备案。

第十七条　国家建立、健全环境监测制度。国务院环境保护主管部门制定监测规范，会同有关部门组织监测网络，统一规划国家环境质量监测站（点）的设置，建立监测数据共享机制，加强对环境监测的管理。

有关行业、专业等各类环境质量监测站（点）的设置应当符合法律法规规定和监测规范的要求。

监测机构应当使用符合国家标准的监测设备，遵守监测规范。监测机构及其负责人对监测数据的真实性和准确性负责。

第十八条　省级以上人民政府应当组织有关部门或者委托专业机构，对环境状况进行调查、评价，建立环境资源承载能力监测预警机制。

第十九条　编制有关开发利用规划，建设对环境有影响的项目，应当依法进行环境影响评价。

未依法进行环境影响评价的开发利用规划，不得组织实施；未依法进行环境影响评价的建设项目，不得开工建设。

第二十条　国家建立跨行政区域的重点区域、流域环境污染和生态破坏联合防治协调机制，实行统一规划、统一标准、统一监测、统一的防治措施。

前款规定以外的跨行政区域的环境污染和生态破坏的防治，由上级人民政府协调解决，或者由有关地方人民政府协商解决。

第二十一条　国家采取财政、税收、价格、政府采购等方面的政策和措施，鼓励和支持环境保护技术装备、资源综合利用和环境服务等环境保护产业的发展。

第二十二条　企业事业单位和其他生产经营者，在污染物排放符合法定要求的基础上，进一步减少污染物排放的，人民政府应当依法采取财政、税收、价格、政府采购等方面的政策和措施予以鼓励和支持。

第二十三条　企业事业单位和其他生产经营者，为改善环境，依照有关规定转产、搬迁、关闭的，人民政府应当予以支持。

第二十四条　县级以上人民政府环境保护主管部门及其委托的环境监察机构和其他负有环境保护监督管理职责的部门，有权对排放污染物的企业事业单位和其他生产经营者进行现场检查。被检查者应当如实反映情况，提供必要的资料。实施现场检查的部门、机构及其工作人员应当为被检查者保守商业秘密。

第二十五条　企业事业单位和其他生产经营者违反法律法规规定排放污染物，造成或者可能造成严重污染的，县级以上人民政府环境保护主管部门和其他负有环境保护监督管理职责的部门，可以查封、扣押造成污染物排放的设施、设备。

第二十六条　国家实行环境保护目标责任制和考核评价制度。县级以上人民政府应当将环境保护目标完成情况纳入对本级人民政府负有环境保护监督管理职责的部门及其负责人和下级人民政府及其负责人的考核内容，作为对其考核评价的重要依据。考核结果应当向社会公开。

第二十七条　县级以上人民政府应当每年向本级人民代表大会或者人民代表大会常务委员会报告环境状况和环境保护目标完成情况，对发生的重大环境事件应当及时向本级人民代表大会常务委员会报告，依法接受监督。

第三章　保护和改善环境

第二十八条　地方各级人民政府应当根据环境保护目标和治理任务，采取有效措施，改善环境质量。

未达到国家环境质量标准的重点区域、流域的有关地方人民政府，应当制定限期达标规划，并采取措施按期达标。

第二十九条　国家在重点生态功能区、生态环境敏感区和脆弱区等区域划定生态保护红线，实行严格保护。

各级人民政府对具有代表性的各种类型的自然生态系统区域，珍稀、濒危的野生动植物自然分布区域，重要的水源涵养区域，具有重大科学文化价值的地质构造、著名溶洞和化石分布区、冰川、火山、温泉等自然遗迹，以及人文遗迹、古树名木，应当采取措施予以保护，严禁破坏。

第三十条　开发利用自然资源，应当合理开发，保护生物多样性，保障生态安全，依法制定有关生态保护和恢复治理方案并予以实施。

引进外来物种以及研究、开发和利用生物技术，应当采取措施，防止对生物多样性的破坏。

第三十一条　国家建立、健全生态保护补偿制度。

国家加大对生态保护地区的财政转移支付力度。有关地方人民政府应当落实生态保护补偿资金，确保其用于生态保护补偿。

国家指导受益地区和生态保护地区人民政府通过协商或者按照市场规则进行生态保护补偿。

第三十二条　国家加强对大气、水、土壤等的保护，建立和完善相应的调查、监测、评估和修复制度。

第三十三条　各级人民政府应当加强对农业环境的保护，促进农业环境保护新技术的使用，加强对农业污染源的监测预警，统筹有关部门采取措施，防治土壤污染和土地沙化、盐渍化、贫瘠化、石漠化、地面沉降以及防治植被破坏、水土流失、水体富营养化、水源枯竭、种源灭绝等生态失调现象，推广植物病虫害的综合防治。

县级、乡级人民政府应当提高农村环境保护公共服务水平，推动农村环境综合整治。

第三十四条　国务院和沿海地方各级人民政府应当加强对海洋环境的保护。向海洋排放污染物、倾倒废弃物，进行海岸工程和海洋工程建设，应当符合法律法规规定和有关标准，防止和减少对海洋环境的污染损害。

第三十五条　城乡建设应当结合当地自然环境的特点，保护植被、水域和自然景观，加强城市园林、绿地和风景名胜区的建设与管理。

第三十六条　国家鼓励和引导公民、法人和其他组织使用有利于保护环境的产品和再生产品，减少废弃物的产生。

国家机关和使用财政资金的其他组织应当优先采购和使用节能、节水、节材等有利于保护环境的产品、设备和设施。

第三十七条　地方各级人民政府应当采取措施，组织对生活废弃物的分类处置、回收利用。

第三十八条　公民应当遵守环境保护法律法规，配合实施环境保护措施，按照规定对生活废弃物进行分类放置，减少日常生活对环境造成的损害。

第三十九条　国家建立、健全环境与健康监测、调查和风险评估制度；鼓励和组织开展环境质量对公众健康影响的研究，采取措施预防和控制与环境污染有关的疾病。

第四章　防治污染和其他公害

第四十条　国家促进清洁生产和资源循环利用。

国务院有关部门和地方各级人民政府应当采取措施，推广清洁能源的生产和使用。

企业应当优先使用清洁能源，采用资源利用率高、污染物排放量少的工艺、设备以及废弃物综合利用技术和污染物无害化处理技术，减少污染物的产生。

第四十一条　建设项目中防治污染的设施，应当与主体工程同时设计、同时施工、同时投产使用。防治污染的设施应当符合经批准的环境影响评价文件的要求，不得擅自拆除或者闲置。

第四十二条　排放污染物的企业事业单位和其他生产经营者，应当采取措施，防治在生产建设或者其他活动中产生的废气、废水、废渣、医疗废物、粉尘、恶臭气体、放射性物质以及噪声、振动、光辐射、电磁辐射等对环境的污染和危害。

排放污染物的企业事业单位，应当建立环境保护责任制度，明确单位负责人和相关人员的责任。

重点排污单位应当按照国家有关规定和监测规范安装使用监测设备，保证监测设备正常运行，保存原始监测记录。

严禁通过暗管、渗井、渗坑、灌注或者篡改、伪造监测数据，或者不正常运行防治污染设施等逃避监管的方式违法排放污染物。

第四十三条　排放污染物的企业事业单位和其他生产经营者，应当按照国家有关规定缴纳排污费。排污费应当全部专项用于环境污染防治，任何单位和个人不得截留、挤占或者挪作他用。

依照法律规定征收环境保护税的，不再征收排污费。

第四十四条　国家实行重点污染物排放总量控制制度。重点污染物排放总量控制指标由国务院下达，省、自治区、直辖市人民政府分解落实。企业事业单位在执行国家和地方污染物排放标准的同时，应当遵守分解落实到本单位的重点污染物排放总量控制指标。

对超过国家重点污染物排放总量控制指标或者未完成国家确定的环境质量目标的地区，省级以上人民政府环境保护主管部门应当暂停审批其新增重点污染物排放总量的建设项目环境影响评价文件。

第四十五条　国家依照法律规定实行排污许可管理制度。

实行排污许可管理的企业事业单位和其他生产经营者应当按照排污许可证的要求排放污染物；未取得排污许可证的，不得排放污染物。

第四十六条　国家对严重污染环境的工艺、设备和产品实行淘汰制度。任何单位和个人不得生产、销售或者转移、使用严重污染环境的工艺、设备和产品。

禁止引进不符合我国环境保护规定的技术、设备、材料和产品。

第四十七条　各级人民政府及其有关部门和企业事业单位，应当依照《中华人民共和国突发事件应对法》的规定，做好突发环境事件的风险控制、应急准备、应急处置和事后恢复等工作。

县级以上人民政府应当建立环境污染公共监测预警机制，组织制定预警方案；环境受到污染，可能影响公众健康和环境安全时，依法及时公布预警信息，启动应急措施。

企业事业单位应当按照国家有关规定制定突发环境事件应急预案，报环境保护主管部门和有关部门备案。在发生或者可能发生突发环境事件时，企业事业单位应当立即采取措施处理，及时通报可能受到危害的单位和居民，并向环境保护主管部门和有关部门报告。

突发环境事件应急处置工作结束后，有关人民政府应当立即组织评估事件造成的环境影响和损失，并及时将评估结果向社会公布。

第四十八条　生产、储存、运输、销售、使用、处置化学物品和含有放射性物质的物品，应当遵守国家有关规定，防止污染环境。

第四十九条　各级人民政府及其农业等有关部门和机构应当指导农业生产经营者科学种植和养殖，科学合理施用农药、化肥等农业投入品，科学处置农用薄膜、农作物秸秆等农业废弃物，防止农业面源污染。

禁止将不符合农用标准和环境保护标准的固体废物、废水施入农田。施用农药、化肥等农业投入品及进行灌溉，应当采取措施，防止重金属和其他有毒有害物质污染环境。

畜禽养殖场、养殖小区、定点屠宰企业等的选址、建设和管理应当符合有关法律法规规定。从事畜禽养殖和屠宰的单位及个人应当采取措施，对畜禽粪便、尸体和污水等废弃物进行科学处置，防止污染环境。

县级人民政府负责组织农村生活废弃物的处置工作。

第五十条　各级人民政府应当在财政预算中安排资金，支持农村饮用水水源地保护、生活污水和其他废弃物处理、畜禽养殖和屠宰污染防治、土壤污染防治和农村工矿污染治理等环境保护工作。

第五十一条　各级人民政府应当统筹城乡建设污水处理设施及配套管网，固体废物的收集、运输和处置等环境卫生设施，危险废物集中处置设施、场所以及其他环境保护公共设施，并保障其正常运行。

第五十二条　国家鼓励投保环境污染责任保险。

第五章　信息公开和公众参与

第五十三条　公民、法人和其他组织依法享有获取环境信息、参与和监督环境保护的权利。

各级人民政府环境保护主管部门和其他负有环境保护监督管理职责的部门，应当依法公开环境信息、完善公众参与程序，为公民、法人和其他组织参与和监督环境保护提供便利。

第五十四条　国务院环境保护主管部门统一发布国家环境质量、重点污染源监测信息及其他重大环境信息。省级以上人民政府环境保护主管部门定期发布环境状况公报。

县级以上人民政府环境保护主管部门和其他负有环境保护监督管理职责的部门，应当依法公开环境质量、环境监测、突发环境事件以及环境行政许可、行政处罚、排污费的征收和使用情况等信息。

县级以上地方人民政府环境保护主管部门和其他负有环境保护监督管理职责的部门，应当将企业事业单位和其他生产经营者的环境违法信息记入社会诚信档案，及时向社会公布违法者名单。

第五十五条　重点排污单位应当如实向社会公开其主要污染物的名称、排放方式、排放浓度和总量、超标排放情况，以及防治污染设施的建设和运行情况，接受社会监督。

第五十六条　对依法应当编制环境影响报告书的建设项目，建设单位应当在编制时向可能受影响的公众说明情况，充分征求意见。

负责审批建设项目环境影响评价文件的部门在收到建设项目环境影响报告书后，除涉及国家秘密和商业秘密的事项外，应当全文公开；发现建设项目未充分征求公众意见的，应当责成建设单位征求公众意见。

第五十七条　公民、法人和其他组织发现任何单位和个人有污染环境和破坏生态行为的，有权向环境保护主管部门或者其他负有环境保护监督管理职责的部门举报。

公民、法人和其他组织发现地方各级人民政府、县级以上人民政府环境保护主管部门和其他负有环境保护监督管理职责的部门不依法履行职责的，有权向其上级机关或者监察机关举报。

接受举报的机关应当对举报人的相关信息予以保密，保护举报人的合法权益。

第五十八条　对污染环境、破坏生态，损害社会公共利益的行为，符合下列条件的社会组织可以向人民法院提起诉讼：

（一）依法在设区的市级以上人民政府民政部门登记；

（二）专门从事环境保护公益活动连续五年以上且无违法记录。

符合前款规定的社会组织向人民法院提起诉讼，人民法院应当依法受理。

提起诉讼的社会组织不得通过诉讼牟取经济利益。

第六章　法律责任

第五十九条　企业事业单位和其他生产经营者违法排放污染物，受到罚款处罚，被责令改正，拒不改正的，依法作出处罚决定的行政机关可以自责令改正之日的次日起，按照原处罚数额按日连续处罚。

前款规定的罚款处罚，依照有关法律法规按照防治污染设施的运行成本、违法行为造成的直接损失或者违法所得等因素确定的规定执行。

地方性法规可以根据环境保护的实际需要，增加第一款规定的按日连续处罚的违法行为的种类。

第六十条　企业事业单位和其他生产经营者超过污染物排放标准或者超过重点污染物排放总量控制指标排放污染物的，县级以上人民政府环境保护主管部门可以责令其采取限制生产、停产整治等措施；情节严重的，报经有批准权的人民政府批准，责令停业、关闭。

第六十一条　建设单位未依法提交建设项目环境影响评价文件或者环境影响评价文件未经批准，擅自开工建设的，由负有环境保护监督管理职责的部门责令停止建设，处以罚款，并可以责令恢复原状。

第六十二条　违反本法规定，重点排污单位不公开或者不如实公开环境信息的，由县级以上地方人民政府环境保护主管部门责令公开，处以罚款，并予以公告。

第六十三条　企业事业单位和其他生产经营者有下列行为之一，尚不构成犯罪的，除依照有关法律法规规定予以处罚外，由县级以上人民政府环境保护主管部门或者其他有关部门将案件移送公安机关，对其直接负责的主管人员和其他直接责任人员，处十日以上十五日以下拘留；情节较轻的，处五日以上十日以下拘留：

（一）建设项目未依法进行环境影响评价，被责令停止建设，拒不执行的；

（二）违反法律规定，未取得排污许可证排放污染物，被责令停止排污，拒不执行的；

（三）通过暗管、渗井、渗坑、灌注或者篡改、伪造监测数据，或者不正常运行防治污染设施等逃避监管的方式违法排放污染物的；

（四）生产、使用国家明令禁止生产、使用的农药，被责令改正，拒不改正的。

第六十四条　因污染环境和破坏生态造成损害的，应当依照《中华人民共和国侵权责任法》的有关规定承担侵权责任。

第六十五条　环境影响评价机构、环境监测机构以及从事环境监测设备和防治污染设施维护、运营的机构，在有关环境服务活动中弄虚作假，对造成的环境污染和生态破坏负有责任的，除依照有关法律法规规定予以处罚外，还应当与造成环境污染和生态破坏的其他责任者承担连带责任。

第六十六条　提起环境损害赔偿诉讼的时效期间为三年，从当事人知道或者应当知道其受到损害时起计算。

第六十七条　上级人民政府及其环境保护主管部门应当加强对下级人民政府及其有关部门环境保护工作的监督。发现有关工作人员有违法行为，依法应当给予处分的，应当向其任免机关或者监察机关提出处分建议。

依法应当给予行政处罚，而有关环境保护主管部门不给予行政处罚的，上级人民政府环境保护主管部门可以直接作出行政处罚的决定。

第六十八条　地方各级人民政府、县级以上人民政府环境保护主管部门和其他负有环境保护监督管理职责的部门有下列行为之一的，对直接负责的主管人员和其他直接责任人员给予记过、记大过或者降级处分；造成严重后果的，给予撤职或者开除处分，其主要负责人应当引咎辞职：

（一）不符合行政许可条件准予行政许可的；

（二）对环境违法行为进行包庇的；

（三）依法应当作出责令停业、关闭的决定而未作出的；

（四）对超标排放污染物、采用逃避监管的方式排放污染物、造成环境事故以及不落实生态保护措施造成生态破坏等行为，发现或者接到举报未及时查处的；

（五）违反本法规定，查封、扣押企业事业单位和其他生产经营者的设施、设备的；

（六）篡改、伪造或者指使篡改、伪造监测数据的；

（七）应当依法公开环境信息而未公开的；

（八）将征收的排污费截留、挤占或者挪作他用的；

（九）法律法规规定的其他违法行为。

第六十九条　违反本法规定，构成犯罪的，依法追究刑事责任。

第七章　附　则

第七十条　本法自 2015 年 1 月 1 日起施行。

中华人民共和国突发事件应对法

（2007年8月30日第十届全国人民代表大会常务委员会第二十九次会议通过）

第一章 总 则

第一条 为了预防和减少突发事件的发生，控制、减轻和消除突发事件引起的严重社会危害，规范突发事件应对活动，保护人民生命财产安全，维护国家安全、公共安全、环境安全和社会秩序，制定本法。

第二条 突发事件的预防与应急准备、监测与预警、应急处置与救援、事后恢复与重建等应对活动，适用本法。

第三条 本法所称突发事件，是指突然发生，造成或者可能造成严重社会危害，需要采取应急处置措施予以应对的自然灾害、事故灾难、公共卫生事件和社会安全事件。

按照社会危害程度、影响范围等因素，自然灾害、事故灾难、公共卫生事件分为特别重大、重大、较大和一般四级。法律、行政法规或者国务院另有规定的，从其规定。

突发事件的分级标准由国务院或者国务院确定的部门制定。

第四条 国家建立统一领导、综合协调、分类管理、分级负责、属地管理为主的应急管理体制。

第五条 突发事件应对工作实行预防为主、预防与应急相结合的原则。国家建立重大突发事件风险评估体系，对可能发生的突发事件进行综合性评估，减少重大突发事件的发生，最大限度地减轻重大突发事件的影响。

第六条 国家建立有效的社会动员机制，增强全民的公共安全和防范风险的意识，提高全社会的避险救助能力。

第七条 县级人民政府对本行政区域内突发事件的应对工作负责；涉及两个以上行政区域的，由有关行政区域共同的上一级人民政府负责，或者由各有关行政区域的上一级人民政府共同负责。

突发事件发生后，发生地县级人民政府应当立即采取措施控制事态发展，组织开展应急救援和处置工作，并立即向上一级人民政府报告，必要时可以越级上报。

突发事件发生地县级人民政府不能消除或者不能有效控制突发事件引起的严重社会危害的，应当及时向上级人民政府报告。上级人民政府应当及时采取措施，统一领导应急处置工作。

法律、行政法规规定由国务院有关部门对突发事件的应对工作负责的，从其规定；地方人民政府应当积极配合并提供必要的支持。

第八条　国务院在总理领导下研究、决定和部署特别重大突发事件的应对工作；根据实际需要，设立国家突发事件应急指挥机构，负责突发事件应对工作；必要时，国务院可以派出工作组指导有关工作。

县级以上地方各级人民政府设立由本级人民政府主要负责人、相关部门负责人、驻当地中国人民解放军和中国人民武装警察部队有关负责人组成的突发事件应急指挥机构，统一领导、协调本级人民政府各有关部门和下级人民政府开展突发事件应对工作；根据实际需要，设立相关类别突发事件应急指挥机构，组织、协调、指挥突发事件应对工作。

上级人民政府主管部门应当在各自职责范围内，指导、协助下级人民政府及其相应部门做好有关突发事件的应对工作。

第九条　国务院和县级以上地方各级人民政府是突发事件应对工作的行政领导机关，其办事机构及具体职责由国务院规定。

第十条　有关人民政府及其部门作出的应对突发事件的决定、命令，应当及时公布。

第十一条　有关人民政府及其部门采取的应对突发事件的措施，应当与突发事件可能造成的社会危害的性质、程度和范围相适应；有多种措施可供选择的，应当选择有利于最大限度地保护公民、法人和其他组织权益的措施。

公民、法人和其他组织有义务参与突发事件应对工作。

第十二条　有关人民政府及其部门为应对突发事件，可以征用单位和个人的财产。被征用的财产在使用完毕或者突发事件应急处置工作结束后，应当及时返还。财产被征用或者征用后毁损、灭失的，应当给予补偿。

第十三条　因采取突发事件应对措施，诉讼、行政复议、仲裁活动不能正常进行的，适用有关时效中止和程序中止的规定，但法律另有规定的除外。

第十四条　中国人民解放军、中国人民武装警察部队和民兵组织依照本法和其他有关法律、行政法规、军事法规的规定以及国务院、中央军事委员会的命令，参加突发事件的应急救援和处置工作。

第十五条　中华人民共和国政府在突发事件的预防、监测与预警、应急处置与救援、事后恢复与重建等方面，同外国政府和有关国际组织开展合作与交流。

第十六条　县级以上人民政府作出应对突发事件的决定、命令，应当报本级人民代表大会常务委员会备案；突发事件应急处置工作结束后，应当向本级人民代表大会常务委员会作出专项工作报告。

第二章　预防与应急准备

第十七条　国家建立健全突发事件应急预案体系。

国务院制定国家突发事件总体应急预案，组织制定国家突发事件专项应急预案；国务院有关部门根据各自的职责和国务院相关应急预案，制定国家突发事件部门应急预案。

地方各级人民政府和县级以上地方各级人民政府有关部门根据有关法律、法规、规章、上级人民政府及其有关部门的应急预案以及本地区的实际情况，制定相应的突发事件应急预案。

应急预案制定机关应当根据实际需要和情势变化，适时修订应急预案。应急预案的制定、修订程序由国务院规定。

第十八条　应急预案应当根据本法和其他有关法律、法规的规定，针对突发事件的性质、特点和可能造成的社会危害，具体规定突发事件应急管理工作的组织指挥体系与职责和突发事件的预防与预警机制、处置程序、应急保障措施以及事后恢复与重建措施等内容。

第十九条　城乡规划应当符合预防、处置突发事件的需要，统筹安排应对突发事件所必需的设备和基础设施建设，合理确定应急避难场所。

第二十条　县级人民政府应当对本行政区域内容易引发自然灾害、事故灾难和公共卫生事件的危险源、危险区域进行调查、登记、风险评估，定期进行检查、监控，并责令有关单位采取安全防范措施。

省级和设区的市级人民政府应当对本行政区域内容易引发特别重大、重大突发事件的危险源、危险区域进行调查、登记、风险评估，组织进行检查、监控，并责令有关单位采取安全防范措施。

县级以上地方各级人民政府按照本法规定登记的危险源、危险区域，应当按照国家规定及时向社会公布。

第二十一条　县级人民政府及其有关部门、乡级人民政府、街道办事处、居民委员会、村民委员会应当及时调解处理可能引发社会安全事件的矛盾纠纷。

第二十二条　所有单位应当建立健全安全管理制度，定期检查本单位各项安全防范措施的落实情况，及时消除事故隐患；掌握并及时处理本单位存在的可能引发社会安全事件的问题，防止矛盾激化和事态扩大；对本单位可能发生的突发事件和采取安全防范措施的情况，应当按照规定及时向所在地人民政府或者人民政府有关部门报告。

第二十三条　矿山、建筑施工单位和易燃易爆物品、危险化学品、放射性物品等危险物品的生产、经营、储运、使用单位，应当制定具体应急预案，并对生产经营场所、有危险物品的建筑物、构筑物及周边环境开展隐患排查，及时采取措施消除隐患，防止发生突发事件。

第二十四条　公共交通工具、公共场所和其他人员密集场所的经营单位或者管理单位应当制定具体应急预案，为交通工具和有关场所配备报警装置及必要的应急救援设备、设施，注明其使用方法，并显著标明安全撤离的通道、路线，保证安全通道、出口的畅通。

有关单位应当定期检测、维护其报警装置和应急救援设备、设施，使其处于良好状态，确保正常使用。

第二十五条　县级以上人民政府应当建立健全突发事件应急管理培训制度，对人民政府及其有关部门负有处置突发事件职责的工作人员定期进行培训。

第二十六条　县级以上人民政府应当整合应急资源，建立或者确定综合性应急救援队伍。人民政府有关部门可以根据实际需要设立专业应急救援队伍。

县级以上人民政府及其有关部门可以建立由成年志愿者组成的应急救援队伍。单位应当建立由本单位职工组成的专职或者兼职应急救援队伍。

县级以上人民政府应当加强专业应急救援队伍与非专业应急救援队伍的合作，联合培训、联合演练，提高合成应急、协同应急的能力。

第二十七条　国务院有关部门、县级以上地方各级人民政府及其有关部门、有关单位应当为专业应急救援人员购买人身意外伤害保险，配备必要的防护装备和器材，减少应急救援人员的人身风险。

第二十八条　中国人民解放军、中国人民武装警察部队和民兵组织应当有计划地组织开展应急救援的专门训练。

第二十九条　县级人民政府及其有关部门、乡级人民政府、街道办事处应当组织开展应急知识的宣传普及活动和必要的应急演练。

居民委员会、村民委员会、企业事业单位应当根据所在地人民政府的要求，结合各自的实际情况，开展有关突发事件应急知识的宣传普及活动和必要的应急演练。

新闻媒体应当无偿开展突发事件预防与应急、自救与互救知识的公益宣传。

第三十条　各级各类学校应当把应急知识教育纳入教学内容，对学生进行应急知识教育，培养学生的安全意识和自救与互救能力。

教育主管部门应当对学校开展应急知识教育进行指导和监督。

第三十一条　国务院和县级以上地方各级人民政府应当采取财政措施，保障突发事件应对工作所需经费。

第三十二条　国家建立健全应急物资储备保障制度，完善重要应急物资的监管、生产、储备、调拨和紧急配送体系。

设区的市级以上人民政府和突发事件易发、多发地区的县级人民政府应当建立应急救援物资、生活必需品和应急处置装备的储备制度。

县级以上地方各级人民政府应当根据本地区的实际情况，与有关企业签订协议，保障应急救援物资、生活必需品和应急处置装备的生产、供给。

第三十三条　国家建立健全应急通信保障体系，完善公用通信网，建立有线与无线相结合、基础电信网络与机动通信系统相配套的应急通信系统，确保突发事件应对工作的通信畅通。

第三十四条　国家鼓励公民、法人和其他组织为人民政府应对突发事件工作提供物资、资金、技术支持和捐赠。

第三十五条　国家发展保险事业，建立国家财政支持的巨灾风险保险体系，并鼓励单位和公民参加保险。

第三十六条　国家鼓励、扶持具备相应条件的教学科研机构培养应急管理专门人才，鼓励、扶持教学科研机构和有关企业研究开发用于突发事件预防、监测、预警、应急处置与救援的新技术、新设备和新工具。

第三章　监测与预警

第三十七条　国务院建立全国统一的突发事件信息系统。

县级以上地方各级人民政府应当建立或者确定本地区统一的突发事件信息系统，汇集、储存、分析、传输有关突发事件的信息，并与上级人民政府及其有关部门、下级人民政府及其有关部门、专业机构和监测网点的突发事件信息系统实现互联互通，加强跨部门、跨地区的信息交流与情报合作。

第三十八条　县级以上人民政府及其有关部门、专业机构应当通过多种途径收集突发事件信息。

县级人民政府应当在居民委员会、村民委员会和有关单位建立专职或者兼职信息报告员制度。

获悉突发事件信息的公民、法人或者其他组织，应当立即向所在地人民政府、有关主管部门或者指定的专业机构报告。

第三十九条　地方各级人民政府应当按照国家有关规定向上级人民政府报送突发事件信息。县级以上人民政府有关主管部门应当向本级人民政府相关部门通报突发事件信息。专业机构、监测网点和信息报告员应当及时向所在地人民政府及其有关主管部门报告突发事件信息。

有关单位和人员报送、报告突发事件信息，应当做到及时、客观、真实，不得迟报、谎报、瞒报、漏报。

第四十条　县级以上地方各级人民政府应当及时汇总分析突发事件隐患和预警信息，必要时组织相关部门、专业技术人员、专家学者进行会商，对发生突发事件的可能性及其可能造成的影响进行评估；认为可能发生重大或者特别重大突发事件的，应当立即向上级人民政府报告，并向上级人民政府有关部门、当地驻军和可能受到危害的毗邻或者相关地区的人民政府通报。

第四十一条　国家建立健全突发事件监测制度。

县级以上人民政府及其有关部门应当根据自然灾害、事故灾难和公共卫生事件的种类和特点，建立健全基础信息数据库，完善监测网络，划分监测区域，确定监测点，明确监测项目，提供必要的设备、设施，配备专职或者兼职人员，对可能发生的突发事件进行监测。

第四十二条　国家建立健全突发事件预警制度。

可以预警的自然灾害、事故灾难和公共卫生事件的预警级别，按照突发事件发生的紧急程度、发展势态和可能造成的危害程度分为一级、二级、三级和四级，分别用红色、橙色、黄色和蓝色标示，一级为最高级别。

预警级别的划分标准由国务院或者国务院确定的部门制定。

第四十三条　可以预警的自然灾害、事故灾难或者公共卫生事件即将发生或者发生的可能性增大时，县级以上地方各级人民政府应当根据有关法律、行政法规和国务院规定的权限和程序，发布相应级别的警报，决定并宣布有关地区进入预警期，同时向上一级人民政府报告，必要时可以越级上报，并向当地驻军和可能受到危害的毗邻或者相关地区的人民政府通报。

第四十四条　发布三级、四级警报，宣布进入预警期后，县级以上地方各级人民政府应当根据即将发生的突发事件的特点和可能造成的危害，采取下列措施：

（一）启动应急预案；

（二）责令有关部门、专业机构、监测网点和负有特定职责的人员及时收集、报告有关信息，向社会公布反映突发事件信息的渠道，加强对突发事件发生、发展情况的监测、预报和预警工作；

（三）组织有关部门和机构、专业技术人员、有关专家学者，随时对突发事件信息进行分析评估，预测发生突发事件可能性的大小、影响范围和强度以及可能发生的突发事件的级别；

（四）定时向社会发布与公众有关的突发事件预测信息和分析评估结果，并对相关信息的报道工作进行管理；

（五）及时按照有关规定向社会发布可能受到突发事件危害的警告，宣传避免、减轻危害的常识，公布咨询电话。

第四十五条　发布一级、二级警报，宣布进入预警期后，县级以上地方各级人民政府除采取本法第四十四条规定的措施外，还应当针对即将发生的突发事件的特点和可能造成的危害，采取下列一项或者多项措施：

（一）责令应急救援队伍、负有特定职责的人员进入待命状态，并动员后备人员做好参加应急救援和处置工作的准备；

（二）调集应急救援所需物资、设备、工具，准备应急设施和避难场所，并确保其处于良好状态、随时可以投入正常使用；

（三）加强对重点单位、重要部位和重要基础设施的安全保卫，维护社会治安秩序；

（四）采取必要措施，确保交通、通信、供水、排水、供电、供气、供热等公共设施的安全和正常运行；

（五）及时向社会发布有关采取特定措施避免或者减轻危害的建议、劝告；

（六）转移、疏散或者撤离易受突发事件危害的人员并予以妥善安置，转移重要财产；

（七）关闭或者限制使用易受突发事件危害的场所，控制或者限制容易导致危害扩大的公共场所的活动；

（八）法律、法规、规章规定的其他必要的防范性、保护性措施。

第四十六条 对即将发生或者已经发生的社会安全事件，县级以上地方各级人民政府及其有关主管部门应当按照规定向上一级人民政府及其有关主管部门报告，必要时可以越级上报。

第四十七条 发布突发事件警报的人民政府应当根据事态的发展，按照有关规定适时调整预警级别并重新发布。

有事实证明不可能发生突发事件或者危险已经解除的，发布警报的人民政府应当立即宣布解除警报，终止预警期，并解除已经采取的有关措施。

第四章　应急处置与救援

第四十八条 突发事件发生后，履行统一领导职责或者组织处置突发事件的人民政府应当针对其性质、特点和危害程度，立即组织有关部门，调动应急救援队伍和社会力量，依照本章的规定和有关法律、法规、规章的规定采取应急处置措施。

第四十九条 自然灾害、事故灾难或者公共卫生事件发生后，履行统一领导职责的人民政府可以采取下列一项或者多项应急处置措施：

（一）组织营救和救治受害人员，疏散、撤离并妥善安置受到威胁的人员以及采取其他救助措施；

（二）迅速控制危险源，标明危险区域，封锁危险场所，划定警戒区，实行交通管制以及其他控制措施；

（三）立即抢修被损坏的交通、通信、供水、排水、供电、供气、供热等公共设施，向受到危害的人员提供避难场所和生活必需品，实施医疗救护和卫生防疫以及其他保障措施；

（四）禁止或者限制使用有关设备、设施，关闭或者限制使用有关场所，中止人员密集的活动或者可能导致危害扩大的生产经营活动以及采取其他保护措施；

（五）启用本级人民政府设置的财政预备费和储备的应急救援物资，必要时调用其他急需物资、设备、设施、工具；

（六）组织公民参加应急救援和处置工作，要求具有特定专长的人员提供服务；

（七）保障食品、饮用水、燃料等基本生活必需品的供应；

（八）依法从严惩处囤积居奇、哄抬物价、制假售假等扰乱市场秩序的行为，稳定市场价格，维护市场秩序；

（九）依法从严惩处哄抢财物、干扰破坏应急处置工作等扰乱社会秩序的行为，维护社会治安；

（十）采取防止发生次生、衍生事件的必要措施。

第五十条　社会安全事件发生后，组织处置工作的人民政府应当立即组织有关部门并由公安机关针对事件的性质和特点，依照有关法律、行政法规和国家其他有关规定，采取下列一项或者多项应急处置措施：

（一）强制隔离使用器械相互对抗或者以暴力行为参与冲突的当事人，妥善解决现场纠纷和争端，控制事态发展；

（二）对特定区域内的建筑物、交通工具、设备、设施以及燃料、燃气、电力、水的供应进行控制；

（三）封锁有关场所、道路，查验现场人员的身份证件，限制有关公共场所内的活动；

（四）加强对易受冲击的核心机关和单位的警卫，在国家机关、军事机关、国家通讯社、广播电台、电视台、外国驻华使领馆等单位附近设置临时警戒线；

（五）法律、行政法规和国务院规定的其他必要措施。

严重危害社会治安秩序的事件发生时，公安机关应当立即依法出动警力，根据现场情况依法采取相应的强制性措施，尽快使社会秩序恢复正常。

第五十一条　发生突发事件，严重影响国民经济正常运行时，国务院或者国务院授权的有关主管部门可以采取保障、控制等必要的应急措施，保障人民群众的基本生活需要，最大限度地减轻突发事件的影响。

第五十二条　履行统一领导职责或者组织处置突发事件的人民政府，必要时可以向单位和个人征用应急救援所需设备、设施、场地、交通工具和其他物资，请求其他地方人民政府提供人力、物力、财力或者技术支援，要求生产、供应生活必需品和应急救援物资的企业组织生产、保证供给，要求提供医疗、交通等公共服务的组织提供相应的服务。

履行统一领导职责或者组织处置突发事件的人民政府，应当组织协调运输经营单位，优先运送处置突发事件所需物资、设备、工具、应急救援人员和受到突发事件危害的人员。

第五十三条　履行统一领导职责或者组织处置突发事件的人民政府，应当按照有关规定统一、准确、及时发布有关突发事件事态发展和应急处置工作的信息。

第五十四条　任何单位和个人不得编造、传播有关突发事件事态发展或者应急处置工作的虚假信息。

第五十五条　突发事件发生地的居民委员会、村民委员会和其他组织应当按照当地人民政府的决定、命令，进行宣传动员，组织群众开展自救和互救，协助维护社会秩序。

第五十六条　受到自然灾害危害或者发生事故灾难、公共卫生事件的单位，应当立即组织本单位应急救援队伍和工作人员营救受害人员，疏散、撤离、安置受到威胁的人员，控制危险源，标明危险区域，封锁危险场所，并采取其他防止危害扩大的必要措施，同时向所在地县级人民政府报告；对因本单位的问题引发的或者主体是本单位人员的社会安全事件，有关单位应当按照规定上报情况，并迅速派出负责人赶赴现场开展劝解、疏导工作。

突发事件发生地的其他单位应当服从人民政府发布的决定、命令，配合人民政府采取的应急处置措施，做好本单位的应急救援工作，并积极组织人员参加所在地的应急救援和处置工作。

第五十七条　突发事件发生地的公民应当服从人民政府、居民委员会、村民委员会或者所属单位的指挥和安排，配合人民政府采取的应急处置措施，积极参加应急救援工作，协助维护社会秩序。

第五章　事后恢复与重建

第五十八条　突发事件的威胁和危害得到控制或者消除后，履行统一领导职责或者组织处置突发事件的人民政府应当停止执行依照本法规定采取的应急处置措施，同时采取或者继续实施必要措施，防止发生自然灾害、事故灾难、公共卫生事件的次生、衍生事件或者重新引发社会安全事件。

第五十九条　突发事件应急处置工作结束后，履行统一领导职责的人民政府应当立即组织对突发事件造成的损失进行评估，组织受影响地区尽快恢复生产、生活、工作和社会秩序，制定恢复重建计划，并向上一级人民政府报告。

受突发事件影响地区的人民政府应当及时组织和协调公安、交通、铁路、民航、邮电、建设等有关部门恢复社会治安秩序，尽快修复被损坏的交通、通信、供水、排水、供电、供气、供热等公共设施。

第六十条　受突发事件影响地区的人民政府开展恢复重建工作需要上一级人民政府支持的，可以向上一级人民政府提出请求。上一级人民政府应当根据受影响地区遭受的损失和实际情况，提供资金、物资支持和技术指导，组织其他地区提供资金、物资和人力支援。

第六十一条　国务院根据受突发事件影响地区遭受损失的情况，制定扶持该地区有关行业发展的优惠政策。

受突发事件影响地区的人民政府应当根据本地区遭受损失的情况，制定救助、补偿、抚慰、抚恤、安置等善后工作计划并组织实施，妥善解决因处置突发事件引发的矛盾和纠纷。

公民参加应急救援工作或者协助维护社会秩序期间，其在本单位的工资待遇和福利不变；表现突出、成绩显著的，由县级以上人民政府给予表彰或者奖励。

县级以上人民政府对在应急救援工作中伤亡的人员依法给予抚恤。

第六十二条　履行统一领导职责的人民政府应当及时查明突发事件的发生经过和原因，总结突发事件应急处置工作的经验教训，制定改进措施，并向上一级人民政府提出报告。

第六章　法律责任

第六十三条　地方各级人民政府和县级以上各级人民政府有关部门违反本法规定，不履行法定职责的，由其上级行政机关或者监察机关责令改正；有下列情形之一的，根据情节对直接负责的主管人员和其他直接责任人员依法给予处分：

（一）未按规定采取预防措施，导致发生突发事件，或者未采取必要的防范措施，导致发生次生、衍生事件的；

（二）迟报、谎报、瞒报、漏报有关突发事件的信息，或者通报、报送、公布虚假信息，造成后果的；

（三）未按规定及时发布突发事件警报、采取预警期的措施，导致损害发生的；

（四）未按规定及时采取措施处置突发事件或者处置不当，造成后果的；

（五）不服从上级人民政府对突发事件应急处置工作的统一领导、指挥和协调的；

（六）未及时组织开展生产自救、恢复重建等善后工作的；

（七）截留、挪用、私分或者变相私分应急救援资金、物资的；

（八）不及时归还征用的单位和个人的财产，或者对被征用财产的单位和个人不按规定给予补偿的。

第六十四条　有关单位有下列情形之一的，由所在地履行统一领导职责的人民政府责令停产停业，暂扣或者吊销许可证或者营业执照，并处五万元以上二十万元以下的罚款；构成违反治安管理行为的，由公安机关依法给予处罚：

（一）未按规定采取预防措施，导致发生严重突发事件的；

（二）未及时消除已发现的可能引发突发事件的隐患，导致发生严重突发事件的；

（三）未做好应急设备、设施日常维护、检测工作，导致发生严重突发事件或者突发事件危害扩大的；

（四）突发事件发生后，不及时组织开展应急救援工作，造成严重后果的。

前款规定的行为，其他法律、行政法规规定由人民政府有关部门依法决定处罚的，从其规定。

第六十五条　违反本法规定，编造并传播有关突发事件事态发展或者应急处置工作的虚假信息，或者明知是有关突发事件事态发展或者应急处置工作的虚假信息而进行传播的，责令改正，给予警告；造成严重后果的，依法暂停其业务活动或者吊销其执业许可证；负有直接责任的人员是国家工作人员的，还应当对其依法给予处分；构成违反治安管理行为的，由公安机关依法给予处罚。

第六十六条　单位或者个人违反本法规定，不服从所在地人民政府及其有关部门发布的决定、命令或者不配合其依法采取的措施，构成违反治安管理行为的，由公安机关依法给予处罚。

第六十七条　单位或者个人违反本法规定，导致突发事件发生或者危害扩大，给他人人身、财产造成损害的，应当依法承担民事责任。

第六十八条　违反本法规定，构成犯罪的，依法追究刑事责任。

第七章　附　则

第六十九条　发生特别重大突发事件，对人民生命财产安全、国家安全、公共安全、环境安全或者社会秩序构成重大威胁，采取本法和其他有关法律、法规、规章规定的应急处置措施不能消除或者有效控制、减轻其严重社会危害，需要进入紧急状态的，由全国人民代表大会常务委员会或者国务院依照宪法和其他有关法律规定的权限和程序决定。

紧急状态期间采取的非常措施，依照有关法律规定执行或者由全国人民代表大会常务委员会另行规定。

第七十条　本法自 2007 年 11 月 1 日起施行。

中华人民共和国水污染防治法（节选）

（1984 年 5 月 11 日第六届全国人民代表大会常务委员会第五次会议通过　根据 1996 年 5 月 15 日第八届全国人民代表大会常务委员会第十九次会议《关于修改〈中华人民共和国水污染防治法〉的决定》第一次修正　2008 年 2 月 28 日第十届全国人民代表大会常务委员会第三十二次会议修订　根据 2017 年 6 月 27 日第十二届全国人民代表大会常务委员会第二十八次会议《关于修改〈中华人民共和国水污染防治法〉的决定》第二次修正）

第六章　水污染事故处置

第七十六条　各级人民政府及其有关部门，可能发生水污染事故的企业事业单位，应当依照《中华人民共和国突发事件应对法》的规定，做好突发水污染事故的应急准备、应急处置和事后恢复等工作。

第七十七条　可能发生水污染事故的企业事业单位，应当制定有关水污染事故的应急方案，做好应急准备，并定期进行演练。

生产、储存危险化学品的企业事业单位，应当采取措施，防止在处理安全生产事故过程中产生的可能严重污染水体的消防废水、废液直接排入水体。

第七十八条　企业事业单位发生事故或者其他突发性事件，造成或者可能造成水污染事故的，应当立即启动本单位的应急方案，采取隔离等应急措施，防止水污染物进入水体，并向事故发生地的县级以上地方人民政府或者环境保护主管部门报告。环境保护主管部门接到报告后，应当及时向本级人民政府报告，并抄送有关部门。

造成渔业污染事故或者渔业船舶造成水污染事故的，应当向事故发生地的渔业主管部门报告，接受调查处理。其他船舶造成水污染事故的，应当向事故发生地的海事管理机构报告，接受调查处理；给渔业造成损害的，海事管理机构应当通知渔业主管部门参与调查处理。

第七十九条　市、县级人民政府应当组织编制饮用水安全突发事件应急预案。

饮用水供水单位应当根据所在地饮用水安全突发事件应急预案，制定相应的突发事件应急方案，报所在地市、县级人民政府备案，并定期进行演练。

饮用水水源发生水污染事故，或者发生其他可能影响饮用水安全的突发性事件，饮用水供水单位应当采取应急处理措施，向所在地市、县级人民政府报告，并向社会公开。有关人民政府应当根据情况及时启动应急预案，采取有效措施，保障供水安全。

第七章   法律责任

第九十三条   企业事业单位有下列行为之一的，由县级以上人民政府环境保护主管部门责令改正；情节严重的，处二万元以上十万元以下的罚款：

（一）不按照规定制定水污染事故的应急方案的；

（二）水污染事故发生后，未及时启动水污染事故的应急方案，采取有关应急措施的。

第九十四条   企业事业单位违反本法规定，造成水污染事故的，除依法承担赔偿责任外，由县级以上人民政府环境保护主管部门依照本条第二款的规定处以罚款，责令限期采取治理措施，消除污染；未按照要求采取治理措施或者不具备治理能力的，由环境保护主管部门指定有治理能力的单位代为治理，所需费用由违法者承担；对造成重大或者特大水污染事故的，还可以报经有批准权的人民政府批准，责令关闭；对直接负责的主管人员和其他直接责任人员可以处上一年度从本单位取得的收入百分之五十以下的罚款；有《中华人民共和国环境保护法》第六十三条规定的违法排放水污染物等行为之一，尚不构成犯罪的，由公安机关对直接负责的主管人员和其他直接责任人员处十日以上十五日以下的拘留；情节较轻的，处五日以上十日以下的拘留。

对造成一般或者较大水污染事故的，按照水污染事故造成的直接损失的百分之二十计算罚款；对造成重大或者特大水污染事故的，按照水污染事故造成的直接损失的百分之三十计算罚款。

造成渔业污染事故或者渔业船舶造成水污染事故的，由渔业主管部门进行处罚；其他船舶造成水污染事故的，由海事管理机构进行处罚。

中华人民共和国土壤污染防治法（节选）

（2018 年 8 月 31 日第十三届全国人民代表大会常务委员会第五次会议通过）

第三章　预防和保护

第四十八条　土壤污染责任人不明确或者存在争议的，农用地由地方人民政府农业农村、林业草原主管部门会同生态环境、自然资源主管部门认定，建设用地由地方人民政府生态环境主管部门会同自然资源主管部门认定。认定办法由国务院生态环境主管部门会同有关部门制定。

第六章　法律责任

第九十七条　污染土壤损害国家利益、社会公共利益的，有关机关和组织可以依照《中华人民共和国环境保护法》《中华人民共和国民事诉讼法》《中华人民共和国行政诉讼法》等法律的规定向人民法院提起诉讼。

中华人民共和国固体废物污染环境防治法（节选）

（1995 年 10 月 30 日第八届全国人民代表大会常务委员会第十六次会议通过　2004 年 12 月 29 日第十届全国人民代表大会常务委员会第十三次会议第一次修订　根据 2013 年 6 月 29 日第十二届全国人民代表大会常务委员会第三次会议《关于修改〈中华人民共和国文物保护法〉等十二部法律的决定》第一次修正　根据 2015 年 4 月 24 日第十二届全国人民代表大会常务委员会第十四次会议《关于修改〈中华人民共和国港口法〉等七部法律的决定》第二次修正　根据 2016 年 11 月 7 日第十二届全国人民代表大会常务委员会第二十四次会议《关于修改〈中华人民共和国对外贸易法〉等十二部法律的决定》第三次修正　2020 年 4 月 29 日第十三届全国人民代表大会常务委员会第十七次会议第二次修订）

第八章　法律责任

第一百一十二条　违反本法规定，有下列行为之一，由生态环境主管部门责令改正，处以罚款，没收违法所得；情节严重的，报经有批准权的人民政府批准，可以责令停业或者关闭：

（一）未按照规定设置危险废物识别标志的；

（二）未按照国家有关规定制定危险废物管理计划或者申报危险废物有关资料的；

（三）擅自倾倒、堆放危险废物的；

（四）将危险废物提供或者委托给无许可证的单位或者其他生产经营者从事经营活动的；

（五）未按照国家有关规定填写、运行危险废物转移联单或者未经批准擅自转移危险废物的；

（六）未按照国家环境保护标准贮存、利用、处置危险废物或者将危险废物混入非危险废物中贮存的；

（七）未经安全性处置，混合收集、贮存、运输、处置具有不相容性质的危险废物的；

（八）将危险废物与旅客在同一运输工具上载运的；

（九）未经消除污染处理，将收集、贮存、运输、处置危险废物的场所、设施、设备和容器、包装物及其他物品转作他用的；

（十）未采取相应防范措施，造成危险废物扬散、流失、渗漏或者其他环境污染的；

（十一）在运输过程中沿途丢弃、遗撒危险废物的；

（十二）未制定危险废物意外事故防范措施和应急预案的；

（十三）未按照国家有关规定建立危险废物管理台账并如实记录的。

有前款第一项、第二项、第五项、第六项、第七项、第八项、第九项、第十二项、第十三项行为之一，处十万元以上一百万元以下的罚款；有前款第三项、第四项、第十项、第十一项行为之一，处所需处置费用三倍以上五倍以下的罚款，所需处置费用不足二十万元的，按二十万元计算。

第一百一十八条　违反本法规定，造成固体废物污染环境事故的，除依法承担赔偿责任外，由生态环境主管部门依照本条第二款的规定处以罚款，责令限期采取治理措施；造成重大或者特大固体废物污染环境事故的，还可以报经有批准权的人民政府批准，责令关闭。

造成一般或者较大固体废物污染环境事故的，按照事故造成的直接经济损失的一倍以上三倍以下计算罚款；造成重大或者特大固体废物污染环境事故的，按照事故造成的直接经济损失的三倍以上五倍以下计算罚款，并对法定代表人、主要负责人、直接负责的主管人员和其他责任人员处上一年度从本单位取得的收入百分之五十以下的罚款。

第一百二十二条　固体废物污染环境、破坏生态给国家造成重大损失的，由设区的市级以上地方人民政府或者其指定的部门、机构组织与造成环境污染和生态破坏的单位和其他生产经营者进行磋商，要求其承担损害赔偿责任；磋商未达成一致的，可以向人民法院提起诉讼。

中华人民共和国大气污染防治法（节选）

（1987 年 9 月 5 日第六届全国人民代表大会常务委员会第二十二次会议通过根据 1995 年 8 月 29 日第八届全国人民代表大会常务委员会第十五次会议《关于修改〈中华人民共和国大气污染防治法〉的决定》第一次修正　2000 年 4 月 29 日第九届全国人民代表大会常务委员会第十五次会议第一次修订　2015 年 8 月 29 日第十二届全国人民代表大会常务委员会第十六次会议第二次修订　根据 2018 年 10 月 26 日第十三届全国人民代表大会常务委员会第六次会议《关于修改〈中华人民共和国野生动物保护法〉等十五部法律的决定》第二次修正）

第三章　大气污染防治的监督管理

第二十八条　国务院生态环境主管部门会同有关部门，建立和完善大气污染损害评估制度。

第六章　重污染天气应对

第九十四条　县级以上地方人民政府应当将重污染天气应对纳入突发事件应急管理体系。省、自治区、直辖市、设区的市人民政府以及可能发生重污染天气的县级人民政府，应当制定重污染天气应急预案，向上一级人民政府生态环境主管部门备案，并向社会公布。

第九十七条　发生造成大气污染的突发环境事件，人民政府及其有关部门和相关企业事业单位，应当依照《中华人民共和国突发事件应对法》《中华人民共和国环境保护法》的规定，做好应急处置工作。生态环境主管部门应当及时对突发环境事件产生的大气污染物进行监测，并向社会公布监测信息。

第七章　法律责任

第一百二十二条　违反本法规定，造成大气污染事故的，由县级以上人民政府生态环境主管部门依照本条第二款的规定处以罚款；对直接负责的主管人员和其他直接责任人员可以处上一年度从本企业事业单位取得收入百分之五十以下的罚款。

对造成一般或者较大大气污染事故的，按照污染事故造成直接损失的一倍以上三倍以下计算罚款；对造成重大或者特大大气污染事故的，按照污染事故造成的直接损失的三倍以上五倍以下计算罚款。

中华人民共和国安全生产法（节选）

（2002 年 6 月 29 日第九届全国人民代表大会常务委员会第二十八次会议通过　根据 2009 年 8 月 27 日第十一届全国人民代表大会常务委员会第十次会议《关于修改部分法律的决定》第一次修正　根据 2014 年 8 月 31 日第十二届全国人民代表大会常务委员会第十次会议《关于修改〈中华人民共和国安全生产法〉的决定》第二次修正　根据 2021 年 6 月 10 日第十三届全国人民代表大会常务委员会第二十九次会议《关于修改〈中华人民共和国安全生产法〉的决定》第三次修正）

第二章　生产经营单位的安全生产保障

第二十四条　矿山、金属冶炼、建筑施工、运输单位和危险物品的生产、经营、储存、装卸单位，应当设置安全生产管理机构或者配备专职安全生产管理人员。

第二十五条　生产经营单位的安全生产管理机构以及安全生产管理人员履行下列职责：

（二）组织或者参与本单位安全生产教育和培训，如实记录安全生产教育和培训情况；

（三）组织开展危险源辨识和评估，督促落实本单位重大危险源的安全管理措施；

（四）组织或者参与本单位应急救援演练；

（五）检查本单位的安全生产状况，及时排查生产安全事故隐患，提出改进安全生产管理的建议；

（七）督促落实本单位安全生产整改措施。

生产经营单位可以设置专职安全生产分管负责人，协助本单位主要负责人履行安全生产管理职责。

第三十二条　矿山、金属冶炼建设项目和用于生产、储存、装卸危险物品的建设项目，应当按照国家有关规定进行安全评价。

第三十三条　建设项目安全设施的设计人、设计单位应当对安全设施设计负责。

矿山、金属冶炼建设项目和用于生产、储存、装卸危险物品的建设项目的安全设施设计应当按照国家有关规定报经有关部门审查，审查部门及其负责审查的人员对审查结果负责。

第三十四条 矿山、金属冶炼建设项目和用于生产、储存、装卸危险物品的建设项目的施工单位必须按照批准的安全设施设计施工，并对安全设施的工程质量负责。

矿山、金属冶炼建设项目和用于生产、储存、装卸危险物品的建设项目竣工投入生产或者使用前，应当由建设单位负责组织对安全设施进行验收；验收合格后，方可投入生产和使用。负有安全生产监督管理职责的部门应当加强对建设单位验收活动和验收结果的监督核查。

第三十五条 生产经营单位应当在有较大危险因素的生产经营场所和有关设施、设备上，设置明显的安全警示标志。

第三十九条 生产、经营、运输、储存、使用危险物品或者处置废弃危险物品的，由有关主管部门依照有关法律、法规的规定和国家标准或者行业标准审批并实施监督管理。

生产经营单位生产、经营、运输、储存、使用危险物品或者处置废弃危险物品，必须执行有关法律、法规和国家标准或者行业标准，建立专门的安全管理制度，采取可靠的安全措施，接受有关主管部门依法实施的监督管理。

第四十条 生产经营单位对重大危险源应当登记建档，进行定期检测、评估、监控，并制定应急预案，告知从业人员和相关人员在紧急情况下应当采取的应急措施。

生产经营单位应当按照国家有关规定将本单位重大危险源及有关安全措施、应急措施报有关地方人民政府应急管理部门和有关部门备案。有关地方人民政府应急管理部门和有关部门应当通过相关信息系统实现信息共享。

第四十一条 生产经营单位应当建立安全风险分级管控制度，按照安全风险分级采取相应的管控措施。

生产经营单位应当建立健全并落实生产安全事故隐患排查治理制度，采取技术、管理措施，及时发现并消除事故隐患。事故隐患排查治理情况应当如实记录，并通过职工大会或者职工代表大会、信息公示栏等方式向从业人员通报。其中，重大事故隐患排查治理情况应当及时向负有安全生产监督管理职责的部门和职工大会或者职工代表大会报告。

县级以上地方各级人民政府负有安全生产监督管理职责的部门应当将重大事故隐患纳入相关信息系统，建立健全重大事故隐患治理督办制度，督促生产经营单位消除重大事故隐患。

第四十二条　生产、经营、储存、使用危险物品的车间、商店、仓库不得与员工宿舍在同一座建筑物内，并应当与员工宿舍保持安全距离。

生产经营场所和员工宿舍应当设有符合紧急疏散要求、标志明显、保持畅通的出口、疏散通道。禁止占用、锁闭、封堵生产经营场所或者员工宿舍的出口、疏散通道。

第四十九条　生产经营单位不得将生产经营项目、场所、设备发包或者出租给不具备安全生产条件或者相应资质的单位或者个人。

生产经营项目、场所发包或者出租给其他单位的，生产经营单位应当与承包单位、承租单位签订专门的安全生产管理协议，或者在承包合同、租赁合同中约定各自的安全生产管理职责；生产经营单位对承包单位、承租单位的安全生产工作统一协调、管理，定期进行安全检查，发现安全问题的，应当及时督促整改。

矿山、金属冶炼建设项目和用于生产、储存、装卸危险物品的建设项目的施工单位应当加强对施工项目的安全管理，不得倒卖、出租、出借、挂靠或者以其他形式非法转让施工资质，不得将其承包的全部建设工程转包给第三人或者将其承包的全部建设工程支解以后以分包的名义分别转包给第三人，不得将工程分包给不具备相应资质条件的单位。

第五十条　生产经营单位发生生产安全事故时，单位的主要负责人应当立即组织抢救，并不得在事故调查处理期间擅离职守。

第三章　从业人员的安全生产权利义务

第五十三条　生产经营单位的从业人员有权了解其作业场所和工作岗位存在的危险因素、防范措施及事故应急措施，有权对本单位的安全生产工作提出建议。

第六十条　工会有权对建设项目的安全设施与主体工程同时设计、同时施工、同时投入生产和使用进行监督，提出意见。

工会对生产经营单位违反安全生产法律、法规，侵犯从业人员合法权益的行为，有权要求纠正；发现生产经营单位违章指挥、强令冒险作业或者发现事故隐患时，有权提出解决的建议，生产经营单位应当及时研究答复；发现危及从业人员生命安全的情况时，有权向生产经营单位建议组织从业人员撤离危险场所，生产经营单位必须立即作出处理。

工会有权依法参加事故调查，向有关部门提出处理意见，并要求追究有关人员的责任。

第四章　安全生产的监督管理

第六十五条　应急管理部门和其他负有安全生产监督管理职责的部门依法开展安全生产行政执法工作，对生产经营单位执行有关安全生产的法律、法规和国家标准或者行业标准的情况进行监督检查，行使以下职权：

（一）进入生产经营单位进行检查，调阅有关资料，向有关单位和人员了解情况；

（二）对检查中发现的安全生产违法行为，当场予以纠正或者要求限期改正；对依法应当给予行政处罚的行为，依照本法和其他有关法律、行政法规的规定作出行政处罚决定；

（三）对检查中发现的事故隐患，应当责令立即排除；重大事故隐患排除前或者排除过程中无法保证安全的，应当责令从危险区域内撤出作业人员，责令暂时停产停业或者停止使用相关设施、设备；重大事故隐患排除后，经审查同意，方可恢复生产经营和使用；

（四）对有根据认为不符合保障安全生产的国家标准或者行业标准的设施、设备、器材以及违法生产、储存、使用、经营、运输的危险物品予以查封或者扣押，对违法生产、储存、使用、经营危险物品的作业场所予以查封，并依法作出处理决定。

监督检查不得影响被检查单位的正常生产经营活动。

第七十条　负有安全生产监督管理职责的部门依法对存在重大事故隐患的生产经营单位作出停产停业、停止施工、停止使用相关设施或者设备的决定，生产经营单位应当依法执行，及时消除事故隐患。生产经营单位拒不执行，有发生生产安全事故的现实危险的，在保证安全的前提下，经本部门主要负责人批准，负有安全生产监督管理职责的部门可以采取通知有关单位停止供电、停止供应民用爆炸物品等措施，强制生产经营单位履行决定。通知应当采用书面形式，有关单位应当予以配合。

负有安全生产监督管理职责的部门依照前款规定采取停止供电措施，除有危及生产安全的紧急情形外，应当提前二十四小时通知生产经营单位。生产经营单位依法履行行政决定、采取相应措施消除事故隐患的，负有安全生产监督管理职责的部门应当及时解除前款规定的措施。

第五章　生产安全事故的应急救援与调查处理

第七十九条　国家加强生产安全事故应急能力建设，在重点行业、领域建立应急救援基地和应急救援队伍，并由国家安全生产应急救援机构统一协调指挥；鼓励生产经营单位和其他社会力量建立应急救援队伍，配备相应的应急救援装备和物资，提高应急救援的专业化水平。

国务院应急管理部门牵头建立全国统一的生产安全事故应急救援信息系统，国务院交通运输、住房和城乡建设、水利、民航等有关部门和县级以上地方人民政府建立健全相关行业、领域、地区的生产安全事故应急救援信息系统，实现互联互通、信息共享，通过推行网上安全信息采集、安全监管和监测预警，提升监管的精准化、智能化水平。

第八十条　县级以上地方各级人民政府应当组织有关部门制定本行政区域内生产安全事故应急救援预案，建立应急救援体系。

乡镇人民政府和街道办事处，以及开发区、工业园区、港区、风景区等应当制定相应的生产安全事故应急救援预案，协助人民政府有关部门或者按照授权依法履行生产安全事故应急救援工作职责。

第八十一条　生产经营单位应当制定本单位生产安全事故应急救援预案，与所在地县级以上地方人民政府组织制定的生产安全事故应急救援预案相衔接，并定期组织演练。

第八十二条　危险物品的生产、经营、储存单位以及矿山、金属冶炼、城市轨道交通运营、建筑施工单位应当建立应急救援组织；生产经营规模较小的，可以不建立应急救援组织，但应当指定兼职的应急救援人员。

危险物品的生产、经营、储存、运输单位以及矿山、金属冶炼、城市轨道交通运营、建筑施工单位应当配备必要的应急救援器材、设备和物资，并进行经常性维护、保养，保证正常运转。

第八十三条　生产经营单位发生生产安全事故后，事故现场有关人员应当立即报告本单位负责人。

单位负责人接到事故报告后，应当迅速采取有效措施，组织抢救，防止事故扩大，减少人员伤亡和财产损失，并按照国家有关规定立即如实报告当地负有安全生产监督管理职责的部门，不得隐瞒不报、谎报或者迟报，不得故意破坏事故现场、毁灭有关证据。

第八十四条　负有安全生产监督管理职责的部门接到事故报告后，应当立即按照国家有关规定上报事故情况。负有安全生产监督管理职责的部门和有关地方人民政府对事故情况不得隐瞒不报、谎报或者迟报。

第八十五条　有关地方人民政府和负有安全生产监督管理职责的部门的负责人

接到生产安全事故报告后，应当按照生产安全事故应急救援预案的要求立即赶到事故现场，组织事故抢救。

参与事故抢救的部门和单位应当服从统一指挥，加强协同联动，采取有效的应急救援措施，并根据事故救援的需要采取警戒、疏散等措施，防止事故扩大和次生灾害的发生，减少人员伤亡和财产损失。

事故抢救过程中应当采取必要措施，避免或者减少对环境造成的危害。

任何单位和个人都应当支持、配合事故抢救，并提供一切便利条件。

第八十六条　事故调查处理应当按照科学严谨、依法依规、实事求是、注重实效的原则，及时、准确地查清事故原因，查明事故性质和责任，评估应急处置工作，总结事故教训，提出整改措施，并对事故责任单位和人员提出处理建议。事故调查报告应当依法及时向社会公布。事故调查和处理的具体办法由国务院制定。

事故发生单位应当及时全面落实整改措施，负有安全生产监督管理职责的部门应当加强监督检查。

负责事故调查处理的国务院有关部门和地方人民政府应当在批复事故调查报告后一年内，组织有关部门对事故整改和防范措施落实情况进行评估，并及时向社会公开评估结果；对不履行职责导致事故整改和防范措施没有落实的有关单位和人员，应当按照有关规定追究责任。

第八十七条　生产经营单位发生生产安全事故，经调查确定为责任事故的，除了应当查明事故单位的责任并依法予以追究外，还应当查明对安全生产的有关事项负有审查批准和监督职责的行政部门的责任，对有失职、渎职行为的，依照本法第九十条的规定追究法律责任。

第八十八条　任何单位和个人不得阻挠和干涉对事故的依法调查处理。

第八十九条　县级以上地方各级人民政府应急管理部门应当定期统计分析本行政区域内发生生产安全事故的情况，并定期向社会公布。

第六章　法律责任

第九十四条　生产经营单位的主要负责人未履行本法规定的安全生产管理职责的，责令限期改正，处二万元以上五万元以下的罚款；逾期未改正的，处五万元以上十万元以下的罚款，责令生产经营单位停产停业整顿。

生产经营单位的主要负责人有前款违法行为，导致发生生产安全事故的，给予撤职处分；构成犯罪的，依照刑法有关规定追究刑事责任。

生产经营单位的主要负责人依照前款规定受刑事处罚或者撤职处分的，自刑罚执行完毕或者受处分之日起，五年内不得担任任何生产经营单位的主要负责人；对重大、特别重大生产安全事故负有责任的，终身不得担任本行业生产经营单位的主要负责人。

第九十五条　生产经营单位的主要负责人未履行本法规定的安全生产管理职责，导致发生生产安全事故的，由应急管理部门依照下列规定处以罚款：

（一）发生一般事故的，处上一年年收入百分之四十的罚款；

（二）发生较大事故的，处上一年年收入百分之六十的罚款；

（三）发生重大事故的，处上一年年收入百分之八十的罚款；

（四）发生特别重大事故的，处上一年年收入百分之一百的罚款。

第九十六条　生产经营单位的其他负责人和安全生产管理人员未履行本法规定的安全生产管理职责的，责令限期改正，处一万元以上三万元以下的罚款；导致发生生产安全事故的，暂停或者吊销其与安全生产有关的资格，并处上一年年收入百分之二十以上百分之五十以下的罚款；构成犯罪的，依照刑法有关规定追究刑事责任。

第九十七条　生产经营单位有下列行为之一的，责令限期改正，处十万元以下的罚款；逾期未改正的，责令停产停业整顿，并处十万元以上二十万元以下的罚款，对其直接负责的主管人员和其他直接责任人员处二万元以上五万元以下的罚款：

（一）未按照规定设置安全生产管理机构或者配备安全生产管理人员、注册安全工程师的；

（二）危险物品的生产、经营、储存、装卸单位以及矿山、金属冶炼、建筑施工、运输单位的主要负责人和安全生产管理人员未按照规定经考核合格的；

（三）未按照规定对从业人员、被派遣劳动者、实习学生进行安全生产教育和培训，或者未按照规定如实告知有关的安全生产事项的；

（四）未如实记录安全生产教育和培训情况的；

（五）未将事故隐患排查治理情况如实记录或者未向从业人员通报的；

（六）未按照规定制定生产安全事故应急救援预案或者未定期组织演练的；

（七）特种作业人员未按照规定经专门的安全作业培训并取得相应资格，上岗作业的。

第九十八条　生产经营单位有下列行为之一的，责令停止建设或者停产停业整顿，限期改正，并处十万元以上五十万元以下的罚款，对其直接负责的主管人员和其他直接责任人员处二万元以上五万元以下的罚款；逾期未改正的，处五十万元以上一百万元以下的罚款，对其直接负责的主管人员和其他直接责任人员处五万元以上十万元以下的罚款；构成犯罪的，依照刑法有关规定追究刑事责任：

（一）未按照规定对矿山、金属冶炼建设项目或者用于生产、储存、装卸危险物品的建设项目进行安全评价的；

（二）矿山、金属冶炼建设项目或者用于生产、储存、装卸危险物品的建设项目没有安全设施设计或者安全设施设计未按照规定报经有关部门审查同意的；

（三）矿山、金属冶炼建设项目或者用于生产、储存、装卸危险物品的建设项目的施工单位未按照批准的安全设施设计施工的；

（四）矿山、金属冶炼建设项目或者用于生产、储存、装卸危险物品的建设项目竣工投入生产或者使用前，安全设施未经验收合格的。

第九十九条　生产经营单位有下列行为之一的，责令限期改正，处五万元以下的罚款；逾期未改正的，处五万元以上二十万元以下的罚款，对其直接负责的主管人员和其他直接责任人员处一万元以上二万元以下的罚款；情节严重的，责令停产停业整顿；构成犯罪的，依照刑法有关规定追究刑事责任：

（一）未在有较大危险因素的生产经营场所和有关设施、设备上设置明显的安全警示标志的；

（二）安全设备的安装、使用、检测、改造和报废不符合国家标准或者行业标准的；

（三）未对安全设备进行经常性维护、保养和定期检测的；

（四）关闭、破坏直接关系生产安全的监控、报警、防护、救生设备、设施，或者篡改、隐瞒、销毁其相关数据、信息的；

（五）未为从业人员提供符合国家标准或者行业标准的劳动防护用品的；

（六）危险物品的容器、运输工具，以及涉及人身安全、危险性较大的海洋石油开采特种设备和矿山井下特种设备未经具有专业资质的机构检测、检验合格，取得安全使用证或者安全标志，投入使用的；

（七）使用应当淘汰的危及生产安全的工艺、设备的；

（八）餐饮等行业的生产经营单位使用燃气未安装可燃气体报警装置的。

第一百条　未经依法批准，擅自生产、经营、运输、储存、使用危险物品或者处置废弃危险物品的，依照有关危险物品安全管理的法律、行政法规的规定予以处罚；构成犯罪的，依照刑法有关规定追究刑事责任。

第一百零一条　生产经营单位有下列行为之一的,责令限期改正,处十万元以下的罚款;逾期未改正的,责令停产停业整顿,并处十万元以上二十万元以下的罚款,对其直接负责的主管人员和其他直接责任人员处二万元以上五万元以下的罚款;构成犯罪的,依照刑法有关规定追究刑事责任:

(一)生产、经营、运输、储存、使用危险物品或者处置废弃危险物品,未建立专门安全管理制度、未采取可靠的安全措施的;

(二)对重大危险源未登记建档,未进行定期检测、评估、监控,未制定应急预案,或者未告知应急措施的;

(四)未建立安全风险分级管控制度或者未按照安全风险分级采取相应管控措施的;

(五)未建立事故隐患排查治理制度,或者重大事故隐患排查治理情况未按照规定报告的。

第一百零二条　生产经营单位未采取措施消除事故隐患的,责令立即消除或者限期消除,处五万元以下的罚款;生产经营单位拒不执行的,责令停产停业整顿,对其直接负责的主管人员和其他直接责任人员处五万元以上十万元以下的罚款;构成犯罪的,依照刑法有关规定追究刑事责任。

第一百一十条　生产经营单位的主要负责人在本单位发生生产安全事故时,不立即组织抢救或者在事故调查处理期间擅离职守或者逃匿的,给予降级、撤职的处分,并由应急管理部门处上一年年收入百分之六十至百分之一百的罚款;对逃匿的处十五日以下拘留;构成犯罪的,依照刑法有关规定追究刑事责任。

生产经营单位的主要负责人对生产安全事故隐瞒不报、谎报或者迟报的,依照前款规定处罚。

第一百一十一条　有关地方人民政府、负有安全生产监督管理职责的部门,对生产安全事故隐瞒不报、谎报或者迟报的,对直接负责的主管人员和其他直接责任人员依法给予处分;构成犯罪的,依照刑法有关规定追究刑事责任。

第一百一十二条　生产经营单位违反本法规定,被责令改正且受到罚款处罚,拒不改正的,负有安全生产监督管理职责的部门可以自作出责令改正之日的次日起,按照原处罚数额按日连续处罚。

第一百一十三条　生产经营单位存在下列情形之一的,负有安全生产监督管理职责的部门应当提请地方人民政府予以关闭,有关部门应当依法吊销其有关证照。生产经营单位主要负责人五年内不得担任任何生产经营单位的主要负责人;情节严重的，终身不得担任本行业生产经营单位的主要负责人：

（一）存在重大事故隐患，一百八十日内三次或者一年内四次受到本法规定的行政处罚的；

（二）经停产停业整顿，仍不具备法律、行政法规和国家标准或者行业标准规定的安全生产条件的；

（三）不具备法律、行政法规和国家标准或者行业标准规定的安全生产条件，导致发生重大、特别重大生产安全事故的；

（四）拒不执行负有安全生产监督管理职责的部门作出的停产停业整顿决定的。

第一百一十四条　发生生产安全事故，对负有责任的生产经营单位除要求其依法承担相应的赔偿等责任外，由应急管理部门依照下列规定处以罚款：

（一）发生一般事故的，处三十万元以上一百万元以下的罚款；

（二）发生较大事故的，处一百万元以上二百万元以下的罚款；

（三）发生重大事故的，处二百万元以上一千万元以下的罚款；

（四）发生特别重大事故的，处一千万元以上二千万元以下的罚款。

发生生产安全事故，情节特别严重、影响特别恶劣，应急管理部门可以按照前款罚款数额的二倍以上五倍以下对负有责任的生产经营单位处以罚款。

第七章　附　则

第一百一十七条　本法下列用语的含义：

危险物品，是指易燃易爆物品、危险化学品、放射性物品等能够危及人身安全和财产安全的物品。

重大危险源，是指长期地或者临时地生产、搬运、使用或者储存危险物品，且危险物品的数量等于或者超过临界量的单元（包括场所和设施）。

第一百一十八条　本法规定的生产安全一般事故、较大事故、重大事故、特别重大事故的划分标准由国务院规定。

国务院应急管理部门和其他负有安全生产监督管理职责的部门应当根据各自的职责分工，制定相关行业、领域重大危险源的辨识标准和重大事故隐患的判定标准。

第一百一十九条　本法自 2002 年 11 月 1 日起施行。

中华人民共和国石油天然气管道保护法（节选）

（2010 年 6 月 25 日第十一届全国人民代表大会常务委员会第十五次会议通过）

第六条　县级以上地方人民政府应当加强对本行政区域管道保护工作的领导，督促、检查有关部门依法履行管道保护职责，组织排除管道的重大外部安全隐患。

第三章　管道运行中的保护

第二十二条　管道企业应当建立、健全管道巡护制度，配备专门人员对管道线路进行日常巡护。管道巡护人员发现危害管道安全的情形或者隐患，应当按照规定及时处理和报告。

第二十三条　管道企业应当定期对管道进行检测、维修，确保其处于良好状态；对管道安全风险较大的区段和场所应当进行重点监测，采取有效措施防止管道事故的发生。

对不符合安全使用条件的管道，管道企业应当及时更新、改造或者停止使用。

第二十五条　管道企业发现管道存在安全隐患，应当及时排除。对管道存在的外部安全隐患，管道企业自身排除确有困难的，应当向县级以上地方人民政府主管管道保护工作的部门报告。接到报告的主管管道保护工作的部门应当及时协调排除或者报请人民政府及时组织排除安全隐患。

第三十六条　申请进行本法第三十三条第二款、第三十五条规定的施工作业，应当符合下列条件：

（一）具有符合管道安全和公共安全要求的施工作业方案；

（二）已制定事故应急预案；

（三）施工作业人员具备管道保护知识；

（四）具有保障安全施工作业的设备、设施。

第三十九条　管道企业应当制定本企业管道事故应急预案，并报管道所在地县级人民政府主管管道保护工作的部门备案；配备抢险救援人员和设备，并定期进行管道事故应急救援演练。

发生管道事故，管道企业应当立即启动本企业管道事故应急预案，按照规定及时通报可能受到事故危害的单位和居民，采取有效措施消除或者减轻事故危害，并依照有关事故调查处理的法律、行政法规的规定，向事故发生地县级人民政府主管管道保护工作的部门、安全生产监督管理部门和其他有关部门报告。

接到报告的主管管道保护工作的部门应当按照规定及时上报事故情况，并根据管道事故的实际情况组织采取事故处置措施或者报请人民政府及时启动本行政区域管道事故应急预案，组织进行事故应急处置与救援。

第四十条　管道泄漏的石油和因管道抢修排放的石油造成环境污染的，管道企业应当及时治理。因第三人的行为致使管道泄漏造成环境污染的，管道企业有权向第三人追偿治理费用。

环境污染损害的赔偿责任，适用《中华人民共和国侵权责任法》和防治环境污染的法律的有关规定。

第五章　法律责任

第五十条　管道企业有下列行为之一的，由县级以上地方人民政府主管管道保护工作的部门责令限期改正；逾期不改正的，处二万元以上十万元以下的罚款；对直接负责的主管人员和其他直接责任人员给予处分：

（一）未依照本法规定对管道进行巡护、检测和维修的；

（二）对不符合安全使用条件的管道未及时更新、改造或者停止使用的；

（三）未依照本法规定设置、修复或者更新有关管道标志的；

（四）未依照本法规定将管道竣工测量图报人民政府主管管道保护工作的部门备案的；

（五）未制定本企业管道事故应急预案，或者未将本企业管道事故应急预案报人民政府主管管道保护工作的部门备案的；

（六）发生管道事故，未采取有效措施消除或者减轻事故危害的；

第五十六条　县级以上地方人民政府及其主管管道保护工作的部门或者其他有关部门，违反本法规定，对应当组织排除的管道外部安全隐患不及时组织排除，发现危害管道安全的行为或者接到对危害管道安全行为的举报后不依法予以查处，或者有其他不依照本法规定履行职责的行为的，由其上级机关责令改正，对直接负责的主管人员和其他直接责任人员依法给予处分。

中华人民共和国森林法（节选）

（1984 年 9 月 20 日第六届全国人民代表大会常务委员会第七次会议通过　根据 1998 年 4 月 29 日第九届全国人民代表大会常务委员会第二次会议《关于修改〈中华人民共和国森林法〉的决定》第一次修正　根据 2009 年 8 月 27 日第十一届全国人民代表大会常务委员会第十次会议《关于修改部分法律的决定》第二次修正　2019 年 12 月 28 日第十三届全国人民代表大会常务委员会第十五次会议修订）

第七章　监督检查

第六十八条　破坏森林资源造成生态环境损害的，县级以上人民政府自然资源主管部门、林业主管部门可以依法向人民法院提起诉讼，对侵权人提出损害赔偿要求。

中华人民共和国民法典（节选）

（2020 年 5 月 28 日第十三届全国人民代表大会第三次会议通过）

第七编　侵权责任

第七章　环境污染和生态破坏责任

第一千二百二十九条　因污染环境、破坏生态造成他人损害的，侵权人应当承担侵权责任。

第一千二百三十条　因污染环境、破坏生态发生纠纷，行为人应当就法律规定的不承担责任或者减轻责任的情形及其行为与损害之间不存在因果关系承担举证责任。

第一千二百三十一条　两个以上侵权人污染环境、破坏生态的，承担责任的大小，根据污染物的种类、浓度、排放量，破坏生态的方式、范围、程度，以及行为对损害后果所起的作用等因素确定。

第一千二百三十二条　侵权人违反法律规定故意污染环境、破坏生态造成严重后果的，被侵权人有权请求相应的惩罚性赔偿。

第一千二百三十三条　因第三人的过错污染环境、破坏生态的，被侵权人可以向侵权人请求赔偿，也可以向第三人请求赔偿。侵权人赔偿后，有权向第三人追偿。

第一千二百三十四条　违反国家规定造成生态环境损害，生态环境能够修复的，国家规定的机关或者法律规定的组织有权请求侵权人在合理期限内承担修复责任。侵权人在期限内未修复的，国家规定的机关或者法律规定的组织可以自行或者委托他人进行修复，所需费用由侵权人负担。

第一千二百三十五条　违反国家规定造成生态环境损害的，国家规定的机关或者法律规定的组织有权请求侵权人赔偿下列损失和费用：

（一）生态环境受到损害至修复完成期间服务功能丧失导致的损失；

（二）生态环境功能永久性损害造成的损失；

（三）生态环境损害调查、鉴定评估等费用；

（四）清除污染、修复生态环境费用；

（五）防止损害的发生和扩大所支出的合理费用。

中华人民共和国刑法（节选）

[1979 年 7 月 1 日第五届全国人民代表大会第二次会议通过　1997 年 3 月 14 日第八届全国人民代表大会第五次会议修订　根据 1999 年 12 月 25 日中华人民共和国刑法修正案，2001 年 8 月 31 日中华人民共和国刑法修正案（二），2001 年 12 月 29 日中华人民共和国刑法修正案（三），2002 年 12 月 28 日中华人民共和国刑法修正案（四），2005 年 2 月 28 日中华人民共和国刑法修正案（五），2006 年 6 月 29 日中华人民共和国刑法修正案（六），2009 年 2 月 28 日中华人民共和国刑法修正案（七），2011 年 2 月 25 日中华人民共和国刑法修正案（八），2015 年 8 月 29 日中华人民共和国刑法修正案（九），2017 年 11 月 4 日中华人民共和国刑法修正案（十），2020 年 12 月 26 日中华人民共和国刑法修正案（十一）修正]

第六章　妨害社会管理秩序罪

第六节　破坏环境资源保护罪

第三百三十八条　【污染环境罪】违反国家规定，排放、倾倒或者处置有放射性的废物、含传染病病原体的废物、有毒物质或者其他有害物质，严重污染环境的，处三年以下有期徒刑或者拘役，并处或者单处罚金；情节严重的，处三年以上七年以下有期徒刑，并处罚金；有下列情形之一的，处七年以上有期徒刑，并处罚金：

（一）在饮用水水源保护区、自然保护地核心保护区等依法确定的重点保护区域排放、倾倒、处置有放射性的废物、含传染病病原体的废物、有毒物质，情节特别严重的；

（二）向国家确定的重要江河、湖泊水域排放、倾倒、处置有放射性的废物、含传染病病原体的废物、有毒物质，情节特别严重的；

（三）致使大量永久基本农田基本功能丧失或者遭受永久性破坏的；

（四）致使多人重伤、严重疾病，或者致人严重残疾、死亡的。

有前款行为，同时构成其他犯罪的，依照处罚较重的规定定罪处罚。

第三百三十九条　【非法处置进口的固体废物罪；擅自进口固体废物罪；走私

固体废物罪】违反国家规定，将境外的固体废物进境倾倒、堆放、处置的，处五年以下有期徒刑或者拘役，并处罚金；造成重大环境污染事故，致使公私财产遭受重大损失或者严重危害人体健康的，处五年以上十年以下有期徒刑，并处罚金；后果特别严重的，处十年以上有期徒刑，并处罚金。

未经国务院有关主管部门许可，擅自进口固体废物用作原料，造成重大环境污染事故，致使公私财产遭受重大损失或者严重危害人体健康的，处五年以下有期徒刑或者拘役，并处罚金；后果特别严重的，处五年以上十年以下有期徒刑，并处罚金。

以原料利用为名，进口不能用作原料的固体废物、液态废物和气态废物的，依照本法第一百五十二条第二款、第三款的规定定罪处罚。

第三百四十条　【非法捕捞水产品罪】违反保护水产资源法规，在禁渔区、禁渔期或者使用禁用的工具、方法捕捞水产品，情节严重的，处三年以下有期徒刑、拘役、管制或者罚金。

第三百四十一条　【危害珍贵、濒危野生动物罪；非法猎捕、收购、运输、出售陆生野生动物罪】非法猎捕、杀害国家重点保护的珍贵、濒危野生动物的，或者非法收购、运输、出售国家重点保护的珍贵、濒危野生动物及其制品的，处五年以下有期徒刑或者拘役，并处罚金；情节严重的，处五年以上十年以下有期徒刑，并处罚金；情节特别严重的，处十年以上有期徒刑，并处罚金或者没收财产。

【非法狩猎罪】违反狩猎法规，在禁猎区、禁猎期或者使用禁用的工具、方法进行狩猎，破坏野生动物资源，情节严重的，处三年以下有期徒刑、拘役、管制或者罚金。

违反野生动物保护管理法规，以食用为目的非法猎捕、收购、运输、出售第一款规定以外的在野外环境自然生长繁殖的陆生野生动物，情节严重的，依照前款的规定处罚。

第三百四十二条　【非法占用农用地罪】违反土地管理法规，非法占用耕地、林地等农用地，改变被占用土地用途，数量较大，造成耕地、林地等农用地大量毁坏的，处五年以下有期徒刑或者拘役，并处或者单处罚金。

第三百四十二条之一　【破坏自然保护地罪】违反自然保护地管理法规，在国家公园、国家级自然保护区进行开垦、开发活动或者修建建筑物，造成严重后果或者有其他恶劣情节的，处五年以下有期徒刑或者拘役，并处或者单处罚金。

有前款行为，同时构成其他犯罪的，依照处罚较重的规定定罪处罚。

第三百四十三条　【非法采矿罪；破坏性采矿罪】违反矿产资源法的规定，未取得采矿许可证擅自采矿，擅自进入国家规划矿区、对国民经济具有重要价值的矿区和他人矿区范围采矿，或者擅自开采国家规定实行保护性开采的特定矿种，情节严重的，处三年以下有期徒刑、拘役或者管制，并处或者单处罚金；情节特别严重的，处三年以上七年以下有期徒刑，并处罚金。

违反矿产资源法的规定，采取破坏性的开采方法开采矿产资源，造成矿产资源严重破坏的，处五年以下有期徒刑或者拘役，并处罚金。

第三百四十四条　【危害国家重点保护植物罪】违反国家规定，非法采伐、毁坏珍贵树木或者国家重点保护的其他植物的，或者非法收购、运输、加工、出售珍贵树木或者国家重点保护的其他植物及其制品的，处三年以下有期徒刑、拘役或者管制，并处罚金；情节严重的，处三年以上七年以下有期徒刑，并处罚金。

第三百四十四条之一　【非法引进、释放、丢弃外来入侵物种罪】违反国家规定，非法引进、释放或者丢弃外来入侵物种，情节严重的，处三年以下有期徒刑或者拘役，并处或者单处罚金。

第三百四十五条　【盗伐林木罪；滥伐林木罪；非法收购、运输盗伐、滥伐的林木罪】盗伐森林或者其他林木，数量较大的，处三年以下有期徒刑、拘役或者管制，并处或者单处罚金；数量巨大的，处三年以上七年以下有期徒刑，并处罚金；数量特别巨大的，处七年以上有期徒刑，并处罚金。

违反森林法的规定，滥伐森林或者其他林木，数量较大的，处三年以下有期徒刑、拘役或者管制，并处或者单处罚金；数量巨大的，处三年以上七年以下有期徒刑，并处罚金。

非法收购、运输明知是盗伐、滥伐的林木，情节严重的，处三年以下有期徒刑、拘役或者管制，并处或者单处罚金；情节特别严重的，处三年以上七年以下有期徒刑，并处罚金。

盗伐、滥伐国家级自然保护区内的森林或者其他林木的，从重处罚。

第三百四十六条　【单位犯破坏环境资源保护罪的处罚规定】单位犯本节第三百三十八条至第三百四十五条规定之罪的，对单位判处罚金，并对其直接负责的主管人员和其他直接责任人员，依照本节各该条的规定处罚。

中华人民共和国监察法

（2018 年 3 月 20 日第十三届全国人民代表大会第一次会议通过）

第一章　总　则

第一条　为了深化国家监察体制改革，加强对所有行使公权力的公职人员的监督，实现国家监察全面覆盖，深入开展反腐败工作，推进国家治理体系和治理能力现代化，根据宪法，制定本法。

第二条　坚持中国共产党对国家监察工作的领导，以马克思列宁主义、毛泽东思想、邓小平理论、"三个代表"重要思想、科学发展观、习近平新时代中国特色社会主义思想为指导，构建集中统一、权威高效的中国特色国家监察体制。

第三条　各级监察委员会是行使国家监察职能的专责机关，依照本法对所有行使公权力的公职人员（以下称公职人员）进行监察，调查职务违法和职务犯罪，开展廉政建设和反腐败工作，维护宪法和法律的尊严。

第四条　监察委员会依照法律规定独立行使监察权，不受行政机关、社会团体和个人的干涉。

监察机关办理职务违法和职务犯罪案件，应当与审判机关、检察机关、执法部门互相配合，互相制约。

监察机关在工作中需要协助的，有关机关和单位应当根据监察机关的要求依法予以协助。

第五条　国家监察工作严格遵照宪法和法律，以事实为根据，以法律为准绳；在适用法律上一律平等，保障当事人的合法权益；权责对等，严格监督；惩戒与教育相结合，宽严相济。

第六条　国家监察工作坚持标本兼治、综合治理，强化监督问责，严厉惩治腐败；深化改革、健全法治，有效制约和监督权力；加强法治教育和道德教育，弘扬中华优秀传统文化，构建不敢腐、不能腐、不想腐的长效机制。

第二章　监察机关及其职责

第七条　中华人民共和国国家监察委员会是最高监察机关。

省、自治区、直辖市、自治州、县、自治县、市、市辖区设立监察委员会。

第八条　国家监察委员会由全国人民代表大会产生，负责全国监察工作。

国家监察委员会由主任、副主任若干人、委员若干人组成，主任由全国人民代表大会选举，副主任、委员由国家监察委员会主任提请全国人民代表大会常务委员会任免。

国家监察委员会主任每届任期同全国人民代表大会每届任期相同，连续任职不得超过两届。

国家监察委员会对全国人民代表大会及其常务委员会负责，并接受其监督。

第九条　地方各级监察委员会由本级人民代表大会产生，负责本行政区域内的监察工作。

地方各级监察委员会由主任、副主任若干人、委员若干人组成，主任由本级人民代表大会选举，副主任、委员由监察委员会主任提请本级人民代表大会常务委员会任免。

地方各级监察委员会主任每届任期同本级人民代表大会每届任期相同。

地方各级监察委员会对本级人民代表大会及其常务委员会和上一级监察委员会负责，并接受其监督。

第十条　国家监察委员会领导地方各级监察委员会的工作，上级监察委员会领导下级监察委员会的工作。

第十一条　监察委员会依照本法和有关法律规定履行监督、调查、处置职责：

（一）对公职人员开展廉政教育，对其依法履职、秉公用权、廉洁从政从业以及道德操守情况进行监督检查；

（二）对涉嫌贪污贿赂、滥用职权、玩忽职守、权力寻租、利益输送、徇私舞弊以及浪费国家资财等职务违法和职务犯罪进行调查；

（三）对违法的公职人员依法作出政务处分决定；对履行职责不力、失职失责的领导人员进行问责；对涉嫌职务犯罪的，将调查结果移送人民检察院依法审查、提起公诉；向监察对象所在单位提出监察建议。

第十二条　各级监察委员会可以向本级中国共产党机关、国家机关、法律法规授权或者委托管理公共事务的组织和单位以及所管辖的行政区域、国有企业等派驻或者派出监察机构、监察专员。

监察机构、监察专员对派驻或者派出它的监察委员会负责。

第十三条 派驻或者派出的监察机构、监察专员根据授权，按照管理权限依法对公职人员进行监督，提出监察建议，依法对公职人员进行调查、处置。

第十四条 国家实行监察官制度，依法确定监察官的等级设置、任免、考评和晋升等制度。

第三章 监察范围和管辖

第十五条 监察机关对下列公职人员和有关人员进行监察：

（一）中国共产党机关、人民代表大会及其常务委员会机关、人民政府、监察委员会、人民法院、人民检察院、中国人民政治协商会议各级委员会机关、民主党派机关和工商业联合会机关的公务员，以及参照《中华人民共和国公务员法》管理的人员；

（二）法律、法规授权或者受国家机关依法委托管理公共事务的组织中从事公务的人员；

（三）国有企业管理人员；

（四）公办的教育、科研、文化、医疗卫生、体育等单位中从事管理的人员；

（五）基层群众性自治组织中从事管理的人员；

（六）其他依法履行公职的人员。

第十六条 各级监察机关按照管理权限管辖本辖区内本法第十五条规定的人员所涉监察事项。

上级监察机关可以办理下一级监察机关管辖范围内的监察事项，必要时也可以办理所辖各级监察机关管辖范围内的监察事项。

监察机关之间对监察事项的管辖有争议的，由其共同的上级监察机关确定。

第十七条 上级监察机关可以将其所管辖的监察事项指定下级监察机关管辖，也可以将下级监察机关有管辖权的监察事项指定给其他监察机关管辖。

监察机关认为所管辖的监察事项重大、复杂，需要由上级监察机关管辖的，可以报请上级监察机关管辖。

第四章 监察权限

第十八条 监察机关行使监督、调查职权，有权依法向有关单位和个人了解情况，收集、调取证据。有关单位和个人应当如实提供。

监察机关及其工作人员对监督、调查过程中知悉的国家秘密、商业秘密、个人隐私，应当保密。

任何单位和个人不得伪造、隐匿或者毁灭证据。

第十九条　对可能发生职务违法的监察对象，监察机关按照管理权限，可以直接或者委托有关机关、人员进行谈话或者要求说明情况。

第二十条　在调查过程中，对涉嫌职务违法的被调查人，监察机关可以要求其就涉嫌违法行为作出陈述，必要时向被调查人出具书面通知。

对涉嫌贪污贿赂、失职渎职等职务犯罪的被调查人，监察机关可以进行讯问，要求其如实供述涉嫌犯罪的情况。

第二十一条　在调查过程中，监察机关可以询问证人等人员。

第二十二条　被调查人涉嫌贪污贿赂、失职渎职等严重职务违法或者职务犯罪，监察机关已经掌握其部分违法犯罪事实及证据，仍有重要问题需要进一步调查，并有下列情形之一的，经监察机关依法审批，可以将其留置在特定场所：

（一）涉及案情重大、复杂的；

（二）可能逃跑、自杀的；

（三）可能串供或者伪造、隐匿、毁灭证据的；

（四）可能有其他妨碍调查行为的。

对涉嫌行贿犯罪或者共同职务犯罪的涉案人员，监察机关可以依照前款规定采取留置措施。

留置场所的设置、管理和监督依照国家有关规定执行。

第二十三条　监察机关调查涉嫌贪污贿赂、失职渎职等严重职务违法或者职务犯罪，根据工作需要，可以依照规定查询、冻结涉案单位和个人的存款、汇款、债券、股票、基金份额等财产。有关单位和个人应当配合。

冻结的财产经查明与案件无关的，应当在查明后三日内解除冻结，予以退还。

第二十四条　监察机关可以对涉嫌职务犯罪的被调查人以及可能隐藏被调查人或者犯罪证据的人的身体、物品、住处和其他有关地方进行搜查。在搜查时，应当出示搜查证，并有被搜查人或者其家属等见证人在场。

搜查女性身体，应当由女性工作人员进行。

监察机关进行搜查时，可以根据工作需要提请公安机关配合。公安机关应当依法予以协助。

第二十五条　监察机关在调查过程中，可以调取、查封、扣押用以证明被调查人涉嫌违法犯罪的财物、文件和电子数据等信息。采取调取、查封、扣押措施，应当收集原物原件，会同持有人或者保管人、见证人，当面逐一拍照、登记、编号、开列清单，由在场人员当场核对、签名，并将清单副本交财物、文件的持有人或者保管人。

对调取、查封、扣押的财物、文件，监察机关应当设立专用账户、专门场所，确定专门人员妥善保管，严格履行交接、调取手续，定期对账核实，不得毁损或者用于其他目的。对价值不明物品应当及时鉴定，专门封存保管。

查封、扣押的财物、文件经查明与案件无关的，应当在查明后三日内解除查封、扣押，予以退还。

第二十六条　监察机关在调查过程中，可以直接或者指派、聘请具有专门知识、资格的人员在调查人员主持下进行勘验检查。勘验检查情况应当制作笔录，由参加勘验检查的人员和见证人签名或者盖章。

第二十七条　监察机关在调查过程中，对于案件中的专门性问题，可以指派、聘请有专门知识的人进行鉴定。鉴定人进行鉴定后，应当出具鉴定意见，并且签名。

第二十八条　监察机关调查涉嫌重大贪污贿赂等职务犯罪，根据需要，经过严格的批准手续，可以采取技术调查措施，按照规定交有关机关执行。

批准决定应当明确采取技术调查措施的种类和适用对象，自签发之日起三个月以内有效；对于复杂、疑难案件，期限届满仍有必要继续采取技术调查措施的，经过批准，有效期可以延长，每次不得超过三个月。对于不需要继续采取技术调查措施的，应当及时解除。

第二十九条　依法应当留置的被调查人如果在逃，监察机关可以决定在本行政区域内通缉，由公安机关发布通缉令，追捕归案。通缉范围超出本行政区域的，应当报请有权决定的上级监察机关决定。

第三十条　监察机关为防止被调查人及相关人员逃匿境外，经省级以上监察机关批准，可以对被调查人及相关人员采取限制出境措施，由公安机关依法执行。对于不需要继续采取限制出境措施的，应当及时解除。

第三十一条　涉嫌职务犯罪的被调查人主动认罪认罚，有下列情形之一的，监察机关经领导人员集体研究，并报上一级监察机关批准，可以在移送人民检察院时提出从宽处罚的建议：

（一）自动投案，真诚悔罪悔过的；

（二）积极配合调查工作，如实供述监察机关还未掌握的违法犯罪行为的；

（三）积极退赃，减少损失的；

（四）具有重大立功表现或者案件涉及国家重大利益等情形的。

第三十二条　职务违法犯罪的涉案人员揭发有关被调查人职务违法犯罪行为，查证属实的，或者提供重要线索，有助于调查其他案件的，监察机关经领导人员集体研究，并报上一级监察机关批准，可以在移送人民检察院时提出从宽处罚的建议。

第三十三条　监察机关依照本法规定收集的物证、书证、证人证言、被调查人供述和辩解、视听资料、电子数据等证据材料，在刑事诉讼中可以作为证据使用。

监察机关在收集、固定、审查、运用证据时，应当与刑事审判关于证据的要求和标准相一致。

以非法方法收集的证据应当依法予以排除，不得作为案件处置的依据。

第三十四条　人民法院、人民检察院、公安机关、审计机关等国家机关在工作中发现公职人员涉嫌贪污贿赂、失职渎职等职务违法或者职务犯罪的问题线索，应当移送监察机关，由监察机关依法调查处置。

被调查人既涉嫌严重职务违法或者职务犯罪，又涉嫌其他违法犯罪的，一般应当由监察机关为主调查，其他机关予以协助。

第五章　监察程序

第三十五条　监察机关对于报案或者举报，应当接受并按照有关规定处理。对于不属于本机关管辖的，应当移送主管机关处理。

第三十六条　监察机关应当严格按照程序开展工作，建立问题线索处置、调查、审理各部门相互协调、相互制约的工作机制。

监察机关应当加强对调查、处置工作全过程的监督管理，设立相应的工作部门履行线索管理、监督检查、督促办理、统计分析等管理协调职能。

第三十七条　监察机关对监察对象的问题线索，应当按照有关规定提出处置意见，履行审批手续，进行分类办理。线索处置情况应当定期汇总、通报，定期检查、抽查。

第三十八条　需要采取初步核实方式处置问题线索的，监察机关应当依法履行审批程序，成立核查组。初步核实工作结束后，核查组应当撰写初步核实情况报告，提出处理建议。承办部门应当提出分类处理意见。初步核实情况报告和分类处理意见报监察机关主要负责人审批。

第三十九条　经过初步核实，对监察对象涉嫌职务违法犯罪，需要追究法律责任的，监察机关应当按照规定的权限和程序办理立案手续。

监察机关主要负责人依法批准立案后，应当主持召开专题会议，研究确定调查方案，决定需要采取的调查措施。

立案调查决定应当向被调查人宣布，并通报相关组织。涉嫌严重职务违法或者职务犯罪的，应当通知被调查人家属，并向社会公开发布。

第四十条　监察机关对职务违法和职务犯罪案件，应当进行调查，收集被调查人有无违法犯罪以及情节轻重的证据，查明违法犯罪事实，形成相互印证、完整稳定的证据链。

严禁以威胁、引诱、欺骗及其他非法方式收集证据，严禁侮辱、打骂、虐待、体罚或者变相体罚被调查人和涉案人员。

第四十一条　调查人员采取讯问、询问、留置、搜查、调取、查封、扣押、勘验检查等调查措施，均应当依照规定出示证件，出具书面通知，由二人以上进行，形成笔录、报告等书面材料，并由相关人员签名、盖章。

调查人员进行讯问以及搜查、查封、扣押等重要取证工作，应当对全过程进行录音录像，留存备查。

第四十二条　调查人员应当严格执行调查方案，不得随意扩大调查范围、变更调查对象和事项。

对调查过程中的重要事项，应当集体研究后按程序请示报告。

第四十三条　监察机关采取留置措施，应当由监察机关领导人员集体研究决定。设区的市级以下监察机关采取留置措施，应当报上一级监察机关批准。省级监察机关采取留置措施，应当报国家监察委员会备案。

留置时间不得超过三个月。在特殊情况下，可以延长一次，延长时间不得超过三个月。省级以下监察机关采取留置措施的，延长留置时间应当报上一级监察机关批准。监察机关发现采取留置措施不当的，应当及时解除。

监察机关采取留置措施，可以根据工作需要提请公安机关配合。公安机关应当依法予以协助。

第四十四条　对被调查人采取留置措施后，应当在二十四小时以内，通知被留置人员所在单位和家属，但有可能毁灭、伪造证据，干扰证人作证或者串供等有碍调查情形的除外。有碍调查的情形消失后，应当立即通知被留置人员所在单位和家属。

　　监察机关应当保障被留置人员的饮食、休息和安全，提供医疗服务。讯问被留置人员应当合理安排讯问时间和时长，讯问笔录由被讯问人阅看后签名。

　　被留置人员涉嫌犯罪移送司法机关后，被依法判处管制、拘役和有期徒刑的，留置一日折抵管制二日，折抵拘役、有期徒刑一日。

　　第四十五条　监察机关根据监督、调查结果，依法作出如下处置：

　　（一）对有职务违法行为但情节较轻的公职人员，按照管理权限，直接或者委托有关机关、人员，进行谈话提醒、批评教育、责令检查，或者予以诫勉；

　　（二）对违法的公职人员依照法定程序作出警告、记过、记大过、降级、撤职、开除等政务处分决定；

　　（三）对不履行或者不正确履行职责负有责任的领导人员，按照管理权限对其直接作出问责决定，或者向有权作出问责决定的机关提出问责建议；

　　（四）对涉嫌职务犯罪的，监察机关经调查认为犯罪事实清楚，证据确实、充分的，制作起诉意见书，连同案卷材料、证据一并移送人民检察院依法审查、提起公诉；

　　（五）对监察对象所在单位廉政建设和履行职责存在的问题等提出监察建议。

　　监察机关经调查，对没有证据证明被调查人存在违法犯罪行为的，应当撤销案件，并通知被调查人所在单位。

　　第四十六条　监察机关经调查，对违法取得的财物，依法予以没收、追缴或者责令退赔；对涉嫌犯罪取得的财物，应当随案移送人民检察院。

　　第四十七条　对监察机关移送的案件，人民检察院依照《中华人民共和国刑事诉讼法》对被调查人采取强制措施。

　　人民检察院经审查，认为犯罪事实已经查清，证据确实、充分，依法应当追究刑事责任的，应当作出起诉决定。

　　人民检察院经审查，认为需要补充核实的，应当退回监察机关补充调查，必要时可以自行补充侦查。对于补充调查的案件，应当在一个月内补充调查完毕。补充调查以二次为限。

　　人民检察院对于有《中华人民共和国刑事诉讼法》规定的不起诉的情形的，经上一级人民检察院批准，依法作出不起诉的决定。监察机关认为不起诉的决定有错误的，可以向上一级人民检察院提请复议。

　　第四十八条　监察机关在调查贪污贿赂、失职渎职等职务犯罪案件过程中，被调查人逃匿或者死亡，有必要继续调查的，经省级以上监察机关批准，应当继续调查并作出结论。被调查人逃匿，在通缉一年后不能到案，或者死亡的，由监察机关提请人民检察院依照法定程序，向人民法院提出没收违法所得的申请。

第四十九条 监察对象对监察机关作出的涉及本人的处理决定不服的，可以在收到处理决定之日起一个月内，向作出决定的监察机关申请复审，复审机关应当在一个月内作出复审决定；监察对象对复审决定仍不服的，可以在收到复审决定之日起一个月内，向上一级监察机关申请复核，复核机关应当在二个月内作出复核决定。复审、复核期间，不停止原处理决定的执行。复核机关经审查，认定处理决定有错误的，原处理机关应当及时予以纠正。

第六章　反腐败国际合作

第五十条 国家监察委员会统筹协调与其他国家、地区、国际组织开展的反腐败国际交流、合作，组织反腐败国际条约实施工作。

第五十一条 国家监察委员会组织协调有关方面加强与有关国家、地区、国际组织在反腐败执法、引渡、司法协助、被判刑人的移管、资产追回和信息交流等领域的合作。

第五十二条 国家监察委员会加强对反腐败国际追逃追赃和防逃工作的组织协调，督促有关单位做好相关工作：

（一）对于重大贪污贿赂、失职渎职等职务犯罪案件，被调查人逃匿到国（境）外，掌握证据比较确凿的，通过开展境外追逃合作，追捕归案；

（二）向赃款赃物所在国请求查询、冻结、扣押、没收、追缴、返还涉案资产；

（三）查询、监控涉嫌职务犯罪的公职人员及其相关人员进出国（境）和跨境资金流动情况，在调查案件过程中设置防逃程序。

第七章　对监察机关和监察人员的监督

第五十三条 各级监察委员会应当接受本级人民代表大会及其常务委员会的监督。

各级人民代表大会常务委员会听取和审议本级监察委员会的专项工作报告，组织执法检查。

县级以上各级人民代表大会及其常务委员会举行会议时，人民代表大会代表或者常务委员会组成人员可以依照法律规定的程序，就监察工作中的有关问题提出询问或者质询。

第五十四条　监察机关应当依法公开监察工作信息，接受民主监督、社会监督、舆论监督。

第五十五条　监察机关通过设立内部专门的监督机构等方式，加强对监察人员执行职务和遵守法律情况的监督，建设忠诚、干净、担当的监察队伍。

第五十六条　监察人员必须模范遵守宪法和法律，忠于职守、秉公执法，清正廉洁、保守秘密；必须具有良好的政治素质，熟悉监察业务，具备运用法律、法规、政策和调查取证等能力，自觉接受监督。

第五十七条　对于监察人员打听案情、过问案件、说情干预的，办理监察事项的监察人员应当及时报告。有关情况应当登记备案。

发现办理监察事项的监察人员未经批准接触被调查人、涉案人员及其特定关系人，或者存在交往情形的，知情人应当及时报告。有关情况应当登记备案。

第五十八条　办理监察事项的监察人员有下列情形之一的，应当自行回避，监察对象、检举人及其他有关人员也有权要求其回避：

（一）是监察对象或者检举人的近亲属的；

（二）担任过本案的证人的；

（三）本人或者其近亲属与办理的监察事项有利害关系的；

（四）有可能影响监察事项公正处理的其他情形的。

第五十九条　监察机关涉密人员离岗离职后，应当遵守脱密期管理规定，严格履行保密义务，不得泄露相关秘密。

监察人员辞职、退休三年内，不得从事与监察和司法工作相关联且可能发生利益冲突的职业。

第六十条　监察机关及其工作人员有下列行为之一的，被调查人及其近亲属有权向该机关申诉：

（一）留置法定期限届满，不予以解除的；

（二）查封、扣押、冻结与案件无关的财物的；

（三）应当解除查封、扣押、冻结措施而不解除的；

（四）贪污、挪用、私分、调换以及违反规定使用查封、扣押、冻结的财物的；

（五）其他违反法律法规、侵害被调查人合法权益的行为。

受理申诉的监察机关应当在受理申诉之日起一个月内作出处理决定。申诉人对处理决定不服的，可以在收到处理决定之日起一个月内向上一级监察机关申请复查，上一级监察机关应当在收到复查申请之日起两个月内作出处理决定，情况属实的，及时予以纠正。

第六十一条　对调查工作结束后发现立案依据不充分或者失实，案件处置出现重大失误，监察人员严重违法的，应当追究负有责任的领导人员和直接责任人员的责任。

第八章　法律责任

第六十二条　有关单位拒不执行监察机关作出的处理决定，或者无正当理由拒不采纳监察建议的，由其主管部门、上级机关责令改正，对单位给予通报批评；对负有责任的领导人员和直接责任人员依法给予处理。

第六十三条　有关人员违反本法规定，有下列行为之一的，由其所在单位、主管部门、上级机关或者监察机关责令改正，依法给予处理：

（一）不按要求提供有关材料，拒绝、阻碍调查措施实施等拒不配合监察机关调查的；

（二）提供虚假情况，掩盖事实真相的；

（三）串供或者伪造、隐匿、毁灭证据的；

（四）阻止他人揭发检举、提供证据的；

（五）其他违反本法规定的行为，情节严重的。

第六十四条　监察对象对控告人、检举人、证人或者监察人员进行报复陷害的；控告人、检举人、证人捏造事实诬告陷害监察对象的，依法给予处理。

第六十五条　监察机关及其工作人员有下列行为之一的，对负有责任的领导人员和直接责任人员依法给予处理：

（一）未经批准、授权处置问题线索，发现重大案情隐瞒不报，或者私自留存、处理涉案材料的；

（二）利用职权或者职务上的影响干预调查工作、以案谋私的；

（三）违法窃取、泄露调查工作信息，或者泄露举报事项、举报受理情况以及举报人信息的；

（四）对被调查人或者涉案人员逼供、诱供，或者侮辱、打骂、虐待、体罚或者变相体罚的；

（五）违反规定处置查封、扣押、冻结的财物的；

（六）违反规定发生办案安全事故，或者发生安全事故后隐瞒不报、报告失实、处置不当的；

（七）违反规定采取留置措施的；

（八）违反规定限制他人出境，或者不按规定解除出境限制的；

（九）其他滥用职权、玩忽职守、徇私舞弊的行为。

第六十六条 违反本法规定，构成犯罪的，依法追究刑事责任。

第六十七条 监察机关及其工作人员行使职权，侵犯公民、法人和其他组织的合法权益造成损害的，依法给予国家赔偿。

第九章 附 则

第六十八条 中国人民解放军和中国人民武装警察部队开展监察工作，由中央军事委员会根据本法制定具体规定。

第六十九条 本法自公布之日起施行。《中华人民共和国行政监察法》同时废止。

（二）法规

建设项目环境保护管理条例

（1998 年 11 月 29 日中华人民共和国国务院令　第 253 号发布

根据 2017 年 7 月 16 日《国务院关于修改〈建设项目环境保护管理条例〉的决定》修订）

第一章　总　则

第一条　为了防止建设项目产生新的污染、破坏生态环境，制定本条例。

第二条　在中华人民共和国领域和中华人民共和国管辖的其他海域内建设对环境有影响的建设项目，适用本条例。

第三条　建设产生污染的建设项目，必须遵守污染物排放的国家标准和地方标准；在实施重点污染物排放总量控制的区域内，还必须符合重点污染物排放总量控制的要求。

第四条　工业建设项目应当采用能耗物耗小、污染物产生量少的清洁生产工艺，合理利用自然资源，防止环境污染和生态破坏。

第五条　改建、扩建项目和技术改造项目必须采取措施，治理与该项目有关的原有环境污染和生态破坏。

第二章　环境影响评价

第六条　国家实行建设项目环境影响评价制度。

第七条　国家根据建设项目对环境的影响程度，按照下列规定对建设项目的环境保护实行分类管理：

（一）建设项目对环境可能造成重大影响的，应当编制环境影响报告书，对建设项目产生的污染和对环境的影响进行全面、详细的评价；

（二）建设项目对环境可能造成轻度影响的，应当编制环境影响报告表，对建设项目产生的污染和对环境的影响进行分析或者专项评价；

（三）建设项目对环境影响很小，不需要进行环境影响评价的，应当填报环境影响登记表。

建设项目环境影响评价分类管理名录，由国务院环境保护行政主管部门在组织专家进行论证和征求有关部门、行业协会、企事业单位、公众等意见的基础上制定并公布。

第八条　建设项目环境影响报告书，应当包括下列内容：

（一）建设项目概况；

（二）建设项目周围环境现状；

（三）建设项目对环境可能造成影响的分析和预测；

（四）环境保护措施及其经济、技术论证；

（五）环境影响经济损益分析；

（六）对建设项目实施环境监测的建议；

（七）环境影响评价结论。

建设项目环境影响报告表、环境影响登记表的内容和格式，由国务院环境保护行政主管部门规定。

第九条　依法应当编制环境影响报告书、环境影响报告表的建设项目，建设单位应当在开工建设前将环境影响报告书、环境影响报告表报有审批权的环境保护行政主管部门审批；建设项目的环境影响评价文件未依法经审批部门审查或者审查后未予批准的，建设单位不得开工建设。

环境保护行政主管部门审批环境影响报告书、环境影响报告表，应当重点审查建设项目的环境可行性、环境影响分析预测评估的可靠性、环境保护措施的有效性、环境影响评价结论的科学性等，并分别自收到环境影响报告书之日起 60 日内、收到环境影响报告表之日起 30 日内，作出审批决定并书面通知建设单位。

环境保护行政主管部门可以组织技术机构对建设项目环境影响报告书、环境影响报告表进行技术评估，并承担相应费用；技术机构应当对其提出的技术评估意见负责，不得向建设单位、从事环境影响评价工作的单位收取任何费用。

依法应当填报环境影响登记表的建设项目，建设单位应当按照国务院环境保护行政主管部门的规定将环境影响登记表报建设项目所在地县级环境保护行政主管部门备案。

环境保护行政主管部门应当开展环境影响评价文件网上审批、备案和信息公开。

第十条　国务院环境保护行政主管部门负责审批下列建设项目环境影响报告书、环境影响报告表：

（一）核设施、绝密工程等特殊性质的建设项目；

（二）跨省、自治区、直辖市行政区域的建设项目；

（三）国务院审批的或者国务院授权有关部门审批的建设项目。

前款规定以外的建设项目环境影响报告书、环境影响报告表的审批权限，由省、自治区、直辖市人民政府规定。

建设项目造成跨行政区域环境影响，有关环境保护行政主管部门对环境影响评价结论有争议的，其环境影响报告书或者环境影响报告表由共同上一级环境保护行政主管部门审批。

第十一条　建设项目有下列情形之一的，环境保护行政主管部门应当对环境影响报告书、环境影响报告表作出不予批准的决定：

（一）建设项目类型及其选址、布局、规模等不符合环境保护法律法规和相关法定规划；

（二）所在区域环境质量未达到国家或者地方环境质量标准，且建设项目拟采取的措施不能满足区域环境质量改善目标管理要求；

（三）建设项目采取的污染防治措施无法确保污染物排放达到国家和地方排放标准，或者未采取必要措施预防和控制生态破坏；

（四）改建、扩建和技术改造项目，未针对项目原有环境污染和生态破坏提出有效防治措施；

（五）建设项目的环境影响报告书、环境影响报告表的基础资料数据明显不实，内容存在重大缺陷、遗漏，或者环境影响评价结论不明确、不合理。

第十二条　建设项目环境影响报告书、环境影响报告表经批准后，建设项目的性质、规模、地点、采用的生产工艺或者防治污染、防止生态破坏的措施发生重大变动的，建设单位应当重新报批建设项目环境影响报告书、环境影响报告表。

建设项目环境影响报告书、环境影响报告表自批准之日起满5年，建设项目方开工建设的，其环境影响报告书、环境影响报告表应当报原审批部门重新审核。原审批部门应当自收到建设项目环境影响报告书、环境影响报告表之日起10日内，将审核意见书面通知建设单位；逾期未通知的，视为审核同意。

审核、审批建设项目环境影响报告书、环境影响报告表及备案环境影响登记表，不得收取任何费用。

第十三条　建设单位可以采取公开招标的方式，选择从事环境影响评价工作的单位，对建设项目进行环境影响评价。

任何行政机关不得为建设单位指定从事环境影响评价工作的单位，进行环境影响评价。

第十四条　建设单位编制环境影响报告书，应当依照有关法律规定，征求建设项目所在地有关单位和居民的意见。

第三章　环境保护设施建设

第十五条　建设项目需要配套建设的环境保护设施，必须与主体工程同时设计、同时施工、同时投产使用。

第十六条　建设项目的初步设计，应当按照环境保护设计规范的要求，编制环境保护篇章，落实防治环境污染和生态破坏的措施以及环境保护设施投资概算。

建设单位应当将环境保护设施建设纳入施工合同，保证环境保护设施建设进度和资金，并在项目建设过程中同时组织实施环境影响报告书、环境影响报告表及其审批部门审批决定中提出的环境保护对策措施。

第十七条　编制环境影响报告书、环境影响报告表的建设项目竣工后，建设单位应当按照国务院环境保护行政主管部门规定的标准和程序，对配套建设的环境保护设施进行验收，编制验收报告。

建设单位在环境保护设施验收过程中，应当如实查验、监测、记载建设项目环境保护设施的建设和调试情况，不得弄虚作假。

除按照国家规定需要保密的情形外，建设单位应当依法向社会公开验收报告。

第十八条　分期建设、分期投入生产或者使用的建设项目，其相应的环境保护设施应当分期验收。

第十九条　编制环境影响报告书、环境影响报告表的建设项目，其配套建设的环境保护设施经验收合格，方可投入生产或者使用；未经验收或者验收不合格的，不得投入生产或者使用。

前款规定的建设项目投入生产或者使用后，应当按照国务院环境保护行政主管部门的规定开展环境影响后评价。

第二十条　环境保护行政主管部门应当对建设项目环境保护设施设计、施工、验收、投入生产或者使用情况，以及有关环境影响评价文件确定的其他环境保护措施的落实情况，进行监督检查。

环境保护行政主管部门应当将建设项目有关环境违法信息记入社会诚信档案，及时向社会公开违法者名单。

第四章　法律责任

第二十一条　建设单位有下列行为之一的，依照《中华人民共和国环境影响评价法》的规定处罚：

（一）建设项目环境影响报告书、环境影响报告表未依法报批或者报请重新审核，擅自开工建设；

（二）建设项目环境影响报告书、环境影响报告表未经批准或者重新审核同意，擅自开工建设；

（三）建设项目环境影响登记表未依法备案。

第二十二条　违反本条例规定，建设单位编制建设项目初步设计未落实防治环境污染和生态破坏的措施以及环境保护设施投资概算，未将环境保护设施建设纳入施工合同，或者未依法开展环境影响后评价的，由建设项目所在地县级以上环境保护行政主管部门责令限期改正，处 5 万元以上 20 万元以下的罚款；逾期不改正的，处 20 万元以上 100 万元以下的罚款。

违反本条例规定，建设单位在项目建设过程中未同时组织实施环境影响报告书、环境影响报告表及其审批部门审批决定中提出的环境保护对策措施的，由建设项目所在地县级以上环境保护行政主管部门责令限期改正，处 20 万元以上 100 万元以下的罚款；逾期不改正的，责令停止建设。

第二十三条　违反本条例规定，需要配套建设的环境保护设施未建成、未经验收或者验收不合格，建设项目即投入生产或者使用，或者在环境保护设施验收中弄虚作假的，由县级以上环境保护行政主管部门责令限期改正，处 20 万元以上 100 万元以下的罚款；逾期不改正的，处 100 万元以上 200 万元以下的罚款；对直接负责的主管人员和其他责任人员，处 5 万元以上 20 万元以下的罚款；造成重大环境污染或者生态破坏的，责令停止生产或者使用，或者报经有批准权的人民政府批准，责令关闭。

违反本条例规定，建设单位未依法向社会公开环境保护设施验收报告的，由县级以上环境保护行政主管部门责令公开，处 5 万元以上 20 万元以下的罚款，并予以公告。

第二十四条　违反本条例规定，技术机构向建设单位、从事环境影响评价工作的单位收取费用的，由县级以上环境保护行政主管部门责令退还所收费用，处所收费用 1 倍以上 3 倍以下的罚款。

第二十五条　从事建设项目环境影响评价工作的单位，在环境影响评价工作中弄虚作假的，由县级以上环境保护行政主管部门处所收费用 1 倍以上 3 倍以下的罚款。

第二十六条　环境保护行政主管部门的工作人员徇私舞弊、滥用职权、玩忽职守，构成犯罪的，依法追究刑事责任；尚不构成犯罪的，依法给予行政处分。

第五章　附　则

第二十七条　流域开发、开发区建设、城市新区建设和旧区改建等区域性开发，编制建设规划时，应当进行环境影响评价。具体办法由国务院环境保护行政主管部门会同国务院有关部门另行规定。

第二十八条　海洋工程建设项目的环境保护管理，按照国务院关于海洋工程环境保护管理的规定执行。

第二十九条　军事设施建设项目的环境保护管理，按照中央军事委员会的有关规定执行。

第三十条　本条例自发布之日起施行。

危险化学品安全管理条例（节选）

（2002 年 1 月 26 日中华人民共和国国务院令第 344 号公布

2011 年 2 月 16 日国务院第 144 次常务会议修订通过）

第六章　危险化学品登记与事故应急救援

第六十八条　危险化学品登记机构应当定期向工业和信息化、环境保护、公安、卫生、交通运输、铁路、质量监督检验检疫等部门提供危险化学品登记的有关信息和资料。

第六十九条　县级以上地方人民政府安全生产监督管理部门应当会同工业和信息化、环境保护、公安、卫生、交通运输、铁路、质量监督检验检疫等部门，根据本地区实际情况，制定危险化学品事故应急预案，报本级人民政府批准。

第七十条　危险化学品单位应当制定本单位危险化学品事故应急预案，配备应急救援人员和必要的应急救援器材、设备，并定期组织应急救援演练。

危险化学品单位应当将其危险化学品事故应急预案报所在地设区的市级人民政府安全生产监督管理部门备案。

第七十一条　发生危险化学品事故，事故单位主要负责人应当立即按照本单位危险化学品应急预案组织救援，并向当地安全生产监督管理部门和环境保护、公安、卫生主管部门报告；道路运输、水路运输过程中发生危险化学品事故的，驾驶人员、船员或者押运人员还应当向事故发生地交通运输主管部门报告。

第七十二条　发生危险化学品事故，有关地方人民政府应当立即组织安全生产监督管理、环境保护、公安、卫生、交通运输等有关部门，按照本地区危险化学品事故应急预案组织实施救援，不得拖延、推诿。

有关地方人民政府及其有关部门应当按照下列规定，采取必要的应急处置措施，减少事故损失，防止事故蔓延、扩大：

（一）立即组织营救和救治受害人员，疏散、撤离或者采取其他措施保护危害区域内的其他人员；

（二）迅速控制危害源，测定危险化学品的性质、事故的危害区域及危害程度；

（三）针对事故对人体、动植物、土壤、水源、大气造成的现实危害和可能产生的危害，迅速采取封闭、隔离、洗消等措施；

（四）对危险化学品事故造成的环境污染和生态破坏状况进行监测、评估，并采取相应的环境污染治理和生态修复措施。

第七十三条　有关危险化学品单位应当为危险化学品事故应急救援提供技术指导和必要的协助。

第七十四条　危险化学品事故造成环境污染的，由设区的市级以上人民政府环境保护主管部门统一发布有关信息。

第七章　法律责任

第八十六条　有下列情形之一的，由交通运输主管部门责令改正，处 5 万元以上 10 万元以下的罚款；拒不改正的，责令停产停业整顿；构成犯罪的，依法追究刑事责任：

（一）危险化学品道路运输企业、水路运输企业的驾驶人员、船员、装卸管理人员、押运人员、申报人员、集装箱装箱现场检查员未取得从业资格上岗作业的；

（二）运输危险化学品，未根据危险化学品的危险特性采取相应的安全防护措施，或者未配备必要的防护用品和应急救援器材的；

（三）使用未依法取得危险货物适装证书的船舶，通过内河运输危险化学品的；

（四）通过内河运输危险化学品的承运人违反国务院交通运输主管部门对单船运输的危险化学品数量的限制性规定运输危险化学品的；

（五）用于危险化学品运输作业的内河码头、泊位不符合国家有关安全规范，或者未与饮用水取水口保持国家规定的安全距离，或者未经交通运输主管部门验收合格投入使用的；

（六）托运人不向承运人说明所托运的危险化学品的种类、数量、危险特性以及发生危险情况的应急处置措施，或者未按照国家有关规定对所托运的危险化学品妥善包装并在外包装上设置相应标志的；

（七）运输危险化学品需要添加抑制剂或者稳定剂，托运人未添加或者未将有关情况告知承运人的。

第九十一条　有下列情形之一的，由交通运输主管部门责令改正，可以处 1 万元以下的罚款；拒不改正的，处 1 万元以上 5 万元以下的罚款：

（一）危险化学品道路运输企业、水路运输企业未配备专职安全管理人员的；

（二）用于危险化学品运输作业的内河码头、泊位的管理单位未制定码头、泊位危险化学品事故应急救援预案，或者未为码头、泊位配备充足、有效的应急救援器材和设备的。

第九十二条　有下列情形之一的，依照《中华人民共和国内河交通安全管理条例》的规定处罚：

（一）通过内河运输危险化学品的水路运输企业未制定运输船舶危险化学品事故应急救援预案，或者未为运输船舶配备充足、有效的应急救援器材和设备的；

（二）通过内河运输危险化学品的船舶的所有人或者经营人未取得船舶污染损害责任保险证书或者财务担保证明的；

（三）船舶载运危险化学品进出内河港口，未将有关事项事先报告海事管理机构并经其同意的；

（四）载运危险化学品的船舶在内河航行、装卸或者停泊，未悬挂专用的警示标志，或者未按照规定显示专用信号，或者未按照规定申请引航的。

未向港口行政管理部门报告并经其同意，在港口内进行危险化学品的装卸、过驳作业的，依照《中华人民共和国港口法》的规定处罚。

第九十四条　危险化学品单位发生危险化学品事故，其主要负责人不立即组织救援或者不立即向有关部门报告的，依照《生产安全事故报告和调查处理条例》的规定处罚。

危险化学品单位发生危险化学品事故，造成他人人身伤害或者财产损失的，依法承担赔偿责任。

第九十五条　发生危险化学品事故，有关地方人民政府及其有关部门不立即组织实施救援，或者不采取必要的应急处置措施减少事故损失，防止事故蔓延、扩大的，对直接负责的主管人员和其他直接责任人员依法给予处分；构成犯罪的，依法追究刑事责任。

医疗废物管理条例

（2003年6月4日国务院第10次常务会议通过 2003年6月16日中华人民共和国国务院令第380号公布 根据2011年1月8日《国务院关于废止和修改部分行政法规的决定》修订发布，中华人民共和国国务院令 第588号）

第一章 总 则

第一条 为了加强医疗废物的安全管理，防止疾病传播，保护环境，保障人体健康，根据《中华人民共和国传染病防治法》和《中华人民共和国固体废物污染环境防治法》，制定本条例。

第二条 本条例所称医疗废物，是指医疗卫生机构在医疗、预防、保健以及其他相关活动中产生的具有直接或者间接感染性、毒性以及其他危害性的废物。

医疗废物分类目录，由国务院卫生行政主管部门和环境保护行政主管部门共同制定、公布。

第三条 本条例适用于医疗废物的收集、运送、贮存、处置以及监督管理等活动。

医疗卫生机构收治的传染病病人或者疑似传染病病人产生的生活垃圾，按照医疗废物进行管理和处置。

医疗卫生机构废弃的麻醉、精神、放射性、毒性等药品及其相关的废物的管理，依照有关法律、行政法规和国家有关规定、标准执行。

第四条 国家推行医疗废物集中无害化处置，鼓励有关医疗废物安全处置技术的研究与开发。

县级以上地方人民政府负责组织建设医疗废物集中处置设施。

国家对边远贫困地区建设医疗废物集中处置设施给予适当的支持。

第五条 县级以上各级人民政府卫生行政主管部门，对医疗废物收集、运送、贮存、处置活动中的疾病防治工作实施统一监督管理；环境保护行政主管部门，对医疗废物收集、运送、贮存、处置活动中的环境污染防治工作实施统一监督管理。

县级以上各级人民政府其他有关部门在各自的职责范围内负责与医疗废物处置

有关的监督管理工作。

第六条　任何单位和个人有权对医疗卫生机构、医疗废物集中处置单位和监督管理部门及其工作人员的违法行为进行举报、投诉、检举和控告。

第二章　医疗废物管理的一般规定

第七条　医疗卫生机构和医疗废物集中处置单位，应当建立、健全医疗废物管理责任制，其法定代表人为第一责任人，切实履行职责，防止因医疗废物导致传染病传播和环境污染事故。

第八条　医疗卫生机构和医疗废物集中处置单位，应当制定与医疗废物安全处置有关的规章制度和在发生意外事故时的应急方案；设置监控部门或者专（兼）职人员，负责检查、督促、落实本单位医疗废物的管理工作，防止违反本条例的行为发生。

第九条　医疗卫生机构和医疗废物集中处置单位，应当对本单位从事医疗废物收集、运送、贮存、处置等工作的人员和管理人员，进行相关法律和专业技术、安全防护以及紧急处理等知识的培训。

第十条　医疗卫生机构和医疗废物集中处置单位，应当采取有效的职业卫生防护措施，为从事医疗废物收集、运送、贮存、处置等工作的人员和管理人员，配备必要的防护用品，定期进行健康检查；必要时，对有关人员进行免疫接种，防止其受到健康损害。

第十一条　医疗卫生机构和医疗废物集中处置单位，应当依照《中华人民共和国固体废物污染环境防治法》的规定，执行危险废物转移联单管理制度。

第十二条　医疗卫生机构和医疗废物集中处置单位，应当对医疗废物进行登记，登记内容应当包括医疗废物的来源、种类、重量或者数量、交接时间、处置方法、最终去向以及经办人签名等项目。登记资料至少保存 3 年。

第十三条　医疗卫生机构和医疗废物集中处置单位，应当采取有效措施，防止医疗废物流失、泄漏、扩散。

发生医疗废物流失、泄漏、扩散时，医疗卫生机构和医疗废物集中处置单位应当采取减少危害的紧急处理措施，对致病人员提供医疗救护和现场救援；同时向所在地的县级人民政府卫生行政主管部门、环境保护行政主管部门报告，并向可能受到危害的单位和居民通报。

第十四条　禁止任何单位和个人转让、买卖医疗废物。

禁止在运送过程中丢弃医疗废物；禁止在非贮存地点倾倒、堆放医疗废物或者将医疗废物混入其他废物和生活垃圾。

第十五条　禁止邮寄医疗废物。

禁止通过铁路、航空运输医疗废物。

有陆路通道的，禁止通过水路运输医疗废物；没有陆路通道必需经水路运输医疗废物的，应当经设区的市级以上人民政府环境保护行政主管部门批准，并采取严格的环境保护措施后，方可通过水路运输。

禁止将医疗废物与旅客在同一运输工具上载运。

禁止在饮用水源保护区的水体上运输医疗废物。

第三章　医疗卫生机构对医疗废物的管理

第十六条　医疗卫生机构应当及时收集本单位产生的医疗废物，并按照类别分置于防渗漏、防锐器穿透的专用包装物或者密闭的容器内。

医疗废物专用包装物、容器，应当有明显的警示标识和警示说明。

医疗废物专用包装物、容器的标准和警示标识的规定，由国务院卫生行政主管部门和环境保护行政主管部门共同制定。

第十七条　医疗卫生机构应当建立医疗废物的暂时贮存设施、设备，不得露天存放医疗废物；医疗废物暂时贮存的时间不得超过 2 天。

医疗废物的暂时贮存设施、设备，应当远离医疗区、食品加工区和人员活动区以及生活垃圾存放场所，并设置明显的警示标识和防渗漏、防鼠、防蚊蝇、防蟑螂、防盗以及预防儿童接触等安全措施。

医疗废物的暂时贮存设施、设备应当定期消毒和清洁。

第十八条　医疗卫生机构应当使用防渗漏、防遗撒的专用运送工具，按照本单位确定的内部医疗废物运送时间、路线，将医疗废物收集、运送至暂时贮存地点。

运送工具使用后应当在医疗卫生机构内指定的地点及时消毒和清洁。

第十九条　医疗卫生机构应当根据就近集中处置的原则，及时将医疗废物交由医疗废物集中处置单位处置。

医疗废物中病原体的培养基、标本和菌种、毒种保存液等高危险废物，在交医疗废物集中处置单位处置前应当就地消毒。

第二十条　医疗卫生机构产生的污水、传染病病人或者疑似传染病病人的排泄物，应当按照国家规定严格消毒；达到国家规定的排放标准后，方可排入污水处理系统。

第二十一条 不具备集中处置医疗废物条件的农村，医疗卫生机构应当按照县级人民政府卫生行政主管部门、环境保护行政主管部门的要求，自行就地处置其产生的医疗废物。自行处置医疗废物的，应当符合下列基本要求：

（一）使用后的一次性医疗器具和容易致人损伤的医疗废物，应当消毒并作毁形处理；

（二）能够焚烧的，应当及时焚烧；

（三）不能焚烧的，消毒后集中填埋。

第四章 医疗废物的集中处置

第二十二条 从事医疗废物集中处置活动的单位，应当向县级以上人民政府环境保护行政主管部门申请领取经营许可证；未取得经营许可证的单位，不得从事有关医疗废物集中处置的活动。

第二十三条 医疗废物集中处置单位，应当符合下列条件：

（一）具有符合环境保护和卫生要求的医疗废物贮存、处置设施或者设备；

（二）具有经过培训的技术人员以及相应的技术工人；

（三）具有负责医疗废物处置效果检测、评价工作的机构和人员；

（四）具有保证医疗废物安全处置的规章制度。

第二十四条 医疗废物集中处置单位的贮存、处置设施，应当远离居（村）民居住区、水源保护区和交通干道，与工厂、企业等工作场所有适当的安全防护距离，并符合国务院环境保护行政主管部门的规定。

第二十五条 医疗废物集中处置单位应当至少每2天到医疗卫生机构收集、运送一次医疗废物，并负责医疗废物的贮存、处置。

第二十六条 医疗废物集中处置单位运送医疗废物，应当遵守国家有关危险货物运输管理的规定，使用有明显医疗废物标识的专用车辆。医疗废物专用车辆应当达到防渗漏、防遗撒以及其他环境保护和卫生要求。

运送医疗废物的专用车辆使用后，应当在医疗废物集中处置场所内及时进行消毒和清洁。

运送医疗废物的专用车辆不得运送其他物品。

第二十七条 医疗废物集中处置单位在运送医疗废物过程中应当确保安全，不得丢弃、遗撒医疗废物。

第二十八条　医疗废物集中处置单位应当安装污染物排放在线监控装置，并确保监控装置经常处于正常运行状态。

第二十九条　医疗废物集中处置单位处置医疗废物，应当符合国家规定的环境保护、卫生标准、规范。

第三十条　医疗废物集中处置单位应当按照环境保护行政主管部门和卫生行政主管部门的规定，定期对医疗废物处置设施的环境污染防治和卫生学效果进行检测、评价。检测、评价结果存入医疗废物集中处置单位档案，每半年向所在地环境保护行政主管部门和卫生行政主管部门报告一次。

第三十一条　医疗废物集中处置单位处置医疗废物，按照国家有关规定向医疗卫生机构收取医疗废物处置费用。

医疗卫生机构按照规定支付的医疗废物处置费用，可以纳入医疗成本。

第三十二条　各地区应当利用和改造现有固体废物处置设施和其他设施，对医疗废物集中处置，并达到基本的环境保护和卫生要求。

第三十三条　尚无集中处置设施或者处置能力不足的城市，自本条例施行之日起，设区的市级以上城市应当在 1 年内建成医疗废物集中处置设施；县级市应当在 2 年内建成医疗废物集中处置设施。县（旗）医疗废物集中处置设施的建设，由省、自治区、直辖市人民政府规定。

在尚未建成医疗废物集中处置设施期间，有关地方人民政府应当组织制定符合环境保护和卫生要求的医疗废物过渡性处置方案，确定医疗废物收集、运送、处置方式和处置单位。

第五章　监督管理

第三十四条　县级以上地方人民政府卫生行政主管部门、环境保护行政主管部门，应当依照本条例的规定，按照职责分工，对医疗卫生机构和医疗废物集中处置单位进行监督检查。

第三十五条　县级以上地方人民政府卫生行政主管部门，应当对医疗卫生机构和医疗废物集中处置单位从事医疗废物的收集、运送、贮存、处置中的疾病防治工作，以及工作人员的卫生防护等情况进行定期监督检查或者不定期的抽查。

第三十六条　县级以上地方人民政府环境保护行政主管部门，应当对医疗卫生机构和医疗废物集中处置单位从事医疗废物收集、运送、贮存、处置中的环境污染防治工作进行定期监督检查或者不定期的抽查。

第三十七条　卫生行政主管部门、环境保护行政主管部门应当定期交换监督检查和抽查结果。在监督检查或者抽查中发现医疗卫生机构和医疗废物集中处置单位存在隐患时，应当责令立即消除隐患。

第三十八条　卫生行政主管部门、环境保护行政主管部门接到对医疗卫生机构、医疗废物集中处置单位和监督管理部门及其工作人员违反本条例行为的举报、投诉、检举和控告后，应当及时核实，依法作出处理，并将处理结果予以公布。

第三十九条　卫生行政主管部门、环境保护行政主管部门履行监督检查职责时，有权采取下列措施：

（一）对有关单位进行实地检查，了解情况，现场监测，调查取证；

（二）查阅或者复制医疗废物管理的有关资料，采集样品；

（三）责令违反本条例规定的单位和个人停止违法行为；

（四）查封或者暂扣涉嫌违反本条例规定的场所、设备、运输工具和物品；

（五）对违反本条例规定的行为进行查处。

第四十条　发生因医疗废物管理不当导致传染病传播或者环境污染事故，或者有证据证明传染病传播或者环境污染的事故有可能发生时，卫生行政主管部门、环境保护行政主管部门应当采取临时控制措施，疏散人员，控制现场，并根据需要责令暂停导致或者可能导致传染病传播或者环境污染事故的作业。

第四十一条　医疗卫生机构和医疗废物集中处置单位，对有关部门的检查、监测、调查取证，应当予以配合，不得拒绝和阻碍，不得提供虚假材料。

第六章　法律责任

第四十二条　县级以上地方人民政府未依照本条例的规定，组织建设医疗废物集中处置设施或者组织制定医疗废物过渡性处置方案的，由上级人民政府通报批评，责令限期建成医疗废物集中处置设施或者组织制定医疗废物过渡性处置方案；并可以对政府主要领导人、负有责任的主管人员，依法给予行政处分。

第四十三条　县级以上各级人民政府卫生行政主管部门、环境保护行政主管部门或者其他有关部门，未按照本条例的规定履行监督检查职责，发现医疗卫生机构和医疗废物集中处置单位的违法行为不及时处理，发生或者可能发生传染病传播或者环境污染事故时未及时采取减少危害措施，以及有其他玩忽职守、失职、渎职行为的，由本级人民政府或者上级人民政府有关部门责令改正，通报批评；造成传染病传播或者环境污染事故的，对主要负责人、负有责任的主管人员和其他直接责任人员依法给予降级、撤职、开除的行政处分；构成犯罪的，依法追究刑事责任。

　　第四十四条　县级以上人民政府环境保护行政主管部门，违反本条例的规定发给医疗废物集中处置单位经营许可证的，由本级人民政府或者上级人民政府环境保护行政主管部门通报批评，责令收回违法发给的证书；并可以对主要负责人、负有责任的主管人员和其他直接责任人员依法给予行政处分。

　　第四十五条　医疗卫生机构、医疗废物集中处置单位违反本条例规定，有下列情形之一的，由县级以上地方人民政府卫生行政主管部门或者环境保护行政主管部门按照各自的职责责令限期改正，给予警告；逾期不改正的，处 2 000 元以上 5 000元以下的罚款：

　　（一）未建立、健全医疗废物管理制度，或者未设置监控部门或者专（兼）职人员的；

　　（二）未对有关人员进行相关法律和专业技术、安全防护以及紧急处理等知识的培训的；

　　（三）未对从事医疗废物收集、运送、贮存、处置等工作的人员和管理人员采取职业卫生防护措施的；

　　（四）未对医疗废物进行登记或者未保存登记资料的；

　　（五）对使用后的医疗废物运送工具或者运送车辆未在指定地点及时进行消毒和清洁的；

　　（六）未及时收集、运送医疗废物的；

　　（七）未定期对医疗废物处置设施的环境污染防治和卫生学效果进行检测、评价，或者未将检测、评价效果存档、报告的。

　　第四十六条　医疗卫生机构、医疗废物集中处置单位违反本条例规定，有下列情形之一的，由县级以上地方人民政府卫生行政主管部门或者环境保护行政主管部门按照各自的职责责令限期改正，给予警告，可以并处 5 000 元以下的罚款；逾期不改正的，处 5 000 元以上 3 万元以下的罚款：

　　（一）贮存设施或者设备不符合环境保护、卫生要求的；

　　（二）未将医疗废物按照类别分置于专用包装物或者容器的；

　　（三）未使用符合标准的专用车辆运送医疗废物或者使用运送医疗废物的车辆运送其他物品的；

　　（四）未安装污染物排放在线监控装置或者监控装置未经常处于正常运行状态的。

第四十七条 医疗卫生机构、医疗废物集中处置单位有下列情形之一的，由县级以上地方人民政府卫生行政主管部门或者环境保护行政主管部门按照各自的职责责令限期改正，给予警告，并处 5 000 元以上 1 万元以下的罚款；逾期不改正的，处 1 万元以上 3 万元以下的罚款；造成传染病传播或者环境污染事故的，由原发证部门暂扣或者吊销执业许可证件或者经营许可证件；构成犯罪的，依法追究刑事责任：

（一）在运送过程中丢弃医疗废物，在非贮存地点倾倒、堆放医疗废物或者将医疗废物混入其他废物和生活垃圾的；

（二）未执行危险废物转移联单管理制度的；

（三）将医疗废物交给未取得经营许可证的单位或者个人收集、运送、贮存、处置的；

（四）对医疗废物的处置不符合国家规定的环境保护、卫生标准、规范的；

（五）未按照本条例的规定对污水、传染病病人或者疑似传染病病人的排泄物，进行严格消毒，或者未达到国家规定的排放标准，排入污水处理系统的；

（六）对收治的传染病病人或者疑似传染病病人产生的生活垃圾，未按照医疗废物进行管理和处置的。

第四十八条 医疗卫生机构违反本条例规定，将未达到国家规定标准的污水、传染病病人或者疑似传染病病人的排泄物排入城市排水管网的，由县级以上地方人民政府建设行政主管部门责令限期改正，给予警告，并处 5 000 元以上 1 万元以下的罚款；逾期不改正的，处 1 万元以上 3 万元以下的罚款；造成传染病传播或者环境污染事故的，由原发证部门暂扣或者吊销执业许可证件；构成犯罪的，依法追究刑事责任。

第四十九条 医疗卫生机构、医疗废物集中处置单位发生医疗废物流失、泄漏、扩散时，未采取紧急处理措施，或者未及时向卫生行政主管部门和环境保护行政主管部门报告的，由县级以上地方人民政府卫生行政主管部门或者环境保护行政主管部门按照各自的职责责令改正，给予警告，并处 1 万元以上 3 万元以下的罚款；造成传染病传播或者环境污染事故的，由原发证部门暂扣或者吊销执业许可证件或者经营许可证件；构成犯罪的，依法追究刑事责任。

第五十条 医疗卫生机构、医疗废物集中处置单位，无正当理由，阻碍卫生行政主管部门或者环境保护行政主管部门执法人员执行职务，拒绝执法人员进入现场，或者不配合执法部门的检查、监测、调查取证的，由县级以上地方人民政府卫生行政主管部门或者环境保护行政主管部门按照各自的职责责令改正，给予警告；拒不改正的，由原发证部门暂扣或者吊销执业许可证件或者经营许可证件；触犯《中华人民共和国治安管理处罚法》，构成违反治安管理行为的，由公安机关依法予以处罚；构成犯罪的，依法追究刑事责任。

第五十一条　不具备集中处置医疗废物条件的农村，医疗卫生机构未按照本条例的要求处置医疗废物的，由县级人民政府卫生行政主管部门或者环境保护行政主管部门按照各自的职责责令限期改正，给予警告；逾期不改正的，处 1 000 元以上 5000 元以下的罚款；造成传染病传播或者环境污染事故的，由原发证部门暂扣或者吊销执业许可证件；构成犯罪的，依法追究刑事责任。

第五十二条　未取得经营许可证从事医疗废物的收集、运送、贮存、处置等活动的，由县级以上地方人民政府环境保护行政主管部门责令立即停止违法行为，没收违法所得，可以并处违法所得 1 倍以下的罚款。

第五十三条　转让、买卖医疗废物，邮寄或者通过铁路、航空运输医疗废物，或者违反本条例规定通过水路运输医疗废物的，由县级以上地方人民政府环境保护行政主管部门责令转让、买卖双方、邮寄人、托运人立即停止违法行为，给予警告，没收违法所得；违法所得 5 000 元以上的，并处违法所得 2 倍以上 5 倍以下的罚款；没有违法所得或者违法所得不足 5 000 元的，并处 5 000 元以上 2 万元以下的罚款。

承运人明知托运人违反本条例的规定运输医疗废物，仍予以运输的，或者承运人将医疗废物与旅客在同一工具上载运的，按照前款的规定予以处罚。

第五十四条　医疗卫生机构、医疗废物集中处置单位违反本条例规定，导致传染病传播或者发生环境污染事故，给他人造成损害的，依法承担民事赔偿责任。

第七章　附　则

第五十五条　计划生育技术服务、医学科研、教学、尸体检查和其他相关活动中产生的具有直接或者间接感染性、毒性以及其他危害性废物的管理，依照本条例执行。

第五十六条　军队医疗卫生机构医疗废物的管理由中国人民解放军卫生主管部门参照本条例制定管理办法。

第五十七条　本条例自公布之日起施行。

中华人民共和国道路运输条例（节选）

（2004 年 4 月 14 日国务院第 48 次常务会议通过，2004 年 4 月 30 日中华人民共和国国务院令第 406 号公布；根据 2012 年 11 月 9 日《国务院关于修改和废止部分行政法规的决定》第一次修订；根据 2016 年 2 月 6 日国务院令第 666 号《国务院关于修改部分行政法规的决定》第二次修订；依据 2019 年 3 月 2 日中华人民共和国务院令第 709 号《国务院关于修改部分行政法规的决定》第三次修订）

第二章 道路运输经营

第二节 货运

第二十三条 申请从事危险货物运输经营的，还应当具备下列条件：

（一）有 5 辆以上经检测合格的危险货物运输专用车辆、设备；

（二）有经所在地设区的市级人民政府交通主管部门考试合格，取得上岗资格证的驾驶人员、装卸管理人员、押运人员；

（三）危险货物运输专用车辆配有必要的通信工具；

（四）有健全的安全生产管理制度。

第三节 客运和货运的共同规定

第三十一条 客运经营者、货运经营者应当制定有关交通事故、自然灾害以及其他突发事件的道路运输应急预案。应急预案应当包括报告程序、应急指挥、应急车辆和设备的储备以及处置措施等内容。

第三十二条 发生交通事故、自然灾害以及其他突发事件，客运经营者和货运经营者应当服从县级以上人民政府或者有关部门的统一调度、指挥。

第六章 法律责任

第六十九条 违反本条例的规定，客运经营者、货运经营者有下列情形之一的，由县级以上道路运输管理机构责令改正，处 1 000 元以上 3 000 元以下的罚款；情节严重的，由原许可机关吊销道路运输经营许可证：

（一）不按批准的客运站点停靠或者不按规定的线路、公布的班次行驶的；

（二）强行招揽旅客、货物的；

（三）在旅客运输途中擅自变更运输车辆或者将旅客移交他人运输的；

（四）未报告原许可机关，擅自终止客运经营的；

（五）没有采取必要措施防止货物脱落、扬撒等的。

地质灾害防治条例（节选）

(2003 年 11 月 19 日国务院第 29 次常务会议通过　2003 年 11 月 24 日中华人民
共和国国务院令第 394 号公布　自 2004 年 3 月 1 日起施行)

第四章　地质灾害应急

第二十五条　国务院国土资源主管部门会同国务院建设、水利、铁路、交通等
部门拟订全国突发性地质灾害应急预案，报国务院批准后公布。

县级以上地方人民政府国土资源主管部门会同同级建设、水利、交通等部门拟
订本行政区域的突发性地质灾害应急预案，报本级人民政府批准后公布。

第二十六条　突发性地质灾害应急预案包括下列内容：

（一）应急机构和有关部门的职责分工；

（二）抢险救援人员的组织和应急、救助装备、资金、物资的准备；

（三）地质灾害的等级与影响分析准备；

（四）地质灾害调查、报告和处理程序；

（五）发生地质灾害时的预警信号、应急通信保障；

（六）人员财产撤离、转移路线、医疗救治、疾病控制等应急行动方案。

第二十七条　发生特大型或者大型地质灾害时，有关省、自治区、直辖市人民
政府应当成立地质灾害抢险救灾指挥机构。必要时，国务院可以成立地质灾害抢险
救灾指挥机构。

发生其他地质灾害或者出现地质灾害险情时，有关市、县人民政府可以根据地
质灾害抢险救灾工作的需要，成立地质灾害抢险救灾指挥机构。

地质灾害抢险救灾指挥机构由政府领导负责、有关部门组成，在本级人民政府
的领导下，统一指挥和组织地质灾害的抢险救灾工作。

第二十八条　发现地质灾害险情或者灾情的单位和个人，应当立即向当地人民
政府或者国土资源主管部门报告。其他部门或者基层群众自治组织接到报告的，应
当立即转报当地人民政府。

当地人民政府或者县级人民政府国土资源主管部门接到报告后，应当立即派人

赶赴现场，进行现场调查，采取有效措施，防止灾害发生或者灾情扩大，并按照国务院国土资源主管部门关于地质灾害灾情分级报告的规定，向上级人民政府和国土资源主管部门报告。

第二十九条 接到地质灾害险情报告的当地人民政府、基层群众自治组织应当根据实际情况，及时动员受到地质灾害威胁的居民以及其他人员转移到安全地带；情况紧急时，可以强行组织避灾疏散。

第三十条 地质灾害发生后，县级以上人民政府应当启动并组织实施相应的突发性地质灾害应急预案。有关地方人民政府应当及时将灾情及其发展趋势等信息报告上级人民政府。

禁止隐瞒、谎报或者授意他人隐瞒、谎报地质灾害灾情。

第三十一条 县级以上人民政府有关部门应当按照突发性地质灾害应急预案的分工，做好相应的应急工作。

国土资源主管部门应当会同同级建设、水利、交通等部门尽快查明地质灾害发生原因、影响范围等情况，提出应急治理措施，减轻和控制地质灾害灾情。

民政、卫生、食品药品监督管理、商务、公安部门，应当及时设置避难场所和救济物资供应点，妥善安排灾民生活，做好医疗救护、卫生防疫、药品供应、社会治安工作；气象主管机构应当做好气象服务保障工作；通信、航空、铁路、交通部门应当保证地质灾害应急的通信畅通和救灾物资、设备、药物、食品的运送。

第三十二条 根据地质灾害应急处理的需要，县级以上人民政府应当紧急调集人员，调用物资、交通工具和相关的设施、设备；必要时，可以根据需要在抢险救灾区域范围内采取交通管制等措施。

因救灾需要，临时调用单位和个人的物资、设施、设备或者占用其房屋、土地的，事后应当及时归还；无法归还或者造成损失的，应当给予相应的补偿。

第三十三条 县级以上地方人民政府应当根据地质灾害灾情和地质灾害防治需要，统筹规划、安排受灾地区的重建工作。

第六章 法律责任

第四十条 违反本条例规定，有关县级以上地方人民政府、国土资源主管部门和其他有关部门有下列行为之一的，对直接负责的主管人员和其他直接责任人员，依法给予降级或者撤职的行政处分；造成地质灾害导致人员伤亡和重大财产损失的，依法给予开除的行政处分；构成犯罪的，依法追究刑事责任：

（一）未按照规定编制突发性地质灾害应急预案，或者未按照突发性地质灾害应急预案的要求采取有关措施、履行有关义务的；

（二）在编制地质灾害易发区内的城市总体规划、村庄和集镇规划时，未按照规定对规划区进行地质灾害危险性评估的；

（三）批准未包含地质灾害危险性评估结果的可行性研究报告的；

（四）隐瞒、谎报或者授意他人隐瞒、谎报地质灾害灾情，或者擅自发布地质灾害预报的；

（五）给不符合条件的单位颁发地质灾害危险性评估资质证书或者地质灾害治理工程勘查、设计、施工、监理资质证书的；

（六）在地质灾害防治工作中有其他渎职行为的。

生产安全事故应急条例

中华人民共和国国务院令　第 708 号

《生产安全事故应急条例》已经 2018 年 12 月 5 日国务院第 33 次常务会议通过，现予公布，自 2019 年 4 月 1 日起施行。

总理　李克强

2019 年 2 月 17 日

第一章　总　则

第一条　为了规范生产安全事故应急工作，保障人民群众生命和财产安全，根据《中华人民共和国安全生产法》和《中华人民共和国突发事件应对法》，制定本条例。

第二条　本条例适用于生产安全事故应急工作；法律、行政法规另有规定的，适用其规定。

第三条　国务院统一领导全国的生产安全事故应急工作，县级以上地方人民政府统一领导本行政区域内的生产安全事故应急工作。生产安全事故应急工作涉及两个以上行政区域的，由有关行政区域共同的上一级人民政府负责，或者由各有关行政区域的上一级人民政府共同负责。

县级以上人民政府应急管理部门和其他对有关行业、领域的安全生产工作实施监督管理的部门（以下统称负有安全生产监督管理职责的部门）在各自职责范围内，做好有关行业、领域的生产安全事故应急工作。

县级以上人民政府应急管理部门指导、协调本级人民政府其他负有安全生产监督管理职责的部门和下级人民政府的生产安全事故应急工作。

乡、镇人民政府以及街道办事处等地方人民政府派出机关应当协助上级人民政府有关部门依法履行生产安全事故应急工作职责。

第四条　生产经营单位应当加强生产安全事故应急工作，建立、健全生产安全事故应急工作责任制，其主要负责人对本单位的生产安全事故应急工作全面负责。

第二章　应急准备

第五条　县级以上人民政府及其负有安全生产监督管理职责的部门和乡、镇人民政府以及街道办事处等地方人民政府派出机关，应当针对可能发生的生产安全事故的特点和危害，进行风险辨识和评估，制定相应的生产安全事故应急救援预案，并依法向社会公布。

生产经营单位应当针对本单位可能发生的生产安全事故的特点和危害，进行风险辨识和评估，制定相应的生产安全事故应急救援预案，并向本单位从业人员公布。

第六条　生产安全事故应急救援预案应当符合有关法律、法规、规章和标准的规定，具有科学性、针对性和可操作性，明确规定应急组织体系、职责分工以及应急救援程序和措施。

有下列情形之一的，生产安全事故应急救援预案制定单位应当及时修订相关预案：

（一）制定预案所依据的法律、法规、规章、标准发生重大变化；

（二）应急指挥机构及其职责发生调整；

（三）安全生产面临的风险发生重大变化；

（四）重要应急资源发生重大变化；

（五）在预案演练或者应急救援中发现需要修订预案的重大问题；

（六）其他应当修订的情形。

第七条　县级以上人民政府负有安全生产监督管理职责的部门应当将其制定的生产安全事故应急救援预案报送本级人民政府备案；易燃易爆物品、危险化学品等危险物品的生产、经营、储存、运输单位，矿山、金属冶炼、城市轨道交通运营、建筑施工单位，以及宾馆、商场、娱乐场所、旅游景区等人员密集场所经营单位，应当将其制定的生产安全事故应急救援预案按照国家有关规定报送县级以上人民政府负有安全生产监督管理职责的部门备案，并依法向社会公布。

第八条　县级以上地方人民政府以及县级以上人民政府负有安全生产监督管理职责的部门，乡、镇人民政府以及街道办事处等地方人民政府派出机关，应当至少每 2 年组织 1 次生产安全事故应急救援预案演练。

易燃易爆物品、危险化学品等危险物品的生产、经营、储存、运输单位，矿山、金属冶炼、城市轨道交通运营、建筑施工单位，以及宾馆、商场、娱乐场所、旅游景区等人员密集场所经营单位，应当至少每半年组织 1 次生产安全事故应急救援预案演练，并将演练情况报送所在地县级以上地方人民政府负有安全生产监督管理职责的部门。

县级以上地方人民政府负有安全生产监督管理职责的部门应当对本行政区域内前款规定的重点生产经营单位的生产安全事故应急救援预案演练进行抽查；发现演练不符合要求的，应当责令限期改正。

第九条　县级以上人民政府应当加强对生产安全事故应急救援队伍建设的统一规划、组织和指导。

县级以上人民政府负有安全生产监督管理职责的部门根据生产安全事故应急工作的实际需要，在重点行业、领域单独建立或者依托有条件的生产经营单位、社会组织共同建立应急救援队伍。

国家鼓励和支持生产经营单位和其他社会力量建立提供社会化应急救援服务的应急救援队伍。

第十条　易燃易爆物品、危险化学品等危险物品的生产、经营、储存、运输单位，矿山、金属冶炼、城市轨道交通运营、建筑施工单位，以及宾馆、商场、娱乐场所、旅游景区等人员密集场所经营单位，应当建立应急救援队伍；其中，小型企业或者微型企业等规模较小的生产经营单位，可以不建立应急救援队伍，但应当指定兼职的应急救援人员，并且可以与邻近的应急救援队伍签订应急救援协议。

工业园区、开发区等产业聚集区域内的生产经营单位，可以联合建立应急救援队伍。

第十一条　应急救援队伍的应急救援人员应当具备必要的专业知识、技能、身体素质和心理素质。

应急救援队伍建立单位或者兼职应急救援人员所在单位应当按照国家有关规定对应急救援人员进行培训；应急救援人员经培训合格后，方可参加应急救援工作。

应急救援队伍应当配备必要的应急救援装备和物资，并定期组织训练。

第十二条　生产经营单位应当及时将本单位应急救援队伍建立情况按照国家有关规定报送县级以上人民政府负有安全生产监督管理职责的部门，并依法向社会公布。

县级以上人民政府负有安全生产监督管理职责的部门应当定期将本行业、本领域的应急救援队伍建立情况报送本级人民政府，并依法向社会公布。

第十三条　县级以上地方人民政府应当根据本行政区域内可能发生的生产安全事故的特点和危害，储备必要的应急救援装备和物资，并及时更新和补充。

易燃易爆物品、危险化学品等危险物品的生产、经营、储存、运输单位,矿山、金属冶炼、城市轨道交通运营、建筑施工单位,以及宾馆、商场、娱乐场所、旅游景区等人员密集场所经营单位,应当根据本单位可能发生的生产安全事故的特点和危害,配备必要的灭火、排水、通风以及危险物品稀释、掩埋、收集等应急救援器材、设备和物资,并进行经常性维护、保养,保证正常运转。

第十四条 下列单位应当建立应急值班制度,配备应急值班人员:

(一)县级以上人民政府及其负有安全生产监督管理职责的部门;

(二)危险物品的生产、经营、储存、运输单位以及矿山、金属冶炼、城市轨道交通运营、建筑施工单位;

(三)应急救援队伍。

规模较大、危险性较高的易燃易爆物品、危险化学品等危险物品的生产、经营、储存、运输单位应当成立应急处置技术组,实行 24 小时应急值班。

第十五条 生产经营单位应当对从业人员进行应急教育和培训,保证从业人员具备必要的应急知识,掌握风险防范技能和事故应急措施。

第十六条 国务院负有安全生产监督管理职责的部门应当按照国家有关规定建立生产安全事故应急救援信息系统,并采取有效措施,实现数据互联互通、信息共享。

生产经营单位可以通过生产安全事故应急救援信息系统办理生产安全事故应急救援预案备案手续,报送应急救援预案演练情况和应急救援队伍建设情况;但依法需要保密的除外。

第三章 应急救援

第十七条 发生生产安全事故后,生产经营单位应当立即启动生产安全事故应急救援预案,采取下列一项或者多项应急救援措施,并按照国家有关规定报告事故情况:

(一)迅速控制危险源,组织抢救遇险人员;

(二)根据事故危害程度,组织现场人员撤离或者采取可能的应急措施后撤离;

(三)及时通知可能受到事故影响的单位和人员;

(四)采取必要措施,防止事故危害扩大和次生、衍生灾害发生;

(五)根据需要请求邻近的应急救援队伍参加救援,并向参加救援的应急救援队伍提供相关技术资料、信息和处置方法;

(六)维护事故现场秩序,保护事故现场和相关证据;

（七）法律、法规规定的其他应急救援措施。

第十八条　有关地方人民政府及其部门接到生产安全事故报告后，应当按照国家有关规定上报事故情况，启动相应的生产安全事故应急救援预案，并按照应急救援预案的规定采取下列一项或者多项应急救援措施：

（一）组织抢救遇险人员，救治受伤人员，研判事故发展趋势以及可能造成的危害；

（二）通知可能受到事故影响的单位和人员，隔离事故现场，划定警戒区域，疏散受到威胁的人员，实施交通管制；

（三）采取必要措施，防止事故危害扩大和次生、衍生灾害发生，避免或者减少事故对环境造成的危害；

（四）依法发布调用和征用应急资源的决定；

（五）依法向应急救援队伍下达救援命令；

（六）维护事故现场秩序，组织安抚遇险人员和遇险遇难人员亲属；

（七）依法发布有关事故情况和应急救援工作的信息；

（八）法律、法规规定的其他应急救援措施。

有关地方人民政府不能有效控制生产安全事故的，应当及时向上级人民政府报告。上级人民政府应当及时采取措施，统一指挥应急救援。

第十九条　应急救援队伍接到有关人民政府及其部门的救援命令或者签有应急救援协议的生产经营单位的救援请求后，应当立即参加生产安全事故应急救援。

应急救援队伍根据救援命令参加生产安全事故应急救援所耗费用，由事故责任单位承担；事故责任单位无力承担的，由有关人民政府协调解决。

第二十条　发生生产安全事故后，有关人民政府认为有必要的，可以设立由本级人民政府及其有关部门负责人、应急救援专家、应急救援队伍负责人、事故发生单位负责人等人员组成的应急救援现场指挥部，并指定现场指挥部总指挥。

第二十一条　现场指挥部实行总指挥负责制，按照本级人民政府的授权组织制定并实施生产安全事故现场应急救援方案，协调、指挥有关单位和个人参加现场应急救援。

参加生产安全事故现场应急救援的单位和个人应当服从现场指挥部的统一指挥。

第二十二条　在生产安全事故应急救援过程中，发现可能直接危及应急救援人员生命安全的紧急情况时，现场指挥部或者统一指挥应急救援的人民政府应当立即采取相应措施消除隐患，降低或者化解风险，必要时可以暂时撤离应急救援人员。

第二十三条　生产安全事故发生地人民政府应当为应急救援人员提供必需的后勤保障，并组织通信、交通运输、医疗卫生、气象、水文、地质、电力、供水等单位协助应急救援。

第二十四条　现场指挥部或者统一指挥生产安全事故应急救援的人民政府及其有关部门应当完整、准确地记录应急救援的重要事项，妥善保存相关原始资料和证据。

第二十五条　生产安全事故的威胁和危害得到控制或者消除后，有关人民政府应当决定停止执行依照本条例和有关法律、法规采取的全部或者部分应急救援措施。

第二十六条　有关人民政府及其部门根据生产安全事故应急救援需要依法调用和征用的财产，在使用完毕或者应急救援结束后，应当及时归还。财产被调用、征用或者调用、征用后毁损、灭失的，有关人民政府及其部门应当按照国家有关规定给予补偿。

第二十七条　按照国家有关规定成立的生产安全事故调查组应当对应急救援工作进行评估，并在事故调查报告中作出评估结论。

第二十八条　县级以上地方人民政府应当按照国家有关规定，对在生产安全事故应急救援中伤亡的人员及时给予救治和抚恤；符合烈士评定条件的，按照国家有关规定评定为烈士。

第四章　法律责任

第二十九条　地方各级人民政府和街道办事处等地方人民政府派出机关以及县级以上人民政府有关部门违反本条例规定的，由其上级行政机关责令改正；情节严重的，对直接负责的主管人员和其他直接责任人员依法给予处分。

第三十条　生产经营单位未制定生产安全事故应急救援预案、未定期组织应急救援预案演练、未对从业人员进行应急教育和培训，生产经营单位的主要负责人在本单位发生生产安全事故时不立即组织抢救的，由县级以上人民政府负有安全生产监督管理职责的部门依照《中华人民共和国安全生产法》有关规定追究法律责任。

第三十一条　生产经营单位未对应急救援器材、设备和物资进行经常性维护、保养，导致发生严重生产安全事故或者生产安全事故危害扩大，或者在本单位发生生产安全事故后未立即采取相应的应急救援措施，造成严重后果的，由县级以上人民政府负有安全生产监督管理职责的部门依照《中华人民共和国突发事件应对法》

有关规定追究法律责任。

第三十二条　生产经营单位未将生产安全事故应急救援预案报送备案、未建立应急值班制度或者配备应急值班人员的，由县级以上人民政府负有安全生产监督管理职责的部门责令限期改正；逾期未改正的，处 3 万元以上 5 万元以下的罚款，对直接负责的主管人员和其他直接责任人员处 1 万元以上 2 万元以下的罚款。

第三十三条　违反本条例规定，构成违反治安管理行为的，由公安机关依法给予处罚；构成犯罪的，依法追究刑事责任。

第五章　附　则

第三十四条　储存、使用易燃易爆物品、危险化学品等危险物品的科研机构、学校、医院等单位的安全事故应急工作，参照本条例有关规定执行。

第三十五条　本条例自 2019 年 4 月 1 日起施行。

生产安全事故报告和调查处理条例

中华人民共和国国务院令　第 493 号

《生产安全事故报告和调查处理条例》已经 2007 年 3 月 28 日国务院第 172 次常务会议通过，现予公布，自 2007 年 6 月 1 日起施行。

总理　温家宝

2007 年 4 月 9 日

第一章　总　则

第一条　为了规范生产安全事故的报告和调查处理，落实生产安全事故责任追究制度，防止和减少生产安全事故，根据《中华人民共和国安全生产法》和有关法律，制定本条例。

第二条　生产经营活动中发生的造成人身伤亡或者直接经济损失的生产安全事故的报告和调查处理，适用本条例；环境污染事故、核设施事故、国防科研生产事故的报告和调查处理不适用本条例。

第三条　根据生产安全事故（以下简称事故）造成的人员伤亡或者直接经济损失，事故一般分为以下等级：

（一）特别重大事故，是指造成 30 人以上死亡，或者 100 人以上重伤（包括急性工业中毒，下同），或者 1 亿元以上直接经济损失的事故；

（二）重大事故，是指造成 10 人以上 30 人以下死亡，或者 50 人以上 100 人以下重伤，或者 5 000 万元以上 1 亿元以下直接经济损失的事故；

（三）较大事故，是指造成 3 人以上 10 人以下死亡，或者 10 人以上 50 人以下重伤，或者 1 000 万元以上 5 000 万元以下直接经济损失的事故；

（四）一般事故，是指造成 3 人以下死亡，或者 10 人以下重伤，或者 1 000 万元以下直接经济损失的事故。

国务院安全生产监督管理部门可以会同国务院有关部门，制定事故等级划分的补充性规定。

本条第一款所称的"以上"包括本数，所称的"以下"不包括本数。

第四条　事故报告应当及时、准确、完整，任何单位和个人对事故不得迟报、漏报、谎报或者瞒报。

事故调查处理应当坚持实事求是、尊重科学的原则，及时、准确地查清事故经过、事故原因和事故损失，查明事故性质，认定事故责任，总结事故教训，提出整改措施，并对事故责任者依法追究责任。

第五条　县级以上人民政府应当依照本条例的规定，严格履行职责，及时、准确地完成事故调查处理工作。

事故发生地有关地方人民政府应当支持、配合上级人民政府或者有关部门的事故调查处理工作，并提供必要的便利条件。

参加事故调查处理的部门和单位应当互相配合，提高事故调查处理工作的效率。

第六条　工会依法参加事故调查处理，有权向有关部门提出处理意见。

第七条　任何单位和个人不得阻挠和干涉对事故的报告和依法调查处理。

第八条　对事故报告和调查处理中的违法行为，任何单位和个人有权向安全生产监督管理部门、监察机关或者其他有关部门举报，接到举报的部门应当依法及时处理。

第二章　事故报告

第九条　事故发生后，事故现场有关人员应当立即向本单位负责人报告；单位负责人接到报告后，应当于 1 小时内向事故发生地县级以上人民政府安全生产监督管理部门和负有安全生产监督管理职责的有关部门报告。

情况紧急时，事故现场有关人员可以直接向事故发生地县级以上人民政府安全生产监督管理部门和负有安全生产监督管理职责的有关部门报告。

第十条　安全生产监督管理部门和负有安全生产监督管理职责的有关部门接到事故报告后，应当依照下列规定上报事故情况，并通知公安机关、劳动保障行政部门、工会和人民检察院：

（一）特别重大事故、重大事故逐级上报至国务院安全生产监督管理部门和负有安全生产监督管理职责的有关部门；

（二）较大事故逐级上报至省、自治区、直辖市人民政府安全生产监督管理部门和负有安全生产监督管理职责的有关部门；

（三）一般事故上报至设区的市级人民政府安全生产监督管理部门和负有安全

生产监督管理职责的有关部门。

安全生产监督管理部门和负有安全生产监督管理职责的有关部门依照前款规定上报事故情况，应当同时报告本级人民政府。国务院安全生产监督管理部门和负有安全生产监督管理职责的有关部门以及省级人民政府接到发生特别重大事故、重大事故的报告后，应当立即报告国务院。

必要时，安全生产监督管理部门和负有安全生产监督管理职责的有关部门可以越级上报事故情况。

第十一条　安全生产监督管理部门和负有安全生产监督管理职责的有关部门逐级上报事故情况，每级上报的时间不得超过 2 小时。

第十二条　报告事故应当包括下列内容：

（一）事故发生单位概况；

（二）事故发生的时间、地点以及事故现场情况；

（三）事故的简要经过；

（四）事故已经造成或者可能造成的伤亡人数（包括下落不明的人数）和初步估计的直接经济损失；

（五）已经采取的措施；

（六）其他应当报告的情况。

第十三条　事故报告后出现新情况的，应当及时补报。

自事故发生之日起 30 日内，事故造成的伤亡人数发生变化的，应当及时补报。道路交通事故、火灾事故自发生之日起 7 日内，事故造成的伤亡人数发生变化的，应当及时补报。

第十四条　事故发生单位负责人接到事故报告后，应当立即启动事故相应应急预案，或者采取有效措施，组织抢救，防止事故扩大，减少人员伤亡和财产损失。

第十五条　事故发生地有关地方人民政府、安全生产监督管理部门和负有安全生产监督管理职责的有关部门接到事故报告后，其负责人应当立即赶赴事故现场，组织事故救援。

第十六条　事故发生后，有关单位和人员应当妥善保护事故现场以及相关证据，任何单位和个人不得破坏事故现场、毁灭相关证据。

因抢救人员、防止事故扩大以及疏通交通等原因，需要移动事故现场物件的，应当做出标志，绘制现场简图并做出书面记录，妥善保存现场重要痕迹、物证。

第十七条　事故发生地公安机关根据事故的情况，对涉嫌犯罪的，应当依法立案侦查,采取强制措施和侦查措施。犯罪嫌疑人逃匿的,公安机关应当迅速追捕归案。

第十八条　安全生产监督管理部门和负有安全生产监督管理职责的有关部门应当建立值班制度,并向社会公布值班电话,受理事故报告和举报。

第三章　事故调查

第十九条　特别重大事故由国务院或者国务院授权有关部门组织事故调查组进行调查。

重大事故、较大事故、一般事故分别由事故发生地省级人民政府、设区的市级人民政府、县级人民政府负责调查。省级人民政府、设区的市级人民政府、县级人民政府可以直接组织事故调查组进行调查,也可以授权或者委托有关部门组织事故调查组进行调查。

未造成人员伤亡的一般事故,县级人民政府也可以委托事故发生单位组织事故调查组进行调查。

第二十条　上级人民政府认为必要时,可以调查由下级人民政府负责调查的事故。

自事故发生之日起 30 日内(道路交通事故、火灾事故自发生之日起 7 日内),因事故伤亡人数变化导致事故等级发生变化,依照本条例规定应当由上级人民政府负责调查的,上级人民政府可以另行组织事故调查组进行调查。

第二十一条　特别重大事故以下等级事故,事故发生地与事故发生单位不在同一个县级以上行政区域的,由事故发生地人民政府负责调查,事故发生单位所在地人民政府应当派人参加。

第二十二条　事故调查组的组成应当遵循精简、效能的原则。

根据事故的具体情况,事故调查组由有关人民政府、安全生产监督管理部门、负有安全生产监督管理职责的有关部门、监察机关、公安机关以及工会派人组成,并应当邀请人民检察院派人参加。

事故调查组可以聘请有关专家参与调查。

第二十三条　事故调查组成员应当具有事故调查所需要的知识和专长,并与所调查的事故没有直接利害关系。

第二十四条　事故调查组组长由负责事故调查的人民政府指定。事故调查组组长主持事故调查组的工作。

第二十五条　事故调查组履行下列职责：

（一）查明事故发生的经过、原因、人员伤亡情况及直接经济损失；

（二）认定事故的性质和事故责任；

（三）提出对事故责任者的处理建议；

（四）总结事故教训，提出防范和整改措施；

（五）提交事故调查报告。

第二十六条　事故调查组有权向有关单位和个人了解与事故有关的情况，并要求其提供相关文件、资料，有关单位和个人不得拒绝。

事故发生单位的负责人和有关人员在事故调查期间不得擅离职守，并应当随时接受事故调查组的询问，如实提供有关情况。

事故调查中发现涉嫌犯罪的，事故调查组应当及时将有关材料或者其复印件移交司法机关处理。

第二十七条　事故调查中需要进行技术鉴定的，事故调查组应当委托具有国家规定资质的单位进行技术鉴定。必要时，事故调查组可以直接组织专家进行技术鉴定。技术鉴定所需时间不计入事故调查期限。

第二十八条　事故调查组成员在事故调查工作中应当诚信公正、恪尽职守，遵守事故调查组的纪律，保守事故调查的秘密。

未经事故调查组组长允许，事故调查组成员不得擅自发布有关事故的信息。

第二十九条　事故调查组应当自事故发生之日起 60 日内提交事故调查报告；特殊情况下，经负责事故调查的人民政府批准，提交事故调查报告的期限可以适当延长，但延长的期限最长不超过 60 日。

第三十条　事故调查报告应当包括下列内容：

（一）事故发生单位概况；

（二）事故发生经过和事故救援情况；

（三）事故造成的人员伤亡和直接经济损失；

（四）事故发生的原因和事故性质；

（五）事故责任的认定以及对事故责任者的处理建议；

（六）事故防范和整改措施。

事故调查报告应当附具有关证据材料。事故调查组成员应当在事故调查报告上签名。

第三十一条　事故调查报告报送负责事故调查的人民政府后，事故调查工作即告结束。事故调查的有关资料应当归档保存。

第四章　事故处理

第三十二条　重大事故、较大事故、一般事故，负责事故调查的人民政府应当自收到事故调查报告之日起 15 日内做出批复；特别重大事故，30 日内做出批复，特殊情况下，批复时间可以适当延长，但延长的时间最长不超过 30 日。

有关机关应当按照人民政府的批复，依照法律、行政法规规定的权限和程序，对事故发生单位和有关人员进行行政处罚，对负有事故责任的国家工作人员进行处分。

事故发生单位应当按照负责事故调查地人民政府的批复，对本单位负有事故责任的人员进行处理。

负有事故责任的人员涉嫌犯罪的，依法追究刑事责任。

第三十三条　事故发生单位应当认真吸取事故教训，落实防范和整改措施，防止事故再次发生。防范和整改措施的落实情况应当接受工会和职工的监督。

安全生产监督管理部门和负有安全生产监督管理职责的有关部门应当对事故发生单位落实防范和整改措施的情况进行监督检查。

第三十四条　事故处理的情况由负责事故调查的人民政府或者其授权的有关部门、机构向社会公布，依法应当保密的除外。

第五章　法律责任

第三十五条　事故发生单位主要负责人有下列行为之一的，处上一年年收入 40% 至 80% 的罚款；属于国家工作人员的，并依法给予处分；构成犯罪的，依法追究刑事责任：

（一）不立即组织事故抢救的；

（二）迟报或者漏报事故的；

（三）在事故调查处理期间擅离职守的。

第三十六条　事故发生单位及其有关人员有下列行为之一的，对事故发生单位处 100 万元以上 500 万元以下的罚款；对主要负责人、直接负责的主管人员和其他直接责任人员处上一年年收入 60% 至 100% 的罚款；属于国家工作人员的，并依法给予处分；构成违反治安管理行为的，由公安机关依法给予治安管理处罚；构成犯罪的，依法追究刑事责任：

（一）谎报或者瞒报事故的；

（二）伪造或者故意破坏事故现场的；

（三）转移、隐匿资金、财产，或者销毁有关证据、资料的；

（四）拒绝接受调查或者拒绝提供有关情况和资料的；

（五）在事故调查中作伪证或者指使他人作伪证的；

（六）事故发生后逃匿的。

第三十七条　事故发生单位对事故发生负有责任的，依照下列规定处以罚款：

（一）发生一般事故的，处 10 万元以上 20 万元以下的罚款；

（二）发生较大事故的，处 20 万元以上 50 万元以下的罚款；

（三）发生重大事故的，处 50 万元以上 200 万元以下的罚款；

（四）发生特别重大事故的，处 200 万元以上 500 万元以下的罚款。

第三十八条　事故发生单位主要负责人未依法履行安全生产管理职责，导致事故发生的，依照下列规定处以罚款；属于国家工作人员的，并依法给予处分；构成犯罪的，依法追究刑事责任：

（一）发生一般事故的，处上一年年收入 30% 的罚款；

（二）发生较大事故的，处上一年年收入 40% 的罚款；

（三）发生重大事故的，处上一年年收入 60% 的罚款；

（四）发生特别重大事故的，处上一年年收入 80% 的罚款。

第三十九条　有关地方人民政府、安全生产监督管理部门和负有安全生产监督管理职责的有关部门有下列行为之一的，对直接负责的主管人员和其他直接责任人员依法给予处分；构成犯罪的，依法追究刑事责任：

（一）不立即组织事故抢救的；

（二）迟报、漏报、谎报或者瞒报事故的；

（三）阻碍、干涉事故调查工作的；

（四）在事故调查中作伪证或者指使他人作伪证的。

第四十条　事故发生单位对事故发生负有责任的，由有关部门依法暂扣或者吊销其有关证照；对事故发生单位负有事故责任的有关人员，依法暂停或者撤销其与安全生产有关的执业资格、岗位证书；事故发生单位主要负责人受到刑事处罚或者撤职处分的，自刑罚执行完毕或者受处分之日起，5 年内不得担任任何生产经营单位的主要负责人。

为发生事故的单位提供虚假证明的中介机构，由有关部门依法暂扣或者吊销其有关证照及其相关人员的执业资格；构成犯罪的，依法追究刑事责任。

第四十一条　参与事故调查的人员在事故调查中有下列行为之一的，依法给予处分；构成犯罪的，依法追究刑事责任：

（一）对事故调查工作不负责任，致使事故调查工作有重大疏漏的；

（二）包庇、袒护负有事故责任的人员或者借机打击报复的。

第四十二条　违反本条例规定，有关地方人民政府或者有关部门故意拖延或者拒绝落实经批复的对事故责任人的处理意见的，由监察机关对有关责任人员依法给予处分。

第四十三条　本条例规定的罚款的行政处罚，由安全生产监督管理部门决定。

法律、行政法规对行政处罚的种类、幅度和决定机关另有规定的，依照其规定。

第六章　附　则

第四十四条　没有造成人员伤亡，但是社会影响恶劣的事故，国务院或者有关地方人民政府认为需要调查处理的，依照本条例的有关规定执行。

国家机关、事业单位、人民团体发生的事故的报告和调查处理，参照本条例的规定执行。

第四十五条　特别重大事故以下等级事故的报告和调查处理，有关法律、行政法规或者国务院另有规定的，依照其规定。

第四十六条　本条例自 2007 年 6 月 1 日起施行。国务院 1989 年 3 月 29 日公布的《特别重大事故调查程序暂行规定》和 1991 年 2 月 22 日公布的《企业职工伤亡事故报告和处理规定》同时废止。

中华人民共和国政府信息公开条例

（2007 年 4 月 5 日中华人民共和国国务院令第 492 号公布　2019 年 4 月 3 日中华人民共和国国务院令第 711 号修订）

第一章　总　则

第一条　为了保障公民、法人和其他组织依法获取政府信息，提高政府工作的透明度，建设法治政府，充分发挥政府信息对人民群众生产、生活和经济社会活动的服务作用，制定本条例。

第二条　本条例所称政府信息，是指行政机关在履行行政管理职能过程中制作或者获取的，以一定形式记录、保存的信息。

第三条　各级人民政府应当加强对政府信息公开工作的组织领导。

国务院办公厅是全国政府信息公开工作的主管部门，负责推进、指导、协调、监督全国的政府信息公开工作。

县级以上地方人民政府办公厅（室）是本行政区域的政府信息公开工作主管部门，负责推进、指导、协调、监督本行政区域的政府信息公开工作。

实行垂直领导的部门的办公厅（室）主管本系统的政府信息公开工作。

第四条　各级人民政府及县级以上人民政府部门应当建立健全本行政机关的政府信息公开工作制度，并指定机构（以下统称政府信息公开工作机构）负责本行政机关政府信息公开的日常工作。

政府信息公开工作机构的具体职能是：

（一）办理本行政机关的政府信息公开事宜；

（二）维护和更新本行政机关公开的政府信息；

（三）组织编制本行政机关的政府信息公开指南、政府信息公开目录和政府信息公开工作年度报告；

（四）组织开展对拟公开政府信息的审查；

（五）本行政机关规定的与政府信息公开有关的其他职能。

第五条　行政机关公开政府信息，应当坚持以公开为常态、不公开为例外，遵循公正、公平、合法、便民的原则。

第六条　行政机关应当及时、准确地公开政府信息。

行政机关发现影响或者可能影响社会稳定、扰乱社会和经济管理秩序的虚假或者不完整信息的，应当发布准确的政府信息予以澄清。

第七条　各级人民政府应当积极推进政府信息公开工作，逐步增加政府信息公开的内容。

第八条　各级人民政府应当加强政府信息资源的规范化、标准化、信息化管理，加强互联网政府信息公开平台建设，推进政府信息公开平台与政务服务平台融合，提高政府信息公开在线办理水平。

第九条　公民、法人和其他组织有权对行政机关的政府信息公开工作进行监督，并提出批评和建议。

第二章　公开的主体和范围

第十条　行政机关制作的政府信息，由制作该政府信息的行政机关负责公开。行政机关从公民、法人和其他组织获取的政府信息，由保存该政府信息的行政机关负责公开；行政机关获取的其他行政机关的政府信息，由制作或者最初获取该政府信息的行政机关负责公开。法律、法规对政府信息公开的权限另有规定的，从其规定。

行政机关设立的派出机构、内设机构依照法律、法规对外以自己名义履行行政管理职能的，可以由该派出机构、内设机构负责与所履行行政管理职能有关的政府信息公开工作。

两个以上行政机关共同制作的政府信息，由牵头制作的行政机关负责公开。

第十一条　行政机关应当建立健全政府信息公开协调机制。行政机关公开政府信息涉及其他机关的，应当与有关机关协商、确认，保证行政机关公开的政府信息准确一致。

行政机关公开政府信息依照法律、行政法规和国家有关规定需要批准的，经批准予以公开。

第十二条　行政机关编制、公布的政府信息公开指南和政府信息公开目录应当及时更新。

政府信息公开指南包括政府信息的分类、编排体系、获取方式和政府信息公开工作机构的名称、办公地址、办公时间、联系电话、传真号码、互联网联系方式等内容。

政府信息公开目录包括政府信息的索引、名称、内容概述、生成日期等内容。

第十三条　除本条例第十四条、第十五条、第十六条规定的政府信息外，政府信息应当公开。

行政机关公开政府信息，采取主动公开和依申请公开的方式。

第十四条　依法确定为国家秘密的政府信息，法律、行政法规禁止公开的政府信息，以及公开后可能危及国家安全、公共安全、经济安全、社会稳定的政府信息，不予公开。

第十五条　涉及商业秘密、个人隐私等公开会对第三方合法权益造成损害的政府信息，行政机关不得公开。但是，第三方同意公开或者行政机关认为不公开会对公共利益造成重大影响的，予以公开。

第十六条　行政机关的内部事务信息，包括人事管理、后勤管理、内部工作流程等方面的信息，可以不予公开。

行政机关在履行行政管理职能过程中形成的讨论记录、过程稿、磋商信函、请示报告等过程性信息以及行政执法案卷信息，可以不予公开。法律、法规、规章规定上述信息应当公开的，从其规定。

第十七条　行政机关应当建立健全政府信息公开审查机制，明确审查的程序和责任。

行政机关应当依照《中华人民共和国保守国家秘密法》以及其他法律、法规和国家有关规定对拟公开的政府信息进行审查。

行政机关不能确定政府信息是否可以公开的，应当依照法律、法规和国家有关规定报有关主管部门或者保密行政管理部门确定。

第十八条　行政机关应当建立健全政府信息管理动态调整机制，对本行政机关不予公开的政府信息进行定期评估审查，对因情势变化可以公开的政府信息应当公开。

第三章　主动公开

第十九条　对涉及公众利益调整、需要公众广泛知晓或者需要公众参与决策的政府信息，行政机关应当主动公开。

第二十条　行政机关应当依照本条例第十九条的规定，主动公开本行政机关的下列政府信息：

（一）行政法规、规章和规范性文件；

（二）机关职能、机构设置、办公地址、办公时间、联系方式、负责人姓名；

（三）国民经济和社会发展规划、专项规划、区域规划及相关政策；

（四）国民经济和社会发展统计信息；

（五）办理行政许可和其他对外管理服务事项的依据、条件、程序以及办理结果；

（六）实施行政处罚、行政强制的依据、条件、程序以及本行政机关认为具有一定社会影响的行政处罚决定；

（七）财政预算、决算信息；

（八）行政事业性收费项目及其依据、标准；

（九）政府集中采购项目的目录、标准及实施情况；

（十）重大建设项目的批准和实施情况；

（十一）扶贫、教育、医疗、社会保障、促进就业等方面的政策、措施及其实施情况；

（十二）突发公共事件的应急预案、预警信息及应对情况；

（十三）环境保护、公共卫生、安全生产、食品药品、产品质量的监督检查情况；

（十四）公务员招考的职位、名额、报考条件等事项以及录用结果；

（十五）法律、法规、规章和国家有关规定规定应当主动公开的其他政府信息。

第二十一条　除本条例第二十条规定的政府信息外，设区的市级、县级人民政府及其部门还应当根据本地方的具体情况，主动公开涉及市政建设、公共服务、公益事业、土地征收、房屋征收、治安管理、社会救助等方面的政府信息；乡（镇）人民政府还应当根据本地方的具体情况，主动公开贯彻落实农业农村政策、农田水利工程建设运营、农村土地承包经营权流转、宅基地使用情况审核、土地征收、房屋征收、筹资筹劳、社会救助等方面的政府信息。

第二十二条　行政机关应当依照本条例第二十条、第二十一条的规定，确定主动公开政府信息的具体内容，并按照上级行政机关的部署，不断增加主动公开的内容。

第二十三条　行政机关应当建立健全政府信息发布机制，将主动公开的政府信息通过政府公报、政府网站或者其他互联网政务媒体、新闻发布会以及报刊、广播、电视等途径予以公开。

第二十四条　各级人民政府应当加强依托政府门户网站公开政府信息的工作，

利用统一的政府信息公开平台集中发布主动公开的政府信息。政府信息公开平台应当具备信息检索、查阅、下载等功能。

第二十五条　各级人民政府应当在国家档案馆、公共图书馆、政务服务场所设置政府信息查阅场所，并配备相应的设施、设备，为公民、法人和其他组织获取政府信息提供便利。

行政机关可以根据需要设立公共查阅室、资料索取点、信息公告栏、电子信息屏等场所、设施，公开政府信息。

行政机关应当及时向国家档案馆、公共图书馆提供主动公开的政府信息。

第二十六条　属于主动公开范围的政府信息，应当自该政府信息形成或者变更之日起20个工作日内及时公开。法律、法规对政府信息公开的期限另有规定的，从其规定。

第四章　依申请公开

第二十七条　除行政机关主动公开的政府信息外，公民、法人或者其他组织可以向地方各级人民政府、对外以自己名义履行行政管理职能的县级以上人民政府部门（含本条例第十条第二款规定的派出机构、内设机构）申请获取相关政府信息。

第二十八条　本条例第二十七条规定的行政机关应当建立完善政府信息公开申请渠道，为申请人依法申请获取政府信息提供便利。

第二十九条　公民、法人或者其他组织申请获取政府信息的，应当向行政机关的政府信息公开工作机构提出，并采用包括信件、数据电文在内的书面形式；采用书面形式确有困难的，申请人可以口头提出，由受理该申请的政府信息公开工作机构代为填写政府信息公开申请。

政府信息公开申请应当包括下列内容：

（一）申请人的姓名或者名称、身份证明、联系方式；

（二）申请公开的政府信息的名称、文号或者便于行政机关查询的其他特征性描述；

（三）申请公开的政府信息的形式要求，包括获取信息的方式、途径。

第三十条　政府信息公开申请内容不明确的，行政机关应当给予指导和释明，并自收到申请之日起7个工作日内一次性告知申请人作出补正，说明需要补正的事项和合理的补正期限。答复期限自行政机关收到补正的申请之日起计算。申请人无正当理由逾期不补正的，视为放弃申请，行政机关不再处理该政府信息公开申请。

第三十一条　行政机关收到政府信息公开申请的时间，按照下列规定确定：

（一）申请人当面提交政府信息公开申请的，以提交之日为收到申请之日；

（二）申请人以邮寄方式提交政府信息公开申请的，以行政机关签收之日为收到申请之日；以平常信函等无须签收的邮寄方式提交政府信息公开申请的，政府信息公开工作机构应当于收到申请的当日与申请人确认，确认之日为收到申请之日；

（三）申请人通过互联网渠道或者政府信息公开工作机构的传真提交政府信息公开申请的，以双方确认之日为收到申请之日。

第三十二条　依申请公开的政府信息公开会损害第三方合法权益的，行政机关应当书面征求第三方的意见。第三方应当自收到征求意见书之日起15个工作日内提出意见。第三方逾期未提出意见的，由行政机关依照本条例的规定决定是否公开。第三方不同意公开且有合理理由的，行政机关不予公开。行政机关认为不公开可能对公共利益造成重大影响的，可以决定予以公开，并将决定公开的政府信息内容和理由书面告知第三方。

第三十三条　行政机关收到政府信息公开申请，能够当场答复的，应当当场予以答复。

行政机关不能当场答复的，应当自收到申请之日起20个工作日内予以答复；需要延长答复期限的，应当经政府信息公开工作机构负责人同意并告知申请人，延长的期限最长不得超过20个工作日。

行政机关征求第三方和其他机关意见所需时间不计算在前款规定的期限内。

第三十四条　申请公开的政府信息由两个以上行政机关共同制作的，牵头制作的行政机关收到政府信息公开申请后可以征求相关行政机关的意见，被征求意见机关应当自收到征求意见书之日起15个工作日内提出意见，逾期未提出意见的视为同意公开。

第三十五条　申请人申请公开政府信息的数量、频次明显超过合理范围，行政机关可以要求申请人说明理由。行政机关认为申请理由不合理的，告知申请人不予处理；行政机关认为申请理由合理，但是无法在本条例第三十三条规定的期限内答复申请人的，可以确定延迟答复的合理期限并告知申请人。

第三十六条　对政府信息公开申请，行政机关根据下列情况分别作出答复：

（一）所申请公开信息已经主动公开的，告知申请人获取该政府信息的方式、途径；

（二）所申请公开信息可以公开的，向申请人提供该政府信息，或者告知申请人获取该政府信息的方式、途径和时间；

（三）行政机关依据本条例的规定决定不予公开的，告知申请人不予公开并说明理由；

（四）经检索没有所申请公开信息的，告知申请人该政府信息不存在；

（五）所申请公开信息不属于本行政机关负责公开的，告知申请人并说明理由；能够确定负责公开该政府信息的行政机关的，告知申请人该行政机关的名称、联系方式；

（六）行政机关已就申请人提出的政府信息公开申请作出答复、申请人重复申请公开相同政府信息的，告知申请人不予重复处理；

（七）所申请公开信息属于工商、不动产登记资料等信息，有关法律、行政法规对信息的获取有特别规定的，告知申请人依照有关法律、行政法规的规定办理。

第三十七条　申请公开的信息中含有不应当公开或者不属于政府信息的内容，但是能够作区分处理的，行政机关应当向申请人提供可以公开的政府信息内容，并对不予公开的内容说明理由。

第三十八条　行政机关向申请人提供的信息，应当是已制作或者获取的政府信息。除依照本条例第三十七条的规定能够作区分处理的外，需要行政机关对现有政府信息进行加工、分析的，行政机关可以不予提供。

第三十九条　申请人以政府信息公开申请的形式进行信访、投诉、举报等活动，行政机关应当告知申请人不作为政府信息公开申请处理并可以告知通过相应渠道提出。

申请人提出的申请内容为要求行政机关提供政府公报、报刊、书籍等公开出版物的，行政机关可以告知获取的途径。

第四十条　行政机关依申请公开政府信息，应当根据申请人的要求及行政机关保存政府信息的实际情况，确定提供政府信息的具体形式；按照申请人要求的形式提供政府信息，可能危及政府信息载体安全或者公开成本过高的，可以通过电子数据以及其他适当形式提供，或者安排申请人查阅、抄录相关政府信息。

第四十一条　公民、法人或者其他组织有证据证明行政机关提供的与其自身相关的政府信息记录不准确的，可以要求行政机关更正。有权更正的行政机关审核属实的，应当予以更正并告知申请人；不属于本行政机关职能范围的，行政机关可以转送有权更正的行政机关处理并告知申请人，或者告知申请人向有权更正的行政机关提出。

第四十二条　行政机关依申请提供政府信息，不收取费用。但是，申请人申请公开政府信息的数量、频次明显超过合理范围的，行政机关可以收取信息处理费。

行政机关收取信息处理费的具体办法由国务院价格主管部门会同国务院财政部门、全国政府信息公开工作主管部门制定。

第四十三条　申请公开政府信息的公民存在阅读困难或者视听障碍的，行政机关应当为其提供必要的帮助。

第四十四条　多个申请人就相同政府信息向同一行政机关提出公开申请，且该政府信息属于可以公开的，行政机关可以纳入主动公开的范围。

对行政机关依申请公开的政府信息，申请人认为涉及公众利益调整、需要公众广泛知晓或者需要公众参与决策的，可以建议行政机关将该信息纳入主动公开的范围。行政机关经审核认为属于主动公开范围的，应当及时主动公开。

第四十五条　行政机关应当建立健全政府信息公开申请登记、审核、办理、答复、归档的工作制度，加强工作规范。

第五章　监督和保障

第四十六条　各级人民政府应当建立健全政府信息公开工作考核制度、社会评议制度和责任追究制度，定期对政府信息公开工作进行考核、评议。

第四十七条　政府信息公开工作主管部门应当加强对政府信息公开工作的日常指导和监督检查，对行政机关未按照要求开展政府信息公开工作的，予以督促整改或者通报批评；需要对负有责任的领导人员和直接责任人员追究责任的，依法向有权机关提出处理建议。

公民、法人或者其他组织认为行政机关未按照要求主动公开政府信息或者对政府信息公开申请不依法答复处理的，可以向政府信息公开工作主管部门提出。政府信息公开工作主管部门查证属实的，应当予以督促整改或者通报批评。

第四十八条　政府信息公开工作主管部门应当对行政机关的政府信息公开工作人员定期进行培训。

第四十九条　县级以上人民政府部门应当在每年1月31日前向本级政府信息公开工作主管部门提交本行政机关上一年度政府信息公开工作年度报告并向社会公布。

县级以上地方人民政府的政府信息公开工作主管部门应当在每年3月31日前向社会公布本级政府上一年度政府信息公开工作年度报告。

第五十条　政府信息公开工作年度报告应当包括下列内容：

（一）行政机关主动公开政府信息的情况；

（二）行政机关收到和处理政府信息公开申请的情况；

（三）因政府信息公开工作被申请行政复议、提起行政诉讼的情况；

（四）政府信息公开工作存在的主要问题及改进情况，各级人民政府的政府信息公开工作年度报告还应当包括工作考核、社会评议和责任追究结果情况；

（五）其他需要报告的事项。

全国政府信息公开工作主管部门应当公布政府信息公开工作年度报告统一格式，并适时更新。

第五十一条　公民、法人或者其他组织认为行政机关在政府信息公开工作中侵犯其合法权益的，可以向上一级行政机关或者政府信息公开工作主管部门投诉、举报，也可以依法申请行政复议或者提起行政诉讼。

第五十二条　行政机关违反本条例的规定，未建立健全政府信息公开有关制度、机制的，由上一级行政机关责令改正；情节严重的，对负有责任的领导人员和直接责任人员依法给予处分。

第五十三条　行政机关违反本条例的规定，有下列情形之一的，由上一级行政机关责令改正；情节严重的，对负有责任的领导人员和直接责任人员依法给予处分；构成犯罪的，依法追究刑事责任：

（一）不依法履行政府信息公开职能；

（二）不及时更新公开的政府信息内容、政府信息公开指南和政府信息公开目录；

（三）违反本条例规定的其他情形。

第六章　附　则

第五十四条　法律、法规授权的具有管理公共事务职能的组织公开政府信息的活动，适用本条例。

第五十五条　教育、卫生健康、供水、供电、供气、供热、环境保护、公共交通等与人民群众利益密切相关的公共企事业单位，公开在提供社会公共服务过程中制作、获取的信息，依照相关法律、法规和国务院有关主管部门或者机构的规定执行。全国政府信息公开工作主管部门根据实际需要可以制定专门的规定。

前款规定的公共企事业单位未依照相关法律、法规和国务院有关主管部门或者机构的规定公开在提供社会公共服务过程中制作、获取的信息，公民、法人或者其他组织可以向有关主管部门或者机构申诉，接受申诉的部门或者机构应当及时调查处理并将处理结果告知申诉人。

　　第五十六条　本条例自 2019 年 5 月 15 日起施行。

甘肃省环境保护条例

（2019年9月26日甘肃省第十三届人民代表大会常务委员会第十二次会议通过）

第一章　总　则

第一条　为了保护和改善环境，防治污染和其他公害，保障公众健康，推进生态文明建设，促进经济社会可持续发展，根据《中华人民共和国环境保护法》等法律、行政法规，结合本省实际，制定本条例。

第二条　本条例适用于本省行政区域内的环境保护及其监督管理活动。

法律、行政法规对环境保护及其监督管理活动已有规定的，依照其规定执行。

第三条　环境保护坚持保护优先、预防为主、综合治理、公众参与、损害担责的原则。

第四条　各级人民政府应当对本行政区域的环境质量负责，贯彻落实绿色发展理念，统筹推进生态文明建设，鼓励发展循环经济和低碳经济，推进发展方式转变和产业结构调整，促进经济社会发展与环境保护相协调。

县级以上人民政府应当将环境保护工作纳入国民经济和社会发展规划，加大保护和改善环境、防治污染和其他公害的财政投入，提高财政资金的使用效益。

第五条　省人民政府生态环境主管部门对本省环境保护工作实施统一监督管理。

市（州）人民政府生态环境主管部门及其派出机构分别对本市（州）、县（市、区）环境保护工作实施统一监督管理。

县级以上人民政府发展和改革、工业和信息化、公安、财政、自然资源、住房和城乡建设、交通运输、水利、农业农村、商务、文化和旅游、卫生健康、应急管理、林业和草原、市场监督管理、审计等有关部门在各自职责范围内对资源保护和污染防治等环境保护工作实施监督管理。

第六条　企业事业单位和其他生产经营者应当防止、减少环境污染和生态破坏，履行环境保护义务，对所造成的损害依法承担责任。

第七条　任何单位和个人都有保护和改善环境的义务，并依法享有获取环境信息、参与和监督环境保护的权利。

第八条　各级人民政府应当加强环境保护宣传教育，鼓励基层群众性自治组织、社会组织、环保志愿者开展环境保护法律法规和环境保护知识的宣传，营造保护环境的良好风气。

教育行政部门、学校应当将环境保护知识纳入学校教育内容，培养学生的环境保护意识。

新闻媒体应当开展环境保护法律法规和环境保护知识、环境保护先进典型的宣传，对环境违法行为进行舆论监督。

第二章　监督管理

第九条　省、市（州）人民政府生态环境主管部门应当会同有关部门编制环境保护规划，报本级人民政府批准，并公布实施。

环境保护规划应当包括生态保护、污染防治、环境质量改善的目标任务、保障措施等内容，并与国土空间规划相衔接。

环境保护规划需要修改或者调整的，应当按照原批准程序报批。修改或者调整的内容不得降低上级人民政府批准的环境保护规划的要求。

第十条　组织编制土地利用有关规划和区域、流域的建设、开发利用规划以及有关专项规划时，应当充分考虑环境资源承载能力，听取有关方面和专家的意见，并依据《中华人民共和国环境影响评价法》及国务院《规划环境影响评价条例》等法律法规开展规划环境影响评价；未进行环境影响评价的，不得组织实施。

前款所列规划应当与环境保护规划、生态保护红线、环境质量底线、资源利用上线和环境准入负面清单的要求相衔接。

第十一条　本省环境质量和污染物排放严格执行国家标准。

对国家环境质量标准和污染物排放标准中已作规定的项目，省人民政府依照法律规定可以制定严于国家标准的环境质量标准和污染物排放标准。对国家环境质量标准和污染物排放标准中未作规定的项目，省人民政府可以根据本省环境质量状况和经济、技术条件，制定环境质量标准和污染物排放标准。

省人民政府制定环境质量标准和污染物排放标准，应当组织专家进行审查和论证，征求有关部门、行业协会、企业事业单位、公众和社会团体等方面的意见。

省人民政府环境质量标准和污染物排放标准应当报国务院生态环境主管部门备

案，并适时进行评估和修订。

第十二条　省人民政府应当将国家确定的重点污染物排放总量控制指标，分解落实到市（州）人民政府。

市（州）人民政府应当根据本行政区域重点污染物排放总量控制指标，结合区域环境质量状况和重点污染物削减要求，将重点污染物总量控制指标进行分解落实。

第十三条　未达到国家环境质量标准的重点区域、流域的有关地方人民政府，应当制定限期达标规划，并采取措施按期达标。

环境质量限期达标规划应当向社会公开，并根据环境治理的要求和经济、技术条件适时进行评估、修改。

第十四条　本省依法实行排污许可管理制度。实行排污许可管理的企业事业单位和其他生产经营者应当按照排污许可证的要求排放污染物；未取得排污许可证的，不得排放污染物。

第十五条　建设单位可以委托技术单位对其建设项目开展环境影响评价，具备环境影响评价技术能力的，可以自行对其建设项目开展环境影响评价。

建设项目对环境可能造成重大影响的，应当编制环境影响报告书，对建设项目产生的污染和对环境的影响进行全面、详细的评价；建设项目对环境可能造成轻度影响的，应当编制环境影响报告表，对建设项目产生的污染和对环境的影响进行分析或者专项评价；建设项目对环境影响很小，不需要进行环境影响评价的，应当填报环境影响登记表。

建设单位应当在开工建设前，向有审批权的生态环境主管部门报批建设项目环境影响评价报告书、环境影响报告表。依法应当填报环境影响登记表的建设项目，建设单位应当按照国家有关规定向生态环境主管部门备案。

未依法进行环境影响评价的建设项目，不得开工建设。

第十六条　对超过国家重点污染物排放总量控制指标或者未完成国家确定的环境质量目标的地区，省人民政府生态环境主管部门应当依法暂停审批其新增重点污染物排放总量的建设项目环境影响评价文件。

第十七条　省人民政府生态环境主管部门所属的环境监测机构承担环境质量监测、污染源监督性监测、执法监测和突发环境污染事件应急监测等工作。

依法成立的社会监测机构在其监测业务范围内，可以接受公民、法人和其他组织的委托，开展相应的监测服务。

第十八条　环境监测机构应当按照环境监测规范从事环境监测活动，接受行政管理部门和行业监管部门的监督，对监测数据的真实性、准确性负责，并按规定保存原始监测记录。不得弄虚作假，隐瞒、伪造、篡改环境监测数据。

任何单位和个人不得伪造、变造或者篡改环境监测机构的环境监测报告。

第十九条　省、市（州）人民政府生态环境主管部门按照国家有关规定，会同有关部门确定重点排污单位名录，并适时调整，向社会公布。

重点排污单位应当安装自动监测设备，与生态环境主管部门联网，保证监测设备正常运行，并对数据的真实性和准确性负责。

排污单位应当按照国家有关规定，对污染物排放未实行自动监测或者自动监测未包含的污染物，定期进行排污监测，保存原始监测记录，并对数据的真实性和准确性负责。

自动监测数据以及环境监测机构的监测数据，可以作为环境执法和管理的依据。

严禁通过暗管、渗井、渗坑、灌注或者篡改、伪造监测数据，或者不正常运行防治污染设施等逃避监管的方式违法排放污染物。

第二十条　省、市（州）人民政府生态环境主管部门应当加强环境管理信息化建设，实现环境质量信息、环境监测数据以及环境行政许可、行政处罚、突发环境事件应急处置等信息的共享。

第二十一条　省、市（州）人民政府应当组织建立环境污染联防联控机制，划定环境污染防治重点流域、区域，实施流域、区域联动防治措施，开展环境污染联合防治。

第二十二条　县级以上人民政府及其有关部门应当编制突发环境事件应急预案，加强应急演练和培训，做好环境风险防控。

县级以上人民政府应当建立环境污染公共监测预警机制，组织制定预警方案；环境受到污染，可能影响公众健康和环境安全时，依法及时公布预警信息，启动应急措施。

突发环境事件发生后，事发地县级以上人民政府按照分级响应的原则，立即启动应急响应，组织开展应急救援、应急处置和事后恢复等工作。

第二十三条　企业事业单位和其他生产经营者应当定期排查环境安全隐患，开展环境风险评估，依法编制突发环境事件应急预案，报所在地生态环境主管部门和有关部门备案，并定期组织演练。

突发环境事件发生后，企业事业单位和其他生产经营者应当立即启动应急预案，采取应急措施，控制污染、减轻损害，及时通报可能受到危害的单位和居民，并向所在地生态环境主管部门和有关部门报告。

第二十四条　省、市（州）人民政府生态环境主管部门应当对重点排污单位进行环境信用评价，并向社会公开评价结果。

省、市（州）人民政府生态环境主管部门应当会同发展和改革、中国人民银行、银行业监管机构及其他有关部门，建立环境保护信用约束机制。在行政许可、公共采购、金融支持、资质等级评定等工作中将环境信用评价结果作为重要的考量因素。

第二十五条　县级以上人民政府应当每年向本级人民政府负有环境保护监督管理职责的部门和下级人民政府逐级分解和下达环境保护目标，将环境保护目标完成情况纳入考核内容，作为对有关部门和下级人民政府及其负责人考核评价的重要依据。考核结果应当向社会公开。

第二十六条　实行生态环境保护督察制度，定期对市（州）、县（市、区）人民政府，承担环境保护监督管理职责的部门和对生态环境影响较大的有关企业履行环境保护职责情况、环境保护目标完成情况、环境质量改善情况、突出环境问题整治情况进行督察。

第二十七条　对重大生态环境违法案件和查处不力或者社会反映强烈的突出生态环境问题，省、市（州）人民政府生态环境主管部门应当挂牌督办，责成有关人民政府或者部门限期查处、整改。挂牌督办情况应当向社会公开。

第二十八条　省、市（州）人民政府及其生态环境主管部门对未履行生态环境保护职责或者履行职责不到位的下级人民政府、本级人民政府派出机构及本级有关部门负责人，应当进行约谈。约谈可以由生态环境主管部门单独实施，也可以邀请监察机关、其他有关部门和机构共同实施。

第二十九条　县级以上人民政府应当每年向本级人民代表大会或者人民代表大会常务委员会报告环境状况和环境保护目标完成情况，对发生的重大环境事件应当及时向本级人民代表大会常务委员会报告，依法接受监督。

第三章　保护和改善环境

第三十条　省人民政府生态环境主管部门应当会同有关部门，根据不同区域功能、经济社会发展需要和国家环境质量标准，编制全省环境功能区划，经省人民政府批准后公布实施。

第三十一条　省、市（州）人民政府生态环境主管部门应当会同有关部门组织开展环境质量调查和评估。对重点生态功能区定期开展环境质量监测、评价与考核，作为划定生态保护红线、编制环境保护规划、制定生态保护补偿政策的重要依据。

第三十二条　省人民政府在具有重要水源涵养、生物多样性保护、水土保持、防风固沙等重点生态功能区，以及水土流失、土地沙化、石漠化、盐渍化等生态环境敏感区和脆弱区划定生态保护红线，实行严格保护并向社会公布。

各级人民政府对具有代表性的各种类型的自然生态系统区域，珍稀、濒危的野生动植物自然分布区域，重要的水源涵养区域，具有重大科学文化价值的地质构造、著名溶洞和化石分布区、冰川、火山、温泉等自然遗迹，以及人文遗迹、古树名木，应当采取措施予以保护，严禁破坏。

市（州）、县（市、区）人民政府负责编制本行政区域生态保护红线控制性详细规划。

生态保护红线的调整和修改，应当按照原制定程序进行，任何单位和个人不得擅自变更。

第三十三条　省人民政府及其有关部门应当按照相关规定划定生态保护红线、环境质量底线、资源利用上线，制定实施环境准入负面清单，构建环境分区管控体系。

划定的生态保护红线、环境质量底线、资源利用上线是各级人民政府实施环境目标管理和推动建设项目准入的依据。

第三十四条　各级人民政府应当加强生物多样性保护，保护珍稀、濒危野生动植物，对重要生态系统、生物物种及遗传资源实施有效保护，促进生物多样性保护与利用技术研发和推广，科学合理有序地利用生物资源。

引进外来物种以及研究、开发和利用生物技术，应当采取措施，防止对生物多样性的破坏。

禁止任何单位和个人从事非法猎捕、毒杀、采伐、采集、加工、收购、出售野生动植物等活动。

第三十五条　县级以上人民政府应当建立水资源合理开发利用和节水制度。实行区域流域用水总量和强度控制，根据国家和本省用水定额标准，组织有关部门制定工农业生产用水和城乡居民生活用水定额。

县级以上人民政府有关部门应当加强农业灌溉机井的管理，严格控制粗放型灌溉用水，维护河流的合理流量和湖泊、水库以及地下水体的合理水位。普及农田节水技术，推广农艺节水技术以及生物节水技术。

第三十六条　实行饮用水水源地保护制度。县级以上人民政府应当加强饮用水水源环境综合整治，依法清理饮用水水源一级、二级保护区内的违法建筑和生产项目，确保饮用水安全。

饮用水水源和其他特殊水体保护依照《中华人民共和国水污染防治法》的规定执行。

第三十七条　省、市（州）、县（市、区）、乡（镇）建立四级河长制，分级分段组织领导本行政区域内江河、湖泊等的水资源保护、水域岸线管理、水污染防治、水环境治理等工作。鼓励建立村级河长制或者巡河员制。

第三十八条　沙化土地所在地区的各级人民政府应当采取有效措施，预防土地沙化，治理沙化土地，保护和改善本行政区域的生态质量。

在规划期内不具备治理条件的以及因保护生态的需要不宜开发利用的连片沙化土地，应当规划为沙化土地封禁保护区，实行封禁保护。

第三十九条　各级人民政府及其有关部门和机构应当统筹农村生产、生活和生态空间，优化种植和养殖生产布局、规模和结构，强化农业农村环境监管，加强农业农村污染治理。指导农业生产经营者科学种植和养殖，科学合理施用农药、化肥等农业投入品，科学处置农用薄膜、农作物秸秆等农业废弃物，防止农业面源污染。

禁止将不符合农用标准和环境保护标准的固体废物、废水施入农田。施用农药、化肥等农业投入品及进行灌溉，应当采取措施，防止重金属和其他有毒有害物质污染环境。

畜禽养殖场、养殖小区、定点屠宰企业等的选址、建设和管理应当符合有关法律法规规定。从事畜禽养殖和屠宰的单位和个人应当对畜禽粪便、尸体和污水等废弃物进行科学处置，防止污染环境。

县（市、区）、乡（镇）人民政府应当采取集中连片与分散治理相结合的方式，开展农村环境综合整治，推进农村厕所粪污治理、生活污水处理和生活垃圾处置等基础设施建设，保护和改善农村人居环境，实现村庄环境干净、整洁、有序。

第四十条　各级人民政府应当采取措施，组织对生活垃圾进行分类、收集、处置、回收利用和无害化处理，推广废旧商品回收利用、焚烧发电、生物处理等生活垃圾资源化利用方式，建立与本区域生活垃圾分类处理相适应的垃圾投放与收运模式。

单位和个人应当对生活垃圾进行分类投放，减少日常生活垃圾对环境造成的损害。

第四十一条　鼓励采用易回收利用、易处置或者易消纳降解的包装物和容器，对可回收利用的包装物、容器、废油和废旧电池等资源应当按规范进行回收利用。

鼓励开发、生产和使用可循环利用的绿色环保包装材料。鼓励经营快递业务的企业使用可降解、可重复利用的环保包装材料，并采取措施回收包装材料。

餐饮、娱乐、宾馆等服务性企业应当采取措施减少一次性用品的使用，并鼓励和引导消费者节约资源、绿色消费。

第四十二条　塑料制品的生产、销售、使用应当遵循减量化、资源化、再利用的原则，符合国家有关标准，降低资源消耗，减少废弃物的产生。

第四十三条　实行生态保护补偿制度。县级以上人民政府要逐步建立健全森林、草原、湿地、荒漠、水流、耕地等重点领域和禁止开发区域、重点生态功能区等重要区域生态补偿机制，统筹整合各类补偿资金，确保其用于生态保护补偿。

第四章　防治环境污染

第四十四条　县级以上人民政府应当根据产业结构调整和产业布局优化的要求，引导工业企业入驻工业园区。新建化工石化、有色冶金、制浆造纸以及国家有明确要求的工业项目，应当进入工业园区或者工业集聚区。

第四十五条　各级人民政府应当统筹城乡发展，建设污水处理设施及配套管网、固体废物的收集、运输和处置等环境卫生设施，危险废物集中处置设施、场所以及其他环境保护公共设施，并保障其正常运行。

第四十六条　对严重污染环境的工艺、设备和产品实行淘汰制度。任何单位和个人不得生产、销售或者转移、使用严重污染环境的工艺、设备和产品。

禁止引进不符合我国环境保护规定的技术、设备、材料和产品。

第四十七条　新建、改建、扩建建设项目，建设单位应当按照经批准的环境影响评价文件的要求建设防治污染设施、落实环境保护措施。防治污染设施应当与主体工程同时设计、同时施工、同时投入使用。

排污单位应当保障防治污染设施的正常运行，建立台账，如实记录防治污染设施的运行、维护、更新和污染物排放等情况及相应的主要参数，对台账的真实性和完整性负责。

排污单位不得擅自拆除、闲置防治污染设施。确需拆除、闲置的，应当提前向所在地生态环境主管部门书面申请，经批准后方可拆除、闲置。

第四十八条　市（州）、县（市、区）人民政府实行网格化环境监督管理制度，形成排查摸底、联动执法、考核问责的长效工作机制。

乡（镇）人民政府和街道办事处应当在上一级生态环境主管部门和其他有关部门的指导下，依托网格化管理体系，对辖区内社区商业、生产生活活动中产生的大气、水、噪声、固体废物等污染防治工作进行综合协调和监督；发现其他生产经营活动中存在的环境污染问题，应当及时向生态环境主管部门报告。

第四十九条 企业事业单位和其他生产经营者可以委托第三方环境服务机构运营其防治污染设施或者开展污染物集中处理。

排污单位委托运营防治污染设施的，应当加强对第三方运营情况及台账记录的监督检查。

企业事业单位和其他生产经营者委托环境服务机构治理的，不免除其自身的污染防治义务。

生态环境主管部门应当加强对第三方运营的监督管理。

第五十条 县级以上人民政府应当建立土壤污染的风险管控和修复制度，建立分类管理、利用与保护制度。

省、市（州）人民政府生态环境主管部门应当公布并适时更新土壤污染重点监管单位名录，会同有关部门定期开展土壤和地下水环境质量调查、污染源排查。

排污单位应当制定相应的风险防控方案，并采取防范措施。对土壤和地下水造成污染的，排污单位或者个人应当承担修复责任。

第五十一条 各级人民政府及其有关部门应当加强重金属污染防治，加强对涉铅、镉、汞、铬和类金属砷等重金属行业企业的环境监管。

第五十二条 县级以上人民政府及其有关部门应当依法加强固体废物综合利用、无害化处置，减少污染。

固体废物产生者应当按照国家规定对固体废物进行资源化利用或者无害化处置。

省、市（州）人民政府生态环境主管部门和其他负有环境保护监督管理职责的部门应当建立危险废物产生、贮存、收集、运输、利用、处置全过程环境监督管理体系。

第五十三条 环境噪声污染的防治依照《中华人民共和国环境噪声污染防治法》的规定执行。

第五十四条 大气污染的防治依照《中华人民共和国大气污染防治法》等法律、法规的规定执行。

第五章 信息公开和公众参与

第五十五条 省、市（州）人民政府生态环境主管部门和其他负有环境保护监督管理职责的部门应当建立健全环境信息公开制度，依法公开以下环境信息：

（一）本行政区域的环境质量状况；

（二）环境质量监测情况，重点排污单位监测及不定期抽查、检查、明察暗访等情况；

（三）突发环境事件信息；

（四）环境行政许可、行政处罚、行政强制等行政执法情况；

（五）环境违法企业名单；

（六）环境保护目标完成情况的考核结果；

（七）环境保护督察、挂牌督办情况；

（八）其他依法应当公开的信息。

第五十六条　省人民政府生态环境主管部门应当定期发布环境状况公报。

省、市（州）人民政府生态环境主管部门和县级以上其他负有环境保护监督管理职责的部门应当通过政府网站、政府公报、新闻发布会以及报刊、广播、电视、电子显示屏和移动互联网媒体等便于公众知晓的方式主动公开环境信息。

第五十七条　除政府有关部门主动公开的环境信息外，公民、法人和其他组织可以依法申请获取相关环境信息，相关部门收到申请后应当依法予以答复。

第五十八条　重点排污单位应当接受社会监督，如实向社会公开以下环境信息：

（一）主要污染物的名称、排放方式、排放浓度和总量、超标排放情况；

（二）防治污染设施的建设和运行情况；

（三）其他依法应当公开的信息。

鼓励非重点排污单位和其他生产经营者主动公开前款所列的环境信息。

第五十九条　除依法需要保密的情形外，各级人民政府及其有关部门编制环境保护规划、制定环境行政政策和审批建设项目环评文件等与公众环境权益密切相关的重大事项，应当采取听证会、论证会、座谈会等形式广泛听取公众意见，并反馈意见采纳情况。

公民、法人和其他组织可以通过电话、信函、传真、网络等方式向生态环境主管部门及其他负有环境保护监督管理职责的部门提出意见和建议。

第六十条　公民、法人和其他组织发现任何单位和个人有污染环境和破坏生态的行为，可以通过信函、传真、电子邮件等途径，向负有环境保护监督管理职责的部门举报，有关部门应当依法受理。

公民、法人和其他组织发现各级人民政府及其负有环境保护监督管理职责的部门不依法履行职责的，有权向其上级机关或者监察机关举报。

受理举报的有关部门应当对举报人的相关信息予以保密。

第六章　法律责任

第六十一条　企业事业单位和其他生产经营者有下列行为之一，受到罚款处罚，被责令改正，拒不改正的，依法作出处罚决定的行政机关可以自责令改正之日的次日起，按照原处罚数额按日连续处罚：

（一）超过国家或者地方规定的污染物排放标准，或者超过重点污染物排放总量控制指标排放污染物的；

（二）通过暗管、渗井、渗坑、灌注或者篡改、伪造监测数据，或者不正常运行防治污染设施等逃避监管的方式排放污染物的；

（三）排放法律、法规规定禁止排放的污染物的；

（四）违法倾倒危险废物的；

（五）其他法律、行政法规规定可以按日连续处罚的行为。

第六十二条　违反本条例规定，企业事业单位和其他生产经营者超过污染物排放标准或者超过重点污染物排放总量控制指标排放污染物的，生态环境主管部门可以责令其采取限制生产、停产整治等措施；情节严重的，报经有批准权的人民政府批准，责令停业、关闭。

第六十三条　建设单位未依法提交建设项目环境影响评价文件或者环境影响评价文件未经批准，擅自开工建设的，由负有环境保护监督管理职责的部门依法责令停止建设，处以罚款，并可以责令恢复原状。

第六十四条　环境影响评价机构、环境监测机构以及从事环境监测设备和防治污染设施维护、运营的机构，在有关环境服务活动中弄虚作假，对造成的环境污染和生态破坏负有责任的，除依照有关法律法规规定予以处罚外，还应当与造成环境污染和生态破坏的其他责任者承担连带责任。

第六十五条　违反本条例规定，重点排污单位不公开或者不如实公开环境信息的，由生态环境主管部门责令公开，处以罚款，并予以公告。

第六十六条　各级人民政府及其生态环境主管部门和其他负有环境保护监督管理职责的部门违反本条例规定，有下列情形之一的，对直接负责的主管人员和其他直接责任人员给予记过、记大过或者降级处分；造成严重后果的，给予撤职或者开除处分，其主要负责人应当引咎辞职：

（一）不符合行政许可条件准予行政许可的；

（二）对环境违法行为进行包庇的；

（三）依法应当作出责令停业、关闭的决定而未作出的；

（四）对超标排放污染物、采用逃避监管的方式排放污染物、造成环境事故以及不落实生态保护措施造成生态破坏等行为，发现或者接到举报未及时查处的；

（五）违法查封、扣押企业事业单位和其他生产经营者的设施、设备的；

（六）篡改、伪造或者指使篡改、伪造监测数据的；

（七）应当依法公开环境信息而未公开的；

（八）法律法规规定的其他违法行为。

第六十七条　违反本条例第十四条、第十八条、第十九条、第二十三条、第四十七条规定的行为，依照《中华人民共和国大气污染防治法》《中华人民共和国水污染防治法》《中华人民共和国固体废物污染防治法》《中华人民共和国土壤污染防治法》的处罚规定执行；违反本条例规定的其他行为，法律、行政法规已有处罚规定的，依照其规定执行。

第七章　附　　则

第六十八条　本条例自 2020 年 1 月 1 日起施行。1994 年 8 月 3 日甘肃省第八届人民代表大会常务委员会第十次会议通过，1997 年 9 月 29 日甘肃省第八届人民代表大会常务委员会第二十九次会议第一次修正，2004 年 6 月 4 日甘肃省第十届人民代表大会常务委员会第十次会议第二次修正的《甘肃省环境保护条例》；2007 年 12 月 20 日甘肃省第十届人民代表大会常务委员会第三十二次会议通过的《甘肃省农业生态环境保护条例》同时废止。

（三）相关司法解释

最高人民法院　最高人民检察院关于办理渎职刑事案件适用法律若干问题的解释（一）

法释〔2012〕18 号

（2012 年 7 月 9 日最高人民法院审判委员会第 1552 次会议、2012 年 9 月 12 日最高人民检察院第十一届检察委员会第 79 次会议通过）

为依法惩治渎职犯罪，根据刑法有关规定，现就办理渎职刑事案件适用法律的若干问题解释如下：

第一条　国家机关工作人员滥用职权或者玩忽职守，具有下列情形之一的，应当认定为第三百九十七条规定的"致使公共财产、国家和人民利益遭受重大损失"：

（一）造成死亡 1 人以上，或者重伤 3 人以上，或者轻伤 9 人以上，或者重伤 2 人、轻伤 3 人以上，或者重伤 1 人、轻伤 6 人以上的；

（二）造成经济损失 30 万元以上的；

（三）造成恶劣社会影响的；

（四）其他致使公共财产、国家和人民利益遭受重大损失的情形。

具有下列情形之一的，应当认定为刑法第三百九十七条规定的"情节特别严重"：

（一）造成伤亡达到前款第（一）项规定人数 3 倍以上的；

（二）造成经济损失 150 万元以上的；

（三）造成前款规定的损失后果，不报、迟报、谎报或者授意、指使、强令他人不报、迟报、谎报事故情况，致使损失后果持续、扩大或者抢救工作延误的；

（四）造成特别恶劣社会影响的；

（五）其他特别严重的情节。

第二条　国家机关工作人员实施滥用职权或者玩忽职守犯罪行为，触犯刑法分则第九章第三百九十八条至第四百一十九条规定的，依照该规定定罪处罚。

国家机关工作人员滥用职权或者玩忽职守，因不具备徇私舞弊等情形，不符合刑法分则第九章第三百九十八条至第四百一十九条的规定，但依法构成第三百九十七条规定的犯罪的，以滥用职权罪或者玩忽职守罪定罪处罚。

第三条　国家机关工作人员实施渎职犯罪并收受贿赂，同时构成受贿罪的，除刑法另有规定外，以渎职犯罪和受贿罪数罪并罚。

第四条　国家机关工作人员实施渎职行为，放纵他人犯罪或者帮助他人逃避刑事处罚，构成犯罪的，依照渎职罪的规定定罪处罚。

国家机关工作人员与他人共谋，利用其职务行为帮助他人实施其他犯罪行为，同时构成渎职犯罪和共谋实施的其他犯罪共犯的，依照处罚较重的规定定罪处罚。

国家机关工作人员与他人共谋，既利用其职务行为帮助他人实施其他犯罪，又以非职务行为与他人共同实施该其他犯罪行为，同时构成渎职犯罪和其他犯罪的共犯的，依照数罪并罚的规定定罪处罚。

第五条　国家机关负责人员违法决定，或者指使、授意、强令其他国家机关工作人员违法履行职务或者不履行职务，构成刑法分则第九章规定的渎职犯罪的，应当依法追究刑事责任。

以"集体研究"形式实施的渎职犯罪，应当依照刑法分则第九章的规定追究国家机关负有责任的人员的刑事责任。对于具体执行人员，应当在综合认定其行为性质、是否提出反对意见、危害结果大小等情节的基础上决定是否追究刑事责任和应当判处的刑罚。

第六条　以危害结果为条件的渎职犯罪的追诉期限，从危害结果发生之日起计算；有数个危害结果的，从最后一个危害结果发生之日起计算。

第七条　依法或者受委托行使国家行政管理职权的公司、企业、事业单位的工作人员，在行使行政管理职权时滥用职权或者玩忽职守，构成犯罪的，应当依照《全国人民代表大会常务委员会关于〈中华人民共和国刑法〉第九章渎职罪主体适用问题的解释》的规定，适用渎职罪的规定追究刑事责任。

第八条　本解释规定的"经济损失"，是指渎职犯罪或者与渎职犯罪相关联的犯罪立案时已经实际造成的财产损失，包括为挽回渎职犯罪所造成损失而支付的各种开支、费用等。立案后至提起公诉前持续发生的经济损失，应一并计入渎职犯罪造成的经济损失。

债务人经法定程序被宣告破产，债务人潜逃、去向不明，或者因行为人的责任超过诉讼时效等，致使债权已经无法实现的，无法实现的债权部分应当认定为渎职犯罪的经济损失。

渎职犯罪或者与渎职犯罪相关联的犯罪立案后，犯罪分子及其亲友自行挽回的经济损失，司法机关或者犯罪分子所在单位及其上级主管部门挽回的经济损失，或者因客观原因减少的经济损失，不予扣减，但可以作为酌定从轻处罚的情节。

第九条　负有监督管理职责的国家机关工作人员滥用职权或者玩忽职守，致使不符合安全标准的食品、有毒有害食品、假药、劣药等流入社会，对人民群众生命、健康造成严重危害后果的，依照渎职罪的规定从严惩处。

第十条　最高人民法院、最高人民检察院此前发布的司法解释与本解释不一致的，以本解释为准。

最高人民法院　最高人民检察院关于办理危害生产安全刑事案件适用法律若干问题的解释

法释〔2015〕22 号

（2015 年 11 月 9 日最高人民法院审判委员会第 1665 次会议、2015 年 12 月 9 日最高人民检察院第十二届检察委员会第 44 次会议通过）

为依法惩治危害生产安全犯罪，根据刑法有关规定，现就办理此类刑事案件适用法律的若干问题解释如下：

第一条　刑法第一百三十四条第一款规定的犯罪主体，包括对生产、作业负有组织、指挥或者管理职责的负责人、管理人员、实际控制人、投资人等人员，以及直接从事生产、作业的人员。

第二条　刑法第一百三十四条第二款规定的犯罪主体，包括对生产、作业负有组织、指挥或者管理职责的负责人、管理人员、实际控制人、投资人等人员。

第三条　刑法第一百三十五条规定的"直接负责的主管人员和其他直接责任人员"，是指对安全生产设施或者安全生产条件不符合国家规定负有直接责任的生产经营单位负责人、管理人员、实际控制人、投资人，以及其他对安全生产设施或者安全生产条件负有管理、维护职责的人员。

第四条　刑法第一百三十九条之一规定的"负有报告职责的人员"，是指负有组织、指挥或者管理职责的负责人、管理人员、实际控制人、投资人，以及其他负有报告职责的人员。

第五条　明知存在事故隐患、继续作业存在危险，仍然违反有关安全管理的规定，实施下列行为之一的，应当认定为刑法第一百三十四条第二款规定的"强令他人违章冒险作业"：

（一）利用组织、指挥、管理职权，强制他人违章作业的；

（二）采取威逼、胁迫、恐吓等手段，强制他人违章作业的；

（三）故意掩盖事故隐患，组织他人违章作业的；

（四）其他强令他人违章作业的行为。

第六条　实施刑法第一百三十二条、第一百三十四条第一款、第一百三十五条、第一百三十五条之一、第一百三十六条、第一百三十九条规定的行为，因而发生安全事故，具有下列情形之一的，应当认定为"造成严重后果"或者"发生重大伤亡事故或者造成其他严重后果"，对相关责任人员，处三年以下有期徒刑或者拘役：

（一）造成死亡一人以上，或者重伤三人以上的；

（二）造成直接经济损失一百万元以上的；

（三）其他造成严重后果或者重大安全事故的情形。

实施刑法第一百三十四条第二款规定的行为，因而发生安全事故，具有本条第一款规定情形的，应当认定为"发生重大伤亡事故或者造成其他严重后果"，对相关责任人员，处五年以下有期徒刑或者拘役。

实施刑法第一百三十七条规定的行为，因而发生安全事故，具有本条第一款规定情形的，应当认定为"造成重大安全事故"，对直接责任人员，处五年以下有期徒刑或者拘役，并处罚金。

实施刑法第一百三十八条规定的行为，因而发生安全事故，具有本条第一款第一项规定情形的，应当认定为"发生重大伤亡事故"，对直接责任人员，处三年以下有期徒刑或者拘役。

第七条　实施刑法第一百三十二条、第一百三十四条第一款、第一百三十五条、第一百三十五条之一、第一百三十六条、第一百三十九条规定的行为，因而发生安全事故，具有下列情形之一的，对相关责任人员，处三年以上七年以下有期徒刑：

（一）造成死亡三人以上或者重伤十人以上，负事故主要责任的；

（二）造成直接经济损失五百万元以上，负事故主要责任的；

（三）其他造成特别严重后果、情节特别恶劣或者后果特别严重的情形。

实施刑法第一百三十四条第二款规定的行为，因而发生安全事故，具有本条第一款规定情形的，对相关责任人员，处五年以上有期徒刑。

实施刑法第一百三十七条规定的行为，因而发生安全事故，具有本条第一款规定情形的，对直接责任人员，处五年以上十年以下有期徒刑，并处罚金。

实施刑法第一百三十八条规定的行为，因而发生安全事故，具有下列情形之一的，对直接责任人员，处三年以上七年以下有期徒刑：

（一）造成死亡三人以上或者重伤十人以上，负事故主要责任的；

（二）具有本解释第六条第一款第一项规定情形，同时造成直接经济损失五百万元以上并负事故主要责任的，或者同时造成恶劣社会影响的。

第八条　在安全事故发生后，负有报告职责的人员不报或者谎报事故情况，贻误事故抢救，具有下列情形之一的，应当认定为刑法第一百三十九条之一规定的"情节严重"：

（一）导致事故后果扩大，增加死亡一人以上，或者增加重伤三人以上，或者增加直接经济损失一百万元以上的；

（二）实施下列行为之一，致使不能及时有效开展事故抢救的：

1. 决定不报、迟报、谎报事故情况或者指使、串通有关人员不报、迟报、谎报事故情况的；

2. 在事故抢救期间擅离职守或者逃匿的；

3. 伪造、破坏事故现场，或者转移、藏匿、毁灭遇难人员尸体，或者转移、藏匿受伤人员的；

4. 毁灭、伪造、隐匿与事故有关的图纸、记录、计算机数据等资料以及其他证据的；

（三）其他情节严重的情形。

具有下列情形之一的，应当认定为刑法第一百三十九条之一规定的"情节特别严重"：

1. 导致事故后果扩大，增加死亡三人以上，或者增加重伤十人以上，或者增加直接经济损失五百万元以上的；

2. 采用暴力、胁迫、命令等方式阻止他人报告事故情况，导致事故后果扩大的；

3. 其他情节特别严重的情形。

第九条　在安全事故发生后，与负有报告职责的人员串通，不报或者谎报事故情况，贻误事故抢救，情节严重的，依照刑法第一百三十九条之一的规定，以共犯论处。

第十条　在安全事故发生后，直接负责的主管人员和其他直接责任人员故意阻挠开展抢救，导致人员死亡或者重伤，或者为了逃避法律追究，对被害人进行隐藏、遗弃，致使被害人因无法得到救助而死亡或者重度残疾的，分别依照刑法第二百三十二条、第二百三十四条的规定，以故意杀人罪或者故意伤害罪定罪处罚。

第十一条　生产不符合保障人身、财产安全的国家标准、行业标准的安全设备，或者明知安全设备不符合保障人身、财产安全的国家标准、行业标准而进行销售，致使发生安全事故，造成严重后果的，依照刑法第一百四十六条的规定，以生产、销售不符合安全标准的产品罪定罪处罚。

第十二条　实施刑法第一百三十二条、第一百三十四条至第一百三十九条之一规定的犯罪行为，具有下列情形之一的，从重处罚：

（一）未依法取得安全许可证件或者安全许可证件过期、被暂扣、吊销、注销后从事生产经营活动的；

（二）关闭、破坏必要的安全监控和报警设备的；

（三）已经发现事故隐患，经有关部门或者个人提出后，仍不采取措施的；

（四）一年内曾因危害生产安全违法犯罪活动受过行政处罚或者刑事处罚的；

（五）采取弄虚作假、行贿等手段，故意逃避、阻挠负有安全监督管理职责的部门实施监督检查的；

（六）安全事故发生后转移财产意图逃避承担责任的；

（七）其他从重处罚的情形。

实施前款第五项规定的行为，同时构成刑法第三百八十九条规定的犯罪的，依照数罪并罚的规定处罚。

第十三条　实施刑法第一百三十二条、第一百三十四条至第一百三十九条之一规定的犯罪行为，在安全事故发生后积极组织、参与事故抢救，或者积极配合调查、主动赔偿损失的，可以酌情从轻处罚。

第十四条　国家工作人员违反规定投资入股生产经营，构成本解释规定的有关犯罪的，或者国家工作人员的贪污、受贿犯罪行为与安全事故发生存在关联性的，从重处罚；同时构成贪污、受贿犯罪和危害生产安全犯罪的，依照数罪并罚的规定处罚。

第十五条　国家机关工作人员在履行安全监督管理职责时滥用职权、玩忽职守，致使公共财产、国家和人民利益遭受重大损失的，或者徇私舞弊，对发现的刑事案件依法应当移交司法机关追究刑事责任而不移交，情节严重的，分别依照刑法第三百九十七条、第四百零二条的规定，以滥用职权罪、玩忽职守罪或者徇私舞弊不移交刑事案件罪定罪处罚。

公司、企业、事业单位的工作人员在依法或者受委托行使安全监督管理职责时滥用职权或者玩忽职守，构成犯罪的，应当依照《全国人民代表大会常务委员会关于〈中华人民共和国刑法〉第九章渎职罪主体适用问题的解释》的规定，适用渎职罪的规定追究刑事责任。

第十六条　对于实施危害生产安全犯罪适用缓刑的犯罪分子，可以根据犯罪情况，禁止其在缓刑考验期限内从事与安全生产相关联的特定活动；对于被判处刑罚的犯罪分子，可以根据犯罪情况和预防再犯罪的需要，禁止其自刑罚执行完毕之日或者假释之日起三年至五年内从事与安全生产相关的职业。

第十七条　本解释自 2015 年 12 月 16 日起施行。本解释施行后，《最高人民法院、最高人民检察院关于办理危害矿山生产安全刑事案件具体应用法律若干问题的解释》（法释〔2007〕5 号）同时废止。最高人民法院、最高人民检察院此前发布的司法解释和规范性文件与本解释不一致的，以本解释为准。

最高人民法院　最高人民检察院关于办理环境污染刑事案件适用法律若干问题的解释

法释〔2016〕29 号

（2016 年 11 月 7 日最高人民法院审判委员会第 1698 次会议、2016 年 12 月 8 日最高人民检察院第十二届检察委员会第 58 次会议通过，自 2017 年 1 月 1 日起施行）

为依法惩治有关环境污染犯罪，根据《中华人民共和国刑法》《中华人民共和国刑事诉讼法》的有关规定，现就办理此类刑事案件适用法律的若干问题解释如下：

第一条　实施刑法第三百三十八条规定的行为，具有下列情形之一的，应当认定为"严重污染环境"：

（一）在饮用水水源一级保护区、自然保护区核心区排放、倾倒、处置有放射性的废物、含传染病病原体的废物、有毒物质的；

（二）非法排放、倾倒、处置危险废物 3t 以上的；

（三）排放、倾倒、处置含铅、汞、镉、铬、砷、铊、锑的污染物，超过国家或者地方污染物排放标准 3 倍以上的；

（四）排放、倾倒、处置含镍、铜、锌、银、钒、锰、钴的污染物，超过国家或者地方污染物排放标准 10 倍以上的；

（五）通过暗管、渗井、渗坑、裂隙、溶洞、灌注等逃避监管的方式排放、倾倒、处置有放射性的废物、含传染病病原体的废物、有毒物质的；

（六）二年内曾因违反国家规定，排放、倾倒、处置有放射性的废物、含传染病病原体的废物、有毒物质受过两次以上行政处罚，又实施前列行为的；

（七）重点排污单位篡改、伪造自动监测数据或者干扰自动监测设施，排放化学需氧量、氨氮、二氧化硫、氮氧化物等污染物的；

（八）违法减少防治污染设施运行支出 100 万元以上的；

（九）违法所得或者致使公私财产损失 30 万元以上的；

（十）造成生态环境严重损害的；

（十一）致使乡镇以上集中式饮用水水源取水中断 12 小时以上的；

（十二）致使基本农田、防护林地、特种用途林地 5 亩以上，其他农用地 10 亩以上，其他土地 20 亩以上基本功能丧失或者遭受永久性破坏的；

（十三）致使森林或者其他林木死亡 50m³ 以上，或者幼树死亡 2 500 株以上的；

（十四）致使疏散、转移群众 5 000 人以上的；

（十五）致使 30 人以上中毒的；

（十六）致使 3 人以上轻伤、轻度残疾或者器官组织损伤导致一般功能障碍的；

（十七）致使 1 人以上重伤、中度残疾或者器官组织损伤导致严重功能障碍的；

（十八）其他严重污染环境的情形。

第二条　实施刑法第三百三十九条、第四百零八条规定的行为，致使公私财产损失 30 万元以上，或者具有本解释第一条第十项至第十七项规定情形之一的，应当认定为"致使公私财产遭受重大损失或者严重危害人体健康"或者"致使公私财产遭受重大损失或者造成人身伤亡的严重后果"。

第三条　实施刑法第三百三十八条、第三百三十九条规定的行为，具有下列情形之一的，应当认定为"后果特别严重"：

（一）致使县级以上城区集中式饮用水水源取水中断 12 小时以上的；

（二）非法排放、倾倒、处置危险废物 100t 以上的；

（三）致使基本农田、防护林地、特种用途林地 15 亩以上，其他农用地 30 亩以上，其他土地 60 亩以上基本功能丧失或者遭受永久性破坏的；

（四）致使森林或者其他林木死亡 150m³ 以上，或者幼树死亡 7 500 株以上的；

（五）致使公私财产损失 100 万元以上的；

（六）造成生态环境特别严重损害的；

（七）致使疏散、转移群众 15 000 人以上的；

（八）致使 100 人以上中毒的；

（九）致使 10 人以上轻伤、轻度残疾或者器官组织损伤导致一般功能障碍的；

（十）致使 3 人以上重伤、中度残疾或者器官组织损伤导致严重功能障碍的；

（十一）致使 1 人以上重伤、中度残疾或者器官组织损伤导致严重功能障碍，并致使五人以上轻伤、轻度残疾或者器官组织损伤导致一般功能障碍的；

（十二）致使 1 人以上死亡或者重度残疾的；

（十三）其他后果特别严重的情形。

第四条　实施刑法第三百三十八条、第三百三十九条规定的犯罪行为，具有下列情形之一的，应当从重处罚：

（一）阻挠环境监督检查或者突发环境事件调查，尚不构成妨害公务等犯罪的；

（二）在医院、学校、居民区等人口集中地区及其附近，违反国家规定排放、倾倒、处置有放射性的废物、含传染病病原体的废物、有毒物质或者其他有害物质的；

（三）在重污染天气预警期间、突发环境事件处置期间或者被责令限期整改期间，违反国家规定排放、倾倒、处置有放射性的废物、含传染病病原体的废物、有毒物质或者其他有害物质的；

（四）具有危险废物经营许可证的企业违反国家规定排放、倾倒、处置有放射性的废物、含传染病病原体的废物、有毒物质或者其他有害物质的。

第五条 实施刑法第三百三十八条、第三百三十九条规定的行为，刚达到应当追究刑事责任的标准，但行为人及时采取措施，防止损失扩大、消除污染，全部赔偿损失，积极修复生态环境，且系初犯，确有悔罪表现的，可以认定为情节轻微，不起诉或者免予刑事处罚；确有必要判处刑罚的，应当从宽处罚。

第六条 无危险废物经营许可证从事收集、贮存、利用、处置危险废物经营活动，严重污染环境的，按照污染环境罪定罪处罚；同时构成非法经营罪的，依照处罚较重的规定定罪处罚。

实施前款规定的行为，不具有超标排放污染物、非法倾倒污染物或者其他违法造成环境污染的情形的，可以认定为非法经营情节显著轻微危害不大，不认为是犯罪；构成生产、销售伪劣产品等其他犯罪的，以其他犯罪论处。

第七条 明知他人无危险废物经营许可证，向其提供或者委托其收集、贮存、利用、处置危险废物，严重污染环境的，以共同犯罪论处。

第八条 违反国家规定，排放、倾倒、处置含有毒害性、放射性、传染病病原体等物质的污染物，同时构成污染环境罪、非法处置进口的固体废物罪、投放危险物质罪等犯罪的，依照处罚较重的规定定罪处罚。

第九条 环境影响评价机构或其人员，故意提供虚假环境影响评价文件，情节严重的，或者严重不负责任，出具的环境影响评价文件存在重大失实，造成严重后果的，应当依照刑法第二百二十九条、第二百三十一条的规定，以提供虚假证明文件罪或者出具证明文件重大失实罪定罪处罚。

第十条　违反国家规定，针对环境质量监测系统实施下列行为，或者强令、指使、授意他人实施下列行为的，应当依照刑法第二百八十六条的规定，以破坏计算机信息系统罪论处：

（一）修改参数或者监测数据的；

（二）干扰采样，致使监测数据严重失真的；

（三）其他破坏环境质量监测系统的行为。

重点排污单位篡改、伪造自动监测数据或者干扰自动监测设施，排放化学需氧量、氨氮、二氧化硫、氮氧化物等污染物，同时构成污染环境罪和破坏计算机信息系统罪的，依照处罚较重的规定定罪处罚。

从事环境监测设施维护、运营的人员实施或者参与实施篡改、伪造自动监测数据、干扰自动监测设施、破坏环境质量监测系统等行为的，应当从重处罚。

第十一条　单位实施本解释规定的犯罪的，依照本解释规定的定罪量刑标准，对直接负责的主管人员和其他直接责任人员定罪处罚，并对单位判处罚金。

第十二条　环境保护主管部门及其所属监测机构在行政执法过程中收集的监测数据，在刑事诉讼中可以作为证据使用。

公安机关单独或者会同环境保护主管部门，提取污染物样品进行检测获取的数据，在刑事诉讼中可以作为证据使用。

第十三条　对国家危险废物名录所列的废物，可以依据涉案物质的来源、产生过程、被告人供述、证人证言以及经批准或者备案的环境影响评价文件等证据，结合环境保护主管部门、公安机关等出具的书面意见作出认定。

对于危险废物的数量，可以综合被告人供述，涉案企业的生产工艺、物耗、能耗情况，以及经批准或者备案的环境影响评价文件等证据作出认定。

第十四条　对案件所涉的环境污染专门性问题难以确定的，依据司法鉴定机构出具的鉴定意见，或者国务院环境保护主管部门、公安部门指定的机构出具的报告，结合其他证据作出认定。

第十五条　下列物质应当认定为刑法第三百三十八条规定的"有毒物质"：

（一）危险废物，是指列入国家危险废物名录，或者根据国家规定的危险废物鉴别标准和鉴别方法认定的，具有危险特性的废物；

（二）《关于持久性有机污染物的斯德哥尔摩公约》附件所列物质；

（三）含重金属的污染物；

（四）其他具有毒性，可能污染环境的物质。

第十六条　无危险废物经营许可证，以营利为目的，从危险废物中提取物质作为原材料或者燃料，并具有超标排放污染物、非法倾倒污染物或者其他违法造成环境污染的情形的行为，应当认定为"非法处置危险废物"。

第十七条　本解释所称"二年内"，以第一次违法行为受到行政处罚的生效之日与又实施相应行为之日的时间间隔计算确定。

本解释所称"重点排污单位"，是指设区的市级以上人民政府环境保护主管部门依法确定的应当安装、使用污染物排放自动监测设备的重点监控企业及其他单位。

本解释所称"违法所得"，是指实施刑法第三百三十八条、第三百三十九条规定的行为所得和可得的全部违法收入。

本解释所称"公私财产损失"，包括实施刑法第三百三十八条、第三百三十九条规定的行为直接造成财产损毁、减少的实际价值，为防止污染扩大、消除污染而采取必要合理措施所产生的费用，以及处置突发环境事件的应急监测费用。

本解释所称"生态环境损害"，包括生态环境修复费用，生态环境修复期间服务功能的损失和生态环境功能永久性损害造成的损失，以及其他必要合理费用。

本解释所称"无危险废物经营许可证"，是指未取得危险废物经营许可证，或者超出危险废物经营许可证的经营范围。

第十八条　本解释自 2017 年 1 月 1 日起施行。本解释施行后，《最高人民法院、最高人民检察院关于办理环境污染刑事案件适用法律若干问题的解释》（法释〔2013〕15 号）同时废止；之前发布的司法解释与本解释不一致的，以本解释为准。

最高人民法院　最高人民检察院　公安部　司法部 生态环境部印发《关于办理环境污染刑事案件有关 问题座谈会纪要》的通知

各省、自治区、直辖市高级人民法院、人民检察院、公安厅（局）、司法厅（局）、生态环境厅（局），解放军军事法院、解放军军事检察院，新疆维吾尔自治区高级人民法院生产建设兵团分院，新疆生产建设兵团人民检察院、公安局、司法局、环境保护局：

为深入学习贯彻习近平生态文明思想，认真落实党中央重大决策部署和全国人大常委会决议要求，全力参与和服务保障打好污染防治攻坚战，推进生态文明建设，形成各部门依法惩治环境污染犯罪的合力，2018 年 12 月，最高人民法院、最高人民检察院、公安部、司法部、生态环境部在北京联合召开座谈会。会议交流了当前办理环境污染刑事案件的工作情况，分析了遇到的突出困难和问题，研究了解决措施，对办理环境污染刑事案件中的有关问题形成了统一认识。现将会议纪要印发，请认真组织学习，并在工作中遵照执行。执行中遇到的重大问题，请及时向最高人民法院、最高人民检察院、公安部、司法部、生态环境部请示报告。

最高人民法院 最高人民检察院

公安部 司法部 生态环境部

2019 年 2 月 20 日

关于办理环境刑事案件有关问题座谈会纪要

2018 年 6 月 16 日，中共中央、国务院发布《关于全面加强生态环境保护坚决打好污染防治攻坚战的意见》。7 月 10 日，全国人民代表大会常务委员会通过了《关于全面加强生态环境保护依法推动打好污染防治攻坚战的决议》。为深入学习贯彻习近平生态文明思想，认真落实党中央重大决策部署和全国人大常委会决议要求，全力参与和服务保障打好污染防治攻坚战，推进生态文明建设，形成各部门依法惩治环境污染犯罪的合力，2018 年 12 月，最高人民法院、最高人民检察院、公安部、司法部、生态环境部在北京联合召开座谈会。会议交流了当前办理环境污染刑事案件的工作情况，分析了遇到的突出困难和问题，研究了解决措施。会议对办理环境污染刑事案件中的有关问题形成了统一认识。纪要如下：

一

会议指出，2018 年 5 月 18 日至 19 日，全国生态环境保护大会在北京胜利召开，习近平总书记出席会议并发表重要讲话，着眼人民福祉和民族未来，从党和国家事业发展全局出发，全面总结党的十八大以来我国生态文明建设和生态环境保护工作取得的历史性成就、发生的历史性变革，深刻阐述加强生态文明建设的重大意义，明确提出加强生态文明建设必须坚持的重要原则，对加强生态环境保护、打好污染防治攻坚战作出了全面部署。这次大会最大的亮点，就是确立了习近平生态文明思想。习近平生态文明思想站在坚持和发展中国特色社会主义、实现中华民族伟大复兴中国梦的战略高度，把生态文明建设摆在治国理政的突出位置，作为统筹推进"五位一体"总体布局和协调推进"四个全面"战略布局的重要内容，深刻回答了为什么建设生态文明、建设什么样的生态文明、怎样建设生态文明的重大理论和实践问题，是习近平新时代中国特色社会主义思想的重要组成部分。各部门要认真学习、深刻领会、全面贯彻习近平生态文明思想，将其作为生态环境行政执法和司法办案的行动指南和根本遵循，为守护绿水青山蓝天、建设美丽中国提供有力保障。

会议强调，打好防范化解重大风险、精准脱贫、污染防治的攻坚战，是以习近平同志为核心的党中央深刻分析国际国内形势，着眼党和国家事业发展全局作出的重大战略部署，对于夺取全面建成小康社会伟大胜利、开启全面建设社会主义现代化强国新征程具有重大的现实意义和深远的历史意义。服从服务党和国家工作大局，充分发挥职能作用，努力为打好打赢三大攻坚战提供优质法治环境和司法保障，是当前和今后一个时期人民法院、人民检察院、公安机关、司法行政机关、生态环境部门的重点任务。

会议指出，2018 年 12 月 19 日至 21 日召开的中央经济工作会议要求，打好污染防治攻坚战，要坚守阵地、巩固成果，聚焦做好打赢蓝天保卫战等工作，加大工作和投入力度，同时要统筹兼顾，避免处置措施简单粗暴。各部门要认真领会会议精神，紧密结合实际，强化政治意识、大局意识和责任担当，以加大办理环境污染刑事案件工作力度作为切入点和着力点，主动调整工作思路，积极谋划工作举措，既要全面履职、积极作为，又要综合施策、精准发力，保障污染防治攻坚战顺利推进。

二

会议要求，各部门要正确理解和准确适用刑法和《最高人民法院、最高人民检察院关于办理环境污染刑事案件适用法律若干问题的解释》（法释〔2016〕29 号，以下称《环境解释》）的规定，坚持最严格的环保司法制度、最严密的环保法治理念，统一执法司法尺度，加大对环境污染犯罪的惩治力度。

1. 关于单位犯罪的认定

会议针对一些地方存在追究自然人犯罪多，追究单位犯罪少，单位犯罪认定难的情况和问题进行了讨论。会议认为，办理环境污染犯罪案件，认定单位犯罪时，应当依法合理把握追究刑事责任的范围，贯彻宽严相济刑事政策，重点打击出资者、经营者和主要获利者，既要防止不当缩小追究刑事责任的人员范围，又要防止打击面过大。

为了单位利益，实施环境污染行为，并具有下列情形之一的，应当认定为单位犯罪：（1）经单位决策机构按照决策程序决定的；（2）经单位实际控制人、主要负责人或者授权的分管负责人决定、同意的；（3）单位实际控制人、主要负责人或者授权的分管负责人得知单位成员个人实施环境污染犯罪行为，并未加以制止或者及时采取措施，而是予以追认、纵容或者默许的；（4）使用单位营业执照、合同书、公章、印鉴等对外开展活动，并调用单位车辆、船舶、生产设备、原辅材料等实施环境污染犯罪行为的。

单位犯罪中的"直接负责的主管人员"，一般是指对单位犯罪起决定、批准、组织、策划、指挥、授意、纵容等作用的主管人员，包括单位实际控制人、主要负责人或者授权的分管负责人、高级管理人员等；"其他直接责任人员"，一般是指在直接负责的主管人员的指挥、授意下积极参与实施单位犯罪或者对具体实施单位犯罪起较大作用的人员。

对于应当认定为单位犯罪的环境污染犯罪案件，公安机关未作为单位犯罪移送审查起诉的，人民检察院应当退回公安机关补充侦查。对于应当认定为单位犯罪的环境污染犯罪案件，人民检察院只作为自然人犯罪起诉的，人民法院应当建议人民检察院对犯罪单位补充起诉。

2. 关于犯罪未遂的认定

会议针对当前办理环境污染犯罪案件中，能否认定污染环境罪（未遂）的问题进行了讨论。会议认为，当前环境执法工作形势比较严峻，一些行为人拒不配合执法检查、接受检查时弄虚作假、故意逃避法律追究的情形时有发生，因此对于行为人已经着手实施非法排放、倾倒、处置有毒有害污染物的行为，由于有关部门查处或者其他意志以外的原因未得逞的情形，可以污染环境罪（未遂）追究刑事责任。

3. 关于主观过错的认定

会议针对当前办理环境污染犯罪案件中，如何准确认定犯罪嫌疑人、被告人主观过错的问题进行了讨论。会议认为，判断犯罪嫌疑人、被告人是否具有环境污染犯罪的故意，应当依据犯罪嫌疑人、被告人的任职情况、职业经历、专业背景、培训经历、本人因同类行为受到行政处罚或者刑事追究情况以及污染物种类、污染方式、资金流向等证据，结合其供述，进行综合分析判断。

实践中，具有下列情形之一，犯罪嫌疑人、被告人不能作出合理解释的，可以认定其故意实施环境污染犯罪，但有证据证明确系不知情的除外：（1）企业没有依法通过环境影响评价，或者未依法取得排污许可证，排放污染物，或者已经通过环境影响评价并且防治污染设施验收合格后，擅自更改工艺流程、原辅材料，导致产生新的污染物质的；（2）不使用验收合格的防治污染设施或者不按规范要求使用的；（3）防治污染设施发生故障，发现后不及时排除，继续生产放任污染物排放的；（4）生态环境部门责令限制生产、停产整治或者予以行政处罚后，继续生产放任污染物排放的；（5）将危险废物委托第三方处置，没有尽到查验经营许可的义务，或者委托处置费用明显低于市场价格或者处置成本的；（6）通过暗管、渗井、渗坑、裂隙、溶洞、灌注等逃避监管的方式排放污染物的；（7）通过篡改、伪造监测数据的方式排放污染物的；（8）其他足以认定的情形。

4. 关于生态环境损害标准的认定

会议针对如何适用《环境解释》第一条、第三条规定的"造成生态环境严重损害的""造成生态环境特别严重损害的"定罪量刑标准进行了讨论。会议指出，生态环境损害赔偿制度是生态文明制度体系的重要组成部分。党中央、国务院高度重视生态环境损害赔偿工作，党的十八届三中全会明确提出对造成生态环境损害的责任者严格实行赔偿制度。2015年，中央办公厅、国务院办公厅印发《生态环境损害赔偿制度改革试点方案》（中办发〔2015〕57号），在吉林等7个省市部署开展改革试点，取得明显成效。2017年，中央办公厅、国务院办公厅印发《生态环境损害赔偿制度改革方案》（中办发〔2017〕68号），在全国范围内试行生态环境损害赔偿制度。

会议指出，《环境解释》将造成生态环境损害规定为污染环境罪的定罪量刑标准之一，是为了与生态环境损害赔偿制度实现衔接配套，考虑到该制度尚在试行过程中，《环境解释》作了较原则的规定。司法实践中，一些省市结合本地区工作实际制定了具体标准。会议认为，在生态环境损害赔偿制度试行阶段，全国各省（自治区、直辖市）可以结合本地实际情况，因地制宜，因时制宜，根据案件具体情况准确认定"造成生态环境严重损害"和"造成生态环境特别严重损害"。

5. 关于非法经营罪的适用

会议针对如何把握非法经营罪与污染环境罪的关系以及如何具体适用非法经营罪的问题进行了讨论。会议强调，要高度重视非法经营危险废物案件的办理，坚持全链条、全环节、全流程对非法排放、倾倒、处置、经营危险废物的产业链进行刑事打击，查清犯罪网络，深挖犯罪源头，斩断利益链条，不断挤压和铲除此类犯罪滋生蔓延的空间。

会议认为，准确理解和适用《环境解释》第六条的规定应当注意把握两个原则：一要坚持实质判断原则，对行为人非法经营危险废物行为的社会危害性作实质性判断。比如，一些单位或者个人虽未依法取得危险废物经营许可证，但其收集、贮存、利用、处置危险废物经营活动，没有超标排放污染物、非法倾倒污染物或者其他违法造成环境污染情形的，则不宜以非法经营罪论处。二要坚持综合判断原则，对行为人非法经营危险废物行为根据其在犯罪链条中的地位、作用综合判断其社会危害性。比如，有证据证明单位或者个人的无证经营危险废物行为属于危险废物非法经营产业链的一部分，并且已经形成了分工负责、利益均沾、相对固定的犯罪链条，如果行为人或者与其联系紧密的上游或者下游环节具有排放、倾倒、处置危险废物违法造成环境污染的情形，且交易价格明显异常的，对行为人可以根据案件具体情况在污染环境罪和非法经营罪中，择一重罪处断。

6. 关于投放危险物质罪的适用

会议强调，目前我国一些地方环境违法犯罪活动高发多发，刑事处罚威慑力不强的问题仍然突出，现阶段在办理环境污染犯罪案件时必须坚决贯彻落实中央领导同志关于重典治理污染的指示精神，把刑法和《环境解释》的规定用足用好，形成对环境污染违法犯罪的强大震慑。

会议认为，司法实践中对环境污染行为适用投放危险物质罪追究刑事责任时，应当重点审查判断行为人的主观恶性、污染行为恶劣程度、污染物的毒害性危险性、污染持续时间、污染结果是否可逆、是否对公共安全造成现实、具体、明确的危险或者危害等各方面因素。对于行为人明知其排放、倾倒、处置的污染物含有毒害性、放射性、传染病病原体等危险物质，仍实施环境污染行为放任其危害公共安全，造成重大人员伤亡、重大公私财产损失等严重后果，以污染环境罪论处明显不足以罚当其罪的，可以按投放危险物质罪定罪量刑。实践中，此类情形主要是向饮用水水源保护区，饮用水供水单位取水口和出水口，南水北调水库、干渠、涵洞等配套工程，重要渔业水体以及自然保护区核心区等特殊保护区域，排放、倾倒、处置毒害性极强的污染物，危害公共安全并造成严重后果的情形。

7. 关于涉大气污染环境犯罪的处理

会议针对涉大气污染环境犯罪的打击处理问题进行了讨论。会议强调，打赢蓝天保卫战是打好污染防治攻坚战的重中之重。各级人民法院、人民检察院、公安机关、生态环境部门要认真分析研究全国人大常委会大气污染防治法执法检查发现的问题和提出的建议，不断加大对涉大气污染环境犯罪的打击力度，毫不动摇地以法律武器治理污染，用法治力量保卫蓝天，推动解决人民群众关注的突出大气环境问题。

会议认为，司法实践中打击涉大气污染环境犯罪，要抓住关键问题，紧盯薄弱环节，突出打击重点。对重污染天气预警期间，违反国家规定，超标排放二氧化硫、氮氧化物，受过行政处罚后又实施上述行为或者具有其他严重情节的，可以适用《环境解释》第一条第十八项规定的"其他严重污染环境的情形"追究刑事责任。

8. 关于非法排放、倾倒、处置行为的认定

会议针对如何准确认定环境污染犯罪中非法排放、倾倒、处置行为进行了讨论。会议认为，司法实践中认定非法排放、倾倒、处置行为时，应当根据《固体废物污染环境防治法》和《环境解释》的有关规定精神，从其行为方式是否违反国家规定或者行业操作规范、污染物是否与外环境接触、是否造成环境污染的危险或者危害等方面进行综合分析判断。对名为运输、贮存、利用，实为排放、倾倒、处置的行为应当认定为非法排放、倾倒、处置行为，可以依法追究刑事责任。比如，未采取相应防范措施将没有利用价值的危险废物长期贮存、搁置，放任危险废物或者其有毒有害成分大量扬散、流失、泄漏、挥发，污染环境的。

9. 关于有害物质的认定

会议针对如何准确认定刑法第三百三十八条规定的"其他有害物质"的问题进行了讨论。会议认为，办理非法排放、倾倒、处置其他有害物质的案件，应当坚持主客观相一致原则，从行为人的主观恶性、污染行为恶劣程度、有害物质危险性毒害性等方面进行综合分析判断，准确认定其行为的社会危害性。实践中，常见的有害物质主要有：工业危险废物以外的其他工业固体废物；未经处理的生活垃圾；有害大气污染物、受控消耗臭氧层物质和有害水污染物；在利用和处置过程中必然产

生有毒有害物质的其他物质；国务院生态环境保护主管部门会同国务院卫生主管部门公布的有毒有害污染物名录中的有关物质等。

10. 关于从重处罚情形的认定

会议强调，要坚决贯彻党中央推动长江经济带发展的重大决策，为长江经济带共抓大保护、不搞大开发提供有力的司法保障。实践中，对于发生在长江经济带十一省（直辖市）的下列环境污染犯罪行为，可以从重处罚：（1）跨省（直辖市）排放、倾倒、处置有放射性的废物、含传染病病原体的废物、有毒物质或者其他有害物质的；（2）向国家确定的重要江河、湖泊或者其他跨省（直辖市）江河、湖泊排放、倾倒、处置有放射性的废物、含传染病病原体的废物、有毒物质或者其他有害物质的。

11. 关于严格适用不起诉、缓刑、免予刑事处罚

会议针对当前办理环境污染犯罪案件中如何严格适用不起诉、缓刑、免予刑事处罚的问题进行了讨论。会议强调，环境污染犯罪案件的刑罚适用直接关系加强生态环境保护打好污染防治攻坚战的实际效果。各级人民法院、人民检察院要深刻认识环境污染犯罪的严重社会危害性，正确贯彻宽严相济刑事政策，充分发挥刑罚的惩治和预防功能。要在全面把握犯罪事实和量刑情节的基础上严格依照刑法和刑事诉讼法规定的条件适用不起诉、缓刑、免予刑事处罚，既要考虑从宽情节，又要考虑从严情节；既要做到刑罚与犯罪相当，又要做到刑罚执行方式与犯罪相当，切实避免不起诉、缓刑、免予刑事处罚不当适用造成的消极影响。

会议认为，具有下列情形之一的，一般不适用不起诉、缓刑或者免予刑事处罚：（1）不如实供述罪行的；（2）属于共同犯罪中情节严重的主犯的；（3）犯有数个环境污染犯罪依法实行并罚或者以一罪处理的；（4）曾因环境污染违法犯罪行为受过行政处罚或者刑事处罚的；（5）其他不宜适用不起诉、缓刑、免予刑事处罚的情形。

会议要求，人民法院审理环境污染犯罪案件拟适用缓刑或者免予刑事处罚的，应当分析案发前后的社会影响和反映，注意听取控辩双方提出的意见。对于情节恶劣、社会反映强烈的环境污染犯罪，不得适用缓刑、免予刑事处罚。人民法院对判处缓刑的被告人，一般应当同时宣告禁止令，禁止其在缓刑考验期内从事与排污或者处置危险废物有关的经营活动。生态环境部门根据禁止令，对上述人员担任实际控制人、主要负责人或者高级管理人员的单位，依法不得发放排污许可证或者危险废物经营许可证。

三

会议要求，各部门要认真执行《环境解释》和环境保护部、公安部、最高人民检察院《环境保护行政执法与刑事司法衔接工作办法》（环环监〔2017〕17号）的有关规定，进一步理顺部门职责，畅通衔接渠道，建立健全环境行政执法与刑事司法衔接的长效工作机制。

12. 关于管辖的问题

会议针对环境污染犯罪案件的管辖问题进行了讨论。会议认为，实践中一些环境污染犯罪案件属于典型的跨区域刑事案件，容易存在管辖不明或者有争议的情况，各级人民法院、人民检察院、公安机关要加强沟通协调，共同研究解决。

会议提出，跨区域环境污染犯罪案件由犯罪地的公安机关管辖。如果由犯罪嫌疑人居住地的公安机关管辖更为适宜的，可以由犯罪嫌疑人居住地的公安机关管辖。犯罪地包括环境污染行为发生地和结果发生地。"环境污染行为发生地"包括环境污染行为的实施地以及预备地、开始地、途经地、结束地以及排放、倾倒污染物的车船停靠地、始发地、途经地、到达地等地点；环境污染行为有连续、持续或者继续状态的，相关地方都属于环境污染行为发生地。"环境污染结果发生地"包括污染物排放地、倾倒地、堆放地、污染发生地等。

多个公安机关都有权立案侦查的，由最初受理地或者主要犯罪地的公安机关立案侦查，管辖有争议的，按照有利于查清犯罪事实、有利于诉讼的原则，由共同的上级公安机关协调确定的公安机关立案侦查，需要提请批准逮捕、移送审查起诉、提起公诉的，由该公安机关所在地的人民检察院、人民法院受理。

13. 关于危险废物的认定

会议针对危险废物如何认定以及是否需要鉴定的问题进行了讨论。会议认为，根据《环境解释》的规定精神，对于列入《国家危险废物名录》的，如果来源和相应特征明确，司法人员根据自身专业技术知识和工作经验认定难度不大的，司法机关可以依据名录直接认定。对于来源和相应特征不明确的，由生态环境部门、公安机关等出具书面意见，司法机关可以依据涉案物质的来源、产生过程、被告人供述、证人证言以及经批准或者备案的环境影响评价文件等证据，结合上述书面意见作出是否属于危险废物的认定。对于需要生态环境部门、公安机关等出具书面认定意见的，区分下列情况分别处理：（1）对已确认固体废物产生单位，且产废单位环评文件中明确为危险废物的，根据产废单位建设项目环评文件和审批、验收意见、案件笔录等材料，可对照《国家危险废物名录》等出具认定意见。（2）对已确认固体废物产生单位，但产废单位环评文件中未明确为危险废物的，应进一步分析废物产生工艺，对照判断其是否列入《国家危险废物名录》。列入名录的可以直接出具认定意见；未列入名录的，应根据原辅材料、产生工艺等进一步分析其是否具有危险特性，不可能具有危险特性的，不属于危险废物；可能具有危险特性的，抽取典型样品进行检测，并根据典型样品检测指标浓度，对照《危险废物鉴别标准》（GB 5085.1—7）出具认定意见。（3）对固体废物产生单位无法确定的，应抽取典型样品进行检测，根据典型样品检测指标浓度，对照《危险废物鉴别标准》（GB 5085.1—7）出具认定意见。对确需进一步委托有相关资质的检测鉴定机构进行检测鉴定的，生态环境部门或者公安机关按照有关规定开展检测鉴定工作。

14. 关于鉴定的问题

会议指出，针对当前办理环境污染犯罪案件中存在的司法鉴定有关问题，司法部将会同生态环境部，加快准入一批诉讼急需、社会关注的环境损害司法鉴定机构，加快对环境损害司法鉴定相关技术规范和标准的制定、修改和认定工作，规范鉴定程序，指导各地司法行政机关会同价格主管部门制定出台环境损害司法鉴定收费标准，加强与办案机关的沟通衔接，更好地满足办案机关需求。

会议要求，司法部应当根据《关于严格准入严格监管提高司法鉴定质量和公信力的意见》（司发〔2017〕11号）的要求，会同生态环境部加强对环境损害司法鉴定机构的事中事后监管，加强司法鉴定社会信用体系建设，建立黑名单制度，完善退出机制，及时向社会公开违法违规的环境损害司法鉴定机构和鉴定人行政处罚、行业惩戒等监管信息，对弄虚作假造成环境损害鉴定评估结论严重失实或者违规收取高额费用、情节严重的，依法撤销登记。鼓励有关单位或者个人向司法部、生态环境部举报环境损害司法鉴定机构的违法违规行为。

会议认为，根据《环境解释》的规定精神，对涉及案件定罪量刑的核心或者关键专门性问题难以确定的，由司法鉴定机构出具鉴定意见。实践中，这类核心或者关键专门性问题主要是案件具体适用的定罪量刑标准涉及的专门性问题，比如公私财产损失数额、超过排放标准倍数、污染物性质判断等。对案件的其他非核心或者关键专门性问题，或者可鉴定也可不鉴定的专门性问题，一般不委托鉴定。比如，适用《环境解释》第一条第二项"非法排放、倾倒、处置危险废物三吨以上"的规定对当事人追究刑事责任的，除可能适用公私财产损失第二档定罪量刑标准的以外，则不应再对公私财产损失数额或者超过排放标准倍数进行鉴定。涉及案件定罪量刑的核心或者关键专门性问题难以鉴定或者鉴定费用明显过高的，司法机关可以结合案件其他证据，并参考生态环境部门意见、专家意见等作出认定。

15. 关于监测数据的证据资格问题

会议针对实践中地方生态环境部门及其所属监测机构委托第三方监测机构出具报告的证据资格问题进行了讨论。会议认为，地方生态环境部门及其所属监测机构委托第三方监测机构出具的监测报告，地方生态环境部门及其所属监测机构在行政执法过程中予以采用的，其实质属于《环境解释》第十二条规定的"环境保护主管部门及其所属监测机构在行政执法过程中收集的监测数据"，在刑事诉讼中可以作为证据使用。

行政执法机关移送涉嫌犯罪案件的规定

（2001 年 7 月 9 日中华人民共和国国务院令第 310 号公布　根据 2020 年 8 月 7 日《国务院关于修改〈行政执法机关移送涉嫌犯罪案件的规定〉的决定》修订）

第一条　为了保证行政执法机关向公安机关及时移送涉嫌犯罪案件，依法惩罚破坏社会主义市场经济秩序罪、妨害社会管理秩序罪以及其他罪，保障社会主义建设事业顺利进行，制定本规定。

第二条　本规定所称行政执法机关，是指依照法律、法规或者规章的规定，对破坏社会主义市场经济秩序、妨害社会管理秩序以及其他违法行为具有行政处罚权的行政机关，以及法律、法规授权的具有管理公共事务职能、在法定授权范围内实施行政处罚的组织。

第三条　行政执法机关在依法查处违法行为过程中，发现违法事实涉及的金额、违法事实的情节、违法事实造成的后果等，根据刑法关于破坏社会主义市场经济秩序罪、妨害社会管理秩序罪等罪的规定和最高人民法院、最高人民检察院关于破坏社会主义市场经济秩序罪、妨害社会管理秩序罪等罪的司法解释以及最高人民检察院、公安部关于经济犯罪案件的追诉标准等规定，涉嫌构成犯罪，依法需要追究刑事责任的，必须依照本规定向公安机关移送。

知识产权领域的违法案件，行政执法机关根据调查收集的证据和查明的案件事实，认为存在犯罪的合理嫌疑，需要公安机关采取措施进一步获取证据以判断是否达到刑事案件立案追诉标准的，应当向公安机关移送。

第四条　行政执法机关在查处违法行为过程中，必须妥善保存所收集的与违法行为有关的证据。

行政执法机关对查获的涉案物品，应当如实填写涉案物品清单，并按照国家有关规定予以处理。对易腐烂、变质等不宜或者不易保管的涉案物品，应当采取必要措施，留取证据；对需要进行检验、鉴定的涉案物品，应当由法定检验、鉴定机构进行检验、鉴定，并出具检验报告或者鉴定结论。

第五条　行政执法机关对应当向公安机关移送的涉嫌犯罪案件，应当立即指定

2 名或者 2 名以上行政执法人员组成专案组专门负责，核实情况后提出移送涉嫌犯罪案件的书面报告，报经本机关正职负责人或者主持工作的负责人审批。

行政执法机关正职负责人或者主持工作的负责人应当自接到报告之日起 3 日内作出批准移送或者不批准移送的决定。决定批准的，应当在 24 小时内向同级公安机关移送；决定不批准的，应当将不予批准的理由记录在案。

第六条 行政执法机关向公安机关移送涉嫌犯罪案件，应当附有下列材料：

（一）涉嫌犯罪案件移送书；

（二）涉嫌犯罪案件情况的调查报告；

（三）涉案物品清单；

（四）有关检验报告或者鉴定结论；

（五）其他有关涉嫌犯罪的材料。

第七条 公安机关对行政执法机关移送的涉嫌犯罪案件，应当在涉嫌犯罪案件移送书的回执上签字；其中，不属于本机关管辖的，应当在 24 小时内转送有管辖权的机关，并书面告知移送案件的行政执法机关。

第八条 公安机关应当自接受行政执法机关移送的涉嫌犯罪案件之日起 3 日内，依照刑法、刑事诉讼法以及最高人民法院、最高人民检察院关于立案标准和公安部关于公安机关办理刑事案件程序的规定，对所移送的案件进行审查。认为有犯罪事实，需要追究刑事责任，依法决定立案的，应当书面通知移送案件的行政执法机关；认为没有犯罪事实，或者犯罪事实显著轻微，不需要追究刑事责任，依法不予立案的，应当说明理由，并书面通知移送案件的行政执法机关，相应退回案卷材料。

第九条 行政执法机关接到公安机关不予立案的通知书后，认为依法应当由公安机关决定立案的，可以自接到不予立案通知书之日起 3 日内，提请作出不予立案决定的公安机关复议，也可以建议人民检察院依法进行立案监督。

作出不予立案决定的公安机关应当自收到行政执法机关提请复议的文件之日起 3 日内作出立案或者不予立案的决定，并书面通知移送案件的行政执法机关。移送案件的行政执法机关对公安机关不予立案的复议决定仍有异议的，应当自收到复议决定通知书之日起 3 日内建议人民检察院依法进行立案监督。

公安机关应当接受人民检察院依法进行的立案监督。

第十条 行政执法机关对公安机关决定不予立案的案件，应当依法作出处理；其中，依照有关法律、法规或者规章的规定应当给予行政处罚的，应当依法实施行政处罚。

第十一条　行政执法机关对应当向公安机关移送的涉嫌犯罪案件，不得以行政处罚代替移送。

行政执法机关向公安机关移送涉嫌犯罪案件前已经作出的警告，责令停产停业，暂扣或者吊销许可证、暂扣或者吊销执照的行政处罚决定，不停止执行。

依照行政处罚法的规定，行政执法机关向公安机关移送涉嫌犯罪案件前，已经依法给予当事人罚款的，人民法院判处罚金时，依法折抵相应罚金。

第十二条　行政执法机关对公安机关决定立案的案件，应当自接到立案通知书之日起 3 日内将涉案物品以及与案件有关的其他材料移交公安机关，并办结交接手续；法律、行政法规另有规定的，依照其规定。

第十三条　公安机关对发现的违法行为，经审查，没有犯罪事实，或者立案侦查后认为犯罪事实显著轻微，不需要追究刑事责任，但依法应当追究行政责任的，应当及时将案件移送同级行政执法机关，有关行政执法机关应当依法作出处理。

第十四条　行政执法机关移送涉嫌犯罪案件，应当接受人民检察院和监察机关依法实施的监督。

任何单位和个人对行政执法机关违反本规定，应当向公安机关移送涉嫌犯罪案件而不移送的，有权向人民检察院、监察机关或者上级行政执法机关举报。

第十五条　行政执法机关违反本规定，隐匿、私分、销毁涉案物品的，由本级或者上级人民政府，或者实行垂直管理的上级行政执法机关，对其正职负责人根据情节轻重，给予降级以上的处分；构成犯罪的，依法追究刑事责任。

对前款所列行为直接负责的主管人员和其他直接责任人员，比照前款的规定给予处分；构成犯罪的，依法追究刑事责任。

第十六条　行政执法机关违反本规定，逾期不将案件移送公安机关的，由本级或者上级人民政府，或者实行垂直管理的上级行政执法机关，责令限期移送，并对其正职负责人或者主持工作的负责人根据情节轻重，给予记过以上的处分；构成犯罪的，依法追究刑事责任。

行政执法机关违反本规定，对应当向公安机关移送的案件不移送，或者以行政处罚代替移送的，由本级或者上级人民政府，或者实行垂直管理的上级行政执法机关，责令改正，给予通报；拒不改正的，对其正职负责人或者主持工作的负责人给予记过以上的处分；构成犯罪的，依法追究刑事责任。

对本条第一款、第二款所列行为直接负责的主管人员和其他直接责任人员，分别比照前两款的规定给予处分；构成犯罪的，依法追究刑事责任。

第十七条　公安机关违反本规定，不接受行政执法机关移送的涉嫌犯罪案件，或者逾期不作出立案或者不予立案的决定的，除由人民检察院依法实施立案监督外，由本级或者上级人民政府责令改正，对其正职负责人根据情节轻重，给予记过以上的处分；构成犯罪的，依法追究刑事责任。

对前款所列行为直接负责的主管人员和其他直接责任人员，比照前款的规定给予处分；构成犯罪的，依法追究刑事责任。

第十八条　有关机关存在本规定第十五条、第十六条、第十七条所列违法行为，需要由监察机关依法给予违法的公职人员政务处分的，该机关及其上级主管机关或者有关人民政府应当依照有关规定将相关案件线索移送监察机关处理。

第十九条　行政执法机关在依法查处违法行为过程中，发现公职人员有贪污贿赂、失职渎职或者利用职权侵犯公民人身权利和民主权利等违法行为，涉嫌构成职务犯罪的，应当依照刑法、刑事诉讼法、监察法等法律规定及时将案件线索移送监察机关或者人民检察院处理。

第二十条　本规定自公布之日起施行。

关于印发《环境保护行政执法与刑事司法衔接工作办法》的通知

环环监〔2017〕17 号

各省、自治区、直辖市环境保护厅（局）、公安厅（局）、人民检察院，新疆生产建设兵团环境保护局、公安局、人民检察院：

为进一步健全环境保护行政执法与刑事司法衔接工作机制，依法惩治环境犯罪行为，切实保障公众健康，推进生态文明建设，环境保护部、公安部和最高人民检察院联合研究制定了《环境保护行政执法与刑事司法衔接工作办法》，现予以印发，请遵照执行。

环境保护部

公安部

最高人民检察院

2017 年 1 月 25 日

环境保护行政执法与刑事司法衔接工作办法

第一章 总 则

第一条 为进一步健全环境保护行政执法与刑事司法衔接工作机制，依法惩治环境犯罪行为，切实保障公众健康，推进生态文明建设，依据《刑法》《刑事诉讼法》《环境保护法》《行政执法机关移送涉嫌犯罪案件的规定》（国务院令 第 310 号）等法律、法规及有关规定，制定本办法。

第二条 本办法适用于各级环境保护主管部门（以下简称环保部门）、公安机关和人民检察院办理的涉嫌环境犯罪案件。

第三条 各级环保部门、公安机关和人民检察院应当加强协作，统一法律适用，不断完善线索通报、案件移送、资源共享和信息发布等工作机制。

　　第四条　人民检察院对环保部门移送涉嫌环境犯罪案件活动和公安机关对移送案件的立案活动，依法实施法律监督。

第二章　案件移送与法律监督

　　第五条　环保部门在查办环境违法案件过程中，发现涉嫌环境犯罪案件，应当核实情况并作出移送涉嫌环境犯罪案件的书面报告。

　　本机关负责人应当自接到报告之日起 3 日内作出批准移送或者不批准移送的决定。向公安机关移送的涉嫌环境犯罪案件，应当符合下列条件：

　　（一）实施行政执法的主体与程序合法。

　　（二）有合法证据证明有涉嫌环境犯罪的事实发生。

　　第六条　环保部门移送涉嫌环境犯罪案件，应当自作出移送决定后 24 小时内向同级公安机关移交案件材料，并将案件移送书抄送同级人民检察院。

　　环保部门向公安机关移送涉嫌环境犯罪案件时，应当附下列材料：

　　（一）案件移送书，载明移送机关名称、涉嫌犯罪罪名及主要依据、案件主办人及联系方式等。案件移送书应当附移送材料清单，并加盖移送机关公章。

　　（二）案件调查报告，载明案件来源、查获情况、犯罪嫌疑人基本情况、涉嫌犯罪的事实、证据和法律依据、处理建议和法律依据等。

　　（三）现场检查（勘察）笔录、调查询问笔录、现场勘验图、采样记录单等。

　　（四）涉案物品清单，载明已查封、扣押等采取行政强制措施的涉案物品名称、数量、特征、存放地等事项，并附采取行政强制措施、现场笔录等表明涉案物品来源的相关材料。

　　（五）现场照片或者录音录像资料及清单，载明需证明的事实对象、拍摄人、拍摄时间、拍摄地点等。

　　（六）监测、检验报告、突发环境事件调查报告、认定意见。

　　（七）其他有关涉嫌犯罪的材料。

　　对环境违法行为已经作出行政处罚决定的，还应当附行政处罚决定书。

　　第七条　对环保部门移送的涉嫌环境犯罪案件，公安机关应当依法接受，并立即出具接受案件回执或者在涉嫌环境犯罪案件移送书的回执上签字。

　　第八条　公安机关审查发现移送的涉嫌环境犯罪案件材料不全的，应当在接受案件的 24 小时内书面告知移送地环保部门在 3 日内补正。但不得以材料不全为由，不接受移送案件。

公安机关审查发现移送的涉嫌环境犯罪案件证据不充分的，可以就证明有犯罪事实的相关证据等提出补充调查意见，由移送案件的环保部门补充调查。环保部门应当按照要求补充调查，并及时将调查结果反馈公安机关。因客观条件所限，无法补正的，环保部门应当向公安机关作出书面说明。

第九条　公安机关对环保部门移送的涉嫌环境犯罪案件，应当自接受案件之日起 3 日内作出立案或者不予立案的决定；涉嫌环境犯罪线索需要查证的，应当自接受案件之日起 7 日内作出决定；重大疑难复杂案件，经县级以上公安机关负责人批准，可以自受案之日起 30 日内作出决定。接受案件后对属于公安机关管辖但不属于本公安机关管辖的案件，应当在 24 小时内移送有管辖权的公安机关，并书面通知移送案件的环保部门，抄送同级人民检察院。对不属于公安机关管辖的，应当在24 小时内退回移送案件的环保部门。

公安机关作出立案、不予立案、撤销案件决定的，应当自作出决定之日起 3 日内书面通知环保部门，并抄送同级人民检察院。公安机关作出不予立案或者撤销案件决定的，应当书面说明理由，并将案卷材料退回环保部门。

第十条　环保部门应当自接到公安机关立案通知书之日起 3 日内将涉案物品以及与案件有关的其他材料移交公安机关，并办理交接手续。

涉及查封、扣押物品的，环保部门和公安机关应当密切配合，加强协作，防止涉案物品转移、隐匿、损毁、灭失等情况发生。对具有危险性或者环境危害性的涉案物品，环保部门应当组织临时处理处置，公安机关应当积极协助；对无明确责任人、责任人不具备履行责任能力或者超出部门处置能力的，应当呈报涉案物品所在地政府组织处置。上述处置费用清单随附处置合同、缴费凭证等作为犯罪获利的证据，及时补充移送公安机关。

第十一条　环保部门认为公安机关不予立案决定不当的，可以自接到不予立案通知书之日起 3 个工作日内向作出决定的公安机关申请复议，公安机关应当自收到复议申请之日起 3 个工作日内作出立案或者不予立案的复议决定，并书面通知环保部门。

第十二条　环保部门对公安机关逾期未作出是否立案决定，以及对不予立案决定、复议决定、立案后撤销案件决定有异议的，应当建议人民检察院进行立案监督。人民检察院应当受理并进行审查。

第十三条　环保部门建议人民检察院进行立案监督的案件，应当提供立案监督建议书、相关案件材料，并附公安机关不予立案、立案后撤销案件决定及说明理由材料，复议维持不予立案决定材料或者公安机关逾期未作出是否立案决定的材料。

第十四条　人民检察院发现环保部门不移送涉嫌环境犯罪案件的，可以派员查询、调阅有关案件材料，认为涉嫌环境犯罪应当移送的，应当提出建议移送的检察意见。环保部门应当自收到检察意见后 3 日内将案件移送公安机关，并将执行情况通知人民检察院。

第十五条　人民检察院发现公安机关可能存在应当立案而不立案或者逾期未作出是否立案决定的，应当启动立案监督程序。

第十六条　环保部门向公安机关移送涉嫌环境犯罪案件，已作出的警告、责令停产停业、暂扣或者吊销许可证的行政处罚决定，不停止执行。未作出行政处罚决定的，原则上应当在公安机关决定不予立案或者撤销案件、人民检察院作出不起诉决定、人民法院作出无罪判决或者免予刑事处罚后，再决定是否给予行政处罚。涉嫌犯罪案件的移送办理期间，不计入行政处罚期限。

对尚未作出生效裁判的案件，环保部门依法应当给予或者提请人民政府给予暂扣或者吊销许可证、责令停产停业等行政处罚，需要配合的，公安机关、人民检察院应当给予配合。

第十七条　公安机关对涉嫌环境犯罪案件，经审查没有犯罪事实，或者立案侦查后认为犯罪事实显著轻微、不需要追究刑事责任，但经审查依法应当予以行政处罚的，应当及时将案件移交环保部门，并抄送同级人民检察院。

第十八条　人民检察院对符合逮捕、起诉条件的环境犯罪嫌疑人，应当及时批准逮捕、提起公诉。人民检察院对决定不起诉的案件，应当自作出决定之日起 3 日内，书面告知移送案件的环保部门，认为应当给予行政处罚的，可以提出予以行政处罚的检察意见。

第十九条　人民检察院对公安机关提请批准逮捕的犯罪嫌疑人作出不批准逮捕决定，并通知公安机关补充侦查的，或者人民检察院对公安机关移送审查起诉的案件审查后，认为犯罪事实不清、证据不足，将案件退回补充侦查的，应当制作补充侦查提纲，写明补充侦查的方向和要求。

对退回补充侦查的案件，公安机关应当按照补充侦查提纲的要求，在一个月内补充侦查完毕。公安机关补充侦查和人民检察院自行侦查需要环保部门协助的，环保部门应当予以协助。

第三章　证据的收集与使用

第二十条　环保部门在行政执法和查办案件过程中依法收集制作的物证、书证、视听资料、电子数据、监测报告、检验报告、认定意见、鉴定意见、勘验笔录、检查笔录等证据材料，在刑事诉讼中可以作为证据使用。

第二十一条　环保部门、公安机关、人民检察院收集的证据材料，经法庭查证属实，且收集程序符合有关法律、行政法规规定的，可以作为定案的根据。

第二十二条　环保部门或者公安机关依据《国家危险废物名录》或者组织专家研判等得出认定意见的，应当载明涉案单位名称、案由、涉案物品识别认定的理由，按照"经认定，……属于/不属于……危险废物，废物代码……"的格式出具结论，加盖公章。

第四章　协作机制

第二十三条　环保部门、公安机关和人民检察院应当建立健全环境行政执法与刑事司法衔接的长效工作机制。确定牵头部门及联络人，定期召开联席会议，通报衔接工作情况，研究存在的问题，提出加强部门衔接的对策，协调解决环境执法问题，开展部门联合培训。联席会议应明确议定事项。

第二十四条　环保部门、公安机关、人民检察院应当建立双向案件咨询制度。环保部门对重大疑难复杂案件，可以就刑事案件立案追诉标准、证据的固定和保全等问题咨询公安机关、人民检察院；公安机关、人民检察院可以就案件办理中的专业性问题咨询环保部门。受咨询的机关应当认真研究，及时答复；书面咨询的，应当在7日内书面答复。

第二十五条　公安机关、人民检察院办理涉嫌环境污染犯罪案件，需要环保部门提供环境监测或者技术支持的，环保部门应当按照上述部门刑事案件办理的法定时限要求积极协助，及时提供现场勘验、环境监测及认定意见。所需经费，应当列入本机关的行政经费预算，由同级财政予以保障。

第二十六条　环保部门在执法检查时，发现违法行为明显涉嫌犯罪的，应当及时向公安机关通报。公安机关认为有必要的可以依法开展初查，对符合立案条件的，应当及时依法立案侦查。在公安机关立案侦查前，环保部门应当继续对违法行为进行调查。

第二十七条　环保部门、公安机关应当相互依托"12369"环保举报热线和"110"报警服务平台，建立完善接处警的快速响应和联合调查机制，强化对打击涉嫌环境犯罪的联勤联动。在办案过程中，环保部门、公安机关应当依法及时启动相应的调查程序，分工协作，防止证据灭失。

第二十八条　在联合调查中，环保部门应当重点查明排污者严重污染环境的事实，污染物的排放方式，及时收集、提取、监测、固定污染物种类、浓度、数量、排放去向等。公安机关应当注意控制现场，重点查明相关责任人身份、岗位信息，视情节轻重对直接负责的主管人员和其他责任人员依法采取相应强制措施。两部门均应规范制作笔录，并留存现场摄像或照片。

第二十九条　对案情重大或者复杂疑难案件，公安机关可以听取人民检察院的意见。人民检察院应当及时提出意见和建议。

第三十条　涉及移送的案件在庭审中，需要出庭说明情况的，相关执法或者技术人员有义务出庭说明情况，接受庭审质证。

第三十一条　环保部门、公安机关和人民检察院应当加强对重大案件的联合督办工作，适时对重大案件进行联合挂牌督办，督促案件办理。同时，要逐步建立专家库，吸纳污染防治、重点行业以及环境案件侦办等方面的专家和技术骨干，为查处打击环境污染犯罪案件提供专业支持。

第三十二条　环保部门和公安机关在查办环境污染违法犯罪案件过程中发现包庇纵容、徇私舞弊、贪污受贿、失职渎职等涉嫌职务犯罪行为的，应当及时将线索移送人民检察院。

第五章　信息共享

第三十三条　各级环保部门、公安机关、人民检察院应当积极建设、规范使用行政执法与刑事司法衔接信息共享平台，逐步实现涉嫌环境犯罪案件的网上移送、网上受理和网上监督。

第三十四条　已经接入信息共享平台的环保部门、公安机关、人民检察院，应当自作出相关决定之日起 7 日内分别录入下列信息：

（一）适用一般程序的环境违法事实、案件行政处罚、案件移送、提请复议和建议人民检察院进行立案监督的信息；

（二）移送涉嫌犯罪案件的立案、不予立案、立案后撤销案件、复议、人民检察院监督立案后的处理情况，以及提请批准逮捕、移送审查起诉的信息；

（三）监督移送、监督立案以及批准逮捕、提起公诉、裁判结果的信息。

尚未建成信息共享平台的环保部门、公安机关、人民检察院，应当自作出相关决定后及时向其他部门通报前款规定的信息。

第三十五条　各级环保部门、公安机关、人民检察院应当对信息共享平台录入的案件信息及时汇总、分析、综合研判，定期总结通报平台运行情况。

第六章　附　　则

第三十六条　各省、自治区、直辖市的环保部门、公安机关、人民检察院可以根据本办法制定本行政区域的实施细则。

第三十七条　环境行政执法中部分专有名词的含义。

（一）"现场勘验图"，是指描绘主要生产及排污设备布置等案发现场情况、现场周边环境、各采样点位、污染物排放途径的平面示意图。

（二）"外环境"，是指污染物排入的自然环境。满足下列条件之一的，视同为外环境。

1. 排污单位停产或没有排污，但有依法取得的证据证明其有持续或间歇排污，而且无可处理相应污染因子的措施的，经核实生产工艺后，其产污环节之后的废水收集池（槽、罐、沟）内。

2. 发现暗管，虽无当场排污，但在外环境有确认由该单位排放污染物的痕迹，此暗管连通的废水收集池（槽、罐、沟）内。

3. 排污单位连通外环境的雨水沟（井、渠）中任何一处。

4. 对排放含第一类污染物的废水，其产生车间或车间处理设施的排放口。无法在车间或者车间处理设施排放口对含第一类污染物的废水采样的，废水总排放口或查实由该企业排入其他外环境处。

第三十八条　本办法所涉期间除明确为工作日以外，其余均以自然日计算。期间开始之日不算在期间以内。期间的最后一日为节假日的，以节假日后的第一日为期满日期。

第三十九条　本办法自发布之日起施行。国家环境保护总局、公安部和最高人民检察院《关于环境保护主管部门移送涉嫌环境犯罪案件的若干规定》（环发〔2007〕78号）同时废止。

最高人民法院 最高人民检察院关于检察公益诉讼案件适用法律若干问题的解释

法释〔2018〕6号

（2018年2月23日最高人民法院审判委员会第1734次会议、2018年2月11日最高人民检察院第十二届检察委员会第73次会议通过，自2018年3月2日起施行）

一、一般规定

第一条 为正确适用《中华人民共和国民事诉讼法》《中华人民共和国行政诉讼法》关于人民检察院提起公益诉讼制度的规定，结合审判、检察工作实际，制定本解释。

第二条 人民法院、人民检察院办理公益诉讼案件主要任务是充分发挥司法审判、法律监督职能作用，维护宪法法律权威，维护社会公平正义，维护国家利益和社会公共利益，督促适格主体依法行使公益诉权，促进依法行政、严格执法。

第三条 人民法院、人民检察院办理公益诉讼案件，应当遵守宪法法律规定，遵循诉讼制度的原则，遵循审判权、检察权运行规律。

第四条 人民检察院以公益诉讼起诉人身份提起公益诉讼，依照民事诉讼法、行政诉讼法享有相应的诉讼权利，履行相应的诉讼义务，但法律、司法解释另有规定的除外。

第五条 市（分、州）人民检察院提起的第一审民事公益诉讼案件，由侵权行为地或者被告住所地中级人民法院管辖。

基层人民检察院提起的第一审行政公益诉讼案件，由被诉行政机关所在地基层人民法院管辖。

第六条 人民检察院办理公益诉讼案件，可以向有关行政机关以及其他组织、公民调查收集证据材料；有关行政机关以及其他组织、公民应当配合；需要采取证据保全措施的，依照民事诉讼法、行政诉讼法相关规定办理。

第七条 人民法院审理人民检察院提起的第一审公益诉讼案件，可以适用人民陪审制。

第八条 人民法院开庭审理人民检察院提起的公益诉讼案件，应当在开庭三日前向人民检察院送达出庭通知书。

人民检察院应当派员出庭,并应当自收到人民法院出庭通知书之日起三日内向人民法院提交派员出庭通知书。派员出庭通知书应当写明出庭人员的姓名、法律职务以及出庭履行的具体职责。

第九条　出庭检察人员履行以下职责:

(一)宣读公益诉讼起诉书;

(二)对人民检察院调查收集的证据予以出示和说明,对相关证据进行质证;

(三)参加法庭调查,进行辩论并发表意见;

(四)依法从事其他诉讼活动。

第十条　人民检察院不服人民法院第一审判决、裁定的,可以向上一级人民法院提起上诉。

第十一条　人民法院审理第二审案件,由提起公益诉讼的人民检察院派员出庭,上一级人民检察院也可以派员参加。

第十二条　人民检察院提起公益诉讼案件判决、裁定发生法律效力,被告不履行的,人民法院应当移送执行。

二、民事公益诉讼

第十三条　人民检察院在履行职责中发现破坏生态环境和资源保护、食品药品安全领域侵害众多消费者合法权益等损害社会公共利益的行为,拟提起公益诉讼的,应当依法公告,公告期间为三十日。

公告期满,法律规定的机关和有关组织不提起诉讼的,人民检察院可以向人民法院提起诉讼。

第十四条　人民检察院提起民事公益诉讼应当提交下列材料:

(一)民事公益诉讼起诉书,并按照被告人数提出副本;

(二)被告的行为已经损害社会公共利益的初步证明材料;

(三)检察机关已经履行公告程序的证明材料。

第十五条　人民检察院依据民事诉讼法第五十五条第二款的规定提起民事公益诉讼,符合民事诉讼法第一百一十九条第二项、第三项、第四项及本解释规定的起诉条件的,人民法院应当登记立案。

第十六条　人民检察院提起的民事公益诉讼案件中,被告以反诉方式提出诉讼请求的,人民法院不予受理。

第十七条　人民法院受理人民检察院提起的民事公益诉讼案件后,应当在立案之日起五日内将起诉书副本送达被告。

人民检察院已履行诉前公告程序的，人民法院立案后不再进行公告。

第十八条　人民法院认为人民检察院提出的诉讼请求不足以保护社会公共利益的，可以向其释明变更或者增加停止侵害、恢复原状等诉讼请求。

第十九条　民事公益诉讼案件审理过程中，人民检察院诉讼请求全部实现而撤回起诉的，人民法院应予准许。

第二十条　人民检察院对破坏生态环境和资源保护、食品药品安全领域侵害众多消费者合法权益等损害社会公共利益的犯罪行为提起刑事公诉时，可以向人民法院一并提起附带民事公益诉讼，由人民法院同一审判组织审理。

人民检察院提起的刑事附带民事公益诉讼案件由审理刑事案件的人民法院管辖。

三、行政公益诉讼

第二十一条　人民检察院在履行职责中发现生态环境和资源保护、食品药品安全、国有财产保护、国有土地使用权出让等领域负有监督管理职责的行政机关违法行使职权或者不作为，致使国家利益或者社会公共利益受到侵害的，应当向行政机关提出检察建议，督促其依法履行职责。

行政机关应当在收到检察建议书之日起两个月内依法履行职责，并书面回复人民检察院。出现国家利益或者社会公共利益损害继续扩大等紧急情形的，行政机关应当在十五日内书面回复。

行政机关不依法履行职责的，人民检察院依法向人民法院提起诉讼。

第二十二条　人民检察院提起行政公益诉讼应当提交下列材料：

（一）行政公益诉讼起诉书，并按照被告人数提出副本；

（二）被告违法行使职权或者不作为，致使国家利益或者社会公共利益受到侵害的证明材料；

（三）检察机关已经履行诉前程序，行政机关仍不依法履行职责或者纠正违法行为的证明材料。

第二十三条　人民检察院依据行政诉讼法第二十五条第四款的规定提起行政公益诉讼，符合行政诉讼法第四十九条第二项、第三项、第四项及本解释规定的起诉条件的，人民法院应当登记立案。

第二十四条　在行政公益诉讼案件审理过程中，被告纠正违法行为或者依法履行职责而使人民检察院的诉讼请求全部实现，人民检察院撤回起诉的，人民法院应当裁定准许；人民检察院变更诉讼请求，请求确认原行政行为违法的，人民法院应当判决确认违法。

第二十五条　人民法院区分下列情形作出行政公益诉讼判决：

（一）被诉行政行为具有行政诉讼法第七十四条、第七十五条规定情形之一的，判决确认违法或者确认无效，并可以同时判决责令行政机关采取补救措施；

（二）被诉行政行为具有行政诉讼法第七十条规定情形之一的，判决撤销或者部分撤销，并可以判决被诉行政机关重新作出行政行为；

（三）被诉行政机关不履行法定职责的，判决在一定期限内履行；

（四）被诉行政机关作出的行政处罚明显不当，或者其他行政行为涉及付款额的确定、认定确有错误的，判决予以变更；

（五）被诉行政行为证据确凿，适用法律、法规正确，符合法定程序，未超越职权，未滥用职权，无明显不当，或者人民检察院诉请被诉行政机关履行法定职责理由不成立的，判决驳回诉讼请求。

人民法院可以将判决结果告知被诉行政机关所属的人民政府或者其他相关的职能部门。

四、附则

第二十六条　本解释未规定的其他事项，适用民事诉讼法、行政诉讼法以及相关司法解释的规定。

第二十七条　本解释自 2018 年 3 月 2 日起施行。

最高人民法院、最高人民检察院之前发布的司法解释和规范性文件与本解释不一致的，以本解释为准。

最高人民法院关于审理生态环境损害赔偿案件
的若干规定（试行）

（2019 年 5 月 20 日由最高人民法院审判委员会第 1769 次会议通过，根据 2020 年 12 月 23 日最高人民法院审判委员会第 1823 次会议通过的《最高人民法院关于修改〈最高人民法院关于在民事审判工作中适用《中华人民共和国工会法》若干问题的解释〉等二十七件民事类司法解释的决定》修正）

为正确审理生态环境损害赔偿案件，严格保护生态环境，依法追究损害生态环境责任者的赔偿责任，依据《中华人民共和国环境保护法》《中华人民共和国民事诉讼法》等法律的规定，结合审判工作实际，制定本规定。

第一条 具有下列情形之一，省级、市地级人民政府及其指定的相关部门、机构，或者受国务院委托行使全民所有自然资源资产所有权的部门，因与造成生态环境损害的自然人、法人或者其他组织经磋商未达成一致或者无法进行磋商的，可以作为原告提起生态环境损害赔偿诉讼：

（一）发生较大、重大、特别重大突发环境事件的；

（二）在国家和省级主体功能区规划中划定的重点生态功能区、禁止开发区发生环境污染、生态破坏事件的；

（三）发生其他严重影响生态环境后果的。

前款规定的市地级人民政府包括设区的市，自治州、盟、地区，不设区的地级市，直辖市的区、县人民政府。

第二条 下列情形不适用本规定：

（一）因污染环境、破坏生态造成人身损害、个人和集体财产损失要求赔偿的，适用侵权责任法等法律规定；

（二）因海洋生态环境损害要求赔偿的，适用海洋环境保护法等法律及相关规定。

第三条 第一审生态环境损害赔偿诉讼案件由生态环境损害行为实施地、损害结果发生地或者被告住所地的中级以上人民法院管辖。

经最高人民法院批准，高级人民法院可以在辖区内确定部分中级人民法院集中管辖第一审生态环境损害赔偿诉讼案件。

中级人民法院认为确有必要的，可以在报请高级人民法院批准后，裁定将本院管辖的第一审生态环境损害赔偿诉讼案件交由具备审理条件的基层人民法院审理。

生态环境损害赔偿诉讼案件由人民法院环境资源审判庭或者指定的专门法庭审理。

第四条 人民法院审理第一审生态环境损害赔偿诉讼案件，应当由法官和人民陪审员组成合议庭进行。

第五条 原告提起生态环境损害赔偿诉讼，符合民事诉讼法和本规定并提交下列材料的，人民法院应当登记立案：

（一）证明具备提起生态环境损害赔偿诉讼原告资格的材料；

（二）符合本规定第一条规定情形之一的证明材料；

（三）与被告进行磋商但未达成一致或者因客观原因无法与被告进行磋商的说明；

（四）符合法律规定的起诉状，并按照被告人数提出副本。

第六条 原告主张被告承担生态环境损害赔偿责任的，应当就以下事实承担举证责任：

（一）被告实施了污染环境、破坏生态的行为或者具有其他应当依法承担责任的情形；

（二）生态环境受到损害，以及所需修复费用、损害赔偿等具体数额；

（三）被告污染环境、破坏生态的行为与生态环境损害之间具有关联性。

第七条 被告反驳原告主张的，应当提供证据加以证明。被告主张具有法律规定的不承担责任或者减轻责任情形的，应当承担举证责任。

第八条 已为发生法律效力的刑事裁判所确认的事实，当事人在生态环境损害赔偿诉讼案件中无须举证证明，但有相反证据足以推翻的除外。

对刑事裁判未予确认的事实，当事人提供的证据达到民事诉讼证明标准的，人民法院应当予以认定。

第九条 负有相关环境资源保护监督管理职责的部门或者其委托的机构在行政执法过程中形成的事件调查报告、检验报告、检测报告、评估报告、监测数据等，经当事人质证并符合证据标准的，可以作为认定案件事实的根据。

第十条 当事人在诉前委托具备环境司法鉴定资质的鉴定机构出具的鉴定意

见，以及委托国务院环境资源保护监督管理相关主管部门推荐的机构出具的检验报告、检测报告、评估报告、监测数据等，经当事人质证并符合证据标准的，可以作为认定案件事实的根据。

第十一条　被告违反法律法规污染环境、破坏生态的，人民法院应当根据原告的诉讼请求以及具体案情，合理判决被告承担修复生态环境、赔偿损失、停止侵害、排除妨碍、消除危险、赔礼道歉等民事责任。

第十二条　受损生态环境能够修复的，人民法院应当依法判决被告承担修复责任，并同时确定被告不履行修复义务时应承担的生态环境修复费用。

生态环境修复费用包括制定、实施修复方案的费用，修复期间的监测、监管费用，以及修复完成后的验收费用、修复效果后评估费用等。

原告请求被告赔偿生态环境受到损害至修复完成期间服务功能损失的，人民法院根据具体案情予以判决。

第十三条　受损生态环境无法修复或者无法完全修复，原告请求被告赔偿生态环境功能永久性损害造成的损失的，人民法院根据具体案情予以判决。

第十四条　原告请求被告承担下列费用的，人民法院根据具体案情予以判决：

（一）实施应急方案以及为防止生态环境损害的发生和扩大采取合理预防、处置措施发生的应急处置费用；

（二）为生态环境损害赔偿磋商和诉讼支出的调查、检验、鉴定、评估等费用；

（三）合理的律师费以及其他为诉讼支出的合理费用。

第十五条　人民法院判决被告承担的生态环境服务功能损失赔偿资金、生态环境功能永久性损害造成的损失赔偿资金，以及被告不履行生态环境修复义务时所应承担的修复费用，应当依照法律、法规、规章予以缴纳、管理和使用。

第十六条　在生态环境损害赔偿诉讼案件审理过程中，同一损害生态环境行为又被提起民事公益诉讼，符合起诉条件的，应当由受理生态环境损害赔偿诉讼案件的人民法院受理并由同一审判组织审理。

第十七条　人民法院受理因同一损害生态环境行为提起的生态环境损害赔偿诉讼案件和民事公益诉讼案件，应先中止民事公益诉讼案件的审理，待生态环境损害赔偿诉讼案件审理完毕后，就民事公益诉讼案件未被涵盖的诉讼请求依法作出裁判。

第十八条　生态环境损害赔偿诉讼案件的裁判生效后，有权提起民事公益诉讼的机关或者社会组织就同一损害生态环境行为有证据证明存在前案审理时未发现的损害，并提起民事公益诉讼的，人民法院应予受理。

民事公益诉讼案件的裁判生效后，有权提起生态环境损害赔偿诉讼的主体就同一损害生态环境行为有证据证明存在前案审理时未发现的损害，并提起生态环境损害赔偿诉讼的，人民法院应予受理。

第十九条　实际支出应急处置费用的机关提起诉讼主张该费用的，人民法院应予受理，但人民法院已经受理就同一损害生态环境行为提起的生态环境损害赔偿诉讼案件且该案原告已经主张应急处置费用的除外。

生态环境损害赔偿诉讼案件原告未主张应急处置费用，因同一损害生态环境行为实际支出应急处置费用的机关提起诉讼主张该费用的，由受理生态环境损害赔偿诉讼案件的人民法院受理并由同一审判组织审理。

第二十条　经磋商达成生态环境损害赔偿协议的，当事人可以向人民法院申请司法确认。

人民法院受理申请后，应当公告协议内容，公告期间不少于三十日。公告期满后，人民法院经审查认为协议的内容不违反法律法规强制性规定且不损害国家利益、社会公共利益的，裁定确认协议有效。裁定书应当写明案件的基本事实和协议内容，并向社会公开。

第二十一条　一方当事人拒绝履行、未全部履行发生法律效力的生态环境损害赔偿诉讼案件裁判或者经司法确认的生态环境损害赔偿协议的，对方当事人可以向人民法院申请强制执行。需要修复生态环境的，依法由省级、市地级人民政府及其指定的相关部门、机构组织实施。

第二十二条　人民法院审理生态环境损害赔偿案件，本规定没有规定的，参照适用《最高人民法院关于审理环境民事公益诉讼案件适用法律若干问题的解释》《最高人民法院关于审理环境侵权责任纠纷案件适用法律若干问题的解释》等相关司法解释的规定。

第二十三条　本规定自 2019 年 6 月 5 日起施行。

最高人民法院　最高人民检察院　公安部印发《关于办理盗窃油气、破坏油气设备等刑事案件适用法律若干问题的意见》的通知

法发〔2018〕18 号

各省、自治区、直辖市高级人民法院、人民检察院、公安厅（局），解放军军事法院、军事检察院，新疆维吾尔自治区高级人民法院生产建设兵团分院、新疆生产建设兵团人民检察院、公安局：

依法惩治盗窃油气、破坏油气设备等犯罪，维护公共安全、能源安全和生态安全，最高人民法院、最高人民检察院、公安部制定了《关于办理盗窃油气、破坏油气设备等刑事案件适用法律若干问题的意见》。现印发给你们，请认真贯彻执行。执行中遇到的问题，请及时分别层报最高人民法院、最高人民检察院、公安部。

最高人民法院　最高人民检察院　公安部

2018 年 9 月 28 日

最高人民法院　最高人民检察院　公安部关于办理盗窃油气、破坏油气设备等刑事案件适用法律若干问题的意见

为依法惩治盗窃油气、破坏油气设备等犯罪，维护公共安全、能源安全和生态安全，根据《中华人民共和国刑法》、《中华人民共和国刑事诉讼法》和《最高人民法院、最高人民检察院关于办理盗窃油气、破坏油气设备等刑事案件具体应用法律若干问题的解释》等法律、司法解释的规定，结合工作实际，制定本意见。

　　一、关于危害公共安全的认定

在实施盗窃油气等行为过程中，破坏正在使用的油气设备，具有下列情形之一的，应当认定为刑法第一百一十八条规定的"危害公共安全"：

（一）采用切割、打孔、撬砸、拆卸手段的，但是明显未危害公共安全的除外；

（二）采用开、关等手段，足以引发火灾、爆炸等危险的。

二、关于盗窃油气未遂的刑事责任

着手实施盗窃油气行为，由于意志以外的原因未得逞，具有下列情形之一的，以盗窃罪（未遂）追究刑事责任：

（一）以数额巨大的油气为盗窃目标的；

（二）已将油气装入包装物或者运输工具，达到"数额较大"标准三倍以上的；

（三）携带盗油卡子、手摇钻、电钻、电焊枪等切割、打孔、撬砸、拆卸工具的；

（四）其他情节严重的情形。

三、关于共犯的认定

在共同盗窃油气、破坏油气设备等犯罪中，实际控制、为主出资或者组织、策划、纠集、雇佣、指使他人参与犯罪的，应当依法认定为主犯；对于其他人员，在共同犯罪中起主要作用的，也应当依法认定为主犯。

在输油输气管道投入使用前擅自安装阀门，在管道投入使用后将该阀门提供给他人盗窃油气的，以盗窃罪、破坏易燃易爆设备罪等有关犯罪的共同犯罪论处。

四、关于内外勾结盗窃油气行为的处理

行为人与油气企业人员勾结共同盗窃油气，没有利用油气企业人员职务便利，仅仅是利用其易于接近油气设备、熟悉环境等方便条件的，以盗窃罪的共同犯罪论处。

实施上述行为，同时构成破坏易燃易爆设备罪的，依照处罚较重的规定定罪处罚。

五、关于窝藏、转移、收购、加工、代为销售被盗油气行为的处理

明知是犯罪所得的油气而予以窝藏、转移、收购、加工、代为销售或者以其他方式掩饰、隐瞒，符合刑法第三百一十二条规定的，以掩饰、隐瞒犯罪所得罪追究刑事责任。

"明知"的认定，应当结合行为人的认知能力、所得报酬、运输工具、运输路线、收购价格、收购形式、加工方式、销售地点、仓储条件等因素综合考虑。

实施第一款规定的犯罪行为，事前通谋的，以盗窃罪、破坏易燃易爆设备罪等有关犯罪的共同犯罪论处。

六、关于直接经济损失的认定

《最高人民法院、最高人民检察院关于办理盗窃油气、破坏油气设备等刑事案件具体应用法律若干问题的解释》第二条第三项规定的"直接经济损失"包括因实施盗窃油气等行为直接造成的油气损失以及采取抢修堵漏等措施所产生的费用。

对于直接经济损失数额，综合油气企业提供的证据材料、犯罪嫌疑人、被告人及其辩护人所提辩解、辩护意见等认定；难以确定的，依据价格认证机构出具的报告，结合其他证据认定。

油气企业提供的证据材料，应当有工作人员签名和企业公章。

七、关于专门性问题的认定

对于油气的质量、标准等专门性问题，综合油气企业提供的证据材料、犯罪嫌疑人、被告人及其辩护人所提辩解、辩护意见等认定；难以确定的，依据司法鉴定机构出具的鉴定意见或者国务院公安部门指定的机构出具的报告，结合其他证据认定。

油气企业提供的证据材料，应当有工作人员签名和企业公章。

最高人民法院关于审理船舶油污损害赔偿纠纷案件若干问题的规定

法释〔2011〕14号

《最高人民法院关于审理船舶油污损害赔偿纠纷案件若干问题的规定》已于2011年1月10日由最高人民法院审判委员会第1509次会议通过，现予公布，自2011年7月1日起施行。

最高人民法院

2011年5月4日

为正确审理船舶油污损害赔偿纠纷案件，依照《中华人民共和国民法通则》《中华人民共和国侵权责任法》《中华人民共和国海洋环境保护法》《中华人民共和国海商法》《中华人民共和国民事诉讼法》《中华人民共和国海事诉讼特别程序法》等法律法规以及中华人民共和国缔结或者参加的有关国际条约，结合审判实践，制定本规定。

第一条　船舶发生油污事故，对中华人民共和国领域和管辖的其他海域造成油污损害或者形成油污损害威胁，人民法院审理相关船舶油污损害赔偿纠纷案件，适用本规定。

第二条　当事人就油轮装载持久性油类造成的油污损害提起诉讼、申请设立油污损害赔偿责任限制基金，由船舶油污事故发生地海事法院管辖。

油轮装载持久性油类引起的船舶油污事故，发生在中华人民共和国领域和管辖的其他海域外，对中华人民共和国领域和管辖的其他海域造成油污损害或者形成油污损害威胁，当事人就船舶油污事故造成的损害提起诉讼、申请设立油污损害赔偿责任限制基金，由油污损害结果地或者采取预防油污措施地海事法院管辖。

第三条　两艘或者两艘以上船舶泄漏油类造成油污损害，受损害人请求各泄漏油船舶所有人承担赔偿责任，按照泄漏油数量及泄漏油类对环境的危害性等因素能够合理分开各自造成的损害，由各泄漏油船舶所有人分别承担责任；不能合理分开各自造成的损害，各泄漏油船舶所有人承担连带责任。但泄漏油船舶所有人依法免予承担责任的除外。

各泄漏油船舶所有人对受损害人承担连带责任的，相互之间根据各自责任大小确定相应的赔偿数额；难以确定责任大小的，平均承担赔偿责任。泄漏油船舶所有人支付超出自己应赔偿的数额，有权向其他泄漏油船舶所有人追偿。

第四条 船舶互有过失碰撞引起油类泄漏造成油污损害的，受损害人可以请求泄漏油船舶所有人承担全部赔偿责任。

第五条 油轮装载的持久性油类造成油污损害的，应依照《防治船舶污染海洋环境管理条例》《1992 年国际油污损害民事责任公约》的规定确定赔偿限额。

油轮装载的非持久性燃油或者非油轮装载的燃油造成油污损害的，应依照海商法关于海事赔偿责任限制的规定确定赔偿限额。

第六条 经证明油污损害是由于船舶所有人的故意或者明知可能造成此种损害而轻率地作为或者不作为造成的，船舶所有人主张限制赔偿责任，人民法院不予支持。

第七条 油污损害是由于船舶所有人故意造成的，受损害人请求船舶油污损害责任保险人或者财务保证人赔偿，人民法院不予支持。

第八条 受损害人直接向船舶油污损害责任保险人或者财务保证人提起诉讼，船舶油污损害责任保险人或者财务保证人可以对受损害人主张船舶所有人的抗辩。

除船舶所有人故意造成油污损害外，船舶油污损害责任保险人或者财务保证人向受损害人主张其对船舶所有人的抗辩，人民法院不予支持。

第九条 船舶油污损害赔偿范围包括：（一）为防止或者减轻船舶油污损害采取预防措施所发生的费用，以及预防措施造成的进一步灭失或者损害；（二）船舶油污事故造成该船舶之外的财产损害以及由此引起的收入损失；（三）因油污造成环境损害所引起的收入损失；（四）对受污染的环境已采取或将要采取合理恢复措施的费用。

第十条 对预防措施费用以及预防措施造成的进一步灭失或者损害，人民法院应当结合污染范围、污染程度、油类泄漏量、预防措施的合理性、参与清除油污人员及投入使用设备的费用等因素合理认定。

第十一条 对遇险船舶实施防污措施，作业开始时的主要目的仅是为防止、减轻油污损害的，所发生的费用应认定为预防措施费用。

作业具有救助遇险船舶、其他财产和防止、减轻油污损害的双重目的，应根据目的的主次比例合理划分预防措施费用与救助措施费用；无合理依据区分主次目的的，相关费用应平均分摊。但污染危险消除后发生的费用不应列为预防措施费用。

第十二条　船舶泄漏油类污染其他船舶、渔具、养殖设施等财产，受损害人请求油污责任人赔偿因清洗、修复受污染财产支付的合理费用，人民法院应予支持。

受污染财产无法清洗、修复，或者清洗、修复成本超过其价值的，受损害人请求油污责任人赔偿合理的更换费用，人民法院应予支持，但应参照受污染财产实际使用年限与预期使用年限的比例作合理扣除。

第十三条　受损害人因其财产遭受船舶油污，不能正常生产经营的，其收入损失应以财产清洗、修复或者更换所需合理期间为限进行计算。

第十四条　海洋渔业、滨海旅游业及其他用海、临海经营单位或者个人请求因环境污染所遭受的收入损失，具备下列全部条件，由此证明收入损失与环境污染之间具有直接因果关系的，人民法院应予支持：（一）请求人的生产经营活动位于或者接近污染区域；（二）请求人的生产经营活动主要依赖受污染资源或者海岸线；（三）请求人难以找到其他替代资源或者商业机会；（四）请求人的生产经营业务属于当地相对稳定的产业。

第十五条　未经相关行政主管部门许可，受损害人从事海上养殖、海洋捕捞，主张收入损失的，人民法院不予支持；但请求赔偿清洗、修复、更换养殖或者捕捞设施的合理费用，人民法院应予支持。

第十六条　受损害人主张因其财产受污染或者因环境污染造成的收入损失，应以其前三年同期平均净收入扣减受损期间的实际净收入计算，并适当考虑影响收入的其他相关因素予以合理确定。

按照前款规定无法认定收入损失的，可以参考政府部门的相关统计数据和信息，或者同区域同类生产经营者的同期平均收入合理认定。

受损害人采取合理措施避免收入损失，请求赔偿合理措施的费用，人民法院应予支持，但以其避免发生的收入损失数额为限。

第十七条　船舶油污事故造成环境损害的，对环境损害的赔偿应限于已实际采取或者将要采取的合理恢复措施的费用。恢复措施的费用包括合理的监测、评估、研究费用。

第十八条　船舶取得有效的油污损害民事责任保险或者具有相应财务保证的，油污受损害人主张船舶优先权的，人民法院不予支持。

第十九条　对油轮装载的非持久性燃油、非油轮装载的燃油造成油污损害的赔偿请求，适用海商法关于海事赔偿责任限制的规定。

同一海事事故造成前款规定的油污损害和海商法第二百零七条规定的可以限制赔偿责任的其他损害，船舶所有人依照海商法第十一章的规定主张在同一赔偿限额内限制赔偿责任的，人民法院应予支持。

第二十条　为避免油轮装载的非持久性燃油、非油轮装载的燃油造成油污损害，对沉没、搁浅、遇难船舶采取起浮、清除或者使之无害措施，船舶所有人对由此发生的费用主张依照海商法第十一章的规定限制赔偿责任的，人民法院不予支持。

第二十一条　对油轮装载持久性油类造成的油污损害，船舶所有人，或者船舶油污责任保险人、财务保证人主张责任限制的，应当设立油污损害赔偿责任限制基金。

油污损害赔偿责任限制基金以现金方式设立的，基金数额为《防治船舶污染海洋环境管理条例》《1992 年国际油污损害民事责任公约》规定的赔偿限额。以担保方式设立基金的，担保数额为基金数额及其在基金设立期间的利息。

第二十二条　船舶所有人、船舶油污损害责任保险人或者财务保证人申请设立油污损害赔偿责任限制基金，利害关系人对船舶所有人主张限制赔偿责任有异议的，应当在海事诉讼特别程序法第一百零六条第一款规定的异议期内以书面形式提出，但提出该异议不影响基金的设立。

第二十三条　对油轮装载持久性油类造成的油污损害，利害关系人没有在异议期内对船舶所有人主张限制赔偿责任提出异议，油污损害赔偿责任限制基金设立后，海事法院应当解除对船舶所有人的财产采取的保全措施或者发还为解除保全措施而提供的担保。

第二十四条　对油轮装载持久性油类造成的油污损害，利害关系人在异议期内对船舶所有人主张限制赔偿责任提出异议的，人民法院在认定船舶所有人有权限制赔偿责任的裁决生效后，应当解除对船舶所有人的财产采取的保全措施或者发还为解除保全措施而提供的担保。

第二十五条　对油轮装载持久性油类造成的油污损害，受损害人提起诉讼时主张船舶所有人无权限制赔偿责任的，海事法院对船舶所有人是否有权限制赔偿责任的争议，可以先行审理并作出判决。

第二十六条　对油轮装载持久性油类造成的油污损害，受损害人没有在规定的债权登记期间申请债权登记的，视为放弃在油污损害赔偿责任限制基金中受偿的权利。

第二十七条　油污损害赔偿责任限制基金不足以清偿有关油污损害的，应根据确认的赔偿数额依法按比例分配。

　　第二十八条　对油轮装载持久性油类造成的油污损害，船舶所有人、船舶油污损害责任保险人或者财务保证人申请设立油污损害赔偿责任限制基金、受损害人申请债权登记与受偿，本规定没有规定的，适用海事诉讼特别程序法及相关司法解释的规定。

　　第二十九条　在油污损害赔偿责任限制基金分配以前，船舶所有人、船舶油污损害责任保险人或者财务保证人，已先行赔付油污损害的，可以书面申请从基金中代位受偿。代位受偿应限于赔付的范围，并不超过接受赔付的人依法可获得的赔偿数额。

　　海事法院受理代位受偿申请后，应书面通知所有对油污损害赔偿责任限制基金提出主张的利害关系人。利害关系人对申请人主张代位受偿的权利有异议的，应在收到通知之日起十五日内书面提出。

　　海事法院经审查认定申请人代位受偿权利成立，应裁定予以确认；申请人主张代位受偿的权利缺乏事实或者法律依据的，裁定驳回其申请。当事人对裁定不服的，可以在收到裁定书之日起十日内提起上诉。

　　第三十条　船舶所有人为主动防止、减轻油污损害而支出的合理费用或者所作的合理牺牲，请求参与油污损害赔偿责任限制基金分配的，人民法院应予支持，比照本规定第二十九条第二款、第三款的规定处理。

　　第三十一条　本规定中下列用语的含义是：

　　（一）船舶，是指非用于军事或者政府公务的海船和其他海上移动式装置，包括航行于国际航线和国内航线的油轮和非油轮。其中，油轮是指为运输散装持久性货油而建造或者改建的船舶，以及实际装载散装持久性货油的其他船舶。

　　（二）油类，是指烃类矿物油及其残余物，限于装载于船上作为货物运输的持久性货油、装载用于本船运行的持久性和非持久性燃油，不包括装载于船上作为货物运输的非持久性货油。

　　（三）船舶油污事故，是指船舶泄漏油类造成油污损害，或者虽未泄漏油类但形成严重和紧迫油污损害威胁的一个或者一系列事件。一系列事件因同一原因而发生的，视为同一事故。

　　（四）船舶油污损害责任保险人或者财务保证人，是指海事事故中泄漏油类或者直接形成油污损害威胁的船舶一方的油污责任保险人或者财务保证人。

　　（五）油污损害赔偿责任限制基金，是指船舶所有人、船舶油污损害责任保险人或者财务保证人，对油轮装载持久性油类造成的油污损害申请设立的赔偿责任限制基金。

第三十二条　本规定实施前本院发布的司法解释与本规定不一致的，以本规定为准。

本规定施行前已经终审的案件，人民法院进行再审时，不适用本规定。

最高人民法院关于审理海洋自然资源与生态环境损害赔偿纠纷案件若干问题的规定法释

法释〔2017〕23 号

《最高人民法院关于审理海洋自然资源与生态环境损害赔偿纠纷案件若干问题的规定》已于 2017 年 11 月 20 日由最高人民法院审判委员会第 1727 次会议通过，现予公布，自 2018 年 1 月 15 日起施行。

最高人民法院

2017 年 12 月 29 日

为正确审理海洋自然资源与生态环境损害赔偿纠纷案件，根据《中华人民共和国海洋环境保护法》《中华人民共和国民事诉讼法》《中华人民共和国海事诉讼特别程序法》等法律的规定，结合审判实践，制定本规定。

第一条 人民法院审理为请求赔偿海洋环境保护法第八十九条第二款规定的海洋自然资源与生态环境损害而提起的诉讼，适用本规定。

第二条 在海上或者沿海陆域内从事活动，对中华人民共和国管辖海域内海洋自然资源与生态环境造成损害，由此提起的海洋自然资源与生态环境损害赔偿诉讼，由损害行为发生地、损害结果地或者采取预防措施地海事法院管辖。

第三条 海洋环境保护法第五条规定的行使海洋环境监督管理权的机关，根据其职能分工提起海洋自然资源与生态环境损害赔偿诉讼，人民法院应予受理。

第四条 人民法院受理海洋自然资源与生态环境损害赔偿诉讼，应当在立案之日起五日内公告案件受理情况。

人民法院在审理中发现可能存在下列情形之一的，可以书面告知其他依法行使海洋环境监督管理权的机关：

（一）同一损害涉及不同区域或者不同部门；

（二）不同损害应由其他依法行使海洋环境监督管理权的机关索赔。

本规定所称不同损害，包括海洋自然资源与生态环境损害中不同种类和同种类但可以明确区分属不同机关索赔范围的损害。

第五条 在人民法院依照本规定第四条的规定发布公告之日起三十日内，或者书面告知之日起七日内，对同一损害有权提起诉讼的其他机关申请参加诉讼，经审查符合法定条件的，人民法院应当将其列为共同原告；逾期申请的，人民法院不予准许。裁判生效后另行起诉的，人民法院参照《最高人民法院关于审理环境民事公益诉讼案件适用法律若干问题的解释》第二十八条的规定处理。

对于不同损害，可以由各依法行使海洋环境监督管理权的机关分别提起诉讼；索赔人共同起诉或者在规定期限内申请参加诉讼的，人民法院依照民事诉讼法第五十二条第一款的规定决定是否按共同诉讼进行审理。

第六条 依法行使海洋环境监督管理权的机关请求造成海洋自然资源与生态环境损害的责任者承担停止侵害、排除妨碍、消除危险、恢复原状、赔礼道歉、赔偿损失等民事责任的，人民法院应当根据诉讼请求以及具体案情，合理判定责任者承担民事责任。

第七条 海洋自然资源与生态环境损失赔偿范围包括：

（一）预防措施费用，即为减轻或者防止海洋环境污染、生态恶化、自然资源减少所采取合理应急处置措施而发生的费用；

（二）恢复费用，即采取或者将要采取措施恢复或者部分恢复受损害海洋自然资源与生态环境功能所需费用；

（三）恢复期间损失，即受损害的海洋自然资源与生态环境功能部分或者完全恢复前的海洋自然资源损失、生态环境服务功能损失；

（四）调查评估费用，即调查、勘查、监测污染区域和评估污染等损害风险与实际损害所发生的费用。

第八条 恢复费用，限于现实修复实际发生和未来修复必然发生的合理费用，包括制定和实施修复方案和监测、监管产生的费用。

未来修复必然发生的合理费用和恢复期间损失，可以根据有资格的鉴定评估机构依据法律法规、国家主管部门颁布的鉴定评估技术规范作出的鉴定意见予以确定，但当事人有相反证据足以反驳的除外。

预防措施费用和调查评估费用，以实际发生和未来必然发生的合理费用计算。

责任者已经采取合理预防、恢复措施，其主张相应减少损失赔偿数额的，人民法院应予支持。

第九条 依照本规定第八条的规定难以确定恢复费用和恢复期间损失的，人民法院可以根据责任者因损害行为所获得的收益或者所减少支付的污染防治费用，合理确定损失赔偿数额。

前款规定的收益或者费用无法认定的，可以参照政府部门相关统计资料或者其他证据所证明的同区域同类生产经营者同期平均收入、同期平均污染防治费用，合理酌定。

第十条　人民法院判决责任者赔偿海洋自然资源与生态环境损失的，可以一并写明依法行使海洋环境监督管理权的机关受领赔款后向国库账户交纳。

发生法律效力的裁判需要采取强制执行措施的，应当移送执行。

第十一条　海洋自然资源与生态环境损害赔偿诉讼当事人达成调解协议或者自行达成和解协议的，人民法院依照《最高人民法院关于审理环境民事公益诉讼案件适用法律若干问题的解释》第二十五条的规定处理。

第十二条　人民法院审理海洋自然资源与生态环境损害赔偿纠纷案件，本规定没有规定的，适用《最高人民法院关于审理环境侵权责任纠纷案件适用法律若干问题的解释》《最高人民法院关于审理环境民事公益诉讼案件适用法律若干问题的解释》等相关司法解释的规定。

在海上或者沿海陆域内从事活动，对中华人民共和国管辖海域内海洋自然资源与生态环境形成损害威胁，人民法院审理由此引起的赔偿纠纷案件，参照适用本规定。

人民法院审理因船舶引起的海洋自然资源与生态环境损害赔偿纠纷案件，法律、行政法规、司法解释另有特别规定的，依照其规定。

第十三条　本规定自 2018 年 1 月 15 日起施行，人民法院尚未审结的一审、二审案件适用本规定；本规定施行前已经作出生效裁判的案件，本规定施行后依法再审的，不适用本规定。

本规定施行后，最高人民法院以前颁布的司法解释与本规定不一致的，以本规定为准。

（四）规范性文件

突发环境事件应急管理办法

环境保护部令 第 34 号

《突发环境事件应急管理办法》已于 2015 年 3 月 19 日由环境保护部部务会议通过，现予公布，自 2015 年 6 月 5 日起施行。

部长 陈吉宁

2015 年 4 月 16 日

第一章 总 则

第一条 为预防和减少突发环境事件的发生，控制、减轻和消除突发环境事件引起的危害，规范突发环境事件应急管理工作，保障公众生命安全、环境安全和财产安全，根据《中华人民共和国环境保护法》《中华人民共和国突发事件应对法》《国家突发环境事件应急预案》及相关法律法规，制定本办法。

第二条 各级环境保护主管部门和企业事业单位组织开展的突发环境事件风险控制、应急准备、应急处置、事后恢复等工作，适用本办法。

本办法所称突发环境事件，是指由于污染物排放或者自然灾害、生产安全事故等因素，导致污染物或者放射性物质等有毒有害物质进入大气、水体、土壤等环境介质，突然造成或者可能造成环境质量下降，危及公众身体健康和财产安全，或者造成生态环境破坏，或者造成重大社会影响，需要采取紧急措施予以应对的事件。

突发环境事件按照事件严重程度，分为特别重大、重大、较大和一般四级。

核设施及有关核活动发生的核与辐射事故造成的辐射污染事件按照核与辐射相关规定执行。重污染天气应对工作按照《大气污染防治行动计划》等有关规定执行。

造成国际环境影响的突发环境事件的涉外应急通报和处置工作，按照国家有关国际合作的相关规定执行。

第三条 突发环境事件应急管理工作坚持预防为主、预防与应急相结合的原则。

第四条 突发环境事件应对，应当在县级以上地方人民政府的统一领导下，建立分类管理、分级负责、属地管理为主的应急管理体制。

县级以上环境保护主管部门应当在本级人民政府的统一领导下，对突发环境事件应急管理日常工作实施监督管理，指导、协助、督促下级人民政府及其有关部门做好突发环境事件应对工作。

第五条　县级以上地方环境保护主管部门应当按照本级人民政府的要求，会同有关部门建立健全突发环境事件应急联动机制，加强突发环境事件应急管理。

相邻区域地方环境保护主管部门应当开展跨行政区域的突发环境事件应急合作，共同防范、互通信息，协力应对突发环境事件。

第六条　企业事业单位应当按照相关法律法规和标准规范的要求，履行下列义务：

（一）开展突发环境事件风险评估；

（二）完善突发环境事件风险防控措施；

（三）排查治理环境安全隐患；

（四）制定突发环境事件应急预案并备案、演练；

（五）加强环境应急能力保障建设。

发生或者可能发生突发环境事件时，企业事业单位应当依法进行处理，并对所造成的损害承担责任。

第七条　环境保护主管部门和企业事业单位应当加强突发环境事件应急管理的宣传和教育，鼓励公众参与，增强防范和应对突发环境事件的知识和意识。

第二章　风险控制

第八条　企业事业单位应当按照国务院环境保护主管部门的有关规定开展突发环境事件风险评估，确定环境风险防范和环境安全隐患排查治理措施。

第九条　企业事业单位应当按照环境保护主管部门的有关要求和技术规范，完善突发环境事件风险防控措施。

前款所指的突发环境事件风险防控措施，应当包括有效防止泄漏物质、消防水、污染雨水等扩散至外环境的收集、导流、拦截、降污等措施。

第十条　企业事业单位应当按照有关规定建立健全环境安全隐患排查治理制度，建立隐患排查治理档案，及时发现并消除环境安全隐患。

对于发现后能够立即治理的环境安全隐患，企业事业单位应当立即采取措施，消除环境安全隐患。对于情况复杂、短期内难以完成治理，可能产生较大环境危害的环境安全隐患，应当制定隐患治理方案，落实整改措施、责任、资金、时限和现场应急预案，及时消除隐患。

第十一条　县级以上地方环境保护主管部门应当按照本级人民政府的统一要求，开展本行政区域突发环境事件风险评估工作，分析可能发生的突发环境事件，提高区域环境风险防范能力。

第十二条　县级以上地方环境保护主管部门应当对企业事业单位环境风险防范和环境安全隐患排查治理工作进行抽查或者突击检查，将存在重大环境安全隐患且整治不力的企业信息纳入社会诚信档案，并可以通报行业主管部门、投资主管部门、证券监督管理机构以及有关金融机构。

第三章　应急准备

第十三条　企业事业单位应当按照国务院环境保护主管部门的规定，在开展突发环境事件风险评估和应急资源调查的基础上制定突发环境事件应急预案，并按照分类分级管理的原则，报县级以上环境保护主管部门备案。

第十四条　县级以上地方环境保护主管部门应当根据本级人民政府突发环境事件专项应急预案，制定本部门的应急预案，报本级人民政府和上级环境保护主管部门备案。

第十五条　突发环境事件应急预案制定单位应当定期开展应急演练，撰写演练评估报告，分析存在问题，并根据演练情况及时修改完善应急预案。

第十六条　环境污染可能影响公众健康和环境安全时，县级以上地方环境保护主管部门可以建议本级人民政府依法及时公布环境污染公共监测预警信息，启动应急措施。

第十七条　县级以上地方环境保护主管部门应当建立本行政区域突发环境事件信息收集系统，通过"12369"环保举报热线、新闻媒体等多种途径收集突发环境事件信息，并加强跨区域、跨部门突发环境事件信息交流与合作。

第十八条　县级以上地方环境保护主管部门应当建立健全环境应急值守制度，确定应急值守负责人和应急联络员并报上级环境保护主管部门。

第十九条　企业事业单位应当将突发环境事件应急培训纳入单位工作计划，对从业人员定期进行突发环境事件应急知识和技能培训，并建立培训档案，如实记录培训的时间、内容、参加人员等信息。

第二十条　县级以上环境保护主管部门应当定期对从事突发环境事件应急管理工作的人员进行培训。

省级环境保护主管部门以及具备条件的市、县级环境保护主管部门应当设立环境应急专家库。

县级以上地方环境保护主管部门和企业事业单位应当加强环境应急处置救援能力建设。

第二十一条　县级以上地方环境保护主管部门应当加强环境应急能力标准化建设，配备应急监测仪器设备和装备，提高重点流域区域水、大气突发环境事件预警能力。

第二十二条　县级以上地方环境保护主管部门可以根据本行政区域的实际情况，建立环境应急物资储备信息库，有条件的地区可以设立环境应急物资储备库。

企业事业单位应当储备必要的环境应急装备和物资，并建立完善相关管理制度。

第四章　应急处置

第二十三条　企业事业单位造成或者可能造成突发环境事件时，应当立即启动突发环境事件应急预案，采取切断或者控制污染源以及其他防止危害扩大的必要措施，及时通报可能受到危害的单位和居民，并向事发地县级以上环境保护主管部门报告，接受调查处理。

应急处置期间，企业事业单位应当服从统一指挥，全面、准确地提供本单位与应急处置相关的技术资料，协助维护应急现场秩序，保护与突发环境事件相关的各项证据。

第二十四条　获知突发环境事件信息后，事件发生地县级以上地方环境保护主管部门应当按照《突发环境事件信息报告办法》规定的时限、程序和要求，向同级人民政府和上级环境保护主管部门报告。

第二十五条　突发环境事件已经或者可能涉及相邻行政区域的，事件发生地环境保护主管部门应当及时通报相邻区域同级环境保护主管部门，并向本级人民政府提出向相邻区域人民政府通报的建议。

第二十六条　获知突发环境事件信息后，县级以上地方环境保护主管部门应当立即组织排查污染源，初步查明事件发生的时间、地点、原因、污染物质及数量、周边环境敏感区等情况。

第二十七条　获知突发环境事件信息后，县级以上地方环境保护主管部门应当按照《突发环境事件应急监测技术规范》开展应急监测，及时向本级人民政府和上级环境保护主管部门报告监测结果。

第二十八条　应急处置期间，事发地县级以上地方环境保护主管部门应当组织开展事件信息的分析、评估，提出应急处置方案和建议报本级人民政府。

第二十九条　突发环境事件的威胁和危害得到控制或者消除后，事发地县级以上地方环境保护主管部门应当根据本级人民政府的统一部署，停止应急处置措施。

第五章　事后恢复

第三十条　应急处置工作结束后，县级以上地方环境保护主管部门应当及时总结、评估应急处置工作情况，提出改进措施，并向上级环境保护主管部门报告。

第三十一条　县级以上地方环境保护主管部门应当在本级人民政府的统一部署下，组织开展突发环境事件环境影响和损失等评估工作，并依法向有关人民政府报告。

第三十二条　县级以上环境保护主管部门应当按照有关规定开展事件调查，查清突发环境事件原因，确认事件性质，认定事件责任，提出整改措施和处理意见。

第三十三条　县级以上地方环境保护主管部门应当在本级人民政府的统一领导下，参与制定环境恢复工作方案，推动环境恢复工作。

第六章　信息公开

第三十四条　企业事业单位应当按照有关规定，采取便于公众知晓和查询的方式公开本单位环境风险防范工作开展情况、突发环境事件应急预案及演练情况、突发环境事件发生及处置情况，以及落实整改要求情况等环境信息。

第三十五条　突发环境事件发生后，县级以上地方环境保护主管部门应当认真研判事件影响和等级，及时向本级人民政府提出信息发布建议。履行统一领导职责或者组织处置突发事件的人民政府，应当按照有关规定统一、准确、及时发布有关突发事件事态发展和应急处置工作的信息。

第三十六条　县级以上环境保护主管部门应当在职责范围内向社会公开有关突发环境事件应急管理的规定和要求，以及突发环境事件应急预案及演练情况等环境信息。

县级以上地方环境保护主管部门应当对本行政区域内突发环境事件进行汇总分析，定期向社会公开突发环境事件的数量、级别，以及事件发生的时间、地点、应急处置概况等信息。

第七章　罚　　则

第三十七条　企业事业单位违反本办法规定，导致发生突发环境事件，《中华人民共和国突发事件应对法》《中华人民共和国水污染防治法》《中华人民共和国大气污染防治法》《中华人民共和国固体废物污染环境防治法》等法律法规已有相关处罚规定的，依照有关法律法规执行。

较大、重大和特别重大突发环境事件发生后，企业事业单位未按要求执行停产、停排措施，继续违反法律法规规定排放污染物的，环境保护主管部门应当依法对造成污染物排放的设施、设备实施查封、扣押。

第三十八条　企业事业单位有下列情形之一的，由县级以上环境保护主管部门责令改正，可以处一万元以上三万元以下罚款：

（一）未按规定开展突发环境事件风险评估工作，确定风险等级的；

（二）未按规定开展环境安全隐患排查治理工作，建立隐患排查治理档案的；

（三）未按规定将突发环境事件应急预案备案的；

（四）未按规定开展突发环境事件应急培训，如实记录培训情况的；

（五）未按规定储备必要的环境应急装备和物资；

（六）未按规定公开突发环境事件相关信息的。

第八章　附　则

第三十九条　本办法由国务院环境保护主管部门负责解释。

第四十条　本办法自 2015 年 6 月 5 日起施行。

突发环境事件调查处理办法

环境保护部令　第 32 号

《突发环境事件调查处理办法》已于 2014 年 12 月 15 日由环境保护部部务会议审议通过，现予公布，自 2015 年 3 月 1 日起施行。

部长　周生贤

2014 年 12 月 19 日

第一条　为规范突发环境事件调查处理工作，依照《中华人民共和国环境保护法》《中华人民共和国突发事件应对法》等法律法规，制定本办法。

第二条　本办法适用于对突发环境事件的原因、性质、责任的调查处理。

核与辐射突发事件的调查处理，依照核与辐射安全有关法律法规执行。

第三条　突发环境事件调查应当遵循实事求是、客观公正、权责一致的原则，及时、准确查明事件原因，确认事件性质，认定事件责任，总结事件教训，提出防范和整改措施建议以及处理意见。

第四条　环境保护部负责组织重大和特别重大突发环境事件的调查处理；省级环境保护主管部门负责组织较大突发环境事件的调查处理；事发地设区的市级环境保护主管部门视情况组织一般突发环境事件的调查处理。

上级环境保护主管部门可以视情况委托下级环境保护主管部门开展突发环境事件调查处理，也可以对由下级环境保护主管部门负责的突发环境事件直接组织调查处理，并及时通知下级环境保护主管部门。

下级环境保护主管部门对其负责的突发环境事件，认为需要由上一级环境保护主管部门调查处理的，可以报请上一级环境保护主管部门决定。

第五条　突发环境事件调查应当成立调查组，由环境保护主管部门主要负责人或者主管环境应急管理工作的负责人担任组长，应急管理、环境监测、环境影响评价管理、环境监察等相关机构的有关人员参加。

环境保护主管部门可以聘请环境应急专家库内专家和其他专业技术人员协助调查。

　　环境保护主管部门可以根据突发环境事件的实际情况邀请公安、交通运输、水利、农业、卫生、安全监管、林业、地震等有关部门或者机构参加调查工作。

　　调查组可以根据实际情况分为若干工作小组开展调查工作。工作小组负责人由调查组组长确定。

　　第六条　调查组成员和受聘请协助调查的人员不得与被调查的突发环境事件有利害关系。

　　调查组成员和受聘请协助调查的人员应当遵守工作纪律，客观公正地调查处理突发环境事件，并在调查处理过程中恪尽职守，保守秘密。未经调查组组长同意，不得擅自发布突发环境事件调查的相关信息。

　　第七条　开展突发环境事件调查，应当制定调查方案，明确职责分工、方法步骤、时间安排等内容。

　　第八条　开展突发环境事件调查，应当对突发环境事件现场进行勘查，并可以采取以下措施：

　　（一）通过取样监测、拍照、录像、制作现场勘查笔录等方法记录现场情况，提取相关证据材料；

　　（二）进入突发环境事件发生单位、突发环境事件涉及的相关单位或者工作场所，调取和复制相关文件、资料、数据、记录等；

　　（三）根据调查需要，对突发环境事件发生单位有关人员、参与应急处置工作的知情人员进行询问，并制作询问笔录。

　　进行现场勘查、检查或者询问，不得少于两人。

　　突发环境事件发生单位的负责人和有关人员在调查期间应当依法配合调查工作，接受调查组的询问，并如实提供相关文件、资料、数据、记录等。因客观原因确实无法提供的，可以提供相关复印件、复制品或者证明该原件、原物的照片、录像等其他证据，并由有关人员签字确认。

　　现场勘查笔录、检查笔录、询问笔录等，应当由调查人员、勘查现场有关人员、被询问人员签名。

　　开展突发环境事件调查，应当制作调查案卷，并由组织突发环境事件调查的环境保护主管部门归档保存。

　　第九条　突发环境事件调查应当查明下列情况：

　　（一）突发环境事件发生单位基本情况；

　　（二）突发环境事件发生的时间、地点、原因和事件经过；

（三）突发环境事件造成的人身伤亡、直接经济损失情况，环境污染和生态破坏情况；

（四）突发环境事件发生单位、地方人民政府和有关部门日常监管和事件应对情况；

（五）其他需要查明的事项。

第十条　环境保护主管部门应当按照所在地人民政府的要求，根据突发环境事件应急处置阶段污染损害评估工作的有关规定，开展应急处置阶段污染损害评估。

应急处置阶段污染损害评估报告或者结论是编写突发环境事件调查报告的重要依据。

第十一条　开展突发环境事件调查，应当查明突发环境事件发生单位的下列情况：

（一）建立环境应急管理制度、明确责任人和职责的情况；

（二）环境风险防范设施建设及运行的情况；

（三）定期排查环境安全隐患并及时落实环境风险防控措施的情况；

（四）环境应急预案的编制、备案、管理及实施情况；

（五）突发环境事件发生后的信息报告或者通报情况；

（六）突发环境事件发生后，启动环境应急预案，并采取控制或者切断污染源防止污染扩散的情况；

（七）突发环境事件发生后，服从应急指挥机构统一指挥，并按要求采取预防、处置措施的情况；

（八）生产安全事故、交通事故、自然灾害等其他突发事件发生后，采取预防次生突发环境事件措施的情况；

（九）突发环境事件发生后，是否存在伪造、故意破坏事发现场，或者销毁证据阻碍调查的情况。

第十二条　开展突发环境事件调查，应当查明有关环境保护主管部门环境应急管理方面的下列情况：

（一）按规定编制环境应急预案和对预案进行评估、备案、演练等的情况，以及按规定对突发环境事件发生单位环境应急预案实施备案管理的情况；

（二）按规定赶赴现场并及时报告的情况；

（三）按规定组织开展环境应急监测的情况；

（四）按职责向履行统一领导职责的人民政府提出突发环境事件处置或者信息

发布建议的情况；

（五）突发环境事件已经或者可能涉及相邻行政区域时，事发地环境保护主管部门向相邻行政区域环境保护主管部门的通报情况；

（六）接到相邻行政区域突发环境事件信息后，相关环境保护主管部门按规定调查了解并报告的情况；

（七）按规定开展突发环境事件污染损害评估的情况。

第十三条　开展突发环境事件调查，应当收集地方人民政府和有关部门在突发环境事件发生单位建设项目立项、审批、验收、执法等日常监管过程中和突发环境事件应对、组织开展突发环境事件污染损害评估等环节履职情况的证据材料。

第十四条　开展突发环境事件调查，应当在查明突发环境事件基本情况后，编写突发环境事件调查报告。

第十五条　突发环境事件调查报告应当包括下列内容：

（一）突发环境事件发生单位的概况和突发环境事件发生经过；

（二）突发环境事件造成的人身伤亡、直接经济损失，环境污染和生态破坏的情况；

（三）突发环境事件发生的原因和性质；

（四）突发环境事件发生单位对环境风险的防范、隐患整改和应急处置情况；

（五）地方政府和相关部门日常监管和应急处置情况；

（六）责任认定和对突发环境事件发生单位、责任人的处理建议；

（七）突发环境事件防范和整改措施建议；

（八）其他有必要报告的内容。

第十六条　特别重大突发环境事件、重大突发环境事件的调查期限为六十日；较大突发环境事件和一般突发环境事件的调查期限为三十日。突发环境事件污染损害评估所需时间不计入调查期限。

调查组应当按照前款规定的期限完成调查工作，并向同级人民政府和上一级环境保护主管部门提交调查报告。

调查期限从突发环境事件应急状态终止之日起计算。

第十七条　环境保护主管部门应当依法向社会公开突发环境事件的调查结论、环境影响和损失的评估结果等信息。

第十八条　突发环境事件调查过程中发现突发环境事件发生单位涉及环境违法行为的，调查组应当及时向相关环境保护主管部门提出处罚建议。相关环境保护主管部门应当依法对事发单位及责任人员予以行政处罚;涉嫌构成犯罪的,依法移送司法机关追究刑事责任。发现其他违法行为的,环境保护主管部门应当及时向有关部门移送。

发现国家行政机关及其工作人员、突发环境事件发生单位中由国家行政机关任命的人员涉嫌违法违纪的,环境保护主管部门应当依法及时向监察机关或者有关部门提出处分建议。

第十九条 对于连续发生突发环境事件,或者突发环境事件造成严重后果的地区,有关环境保护主管部门可以约谈下级地方人民政府主要领导。

第二十条 环境保护主管部门应当将突发环境事件发生单位的环境违法信息记入社会诚信档案,并及时向社会公布。

第二十一条 环境保护主管部门可以根据调查报告,对下级人民政府、下级环境保护主管部门下达督促落实突发环境事件调查报告有关防范和整改措施建议的督办通知,并明确责任单位、工作任务和完成时限。

接到督办通知的有关人民政府、环境保护主管部门应当在规定时限内,书面报送事件防范和整改措施建议的落实情况。

第二十二条 本办法由环境保护部负责解释。

第二十三条 本办法自 2015 年 3 月 1 日起施行。

突发环境事件信息报告办法

环境保护部令 第 17 号

《突发环境事件信息报告办法》已由环境保护部 2011 年第一次部务会议于 2011 年 3 月 24 日审议通过。现予公布，自 2011 年 5 月 1 日起施行。

环境保护部部长 周生贤

2011 年 4 月 18 日

第一条 为了规范突发环境事件信息报告工作，提高环境保护主管部门应对突发环境事件的能力，依据《中华人民共和国突发事件应对法》《国家突发公共事件总体应急预案》《国家突发环境事件应急预案》及相关法律法规的规定，制定本办法。

第二条 本办法适用于环境保护主管部门对突发环境事件的信息报告。

突发环境事件分为特别重大（Ⅰ级）、重大（Ⅱ级）、较大（Ⅲ级）和一般（Ⅳ级）四级。

核与辐射突发环境事件的信息报告按照核安全有关法律法规执行。

第三条 突发环境事件发生地设区的市级或者县级人民政府环境保护主管部门在发现或者得知突发环境事件信息后，应当立即进行核实，对突发环境事件的性质和类别做出初步认定。

对初步认定为一般（Ⅳ级）或者较大（Ⅲ级）突发环境事件的，事件发生地设区的市级或者县级人民政府环境保护主管部门应当在四小时内向本级人民政府和上一级人民政府环境保护主管部门报告。

对初步认定为重大（Ⅱ级）或者特别重大（Ⅰ级）突发环境事件的，事件发生地设区的市级或者县级人民政府环境保护主管部门应当在两小时内向本级人民政府和省级人民政府环境保护主管部门报告，同时上报环境保护部。省级人民政府环境保护主管部门接到报告后，应当进行核实并在一小时内报告环境保护部。

突发环境事件处置过程中事件级别发生变化的，应当按照变化后的级别报告信息。

第四条 发生下列一时无法判明等级的突发环境事件，事件发生地设区的市级或者县级人民政府环境保护主管部门应当按照重大（Ⅱ级）或者特别重大（Ⅰ级）突发环境事件的报告程序上报：

（一）对饮用水水源保护区造成或者可能造成影响的；

（二）涉及居民聚居区、学校、医院等敏感区域和敏感人群的；

（三）涉及重金属或者类金属污染的；

（四）有可能产生跨省或者跨国影响的；

（五）因环境污染引发群体性事件，或者社会影响较大的；

（六）地方人民政府环境保护主管部门认为有必要报告的其他突发环境事件。

第五条　上级人民政府环境保护主管部门先于下级人民政府环境保护主管部门获悉突发环境事件信息的，可以要求下级人民政府环境保护主管部门核实并报告相应信息。下级人民政府环境保护主管部门应当依照本办法的规定报告信息。

第六条　向环境保护部报告突发环境事件有关信息的，应当报告总值班室，同时报告环境保护部环境应急指挥领导小组办公室。环境保护部环境应急指挥领导小组办公室应当根据情况向部内相关司局通报有关信息。

第七条　环境保护部在接到下级人民政府环境保门重大（Ⅱ级）或者特别重大（Ⅰ级）突发环境事件以及其他有必要报告的突发环境事件信息后，应当及时向国务院总值班室和中共中央办公厅秘书局报告。

第八条　突发环境事件已经或者可能涉及相邻行政区域的，事件发生地环境保护主管部门应当及时通报相邻区域同级人民政府环境保护主管部门，并向本级人民政府提出向相邻区域人民政府通报的建议。接到通报的环境保护主管部门应当及时调查了解情况，并按照本办法第三条、第四条的规定报告突发环境事件信息。

第九条　上级人民政府环境保护主管部门接到下级人民政府环境保护主管部门以电话形式报告的突发环境事件信息后，应当如实、准确做好记录，并要求下级人民政府环境保护主管部门及时报告书面信息。

对于情况不够清楚、要素不全的突发环境事件信息，上级人民政府环境保护主管部门应当要求下级人民政府环境保护主管部门及时核实补充信息。

第十条　县级以上人民政府环境保护主管部门应当建立突发环境事件信息档案，并按照有关规定向上一级人民政府环境保护主管部门报送本行政区域突发环境事件的月度、季度、半年度和年度报告以及统计情况。上一级人民政府环境保护主管部门定期对报告及统计情况进行通报。

第十一条　报告涉及国家秘密的突发环境事件信息，应当遵守国家有关保密的规定。

第十二条　突发环境事件的报告分为初报、续报和处理结果报告。

初报在发现或者得知突发环境事件后首次上报；续报在查清有关基本情况、事件发展情况后随时上报；处理结果报告在突发环境事件处理完毕后上报。

第十三条　初报应当报告突发环境事件的发生时间、地点、信息来源、事件起因和性质、基本过程、主要污染物和数量、监测数据、人员受害情况、饮用水水源地等环境敏感点受影响情况、事件发展趋势、处置情况、拟采取的措施以及下一步工作建议等初步情况，并提供可能受到突发环境事件影响的环境敏感点的分布示意图。

续报应当在初报的基础上，报告有关处置进展情况。

处理结果报告应当在初报和续报的基础上，报告处理突发环境事件的措施、过程和结果，突发环境事件潜在或者间接危害以及损失、社会影响、处理后的遗留问题、责任追究等详细情况。

第十四条　突发环境事件信息应当采用传真、网络、邮寄和面呈等方式书面报告；情况紧急时，初报可通过电话报告，但应当及时补充书面报告。

书面报告中应当载明突发环境事件报告单位、报告签发人、联系人及联系方式等内容，并尽可能提供地图、图片以及相关的多媒体资料。

第十五条　在突发环境事件信息报告工作中迟报、谎报、瞒报、漏报有关突发环境事件信息的，给予通报批评；造成后果的，对直接负责的主管人员和其他直接责任人员依法依纪给予处分；构成犯罪的，移送司法机关依法追究刑事责任。

第十六条　本办法由环境保护部解释。

第十七条　本办法自 2011 年 5 月 1 日起施行。《环境保护行政主管部门突发环境事件信息报告办法（试行）》（环发〔2006〕50 号）同时废止。

附录：

突发环境事件分级标准

按照突发事件严重性和紧急程度，突发环境事件分为特别重大（Ⅰ级）、重大（Ⅱ级）、较大（Ⅲ级）和一般（Ⅳ级）四级。

1. 特别重大（Ⅰ级）突发环境事件

凡符合下列情形之一的，为特别重大突发环境事件：

（1）因环境污染直接导致 10 人以上死亡或 100 人以上中毒的。

（2）因环境污染需疏散、转移群众 5 万人以上的。

（3）因环境污染造成直接经济损失 1 亿元以上的。

（4）因环境污染造成区域生态功能丧失或国家重点保护物种灭绝的。

（5）因环境污染造成地市级以上城市集中式饮用水水源地取水中断的。

（6）1、2 类放射源失控造成大范围严重辐射污染后果的；核设施发生需要进入场外应急的严重核事故，或事故辐射后果可能影响邻省和境外的，或按照"国际核事件分级（INES）标准"属于 3 级以上的核事件；台湾核设施中发生的按照"国际核事件分级（INES）标准"属于 4 级以上的核事故；周边国家核设施中发生的按照"国际核事件分级（INES）标准"属于 4 级以上的核事故。

（7）跨国界突发环境事件。

2. 重大（Ⅱ级）突发环境事件

凡符合下列情形之一的，为重大突发环境事件：

（1）因环境污染直接导致 3 人以上 10 人以下死亡或 50 人以上 100 人以下中毒的；

（2）因环境污染需疏散、转移群众 1 万人以上 5 万人以下的；

（3）因环境污染造成直接经济损失 2 000 万元以上 1 亿元以下的；

（4）因环境污染造成区域生态功能部分丧失或国家重点保护野生动植物种群大批死亡的；

（5）因环境污染造成县级城市集中式饮用水水源地取水中断的；

（6）重金属污染或危险化学品生产、贮运、使用过程中发生爆炸、泄漏等事件，或因倾倒、堆放、丢弃、遗撒危险废物等造成的突发环境事件发生在国家重点流域、国家级自然保护区、风景名胜区或居民聚集区、医院、学校等敏感区域的；

（7）1、2 类放射源丢失、被盗、失控造成环境影响，或核设施和铀矿冶炼设施发生的达到进入场区应急状态标准的，或进口货物严重辐射超标的事件；

（8）跨省（区、市）界突发环境事件。

3. 较大（Ⅲ级）突发环境事件

凡符合下列情形之一的，为较大突发环境事件：

（1）因环境污染直接导致 3 人以下死亡或 10 人以上 50 人以下中毒的；

（2）因环境污染需疏散、转移群众 5 000 人以上 1 万人以下的；

（3）因环境污染造成直接经济损失 500 万元以上 2 000 万元以下的；

（4）因环境污染造成国家重点保护的动植物物种受到破坏的；

（5）因环境污染造成乡镇集中式饮用水水源地取水中断的；

（6）3 类放射源丢失、被盗或失控，造成环境影响的；

（7）跨地市界突发环境事件。

4. 一般（Ⅳ级）突发环境事件

除特别重大突发环境事件、重大突发环境事件、较大突发环境事件以外的突发环境事件。

企业环境信息依法披露管理办法

生态环境部令　第 24 号

《企业环境信息依法披露管理办法》已于 2021 年 11 月 26 日由生态环境部 2021 年第四次部务会议审议通过，现予公布，自 2022 年 2 月 8 日起施行。

部长　黄润秋

2021 年 12 月 11 日

第一章　总　则

第一条　为了规范企业环境信息依法披露活动，加强社会监督，根据《中华人民共和国环境保护法》《中华人民共和国清洁生产促进法》《公共企事业单位信息公开规定制定办法》《环境信息依法披露制度改革方案》等相关法律法规和文件，制定本办法。

第二条　本办法适用于企业依法披露环境信息及其监督管理活动。

第三条　生态环境部负责全国环境信息依法披露的组织、指导、监督和管理。

设区的市级以上地方生态环境主管部门负责本行政区域环境信息依法披露的组织实施和监督管理。

第四条　企业是环境信息依法披露的责任主体。

企业应当建立健全环境信息依法披露管理制度，规范工作规程，明确工作职责，建立准确的环境信息管理台账，妥善保存相关原始记录，科学统计归集相关环境信息。

企业披露环境信息所使用的相关数据及表述应当符合环境监测、环境统计等方面的标准和技术规范要求，优先使用符合国家监测规范的污染物监测数据、排污许可证执行报告数据等。

第五条　企业应当依法、及时、真实、准确、完整地披露环境信息，披露的环境信息应当简明清晰、通俗易懂，不得有虚假记载、误导性陈述或者重大遗漏。

第六条　企业披露涉及国家秘密、战略高新技术和重要领域核心关键技术、商业秘密的环境信息，依照有关法律法规的规定执行；涉及重大环境信息披露的，应当按照国家有关规定请示报告。

任何公民、法人或者其他组织不得非法获取企业环境信息，不得非法修改披露的环境信息。

第二章　披露主体

第七条　下列企业应当按照本办法的规定披露环境信息：

（一）重点排污单位；

（二）实施强制性清洁生产审核的企业；

（三）符合本办法第八条规定的上市公司及合并报表范围内的各级子公司（以下简称上市公司）；

（四）符合本办法第八条规定的发行企业债券、公司债券、非金融企业债务融资工具的企业（以下简称发债企业）；

（五）法律法规规定的其他应当披露环境信息的企业。

第八条　上一年度有下列情形之一的上市公司和发债企业，应当按照本办法的规定披露环境信息：

（一）因生态环境违法行为被追究刑事责任的；

（二）因生态环境违法行为被依法处以十万元以上罚款的；

（三）因生态环境违法行为被依法实施按日连续处罚的；

（四）因生态环境违法行为被依法实施限制生产、停产整治的；

（五）因生态环境违法行为被依法吊销生态环境相关许可证件的；

（六）因生态环境违法行为，其法定代表人、主要负责人、直接负责的主管人员或者其他直接责任人员被依法处以行政拘留的。

第九条　设区的市级生态环境主管部门组织制定本行政区域内的环境信息依法披露企业名单（以下简称企业名单）。

设区的市级生态环境主管部门应当于每年3月底前确定本年度企业名单，并向社会公布。企业名单公布前应当在政府网站上进行公示，征求公众意见；公示期限不得少于十个工作日。

对企业名单公布后新增的符合纳入企业名单要求的企业，设区的市级生态环境主管部门应当将其纳入下一年度企业名单。

设区的市级生态环境主管部门应当在企业名单公布后十个工作日内报送省级生态环境主管部门。省级生态环境主管部门应当于每年4月底前，将本行政区域的企业名单报送生态环境部。

第十条　重点排污单位应当自列入重点排污单位名录之日起，纳入企业名单。

实施强制性清洁生产审核的企业应当自列入强制性清洁生产审核名单后，纳入企业名单，并延续至该企业完成强制性清洁生产审核验收后的第三年。

上市公司、发债企业应当连续三年纳入企业名单；期间再次发生本办法第八条规定情形的，应当自三年期限届满后，再连续三年纳入企业名单。

对同时符合本条规定的两种以上情形的企业，应当按照最长期限纳入企业名单。

第三章　披露内容和时限

第十一条　生态环境部负责制定企业环境信息依法披露格式准则（以下简称准则），并根据生态环境管理需要适时进行调整。

企业应当按照准则编制年度环境信息依法披露报告和临时环境信息依法披露报告，并上传至企业环境信息依法披露系统。

第十二条　企业年度环境信息依法披露报告应当包括以下内容：

（一）企业基本信息，包括企业生产和生态环境保护等方面的基础信息；

（二）企业环境管理信息，包括生态环境行政许可、环境保护税、环境污染责任保险、环保信用评价等方面的信息；

（三）污染物产生、治理与排放信息，包括污染防治设施，污染物排放，有毒有害物质排放，工业固体废物和危险废物产生、贮存、流向、利用、处置，自行监测等方面的信息；

（四）碳排放信息，包括排放量、排放设施等方面的信息；

（五）生态环境应急信息，包括突发环境事件应急预案、重污染天气应急响应等方面的信息；

（六）生态环境违法信息；

（七）本年度临时环境信息依法披露情况；

（八）法律法规规定的其他环境信息。

第十三条　重点排污单位披露年度环境信息时，应当披露本办法第十二条规定的环境信息。

第十四条　实施强制性清洁生产审核的企业披露年度环境信息时，除了披露本办法第十二条规定的环境信息外，还应当披露以下信息：

（一）实施强制性清洁生产审核的原因；

（二）强制性清洁生产审核的实施情况、评估与验收结果。

第十五条　上市公司和发债企业披露年度环境信息时，除了披露本办法第十二条规定的环境信息外，还应当按照以下规定披露相关信息：

（一）上市公司通过发行股票、债券、存托凭证、中期票据、短期融资券、超短期融资券、资产证券化、银行贷款等形式进行融资的，应当披露年度融资形式、金额、投向等信息，以及融资所投项目的应对气候变化、生态环境保护等相关信息；

（二）发债企业通过发行股票、债券、存托凭证、可交换债、中期票据、短期融资券、超短期融资券、资产证券化、银行贷款等形式融资的，应当披露年度融资形式、金额、投向等信息，以及融资所投项目的应对气候变化、生态环境保护等相关信息。

上市公司和发债企业属于强制性清洁生产审核企业的，还应当按照本办法第十四条的规定披露相关环境信息。

第十六条　企业未产生本办法规定的环境信息的，可以不予披露。

第十七条　企业应当自收到相关法律文书之日起五个工作日内，以临时环境信息依法披露报告的形式，披露以下环境信息：

（一）生态环境行政许可准予、变更、延续、撤销等信息；

（二）因生态环境违法行为受到行政处罚的信息；

（三）因生态环境违法行为，其法定代表人、主要负责人、直接负责的主管人员和其他直接责任人员被依法处以行政拘留的信息；

（四）因生态环境违法行为，企业或者其法定代表人、主要负责人、直接负责的主管人员和其他直接责任人员被追究刑事责任的信息；

（五）生态环境损害赔偿及协议信息。

企业发生突发环境事件的，应当依照有关法律法规规定披露相关信息。

第十八条　企业可以根据实际情况对已披露的环境信息进行变更；进行变更的，应当以临时环境信息依法披露报告的形式变更，并说明变更事项和理由。

第十九条　企业应当于每年3月15日前披露上一年度1月1日至12月31日的环境信息。

第二十条　企业在企业名单公布前存在本办法第十七条规定的环境信息的，应当于企业名单公布后十个工作日内以临时环境信息依法披露报告的形式披露本年度企业名单公布前的相关信息。

第四章　监督管理

第二十一条　生态环境部、设区的市级以上地方生态环境主管部门应当依托政府网站等设立企业环境信息依法披露系统，集中公布企业环境信息依法披露内容，供社会公众免费查询，不得向企业收取任何费用。

第二十二条　生态环境主管部门应当加强企业环境信息依法披露系统与全国排污许可证管理信息平台等生态环境相关信息系统的互联互通，充分利用信息化手段避免企业重复填报。

生态环境主管部门应当加强企业环境信息依法披露系统与信用信息共享平台、金融信用信息基础数据库对接，推动环境信息跨部门、跨领域、跨地区互联互通、共享共用，及时将相关环境信息提供给有关部门。

第二十三条　设区的市级生态环境主管部门应当于每年 3 月底前，将上一年度本行政区域环境信息依法披露情况报送省级生态环境主管部门。省级生态环境主管部门应当于每年 4 月底前将相关情况报送生态环境部。

报送的环境信息依法披露情况应当包括以下内容：

（一）企业开展环境信息依法披露的总体情况；

（二）对企业环境信息依法披露的监督检查情况；

（三）其他应当报送的信息。

第二十四条　生态环境主管部门应当会同有关部门加强对企业环境信息依法披露活动的监督检查，及时受理社会公众举报，依法查处企业未按规定披露环境信息的行为。鼓励生态环境主管部门运用大数据分析、人工智能等技术手段开展监督检查。

第二十五条　公民、法人或者其他组织发现企业有违反本办法规定行为的，有权向生态环境主管部门举报。接受举报的生态环境主管部门应当依法进行核实处理，并对举报人的相关信息予以保密，保护举报人的合法权益。

生态环境主管部门应当畅通投诉举报渠道，引导社会公众、新闻媒体等对企业环境信息依法披露进行监督。

第二十六条　设区的市级以上生态环境主管部门应当按照国家有关规定，将环境信息依法披露纳入企业信用管理，作为评价企业信用的重要指标，并将企业违反环境信息依法披露要求的行政处罚信息记入信用记录。

第五章　罚　则

第二十七条　法律法规对企业环境信息公开或者披露规定了法律责任的，依照其规定执行。

第二十八条　企业违反本办法规定，不披露环境信息，或者披露的环境信息不真实、不准确的，由设区的市级以上生态环境主管部门责令改正，通报批评，并可以处一万元以上十万元以下的罚款。

第二十九条　企业违反本办法规定，有下列行为之一的，由设区的市级以上生态环境主管部门责令改正，通报批评，并可以处五万元以下的罚款：

（一）披露环境信息不符合准则要求的；

（二）披露环境信息超过规定时限的；

（三）未将环境信息上传至企业环境信息依法披露系统的。

第三十条　设区的市级以上地方生态环境主管部门在企业环境信息依法披露监督管理中有玩忽职守、滥用职权、徇私舞弊行为的，依法依纪对直接负责的主管人员或者其他直接责任人员给予处分。

第六章　附　则

第三十一条　事业单位依法披露环境信息的，参照本办法执行。

第三十二条　本办法由生态环境部负责解释。

第三十三条　本办法自2022年2月8日起施行。《企业事业单位环境信息公开办法》（环境保护部令　第31号）同时废止。

关于印发《企业事业单位突发环境事件应急预案备案管理办法（试行）》的通知

环发〔2015〕4号

各省、自治区、直辖市环境保护厅（局），新疆生产建设兵团环境保护局：

为贯彻落实《环境保护法》，加强对企业事业单位突发环境事件应急预案的备案管理，夯实政府和部门环境应急预案编制基础，根据《环境保护法》《突发事件应对法》等法律法规以及国务院办公厅印发的《突发事件应急预案管理办法》等文件，我部组织编制了《企业事业单位突发环境事件应急预案备案管理办法（试行）》（以下简称《办法》），现印发给你们。

请按照《办法》要求加强管理，指导和督促企业事业单位履行责任义务，制定和备案环境应急预案。《办法》实施前已经备案的环境应急预案，修订时执行本《办法》。

环境保护部

2015 年 1 月 8 日

企业事业单位突发环境事件应急预案备案管理办法（试行）

第一章　总　则

第一条　为加强对企业事业单位（以下简称企业）突发环境事件应急预案（以下简称环境应急预案）的备案管理，夯实政府和部门环境应急预案编制基础，根据《环境保护法》《突发事件应对法》等法律法规以及国务院办公厅印发的《突发事件应急预案管理办法》等文件，制定本办法。

第二条　本办法所称环境应急预案，是指企业为了在应对各类事故、自然灾害时，采取紧急措施，避免或最大程度减少污染物或其他有毒有害物质进入厂界外大气、水体、土壤等环境介质，而预先制定的工作方案。

第三条　环境保护主管部门对以下企业环境应急预案备案的指导和管理，适用本办法：

（一）可能发生突发环境事件的污染物排放企业，包括污水、生活垃圾集中处理设施的运营企业；

（二）生产、储存、运输、使用危险化学品的企业；

（三）产生、收集、贮存、运输、利用、处置危险废物的企业；

（四）尾矿库企业，包括湿式堆存工业废渣库、电厂灰渣库企业；

（五）其他应当纳入适用范围的企业。

核与辐射环境应急预案的备案不适用本办法。

省级环境保护主管部门可以根据实际情况，发布应当依法进行环境应急预案备案的企业名录。

第四条　鼓励其他企业制定单独的环境应急预案，或在突发事件应急预案中制定环境应急预案专章，并备案。

鼓励可能造成突发环境事件的工程建设、影视拍摄和文化体育等群众性集会活动主办企业，制定单独的环境应急预案，或在突发事件应急预案中制定环境应急预案专章，并备案。

第五条　环境应急预案备案管理，应当遵循规范准备、属地为主、统一备案、分级管理的原则。

第六条　县级以上地方环境保护主管部门可以参照有关突发环境事件风险评估标准或指导性技术文件，结合实际指导企业确定其突发环境事件风险等级。

第七条　受理备案的环境保护主管部门（以下简称受理部门）应当及时将备案的企业名单向社会公布。

企业应当主动公开与周边可能受影响的居民、单位、区域环境等密切相关的环境应急预案信息。

国家规定需要保密的情形除外。

第二章　备案的准备

第八条　企业是制定环境应急预案的责任主体，根据应对突发环境事件的需要，开展环境应急预案制定工作，对环境应急预案内容的真实性和可操作性负责。

企业可以自行编制环境应急预案，也可以委托相关专业技术服务机构编制环境应急预案。委托相关专业技术服务机构编制的，企业指定有关人员全程参与。

第九条 环境应急预案体现自救互救、信息报告和先期处置特点，侧重明确现场组织指挥机制、应急队伍分工、信息报告、监测预警、不同情景下的应对流程和措施、应急资源保障等内容。

经过评估确定为较大以上环境风险的企业，可以结合经营性质、规模、组织体系和环境风险状况、应急资源状况，按照环境应急综合预案、专项预案和现场处置预案的模式建立环境应急预案体系。环境应急综合预案体现战略性，环境应急专项预案体现战术性，环境应急现场处置预案体现操作性。

跨县级以上行政区域的企业，编制分县域或者分管理单元的环境应急预案。

第十条 企业按照以下步骤制定环境应急预案：

（一）成立环境应急预案编制组，明确编制组组长和成员组成、工作任务、编制计划和经费预算。

（二）开展环境风险评估和应急资源调查。环境风险评估包括但不限于：分析各类事故演化规律、自然灾害影响程度，识别环境危害因素，分析与周边可能受影响的居民、单位、区域环境的关系，构建突发环境事件及其后果情景，确定环境风险等级。应急资源调查包括但不限于：调查企业第一时间可调用的环境应急队伍、装备、物资、场所等应急资源状况和可请求援助或协议援助的应急资源状况。

（三）编制环境应急预案。按照本办法第九条要求，合理选择类别，确定内容，重点说明可能的突发环境事件情景下需要采取的处置措施、向可能受影响的居民和单位通报的内容与方式、向环境保护主管部门和有关部门报告的内容与方式，以及与政府预案的衔接方式，形成环境应急预案。编制过程中，应征求员工和可能受影响的居民和单位代表的意见。

（四）评审和演练环境应急预案。企业组织专家和可能受影响的居民、单位代表对环境应急预案进行评审，开展演练进行检验。

评审专家一般应包括环境应急预案涉及的相关政府管理部门人员、相关行业协会代表、具有相关领域经验的人员等。

（五）签署发布环境应急预案。环境应急预案经企业有关会议审议，由企业主要负责人签署发布。

第十一条 企业根据有关要求，结合实际情况，开展环境应急预案的培训、宣传和必要的应急演练，发生或者可能发生突发环境事件时及时启动环境应急预案。

第十二条　企业结合环境应急预案实施情况，至少每三年对环境应急预案进行一次回顾性评估。有下列情形之一的，及时修订：

（一）面临的环境风险发生重大变化，需要重新进行环境风险评估的；

（二）应急管理组织指挥体系与职责发生重大变化的；

（三）环境应急监测预警及报告机制、应对流程和措施、应急保障措施发生重大变化的；

（四）重要应急资源发生重大变化的；

（五）在突发事件实际应对和应急演练中发现问题，需要对环境应急预案作出重大调整的；

（六）其他需要修订的情况。

对环境应急预案进行重大修订的，修订工作参照环境应急预案制定步骤进行。对环境应急预案个别内容进行调整的，修订工作可适当简化。

第三章　备案的实施

第十三条　受理部门应当将环境应急预案备案的依据、程序、期限以及需要提供的文件目录、备案文件范例等在其办公场所或网站公示。

第十四条　企业环境应急预案应当在环境应急预案签署发布之日起 20 个工作日内，向企业所在地县级环境保护主管部门备案。县级环境保护主管部门应当在备案之日起 5 个工作日内将较大和重大环境风险企业的环境应急预案备案文件，报送市级环境保护主管部门，重大的同时报送省级环境保护主管部门。

跨县级以上行政区域的企业环境应急预案，应当向沿线或跨域涉及地县级环境保护主管部门备案。县级环境保护主管部门应当将备案的跨县级以上行政区域企业的环境应急预案备案文件，报送市级环境保护主管部门，跨市级以上行政区域的同时报送省级环境保护主管部门。

省级环境保护主管部门可以根据实际情况，将受理部门统一调整到市级环境保护主管部门。受理部门应及时将企业环境应急预案备案文件报送有关环境保护主管部门。

第十五条　企业环境应急预案首次备案，现场办理时应当提交下列文件：

（一）突发环境事件应急预案备案表；

（二）环境应急预案及编制说明的纸质文件和电子文件，环境应急预案包括：

环境应急预案的签署发布文件、环境应急预案文本；编制说明包括：编制过程概述、重点内容说明、征求意见及采纳情况说明、评审情况说明；

（三）环境风险评估报告的纸质文件和电子文件；

（四）环境应急资源调查报告的纸质文件和电子文件；

（五）环境应急预案评审意见的纸质文件和电子文件。

提交备案文件也可以通过信函、电子数据交换等方式进行。通过电子数据交换方式提交的，可以只提交电子文件。

第十六条　受理部门收到企业提交的环境应急预案备案文件后，应当在 5 个工作日内进行核对。文件齐全的，出具加盖行政机关印章的突发环境事件应急预案备案表。

提交的环境应急预案备案文件不齐全的，受理部门应当责令企业补齐相关文件，并按期再次备案。再次备案的期限，由受理部门根据实际情况确定。

受理部门应当一次性告知需要补齐的文件。

第十七条　建设单位制定的环境应急预案或者修订的企业环境应急预案，应当在建设项目投入生产或者使用前，按照本办法第十五条的要求，向建设项目所在地受理部门备案。

受理部门应当在建设项目投入生产或者使用前，将建设项目环境应急预案或者修订的企业环境应急预案备案文件，报送有关环境保护主管部门。

建设单位试生产期间的环境应急预案，应当参照本办法第二章的规定制定和备案。

第十八条　企业环境应急预案有重大修订的，应当在发布之日起 20 个工作日内向原受理部门变更备案。变更备案按照本办法第十五条要求办理。

环境应急预案个别内容进行调整、需要告知环境保护主管部门的，应当在发布之日起 20 个工作日内以文件形式告知原受理部门。

第十九条　环境保护主管部门受理环境应急预案备案，不得收取任何费用，不得加重或者变相加重企业负担。

第四章　备案的监督

第二十条　县级以上地方环境保护主管部门应当及时将备案的环境应急预案汇总、整理、归档，建立环境应急预案数据库，并将其作为制定政府和部门环境应急预案的重要基础。

第二十一条 县级以上环境保护主管部门应当对备案的环境应急预案进行抽查，指导企业持续改进环境应急预案。

县级以上环境保护主管部门抽查企业环境应急预案，可以采取档案检查、实地核查等方式。抽查可以委托专业技术服务机构开展相关工作。

县级以上环境保护主管部门应当及时汇总分析抽查结果，提出环境应急预案问题清单，推荐环境应急预案范例，制定环境应急预案指导性要求，加强备案指导。

第二十二条 企业未按照有关规定制定、备案环境应急预案，或者提供虚假文件备案的，由县级以上环境保护主管部门责令限期改正，并依据国家有关法律法规给予处罚。

第二十三条 县级以上环境保护主管部门在对突发环境事件进行调查处理时，应当把企业环境应急预案的制定、备案、日常管理及实施情况纳入调查处理范围。

第二十四条 受理部门及其工作人员违反本办法，有下列情形之一的，由环境保护主管部门或其上级环境保护主管部门责令改正；情节严重的，依法给予行政处分：

（一）对备案文件齐全的不予备案或者拖延处理的；

（二）对备案文件不齐全的予以接受的；

（三）不按规定一次性告知企业须补齐的全部备案文件的。

第五章 附 则

第二十五条 环境应急预案需要报其他有关部门备案的，按有关部门规定执行。

第二十六条 本办法自印发之日起施行。《突发环境事件应急预案管理暂行办法》（环发〔2010〕113号）关于企业预案管理的相关内容同时废止。

附：企业事业单位突发环境事件应急预案备案表

附

企业事业单位突发环境事件应急预案备案表

单位名称		机构代码	
法定代表人		联系电话	
联系人		联系电话	
传 真		电子邮箱	
地址		中心经度　中心纬度	
预案名称			
风险级别			

　　本单位于　年　月　日签署发布了突发环境事件应急预案，备案条件具备，备案文件齐全，现报送备案。

　　本单位承诺，本单位在办理备案中所提供的相关文件及其信息均经本单位确认真实，无虚假，且未隐瞒事实。

预案制定单位（公章）

预案签署人		报送时间	
突发环境 事件应急 预案备案 文件目录	1. 突发环境事件应急预案备案表； 2. 环境应急预案及编制说明： 　环境应急预案（签署发布文件、环境应急预案文本）； 　编制说明（编制过程概述、重点内容说明、征求意见及采纳情况说明、评审情况说明）； 　3. 环境风险评估报告； 　4. 环境应急资源调查报告； 　5. 环境应急预案评审意见		
备案意见	该单位的突发环境事件应急预案备案文件已于　年　月　日收讫，文件齐全，予以备案。 <div align="right">备案受理部门（公章）</div> <div align="right">年　月　日</div>		

备案编号			
报送单位			
受理部门 负责人		经办人	

注：备案编号由企业所在地县级行政区划代码、年份、流水号、企业环境风险级别（一般 L、较大 M、重大 H）及跨区域（T）表征字母组成。例如，河北省永年县××重大环境风险非跨区域企业环境应急预案 2015 年备案，是永年县环境保护局当年受理的第 26 个备案，则编号为：130429—2015—026—H；如果是跨区域的企业，则编号为：130429—2015—026—HT。

关于印发《环境保护部突发环境事件信息报告情况通报办法（试行）》的通知

环办〔2010〕141号

各省、自治区、直辖市环境保护厅（局），新疆生产建设兵团环境保护局：

为进一步做好突发环境事件信息报告工作，提高突发环境事件信息报告的时效性、准确性和主动性，根据《国务院办公厅关于印发突发公共事件信息报告情况通报办法（试行）的通知》（国办函〔2007〕125号）、《环境保护行政部门突发环境事件信息报告办法》及相关法律法规的规定，结合实际，我部制定了《环境保护部突发环境事件信息报告情况通报办法（试行）》（见附件）。现予印发，自2010月12月1日起试行。

2010 年 10 月 13 日

环境保护部突发环境事件信息报告情况通报办法（试行）

为进一步做好突发环境事件信息报告工作，提高突发环境事件信息报告的时效性、准确性和主动性，根据《国务院办公厅关于印发突发公共事件信息报告情况通报办法（试行）的通知》（国办函〔2007〕125号）、《环境保护行政部门突发环境事件信息报告办法》及相关法律法规的规定，结合实际，特制定本办法。

一、突发环境事件信息内容和采用标准及方式

（一）信息内容

1.重大（II级）、特别重大（I级）突发环境事件，以及事态紧急、情况严重，按照《环境保护行政部门突发环境事件信息报告办法》需要上报的突发环境事件信息。

2.环境保护部从其他渠道得知，需要地方环境保护部门核实报告的突发环境事件信息。

3. 本辖区突发环境事件的月度、季度、半年度和年度报告以及统计情况。

（二）采用标准及方式

1. 报告及时、要素齐全、重点突出的突发环境事件信息，以《环境保护部值班信息》形式直接报告中办、国办。

2. 未直接送阅的突发环境事件信息，在《突发环境事件动态报告》上采用或备查。部分突发环境事件信息在编辑《环境应急管理工作通讯》时综合采用。

二、通报内容和形式

每月初，环境保护部应急办在《突发环境事件信息报告情况通报》上将各省（区、市）环境保护厅（局）上月突发环境事件信息报告情况予以通报，并报告部领导。通报内容由两部分组成：

一是综述上月突发环境事件信息报告情况，通报迟报、漏报、瞒报和报告信息要素不全、质量不高的情况。

二是以表格形式反映各省（区、市）环境保护厅（局）上月突发环境事件信息报告数量，并按照"突发环境事件信息""动态报告""部值班信息""备查""环境应急督查通知书"5 类，对信息分别进行统计（见附表）。

三、有关要求

（一）各省（区、市）环境保护厅（局）要充分认识做好突发环境事件信息报告工作的重要性，认真贯彻执行国家有关要求，全面履行信息报告职责，做到思想认识到位，工作措施到位，制度保障到位。

（二）为全面准确反映各省（区、市）环境保护厅（局）突发环境事件信息报告情况，通报制度主要以信息报告的及时性和质量为评价依据。

（三）环境保护部按年度对各省（区、市）环境保护厅（局）突发环境事件信息报告工作进行评估总结，对信息报告及时、准确，工作突出的予以表扬；对信息报告工作存在薄弱环节的提出改进意见，必要时进行重点督查。

本办法自 2010 年 12 月 1 日起试行。

附表：

× 年 × 月各省、自治区、直辖市环境保护厅（局）
突发环境事件信息报告情况

地 区	突发环境事件信息		动态报告		部值班信息		备查	环境应急督查通知书	落实情况
	数量	按时报告	数量	反馈	数量	反馈	数量	数 量	数 量
北 京									
天 津									
河 北									
山 西									
内 蒙古									
辽 宁									
吉 林									
黑龙江									
上 海									
江 苏									
浙 江									
安 徽									
福 建									
江 西									
山 东									
河 南									
湖 北									
湖 南									
广 东									
广 西									
海 南									
重 庆									
四 川									
贵 州									
云 南									
西 藏									
陕 西									
甘 肃									

地　区	突发环境事件信息		动态报告		部值班信息		备查	环境应急督查通知书	落实情况
	数量	按时报告	数量	反馈	数量	反馈	数量	数　量	数　量
青　海									
宁　夏									
新　疆									

说明：1."突发环境事件信息"按照《环境保护行政主管部门突发环境事件信息报告办法（修改稿）》核定。

2."按时报告"表示按照时限要求报告情况。

3."动态报告"表示部应急办根据信息编写突发环境事件动态报告。

4."部值班信息"表示部总值班室根据动态报告上报中办、国办的信息。

5."反馈"表示中办、国办领导和环境保护部领导在动态报告和部值班信息上作出重要批示。

6."备查"表示此信息属不够上报标准的信息、要素不完整的信息等。

7."环境应急督查通知书"表示部应急办下达环境应急督查通知书数量。

关于印发《环境保护部环境应急专家管理办法》的通知

环办〔2010〕105 号

机关各部门，各派出机构、直属单位，国家环境应急专家组成员所在单位：

　　现将《环境保护部环境应急专家管理办法》印发给你们，请遵照执行。

2010 年 7 月 19 日

环境保护部环境应急专家管理办法

　　第一条　为了充分发挥环境应急专家在突发环境事件应急处置和环境应急管理咨询等工作中的作用，保障环境应急专家有效开展工作，规范环境应急专家的遴选和管理，根据《国家突发环境事件应急预案》及相关规定，制定本办法。

　　第二条　环境应急专家是指入选国家环境应急专家组（以下简称"专家组"）和环境保护部环境应急专家库（以下简称"专家库"）的专家。专家组和专家库由环境保护部负责建设和管理。专家组由环境保护部按本办法从专家库中遴选产生。

　　第三条　环境保护部环境应急指挥领导小组办公室（以下简称"环境保护部应急办"）具体负责专家组和专家库的建设、联络和管理工作。具体工作如下：

　　（一）建立专家信息库，记录专家的主要学术活动、学术研究成果和环境应急工作；

　　（二）协助专家组组长组织和召集专家组专家会议；

　　（三）组织和协助专家完成环境保护部委托的工作；

　　（四）组织专家开展学术交流和有关培训活动；

　　（五）联络专家，处理其他相关事宜。

第四条　环境应急专家由应急管理、环境工程、环境科学、环境监测、环境法学、化学、医学及其相关专业等领域的国内知名学者组成。

第五条　环境应急专家应当具备以下基本条件：

（一）拥护中国共产党的基本路线、基本纲领、基本方针。坚持原则、作风正派、廉洁奉公、遵纪守法，具有良好的学术道德。

（二）熟悉突发事件应对和环境保护法律、法规、政策和标准，了解环境应急管理工作及基本程序，能以科学严谨、认真负责的态度履行职责，能积极参加突发环境事件应急处置或其他环境应急管理工作，为环境应急管理工作提出技术指导和政策咨询。

（三）具有高级以上专业技术职称，在其专业领域 10 年以上工作经验，熟知其所在专业或者行业的国内外情况和动态，专业造诣较深，享有一定知名度和学术影响力，具有现场处置和一定管理经验。

（四）年龄一般不超过 65 周岁（资深专家和两院院士除外），健康状况良好，能够保证正常地参加各类环境应急咨询、技术支持工作和相关活动。

第六条　入选专家库及专家组成员聘任程序：

（一）各省（区、市）、有关部门和单位根据第五条之规定向环境保护部应急办推荐专业领域专家的后备人选名单。推荐应当事先征得被推荐人同意。

（二）环境保护部应急办根据被推荐人的具体情况，决定入选专家库的人员，并且在入选专家库的人员中遴选出专家组专家，报环境保护部批准。

专家组专家最多不超过 30 人。

（三）经批准后的专家组和专家库的专家名单分别以环境保护部办公厅文件和环境保护部应急办司函的形式公示。

第七条　专家组专家实行聘任制，由环境保护部颁发专家组专家聘书。

专家组专家每届任期 5 年，可连选连任。任期届满，自动解聘或重新办理有关手续。

根据工作需要增补的专家组专家，从专家库中遴选，并按程序报批。

第八条　专家组专家因身体健康、工作变动等原因不能继续参加环境应急咨询等相关工作的，经本人申请，报环境保护部批准，可退出专家组。

连续两年无正当理由不参加环境保护部组织的有关活动的，视为自动退出。

对违反国家法律、法规或不遵守本管理办法规定的专家组专家，环境保护部有权解聘。

　　第九条　专家组在环境保护部应急办的领导下开展工作。日常工作方式为：

　　（一）定期或不定期召开专家组专家会议，总结全国环境应急专家管理工作，表彰在突发环境事件应急处置工作中表现突出的专家，开展环境应急管理、应急处置技术的研讨和交流等。

　　（二）组织有关行业或领域的专家座谈或会商，研究有关环境应急管理专项工作。

　　（三）受环境保护部应急办的委托开展其他专项工作。

　　第十条　地方各级环境保护部门可以根据需要从专家库中选取环境应急专家参与有关环境应急咨询工作。

　　第十一条　有关部门和单位邀请环境应急专家以国家环境应急专家组专家身份担负环境应急工作的，须事先征得环境保护部应急办同意。专家参与应急工作后，应将应急工作开展情况及时书面报告环境保护部应急办。

　　未经环境保护部应急办批准，专家组成员不得擅自以专家组的名义组织或参加与环境保护应急有关的活动。

　　专家组专家参加环境保护部外其他单位委托的环境应急咨询工作提出的其意见或建议，不代表环境保护部的意见或建议。

　　第十二条　环境应急专家应当认真履行工作职责，按照本办法，积极参加各类环境应急咨询工作，为全国环境应急管理工作提供切实可行的决策建议、专业咨询、理论指导和技术支持。

　　受环境保护部委托，环境应急专家的主要工作包括：

　　（一）协助处理突发环境事件，指导和制定应急处置方案。必要时参加现场应急处置工作，提供决策建议；

　　（二）参与特别重大或重大突发环境事件的环境污染损害评估；

　　（三）参与环境应急管理重大课题研究，参与环境应急相关法律法规制定，为环境应急管理提供依据；

　　（四）参与环境应急管理教育培训工作及相关学术交流与合作；

　　（五）承担其他与环境应急有关的工作。

　　第十三条　环境应急专家应严格执行保密制度，保守国家秘密和被调查单位的商业和技术秘密。违反有关规定的，一经查实即取消专家资格，并依法追究相关责任。

　　对有特殊保密要求的，专家库和专家组专家在不担任专家之后，也需按照有关要求不得泄露担任专家期间获知的被调查单位的商业和技术秘密，违者由当事人承担由此引发的法律责任。

第十四条　环境保护部或经环境保护部同意的有关单位在指派环境应急专家执行任务时，应当同时通知专家所在单位。专家接到任务通知后，应如期抵达指定地点执行任务；专家如不能承担任务或不能按时到达，需及时说明。

第十五条　派请环境应急专家参加突发环境事件现场处置和环境应急咨询工作的单位，应当为专家提供必要的安全措施和必要的工作条件，保障专家人身安全；提供真实可靠的信息和法律、法规、标准和政策的相关规定供专家参考。

第十六条　环境应急专家所在单位应积极支持专家参加环境保护部组织的各项活动，为其提供必要的时间和不低于原工作同等待遇保障。

第十七条　对工作优秀和做出突出贡献的环境应急专家，环境保护部给予表彰或奖励。

第十八条　环境应急专家受委托执行突发环境事件应急处置、调查任务或参加有关会议和培训等相关工作，所需经费由指派部门或聘请单位按照国家规定标准报销。

第十九条　本办法自发布之日起施行。

第二十条　本办法由环境保护部应急办负责解释。

国务院办公厅关于印发
国家突发环境事件应急预案的通知

国办函〔2014〕119号

各省、自治区、直辖市人民政府，国务院各部委、各直属机构：

经国务院同意，现将修订后的《国家突发环境事件应急预案》印发给你们，请认真组织实施。2005年5月24日经国务院批准、由国务院办公厅印发的《国家突发环境事件应急预案》同时废止。

国务院办公厅

2014年12月29日

国家突发环境事件应急预案

1 总则

1.1 编制目的

健全突发环境事件应对工作机制，科学有序高效应对突发环境事件，保障人民群众生命财产安全和环境安全，促进社会全面、协调、可持续发展。

1.2 编制依据

依据《中华人民共和国环境保护法》《中华人民共和国突发事件应对法》《中华人民共和国放射性污染防治法》《国家突发公共事件总体应急预案》及相关法律法规等，制定本预案。

1.3 适用范围

本预案适用于我国境内突发环境事件应对工作。

突发环境事件是指由于污染物排放或自然灾害、生产安全事故等因素，导致污染物或放射性物质等有毒有害物质进入大气、水体、土壤等环境介质，突然造成或可能造成环境质量下降，危及公众身体健康和财产安全，或造成生态环境破坏，或造成重大社会影响，需要采取紧急措施予以应对的事件，主要包括大气污染、水体污染、土壤污染等突发性环境污染事件和辐射污染事件。

核设施及有关核活动发生的核事故所造成的辐射污染事件、海上溢油事件、船舶污染事件的应对工作按照其他相关应急预案规定执行。重污染天气应对工作按照国务院《大气污染防治行动计划》等有关规定执行。

1.4　工作原则

突发环境事件应对工作坚持统一领导、分级负责，属地为主、协调联动，快速反应、科学处置，资源共享、保障有力的原则。突发环境事件发生后，地方人民政府和有关部门立即自动按照职责分工和相关预案开展应急处置工作。

1.5　事件分级

按照事件严重程度，突发环境事件分为特别重大、重大、较大和一般四级。突发环境事件分级标准见附件 1。

2　组织指挥体系

2.1　国家层面组织指挥机构

环境保护部负责重特大突发环境事件应对的指导协调和环境应急的日常监督管理工作。根据突发环境事件的发展态势及影响，环境保护部或省级人民政府可报请国务院批准，或根据国务院领导同志指示，成立国务院工作组，负责指导、协调、督促有关地区和部门开展突发环境事件应对工作。必要时，成立国家环境应急指挥部，由国务院领导同志担任总指挥，统一领导、组织和指挥应急处置工作；国务院办公厅履行信息汇总和综合协调职责，发挥运转枢纽作用。国家环境应急指挥部组成及工作组职责见附件 2。

2.2　地方层面组织指挥机构

县级以上地方人民政府负责本行政区域内的突发环境事件应对工作，明确相应组织指挥机构。跨行政区域的突发环境事件应对工作，由各有关行政区域人民政府共同负责，或由有关行政区域共同的上一级地方人民政府负责。对需要国家层面协调处置的跨省级行政区域突发环境事件，由有关省级人民政府向国务院提出请求，或由有关省级环境保护主管部门向环境保护部提出请求。

地方有关部门按照职责分工，密切配合，共同做好突发环境事件应对工作。

2.3　现场指挥机构

负责突发环境事件应急处置的人民政府根据需要成立现场指挥部，负责现场组织指挥工作。参与现场处置的有关单位和人员要服从现场指挥部的统一指挥。

3 监测预警和信息报告

3.1 监测和风险分析

各级环境保护主管部门及其他有关部门要加强日常环境监测，并对可能导致突发环境事件的风险信息加强收集、分析和研判。安全监管、交通运输、公安、住房城乡建设、水利、农业、卫生计生、气象等有关部门按照职责分工，应当及时将可能导致突发环境事件的信息通报同级环境保护主管部门。

企业事业单位和其他生产经营者应当落实环境安全主体责任，定期排查环境安全隐患，开展环境风险评估，健全风险防控措施。当出现可能导致突发环境事件的情况时，要立即报告当地环境保护主管部门。

3.2 预警

3.2.1 预警分级

对可以预警的突发环境事件，按照事件发生的可能性大小、紧急程度和可能造成的危害程度，将预警分为四级，由低到高依次用蓝色、黄色、橙色和红色表示。

预警级别的具体划分标准，由环境保护部制定。

3.2.2 预警信息发布

地方环境保护主管部门研判可能发生突发环境事件时，应当及时向本级人民政府提出预警信息发布建议，同时通报同级相关部门和单位。地方人民政府或其授权的相关部门，及时通过电视、广播、报纸、互联网、手机短信、当面告知等渠道或方式向本行政区域公众发布预警信息，并通报可能影响到的相关地区。

上级环境保护主管部门要将监测到的可能导致突发环境事件的有关信息，及时通报可能受影响地区的下一级环境保护主管部门。

3.2.3 预警行动

预警信息发布后，当地人民政府及其有关部门视情采取以下措施：

（1）分析研判。组织有关部门和机构、专业技术人员及专家，及时对预警信息进行分析研判，预估可能的影响范围和危害程度。

（2）防范处置。迅速采取有效处置措施，控制事件苗头。在涉险区域设置注意事项提示或事件危害警告标志，利用各种渠道增加宣传频次，告知公众避险和减轻危害的常识、需采取的必要的健康防护措施。

（3）应急准备。提前疏散、转移可能受到危害的人员，并进行妥善安置。责令应急救援队伍、负有特定职责的人员进入待命状态，动员后备人员做好参加应急救援和处置工作的准备，并调集应急所需物资和设备，做好应急保障工作。对可能导致突发环境事件发生的相关企业事业单位和其他生产经营者加强环境监管。

（4）舆论引导。及时准确发布事态最新情况，公布咨询电话，组织专家解读。加强相关舆情监测，做好舆论引导工作。

3.2.4　预警级别调整和解除

发布突发环境事件预警信息的地方人民政府或有关部门，应当根据事态发展情况和采取措施的效果适时调整预警级别；当判断不可能发生突发环境事件或者危险已经消除时，宣布解除预警，适时终止相关措施。

3.3　信息报告与通报

突发环境事件发生后，涉事企业事业单位或其他生产经营者必须采取应对措施，并立即向当地环境保护主管部门和相关部门报告，同时通报可能受到污染危害的单位和居民。因生产安全事故导致突发环境事件的，安全监管等有关部门应当及时通报同级环境保护主管部门。环境保护主管部门通过互联网信息监测、环境污染举报热线等多种渠道，加强对突发环境事件的信息收集，及时掌握突发环境事件发生情况。

事发地环境保护主管部门接到突发环境事件信息报告或监测到相关信息后，应当立即进行核实，对突发环境事件的性质和类别作出初步认定，按照国家规定的时限、程序和要求向上级环境保护主管部门和同级人民政府报告，并通报同级其他相关部门。突发环境事件已经或者可能涉及相邻行政区域的，事发地人民政府或环境保护主管部门应当及时通报相邻行政区域同级人民政府或环境保护主管部门。地方各级人民政府及其环境保护主管部门应当按照有关规定逐级上报，必要时可越级上报。

接到已经发生或者可能发生跨省级行政区域突发环境事件信息时，环境保护部要及时通报相关省级环境保护主管部门。

对以下突发环境事件信息，省级人民政府和环境保护部应当立即向国务院报告：

（1）初判为特别重大或重大突发环境事件；

（2）可能或已引发大规模群体性事件的突发环境事件；

（3）可能造成国际影响的境内突发环境事件；

（4）境外因素导致或可能导致我境内突发环境事件；

（5）省级人民政府和环境保护部认为有必要报告的其他突发环境事件。

4　应急响应

4.1　响应分级

根据突发环境事件的严重程度和发展态势，将应急响应设定为Ⅰ级、Ⅱ级、Ⅲ级和Ⅳ级四个等级。初判发生特别重大、重大突发环境事件，分别启动Ⅰ级、Ⅱ级应急响应，由事发地省级人民政府负责应对工作；初判发生较大突发环境事件，启动Ⅲ级应急响应，由事发地设区的市级人民政府负责应对工作；初判发生一般突发环境事件，启动Ⅳ级应急响应，由事发地县级人民政府负责应对工作。

突发环境事件发生在易造成重大影响的地区或重要时段时，可适当提高响应级别。应急响应启动后，可视事件损失情况及其发展趋势调整响应级别，避免响应不足或响应过度。

4.2　响应措施

突发环境事件发生后，各有关地方、部门和单位根据工作需要，组织采取以下措施。

4.2.1　现场污染处置

涉事企业事业单位或其他生产经营者要立即采取关闭、停产、封堵、围挡、喷淋、转移等措施，切断和控制污染源，防止污染蔓延扩散。做好有毒有害物质和消防废水、废液等的收集、清理和安全处置工作。当涉事企业事业单位或其他生产经营者不明时，由当地环境保护主管部门组织对污染来源开展调查，查明涉事单位，确定污染物种类和污染范围，切断污染源。

事发地人民政府应组织制订综合治污方案，采用监测和模拟等手段追踪污染气体扩散途径和范围；采取拦截、导流、疏浚等形式防止水体污染扩大；采取隔离、吸附、打捞、氧化还原、中和、沉淀、消毒、去污洗消、临时收贮、微生物消解、调水稀释、转移异地处置、临时改造污染处置工艺或临时建设污染处置工程等方法处置污染物。必要时，要求其他排污单位停产、限产、限排，减轻环境污染负荷。

4.2.2　转移安置人员

根据突发环境事件影响及事发当地的气象、地理环境、人员密集度等，建立现场警戒区、交通管制区域和重点防护区域，确定受威胁人员疏散的方式和途径，有组织、有秩序地及时疏散转移受威胁人员和可能受影响地区居民，确保生命安全。妥善做好转移人员安置工作，确保有饭吃、有水喝、有衣穿、有住处和必要医疗条件。

4.2.3　医学救援

迅速组织当地医疗资源和力量，对伤病员进行诊断治疗，根据需要及时、安全地将重症伤病员转运到有条件的医疗机构加强救治。指导和协助开展受污染人员的去污洗消工作，提出保护公众健康的措施建议。视情增派医疗卫生专家和卫生应急队伍、调配急需医药物资，支持事发地医学救援工作。做好受影响人员的心理援助。

4.2.4　应急监测

加强大气、水体、土壤等应急监测工作，根据突发环境事件的污染物种类、性质以及当地自然、社会环境状况等，明确相应的应急监测方案及监测方法，确定监测的布点和频次，调配应急监测设备、车辆，及时准确监测，为突发环境事件应急决策提供依据。

4.2.5　市场监管和调控

密切关注受事件影响地区市场供应情况及公众反应，加强对重要生活必需品等商品的市场监管和调控。禁止或限制受污染食品和饮用水的生产、加工、流通和食用，防范因突发环境事件造成的集体中毒等。

4.2.6　信息发布和舆论引导

通过政府授权发布、发新闻稿、接受记者采访、举行新闻发布会、组织专家解读等方式，借助电视、广播、报纸、互联网等多种途径，主动、及时、准确、客观向社会发布突发环境事件和应对工作信息，回应社会关切，澄清不实信息，正确引导社会舆论。信息发布内容包括事件原因、污染程度、影响范围、应对措施、需要公众配合采取的措施、公众防范常识和事件调查处理进展情况等。

4.2.7　维护社会稳定

加强受影响地区社会治安管理，严厉打击借机传播谣言制造社会恐慌、哄抢救灾物资等违法犯罪行为；加强转移人员安置点、救灾物资存放点等重点地区治安管控；做好受影响人员与涉事单位、地方人民政府及有关部门矛盾纠纷化解和法律服务工作，防止出现群体性事件，维护社会稳定。

4.2.8　国际通报和援助

如需向国际社会通报或请求国际援助时，环境保护部商外交部、商务部提出需要通报或请求援助的国家（地区）和国际组织、事项内容、时机等，按照有关规定由指定机构向国际社会发出通报或呼吁信息。

4.3　国家层面应对工作

4.3.1　部门工作组应对

初判发生重大以上突发环境事件或事件情况特殊时，环境保护部立即派出工作组赴现场指导督促当地开展应急处置、应急监测、原因调查等工作，并根据需要协调有关方面提供队伍、物资、技术等支持。

4.3.2 国务院工作组应对

当需要国务院协调处置时，成立国务院工作组。主要开展以下工作：

（1）了解事件情况、影响、应急处置进展及当地需求等；

（2）指导地方制订应急处置方案；

（3）根据地方请求，组织协调相关应急队伍、物资、装备等，为应急处置提供支援和技术支持；

（4）对跨省级行政区域突发环境事件应对工作进行协调；

（5）指导开展事件原因调查及损害评估工作。

4.3.3 国家环境应急指挥部应对

根据事件应对工作需要和国务院决策部署，成立国家环境应急指挥部。主要开展以下工作：

（1）组织指挥部成员单位、专家组进行会商，研究分析事态，部署应急处置工作；

（2）根据需要赴事发现场或派出前方工作组赴事发现场协调开展应对工作；

（3）研究决定地方人民政府和有关部门提出的请求事项；

（4）统一组织信息发布和舆论引导；

（5）视情向国际通报，必要时与相关国家和地区、国际组织领导人通电话；

（6）组织开展事件调查。

4.4 响应终止

当事件条件已经排除、污染物质已降至规定限值以内、所造成的危害基本消除时，由启动响应的人民政府终止应急响应。

5 后期工作

5.1 损害评估

突发环境事件应急响应终止后，要及时组织开展污染损害评估，并将评估结果向社会公布。评估结论作为事件调查处理、损害赔偿、环境修复和生态恢复重建的依据。

突发环境事件损害评估办法由环境保护部制定。

5.2 事件调查

突发环境事件发生后，根据有关规定，由环境保护主管部门牵头，可会同监察机关及相关部门，组织开展事件调查，查明事件原因和性质，提出整改防范措施和处理建议。

5.3　善后处置

事发地人民政府要及时组织制订补助、补偿、抚慰、抚恤、安置和环境恢复等善后工作方案并组织实施。保险机构要及时开展相关理赔工作。

6　应急保障

6.1　队伍保障

国家环境应急监测队伍、公安消防部队、大型国有骨干企业应急救援队伍及其他相关方面应急救援队伍等力量，要积极参加突发环境事件应急监测、应急处置与救援、调查处理等工作任务。发挥国家环境应急专家组作用，为重特大突发环境事件应急处置方案制订、污染损害评估和调查处理工作提供决策建议。县级以上地方人民政府要强化环境应急救援队伍能力建设，加强环境应急专家队伍管理，提高突发环境事件快速响应及应急处置能力。

6.2　物资与资金保障

国务院有关部门按照职责分工，组织做好环境应急救援物资紧急生产、储备调拨和紧急配送工作，保障支援突发环境事件应急处置和环境恢复治理工作的需要。县级以上地方人民政府及其有关部门要加强应急物资储备，鼓励支持社会化应急物资储备，保障应急物资、生活必需品的生产和供给。环境保护主管部门要加强对当地环境应急物资储备信息的动态管理。

突发环境事件应急处置所需经费首先由事件责任单位承担。县级以上地方人民政府对突发环境事件应急处置工作提供资金保障。

6.3　通信、交通与运输保障

地方各级人民政府及其通信主管部门要建立健全突发环境事件应急通信保障体系，确保应急期间通信联络和信息传递需要。交通运输部门要健全公路、铁路、航空、水运紧急运输保障体系，保障应急响应所需人员、物资、装备、器材等的运输。公安部门要加强应急交通管理，保障运送伤病员、应急救援人员、物资、装备、器材车辆的优先通行。

6.4　技术保障

支持突发环境事件应急处置和监测先进技术、装备的研发。依托环境应急指挥技术平台，实现信息综合集成、分析处理、污染损害评估的智能化和数字化。

7　附则

7.1　预案管理

预案实施后，环境保护部要会同有关部门组织预案宣传、培训和演练，并根据实际情况，适时组织评估和修订。地方各级人民政府要结合当地实际制定或修订突发环境事件应急预案。

7.2　预案解释

本预案由环境保护部负责解释。

7.3　预案实施时间

本预案自印发之日起实施。

附件：1. 突发环境事件分级标准

　　　　2. 国家环境应急指挥部组成及工作组职责

附件1

突发环境事件分级标准

一、特别重大突发环境事件

凡符合下列情形之一的，为特别重大突发环境事件：

1. 因环境污染直接导致30人以上死亡或100人以上中毒或重伤的。

2. 因环境污染疏散、转移人员5万人以上的。

3. 因环境污染造成直接经济损失1亿元以上的。

4. 因环境污染造成区域生态功能丧失或该区域国家重点保护物种灭绝的。

5. 因环境污染造成设区的市级以上城市集中式饮用水水源地取水中断的。

6. Ⅰ、Ⅱ类放射源丢失、被盗、失控并造成大范围严重辐射污染后果的；放射性同位素和射线装置失控导致3人以上急性死亡的；放射性物质泄漏，造成大范围辐射污染后果的。

7. 造成重大跨国境影响的境内突发环境事件。

二、重大突发环境事件

凡符合下列情形之一的，为重大突发环境事件：

1. 因环境污染直接导致10人以上30人以下死亡或50人以上100人以下中毒或重伤的。

2.因环境污染疏散、转移人员1万人以上5万人以下的。

3.因环境污染造成直接经济损失2 000万元以上1亿元以下的。

4.因环境污染造成区域生态功能部分丧失或该区域国家重点保护野生动植物种群大批死亡的。

5.因环境污染造成县级城市集中式饮用水水源地取水中断的。

6.Ⅰ、Ⅱ类放射源丢失、被盗的；放射性同位素和射线装置失控导致3人以下急性死亡或者10人以上急性重度放射病、局部器官残疾的；放射性物质泄漏，造成较大范围辐射污染后果的。

7.造成跨省级行政区域影响的突发环境事件。

三、较大突发环境事件

凡符合下列情形之一的，为较大突发环境事件：

1.因环境污染直接导致3人以上10人以下死亡或10人以上50人以下中毒或重伤的。

2.因环境污染疏散、转移人员5 000人以上1万人以下的。

3.因环境污染造成直接经济损失500万元以上2 000万元以下的。

4.因环境污染造成国家重点保护的动植物物种受到破坏的。

5.因环境污染造成乡镇集中式饮用水水源地取水中断的。

6.Ⅲ类放射源丢失、被盗的；放射性同位素和射线装置失控导致10人以下急性重度放射病、局部器官残疾的；放射性物质泄漏，造成小范围辐射污染后果的。

7.造成跨设区的市级行政区域影响的突发环境事件。

四、一般突发环境事件

凡符合下列情形之一的，为一般突发环境事件：

1.因环境污染直接导致3人以下死亡或10人以下中毒或重伤的。

2.因环境污染疏散、转移人员5 000人以下的。

3.因环境污染造成直接经济损失500万元以下的。

4.因环境污染造成跨县级行政区域纠纷，引起一般性群体影响的。

5.Ⅳ、Ⅴ类放射源丢失、被盗的；放射性同位素和射线装置失控导致人员受到超过年剂量限值的照射的；放射性物质泄漏，造成厂区内或设施内局部辐射污染后果的；铀矿冶、伴生矿超标排放，造成环境辐射污染后果的。

6.对环境造成一定影响，尚未达到较大突发环境事件级别的。

上述分级标准有关数量的表述中，"以上"含本数，"以下"不含本数。

附件 2

国家环境应急指挥部组成及工作组职责

　　国家环境应急指挥部主要由环境保护部、中央宣传部（国务院新闻办）、中央网信办、外交部、发展改革委、工业和信息化部、公安部、民政部、财政部、住房城乡建设部、交通运输部、水利部、农业部、商务部、卫生计生委、新闻出版广电总局、安全监管总局、食品药品监管总局、林业局、气象局、海洋局、测绘地信局、铁路局、民航局、总参作战部、总后基建营房部、武警总部、中国铁路总公司等部门和单位组成，根据应对工作需要，增加有关地方人民政府和其他有关部门。

　　国家环境应急指挥部设立相应工作组，各工作组组成及职责分工如下：

　　一、污染处置组。由环境保护部牵头，公安部、交通运输部、水利部、农业部、安全监管总局、林业局、海洋局、总参作战部、武警总部等参加。

　　主要职责：收集汇总相关数据，组织进行技术研判，开展事态分析；迅速组织切断污染源，分析污染途径，明确防止污染物扩散的程序；组织采取有效措施，消除或减轻已经造成的污染；明确不同情况下的现场处置人员须采取的个人防护措施；组织建立现场警戒区和交通管制区域，确定重点防护区域，确定受威胁人员疏散的方式和途径，疏散转移受威胁人员至安全紧急避险场所；协调军队、武警有关力量参与应急处置。

　　二、应急监测组。由环境保护部牵头，住房城乡建设部、水利部、农业部、气象局、海洋局、总参作战部、总后基建营房部等参加。

　　主要职责：根据突发环境事件的污染物种类、性质以及当地气象、自然、社会环境状况等，明确相应的应急监测方案及监测方法；确定污染物扩散范围，明确监测的布点和频次，做好大气、水体、土壤等应急监测，为突发环境事件应急决策提供依据；协调军队力量参与应急监测。

　　三、医学救援组。由卫生计生委牵头，环境保护部、食品药品监管总局等参加。

　　主要职责：组织开展伤病员医疗救治、应急心理援助；指导和协助开展受污染人员的去污洗消工作；提出保护公众健康的措施建议；禁止或限制受污染食品和饮用水的生产、加工、流通和食用，防范因突发环境事件造成集体中毒等。

　　四、应急保障组。由发展改革委牵头，工业和信息化部、公安部、民政部、财政部、环境保护部、住房城乡建设部、交通运输部、水利部、商务部、测绘地信局、铁路局、民航局、中国铁路总公司等参加。

主要职责：指导做好事件影响区域有关人员的紧急转移和临时安置工作；组织做好环境应急救援物资及临时安置重要物资的紧急生产、储备调拨和紧急配送工作；及时组织调运重要生活必需品，保障群众基本生活和市场供应；开展应急测绘。

五、新闻宣传组。由中央宣传部（国务院新闻办）牵头，中央网信办、工业和信息化部、环境保护部、新闻出版广电总局等参加。

主要职责：组织开展事件进展、应急工作情况等权威信息发布，加强新闻宣传报道；收集分析国内外舆情和社会公众动态，加强媒体、电信和互联网管理，正确引导舆论；通过多种方式，通俗、权威、全面、前瞻地做好相关知识普及；及时澄清不实信息，回应社会关切。

六、社会稳定组。由公安部牵头，中央网信办、工业和信息化部、环境保护部、商务部等参加。

主要职责：加强受影响地区社会治安管理，严厉打击借机传播谣言制造社会恐慌、哄抢物资等违法犯罪行为；加强转移人员安置点、救灾物资存放点等重点地区治安管控；做好受影响人员与涉事单位、地方人民政府及有关部门矛盾纠纷化解和法律服务工作，防止出现群体性事件，维护社会稳定；加强对重要生活必需品等商品的市场监管和调控，打击囤积居奇行为。

七、涉外事务组。由外交部牵头，环境保护部、商务部、海洋局等参加。

主要职责：根据需要向有关国家和地区、国际组织通报突发环境事件信息，协调处理对外交涉、污染检测、危害防控、索赔等事宜，必要时申请、接受国际援助。

工作组设置、组成和职责可根据工作需要作适当调整。

关于做好汛期尾矿库环境应急管理工作的通知

环办应急函〔2016〕1222号

各省、自治区、直辖市环境保护厅（局），新疆生产建设兵团环境保护局，辽河凌河保护区管理局：

汛期是尾矿库事故多发高发时期。为切实做好汛期尾矿库环境应急管理工作，积极防范和妥善处置各类尾矿库事故次生突发环境事件，切实保障环境安全，现将有关事项通知如下：

一、进一步提高认识。要深刻认识到尾矿库事故次生突发环境事件的严重性和危害性，督促尾矿库企业提高防范事故次生突发环境事件的意识和能力，积极向本级人民政府及有关部门提出防范尾矿库事故次生突发环境事件的建议，增强自身妥善处置突发环境事件的能力，切实保障环境安全特别是饮用水环境安全。

二、督促指导企业防范环境风险。要督促指导尾矿库企业按照《尾矿库环境风险评估技术导则》（HJ740—2015）和《尾矿库环境应急预案编制指南》，开展尾矿库环境风险评估、环境安全隐患排查治理，编制尾矿库环境应急预案并报环境保护部门备案，对尾矿库环境应急预案进行培训和演练，掌握尾矿库特征污染物及其应急处置措施，提高尾矿库环境风险防范和突发环境事件先期处置能力。

三、做好应急准备工作。要全面掌握行政区域内尾矿库的特征污染物、周边环境敏感点尤其是饮用水水源等环境风险信息；对发现存在重大环境安全隐患且整改无望的尾矿库提出闭库建议；尾矿库环境风险突出的区域，要及时将行政区域内尾矿库环境风险状况向地方政府报告。

四、积极妥善处置。当发生尾矿库事故次生突发环境事件后，要督促尾矿库企业立即开展先期处置，切断污染源；按照有关规定进行信息报告和通报，做好环境应急监测工作；向政府提出应对建议，避免产生跨界污染；严肃事件调查和责任追究，协助有关人民政府开展环境影响和损失评估工作。

五、深化应急联动。按照我部与安全监管总局联合印发的《关于建立健全环境保护和安全监管部门应急联动工作机制的通知》（环办〔2010〕5号）要求，继续深化与安全监管部门在信息共享、联合执法等方面的合作，鼓励尾矿库集中地区开展环境保护和安全生产汛期联合检查。

环境保护部办公厅

2016 年 7 月 3 日

环境保护档案管理办法

环境保护部令 第 43 号

第一章 总 则

第一条 为了加强环境保护档案的形成、管理和保护工作，开发利用环境保护档案信息资源，根据《中华人民共和国档案法》及其实施办法、《中华人民共和国环境保护法》等相关法律法规，结合环境保护工作实际，制定本办法。

第二条 本办法所称环境保护档案，是指各级环境保护主管部门及其派出机构、直属单位（以下简称环境保护部门），在环境保护各项工作和活动中形成的，对国家、社会和单位具有利用价值、应当归档保存的各种形式和载体的历史记录，主要包括文书档案、音像（照片、录音、录像）档案、科技档案、会计档案、人事档案、基建档案及电子档案等。

第三条 环境保护档案工作是环境保护部门的重要职责，实行统一领导、分级管理。

第四条 国务院环境保护主管部门对环境保护档案管理工作实行监督和指导，在业务上接受国家档案行政管理部门的监督和指导。

地方各级环境保护主管部门对本行政区域内环境保护档案管理工作实行监督和指导，在业务上接受同级档案行政管理部门和上级环境保护主管部门的监督和指导。

第二章 环境保护部门档案工作职责

第五条 环境保护部门应当加强对档案工作的领导，完善档案工作管理体制，建立档案管理机构，配备政治可靠、责任心强、具备档案管理及环境保护相关专业知识和业务技能的正式专职档案管理人员。环境保护部门办公厅（室）档案管理机构归口负责本部门档案管理工作。

第六条 环境保护部门应当将档案工作纳入本部门发展规划和年度工作计划，列入工作考核检查内容，及时研究并协调解决档案工作中的重大问题，确保档案工作与本部门整体工作同步协调发展。

第七条　环境保护部门应当按照部门预算编制和管理的有关规定，科学合理核定档案工作经费，并列入同级财政预算，加强对档案工作经费的审计和绩效考核，确保科学使用、专款专用。

第八条　环境保护部门应当按照国家有关档案管理的规定，确定文件材料的具体接收范围，包括本部门在各项工作和活动中形成的具有利用价值、应当归档保存的各种形式和载体的历史记录，以及与本部门有关的撤销或者合并部门的全部档案。

第九条　环境保护部门应当将档案信息化建设纳入本部门信息化建设同步实施，推进文档一体化管理，实现资源数字化、利用网络化、管理智能化。

第十条　环境保护部门应当为开展档案管理工作提供必要条件。档案管理人员办公室、档案库房、阅档室和档案整理间应当分开。

第十一条　环境保护部门应当加强档案基础设施建设，改善档案安全管理条件，提供符合设计规范的专用库房，配备防盗、防火、防潮、防水、防尘、防光、防鼠、防虫等安全设施，以及计算机、复印机、打印机、扫描仪、照相机、摄像机、防磁柜等工作设备。

第十二条　环境保护部门应当将档案管理人员培训、交流、使用列入干部培养和选拔任用统一规划，统筹安排，为档案管理人员学习培训、挂职锻炼、交流任职等创造条件。档案管理人员的职务晋升或者职称评定、业务能力考核，按照国家有关规定执行，并享有专业人员的同等待遇。

第十三条　环境保护部门应当按照《中华人民共和国保守国家秘密法》等有关法律法规，确保环境保护档案安全保密和有效利用。

第三章　档案管理机构、文件（项目）承办单位职责

第十四条　环境保护部门的档案管理机构应当履行下列职责：

（一）贯彻执行国家档案法律法规和工作方针、政策。经国家档案行政管理部门同意，国务院环境保护主管部门的档案管理机构负责研究制定环境保护档案管理规章制度、行业标准和技术规范并组织实施。地方各级环境保护主管部门的档案管理机构依据上级环境保护主管部门和档案行政管理部门的相关制度要求，制定本行政区域内环境保护档案管理工作制度并组织实施。

（二）负责本部门档案的统一管理，地方各级环境保护主管部门的档案管理机构对本行政区域内环境保护档案管理工作进行监督和指导。

（三）负责编制本部门档案管理经费年度预算，将档案资料收集整理、保管保

护、开发利用，设备购置和运行维护，信息化建设，以及档案宣传培训等项目经费列入预算。

（四）负责本部门档案信息化工作，参与本部门电子文件全过程管理工作，组织实施本部门档案数字化加工、电子文件归档和电子档案管理以及重要档案异地、异质备份工作。

（五）负责对本部门重点工作、重大会议和活动、重大建设项目、重大科研项目、重大生态保护项目等归档工作进行监督和指导，参与重大科研项目成果验收、重大建设项目工程竣工和重要设备仪器开箱的文件材料验收工作。

（六）负责制定本部门文件（项目）材料的归档范围和保管期限，指导本部门的文件收集、整理、归档工作，组织档案信息资源的编研，科学合理开发利用，安全保管档案并按照有关规定向档案馆移交档案。

（七）国务院环境保护主管部门的档案管理机构，负责汇总统计地方环境保护主管部门，本部门及其派出机构、直属单位档案工作基本情况的数据，并报送国家档案行政管理部门。地方各级环境保护主管部门的档案管理机构，负责汇总统计本行政区域内环境保护档案工作基本情况数据，并报送同级档案行政管理部门和上级环境保护主管部门。

（八）负责开展环境保护部门档案工作业务交流，组织档案管理人员专业培训。

（九）各级环境保护主管部门的档案管理机构负责组织实施同级档案行政管理部门布置的相关工作，并协调环境保护部门的档案管理机构与其他部门档案管理机构之间的档案工作。

第十五条　环境保护部门的文件（项目）承办单位在本部门档案管理机构的指导下，履行下列职责：

（一）负责本单位文件（项目）材料的收集、整理和归档。

（二）负责督促指导文件（项目）承办人分类整理文件材料，做到齐全完整、分类清楚、排列有序，并按照规定向本部门档案管理机构移交。

（三）重大建设项目、重大科研项目、重大生态保护项目承办单位负责制定专项档案管理规定、归档范围和保管期限，报环境保护部门的档案管理机构同意后，由项目承办单位组织实施。

第四章　文件材料的归档

第十六条　环境保护文件材料归档范围应当全面、系统地反映综合管理和政策法规、科学技术、环境影响评价、环境监测、污染防治、生态保护、核与辐射安全监管、环境监察执法等业务活动。

第十七条　环境保护部门在部署污染源普查、环境质量调查等专项工作时，应当明确文件材料的归档要求；在检查专项工作进度时，应当检查文件材料的收集、整理情况；重大建设项目、重大科研项目和重大生态保护项目文件材料不符合归档要求的，不得进行项目鉴定、验收和申报奖项。

第十八条　环境保护文件材料归档工作一般应于次年 3 月底前完成。文件（项目）承办单位根据下列情形，按要求将应归档文件及电子文件同步移交本部门档案管理机构进行归档，任何人不得据为己有或者拒绝归档：

（一）文书材料应当在文件办理完毕后及时归档；

（二）重大会议和活动等文件材料，应当在会议和活动结束后一个月内归档；

（三）科研项目、建设项目文件材料应当在成果鉴定和项目验收后两个月内归档，周期较长的科研项目、建设项目可以按完成阶段分期归档；

（四）一般仪器设备随机文件材料，应当在开箱验收或者安装调试后七日内归档，重要仪器设备开箱验收应当由档案管理人员现场监督随机文件材料归档。

第五章　档案的管理

第十九条　环境保护部门应当加强对不同门类、各种形式和载体档案的管理，确保环境保护档案真实、齐全、完整。

第二十条　环境保护档案的分类、著录、标引，依照《中国档案分类法　环境保护档案分类表》《环境保护档案著录细则》《环境保护档案管理规范》等文件的有关规定执行，其相应的电子文件材料应当按照有关要求同步归档。

文书材料的整理归档，依照《归档文件整理规则》（DA/T 22—2015）的有关规定执行。

照片资料的整理归档，依照《照片档案管理规范》（GB/T 11821—2002）的有关规定执行。

录音、录像资料的整理归档，依照录音、录像管理的有关规定执行。

科技文件的整理归档，依照《科学技术档案案卷构成的一般要求》（GB/T 11822—2008）的有关规定执行。

会计资料的整理归档，依照《会计档案管理办法》（财政部、国家档案局令　第 79 号）的有关规定执行。

人事文件材料的整理归档,依照《干部档案工作条例》(组通字〔1991〕13号)、《干部档案整理工作细则》(组通字〔1991〕11号)、《干部人事档案材料收集归档规定》(中组发〔2009〕12号)等文件的有关规定执行。

电子文件的整理归档,依照《电子文件归档与电子档案管理规范》(GB/T 18894—2016)、《CAD电子文件光盘存储、归档与档案管理要求》(GB/T 17678.1—1999)等文件的有关规定执行。重要电子文件应当与纸质文件材料一并归档。

第二十一条　环境保护部门的档案管理机构应当定期检查档案保管状态,调试库房温度、湿度,及时对破损或者变质的档案进行修复。

第二十二条　环境保护档案的鉴定应当定期进行。

环境保护部门成立环境保护档案鉴定小组进行鉴定工作,鉴定小组由环境保护部门分管档案工作的负责人、办公厅(室)负责人,以及档案管理机构、保密部门和文件(项目)承办单位有关人员组成。

对保管期限变动、密级调整和需要销毁的档案,应当提请本部门环境保护档案鉴定小组鉴定。鉴定工作结束后,环境保护档案鉴定小组应当形成鉴定报告,提出鉴定意见。

第二十三条　环境保护档案的销毁应当按照相关规定办理,并履行销毁批准手续。未经鉴定、未履行批准销毁手续的档案,严禁销毁。

对经过环境保护档案鉴定小组鉴定确认无保存价值需要销毁的档案,应当进行登记造册,报本部门分管档案工作负责人批准后销毁。档案销毁清册永久保存。

环境保护档案的销毁由档案管理机构组织实施。销毁档案时,档案管理机构与保密部门应当分别指派人员共同进行现场监督,并在销毁清册上签字确认。档案销毁后,应当及时调整档案柜(架),并在目录及检索工具中注明。

第二十四条　环境保护部门撤销或者变动时,应当妥善保管环境保护档案,向相关接收部门或者同级档案管理部门移交,并向上级环境保护主管部门报告。

第二十五条　文件(项目)承办单位的工作人员退休或者工作岗位变动时,应当及时对属于归档范围的文件材料进行整理、归档,并办理移交手续,不得带走或者毁弃。

第六章　档案的利用

第二十六条　环境保护部门的档案管理机构应当积极开发环境保护档案信息资

源，并根据环境保护工作实际需要，对现有档案信息资源进行综合加工和深度开发，为环境保护工作提供服务。

第二十七条　环境保护部门应当积极开展环境保护档案的利用工作，建立健全档案利用制度，明确相应的利用范围和审批程序，确保档案合理利用。

第二十八条　环境保护档案一般以数字副本代替档案原件提供利用。档案原件原则上不得带出档案室。

利用环境保护档案的单位或者个人应当负责所利用档案的安全和保密，不得擅自转借，不得对档案原件进行折叠、剪贴、抽取、拆散，严禁在档案原件上勾画、涂抹、填注、加字、改字，或者以其他方式损毁档案。

第七章　奖励与处罚

第二十九条　有下列事迹之一的，依照国家有关规定给予表扬、表彰或者奖励：

（一）在环境保护档案的收集、整理或者开发利用等方面做出显著成绩的；

（二）对环境保护档案的保护和现代化管理做出显著成绩的；

（三）将个人所有的具有重要或者珍贵价值的环境保护档案捐赠给国家的；

（四）执行档案法律法规表现突出的。

第三十条　在环境保护档案工作中有违法违纪行为的，依法依规给予处分；情节严重，涉嫌构成犯罪的，依法移送司法机关追究刑事责任。

第八章　附　则

第三十一条　地方各级环境保护主管部门可以根据本办法，结合本地实际情况，联合同级档案行政管理部门制定实施细则，并报上级档案行政管理部门和环境保护主管部门备案。

第三十二条　本办法自 2017 年 3 月 1 日起施行。1994 年 10 月 6 日公布的《环境保护档案管理办法》（国家环境保护局　国家档案局令　第 13 号）同时废止。

甘肃省环境保护厅关于规范全省突发环境事件
应急演练工作的通知

甘环监察发〔2013〕4号

各市、州环保局，甘肃矿区环保局：

近年来，根据环保部和省环保厅的要求，大部分市州组织开展了突发环境事件应急演练；通过演练，部分市州达到了强化应急意识和锻炼队伍的效果。但部分市州存在对演练工作不够重视、演练组织不规范等问题，甚至个别市州为了完成任务，将企业或其他部门组织的演练资料作为环境应急演练材料上报应付考核。为进一步规范全省突发环境事件应急演练工作，现就有关事项通知如下：

一、明确演练实施主体

各级环保部门要根据辖区环境风险分布特征和历年突发环境事件发生规律，每年至少组织1次较大以上规模的环境应急演练。演练要紧紧围绕"桌面推演和实战演练相结合、专项演练和综合演练相结合、示范性演练和检验性演练相结合"，按照突发环境事件应急处置"五个第一时间"，力求达到检验预案、锻炼队伍、磨合机制、规范程序、科普宣传的目的。同时，要督促辖区内化工园区、重点环境风险源企业开展环境应急演练工作，并将演练资料建档备案。

二、周密部署演练工作

各地务必高度重视环境应急演练工作，成立演练工作领导小组，认真组织应急演练各项工作。

（一）制定演练计划。在每年的环境保护工作要点、环境应急管理工作要点、环保目标责任书考核等内容中，将环境应急演练列为重点工作之一。每年3月15日前将本年度环境应急演练计划报省环境应急中心，内容包括：演练目的、演练需求、演练范围、演练日程等。

（二）确定演练方案。要紧扣当地政府或本部门环境应急预案编制演练工作方案和脚本，并组织相关部门和专家进行评估论证。方案要求分工明确、接近实战、科学合理。

（三）做好演练准备。要做好应急队伍、物资、装备、技术等方面的准备工作，组织相关人员进行演练现场勘查，规划演练区域，布置演练场景；开展参演人员的培训，确保参演人员责任到人、配合默契。

（四）周密组织演练。演练重点环节必须包括：预案启动、信息报告、应急监测、现场调查、应急处置、新闻发布等内容，要聘请专家进行现场演练点评，并做好演练现场记录、演练视频和照片拍摄等工作。

（五）开展总结评估。演练结束后，要对演练工作进行认真总结评估，形成总结报告，并根据发现的问题对预案及时进行修订。评估内容主要包括：演练执行情况，预案的合理性与可操作性，应急指挥人员的指挥协调能力、参演人员的处置能力，演练的设备、装备的适用性，演练考核指标的实现情况，演练的成本效益等。

三、严格督查考核

省厅将定期对各地演练组织情况进行检查或现场观摩，并结合省政府环保目标责任书有关应急演练的要求进行考核。各市州务必于每年 11 月 30 日前将演练相关资料（演练方案、演练脚本、书面总结报告、演练视频和照片）报省环境应急中心。

甘肃省环境保护厅

2013 年 3 月 5 日

甘肃省突发环境事件应急预案（2018版）

1 总则

1.1 编制目的

健全突发环境事件应对工作机制，科学、有序、高效应对突发环境事件，最大限度地减少突发环境事件及其造成的损害，保障人民群众生命财产安全和环境安全，促进生态文明建设，更好地保障经济社会可持续发展。

1.2 编制依据

《中华人民共和国环境保护法》《中华人民共和国突发事件应对法》《中华人民共和国水污染防治法》《中华人民共和国固体废物污染环境防治法》《中华人民共和国大气污染防治法》《中华人民共和国放射性污染防治法》《国家突发环境事件应急预案》《突发环境事件应急管理办法》《突发环境事件信息报告办法》《突发环境事件调查处理办法》《突发环境事件应急处置阶段污染损害评估工作程序规定》《甘肃省突发公共事件总体应急预案》等。

1.3 适用范围

本预案适用于甘肃省境内突发环境事件应对工作。

突发环境事件是指由于污染物排放或自然灾害、生产安全事故等因素，导致污染物或放射性物质等有毒有害物质进入大气、水体、土壤等环境介质，突然造成或可能造成环境质量下降，危及公众健康和生命财产安全，或造成生态环境破坏，或造成重大社会影响，需要采取紧急措施予以应对的事件，主要包括大气污染、水体污染、土壤污染等突发性环境污染事件和辐射污染事件。

核设施及有关核活动发生的核事故所造成的辐射污染事件应对工作按照其他相关应急预案规定执行；重污染天气应对工作按照《甘肃省重污染天气应急预案》规定执行。

1.4 工作原则

突发环境事件应对工作坚持"统一领导、分级负责，属地为主、协调联动，快速反应、科学处置，资源共享、保障有力"的原则。突发环境事件发生后，各级人民政府和有关部门应立即按照职责分工和相关预案开展应急处置工作。

1.5　事件分级

按照事件严重程度、可控性和影响范围等因素，突发环境事件分为四级：特别重大（Ⅰ级）、重大（Ⅱ级）、较大（Ⅲ级）和一般（Ⅳ级）。突发环境事件分级标准见附件1。

2　组织指挥体系与职责

2.1　省级组织指挥机构

2.1.1　省应急指挥部组成

根据事件发展态势及应对工作需要，省环保厅可报请省人民政府批准，或根据省人民政府领导指示，成立由分管环保工作的副省长任总指挥，联系环境保护工作的省政府副秘书长、省环保厅厅长任副总指挥，省环保厅等部门为成员单位（成员单位及其职责见附件2）的甘肃省突发环境事件应急指挥部（以下简称"省应急指挥部"），负责重特大突发环境事件应对工作，可根据事件应对工作需要，增加有关地方人民政府和其他有关部门。省应急指挥部下设8个工作组（各工作组组成及具体工作职责见附件3）。

对需要国家层面协调处置的重特大及跨省级行政区域突发环境事件，由省人民政府及时报请国务院给予支持，或由省环保厅报请生态环境部给予支持。

2.1.2　省应急指挥部办公室及职责

省应急指挥部办公室设在省环保厅，省环保厅厅长兼任办公室主任，分管副厅长任办公室副主任。办公室的主要职责：负责传达执行省应急指挥部的决策和工作部署；协调、指导地方政府及有关部门做好突发环境事件应对工作；及时向省委省政府及省应急指挥部报告事件信息；统一协调突发环境事件应对工作；承办省应急指挥部交办的其他工作。

2.2　市州、县市区组织指挥机构

各市州、县市区人民政府要成立突发环境事件应急指挥部，负责各自行政区域内突发环境事件应对工作。跨县级行政区域的突发环境事件应对工作，由各有关县级人民政府共同负责；如需由有关县级行政区域的上一级地方人民政府协调处置时，有关县市区要及时上报相关情况，并积极参与应对。对需要省级协调处置的跨市州级行政区域突发环境事件，由有关市州人民政府向省人民政府及时提出请求，或由有关市州环境保护主管部门向省环保厅提出请求。地方人民政府有关部门按照职责分工，密切配合，共同做好突发环境事件应对工作。

2.3　现场指挥机构

负责突发环境事件应对的市州、县市区人民政府根据需要成立由本级人民政府及相关部门、事发单位负责人等组成的突发环境事件应急现场指挥部（简称"现场指挥部"），负责现场组织指挥工作。参与现场处置的有关单位和人员要服从现场指挥部的统一指挥。

3　监测预警和信息报告

3.1　监测和风险分析

各级环境保护主管部门及其他有关部门要按照"早发现、早报告、早处置"的原则，加强日常环境监测、监督和管理，并对可能导致突发环境事件的风险信息加强收集、分析和研判。安全监管、交通运输、公安、住房城乡建设、水利、农业、卫生计生、气象等有关部门按照职责分工，及时将可能导致突发环境事件的信息通报同级环境保护主管部门。

企事业单位和其他生产经营者应当落实环境安全主体责任，定期排查环境安全隐患，开展环境风险评估，健全环境风险防控措施，编制和修订环境应急预案，储备环境应急物资，加强环境应急队伍建设，做好环境信息公开，定期组织开展环境应急培训和演练。当出现可能导致发生突发环境事件的情况时，要立即报告事发地环境保护主管部门。

3.2　预　警

3.2.1　预警分级

对可以预警的突发环境事件，按照事件发生的可能性大小、紧急程度和可能造成的危害程度，其预警由高到低分为Ⅰ级、Ⅱ级、Ⅲ级和Ⅳ级4个等级，依次用红色、橙色、黄色和蓝色表示。预警级别的具体划分标准，按照生态环境部规定执行。

3.2.2　预警信息发布

红色和橙色预警由省人民政府发布，黄色预警由事发地市州人民政府发布，蓝色预警由事发地县市区人民政府发布。省环保厅研判可能发生特别重大、重大突发环境事件时，应当及时向省人民政府提出预警信息发布建议，同时通报同级相关部门和单位。地方人民政府或其授权的相关部门，依托突发事件预警发布系统，及时通过电视、广播、报纸、互联网、手机短信、当面告知等渠道或方式向本行政区域公众发布预警信息，并通报可能影响到的相关地区。

上级环境保护主管部门要将监测到的可能导致突发环境事件的有关信息，及时通报可能受影响地区的环境保护主管部门。

3.2.3　预警行动

预警信息发布后，根据事件具体情况和可能造成的影响及后果，视情采取以下措施：

（1）分析研判：组织有关部门、机构、专业技术人员和专家，及时对预警信息进行分析研判，预估发生突发环境事件的可能性大小、影响范围、危害程度和事件级别。

（2）防范处置：迅速采取有效处置措施，控制事件苗头。在涉险区域设置注意事项提示或事件危害警告标志，利用各种渠道增加宣传频次，告知公众避险和减轻危害的常识、需采取的必要健康防护措施，转移、撤离或者疏散可能受到危害影响的人员，并进行妥善安置。针对突发环境事件可能造成的危害，应及时封闭、隔离或者限制使用有关场所，中止可能导致危害扩大的行为和活动。

（3）应急准备：责令应急救援队伍、负有特定职责的人员进入待命状态，动员后备人员做好参加应急救援和处置工作的准备，调集应急所需物资和设备，做好应急保障工作。环境监测人员立即开展应急监测，随时掌握并报告事态进展情况。对可能导致突发环境事件发生的相关企事业单位和其他生产经营者加强环境监管。依法采取预警措施所涉及的企事业单位和个人，应当按照有关法律法规承担相应的突发环境事件应急义务。

（4）舆论引导：及时准确发布事态最新情况，公布咨询电话，组织专家解读。加强相关舆情监测，做好舆论引导工作。

3.2.4　预警级别调整和解除

发布突发环境事件预警信息的地方人民政府或其授权的有关部门，应组织有关部门、机构、专业技术人员和专家加强跟踪分析，需根据事态发展情况和采取措施的效果适时调整预警级别；当判断不可能发生突发环境事件或者危险已经消除时，宣布解除预警，适时终止相关措施。

3.3　信息报告与通报

突发环境事件发生后，涉事企事业单位或其他生产经营者必须立即采取应对措施，并向当地环境保护主管部门和相关部门报告，同时通报可能受到污染危害的单位和居民。因生产安全事故、交通运输事故等导致发生突发环境事件的，安全监管、交通运输、公安等有关部门要及时通报同级环境保护主管部门。环境保护主管部门通过互联网信息监测、环境污染举报热线等多种渠道，加强对突发环境事件的信息收集，及时掌握突发环境事件发生情况。

　　事发地环境保护主管部门接到突发环境事件信息报告或监测到相关信息后，应立即进行核实，对突发环境事件的性质和类别作出初步认定，按照国家规定的时限、程序和要求向上级环境保护主管部门和同级人民政府报告，并通报同级其他相关部门。突发环境事件已经或者可能涉及相邻行政区域的，事发地人民政府或环境保护主管部门应当及时通报相邻区域同级人民政府或环境保护主管部门。接到通报的环境保护主管部门应当及时调查了解情况，并按照相关规定报告突发环境事件信息。地方人民政府及其环境保护主管部门应当按照有关规定逐级上报。必要时可直接上报省人民政府。

　　接到已经发生或者可能发生跨市州行政区域的突发环境事件信息时，省环保厅要及时通报相关市州环境保护主管部门。

　　对以下突发环境事件信息，市州人民政府和省环保厅应当立即向省人民政府报告，省人民政府接到报告后应当立即向国务院报告：

　　（1）初判为特别重大或重大突发环境事件；

　　（2）可能或已引发大规模群体性事件的突发环境事件；

　　（3）可能造成国际影响的境内突发环境事件；

　　（4）境外因素导致或可能导致我省境内发生突发环境事件；

　　（5）省级人民政府和生态环境部认为有必要报告的其他突发环境事件。

3.3.1　信息报告时限和程序

　　对初步认定为一般或者较大突发环境事件的，事件发生地市州或者县市区人民政府环境保护主管部门应当在4小时内向本级人民政府和上一级人民政府环境保护主管部门报告。

　　对初步认定为重大或者特别重大突发环境事件的，事件发生地市州或者县市区人民政府环境保护主管部门应当在2小时内向本级人民政府和省级人民政府环境保护主管部门报告，同时上报省人民政府和生态环境部。省级人民政府环境保护主管部门接到报告后，应当进行核实并在1小时内报告省人民政府，同时报告生态环境部。

　　突发环境事件处置过程中事件级别发生变化的，应当按照变化后的级别报告信息。

　　发生下列一时无法判明等级的突发环境事件，事件发生地市州、县市区人民政府和环境保护主管部门应当按照重大或特别重大突发环境事件的报告程序上报：

　　（1）对饮用水水源保护区造成或者可能造成影响的；

（2）涉及居民聚居区、学校、医院等敏感区域和人群的；

（3）涉及重金属或者类金属污染的；

（4）有可能产生跨省或者跨国影响的；

（5）因环境污染引发群体性事件，或者社会影响较大的；

（6）地方环境保护主管部门认为有必要报告的其他突发环境事件。

3.3.2 信息报告方式和内容

突发环境事件的报告分为初报、续报和处理结果报告。

初报在发现或者得知突发环境事件后首次上报，续报在查清有关基本情况、事件发展情况后随时上报，处理结果报告在突发环境事件处理完毕后上报。

初报：应当报告突发环境事件的发生时间、地点、信息来源、事件起因和性质、基本过程、主要污染物和数量、监测数据、人员受害情况、饮用水水源地等环境敏感点受影响情况、事件发展趋势、处置情况、拟采取的措施以及下一步工作建议等初步情况，并提供可能受到突发环境事件影响的环境敏感点的分布示意图。

续报：应当在初报的基础上，报告有关处置进展情况。

处理结果报告：应当在初报和续报的基础上，报告处理突发环境事件的措施、过程和结果，突发环境事件潜在或者间接危害以及损失、社会影响、处理后的遗留问题、责任追究等详细情况。

3.3.3 信息报告要求

突发环境事件信息应当采用传真或面呈等方式书面报告；情况紧急时，初报可通过电话报告，但应当在 1 小时内补充书面报告。

书面报告中应当载明突发环境事件报告单位、报告签发人、联系人及联系方式等内容，并尽可能提供地图、图片以及相关的多媒体资料。

具体报告时限、程序和要求根据《突发环境事件信息报告办法》要求执行。

4 应急响应

4.1 先期处置

突发环境事件发生后，事发单位应当立即启动突发环境事件应急预案，指挥本单位应急救援队伍和工作人员营救受害人员，做好现场人员疏散和公共秩序维护；通报可能受到污染危害的单位和居民，按规定向当地人民政府和有关部门报告；控制危险源，采取污染防治措施，防止发生次生、衍生灾害和危害扩大，控制污染物进入环境的途径，尽量降低对周边环境的影响。

事发地人民政府接到信息报告后，要立即派出有关部门及应急救援队伍赶赴现场，迅速开展处置工作，控制或切断污染源，全力控制事件态势，避免污染物扩散，严防发生二次污染和次生、衍生灾害。组织、动员和帮助群众开展安全防护工作。

4.2 响应分级

根据突发环境事件的严重程度和发展态势，将应急响应设定为Ⅰ级、Ⅱ级、Ⅲ级和Ⅳ级四个等级，分别对应特别重大、重大、较大、一般突发环境事件。

4.2.1 Ⅰ级、Ⅱ级应急响应

初判发生特别重大或重大突发环境事件时，由省人民政府分别启动Ⅰ级或Ⅱ级应急响应。

（1）组织专家进行会商，研究分析突发环境事件影响和发展趋势。

（2）根据需要，协调各级、各专业应急力量开展污染处置、应急监测、医疗救治、应急保障、转移安置、新闻宣传、社会维稳等应对工作。

（3）根据需要，成立并派出现场指挥部，赶赴现场组织、指挥和协调现场处置工作。

（4）统一组织信息报告和发布，做好舆论引导。

（5）向受事件影响或可能受影响的省内有关地区或相近、相邻省区通报情况。

（6）研究决定市州、县市区政府和有关部门提出的请求事项。

（7）协助生态环境部开展事件调查和损害评估工作。

（8）视情请求相近、相邻省区支援。

（9）配合国家环境应急指挥部或工作组开展应急处置工作。

4.2.2 Ⅲ级应急响应

初判发生较大突发环境事件时，由事发地市州人民政府负责启动Ⅲ级应急响应并负责突发环境事件的应对工作。

4.2.3 Ⅳ级应急响应

初判发生一般突发环境事件时，由事发地县市区人民政府负责启动Ⅳ级应急响应并负责突发环境事件的应对工作。

突发环境事件发生在易造成重大影响的地区或重要时段时，可适当提高响应级别。应急响应启动后，可视事件损失情况及其发展趋势调整响应级别，避免响应不足或响应过度。

4.3 响应措施

突发环境事件发生后，各有关地方人民政府、有关部门和单位根据工作需要，

组织采取以下措施。

4.3.1　现场污染处置

事发地人民政府应组织制订综合治污方案，采用监测和模拟等手段追踪污染物扩散途径和范围；采取拦截、导流、疏浚等形式防止水体污染扩大；采取隔离、吸附、打捞、氧化还原、中和、沉淀、消毒、去污洗消、临时收贮、微生物消解、调水稀释、转移异地处置、临时改造污染处置工艺或临时建设污染处置工程等方法处置污染物。必要时，要求其他排污单位停产、限产、限排，减轻环境污染负荷。

4.3.2　转移安置人员

根据突发环境事件影响及事发当地的气象、地理环境、人员密集度等，建立现场警戒区、交通管制区域和重点防护区域，确定受威胁人员疏散的方式和途径，有组织、有秩序地及时疏散转移受威胁人员和可能受影响地区居民，确保生命安全。妥善做好转移人员安置工作，确保有饭吃、有水喝、有衣穿、有住处和必要的医疗条件。

4.3.3　医学救援

迅速组织当地医疗资源和力量，对伤病员进行诊断治疗，根据需要及时、安全地将重症伤病员转运到有条件的医疗机构加强救治。指导和协助开展受污染人员的去污洗消工作，提出保护公众健康的措施建议。视情增派医疗卫生专家和卫生应急队伍、调配急需医药物资，支持事发地医学救援工作。做好受影响人员的心理援助。

4.3.4　应急监测

加强大气、水体、土壤等应急监测工作，根据突发环境事件的污染物种类、性质以及当地自然、社会环境状况等，明确相应的应急监测方案及监测方法，确定监测的布点和频次，调配应急监测设备、车辆，及时准确监测。根据监测结果，通过咨询专家和模型预测等方式，预测事件发展和污染物扩散趋势，为突发环境事件应急决策提供依据。

4.3.5　市场监管和调控

密切关注受事件影响地区市场供应情况及公众反应，安排相关单位或部门加强对重要生活必需品等商品的市场监管和调控。禁止或限制受污染食品和饮用水的生产、加工、流通和食用，防范因突发环境事件造成的集体中毒等。

4.3.6　信息发布和舆论引导

通过政府授权发布、发新闻稿、接受记者采访、举行新闻发布会、组织专家解读等方式，借助政府网站、广播、电视、报纸、互联网等多种途径，主动、及时、准确、客观向社会发布突发环境事件和应对工作信息，回应社会关切，澄清不实信息，正确引导社会舆论。信息发布内容包括：事件原因、污染程度、影响范围、应对措施、需要公众配合采取的措施、公众防范常识和事件调查处理进展情况等。

4.3.7　维护社会稳定

加强受影响地区社会治安管理，严厉打击借机传播谣言制造社会恐慌、哄抢救灾物资等违法犯罪行为；加强转移人员安置点、救灾物资存放点等重点地区治安管控；做好受影响人员与涉事单位、事发地人民政府及有关部门矛盾纠纷化解和法律服务工作，防止出现群体性事件，维护社会稳定。

4.4　响应终止

当事件条件已经排除、污染物质已降至规定限值以内、所造成的危害基本消除时，由启动响应的人民政府终止应急响应。

5　后期工作

5.1　损害评估

突发环境事件应急响应终止后，要及时组织开展污染损害评估，并将评估结果向社会公布。评估结论可作为事件调查处理、损害赔偿、环境修复和生态恢复重建的重要依据。

突发环境事件损害评估工作按照生态环境部规定执行。

5.2　事件调查

突发环境事件处置完毕后，根据有关规定，由环境保护主管部门牵头，可会同监察机关及相关部门，组织开展事件调查，查明事件原因和性质，评估事件影响，提出整改防范措施和处理建议。

生态环境部负责组织特别重大和重大突发环境事件的调查处理；省环保厅负责组织较大突发环境事件的调查处理；市州环境保护主管部门视情况负责组织一般突发环境事件的调查处理。

上级环境保护主管部门可视情委托下级环境保护主管部门开展调查处理，也可对由下级环境保护主管部门负责的突发环境事件直接组织调查处理，并及时通知下级环境保护主管部门。下级环境保护主管部门认为需要由上一级环境保护主管部门调查处理的，也可报请上一级环境保护主管部门决定。

5.3　善后处置

事发地人民政府要及时组织有关专家对受影响地区的范围进行科学评估，研究制订补助、补偿、抚慰、抚恤、安置和环境恢复等善后工作方案并组织实施。保险机构要及时开展相关理赔工作。

6　应急保障

6.1　预案保障

根据国家相关法律法规及《甘肃省突发公共事件总体应急预案》等相关要求，各级人民政府要制定、完善突发环境事件应急预案，做到责任落实、组织落实、方案落实、保障落实。各成员单位要按照职责分工，制定本部门突发环境事件应急预案或实施方案，报同级环境保护主管部门备案。

6.2　队伍保障

各级环境应急管理和监测队伍、公安消防部队、大型骨干企业应急救援队伍及其他相关方面应急救援队伍等力量，要积极承担突发环境事件应急监测、应急处置与救援、调查处理等工作任务。加强环境应急专家管理，发挥环境应急专家队伍作用，为突发环境事件应急处置方案制订、污染损害评估和调查处理工作提供决策建议。各地人民政府、重点行业领域、大型企业要强化本级、本行业、本企业环境应急救援队伍能力建设，提高突发环境事件快速响应及应急处置能力，构建由各级政府、重点行业和相关企业专（兼）职应急队伍组成的环境应急队伍体系。

6.3　物资与资金保障

各级人民政府有关部门按照职责分工做好突发环境事件应急物资紧急生产、储备调拨和紧急配送工作，保障突发环境事件应急处置和恢复治理工作的需要；县级以上地方人民政府及其有关部门要建立应急物资储备制度，加强应急物资储备；环境保护主管部门要加强对当地环境应急物资储备信息的动态掌控。

突发环境事件应急处置所需经费由事故责任单位或肇事人承担。县级以上地方人民政府财政部门负责按照分级负担原则为突发环境事件应急处置工作提供资金保障。

6.4　通信、交通与运输保障

各级人民政府和通信主管部门要建立健全突发环境事件应急通信保障体系，通信管理部门负责组织、协调通信运营企业保障应急期间的通信畅通；发改和交通运输部门要健全公路、铁路、航空、水运紧急运输保障体系，保障应急响应所需人员、物资、装备、器材等的运输；公安部门要加强应急交通管理，保障运送伤病员、应急救援人员、物资、装备、器材的车辆优先通行。

6.5　技术保障

建立科学的环境应急指挥技术平台，实现信息综合集成、分析处理、污染损害评估的智能化和数字化。建立完善各级环境风险基础信息数据库，加强区域环境风险调查、评估等常态工作。

7 预案管理

7.1 预案培训

各级人民政府应组织对本级应急指挥部成员单位相关人员进行突发环境事件应急知识培训，使其掌握应急处置的相关知识及基本技能，熟悉实施预案的工作程序和工作要求，提高应对突发环境事件的能力和水平。

7.2 预案修订

各级人民政府应根据有关法律法规、部门职责或应急资源发生的变化以及突发环境事件应对中出现的新情况和新问题，及时修订本级突发环境事件应急预案。

7.3 预案演练

省应急指挥部成员单位要按照突发环境事件应急预案，参与省环保厅组织的突发环境事件应急演练，提高防范和处置突发环境事件的能力和水平。

8 附则

8.1 预案实施时间

本预案自印发之日起实施。

附件：1.突发环境事件分级标准

2.省应急指挥部成员单位及职责

3.省应急指挥部工作组组成及具体职责

4.甘肃省突发环境事件应急工作联系方式一览表

5.甘肃省突发环境事件应急响应工作流程图

附件 1

突发环境事件分级标准

一、特别重大突发环境事件

凡符合下列情形之一的，为特别重大突发环境事件：

1. 因环境污染直接导致 30 人以上死亡或 100 人以上中毒或重伤的。

2. 因环境污染疏散、转移人员 5 万人以上的。

3. 因环境污染造成直接经济损失 1 亿元以上的。

4. 因环境污染造成区域生态功能丧失或该区域国家重点保护物种灭绝的。

5. 因环境污染造成市州以上城市集中式饮用水水源地取水中断的。

6. Ⅰ、Ⅱ 类放射源丢失、被盗、失控并造成大范围严重辐射污染后果的；放射性同位素和射线装置失控导致 3 人以上急性死亡的；放射性物质泄漏，造成大范围辐射污染后果的。

7. 造成重大跨国境影响的境内突发环境事件。

二、重大突发环境事件

凡符合下列情形之一的，为重大突发环境事件：

1. 因环境污染直接导致 10 人以上 30 人以下死亡或 50 人以上 100 人以下中毒或重伤的。

2. 因环境污染疏散、转移人员 1 万人以上 5 万人以下的。

3. 因环境污染造成直接经济损失 2 000 万元以上 1 亿元以下的。

4. 因环境污染造成区域生态功能部分丧失或该区域国家重点保护野生动植物种群大批死亡的。

5. 因环境污染造成县级城市集中式饮用水水源地取水中断的。

6. Ⅰ、Ⅱ 类放射源丢失、被盗的；放射性同位素和射线装置失控导致 3 人以下急性死亡或者 10 人以上急性重度放射病、局部器官残疾的；放射性物质泄漏，造成较大范围辐射污染后果的。

7. 造成跨省级行政区域影响的突发环境事件。

三、较大突发环境事件

凡符合下列情形之一的，为较大突发环境事件：

1. 因环境污染直接导致 3 人以上 10 人以下死亡或 10 人以上 50 人以下中毒或

重伤的；

2. 因环境污染疏散、转移人员 5 000 人以上 1 万人以下的。

3. 因环境污染造成直接经济损失 500 万元以上 2 000 万元以下的。

4. 因环境污染造成国家重点保护的动植物物种受到破坏的。

5. 因环境污染造成乡镇集中式饮用水水源地取水中断的。

6. Ⅲ类放射源丢失、被盗的；放射性同位素和射线装置失控导致 10 人以下急性重度放射病、局部器官残疾的；放射性物质泄漏，造成小范围辐射污染后果的。

7. 造成跨市州行政区域影响的突发环境事件。

四、一般突发环境事件

凡符合下列情形之一的，为一般突发环境事件：

1. 因环境污染直接导致 3 人以下死亡或 10 人以下中毒或重伤的。

2. 因环境污染疏散、转移人员 5 000 人以下的。

3. 因环境污染造成直接经济损失 500 万元以下的。

4. 因环境污染造成跨县级行政区域纠纷，引起一般性群体影响的。

5. Ⅳ、Ⅴ类放射源丢失、被盗的；放射性同位素和射线装置失控导致人员受到超过年剂量限值照射的；放射性物质泄漏，造成厂区内或设施内局部辐射污染后果的；铀矿冶、伴生矿超标排放，造成环境辐射污染后果的。

6. 对环境造成一定影响，尚未达到较大突发环境事件级别的。

上述分级标准有关数量的表述中，"以上"含本数，"以下"不含本数。

附件 2

省应急指挥部成员单位及职责

省应急指挥部由省生态环境厅、省委宣传部（省政府新闻办）、省发展改革委、省工信厅、省公安厅、省民政厅、省财政厅、省自然资源厅、省住建厅、省交通运输厅、省水利厅、省农业农村厅、省林草局、省粮食和物资储备局、省卫生健康委、省应急管理厅、省市场监管局、省气象局、省地震局、省广播电视局等部门组成，各成员单位职责如下：

省生态环境厅：组织较大突发环境事件调查处理工作；组织突发环境事件接报和报告、环境应急监测、污染调查，确定环境污染危害范围和程度；参与突发环境事件应急处置的组织、指挥和协调工作；组织重大或特别重大突发环境事件应急处置阶段污染损害评估；修订省级突发环境事件应急预案；建立和完善环境应急预警机制。

省委宣传部（省政府新闻办）： 协调有关新闻媒体按照指挥部批准的统一口径进行报道；根据舆情动态，指导和协调省生态环境厅组织新闻发布会，主动引导舆论；协调网信部门，加强网上信息发布管理和引导。

省发展改革委： 负责将突发环境事件应急预防与处置体系建设纳入国民经济和社会发展规划。

省工信厅： 配合做好突发环境事件发生后的涉事工业企业生产能力、工业和产品认定及环境敏感区域工业企业的搬迁工作。

省公安厅： 负责组织协调道路交通安全事故、恐怖事件等引发的重大或特别重大突发环境事件现场应急处置工作；负责落实突发环境事件应急响应时的治安、交通管制和其他措施，维护社会秩序、协助封锁危险场所；积极配合相关部门组织人员疏散、撤离；负责事故直接责任人的监控和逃逸人员追捕。

省民政厅： 负责指导协助地方政府做好应急救援期间符合条件的困难群众生活救助工作。

省财政厅： 负责重大或特别重大突发环境事件应急处置工作中的经费保障及管理工作。

省自然资源厅： 参与因矿产资源开发等造成的重大或特别重大突发环境事件的应急处置，指导突发环境事件中的地质灾害应急处置，开展应急测绘，提供地理信息、地质资料和相关图件。

省住建厅： 参与指导和协调涉及城市市政公用设施的重大或特别重大突发环境事件相关工作，协调城市供水、燃气热力、市政设施、垃圾和污水处理等单位配合环境应急处置工作。

省交通运输厅： 参与船舶污染水域突发环境事件的应急处置，参与因道路交通事故引发的重大或特别重大突发环境事件应急处置，负责调集、协调道路运输力量，为事故救援人员、物资运输提供保障。

省水利厅： 配合指导突发水污染事件的应急管理工作，监测并发布相关水文信息，组织实施具有控制性工程的重要流域、区域以及重大调水工程的水资源调度。

省农业农村厅： 参与农药、化肥及畜禽养殖等造成的水体污染事件，负责农用地及农产品环境保护和管理。

省林草局：做好涉及森林、林地、湿地、草原、陆生野生动物及主管的自然保护区内发生的重大或特别重大突发环境事件的调查和处置工作。

省粮食和物资储备局：负责并指导全省突发环境事件影响期间粮油及肉类市场应急供应管理的有关工作，指导协调应急处置期间全省粮油及肉类的应急供应。

省卫生健康委：负责组织重大或特别重大突发环境事件紧急医学救援工作；负责组织确定突发环境事件所导致健康危害的性质、程度及其影响人数和范围；根据实际需要，组织专业人员开展心理疏导干预工作，消除民众焦虑、恐慌等负面情绪。

省应急管理厅：参与由生产安全事故引发的重大或特别重大突发环境事件的应急处置和调查；参与危险化学品爆炸、泄漏事件等现场防灭火的应急处置。

省市场监管局：负责抢险救援过程中食品及相关产品的监管，禁止受污染的食品流入生产、流通和餐饮环节，防范因突发环境事件造成集体食物中毒。

省气象局：提供气象监测预报服务，必要时在重大或特别重大突发环境事件发生区域进行加密可移动气象监测，提供现场预测预报信息。

省地震局：负责对事发地和受影响地区的地震震情和灾情进行通报。

省广播电视局：负责组织广播、电视等传统媒体发布突发环境事件预警及响应信息。

附件 3

省应急指挥部工作组组成及具体职责

一、**污染处置组。**由省生态环境厅牵头，省公安厅、省交通运输厅、省水利厅、省农业农村厅、省应急管理厅、省林草局、省自然资源厅等部门组成。

主要职责：收集汇总相关数据，组织进行技术研判，开展事态分析；迅速组织切断污染源，分析污染途径，明确防止污染物扩散的程序；组织采取有效措施，消除或减轻已经造成的污染；明确不同情况下的现场处置人员须采取的个人防护措施；组织建立现场警戒区和交通管制区域，确定重点防护区域，确定受威胁人员疏散的方式和途径，疏散转移受威胁人员至安全紧急避险场所。

二、**应急监测组。**由省生态环境厅牵头，省自然资源厅、省水利厅、省农业农村厅、省气象局等部门组成。

主要职责：根据突发环境事件的污染物种类、性质以及当地气象、自然、社会环境状况等，明确相应的应急监测方案及监测方法；确定污染物扩散范围，明确监测的布点和频次，做好大气、水体、土壤等应急监测，为突发环境事件应急决策提供依据。

三、医学救援组。 由省卫生健康委牵头，省生态环境厅、省市场监管局等部门组成。

主要职责：组织开展伤病员医疗救治、应急心理援助；指导和协助开展受污染人员的去污洗消工作；提出保护公众健康的措施建议；禁止或限制受污染食品和饮用水的生产、加工、流通和食用，防范因突发环境事件造成集体中毒等。

四、应急保障组。 省发展改革委、省工信厅、省公安厅、省民政厅、省财政厅、省生态环境厅、省自然资源厅、省住建厅、省交通运输厅、省水利厅、省市场监管局等部门在省应急指挥部的统一领导下，按照各自工作职责分工负责。

主要职责：指导做好事件影响区域有关人员的紧急转移和临时安置工作；组织做好环境应急救援物资及临时安置重要物资的紧急生产、储备调拨和紧急配送工作；及时组织调运重要生活类救灾物资，保障群众基本生活和市场供应；开展应急测绘工作。

五、新闻宣传组。 由省委宣传部（省政府新闻办）牵头，省广播电视局、省工信厅、省生态环境厅等部门组成。

主要职责：组织开展事件进展、应急工作情况等权威信息发布，加强新闻宣传报道；收集分析省内外舆情和社会公众动态，加强媒体、通信和互联网管理，正确引导舆论；通过多种方式，通俗、权威、全面、前瞻地做好相关知识普及；及时澄清不实信息，回应社会关切。

六、社会稳定组。 由省公安厅牵头，省工信厅、省生态环境厅、省市场监管局等部门组成。

主要职责：加强事故现场安全警戒，建立现场警戒区、交通管制区和重点防护区域；加强受影响地区社会治安管理，严厉打击借机传播谣言、制造社会恐慌、哄抢物资等违法犯罪行为；加强转移人员安置点、救灾物资存放点等重点地区治安管控；做好受影响人员与涉事单位、地方人民政府及有关部门矛盾纠纷化解和法律服务工作，防止出现群体性事件，维护社会稳定；加强对重要生活必需品等商品的市场监管和调控，打击囤积居奇行为。

七、调查评估组。 由省生态环境厅牵头，省公安厅、省民政厅、省住建厅、省交通运输厅、省水利厅、省农业农村厅、省林草局、省应急管理厅、省地震局、省气象局、事发地和受影响地政府等单位组成。

主要职责：开展突发环境事件环境污染损害调查，委托开展评估、核实事件造成的损失情况；对特别重大、重大环境事件的起因、性质、影响、责任、经验教训和恢复重建等问题进行调查评估；对应急处置过程、有关人员的责任、应急处置工作的经验、存在的问题等情况进行分析。

八、应急专家组。由省生态环境厅组织有关高校、科研机构、企事业单位的专家组成。

主要职责：参与指导突发环境事件的应急处置工作，为省应急指挥部决策提供技术支持。

附件 4

甘肃省突发环境事件应急工作联系方式一览表

单 位	值班电话	传 真
生态环境部总值班室	010-66556006	010-66556010
生态环境部应急办	010-66556468	010-66556454
生态环境部西北督查局	029-85429100	029-85429090
省政府总值班室	0931-8462630	0931-8465489
省生态环境厅	0931-8810309	0931-8735587
省委宣传部（省政府新闻办）	0931-8288791	0931-8288791
省发展改革委	0931-4609446	0931-4609446
省工信厅	0931-4609272	0931-4609270
省公安厅	0931-5156400	0931-5156459
省民政厅	0931-8790206	0931-8790206
省财政厅	0931-8899967	0931-8899978
省自然资源厅	0931-8766606	0931-8623308
省住建厅	0931-4609730	0931-4609730
省交通运输厅	0931-8481000	0931-8485261
省水利厅	0931-8413319	0931-8413319
省农业农村厅	0931-8179208	0931-8179208
省林草局	0931-8733791	0931-8872727
省市场监管局	0931-7652300	0931-7652300
省卫生健康委	0931-4818146	0931-4818146
省应急厅	0931-8836230	0931-8836230
省气象局	13099104030	0931-4670532
省地震局	0931-8279971	0931-8279063
省广播电视局	0931-8539778	0931-8539518

附件 5

甘肃省突发环境事件应急响应工作流程图

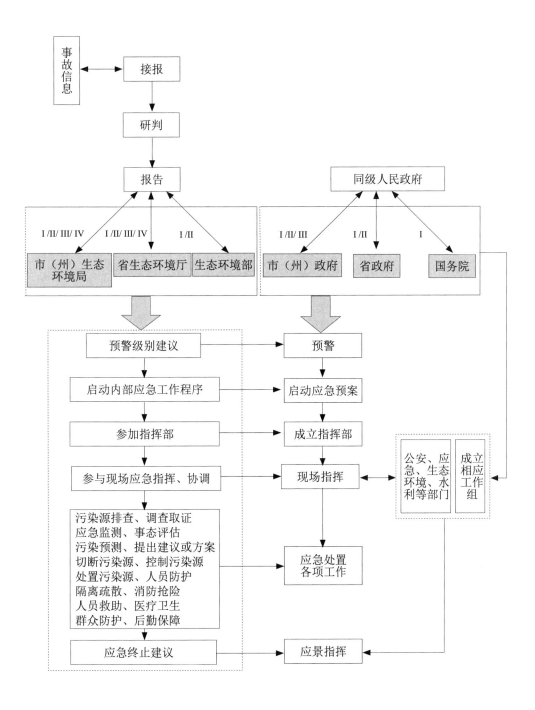

关于印发《甘肃省生态环境厅突发环境事件应急响应方案》的通知

甘环办发〔2019〕61号

厅机关各处室、直属各单位：

根据《甘肃省突发环境事件应急预案》和《中共甘肃省委办公厅甘肃省人民政府办公厅关于印发甘肃省生态环境厅职能配置、内设机构和人员编制规定的通知》（甘办字〔2019〕10号），我厅组织对2012年印发的《甘肃省突发环境事件应急预案省环保厅内部实施细则》进行了修订，编制完成了《甘肃省生态环境厅突发环境事件应急响应方案》，已于2019年12月6日经厅务会研究同意，现印发给你们，请认真贯彻执行。

甘肃省生态环境厅

2019年12月12日

甘肃省生态环境厅突发环境事件应急响应方案

为明确厅系统内部突发环境事件应急响应组织机构、程序和职责，确保及时、有效处置各类突发生态环境事件，减轻和消除各类突发环境事件造成的环境污染，保障生态环境安全，根据《甘肃省突发环境事件应急预案》和《中共甘肃省委办公厅甘肃省人民政府办公厅关于印发甘肃省生态环境厅职能配置、内设机构和人员编制规定的通知》（甘办字〔2019〕10号），特制定本方案。

核与辐射突发环境事件应对按照相关规定实施。

一、主要工作任务

省生态环境厅负责组织较大突发环境事件调查处理工作；组织突发环境事件接报和报告、环境应急监测、污染调查，确定环境污染危害范围和程度；参与重大及以上突发环境事件应急处置的组织、指挥和协调工作；组织重大或特别重大环境事件应急处置阶段损害评估。

二、组织机构及职责

甘肃省生态环境厅突发环境事件应急响应组织体系由突发环境事件应急领导小组（以下简称"应急领导小组"）及其下设突发环境事件应急办公室（以下简称"应急办公室"）、应急工作组组成。

（一）应急领导小组组成及其职责

1. 成员组成

组　长：省生态环境厅主要领导；

副组长：省生态环境厅分管应急工作厅领导；

成　员：厅办公室、环境应急管理处、财务审计处、法规与标准处、自然生态保护处、水生态环境处、大气环境处、土壤生态环境处、固体废物与化学品处、环境影响评价与排放管理处、生态环境监测处、生态环境综合行政执法局、宣传教育处、省生态环境应急与事故调查中心、省环境监测中心站、省固体废物与化学品中心、省生态环境科学设计研究、厅机关后勤服务中心、省生态环境调查中心、省生态环境宣传教育中心、省生态环境信息中心、省生态环境统计与数据中心、省生态环境工程评估中心、派驻相关市（州）生态环境监测中心等主要负责人。

2. 主要职责

（1）贯彻执行有关环境应急法律法规、政策标准，落实生态环境部和省委、省政府有关突发环境事件应急工作的指示；

（2）及时向生态环境部和省委、省政府报告突发环境事件及应急处置工作信息，向可能受影响的毗邻省（区）生态环境部门通报事件信息；

（3）向省政府或现场指挥部提供预案启动和终止及响应级别的建议；

（4）配合、组织、协调、指导全省突发环境事件应对和应急处置，做好与其他相关部门的协调工作；

（5）开展突发环境事件的性质认定和级别判定；

（6）协助纪检、监察部门对造成较大及以上突发环境事件的相关责任人进行调查和责任追究；

（7）协助省政府或省现场应急指挥部开展突发环境事件信息公开和新闻发布工作；

（8）完成省政府或省应急指挥部交办的其他事项。

（二）应急办公室及其职责

省生态环境厅突发环境事件应急领导小组下设突发环境事件应急办公室，应急办公室设在应急管理处，分管应急工作厅领导兼任办公室主任，应急管理处处长、应急中心主任兼任办公室副主任。

主要职责：

（1）负责突发环境事件信息的收集、研判，及时向应急领导小组报告突发环境事件信息；

（2）为应急领导小组提供突发环境事件应急预案启动和终止及响应级别的建议；

（3）及时收集汇总各应急工作组应急处置工作信息，做好上传下达工作；

（4）向应急领导小组提供通报毗邻省（区）生态环境部门的意见建议；

（5）及时执行应急领导小组的决策和工作部署；

（6）督促各应急工作组按照各自工作职责做好突发环境事件应对工作；

（7）承办应急领导小组交办的其他工作。

（三）应急工作组组成及其职责

应急领导小组下设综合协调组、应急监测组、应急专家组、污染处置组、调查评估组、新闻宣传组和应急保障组7个应急工作组，负责实施应急响应、处置、舆情应对等工作。

1. 综合协调组

由办公室、应急管理处牵头，省生态环境应急与事故调查中心配合组成。

主要职责：在应急领导小组领导下，履行综合协调、信息汇总和报告、会议组织和资料管理等职责。

（1）协调各应急工作组按照各自工作职责做好突发环境事件应对工作，及时收集汇总各应急工作组应急处置工作信息，并报应急办公室；

（2）做好与省委、省政府及省直相关部门的信息交换；

（3）组织召开环境应急处置工作相关会议；

（4）做好事件应对全过程档案的收集整理工作；

（5）完成应急领导小组交办的其他工作。

2. 应急监测组

由生态环境监测处、省环境监测中心站、驻市（州）生态环境监测中心组成。

主要职责：根据突发环境事件的污染物种类、性质等，制定应急监测方案，开展突发环境事件应急监测。及时向应急领导小组报告监测数据及分析结果，为突发环境事件应急决策提供依据。

3. 应急专家组

由应急管理处、省生态环境应急与事故调查中心牵头，省生态环境科学设计研究院和由高校、科研机构、企事业单位组成的环境应急专家库抽调的环境应急专家组成。

主要职责：参与指导突发环境事件的应急处置工作，为省应急指挥部决策提供技术支撑。

4. 污染处置组

由应急管理处、省生态环境科学设计研究院、省生态环境应急与事故调查中心牵头，自然生态保护处、水生态环境处、大气环境处、土壤生态环境处、固体废物与化学品处、省固体废物与化学品中心等处室（单位）等组成。

主要职责：协助现场指挥部采取有效措施，及时清除或控制污染物的泄漏、扩散，防止污染事态恶化。

（1）收集汇总相关数据，进行技术研判，开展事态分析，确定污染程度、危害范围，协助制定突发环境事件现场处置方案；

（2）配合现场指挥部采取有效措施，切断污染源，消除或减轻已经造成的污染；

（3）为现场处置人员个人防护和确定重点防护区域提供意见建议；

（4）指导现场处置人员做好突发环境事件产生的固体废物和危险化学品的转移和处理处置工作。

5. 调查评估组

由生态环境综合行政执法局、应急管理处、省生态环境调查中心、省生态环境应急与事故调查中心牵头，法规与标准处、自然生态保护处、水生态环境处、大气环境处、土壤生态环境处、固体废物与化学品处、环境影响评价与排放管理处、生态环境监测处、省生态环境科学设计研究院、省环境监测中心站、省固体废物与化学品中心、省生态环境统计与数据中心、省生态环境工程评估中心、派驻各市（州）生态环境监测中心及应急专家组成员等组成。

主要职责：

（1）紧急组织突发环境事件应对处置和现场周围环境敏感点调查工作。

（2）负责突发环境事件污染源现场排查、调查取证，现场污染防治设施运行、环评及"三同时"制度落实等的调查工作；对事故责任单位及责任人进行立案查处。

（3）协助生态环境部调查处理重特大突发环境事件，牵头协调调查处理较大突发环境事件。

（4）指导地方政府及有关部门开展突发环境事件环境污染损害调查评估，确定污染程度、危害范围，核实事件造成的损失和影响。

（5）协助地方政府及有关部门开展突发环境事件的生态环境损害赔偿工作，为突发环境事件而产生的环境污染纠纷、环境污染损害赔偿纠纷等提供技术和法律支持。

6. 宣传舆情组

由宣传教育处牵头，办公室、应急管理处、自然生态保护处、水生态环境处、大气环境处、土壤生态环境处、固体废物与化学品处、省生态环境宣传教育中心、省生态环境调查中心、省生态环境应急与事故调查中心、省固体废物与化学品中心、省生态环境信息中心等处室（单位）组成。

主要职责：负责突发环境事件舆情信息收集分析和信息、新闻的审核；协助现场应急指挥部按照"5·24"要求（发生重特大或敏感突发环境事件后，5 小时内要发布权威信息，24 小时内要举行新闻发布会）组织开展突发环境事件信息公开和新闻发布等工作。

7. 应急保障组

由财务审计处、厅机关后勤服务中心、省生态环境信息中心等部门组成。

主要职责：负责突发环境事件应急处置后勤保障等工作；协调应急物资的紧急政府采购审批。

三、内部应急响应流程

（一）事件接报

1. 应急办公室具体负责突发环境事件信息报告和通报工作

厅应急值班人员要严格遵守请示报告制度（应急值班电话 0931-8810309），保持全天 24 小时通信畅通。在接到突发环境事件报告后，立即向当地生态环境部门进行核实，并将核实后的情况及时向厅应急管理处处长和省生态环境应急与事故调查中心主任报告。厅应急管理处处长和省生态环境应急与事故调查中心主任及时向厅主要领导及分管领导报告。

按照《甘肃省突发环境事件应急预案》，对初步认定为特别重大（Ⅰ级）或重大（Ⅱ级）突发环境事件的，应当在1小时内报告生态环境部和省委、省政府。对初步认定为一般（Ⅳ级）或者较大（Ⅲ级）突发环境事件的，要求事发地生态环境部门4小时以内上报省生态环境厅。

对突发环境事件已经或者可能涉及相邻省区的，应当及时通报相邻省区人民政府生态环境部门，并向省人民政府提出向相邻省区人民政府通报的建议。

2. 厅应急值班人员应认真做好记录

记录内容包括报告人的单位、姓名、联系方式、事发地点、事发单位、事件种类、可能涉及污染物的种类、数量、规模、危害程度、周边环境及人员伤亡情况等。

（二）方案启动及分级响应

1. 方案启动

按照突发环境事件严重性和紧急程度分为特别重大（Ⅰ级）、重大（Ⅱ级）、较大（Ⅲ级）和一般（Ⅳ级）4级。

应急办公室接到突发环境事件信息后，与事发地政府总值班室、生态环境部门建立应急信息沟通渠道，进一步核实现场情况，密切跟踪了解事态发展，做好事件分析研判，及时将有关情况报告应急领导小组组长、副组长，为应急领导小组提供启动《甘肃省突发环境事件应急预案》、厅内部应急响应方案和事件响应级别的建议。应急领导小组根据实际情况提请省政府启动《甘肃省突发环境事件应急预案》和启动厅内部应急响应方案不同级别响应。在应急处置过程中，应急响应级别可根据现场应急处置情况进行调整。

2. 分级响应

（1）特别重大突发环境事件，启动Ⅰ级响应。具体应对措施如下：

省生态环境厅进入紧急应急状态，7个应急工作组按职责要求全面准备，随时出动；由应急领导小组组长带领各应急工作组，立即赶赴现场开展事件指挥处置工作；第一时间提请省政府启动《甘肃省突发环境事件应急预案》；应急领导小组各成员单位负责人24小时通信畅通，做到随叫随到，以优先保障应急工作为原则，其他日常工作服从事件应对工作。

应急办公室根据应急领导小组组长、副组长批示，密切跟踪了解事态发展，及时将有关情况通过临时组建的应急工作群、电话、手机短信等形式报告应急领导小组组长、副组长，并根据领导指示，向地方转达任务，并立即联系有关环境应急物资库做好物资调配准备。

（2）重大突发环境事件，启动Ⅱ级响应。具体应对措施同Ⅰ级响应。

（3）较大突发环境事件，启动Ⅲ级响应。具体应对措施如下：

由领导小组组长指定副组长带领工作所需的应急工作组赶赴现场指导事件处置工作。

应急办公室进入应急状态，安排值班人员24小时在岗；与事发地政府总值班室、生态环境部门建立应急信息沟通渠道，密切跟踪了解事态发展，及时将有关情况通过临时组建的应急工作群、电话、手机短信等形式报告应急领导小组组长、副组长。有需要时联系有关环境应急物资库做好物资调配准备。

（4）一般突发环境事件，启动Ⅳ级响应。具体应对措施如下：

应急办公室明确专人负责，跟踪了解事态发展及现场处置情况，及时上报；联系有关专家，通知相关工作组做好应急准备工作，指导事发地生态环境部门开展应急监测、处置等工作，并做好应急准备；必要时，按照厅领导批示指示要求，组织相关应急工作组赴现场指导应急处置工作。

3. 应急处置

根据应急领导小组指示，按照职能分工，在应急领导小组的指挥下立即开展工作。

（1）先期指导。根据接报和调度动态信息，各应急工作组在赶赴现场途中，通过各种有效途径了解污染源特征及现场应急处置技术，初步制定应急监测和处置方案，电话指导事发地生态环境部门取样、监测，开展污染防控等先期处置工作。

（2）指挥协调。各应急工作组到达现场后，依据职责分工，督促、指导、协调当地政府及有关部门开展应急监测、污染防控、紧急处置、污染源调查等现场处置工作；一旦可能造成跨境污染，及时通报上下游省、市协同开展事件应对工作。

（3）现场处置。在查清污染物种类、数量、浓度、污染范围及其可能造成的危害作出预测判断的基础上，根据现场情况和应急专家组意见，及时优化监测、处置等工作方案，采取果断措施，确保污染得到及时控制，并防止污染蔓延和扩散，努力将污染危害降低到最低程度。

（三）信息发布

突发环境事件的信息，由各级人民政府根据相应级别对外统一发布，各级组织指挥机构负责提供突发环境事件的有关信息。

厅系统内部提供突发环境事件的有关信息所需素材由各应急工作组组长审核签

字后，统一报送新闻宣传组，经应急领导小组组长或副组长审核签字后统一报送省政府或省突发环境事件应急指挥部。

信息发布要严格落实"5·24"要求（发生重特大或者敏感事件时，5 小时内要发布权威信息，24 小时内要举行新闻发布会），主动做好突发环境事件信息公开。

（四）应急终止

1. 应急终止的条件

突发环境事件的现场应急处置工作在事件的威胁和危害得到控制或者消除后，应当终止。应急终止应当符合下列条件之一：

（1）事件现场危险状态得到控制，事件发生条件已经消除；

（2）事件发生地人群、环境的各项主要健康、环境、生物及生态指标已经达到常态水平；

（3）事件所造成的危害已经被彻底消除，无继发可能；

（4）事件现场的各种专业应急处置行动已无继续的必要；

（5）采取了必要的防护措施以保护公众免受再次危害，并使事件可能引起的中长期影响趋于合理且尽量低的水平。

2. 应急终止的程序

特别重大突发环境事件（Ⅰ级）的应急终止按照国务院突发环境事件应急指挥部或生态环境部的规定实施；重大突发环境事件（Ⅱ级）的应急终止由应急领导小组报省政府或省突发环境事件应急指挥部同意后实施；较大、一般突发环境事件（Ⅲ级、Ⅳ级）的应急终止由地方人民政府或市、县突发环境事件应急指挥部决定。

突发环境事件应急终止后，各应急工作组经过应急领导小组批准后方可离开现场；根据省委、省政府有关指示和实际情况，需要继续进行环境监测和后期评估工作的，由应急领导小组指定相关应急工作组继续进行现场工作，直至事件影响消除。

四、后期工作

突发环境事件应急响应终止后，应急办公室根据应急领导小组的有关指示，协调各相关应急工作组指导、配合地方人民政府开展事件评估、事件调查和善后处置等工作。

（一）事件评估

指导地区地方政府和有关部门及突发环境事件发生单位查找事件原因，总结经验教训，防止类似事件再次发生。

（二）事件调查

根据有关规定，会同纪检监察机关及相关部门，组织开展事件调查，查明事件原因和性质，评估事件影响，提出整改防范措施和处理建议。

生态环境部负责组织特别重大和重大突发环境事件的调查处理；省生态环境厅负责组织较大突发环境事件的调查处理；市州生态环境主管部门视情况负责组织一般突发环境事件的调查处理。

上级生态环境主管部门可视情委托下级生态环境主管部门开展调查处理，也可对由下级生态环境主管部门负责的突发环境事件直接组织调查处理，并及时通知下级生态环境主管部门。下级生态环境主管部门认为需要由上一级生态环境主管部门调查处理的，也可报请上一级生态环境主管部门决定。

（三）善后处置

督促、指导当地政府及有关部门按照有关环保法律、法规和环境标准，研究制订后续处置方案，对事件和处理处置过程中造成的废渣、废液等污染物进行安全处置；根据事件损害评估报告，对事件造成的财产损害、事件应急处置费用和修复费用提出责任赔偿建议；为突发环境事件而产生的环境污染损害赔偿纠纷等提供技术和法律支持。

（四）事件总结

各应急工作组要及时总结本组应急工作情况，应急办公室在汇总相关情况的基础上，对事件发生过程、应急救援处置情况、经验教训、事件启示等进行综合分析，形成总结报告报生态环境部，省委、省政府。

在突发环境事件应急处置工作中有下列事迹之一的单位和个人提请表彰或给予表扬：

（1）出色完成突发环境事件应急处置任务，成绩显著的；

（2）有效减轻突发环境事件危害，使国家、集体和人民群众的生命财产免受或者减少损失，成绩显著的；

（3）对事件应急准备与响应提出重大建议，实施效果显著的；

（4）有其他特殊贡献的。

五、附则

本方案自发布之日起实施。

附件 1　突发环境事件分级标准

一、特别重大突发环境事件

凡符合下列情形之一的，为特别重大突发环境事件：

1. 因环境污染直接导致 30 人以上死亡或 100 人以上中毒或重伤的。

2. 因环境污染疏散、转移人员 5 万人以上的。

3. 因环境污染造成直接经济损失 1 亿元以上的。

4. 因环境污染造成区域生态功能丧失或该区域国家重点保护物种灭绝的。

5. 因环境污染造成市州以上城市集中式饮用水水源地取水中断的。

6. Ⅰ、Ⅱ类放射源丢失、被盗、失控并造成大范围严重辐射污染后果的；放射性同位素和射线装置失控导致 3 人以上急性死亡的；放射性物质泄漏，造成大范围辐射污染后果的。

7. 造成重大跨国境影响的境内突发环境事件。

二、重大突发环境事件

凡符合下列情形之一的，为重大突发环境事件：

1. 因环境污染直接导致 10 人以上 30 人以下死亡或 50 人以上 100 人以下中毒或重伤的。

2. 因环境污染疏散、转移人员 1 万人以上 5 万人以下的。

3. 因环境污染造成直接经济损失 2 000 万元以上 1 亿元以下的。

4. 因环境污染造成区域生态功能部分丧失或该区域国家重点保护野生动植物种群大批死亡的。

5. 因环境污染造成县级城市集中式饮用水水源地取水中断的。

6. Ⅰ、Ⅱ类放射源丢失、被盗的；放射性同位素和射线装置失控导致 3 人以下急性死亡或者 10 人以上急性重度放射病、局部器官残疾的；放射性物质泄漏，造成较大范围辐射污染后果的。

7. 造成跨省级行政区域影响的突发环境事件。

三、较大突发环境事件

凡符合下列情形之一的，为较大突发环境事件：

1. 因环境污染直接导致 3 人以上 10 人以下死亡或 10 人以上 50 人以下中毒或重伤的。

2. 因环境污染疏散、转移人员 5 000 人以上 1 万人以下的。

3. 因环境污染造成直接经济损失 500 万元以上 2 000 万元以下的。

4. 因环境污染造成国家重点保护的动植物物种受到破坏的。

5. 因环境污染造成乡镇集中式饮用水水源地取水中断的。

6. III 类放射源丢失、被盗的；放射性同位素和射线装置失控导致 10 人以下急性重度放射病、局部器官残疾的；放射性物质泄漏，造成小范围辐射污染后果的。

7. 造成跨市州行政区域影响的突发环境事件。

四、一般突发环境事件

凡符合下列情形之一的，为一般突发环境事件：

1. 因环境污染直接导致 3 人以下死亡或 10 人以下中毒或重伤的。

2. 因环境污染疏散、转移人员 5 000 人以下的。

3. 因环境污染造成直接经济损失 500 万元以下的。

4. 因环境污染造成跨县级行政区域纠纷，引起一般性群体影响的。

5. IV、V 类放射源丢失、被盗的；放射性同位素和射线装置失控导致人员受到超过年剂量限值照射的；放射性物质泄漏，造成厂区内或设施内局部辐射污染后果的；铀矿冶、伴生矿超标排放，造成环境辐射污染后果的。

6. 对环境造成一定影响，尚未达到较大突发环境事件级别的。

上述分级标准有关数量的表述中，"以上"含本数，"以下"不含本数。

附件2 甘肃省生态环境厅突发环境事件应急响应流程图

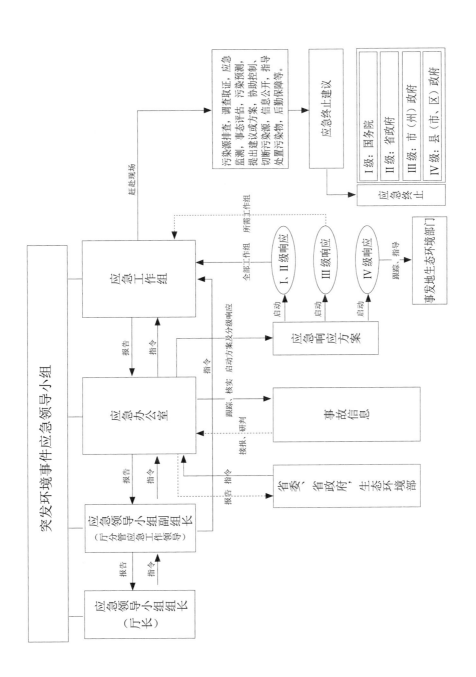

（五）技术标准

建设项目环境风险评价技术导则

（HJ 169—2018）

为贯彻《中华人民共和国环境保护法》和《中华人民共和国环境影响评价法》，规范环境风险评价工作，加强环境风险防控，制定本标准。本标准规定了建设项目环境风险评价的一般性原则、内容、程序和方法。

附件：建设项目环境风险评价技术导则 (HJ 169—2018）

下载地址：http://www.mee.gov.cn/ywgz/fgbz/bz/bzwb/other/pjjsdz/201810/t20181024_665360.shtml.

突发环境事件应急监测技术规范

（HJ 589—2021）

为贯彻《中华人民共和国环境保护法》《中华人民共和国水污染防治法》《中华人民共和国大气污染防治法》《中华人民共和国土壤污染防治法》《中华人民共和国固体废物污染环境防治法》和《突发环境事件应急管理办法》，防治生态环境污染，改善生态环境质量，规范突发环境事件应急监测，制定本标准。本标准规定了突发环境事件应急监测启动及工作原则、污染态势初步判别、应急监测方案、跟踪监测、应急监测报告、质量保证和质量控制、应急监测终止等技术要求。

附件：突发环境事件应急监测技术规范（HJ 589—2021 代替 HJ 589—2010）

下载地址：https://www.mee.gov.cn/ywgz/fgbz/bz/bzwb/other/qt/202202/t20220228_970076.shtml

尾矿库环境风险评估技术导则（试行）

（HJ 740—2015)

　　为贯彻《中华人民共和国环境保护法》，保护生态环境，评估尾矿库环境风险，制定本标准。本标准规定了尾矿库环境风险评估的一般原则、内容、程序、方法和技术要求。本标准附录 A、附录 B、附录 C、附录 D 为规范性附录，附录 E 为资料性附录。本标准为首次发布。

　　附件：尾矿库环境风险评估技术导则（试行）（HJ 740—2015）

　　下载地址：http://www.mee.gov.cn/ywgz/fgbz/bz/bzwb/other/pjjsdz/201504/t20150407_298648.shtml

污染场地风险评估技术导则

（HJ 25.3—2014）

为贯彻《中华人民共和国环境保护法》，保护生态环境，保障人体健康，加强污染场地环境保护监督管理，规范污染场地人体健康风险评估，制定本标准。本标准与以下标准同属污染场地系列环境保护标准：《场地环境调查技术导则》（HJ 25.1—2014）；《场地环境监测技术导则》（HJ 25.2—2014）；《污染场地土壤修复技术导则》（HJ 25.4—2014）。自以上标准实施之日起，《工业企业土壤环境质量风险评价基准》（HJ/T 25—1999）废止。本标准规定了污染场地风险评估的原则、内容、程序、方法和技术要求。

附件：污染场地风险评估技术导则（HJ 25.3—2014）

下载地址：http://www.mee.gov.cn/ywgz/fgbz/bz/bzwb/jcffbz/201402/t20140226_268358.shtml

生态环境健康风险评估技术指南　总纲

（HJ 1111—2020）

为贯彻《中华人民共和国环境保护法》，加强生态环境风险管理，推动保障公众健康理念融入生态环境管理，指导和规范生态环境健康风险评估工作，制定本标准。本标准规定了生态环境健康风险评估的一般性原则、程序、内容、方法和技术要求。本标准为首次发布。

附件：生态环境健康风险评估技术指南　总纲（HJ 1111—2020）

下载地址：http://www.mee.gov.cn/ywgz/fgbz/bz/bzwb/other/qt/202003/t20200320_769859.shtml

关于发布《生态环境损害鉴定评估技术指南　总纲和关键环节　第 1 部分：总纲》等六项标准的公告

为贯彻《生态环境损害赔偿制度改革方案》和有关法律、法规，保护生态环境，保障公众健康，规范生态环境损害鉴定评估工作，我部会同有关部门制定了《生态环境损害鉴定评估技术指南　总纲和关键环节　第 1 部分：总纲》等六项标准，现联合国家市场监督管理总局予以发布。

标准名称、编号如下：

一、《生态环境损害鉴定评估技术指南　总纲和关键环节　第 1 部分：总纲》(GB/T 39791.1—2020)

二、《生态环境损害鉴定评估技术指南　总纲和关键环节　第 2 部分：损害调查》(GB/T 39791.2—2020)

三、《生态环境损害鉴定评估技术指南　环境要素　第 1 部分：土壤和地下水》(GB/T 39792.1—2020)

四、《生态环境损害鉴定评估技术指南　环境要素　第 2 部分：地表水和沉积物》(GB/T 39792.2—2020)

五、《生态环境损害鉴定评估技术指南　基础方法　第 1 部分：大气污染虚拟治理成本法》(GB/T 39793.1—2020)

六、《生态环境损害鉴定评估技术指南　基础方法　第 2 部分：水污染虚拟治理成本法》(GB/T 39793.2—2020)

以上标准自 2021 年 1 月 1 日起实施。

自以上标准实施之日起，对新发生的生态环境损害进行鉴定评估，或者对以上标准实施之前发生、持续至以上标准实施之后的生态环境损害进行鉴定评估，不再参照以下技术文件：

一、《关于印发〈生态环境损害鉴定评估技术指南　总纲〉和〈生态环境损害鉴定评估技术指南　损害调查〉的通知》（环办政法〔2016〕67 号）

二、《关于印发〈生态环境损害鉴定评估技术指南　土壤与地下水〉的通知》（环办法规〔2018〕46 号）

三、《关于印发〈生态环境损害鉴定评估技术指南　地表水与沉积物〉的通知》（环办法规函〔2020〕290 号）

四、《关于生态环境损害鉴定评估虚拟治理成本法运用有关问题的复函》（环办政法函〔2017〕1488 号）

以上标准由中国环境出版集团有限公司出版，标准内容可在生态环境部网站（http://www.mee.gov.cn）查询。

特此公告。

下载地址：http://www.mee.gov.cn/xxgk2018/xxgk/xxgk01/202012/t20201231_815725.html

生态环境部

2020 年 12 月 29 日

（六）工作指南

关于印发《行政区域突发环境事件风险评估推荐方法》的通知

环办应急〔2018〕9号

各省、自治区、直辖市环境保护厅（局），新疆生产建设兵团环境保护局：

为指导地方政府组织开展区域突发环境事件风险评估，我部组织编制了《行政区域突发环境事件风险评估推荐方法》，现印发给你们，请参照执行。

请各地加强宣传、培训和指导，切实提高政府和部门突发环境事件应急预案质量，提升区域环境风险管控水平。

附件：行政区域突发环境事件风险评估推荐方法

下载地址：http://www.mee.gov.cn/gkml/hbb/bgt/201802/t20180206_430931.htm

环境保护部办公厅
2018年1月30日

关于印发《企业突发环境事件风险评估指南（试行）》的通知

环办〔2014〕34 号

各省、自治区、直辖市环境保护厅（局），新疆生产建设兵团环境保护局，辽河保护区管理局：

为贯彻落实《突发事件应急预案管理办法》（国办发〔2013〕101 号），我部组织编制了《企业突发环境事件风险评估指南（试行）》，现印发给你们。请结合各地实际，参照执行。

联系人：环境保护部应急办　张龙　毛剑英

电话：（010）66556989 66556461

传真：（010）66556988

附件：企业突发环境事件风险评估指南（试行）

下载地址：http://www.mee.gov.cn/gkml/hbb/bgt/201506/t20150629_304483.htm

环境保护部办公厅

2014 年 4 月 3 日

关于印发《化学物质环境风险评估技术方法框架性指南（试行）》的通知

环办固体〔2019〕54 号

为加强化学物质环境管理，建立健全化学物质环境风险评估技术方法体系，规范和指导化学物质环境风险评估工作，生态环境部、卫生健康委组织编制了《化学物质环境风险评估技术方法框架性指南（试行）》，现予印发。

附件：化学物质环境风险评估技术方法框架性指南（试行）

下载地址：http://www.mee.gov.cn/xxgk2018/xxgk/xxgk05/201909/t20190910_733204.html

生态环境部办公厅
卫生健康委办公厅
2019 年 8 月 26 日

关于发布《集中式地表水饮用水水源地突发环境事件
应急预案编制指南（试行）》的公告

2018 年　第 1 号

为贯彻《中华人民共和国水污染防治法》，指导地方县级及以上人民政府开展集中式地表水饮用水水源地突发环境事件应急预案编制工作，提高预案的针对性、实用性和可操作性，我部制订了《集中式地表水饮用水水源地突发环境事件应急预案编制指南（试行）》，现予发布。

特此公告。

附件：集中式地表水饮用水水源地突发环境事件应急预案编制指南（试行）

下载地址：http://www.mee.gov.cn/xxgk2018/xxgk/xxgk01/201804/t20180404_629577.html

生态环境部

（环境保护部代章）

2018 年 3 月 23 日

关于印发《尾矿库环境应急预案编制指南》的通知

环办〔2015〕48 号

各省、自治区、直辖市环境保护厅（局），新疆生产建设兵团环境保护局，辽河凌河保护区管理局：

为指导企业做好尾矿库环境应急预案编制工作，我部组织编制了《尾矿库环境应急预案编制指南》，现印发给你们。请结合当地实际，组织相关单位参照执行。

联系人：环境保护部应急办　刘彬彬

电话：（010）66556992

附件：尾矿库环境应急预案编制指南

下载地址：http://www.mee.gov.cn/gkml/hbb/bgt/201505/t20150525_302245.htm

环境保护部办公厅

2015 年 5 月 19 日

关于转发尾矿库环境风险评估报告和突发环境事件
应急预案典型案例的通知

环办转发函〔2018〕2号

各省、自治区、直辖市环境保护厅（局），新疆生产建设兵团环境保护局：

为持续推进尾矿库环境风险和应急管理，提高尾矿库环境风险评估报告和突发环境事件应急预案编制的针对性、实用性和可操作性，我部选取了河南省某尾矿库的环境风险评估报告和突发环境事件应急预案作为典型案例，为各地尾矿库企业和环保部门开展相关工作提供参考。

该尾矿库的环境风险评估报告按照《尾矿库环境风险评估技术导则（试行）》（HJ 740—2015），划分了尾矿库环境风险等级，分析了尾矿库突发环境事件情景，量化了突发环境事件影响范围，制定了环境安全隐患排查表和治理计划。既可以帮助尾矿库企业充分了解自身环境风险状况，明确环境应急管理方向，也为编制突发环境事件应急预案奠定了基础。

该尾矿库的突发环境事件应急预案按照《关于印发〈尾矿库环境应急预案编制指南〉的通知》（环办〔2015〕48号），充分利用尾矿库环境风险评估结论，细化了预警分级标准，制定了应急监测方案，分情景提出了应急响应程序及处置方案，编制了应急处置卡片。此外，作为重大环境风险等级尾矿库，编制了场外环境应急专篇。该预案实用性和可操作性较强，而且有利于实现企业先期处置和政府应急处置的快速、高效衔接。

现将上述尾矿库环境风险评估报告和突发环境事件应急预案典型案例转发你们，请做好宣传和培训工作，以环境风险评估和突发环境事件应急预案为抓手，持续加强尾矿库环境风险防控和应急处置能力。

附件：1.×××矿业有限责任公司××尾矿库环境风险评估报告
　　　2.×××矿业有限责任公司××尾矿库突发环境事件应急预案
下载地址：http://www.mee.gov.cn/gkml/hbb/bgth/201802/t20180212_431365.htm

环境保护部办公厅
2018年2月7日

关于印发《石油化工企业环境应急预案编制指南》的通知

环办〔2010〕10 号

各省、自治区、直辖市环境保护厅（局），新疆生产建设兵团环境保护局：

针对当前石油化工企业突发环境事件频发的现状，为进一步规范其环境应急预案的编制工作，切实增强预案的针对性和可操作性，我部组织制订了《石油化工企业环境应急预案编制指南》（以下简称《指南》）。

《指南》用于地方各级环保部门指导石油化工企业环境应急预案的编制及修订工作。地方环保部门要认真组织学习《指南》，熟悉、领会其内容要求，并在环境管理工作中贯彻落实。一是要求现有石油化工企业在编制或修订环境应急预案时，按照《指南》进行，经企业法人代表签署，报当地环保部门备案，环保部门要依据《指南》对其进行形式审查；二是要求新建或改建、扩建的石油化工企业在进行环境影响评价时，按照《指南》编制环境应急预案，同环境影响评价报告书（表）一同提交环保部门审查。

现将《指南》印发给你们，请转发相关部门，遵照执行。

附件：《石油化工企业环境应急预案编制指南》

下载地址：http://www.mee.gov.cn/gkml/hbb/bgt/201002/t20100203_185300.htm

环境保护部办公厅
2010 年 1 月 28 日

关于发布《危险废物经营单位编制应急预案指南》的公告

2007年 第48号

为贯彻落实《中华人民共和国固体废物污染环境防治法》关于"产生、收集、贮存、运输、利用、处置危险废物的单位，应当制定意外事故的防范措施和应急预案"的规定，指导危险废物经营单位制定应急预案，有效应对意外事故，我局制定了《危险废物经营单位编制应急预案指南》。现予以发布，请危险废物经营单位参照执行。

特此公告。

附件：危险废物经营单位编制应急预案指南

下载地址：http://www.mee.gov.cn/gkml/zj/gg/200910/t20091021_171734.htm

国家环境保护总局

2007年7月4日

关于印发《企业事业单位突发环境事件应急预案评审工作指南（试行）》的通知

环办应急〔2018〕8 号

各省、自治区、直辖市环境保护厅（局），新疆生产建设兵团环境保护局：

为指导企业事业单位做好突发环境事件应急预案评审工作，我部组织编制了《企业事业单位突发环境事件应急预案评审工作指南（试行）》（以下简称《评审工作指南》），现印发给你们。

《评审工作指南》规定了企业组织评审突发环境事件应急预案的基本要求、评审内容、评审方法、评审程序，供企业自行组织评审时参照使用。请各地结合实际，加强宣传、培训、指导，切实发挥评审作用，推动企业不断提升预案质量。

附件：企业事业单位突发环境事件应急预案评审工作指南（试行）

下载地址：http://www.mee.gov.cn/gkml/hbb/bgt/201802/t20180206_430930.htm

环境保护部办公厅

2018 年 1 月 30 日

关于发布《企业突发环境事件隐患排查和治理工作指南（试行）》的公告

2016 年　第 74 号

为贯彻《突发环境事件应急管理办法》，落实企业环境安全主体责任，指导企业开展突发环境事件隐患排查与治理工作，我部制订了《企业突发环境事件隐患排查与治理工作指南（试行）》，现予以发布。

特此公告。

环境保护部

2016 年 12 月 6 日

企业突发环境事件隐患排查和治理工作指南（试行）

1　适用范围

本指南适用于企业为防范火灾、爆炸、泄漏等生产安全事故直接导致或次生突发环境事件而自行组织的突发环境事件隐患（以下简称隐患）排查和治理。本指南未作规定事宜，应符合有关国家和行业标准的要求或规定。

2　依据

2.1　法律法规、规章及规范性文件

《中华人民共和国突发事件应对法》；

《中华人民共和国环境保护法》；

《中华人民共和国大气污染防治法》；

《中华人民共和国水污染防治法》；

《中华人民共和国固体废物污染环境防治法》；

《国家危险废物名录》（环境保护部　国家发展和改革委　公安部令　第39号）；

《突发环境事件调查处理办法》（环境保护部令　第32号）；

《突发环境事件应急管理办法》（环境保护部令　第34号）；

《企业事业单位突发环境事件应急预案备案管理办法（试行）》（环发〔2015〕4号）。

2.2　标准、技术规范、文件

本指南引用了下列文件中的条款。凡是不注日期的引用文件，其有效版本适用于本指南。

《危险废物贮存污染控制标准》（GB 18597）；

《石油化工企业设计防火规范》（GB 50160）；

《化工建设项目环境保护设计规范》（GB 50483）；

《石油储备库设计规范》（GB5 0737）；

《石油化工污水处理设计规范》（GB 50747）；

《石油化工企业给水排水系统设计规范》（SH 3015）；

《石油化工企业环境保护设计规范》（SH 3024）；

《企业突发环境事件风险评估指南（试行）》（环办〔2014〕34号）；

《建设项目环境风险评价技术导则》（HJ/T 169）。

3　隐患排查内容

从环境应急管理和突发环境事件风险防控措施两大方面排查可能直接导致或次生突发环境事件的隐患。

3.1　企业突发环境事件应急管理

3.1.1　按规定开展突发环境事件风险评估，确定风险等级情况。

3.1.2　按规定制定突发环境事件应急预案并备案情况。

3.1.3　按规定建立健全隐患排查治理制度，开展隐患排查治理工作和建立档案情况。

3.1.4　按规定开展突发环境事件应急培训，如实记录培训情况。

3.1.5　按规定储备必要的环境应急装备和物资情况。

3.1.6　按规定公开突发环境事件应急预案及演练情况。

可参考附表1　企业突发环境事件应急管理隐患排查表，就上述3.1.1～3.1.6内容开展相关隐患排查。

3.2　企业突发环境事件风险防控措施

3.2.1　突发水环境事件风险防控措施

从以下几方面排查突发水环境事件风险防范措施：

（1）是否设置中间事故缓冲设施、事故应急水池或事故存液池等各类应急池；应急池容积是否满足环评文件及批复等相关文件要求；应急池位置是否合理，是否能确保所有受污染的雨水、消防水和泄漏物等通过排水系统接入应急池或全部收集；是否通过厂区内部管线或协议单位，将所收集的废（污）水送至污水处理设施处理。

（2）正常情况下厂区内涉危险化学品或其他有毒有害物质的各个生产装置、罐区、装卸区、作业场所和危险废物贮存设施（场所）的排水管道（如围堰、防火堤、装卸区污水收集池）接入雨水或清净下水系统的阀（闸）是否关闭，通向应急池或废水处理系统的阀（闸）是否打开；受污染的冷却水和上述场所的墙壁、地面冲洗水和受污染的雨水（初期雨水）、消防水等是否都能排入生产废水处理系统或独立的处理系统；有排洪沟（排洪涵洞）或河道穿过厂区时，排洪沟（排洪涵洞）是否与渗漏观察井、生产废水、清净下水排放管道连通。

（3）雨水系统、清净下水系统、生产废（污）水系统的总排放口是否设置监视及关闭闸（阀），是否设专人负责在紧急情况下关闭总排口，确保受污染的雨水、消防水和泄漏物等全部收集。

3.2.2 突发大气环境事件风险防控措施

从以下几方面排查突发大气环境事件风险防控措施：

（1）企业与周边重要环境风险受体的各类防护距离是否符合环境影响评价文件及批复的要求；

（2）涉有毒有害大气污染物名录的企业是否在厂界建设针对有毒有害特征污染物的环境风险预警体系；

（3）涉有毒有害大气污染物名录的企业是否定期监测或委托监测有毒有害大气特征污染物；

（4）突发环境事件信息通报机制建立情况，是否能在突发环境事件发生后及时通报可能受到污染危害的单位和居民。

可参考附表 2 企业突发环境事件风险防控措施隐患排查表，结合自身实际制定本企业突发环境事件风险防控措施隐患排查清单。

4 隐患分级

4.1 分级原则

根据可能造成的危害程度、治理难度及企业突发环境事件风险等级，隐患分为重大突发环境事件隐患（以下简称重大隐患）和一般突发环境事件隐患（以下简称一般隐患）。

具有以下特征之一的可认定为重大隐患，除此之外的隐患可认定为一般隐患：

（1）情况复杂，短期内难以完成治理并可能造成环境危害的隐患；

（2）可能产生较大环境危害的隐患，如可能造成有毒有害物质进入大气、水、土壤等环境介质次生较大以上突发环境事件的隐患。

4.2 企业自行制定分级标准

企业应根据前述关于重大隐患和一般隐患的分级原则、自身突发环境事件风险等级等实际情况，制定本企业的隐患分级标准。可以立即完成治理的隐患一般可不判定为重大隐患。

5 企业隐患排查治理的基本要求

5.1 建立完善隐患排查治理管理机构

企业应当建立并完善隐患排查管理机构，配备相应的管理和技术人员。

5.2　建立隐患排查治理制度

企业应当按照下列要求建立健全隐患排查治理制度：

5.2.1　建立隐患排查治理责任制。企业应当建立健全从主要负责人到每位作业人员，覆盖各部门、各单位、各岗位的隐患排查治理责任体系；明确主要负责人对本企业隐患排查治理工作全面负责，统一组织、领导和协调本单位隐患排查治理工作，及时掌握、监督重大隐患治理情况；明确分管隐患排查治理工作的组织机构、责任人和责任分工，按照生产区、储运区或车间、工段等划分排查区域，明确每个区域的责任人，逐级建立并落实隐患排查治理岗位责任制。

5.2.2　制定突发环境事件风险防控设施的操作规程和检查、运行、维修与维护等规定，保证资金投入，确保各设施处于正常完好状态。

5.2.3　建立自查、自报、自改、自验的隐患排查治理组织实施制度。

5.2.4　如实记录隐患排查治理情况，形成档案文件并做好存档。

5.2.5　及时修订企业突发环境事件应急预案、完善相关突发环境事件风险防控措施。

5.2.6　定期对员工进行隐患排查治理相关知识的宣传和培训。

5.2.7　有条件的企业应当建立与企业相关信息化管理系统联网的突发环境事件隐患排查治理信息系统。

5.3　明确隐患排查方式和频次

5.3.1　企业应当综合考虑企业自身突发环境事件风险等级、生产工况等因素合理制定年度工作计划，明确排查频次、排查规模、排查项目等内容。

5.3.2　根据排查频次、排查规模、排查项目不同，排查可分为综合排查、日常排查、专项排查及抽查等方式。企业应建立以日常排查为主的隐患排查工作机制，及时发现并治理隐患。

综合排查是指企业以厂区为单位开展全面排查，一年应不少于一次。

日常排查是指以班组、工段、车间为单位，组织的对单个或几个项目采取日常的、巡视性的排查工作，其频次根据具体排查项目确定。一月应不少于一次。

专项排查是在特定时间或对特定区域、设备、措施进行的专门性排查。其频次根据实际需要确定。

企业可根据自身管理流程，采取抽查方式排查隐患。

5.3.3　在完成年度计划的基础上，当出现下列情况时，应当及时组织隐患排查：

（1）出现不符合新颁布、修订的相关法律、法规、标准、产业政策等情况的；

（2）企业有新建、改建、扩建项目的；

（3）企业突发环境事件风险物质发生重大变化导致突发环境事件风险等级发生变化的；

（4）企业管理组织应急指挥体系机构、人员与职责发生重大变化的；

（5）企业生产废水系统、雨水系统、清净下水系统、事故排水系统发生变化的；

（6）企业废水总排口、雨水排口、清净下水排口与水环境风险受体连接通道发生变化的；

（7）企业周边大气和水环境风险受体发生变化的；

（8）季节转换或发布气象灾害预警、地质地震灾害预报的；

（9）敏感时期、重大节假日或重大活动前；

（10）突发环境事件发生后或本地区其他同类企业发生突发环境事件的；

（11）发生生产安全事故或自然灾害的；

（12）企业停产后恢复生产前。

5.4　隐患排查治理的组织实施

5.4.1　自查。企业根据自身实际制定隐患排查表，包括所有突发环境事件风险防控设施及其具体位置、排查时间、现场排查负责人（签字）、排查项目现状、是否为隐患、可能导致的危害、隐患级别、完成时间等内容。

5.4.2　自报。企业的非管理人员发现隐患应当立即向现场管理人员或者本单位有关负责人报告；管理人员在检查中发现隐患应当向本单位有关负责人报告。接到报告的人员应当及时予以处理。

在日常交接班过程中，做好隐患治理情况交接工作；隐患治理过程中，明确每一工作节点的责任人。

5.4.3　自改。一般隐患必须确定责任人，立即组织治理并确定完成时限，治理完成情况要由企业相关负责人签字确认，予以销号。

重大隐患要制定治理方案，治理方案应包括：治理目标、完成时间和达标要求、治理方法和措施、资金和物资、负责治理的机构和人员责任、治理过程中的风险防控和应急措施或应急预案。重大隐患治理方案应报企业相关负责人签发，抄送企业相关部门落实治理。

企业负责人要及时掌握重大隐患治理进度，可指定专门负责人对治理进度进行跟踪监控，对不能按期完成治理的重大隐患，及时发出督办通知，加大治理力度。

5.4.4　自验。重大隐患治理结束后企业应组织技术人员和专家对治理效果进行评估和验收，编制重大隐患治理验收报告，由企业相关负责人签字确认，予以销号。

5.5　加强宣传培训和演练

企业应当定期就企业突发环境事件应急管理制度、突发环境事件风险防控措施的操作要求、隐患排查治理案例等开展宣传和培训，并通过演练检验各项突发环境事件风险防控措施的可操作性，提高从业人员隐患排查治理能力和风险防范水平。如实记录培训、演练的时间、内容、参加人员以及考核结果等情况，并将培训情况备案存档。

5.6　建立档案

及时建立隐患排查治理档案。隐患排查治理档案包括企业隐患分级标准、隐患排查治理制度、年度隐患排查治理计划、隐患排查表、隐患报告单、重大隐患治理方案、重大隐患治理验收报告、培训和演练记录以及相关会议纪要、书面报告等隐患排查治理过程中形成的各种书面材料。隐患排查治理档案应至少留存五年，以备环境保护主管部门抽查。

附表 1

企业突发环境事件应急管理隐患排查表

（企业可参考本表制定符合本企业实际情况的自查用表）

排查时间：　年　月　日　　　　现场排查负责人（签字）：

排查内容	具体排查内容	排查结果		
		是，证明材料	否，具体问题	其他情况
1. 是否按规定开展突发环境事件风险评估，确定风险等级	（1）是否编制突发环境事件风险评估报告，并与预案一起备案			
	（2）企业现有突发环境事件风险物质种类和风险评估报告相比是否发生变化			
	（3）企业现有突发环境事件风险物质数量和风险评估报告相比是否发生变化			
	（4）企业突发环境事件风险物质种类、数量变化是否影响风险等级			
	（5）突发环境事件风险等级确定是否正确合理			
	（6）突发环境事件风险评估是否通过评审			
2. 是否按规定制定突发环境事件应急预案并备案	（7）是否按要求对预案进行评审，评审意见是否及时落实			
	（8）是否将预案进行了备案，是否每三年进行回顾性评估			
	（9）出现下列情况预案是否进行了及时修订： 1）面临的突发环境事件风险发生重大变化，需要重新进行风险评估； 2）应急管理组织指挥体系与职责发生重大变化； 3）环境应急监测预警机制发生重大变化，报告联络信息及机制发生重大变化； 4）环境应急应对流程体系和措施发生重大变化； 5）环境应急保障措施及保障体系发生重大变化； 6）重要应急资源发生重大变化； 7）在突发环境事件实际应对和应急演练中发现问题，需要对环境应急预案作出重大调整的			

排查内容	具体排查内容	排查结果		
		是，证明 材料	否，具体 问题	其他 情况
3. 是否按规定建立健全隐患排查治理制度，开展隐患排查治理工作和建立档案	（10）是否建立隐患排查治理责任制			
	（11）是否制定本单位的隐患分级规定			
	（12）是否有隐患排查治理年度计划			
	（13）是否建立隐患记录报告制度，是否制定隐患排查表			
	（14）重大隐患是否制定治理方案			
	（15）是否建立重大隐患督办制度			
	（16）是否建立隐患排查治理档案			
4. 是否按规定开展突发环境事件应急培训，如实记录培训情况	（17）是否将应急培训纳入单位工作计划			
	（18）是否开展应急知识和技能培训			
	（19）是否健全培训档案，如实记录培训时间、内容、人员等情况			
5. 是否按规定储备必要的环境应急装备和物资	（20）是否按规定配备足以应对预设事件情景的环境应急装备和物资			
	（21）是否已设置专职或兼职人员组成的应急救援队伍			
	（22）是否与其他组织或单位签订应急救援协议或互救协议			
	（23）是否对现有物资进行定期检查，对已消耗或耗损的物资装备进行及时补充			
6. 是否按规定公开突发环境事件应急预案及演练情况	（24）是否按规定公开突发环境事件应急预案及演练情况			

附表 2

企业突发环境事件风险防控措施隐患排查表

企业可参考本表制定符合本企业实际情况的自查用表。一般企业有多个风险单元，应针对每个单元制定相应的隐患排查表。

排查时间：　年　月　日　　　现场排查负责人（签字）：

排查项目	现状	可能导致的危害 （是隐患的填写）	隐患 级别	治理 期限	备注
一、中间事故缓冲设施、事故应急水池或事故存液池（以下统称应急池）					
1. 是否设置应急池					
2. 应急池容积是否满足环评文件及批复等相关文件要求					
3. 应急池在非事故状态下需占用时，是否符合相关要求，并设有在事故时可以紧急排空的技术措施					
4. 应急池位置是否合理，消防水和泄漏物是否能自流进入应急池；如消防水和泄漏物不能自流进入应急池，是否配备有足够能力的排水管和泵，确保泄漏物和消防水能够全部收集					
5. 接纳消防水的排水系统是否具有接纳最大消防水量的能力，是否设有防止消防水和泄漏物排出厂外的措施					
6. 是否通过厂区内部管线或协议单位，将所收集的废（污）水送至污水处理设施处理					
二、厂内排水系统					
7. 装置区围堰、罐区防火堤外是否设置排水切换阀，正常情况下通向雨水系统的阀门是否关闭，通向应急池或污水处理系统的阀门是否打开					
8. 所有生产装置、罐区、油品及化学原料装卸台、作业场所和危险废物贮存设施（场所）的墙壁、地面冲洗水和受污染的雨水（初期雨水）、消防水，是否都能排入生产废水系统或独立的处理系统					

排查项目	现状	可能导致的危害 (是隐患的填写)	隐患 级别	治理 期限	备注
9. 是否有防止受污染的冷却水、雨水进入雨水系统的措施，受污染的冷却水是否都能排入生产废水系统或独立的处理系统					
10. 各种装卸区（包括厂区码头、铁路、公路）产生的事故液、作业面污水是否设置污水和事故液收集系统，是否有防止事故液、作业面污水进入雨水系统或水域的措施					
11. 有排洪沟（排洪涵洞）或河道穿过厂区时，排洪沟（排洪涵洞）是否与渗漏观察井、生产废水、清净下水排放管道连通					
三、雨水、清净下水和污（废）水的总排口					
12. 雨水、清净下水、排洪沟的厂区总排口是否设置监视及关闭闸（阀），是否设专人负责在紧急情况下关闭总排口，确保受污染的雨水、消防水和泄漏物等排出厂界					
13. 污（废）水的排水总出口是否设置监视及关闭闸（阀），是否设专人负责关闭总排口，确保不合格废水、受污染的消防水和泄漏物等不会排出厂界					
四、突发大气环境事件风险防控措施					
14. 企业与周边重要环境风险受体的各种防护距离是否符合环境影响评价文件及批复的要求					
15. 涉有毒有害大气污染物名录的企业是否在厂界建设针对有毒有害污染物的环境风险预警体系					
16. 涉有毒有害大气污染物名录的企业是否定期监测或委托监测有毒有害大气特征污染物					
17. 突发环境事件信息通报机制建立情况，是否能在突发环境事件发生后及时通报可能受到污染危害的单位和居民					

关于印发《尾矿库环境应急管理工作指南（试行）》的通知

环办〔2010〕138 号

各省、自治区、直辖市环境保护厅（局），新疆生产建设兵团环境保护局，各环境保护督查中心：

为进一步规范尾矿库的环境应急管理工作，有效防范和妥善处置尾矿库引发的突发环境事件，我部组织河北省环境保护厅和张家口市环境保护局编制了《尾矿库环境应急管理工作指南（试行）》。现印发给你们，请结合各地实际，参照执行。

环境保护部办公厅

2010 年 9 月 30 日

尾矿库环境应急管理工作指南（试行）

针对我国目前尾矿库种类复杂、数量繁多、分布广泛的现状，以及尾矿库突发环境事件频发的实际情况，为构建尾矿库突发环境事件防范与应急处置体系，实现尾矿库环境应急管理的专业化、科学化和规范化，制定本指南。

1　总论

1.1　适用范围

本指南适用于放射性选矿之外的金属与非金属选矿项目的尾矿库（含干式处理的尾矿库）环境应急管理。其他湿式堆存工业废渣库、电厂灰渣库的环境应急管理可参照本指南执行。

1.2　术语和概念

（1）尾矿库：指筑坝拦截谷口或围地构成的、用以堆存金属非金属矿山进行矿石选别后排出尾矿、湿法冶炼过程中产生的废物或其他工业废渣的场所。

（2）尾矿库企业：指建设和使用尾矿库的企业。

（3）突发环境事件：突然发生、造成或者可能造成重大人员伤亡、重大财产损失和对全国或者某一地区的经济社会稳定、政治安定构成重大威胁和损害，有重大社会影响的涉及公共安全的环境事件。

（4）环境敏感区：指依法设立的各级各类自然、文化保护地，以及对建设项目的某类污染因子或者生态影响因子特别敏感的区域。

（5）环境应急：针对可能或已发生的突发环境事件需要立即采取某些超出正常工作程序的行动，以避免事件发生或减轻事件后果的状态，也称为紧急状态；同时也泛指立即采取超出正常工作程序的行动。

（6）应急监测：环境应急情况下，为发现和查明污染物质的种类、污染物质的浓度、污染的范围、发展变化趋势及其可能的危害等情况而进行的环境监测。包括编写应急监测方案、确定监测范围、布设监测点位、现场采样、确定监测项目、现场与实验室监测方法、监测结果与数据处理、监测过程质量控制、监测过程总结等。

（7）危险化学品：指属于爆炸品、压缩气体和液化气体、易燃液体、易燃固体、自燃物品和遇湿易燃物品、氧化剂和有机过氧化物、有毒品和腐蚀品的化学品。

（8）危险废物：指列入国家危险废物名录或者根据国家规定的危险废物鉴别标准和鉴别方法认定的具有危险特性的废物。

（9）三级防控体系：指在车间、厂区和流域三个层级设防布控，防止尾矿库企业发生污染事件。一级防控是指在有毒有害原料仓储间和生产车间设置防渗围堰以收集车间泄漏的有害物质；二级防控是以厂区整体为单元，按污染物最大泄漏量设置事故应急池；三级防控是在流域的支流设置发挥拦截降解作用的设施，主要包括拦截坝、滞污塘等，并配置防控所需材料的物资储备库。水利设施和城市景观橡胶坝也可作为拦截设施。

1.3　编制依据

1.3.1　法律法规、规章

《中华人民共和国突发事件应对法》

《中华人民共和国环境保护法》

《中华人民共和国水污染防治法》

《中华人民共和国大气污染防治法》

《中华人民共和国固体废物污染环境防治法》

《中华人民共和国环境影响评价法》

《中华人民共和国安全生产法》

《中华人民共和国矿山安全法》

《矿山安全法实施条例》

《安全生产许可证条例》

《环境保护违法违纪行为处分暂行规定》

《环境保护行政主管部门突发环境事件信息报告办法》（试行）

《国家突发公共事件总体应急预案》

《国家突发环境事件应急预案》

《国家产业政策名录》

《危险化学品安全管理条例》

《国家安全生产事故灾难应急预案》

《尾矿库安全监督管理规定》

《防治尾矿污染环境管理规定》

1.3.2　标准、技术规范

《地表水环境质量标准》 GB 3838—2002

《地下水质量标准》 GB/T 14848—93

《生活饮用水卫生标准》 GB 5749—2006

《污水综合排放标准》 GB 8978—1996

《渔业水质标准》 GB 11607—89

《土壤环境质量标准》 GB 815618—1995

《一般工业固体废物贮存、处置场污染控制标准》GB 18599—2001

《危险废物贮存染污控制标准》 GB 18597—2001

《危险废物填埋污染控制标准》 GB 18598—2001

《地表水和污水监测技术规范》 HJ/T 91—2002

《饮用水水源保护区划分技术规范》HJ/T 338—2007

《土壤环境监测技术规范》HJ/T 166—2004

《地下水监测技术规范》HJ/T 164—2004

《环境空气质量手工监测技术规范》HJ/T 194—2005

《环境影响评价技术导则　地面水环境》HJ/T 2.3—93

《环境影响评价技术导则　大气环境》 HJ 2.2—2008

《建设项目环境风险评价技术导则》HJ/T 169—2004

《尾矿库安全技术规程》AQ 2006—2005

1.4　尾矿库企业责任和环境保护行政部门管理职责

本指南依据现行的法律法规，确定尾矿库企业在尾矿库环境管理方面的主体责任和环境保护行政部门管理职责。

1.4.1　尾矿库企业责任

尾矿库企业是防治尾矿库污染、防范和处置突发环境事件的责任主体。尾矿库企业应遵守建设项目环境影响评价和"三同时"制度，按要求进行排污申报登记，确保污染防治设施稳定正常运行；按规定编制突发环境事件应急预案，建立环境风险评估制度，组织开展应急演练，落实各项应急措施；针对各种可能发生的突发环境事件，建立和完善预测预警机制，加强环境风险隐患排查整治；构建防范与应急处置体系，负责突发环境事件的报告和应急处置。

1.4.2　环境保护行政部门管理职责

环境保护行政部门负责对涉及尾矿库建设项目的环境管理，建立和完善尾矿库环境风险评估制度；要求企业编制尾矿库突发环境事件应急预案，负责企业尾矿库污染防治的日常监督检查和处理。针对突发环境事件，按照职责和规定的权限启动相关应急响应，参与应急处置工作。

1.5　尾矿库企业和环境保护行政部门的环境应急管理工作内容

1.5.1　尾矿库企业的环境应急管理工作内容

1.5.1.1　日常环境应急管理

尾矿库企业在尾矿库日常环境应急管理中，要全面排查污染隐患，落实各种应急保障措施，加强应急培训与演练。

开展污染隐患排查。要通过经常性的污染隐患排查，确定排查和防范的重点部位，明确尾矿库下游的环境敏感保护目标，全面分析可能造成的次生灾害和衍生灾害，制定相应的切断污染源、消除和减轻污染的应急处置措施。对查出的污染隐患制定切实可行的整改方案，进行治理整改，并建立相关工作档案。

落实应急保障措施。要落实各种应急保障措施，特别是掌握本企业应急物资与装备的种类、数量、存放位置及使用方法，同时要掌握周边地区应急物资与装备的企事业单位的联系方式、储备等相关情况。

加强应急培训与演练。要通过应急培训与演练，使全体企业职工掌握尾矿中污染物的危害和防护措施，按照应急预案组织进行经常性的演练，并按照国家的要求和本企业应急资源的变化情况及时对预案进行更新和完善。

1.5.1.2　应急处置

尾矿库企业作为应对尾矿库突发环境事件的责任主体，在发生尾矿库坍塌、泄漏等引发的突发环境事件时，要立即启动本单位应急响应，实施先期处置。必须全力切断污染源，努力开展应急监测，采取行之有效的措施消除和减轻污染，尽最大可能防止突发环境事件扩大、升级，最大限度地降低对环境的损害。

尾矿库企业要将事件真实情况第一时间向当地政府和环保等职能部门报告，为政府正确判断形势、科学决策提供依据，为尽快得到政府和社会支援争取时间。

1.5.2　环境保护行政部门的环境应急管理工作内容

1.5.2.1　日常环境应急管理

在尾矿库日常环境应急管理中，环境保护行政部门要认真组织开展环境风险隐患检查工作。要及时了解和掌握本地区正在使用、停止使用或闭库的各类尾矿库环境污染治理设施和措施，以及尾矿库下游取水口、饮用水源保护区等环境敏感保护目标。加强对环境风险隐患登记、整改、销号的全过程管理。对现有的尾矿库建立环境保护管理台账，实行动态管理。

1.5.2.2　应急处置

发生尾矿库突发环境事件后，当地环境保护行政部门要在政府的统一领导下，查明情况、及时报告、提出建议、督促落实、调查处理，做到第一时间报告、第一时间赶赴现场、第一时间开展监测、向地方政府提出第一时间向社会发布信息的建议、第一时间组织开展调查。

查明情况就是通过现场勘察、调查和应急监测，查明突发环境事件的基本情况等。

及时报告就是严格执行国家的突发环境事件信息报送制度，向当地政府和上级环境保护行政部门及时报告。

提出建议就是及时向政府现场应急指挥部提出切断污染源、控制和消除污染等方面的建议，为政府环境应急工作决策提供支持。

督促落实就是对政府现场应急指挥部制定的环境应急工作决策和措施执行情况进行跟踪检查，督促尾矿库企业予以落实，并将督促落实情况及时报告地方政府、上级环境保护行政部门及政府相关部门。

调查处理就是按照当地政府的统一安排，及时组织或参与后期处置工作，查清事件原因、责任，落实各项环保整改措施，进行环境应急事件后评估，开展环境影响后评价，总结经验教训，提高环境应急管理工作水平。

1.6 尾矿库环境应急管理体系

尾矿库的环境应急管理是一个全过程的管理。具体包括：日常预防和预警、环境应急准备、环境应急响应与处置、突发环境事件应急终止后的环境管理四个方面的内容。

日常预防和预警：包括尾矿库建设项目环境风险隐患管理、建立尾矿库动态数据库、尾矿库环境风险隐患评估、建立预警体系、建立联动机制等内容。

环境应急准备：包括应急预案体系、三级防控体系、应急保障体系等内容。

环境应急响应与处置：包括应急协调指挥、应急监测、应急处理等内容。

突发环境事件应急终止后的环境管理：包括环境恢复、中长期环境影响预测与评价、跟踪监测等内容。尾矿库环境应急管理体系见图1-1。

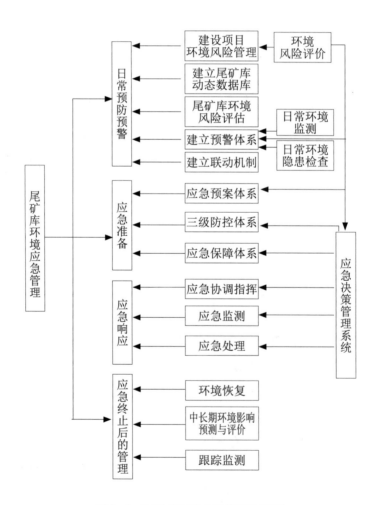

图1-1　尾矿库环境应急管理体系图

2　尾矿库环境应急预防和预警

2.1　涉及尾矿库建设项目的环境管理

2.1.1　环评审批

（1）涉及尾矿库的建设项目必须符合国家产业政策。

（2）涉及尾矿库的建设项目必须符合国家和地方的矿产资源开发利用规划、水土保持规划和土地利用总体规划等相关规划；必须符合当地环境功能区划及当地环境保护行政部门的环保要求；在尾矿库建设的选址方面应考虑尾矿库周边有利于建设尾矿库环境应急处置设施。

（3）涉及尾矿库建设项目的环境影响评价须在矿产资源开发利用规划环评审查后进行，环境影响评价等级为环境影响报告书。对所有涉及尾矿库的建设项目在报批的环境影响评价报告书中必须设置独立的环境风险评价篇章。

2.1.2　环保竣工验收

存在重大环境风险的尾矿库经安全监管部门验收合格（取得尾矿库安全生产许可证）后，按相关规定进行建设项目竣工环境保护验收。

2.1.3　闭库环境管理

尾矿库企业在尾矿库停止使用后必须进行处置，保证坝体安全，不污染环境，消除污染事故隐患。

尾矿库经安全监管部门闭库验收合格后，方可对尾矿库的环境污染防治设施、生态保护工程进行闭库验收，验收时应对尾矿库中的尾砂进行环境达标监测。

关闭尾矿设施必须经企业主管部门报当地省环境保护行政部门验收、批准。经验收移交后的尾矿设施其污染防治由接收单位负责。利用处置过的尾矿或其设施，需经地、市环境保护行政部门批准，并报省环境保护行政部门备案。

2.2　尾矿库动态管理数据库

各级环境保护行政部门应加强尾矿库动态管理数据库建设，利用地理信息系统及信息管理指挥平台等信息化手段进行管理，加快信息传递速度，提高预警能力。

尾矿库动态管理数据库应包括以下内容：尾矿库概况、周边环境概况、建设（生产）情况、水土保持措施、环境应急管理、管理信息系统建设等。

2.3　尾矿库环境风险分类管理

各级地方环境保护行政部门应在对尾矿库进行普查的基础上，对尾矿库环境风险进行分类。尾矿库的环境风险分类应综合考虑以下要素：尾矿库库容、坝高、尾矿库所含污染因子、尾矿库周边环境敏感点分布情况等。

对于周边存在环境敏感点的有色金属、重金属及稀有金属等尾矿库应作为重点环境风险源进行管理。

对于环境风险较小的铁矿、锰矿等尾矿库作为一般环境风险源进行管理。

对于煤矸石等一般工业废渣且周边无环境敏感点的尾矿库，可不纳入环境风险管理范围之内。

2.4　尾矿库日常环境监测

2.4.1　常规监测

涉及《污水综合排放标准》一类污染物及氰化物等的尾矿库企业要按规定项目和频次进行监测。企业应在车间或处理设施排放口安装特征污染物在线监测设备，无在线监测设备或未安装在线监测设备的，企业应自行或委托有资质的监测机构进行手工监测。环境保护行政部门要按规定定期对企业进行监督性监测。

企业特征污染物在线监测设备应当与环境保护行政部门信息平台联网，属于省控和国控重点污染源的企业，还应与省级和国家环境保护行政部门信息平台联网。企业监测的数据要以日报或周报形式报送当地环境保护行政部门，同时向社会公告。

2.4.2　地下水监测

为监控尾矿库对地下水的影响，企业应在尾矿库周边设置三类地下水水质监控井，定期进行监测。第一类沿地下水流向设在尾矿库上游，作为对照井，反映地下水的本底值；第二类沿地下水流向设在尾矿库下游，作为污染观测井；第三类设在最可能出现扩散影响的周边（可根据实际情况适当增加），作为污染扩散监控井。

按照《地下水环境监测技术规范》要求定期对监控井取样监测。如果尾矿库周边监测范围内存在居民取水井，则可用居民取水井代替观察井。为实现对尾矿库所处区域地下水环境的动态观察，在条件允许的情况下，由具备相关资质的地勘机构出具区域地下水等水位线图、区域地下水水化学图及水文地质勘探孔柱状图。

2.4.3　地表水预防预警监测

（1）环境保护行政部门负责尾矿库周边地表水预防预警监测布点采样。监测断面的布设和数量应符合《地表水和废水监测技术规范》的要求。

（2）在尾矿库环境风险隐患检查预防监测中，要对尾矿库周边、溃坝或泄漏可能影响的河流上游，设置对照断面，尾矿库周边涉及饮用水水源地的要设置河流背景断面。

（3）在尾矿库环境风险隐患检查预防监测中，涉及国家规定的重要江河、湖泊，要在支流与干流汇合处，下游200m设控制断面，控制断面有超标情况时，根据实际情况设消解断面。

（4）河流涉及跨省界、国界的，要根据省界、国界河流地形，设置跨界水质监测断面。

2.5　尾矿库环境风险隐患检查

2.5.1　检查准备

收集有关资料和信息，主要包括相关法律法规、规范性文件及各类环保标准，辖区内尾矿库企业的基本信息。根据收集的基础资料和数据，因地制宜，制定检查计划，确定检查重点。统筹安排现场执法需要的调查取证设备、监测仪器、交通工具等。需其他部门配合实施联合检查的，联系有关部门召开联席会议，明确各部门具体工作任务。

2.5.2　现场检查

要求被检查单位提供如下资料：企业生产销售台账及企业生产管理的基本信息资料；建设项目环评报告及审批文件、环保"三同时"验收报告及审批文件、突发环境事件应急预案及应急机构建设和管理制度、排污许可证、排污申报资料、排污费缴纳单据、自动监控数据报表等环境管理基本资料；污染治理设施运行台账、环保设施运行规程等企业内部环境管理基本资料。

根据尾矿库企业厂区布局、尾矿库位置、生产工艺流程、重点产排污节点等实际情况，确定合理的检查路线，检查尾矿库企业的生产车间、尾矿库的使用、污染防治和应急防控设施建设及运行情况等，填写《尾矿库环境风险隐患检查单》，并做好现场检查记录。

《尾矿库环境风险隐患检查单》可以分为两部分：第一部分为尾矿库基本信息表（表2-1），第二部分为尾矿库环境风险隐患检查表（表2-2）。建立尾矿库基本信息表后，日常检查时可只检查表2-2内容，如表2-1基本信息有变更则在备注栏说明。

2.5.3　调查取证

现场检查发现有环境违法行为的应当责令改正，并对违法事实、违法情节和危害后果等进行全面、客观、及时的调查，依法收集与案件有关的证据，制作现场检查（勘察）笔录和调查询问笔录，采取录音、拍照、录像或者其他方式如实记录现场情况。

2.5.4　处理

检查中发现环境违法行为，依据相关法律、法规的规定作出相应的处罚决定。

属于上级环境保护行政部门管辖的,应形成书面材料报上级环境保护行政部门处理。上级环境保护行政部门可以将管辖的案件交由下级环境保护行政部门实施行政处罚。

对应责令停产整顿、停业、关闭的案件,环境保护行政部门应当提出处理建议并报本级人民政府。涉嫌存在重大安全隐患的,移送安全生产监管部门;涉嫌存在非法占地、采矿手续不完善的,移送国土资源部门;涉嫌违反国家产业政策、需淘汰关停的,移送经济主管部门等。

2.5.5 总结归档

编写总结报告,对查处过程中的相关资料、文字材料及音像资料,及时分类归档。

2.6 建立预警体系

2.6.1 预警发布条件

当发生环境水质数值异常、污染源排放污染物监测指标异常、视频监控系统显示重点污染源设施运行和排放异常、监测因子达到预警和应急响应分级标准时,报请政府启动相应等级的预警与应急预案。

2.6.2 预警分级

按照《国家突发环境事件应急预案》关于突发环境事件分级的规定,尾矿库突发环境事件预警按照下述原则分为四级:

一般(Ⅳ级):尾矿库发生突发环境事件,尾矿库周边污染范围内的地表水、监测井水质常规因子和特征因子均未出现超标。

较大(Ⅲ级):尾矿库发生突发环境事件,尾矿库周边污染范围内的地表水水质常规因子或特征因子至少有一项出现超标,但监测井水质常规因子和特征因子均未出现超标。

重大(Ⅱ级):尾矿库发生突发环境事件,尾矿库周边污染范围内的地表水或监测井水质常规因子和特征因子至少有一项出现超标,造成水体污染。

特大(Ⅰ级):尾矿库发生突发环境事件,尾矿库周边污染范围内的地表水或监测井水质常规因子和特征因子均出现超标,造成水体严重污染。

与《国家突发环境事件应急预案》预警分级相对应,一般(Ⅳ级)对应蓝色预警信号,较大(Ⅲ级)对应黄色预警信号,重大(Ⅱ级)对应橙色预警信号,特大(Ⅰ级)对应红色预警信号。

2.7 建立联动机制

各级环境保护行政部门在当地政府的统一领导下,加强与安全监管、水利、国土、公安等有关部门的沟通，实现信息互通，资源共享，联合执法，联合督办，建立健全应急长效联动机制。对在监督检查中发现不属于本部门职责的问题，环境保护行政部门应当及时通报相关职能部门，并记录备查。

涉及跨流域跨界污染问题，上下游环境保护部门要在政府的统一领导下，建立定期会商、联合预警、联合监测、联合防范，信息互通的机制，共同防范尾矿库引发的突发环境事件。

表 2-1　尾矿库基本信息表

尾矿库企业名称				
法人代表			联系电话	
企业详细地址				
尾矿库位置	（行政区位＋地理坐标）			
尾矿库周边环境敏感点	（山谷型取 80 倍坝高，平地型取 40 倍坝高。可附周边环境敏感点分布图）			
设计库容		设计坝高		
尾矿库等别		坝体类型	透水　不透水	
建厂事件		主要产品		
正式生产时间		主要原料及用用量		
设计年排尾量		辅助原料		
实际年排尾量		总投资及环保投资		
生产周期		劳动定员		
环评及批复文号		"三同时"验收		
安全生产许可证	发放单位			
	颁（换）发时间		编号	
排污许可证	发放单位			
	颁（换）发时间		编号	
环保机构名称及定员		主要职能		
主管领导	主要负责人		环境监督员	
姓名：	姓名：		姓名：	
联系电话：	联系电话：		联系电话：	
备注（主要填写变更情况）				

表 2-2　尾矿库环境风险隐患检查表

检查人员：　　　　　　　　　　　　　　　　日期：

类别		内容	判断依据	检查情况	整改情况
尾矿库"三防"措施		防渗漏、防扬散、防流失措施是否到位			
环评和"三同时"制度合规性		环评审批	环评审批手续符合规定；环评等级符合规定；生产规模、地点、采（选）矿方法与环评批复一致		
		"三同时"制度执行	尾矿库企业污染防治必须与主体工程同时设计、同时施工、同时使用		
污染治理设施	废水	废水处理设施运行情况	建有污水处理设施；污水处理设施正常运行且稳定达标排放或综合利用		
	粉尘	粉尘处理设施运行情况	粉尘处理设施正常运行且稳定达标排放		
	废弃矿渣	废弃矿渣贮存场所	采取防渗漏、防扬散、防流失措施		
环境应急情况		是否建立环境应急机构			
		是否配备环境应急人员			
		是否储备环境应急物资			
		是否建设环境应急设施			
		是否编制环境应急预案			
		是否定期开展环境应急演练			
排放口和自动监控合规性		排放口规范化情况	符合排污口规范化建设要求		
		污染源自动监控装置安装	安装 COD、悬浮物等主要污染物的自动监控装置		
环境管理制度合规性		排污申报执行情况	依法进行排污申报登记		
		排污许可证办理情况	依法办理排污许可证；按照排污许可证的规定排放污染物		
		缴纳排污费	依法、及时、足额		
		企业环境管理机构和人员设置	有环保机构；有专业环保管理人员；建立比较健全的环境管理责任体系		
		企业环境管理制度情况	有比较完善的内部环境管理度；环境管理制度上墙		
		环保设施运行管理情况	有运行台账记录		

备注：检查情况一栏应对照判断依据填写，符合判断依据则填写"合规"，不符合判断依据应据实填写违规情况

3 尾矿库环境应急准备

3.1 尾矿库环境应急预案体系

3.1.1 应急预案的编制

尾矿库企业应制定尾矿库突发环境事件应急预案，纳入动态管理体系，定期进行应急演练并将本企业的环境应急预案与相关部门、各级地方政府应急预案相衔接。

尾矿库企业编制的应急预案应当包括尾矿库的基本情况、工程概况；对尾矿库运行过程中存在的危险因素和易发生的事故种类进行分析，确定组织机构和职责，对突发环境事件的预防与预警、应急响应、应急保障和终止等内容作出规定，并重点分析尾矿库运行期间和闭库过程中的环境风险防范措施和现场处置办法。

3.1.2 预案评审与应急演练

尾矿库企业应当聘请专家对尾矿库环境应急预案进行评审，并根据专家意见对应急预案进行修订。

预案评审后，尾矿库企业应组织落实预案中的相关要求，进一步明确各项职责和任务分工，加强企业员工的教育和培训，提高环境风险隐患防范意识，组织开展环境应急演练，并针对演练中的不足适时修订环境应急预案。

3.1.3 应急能力评估

环境保护行政部门应在尾矿库环境风险评估的基础上，对尾矿库企业现有的突发环境事件预防措施、应急装备、应急救援队伍等应急能力进行评估，提出评估意见，责成企业进一步完善环境应急预案。评估的主要内容：

（1）尾矿库企业环境风险隐患防范措施落实情况；

（2）应急设施（设备）包括个人防护装备器材、堵漏器材、应急监测仪器和应急交通工具等供应情况；

（3）应急物资包括处理泄漏物、消解和吸收污染物的各类吸附剂、中和剂、解毒剂等化学品物资，如活性炭、漂泊粉、石灰等；

（4）应急通信系统；

（5）应急救援队伍建设情况；

（6）企业应急预案与地方政府和相关管理部门应急预案的衔接情况；

（7）其他相关情况。

3.2 尾矿库三级防控体系

尾矿库企业应采取措施对车间及厂区范围内可能发生的突发环境事件进行防控，地方人民政府组织企业建设流域防控措施。

3.2.1　第一级防控：车间级

因设备故障或事故造成矿浆溢流或选矿药剂泄漏进入车间。

防控措施：在车间内或车间外建事故池收集溢流的矿浆，并配立泵随时将事故池内的矿浆排入工艺中。

选矿药剂库四周应建围堰及通入事故池的地下导流沟，并与选矿车间一并做防渗处理。

3.2.2　第二级防控：厂区级

尾砂输送管道破裂造成矿浆泄漏或暴雨造成尾矿库废水漫坝溢流。

防控措施：在尾矿库初期坝下建有足够容量的事故池，将泄漏废水收集，经处理后循环使用。

3.2.3　第三级防控：流域级

尾矿库发生废水泄漏，一、二级防控措施失败。

防控措施：在尾矿库下游河道支流设计并建造拦截吸附坝基础工程。工程应以事故最大泄漏量，结合当地水文条件设计。拦截吸附坝数量与间距应按照当地实际情况选取。

在建造拦截吸附坝基础工程的同时，还应结合坝址周边地形和交通条件，同步设计建造应急物资储备场（库）、并储备沙袋、水泥管、活性炭网箱及吸附物资等。流域防控的工程类型包括滞污塘和截流断面两种（建议在流量较小的河流采用）。

除以上工程措施外，还可以利用水利设施和城市景观橡胶坝等作为流域防控设施。各地应结合本地实际情况选取流域防控设施。

3.2.3.1　滞污塘

（1）设在三级或更小一级的支流沟谷中。河道宽阔、河床窄小并且具有较为平坦宽广的低漫滩地形；

（2）不占耕地，交通方便；

（3）上游汇水面积不大且发生尾矿库突发环境事件的泄流量较小。

工程由蓄存池塘及控制区域组成。蓄存池塘建在河床一侧宽阔平坦的低漫滩上，因地而异呈不规则形状。塘内开挖一定深度后进行平整防渗处理，塘边构筑混凝土矮堤围堰，使之形成一个容积达数万至数十万立方米的蓄存空间。控制枢纽建在池塘的入口与河床交会处。由闸门及相关导水设施组成。该工程启动时先将污水导入滞污塘内存储，根据污染物性质、浓度，有针对性地采取降解措施，水体处理达标后再输入河床。

3.2.3.2　拦截坝

一般设在一、二级支流的山区河谷中，断面上游汇水面积较大或工矿企业较多，发生突发环境事件时泄流量较大。工程形成一般为垂直流向的开口提堰，中间开口处为河床，经过修整断面呈箱形或梯形。启动时铺设水泥管和滤箱，河床两侧构筑混凝土或砂黏土楔形矮堰，启动时根据情况而堆放沙袋。该工程主要适用于受化学污染的泄漏水体，一方面截堵一部分水体，另一方面通过滤箱和水泥管进行降解排泄，达到消除或减轻污水对下游河水及环境敏感点的污染影响。

3.3　尾矿库环境应急保障体系

3.3.1　机构建设

各省（区、市）应加强省、市、县三级环境应急管理机构的建设，保证在突发环境事件发生后能迅速参与并完成相应的现场处置工作。

3.3.2　技术保障

组建尾矿库环境应急专家库，按照理论型、管理型、行业型对专家进行分类，建立健全各专业环境应急队伍和地区专业技术机构。应急专家在发生尾矿库突发环境事件后要及时到位，为指挥决策提供技术支持。

3.3.3　物资保障

通信保障：各级环境应急相关专业部门要建立和完善环境应急指挥系统，配备必要的应急通信器材，确保发生尾矿库突发环境事件后，环境应急指挥部和有关部门及现场各专业应急分队间的联络畅通。

防护保障：配备齐全的个人防护装备。

物资保障：

（1）车辆：应急指挥车辆、应急监测车辆、应急工程车辆及水质应急监测流动实验室等，应保证油料充足及手续完整。

（2）监测：配备特征污染物现场取样和监测仪器。

（3）物资储备：地方人民政府负责建立以拦截物料、污染物降解吸附材料等物资构成的应急物资储备库。

3.3.4　培训与演练

各级环境保护行政部门以及有关类别环境事件专业主管部门应加强环境事件专业技术人员日常培训和重要目标工作人员的培训和管理，培养训练有素的环境应急处置、检验、监测等专门人才。

各级环境保护行政部门以及有关类别环境事件专业主管部门，按照环境应急预案及相关单项预案，定期组织不同类型的环境应急实战演练，提高防范和处置突发环境事件的技能，增强实战能力。

4 尾矿库环境应急响应与处置

尾矿库突发环境事件的应急响应与处置应在当地政府的统一指挥下开展。当地政府应建立统一的应急指挥、协调和决策程序，便于对事故进行初始评估、确认事故级别，迅速有效地进行应急响应。

4.1 分级响应机制

按照 2.6.2 规定的尾矿库突发环境事件的预警分级确定应急响应级别，并与之对应。根据事态的发展情况和采取措施的效果，预警级别可以升级、降级或解除。

4.2 应急响应程序

Ⅰ级响应由环境保护部和国务院相关部门组织实施，地方各级政府及其环境应急工作指挥部和有关部门、单位按照国家环境应急预案的规定和国家的统一部署，做好应急响应工作。

Ⅱ级响应由省级环境应急工作指挥部按下列规定开展工作：

（1）按规定程序迅速启动本级尾矿库突发环境事件应急预案；

（2）开通与事发地环境应急工作指挥部、现场指挥部的通信联系，随时掌握应急工作进展情况和事态发展情况；

（3）召集专家组分析情况，研究应对措施，为应急指挥工作提供技术支持；

（4）协调组织应急救援队伍和专家赶赴事发地参加、指导现场的应急指挥工作，必要时调集事发地周边的救援队伍实施增援。

尾矿库突发环境事件的Ⅲ级响应和Ⅳ级响应工作，分别由设区的市和县（市、区）政府组织实施。需要有关应急救援力量支援时，及时向上一级环境应急工作指挥部提出申请。

尾矿库突发环境事件应急响应与处置技术流程见图 4-1。

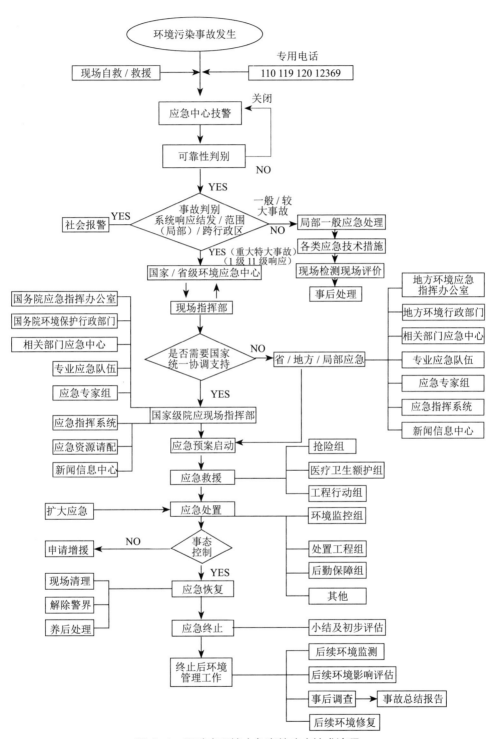

图 4-1　尾矿库环境应急事件响应技术流程

4.3　信息报送与处理

按照《国家突发环境事件应急预案》及国家有关规定，明确信息报告时限、内容、方式和发布程序。

4.4　指挥与协调

4.4.1　指挥与协调机制

在尾矿库突发环境事件发生后，地方政府环境应急指挥部立即启动应急预案，派出应急救援队伍和有关人员赶赴事发现场，做好应急处置工作。

环境应急工作指挥部组织有关专家参与现场环境应急指挥部的工作，对事件信息进行分析、评估，根据事件发展情况，作出科学预测，提出相应的对策和建议供指挥部决策时参考。

发生尾矿库突发环境事件的责任单位要及时、主动地向环境应急指挥部提供与环境应急救援工作有关的基础资料，为环境应急指挥部研究确定救援和处置方案提供决策依据。

4.4.2　指挥协调的主要内容

尾矿库突发环境事件指挥协调的主要内容包括：

（1）提出现场应急行动原则要求；

（2）制定控制和减轻污染的处置方案；

（3）派出有关专家和人员参与现场应急处置和救援工作；

（4）协调各级、各专业应急力量实施应急支援行动；

（5）指挥污染源的监测监控工作；

（6）及时向上级有关部门报告应急行动的进展情况。

4.5　处置措施

对尾矿库突发环境事件的应急处置，按照相关应急预案的规定执行。

4.5.1　尾矿库企业现场应急处置一般方法

尾矿库突发环境事件发生后，尾矿库企业应立即启动本单位应急响应，执行应急预案，实施先期处置。救援队伍到达现场后立即了解情况，确定警戒区和事故控制具体方案，布置救援任务，在救援过程中要佩戴好个人防护用品，并设定警示标志。处置方法如下：

（1）抢险：应急救援队伍到达现场后，在企业应急指挥部的统一领导下，应急技术组迅速查明事故性质、原因、影响范围等基本情况，判断事故后果和可能发展的趋势，拿出抢险和救援处置方案。事故救援组负责在紧急状态下的现场抢险作业，及时控制危险区，防止事故扩大。现场监测组迅速制定监测方案，开展监测。后勤保障组负责事故现场物资、设备、工具的保障供给工作。

（2）疏散：在尾矿库发生险情，有溃坝危险时，企业应急指挥部应立即上报当地政府和相关部门，并由安全保卫组负责下游居民的疏散和两侧的警戒工作，严禁车辆和行人通过，维护事故现场秩序和社会治安。

（3）转移：在事故救援中，尾矿库有溃坝危险或有人员伤亡、财产损失时，由安全保卫组、医疗救护组将受伤人员、居民财产向安全区域转移。转移过程中救援队伍应与现场应急指挥部保持联系。

如果溃坝事故严重，对周边环境的污染形势扩大，现场环境应急指挥部应采取果断措施，停止生产，调动铲车、挖掘机等对污染物进行封堵、拦截，并采取污染控制的有效措施，同时请求地方政府增援。

（4）结束：救援工作结束后，各应急专业队伍必须经企业指挥部同意后，方可撤离现场，同时成立事故调查组，对事故进行分析处理，及时总结经验教训，并整理事故档案，修订应急预案。

4.5.2　尾矿库突发环境事件常见类型和处置措施

尾矿库突发环境事件常见类型主要包括：输送系统泄漏、排水设施堵塞或损坏、渗漏、管涌、裂缝、滑坡、溃坝等。

企业按照应急预案确定的工程技术方案开展工作，迅速启动包括封堵污染源、筑建拦截坝和污染物降解等防控措施。

环境保护行政部门可根据现场情况，报告政府启动流域级防控措施。

4.5.3　典型尾矿库突发环境事件涉及的特征污染物处置方法

尾矿污染类型可以分为有机污染和无机污染两类，有机污染主要是有机选矿药剂造成的污染，无机污染主要是尾矿中的金属离子和选矿中使用的酸、碱药剂造成的污染。总体来讲，有机污染采取投加粉末活性炭吸附的应急处置方法，无机污染采取絮凝沉淀的应急处置方法，药剂的投加量应根据监测数据确定。典型尾矿库常见污染物处理办法参考表4-1。

表 4-1　典型尾矿库常见特征污染物处置方法一览表

典型尾矿库	常见特征污染物	处理办法
金、银矿	砷	一般利用絮凝沉淀 - 吸附法或者离子变换吸附法，还可利用高铁酸盐的氧化絮凝双重水处理功能，取代氧化铁盐法
	铬（六价）	硫酸亚铁絮凝沉淀分离铬
	镉	投加硫化钠生成硫化镉沉淀去除
	汞	投加硫化钠生成硫化汞沉淀去除
	氰化钠	加入过量 NaClO 或漂白粉分解氰化物
铅锌矿	铅	投加硫化钠生成硫化铅沉淀去除
	锌	投加硫化钠生成硫化锌沉淀去除
	铜	投加硫化钠生成硫化铜沉淀去除
	汞	投加硫化钠生成硫化汞沉淀去除
	丁基黄药	投加活性炭粉末吸附
	铅	投加硫化钠生成硫化铅沉淀去除
	锌	投加硫化钠生成硫化锌沉淀去除
	2# 油	投加活性炭粉末吸附
	煤油	投加活性炭粉末吸附
铜矿	铜	投加硫化钠生成硫化铜沉淀去除
	锌	投加硫化钠生成硫化锌沉淀去除
	硫离子	加石灰处理
	2# 油	投加活性炭粉末吸附
	丁基黄药	投加活性炭粉末吸附
铝矿	铝	加絮凝剂和石灰等沉淀去除
	氟化物	加石灰生成氟化钙沉淀去除
	盐酸	用石灰、碎石灰石或碳酸钠中和
	硝酸	用石灰、碎石灰石或碳酸钠中和

4.6　应急监测

根据尾矿库突发环境事件的特点，按照污染物种类、尾矿库周边地表水、地下水、饮用水水源保护区、环境敏感点的分布，划分监测区域，确定监测点位，明确监测项目，开展应急监测。

在事件发生初期，要根据事件发生地的监测能力和突发事件的严重程度，适当增加监测点位和频次，随着污染物的扩散情况和监测结果的变化趋势，调整监测频次和监测点位。

根据监测结果，综合分析尾矿库突发环境事件污染变化趋势，并通过专家咨询和讨论的方式，预测、报告尾矿库突发环境事件的发展情况和污染物的变化情况，为政府应急决策提供技术支撑。

4.7　通报与信息发布

4.7.1　事件通报

尾矿库突发环境事件发生地政府在进行环境应急响应的同时，应及时向毗邻和可能波及地区的政府通报突发环境事件的情况。

接到尾矿库突发环境事件通报的政府应将情况及时通知本行政区域内有关部门和单位，采取必要的应对措施。

按照本级政府的指示，环境应急指挥部应及时向政府有关部门通报尾矿库突发环境事件的情况。

4.7.2　信息发布

各级政府设立的环境应急指挥部按照规定职责，负责统一发布尾矿库突发环境事件信息。尾矿库突发环境事件发生后，要按规定及时发布准确、权威的信息，正确引导社会舆论。

4.8　应急终止

4.8.1　应急终止条件

（1）事件现场得到控制，事件条件已经消除；

（2）污染源的泄漏或释放已降至规定限值以内；

（3）事件所造成的危害已经消除，无继发可能；

（4）事件现场的各种专业应急处置行动已无继续的必要；

（5）采取了必要的防护措施以保护公众免受再次危害，并使事件可能引起的中长期影响趋于合理且尽量低的水平。

4.8.2　应急终止程序

（1）现场环境应急指挥部确认终止时机，或由事件责任单位提出、经现场环境应急指挥部核查后，按尾矿库突发环境事件的响应级别，报相关环境应急工作指挥部批准。

（2）现场环境应急指挥部向所属各专业应急队伍下达环境应急终止命令。

（3）应急状态终止后，根据实际需要继续进行环境监测和评价工作，直至其他补救措施无须继续进行为止。

5 尾矿库突发环境事件应急终止后的环境管理

尾矿库突发环境事件终止后，各级政府环境保护行政部门应在本级政府的领导下，做好尾矿库突发环境事件应急终止后的环境管理工作。主要内容包括：

（1）环境应急过程评价；

（2）环境污染事故原因、事故损失调查与责任认定；

（3）提出补偿和对遭受污染的生态环境进行恢复的建议；

（4）编制尾矿库突发环境事件应急总结报告；

（5）督促尾矿库企业修订应急预案；

（6）评估尾矿库污染事故的中长期环境影响；

（7）在当地政府的领导下向社会通报。

本指南由环境保护部负责解释。

附一：尾矿库分类

按照安全监管部门相关规定，将尾矿库分为五个等别，并根据尾矿库防洪能力和尾矿坝坝体稳定性确定尾矿库安全度。以下分类引自《尾矿库安全技术规程》（AQ 2006—2005）。

一、尾矿库等别

尾矿库各使用期的设计等别应根据该期的全库容和坝高分别按表1确定。当两者的等差为一等时，以高者为准；当等差大于一等时，按高者降低一等。尾矿库失事将使下游重要城镇、工矿企业或铁路干线遭受严重灾害者，其设计等别可提高一等。

表 1 尾矿库等别

等别	全库容 V/ 万 m^3	坝高 H/m
一	二等库具备提高等别条件者	
二	$V \geqslant 10\ 000$	$H \geqslant 100$
三	$1\ 000 \leqslant V < 10\ 000$	$60 \leqslant H < 100$
四	$100 \leqslant V < 1\ 000$	$30 \leqslant H < 60$
五	$V < 100$	$H \leqslant 30$

二、尾矿库安全度分类

尾矿库安全度主要根据尾矿库防洪能力和尾矿坝坝体稳定性确定。分为危库、险库、病库、正常库四级。

（1）危库：指安全没有保障，随时可能发生垮坝事故的尾矿库。危库必须停止生产并采取应急措施。尾矿库有下列工况之一的为危库：

①尾矿库调洪库容严重不足，在设计洪水位时，安全超高和最小干滩长度都不满足设计要求，将可能出现洪水漫顶；

②排洪系统严重堵塞或坍塌，不能排水或排水能力急剧降低；

③排水井显著倾斜，有倒塌的迹象；

④坝体出现贯穿性横向裂缝，且出现较大范围管涌、流土变形，坝体出现深层滑动迹象；

⑤经验算，坝体抗滑稳定最小安全系数小于规定值的 0.95；

⑥其他严重危及尾矿库安全运行的情况。

（2）险库：指安全设施存在严重隐患，若不及时处理将会导致垮坝事故的尾矿库。险库必须立即停产，排除险情。尾矿库有下列工况之一的为险库：

①尾矿库调洪库容不足，在设计洪水位时，安全超高和最小干滩长度均不满足设计要求；

②排洪系统部分堵塞或坍塌，排水能力有所降低，达不到设计要求；

③排水井有所倾斜；

④坝体出现浅层滑动迹象；

⑤经验算，坝体抗滑稳定最小安全系数小于规定值的 0.98；

⑥坝体出现大面积纵向裂缝，且出现较大范围渗透水高位出逸，出现大面积沼泽化；

⑦其他危及尾矿库安全运行的情况。

（3）病库：指安全设施不完全符合设计规定，但符合基本安全生产条件的尾矿库。病库应限期整改。尾矿库有下列工况之一的为病库：

①尾矿库调洪库容不足，在设计洪水位时不能同时满足设计规定的安全超高和最小干滩长度的要求；

②排洪设施出现不影响安全使用的裂缝、腐蚀或磨损；

③经验算，坝体抗滑稳定最小安全系数满足规定值，但部分高程上堆积边坡过陡，可能出现局部失稳；

④浸润线位置局部较高，有渗透水出逸，坝面局部出现沼泽化；

⑤坝面局部出现纵向或横向裂缝；

⑥坝面未按设计设置排水沟，冲蚀严重，形成较多或较大的冲沟；

⑦坝端无截水沟，山坡雨水冲刷坝肩；

⑧堆积坝外坡未按设计覆土、植被；

⑨其他不影响尾矿库基本安全生产条件的非正常情况。

（4）正常库：尾矿库同时满足下列工况的为正常库：

①尾矿库在设计洪水位时能同时满足设计规定的安全超高和最小干滩长度的要求；

②排水系统各构筑物符合设计要求，工况正常；

③尾矿坝的轮廓尺寸符合设计要求，稳定安全系数满足设计要求；

④坝体渗流控制满足要求，运行工况正常。

附二：现有法律法规中涉及尾矿库的各部门管理职责摘录

一、国务院和地方各级人民政府部门

◎《中华人民共和国安全生产法》

第八条　国务院和地方各级人民政府应当加强对安全生产工作的领导，支持、督促各有关部门依法履行安全生产监督管理职责。

县级以上人民政府对安全生产监督管理中存在的重大问题应当及时予以协调、解决。

第十一条　各级人民政府及其有关部门应当采取多种形式，加强对有关安全生产的法律、法规和安全生产知识的宣传，提高职工的安全生产意识。

第五十三条　县级以上地方各级人民政府应当根据本行政区域内的安全生产状况，组织有关部门按照职责分工，对本行政区域内容易发生重大生产安全事故的生产经营单位进行严格检查；发现事故隐患，应当及时处理。

第六十八条　县级以上地方各级人民政府应当组织有关部门制定本行政区域内特大生产安全事故应急救援预案，建立应急救援体系。

第七十二条　有关地方人民政府和负有安全生产监督管理职责的部门的负责人接到重大生产安全事故报告后，应当立即赶到事故现场，组织事故抢救。

第九十二条　有关地方人民政府、负有安全生产监督管理职责的部门，对生产安全事故隐瞒不报、谎报或者拖延不报的，对直接负责的主管人员和其他直接责任人员依法给予行政处分；构成犯罪的，依照刑法有关规定追究刑事责任。

◎《中华人民共和国防洪法》

第十三条　山洪可能诱发山体滑坡、崩塌和泥石流的地区以及其他山洪多发地区的县级以上地方人民政府，应当组织负责地质矿产管理工作的部门、水行政主管部门和其他有关部门对山体滑坡、崩塌和泥石流隐患进行全面调查，划定重点防治区，采取防治措施。城市、村镇和其他居民点以及工厂、矿山、铁路和公路干线的布局，应当避开山洪威胁；已经建在受山洪威胁的地方的，应当采取防御措施。

第三十六条　各级人民政府应当组织有关部门加强对水库大坝的定期检查和监督管理。对未达到设计洪水标准、抗震设防要求或者有严重质量缺陷的险坝，大坝主管部门应当组织有关单位采取除险加固措施，限期消除危险或者重建，有关人民政府应当优先安排所需资金。对可能出现垮坝的水库，应当事先制定应急抢险和居民临时撤离方案。各级人民政府和有关主管部门应当加强对尾矿坝的监督管理，采取措施，避免因洪水导致垮坝。

二、安全生产监督管理部门

◎《中华人民共和国安全生产法》

第九条　国务院负责安全生产监督管理的部门依照本法，对全国安全生产工作实施综合监督管理；县级以上地方各级人民政府负责安全生产监督管理的部门依照本法，对本行政区域内安全生产工作实施综合监督管理。

第五十五条　负有安全生产监督管理职责的部门对涉及安全生产的事项进行审查、验收，不得收取费用；不得要求接受审查、验收的单位购买其指定品牌或者指定生产、销售单位的安全设备、器材或者其他产品。

第五十六条　负有安全生产监督管理职责的部门依法对生产经营单位执行有关安全生产的法律、法规和国家标准或者行业标准的情况进行监督检查，行使以下职权：

（一）进入生产经营单位进行检查，调阅有关资料，向有关单位和人员了解情况。

（二）对检查中发现的安全生产违法行为，当场予以纠正或者要求限期改正。对依法应当给予行政处罚的行为，依照本法和其他有关法律、行政法规的规定作出行政处罚决定。

（三）对检查中发现的事故隐患，应当责令立即排除；重大事故隐患排除前或者排除过程中无法保证安全的，应当责令从危险区域内撤出作业人员，责令暂时停产停业或者停止使用；重大事故隐患排除后，经审查同意，方可恢复生产经营和使用。

（四）对有根据认为不符合保障安全生产的国家标准或者行业标准的设施、设备、器材予以查封或者扣押，并应当在十五日内依法作出处理决定。

监督检查不得影响被检查单位的正常生产经营活动。

◎《非煤矿矿山建设项目安全设施设计审查与竣工验收办法》

第二条 非煤矿矿山建设项目（以下简称建设项目）安全设施的设计审查和竣工验收及其监督管理工作，适用本办法。

建设项目是指非煤矿矿山新建、改建和扩建的工程项目。

第五条 建设项目施工前，其安全设施设计应当经安全生产监督管理部门审查同意；竣工投入生产或者使用前，其安全设施和安全条件应当经安全生产监督管理部门验收合格。

◎《尾矿库安全监督管理规定》

第二条 尾矿库的建设、运行、闭库和闭库后再利用及其安全监督管理，适用本规定。

核工业矿山和其他具有放射性物质的尾矿库安全监督管理工作，不适用本规定。

第三条 尾矿库建设、运行、闭库和闭库后再利用的安全技术要求以及尾矿库等级划分标准，按照《尾矿库安全技术规程》(AQ 2006—2005) 执行。

第四条 国家安全生产监督管理总局负责对国务院或者国务院有关部门审批、核准、备案的尾矿库建设项目进行安全设施设计审查和竣工验收。

前款规定以外的其他尾矿库建设项目安全设施设计审查和竣工验收，由省级安全生产监督管理部门按照分级管理的原则作出规定。

省级安全生产监督管理部门负责总库容 100 万 m^3（含 100 万）以上尾矿库的安全监督管理；地（市）级安全生产监督管理部门负责总库容 100 万 m^3 以下尾矿库的安全监督管理，并可以结合实际情况委托县级安全生产监督管理部门进行监督管理。

第十一条 尾矿库建设项目包括新建、改建、扩建、闭库以及在用尾矿库回采再利用和闭库后再利用的尾矿库建设工程。

尾矿库建设项目安全设施设计审查与竣工验收应当符合《非煤矿矿山建设项目安全设施设计审查与竣工验收办法》及有关法律、法规的规定。

◎《非煤矿矿山企业安全生产许可证实施办法》

第四条 国务院安全生产监督管理部门指导、监督全国非煤矿矿山企业安全生产许可证的颁发管理工作，负责中央管理的非煤矿矿山企业（集团公司、总公司、上市公司）和海洋石油天然气企业安全生产许可证的颁发和管理。

省、自治区、直辖市人民政府安全生产监督管理部门（以下称省级安全生产许可证颁发管理机关）负责前款规定以外的非煤矿矿山企业以及含有非煤矿山或者设有尾矿库的其他非矿山企业安全生产许可证的颁发和管理。

◎《安全生产事故隐患排查治理暂行规定》

第二条　生产经营单位安全生产事故隐患排查治理和安全生产监督管理部门、煤矿安全监察机构（以下统称安全监管监察部门）实施监管监察，适用本规定。

有关法律、行政法规对安全生产事故隐患排查治理另有规定的，依照其规定。

第五条　各级安全监管监察部门按照职责对所辖区域内生产经营单位排查治理事故隐患工作依法实施综合监督管理；各级人民政府有关部门在各自职责范围内对生产经营单位排查治理事故隐患工作依法实施监督管理。

第二十条　安全监管监察部门应当建立事故隐患排查治理监督检查制度，定期组织对生产经营单位事故隐患排查治理情况开展监督检查；应当加强对重点单位的事故隐患排查治理情况的监督检查。对检查过程中发现的重大事故隐患，应当下达整改指令书，并建立信息管理台账。必要时，报告同级人民政府并对重大事故隐患实行挂牌督办。

安全监管监察部门应当配合有关部门做好对生产经营单位事故隐患排查治理情况开展的监督检查，依法查处事故隐患排查治理的非法和违法行为及其责任者。

安全监管监察部门发现属于其他有关部门职责范围内的重大事故隐患的，应该及时将有关资料移送有管辖权的有关部门，并记录备查。

三、环境保护行政部门

◎《防治尾矿污染环境管理规定》

第四条　县级以上人民政府环境保护行政主管部门对本辖区内的尾矿污染防治实施统一监督管理。

第六条　县级以上人民政府环境保护行政主管部门有权对管辖范围内产生尾矿的企业进行现场检查。被检查的企业应当如实反映情况，提供必要的资料。检查机关应为被检查的单位保守技术秘密和业务秘密。

第九条　产生尾矿的新建、改建或扩建项目，必须遵守国家有关建设项目环境保护管理的规定。

第十条　企业产生的尾矿必须排入尾矿设施，不得随意排放。无尾矿设施或尾矿设施不完善并严重污染环境的企业，由环境保护行政主管部门依照法律规定报同级人民政府批准，限期建成或完善。

第十五条　因发生事故或其他突然事件，造成或者可能造成尾矿污染事故的企业，必须立即采取应急措施处理，及时通报可能受到危害的单位和居民，并向当地环境保护行政主管部门和企业主管部门报告，接受调查处理。当地环境保护行政主管部门接到尾矿污染事故报告后，应立即向当地人民政府和上一级环境保护行政主管部门报告。对于特大的尾矿污染事故，由地、市环境保护行政主管部门报告国家环境保护局。任何单位和个人不得干扰对事故的抢救和处理工作。可能发生重大污染事故的企业，应当采取措施，加强防范。

第十七条　尾矿贮存设施停止使用后必须进行处置，保证坝体安全，不污染环境，消除污染事故隐患。关闭尾矿设施必须经企业主管部门报当地省环境保护行政主管部门验收，批准。

经验收移交后的尾矿设施其污染防治由接收单位负责。利用处置过的尾矿或其设施，需经地、市环境保护行政主管部门批准，并报省环境保护行政主管部门备案。

四、管理矿山企业的主管部门

◎《中华人民共和国矿山安全法》

第三十四条　县级以上人民政府管理矿山企业的主管部门对矿山安全工作行使下列管理职责：

（一）检查矿山企业贯彻执行矿山安全法律、法规的情况；

（二）审查批准矿山建设工程安全设施的设计；

（三）负责矿山建设工程安全设施的竣工验收；

（四）组织矿长和矿山企业安全工作人员的培训工作；

（五）调查和处理重大矿山事故；

（六）法律、行政法规规定的其他管理职责。

五、劳动行政主管部门

◎《中华人民共和国矿山安全法》

第四条　国务院劳动行政主管部门对全国矿山安全工作实施统一监督。县级以上地方各级人民政府劳动行政主管部门对本行政区域内的矿山安全工作实施统一监督。

县级以上人民政府管理矿山企业的主管部门对矿山安全工作进行管理。

第三十三条　县级以上各级人民政府劳动行政主管部门对矿山安全工作行使下

列监督职责：

（一）检查矿山企业和管理企业的主管部门贯彻执行矿山安全法律、法规的情况；

（二）参加矿山建设工程安全设施的设计审查和竣工验收；

（三）检查矿山劳动条件和安全状况；

（四）检查矿山企业职工安全教育、培训工作；

（五）监督矿山企业提取和使用安全技术措施专项费用的情况；

（六）参加并监督矿山事故的调查和处理；

（七）法律、行政法规规定的其他监督职责。

◎《矿山安全法实施条例》

第四十三条 县级以上各级人民政府劳动行政主管部门，应当根据矿山安全监督工作的实际需要，配备矿山安全监督人员。

矿山安全监督人员必须熟悉矿山安全技术知识，具有矿山安全工作经验，能胜任矿山安全检查工作。

矿山安全监督证件和专用标志由国务院劳动行政主管部门统一制作。

第四十四条 矿山安全监督人员在执行职务时，有权进入现场检查，参加有关会议，无偿调阅有关资料，向有关单位和人员了解情况。

矿山安全监督人员进入现场检查，发现有危及职工安全健康的情况时，有权要求矿山企业立即改正或者限期解决；情况紧急时，有权要求矿山企业立即停止作业，从危险区内撤出作业人员。

劳动行政主管部门可以委托检测机构对矿山作业场所和危险性较大的在用设备、仪器、器材进行抽检。

劳动行政主管部门对检查中发现的违反《矿山安全法》和本条例以及其他法律、法规有关矿山安全的规定的情况，应当依法提出处理意见。

六、水行政主管部门

◎《中华人民共和国水土保持法》

第六条 国务院水行政主管部门主管全国的水土保持工作。县级以上地方人民政府水行政主管部门，主管本辖区的水土保持工作。

第十九条 在山区、丘陵区、风沙区修建铁路、公路、水工程，开办矿山企业、电力企业和其他大中型工业企业，在建设项目环境影响报告书中，必须有水行政主管部门同意的水土保持方案。水土保持方案应当按照本法第十八条的规定制定。

在山区、丘陵区、风沙区依照矿产资源法的规定开办乡镇集体矿山企业和个体申请采矿，必须持有县级以上地方人民政府水行政主管部门同意的水土保持方案，方可申请办理采矿批准手续。

建设项目中的水土保持设施，必须与主体工程同时设计、同时施工、同时投产使用。建设工程竣工验收时，应当同时验收水土保持设施，并有水行政主管部门参加。

◎《中华人民共和国防洪法》

第十六条　防洪规划确定的河道整治计划用地和规划建设的提防用地范围内的土地，经土地管理部门和水行政主管部门会同有关地区核定，报经县级以上人民政府按照国务院规定的权限批准后，可以划定为规划保留区；该规划保留区范围内的土地涉及其他项目用地的，有关土地管理部门和水行政主管部门核定时，应当征求有关部门的意见。规划保留区依照前款规定划定后，应当公告。

前款规划保留区内不得建设与防洪无关的工矿工程设施；在特殊情况下，国家工矿建设项目确需占用前款规划保留区内的土地的，应当按照国家规定的基本建设程序报请批准，并征求有关水行政主管部门的意见。

防洪规划确定的扩大或者开辟的人工排洪道用地范围内的土地，经省级以上人民政府土地管理部门和水行政主管部门会同有关部门、有关地区核定，报省级以上人民政府按照国务院规定的权限批准后，可以划定为规划保留区，适用前款规定。

在洪泛区、蓄滞洪区内建设非防洪建设项目，应当就洪水对建设项目可能产生的影响和建设项目对防洪可能产生的影响作出评价，编制洪水影响评价报告，提出防御措施。建设项目可行性研究报告按照国家规定的基本建设程序报请批准时，应当附具有关水行政主管部门审查批准的洪水影响评价报告。在蓄滞洪区内建设的油田、铁路、公路、矿山、电厂、电信设施和管道，其洪水影响评价报告应当包括建设单位自行安排的防洪避洪方案。建设项目投入生产或者使用时，其防洪工程设施应当经水行政主管部门验收。在蓄滞洪区内建造房屋应当采用平顶式结构。

第三十四条　大中城市，重要的铁路、公路干线，大型骨干企业，应当列为防洪重点，确保安全。受洪水威胁的城市、经济开发区、工矿区和国家重要的农业生产基地等，应当重点保护，建设必要的防洪工程设施。城市建设不得擅自填堵原有河道沟汊、贮水湖塘洼淀和废除原有防洪围提；确需填堵或者废除的，应当经水行政主管部门审查同意，并报城市人民政府批准。

《河道管理条例》

第二十四条　在河道管理范围内，禁止修建围堤、阻水渠道、阻水道路；种植高秆农作物、芦苇、杞柳、荻柴和树木（堤防防护林除外）；设置拦河渔具；弃置矿渣、石渣、煤灰、泥土、垃圾等。

第三十二条　山区河道有山体滑坡、崩岸、泥石流等自然灾害的河段，河道主管机关应当会同地质、交通等部门加强监测。在上述河段，禁止从事开山采石、采矿、开荒等危及山体稳定的活动。

附三：尾矿库企业应急预案的编制内容

1　总则

1.1　编制目的

明确预案编制的目的、要达到的目标和作用等。

1.2　编制依据

明确预案编制所依据的国家法律法规、规章制度，部门文件有关行业技术规范标准，以及企业关于应急工作的有关制度和管理办法等。

1.3　适用范围

规定应急预案适用的对象、范围，以及环境污染事件的类型、级别等。

1.4　事件分级

参照《国家突发环境事件应急预案》。

1.5　工作原则

明确应急工作应遵循预防为主、减少危害，统一领导、分级负责，企业自救、属地管理，整合资源、联动处置等原则。

1.6　应急预案关系说明

明确应急预案与内部企业应急预案和外部其他应急预案的关系，并辅相应的关系图，表述预案之间的横向关联及上下衔接关系。

2　尾矿库概况

2.1　基本情况

应明确尾矿库名称、建设地点、经纬度、尾矿库等级和类别、上游汇水面积，最大降雨量、尾矿库周边环境敏感点分布等。

2.2　工程概况

明确尾矿库设计和施工单位，尾矿库设计库容、坝高、坝址抗震烈度、防洪等级、服务年限等，还应包括：尾矿坝及坝体排渗设施、排洪系统、回水系统、尾矿输送系统、尾矿水净化系统、沉积干滩与安全超高、周边环境状况及环境保护目标基本情况等。

3 尾矿库运行过程中存在的危险因素和易发生的事故种类

3.1 尾矿库产污环节及污染物种类

明确尾矿库渗漏水量及固废种类（浸出试验）。

3.2 危险因素和易发事故种类尾矿库在一般情况下容易出现的主要事故有：
垮坝、洪水漫顶、初期坝堤漏砂、坝坡渗水、排洪设施破坏、库内滑坡等。另外，在尾矿库日常管理过程中还可能发生车辆伤害、溺水事故、粉尘危害等。

应明确尾矿库运行期间可能存在的危险因素、事故发生后的影响范围和后果等。

4 组织机构和职责

4.1 组织机构

明确应急组织机构的构成。一般由应急领导小组、应急指挥中心、办事机构和工作机构、应急工作主要部门、应急工作支持部门、信息组、专家组、现场应急指挥部等构成，并尽可能以结构图的形式表述。

4.2 职责

规定应急组织体系中各部门的应急工作职责、协调管理范畴、负责解决的主要问题和具体操作步骤等。

5 预防与预警

5.1 危险源监控

明确对区域内容易引发重大突发环境事件的危险源进行调查、登记、风险评估，组织进行检查、监控，并采取安全防范措施，对突发环境事件进行预防。

应急指挥机构确认可能导致突发环境事件的信息后，要及时研究确定应对方案，通知有关部门、单位采取相应措施预防事件发生。

5.2 预防与应急准备

明确应急组织机构成员根据自己的职责需开展的预防和应急准备工作，如完善应急预案、应急培训、演练、相关知识培训、应急平台建设等。

5.3 监测与预警

（1）应按照"早发现、早报告、早处置"的原则，对尾矿库下游监测井进行例行监测。

（2）根据企业应急能力情况及可能发生的突发环境事件级别，有针对性地开展应急监测工作。

6　应急响应

6.1　响应流程

根据所编制预案的类型和特点，明确应急响应的流程和步骤，并以流程图表示。

6.2　分级响应

根据事件紧急和危害程度，对应急响应进行分级。

6.3　启动条件明确不同级别预案的启动条件。

6.4　信息：报告与处置

（1）明确 24 小时应急值守电话、内部信息报告的形式和要求，以及事件信息的通报流程；

（2）明确事件信息上报的部门、方式、内容和时限等内容；

（3）明确事件发生后向可能遭受事件影响的单位，以及向请求援助单位发出有关信息的方式、方法。

6.5　应急准备明确应急行动开展之前的准备工作，包括下达启动预案命令、召开应急会议、各应急组织成员的联系会议等。

6.6　应急监测

（1）明确紧急情况下企业应按事发地人民政府环境保护行政部门要求，配合开展工作。

（2）明确应急监测方案，包括事故现场、实验室应急监测方法、仪器、药剂。

（3）突发环境事件发生时企业环境监测机构要立即开展应急监测，在政府部门到达后，则配合政府部门相关机构进行监测。

6.7　现场处置

（1）尾矿输送系统泄漏处理。

（2）排水设施堵塞或损坏处理。

（3）渗漏处理。

（4）管涌处理。

（5）裂缝处理。

（6）尾矿坝的抢险。

（7）滑坡处理。

（8）溃坝处理。

（9）污染物控制措施。

7　安全防护

7.1　应急人员的安全防护。明确事件现场的保护措施。

7.2　受灾群众的安全防护。制定群众安全防护措施、疏散措施及患者医疗救护方案等。

8　次生灾害防范

制定次生灾害防范措施，现场监测方案，现场人员撤离方案，防止人员受伤或引发次生环境事件。

9　应急状态解除

9.1　明确应急终止的条件；

9.2　明确应急终止的程序；

9.3　明确应急状态终止后，继续进行跟踪环境监测和评估的方案。

10　善后处置

10.1　明确受灾人员的安置及损失赔偿方案；

10.2　配合有关部门对环境污染事件中的长期环境影响进行评估；

10.3　明确开展环境恢复与重建工作的内容和程序。

11　应急保障

11.1　应急保障计划

制定应急资源建设及储备目标，落实责任主体，明确应急专项经费来源，确定外部依托机构，针对应急能力评估中发现的不足制定措施。

11.2　应急资源

应急保障责任主体依据既有应急保障计划，落实应急专家、应急队伍、应急资金、应急物资配备、调用标准及措施。

11.3　应急物资和装备保障

企业依据重特大事件应急处置的需求，建立健全以应急物资储备为主，社会救援物资为辅的物资保障体系，建立应急物资动态管理制度。

11.4　应急通信

明确与应急工作相关的单位和人员联系方式及方法，并提供备用方案。建立健全应急通信系统与配套设施，确保应急状态下信息通畅。

11.5　应急技术

阐述应急处置技术手段、技术机构等内容。

11.6 其他保障

根据应急工作需求，确定其他相关保障措施（交通运输、治安、医疗、后勤、体制机制、对外信息发布保障等）。

12　预案管理

12.1　预案培训

说明对本企业开展的应急培训计划、方式和要求。如果预案涉及相关方，应明确宣传、告知等工作。

12.2　预案演练

说明应急演练的方式、频次等内容，制定企业预案演练的具体计划，并组织策划和实施，演练结束后做好总结，适时组织有关企业和专家对部分应急演练进行观摩和交流。

12.3　预案修订

说明应急预案修订、变更、改进的基本要求及时限，以及采取的方式等，以实现可持续改进。

12.4　预案备案

说明预案备案的方式、审核要求、报备部门等内容。

13　附则

13.1　预案的签署和解释

明确预案签署人，预案解释部门。

13.2　预案的实施

明确预案实施时间。

14　附件

（1）环境风险评价文件；

（2）应急内部联系方式；

（3）应急外部（政府有关部门、救援单位、专家、环境保护目标等）联系方式；

（4）应急响应程序；

（5）单位所处位置图、区域位置及周围环境保护目标分布、位置关系图、本单位及周边区域人员撤离路线；

（6）应急设施（备）布置图；

（7）企业所在区域地下水流向图、饮用水水源保护区规划图；

（8）尾矿库所在区域水系分布图；

（9）其他。

关于印发《集中式地表饮用水水源地环境应急管理工作指南（试行）》的通知

环办〔2011〕93 号

各省、自治区、直辖市环境保护厅（局），新疆生产建设兵团环境保护局，副省级城市环境保护局，各环境保护督查中心：

目前，我国饮用水化境安全形势严峻。全国约有 81% 的化工石化建设项目分布在江河沿岸水域、人口密集区等环境敏感区域，近 40% 的城镇集中式饮用水源地未划定保护区，环境安全隐患突出。受安全生产、交通事故、自然灾害、违法排污等多种因素的影响，突发环境事件仍然处于高发期，饮用水安全受到严重威胁。

"十一五"期间，共发生 49 起重特大环境突发事件，其中 34 起涉及饮用水安全，占 70%。"十二五"期间，饮用水环境安全形势依然严峻。2011 年发生 20 余起涉及饮用水安全的突发环境事件，其中重大以上 4 起。保障饮用水环境安全已成为环保工作的重中之重。防范突发环境事件对水源地的污染风险成为环保部门"十二五"工作的重点。

为进一步提高全国各级环境保护行政主管部门对饮用水突发环境事件的防范和处置能力，确保饮用水安全和群众健康，环保部组织编制了《集中式地表饮用水水源地环境应急管理工作指南（试行）》。

环境保护部办公厅

2011 年 7 月 28 日

集中式地表饮用水水源地环境应急管理工作指南

（试行）

1 总 则

1.1 编制目的

提高环境保护行政主管部门（以下简称"环保部门"）等饮用水水源管理部门（以下简称"水源管理部门"）对涉及饮用水安全突发环境事件（以下简称"饮用水突发环境事件"）的防范和处置能力，避免或减少饮用水突发环境事件的发生，最大限度地保障公众健康和人民群众的饮水安全。

1.2 工作原则

（1）以人为本，积极预防。构建饮用水环境风险防范体系，及时控制、消除污染隐患。

（2）整合资源，科学预警。整合信息，准确研判，及时公告，实现饮用水突发环境事件预测预判。

（3）强化能力，充分准备。加强水源地预案体系建设，构建完善的应急指挥平台、联动机制，强化能力保障，全面提升应急能力。

（4）分级响应，妥善应对。政府领导，分级响应，高效处置，减少饮用水突发环境事件损害。

1.3 适用范围

本指南适用于环保部门对集中式地表饮用水水源地（以下简称"水源地"）的环境应急管理工作。

水源地环境应急管理职能不在环保部门的，环保部门可以依照本指南对水源管理部门进行指导。

1.4 编制依据

1.4.1 法律法规、规章

《中华人民共和国突发事件应对法》

《中华人民共和国环境保护法》

《中华人民共和国水污染防治法》

《中华人民共和国环境影响评价法》

《中华人民共和国水法》

《中华人民共和国安全生产法》

《危险化学品安全管理条例》（国务院令　第 591 号）

《饮用水水源保护区污染防治管理规定》[（89）环管字第 201 号]

《城市供水水质管理规定》（建设部令　第 156 号）

《生活饮用水卫生监督管理办法》（建设部、卫生部令　第 53 号）

《医疗废物管理条例》（国务院令　第 380 号）

《突发环境事件信息报告办法》（环境保护部令　第 17 号）

1.4.2　相关预案

《国家突发公共事件总体应急预案》

《国家突发环境事件应急预案》

《国家安全生产事故灾难应急预案》

《水利部应对重大突发水污染事件应急预案》

1.5　术语和概念

下列术语和概念适用于本指南。

（1）饮用水水源地：指各级政府已经划定的一、二级地表饮用水水源保护区，以及没有划定保护区的具有集中式地表饮用水供水功能的取水点及其周边一定区域，区域范围参照《饮用水水源保护区划分技术规范》（HJ/T 338—2007）划分。

（2）饮用水水源管理部门：指各级政府赋予的具有集中式地表饮用水水源管理职责的部门。各地承担该项职责的部门不同，主要有环保、水利、城建、卫生等部门。

（3）风险源：包括固定源、流动源、面源。固定源是指排放有毒有害物质造成或可能造成水源水质恶化的一切工矿企业事业单位以及运输石化、化工产品的管线；流动源是指运输危险化学品、危险废物及其他影响饮用水安全物质的车辆、船舶等交通工具；面源是指有可能对水源地水质造成影响的没有固定污染排放点的畜禽水产养殖污水、农业灌溉尾水等。

（4）连接水体：指直接或间接连接风险源和水源地的水环境介质。

（5）环境风险：由生产、储存、流通、销售、使用、处置等过程中，通过环境介质传播的，能对水源地的水质和生态环境产生破坏、损失乃至毁灭性作用等不利后果的因果条件。

（6）环境应急：针对可能发生或已发生的突发环境事件需要立即采取紧急行动，以避免事件发生或减轻事件后果的状态。

（7）应急监测：环境应急情况下，为发现和查明污染物质的种类、浓度、污染范围、发展变化趋势及其可能的危害等情况而进行的环境监测。包括制定应急监测方案（确定监测范围、监测点位、监测项目、监测频次、监测方法）、采样与分析、监测结果与数据处理、监测过程质量控制、监测过程总结等。

1.6　饮用水突发环境事件分级

饮用水突发环境事件分级按照《国家突发环境事件应急预案》执行。

2　水源地环境风险防范

在政府的统一领导下，环保等水源管理部门应组织或督促相关部门、单位排查水源地的环境风险，落实风险防范措施。

2.1　水源地外风险源的环境风险防范

2.1.1　固定源的环境风险防范

2.1.1.1　加强环境风险防范

环保部门应责令固定源单位加强环境风险防范工作。

定期排查事故隐患。固定源单位应对生产工艺、厂区储运、危险化学品管理、废水收集、处理、排放等重点环节的事故隐患情况逐一排查。运输石化、化工产品的管线所属企业（以下简称"管线所属企业"）应按照《危险化学品安全管理条例》《中华人民共和国石油天然气管道保护法》等法律法规的要求，全面了解可能影响水源地的管线输送物质、运行时段、应急防护措施等。

完善应急防控措施。根据隐患排查情况，结合对水源地的影响程度进行环境风险评估，采取风险防控措施。储备必要的应急物资。完善应急池等应急收集设施，在污染治理设施不能正常运行或由安全生产事故以及自然灾害等导致泄漏行为时，保障污染物和泄漏物质集中收集，防止排向外环境；应急池不能满足特殊情况应急需要时，可在厂界采取拦截措施，防止污染物、泄漏物质以及消防水等排向外环境。管线所属企业应严格立体交叉跨度和泄漏防范措施，保障标示牌明晰、准确。

编制应急预案。编制和完善突发环境事件应急预案，定期开展演练。根据预案的演练情况，进一步完善风险防范措施，提高风险防控水平，避免或减少对水源地的影响。

涉及尾矿库的风险单位，应按照环境保护部下发的《尾矿库环境应急管理工作指南（试行）》（环办〔2010〕138号）开展隐患排查和风险防范工作。

2.1.1.2 强化环境监管

环保部门应通过国家和地方组织的风险源调查工作，将固定源建档立案，一源一档，并实施动态分类管理。重点监控对水源地影响较大的制药、化工、造纸、石油、酿造、冶炼等重污染行业和重金属等一类污染物排放企业。定期检查指导固定源的风险防范工作，督促落实防范措施。

2.1.2 流动源的环境风险防范

环保部门应提请政府组织公安、交通、安监等部门对流动源进行有效管理。

流动源风险调查。调查内容包括通过公路、铁路、水路运输有可能影响水源地的危险化学品和危险废物等有毒有害物质的种类和数量，运输路线，河流水系情况，周边地理特征，沿线污染防控措施情况，沿线雨排水管网情况，市政设施情况，运输物质的处置技术，附近物资储备等情况。

风险防范措施。相关部门应责令流动源单位落实专业运输车辆、船舶和运输人员的资质要求和应急培训，运输人员应当了解所运输物品的危险特性及其包装物、容器的使用要求和出现危险情况时的应急处置方法；运输工具应安装卫星定位装置，并根据运输物品的危险特性采取相应的安全防护措施，配备必要的防护用品和应急救援器材；严格运输路线和时段要求，严禁非法倾倒。

2.1.3 面源的环境风险防范

面源污染是水源地水体富营养化以致发生"水华"现象的重要诱因。环保部门应提请政府重视面源的风险防范工作。重点强化生活污水收集和处置，提高污水处理厂脱氮除磷的比例；综合治理农业面源污染，限制养殖业规模，提高畜禽、水产养殖的集约化经营和污染防治水平，减少含磷洗涤剂、农药、化肥的使用量；分析地形、植被、地面径流的集水汇流特性、集水域范围等，合理调度水资源，保障水源地的生态流量。

2.2 连接水体的环境风险防范

环保部门应建议政府组织对连接水体特征进行全面分析，提出针对性风险管理措施。水源地所属行政区人民政府是连接水体环境风险防范工作的实施主体；涉及跨界的，可由共同的上级政府或相关流域管理部门组织，通过流域规划、跨界联动机制等方式解决。

2.2.1 连接水体的环境信息调查

了解连接水体特征。在环境风险源调查基础上，环保部门应通过水利等部门了解连接水体的水文特征，掌握相关江河湖库的闸坝等水利工程建设情况，以及不同季节水利调度实施等情况。

进行水质调查。环保部门应整合连接水体的基础信息，开展水质调查工作，掌握相关水体污染物的种类、浓度和季节变化情况，识别连接水体风险防范关键环节。

2.2.2　连接水体的环境风险防范

在对连接水体环境信息调查基础上，环保部门应向政府提出环境风险防范的建议。

设立预警断面。根据需要，可选取集中污水处理设施排放口、城市总排口、排污单位污水（雨水、清净下水）排污口、经常发生翻车（船）事故的路、桥和危化品运输码头下游沟、渠、支流等临近断面、两条支流汇合断面以及水源地直接连接水体设立预警断面；在常规人工监测、重点流域自动监控的基础上，根据流域特征、污染物类型适当增加预警指标，可采用生物综合毒性预警手段实现对重金属、有机污染物等有毒有害物质的实时监控。

完善风险防控措施。优化连接水体尤其是水源地直接连接水体供水排水格局，布设防风险措施。在沟渠较缓、水源地上游、水源地准保护区等地域设置突发事件缓冲区，利用现有水利工程，或通过建设节制闸、拦污坝、调水沟渠、导流渠、蓄污湿地等工程措施，实现拦截、导流、调水、降污功能；在跨水系的路桥、管道周边建设围堰等应急防护措施，防止有毒有害物质泄漏进入水体，经常发生翻车（船）事故的路、桥和危化品运输码头，可采取改道、迁移等措施。

编制防控方案。结合江河湖库的水利工程、风险防控工程、闸坝的启用关停等情况对连接水体的风险防控措施进行评估，编制合理的污染防控方案。当事故污水进入连接水体后，通过采取防控措施控制污染扩散。

2.3　水源地的环境风险防范

环保部门应掌握水源地的基本情况，组织开展环境风险评估工作，并向政府提出水源地环境风险防范措施建议。

2.3.1　水源地的环境风险调查

环保部门应通过国家组织的全国水源地基础环境调查及评估工作掌握主要环境信息数据，结合日常检查、督查及事故发生后暴露的问题，全面分析水源地存在的环境风险。重点了解水源地划定情况、水质监测情况、水质达标情况、与供水设施运行的关键控制指标、管理机构运行和环境管理状态等。因跨界污染造成水质不达标，应了解该水源地的供水量、供水服务人口、现状水质、主要超标因子、污染物来源及行政区边界的水质监测数据。

2.3.2　水源地的环境风险评估

环保部门应参照国家和地方制定的环境风险评估方法对水源地进行评估，确定评估指标，得出定性以及定量的评估结论。具体参见表2-1。

表2-1　水源地环境风险评估内容

风险环节	评价内容	评价指标
水源地划定（调整）情况	划定（调整）部门、划定（调整）时间、划定（调整）后范围、审批情况等	保护区划分完成率、水源地标志建设完成率和标志设置符合规范要求的水源比例
环境管理情况	监测能力及监测工作开展情况、保护区标志建设、保护区内排污口取缔、违法建设项目清拆及关闭、其他违法行为的处罚情况	水源监测指标完成率、水源自动监测能力覆盖率、保护区内违章建筑清拆率、排污口关闭率、生活污水收集率、生活污水处理率及畜禽养殖废物资源化利用率
水质状况	水源地水质达标情况、水源地水质超标情况、供水企业处理工艺情况	水源地水质达标率、水量达标率、富营养化状况评价、供水企业的抗冲击能力等
陆路、水陆、管线穿越情况	水源地内陆路、水陆、管线穿越情况	根据危险化学品（危险废物）运输种类、穿越频率确定定性或定量指标

2.3.3　水源地的环境风险防范

划定水源地。未划定水源地或水源地划定不合理的，环保部门要及时建议政府尽快落实划定或调整工作，并按照水源地的有关规定设立明确的地理界标和警示标志。

风险源管理。环保部门应建立风险源目标化管理模式，明确责任人和监管任务，严格审批，禁止在水源一级保护区内新建、改建、扩建与供水设施和保护水源无关的建设项目；禁止在水源二级保护区内新建、改建、扩建排放污染物的建设项目；禁止在水源保护区内建设工业固废集中贮存、处置的设施、场所和生活垃圾填埋场；坚决依法取缔水源地内的重污染行业企业。管线所属企业在设计阶段应尽量避让水源地；无法避让确需跨越水源地的，要完善风险防范措施。

相关部门应严格控制运输危险化学品、危险废物及其他影响饮用水安全等物质进入水源地，必须进入者应事先申请并经有关部门批准、登记并设置防渗、防溢、防漏等设施。

政府应针对面源污染组织制定专项应急预案，明确各部门职责，确保在水质恶化后，各有关部门能迅速采取打捞、拦截、调水、启用备用水源等应急措施。供水企业需完善必要的应急设施，强化自来水处理，提高处理高含藻水的能力。环保部门应强化藻类监测和分析能力，建立水华预测预警机制。

风险防控措施。环保部门建议政府组织制定风险防控方案，对可能面临的风险按照紧急程度和需要重视程度进行排序，评估各种风险控制方法的可行性、成本及收益，制定风险控制、转移措施方案。可以通过采取水源取水口迁移工程、尾水导流工程、水源湿地防护工程、水源涵养林、备用水源建设等水源保护综合工程，提升水源地自身的降污、截污、疏浚、稀释、备用等功能。对可能受到上游跨界影响的，根据水域特点，有针对性地增加预警断面和特征污染物监测指标、监测频次。

2.3.4　取供水安全保障

信息共享。环保、水利、城建、卫生等部门、供水企业等单位应建立联动机制，制定联动方案，共享水源地水质变化信息、取水信息、供水水质信息，共同应对饮用水突发环境事件。

取水安全保障。建议政府组织有关部门通过迁移取水口，实施污染物消减工程措施，完善调水、补水、停水方案，强化在线监控，增加应急监测指标等方式，提高取水安全保障能力。

供水安全保障。供水单位通过储备必要的应急物资，深化处理工艺，供水管线改造，分功能供水，规范停止取水、中断供水管理等措施，提高供水安全保障能力。在污染能够通过供水企业治理达标的情况下，尽量不停止供水；或通过管道管理只停止饮用水供应，尽量减少对居民其他用水和社会经济活动的影响。

2.4　特殊时期水源地污染风险防范

在地震、汛期、旱期、雨雪冰冻等特殊时期，环保部门应及时向当地政府提出工作建议。

2.4.1　地震

地震灾害期间饮用水环境安全保障工作应参照环境保护部印发的《地震灾区集中式饮用水水源保护技术指南（暂行）》《地震灾区饮用水安全保障应急技术方案（暂行）》《地震灾区地表水环境质量与集中式饮用水水质监测技术指南（暂行）》开展。

震后通常选择水源的顺序是：水井、山泉、江河、水库、湖泊、池塘。当水质出现异常时，监测部门应立即对保留的分析样品进行复查，采取巡视、加强处置等措施，并及时报告。

在水源地范围内，不得掩埋尸体，及时清理动物尸体、粪坑、禽畜养殖围栏等有机污染源，必要时采取臭味处理技术、浊度处理技术、消毒处理技术、除藻技术、清淤处理等应急处理技术。

禁止向重点保护水域倾倒工业废渣、灾后生活和建筑垃圾、粪便及其他废弃物，防止病原体的污染。

对水源地范围进行标识，并加强对水源地的巡查和保护宣传；在水源地设置简易导流沟，避免雨水或污水携带大量污染物直接进入水源地及其上游地区。

2.4.2 汛期

针对重大汛情，环保部门应组织对水源地周边重点污染源进行全面排查，督促企业整改。重点监控、防范企业趁汛期偷排超标污水；增加企业监测频次；对水利工程调蓄方式提出建议，避免对水质造成大的影响；联合卫生等部门加强水源地水质监测工作，重点监测细菌总数、大肠菌群、浊度、重金属等。

汛期饮用水异常，判断可能是水源被污染时，环保部门应建议政府查找原因并科学应对，通过设立警示牌、清除主要污染源、建设治污截污工程、强化环境监管等措施，保障水源地的水质安全。

当发生泥石流等自然灾害时，环保部门应参照环境保护部印发的《舟曲特大山洪泥石流灾害救灾及灾后重建饮用水安全保障技术指南》建议政府开展相关工作。对现有水源地进行评估，按照水量充足、水质良好、取水便捷安全等条件，判断现有水源地是否可以继续使用。对水源地加强防护，并纳入清淤重点；建立水源保护制度，专人定期巡查，防止人为破坏。在人口聚集区附近现有水源地不安全的情况下，可考虑应急水源，除现场的环境卫生调查外，可使用快速检测仪器分析水源水质情况。在水源极度匮乏的特殊情况下，可考虑收集降水作为水源，并在收集池附近修建简单的沉淀、净化处理设施，收集池周围修置排水沟，防止地表径流污染水源。

2.4.3 重大旱情

严密监控水质变化。经常受重大旱情影响的地区，环保部门应加大与供水企业、卫生等部门的沟通联系，对辖区内旱情严重地区的主要水源地加密监测，及时掌握水质变化情况。

防止新增污染负荷。环保部门应集中力量开展水源地周边隐患排查工作，对辖区内重点污染企业、污水处理厂、垃圾处理场、尾矿库和危险化学品企业全面排查，督促整改，必要时实施区域减排措施。加强对流动源的监管，减少或避免对水源地造成影响。

保障新增水源水质安全。供水单位新开辟的水塘、河、沟等应急水源,选点尽量处于生活用水点和牲畜用水点的上游,取水口尽量设在河道、湖泊的中心位置,必要时采取澄清、过滤、消毒、打捞等处理措施。实施调水工程时,环保部门应建议政府加强对调水工程沿线的排查力度,以及水源地周边环境及水质监测频次,及时掌握水质变化情况并报告。

2.4.4　雨雪冰冻时期

积极应对雨雪冰冻灾害。环保部门应同供电、供水、气象等部门加强信息沟通,了解灾害性天气信息。灾害期间,环保部门应密切关注融雪剂的使用对水源地的影响。加强对风险源排放口、取水口附近地表水的水质监测,增加可溶性盐类和亚硝酸盐的监测。对地表水和水源地在线监测设施采取保护措施,防止因低温发生运行故障;因停电停止运行,供电恢复后要及时恢复运行,按规定校准仪器,各项指标合格后方可正式上报数据。

相关企业加强风险防范。环保部门应督促环境风险较大的企业做好污水污泥管道、转动设施、在线监测设备以及各种存贮罐体阀门的防冻工作,防止污染处理设施因冰冻损坏或运转不正常;禁止以冰冻为由停止污染治理设施运转,或借雨雪天偷排污染物。危险化学品企业应认真落实安全措施,防范因冰冻造成泄漏。

3　水源地预警体系建设

环保部门应建议政府整合现有的预警监测手段,补充必要的预警设施,有条件的利用物联网、云计算等前沿科技,形成完备的预警体系和研判体系,实现事故的预测预判。

3.1　预警系统建设

3.1.1　监测预警

环保部门应充分利用国家、省、市各级环境监测网络资源,建立水源地监测预警系统。监测网络包括自动监测和监督性监测。自动监测包括风险源自动监测及视频监控、流域地表水自动站监测、水源地自动监测等。监督性监测包括江河湖库等地表水国控、省控、市控断面例行监测、风险源废水排放例行监测、风险源环境影响评价现状监测、建设项目"三同时"验收监测、环境影响后评价监测、水源地水质例行监测等。

3.1.2　生物毒性预警

环保部门通过在主要河道和水源地安装在线生物毒性预警监控设备,或利用敏感指示生物实现生物预警,全面监控有毒有害物质的变化。

在线生物毒性预警系统应具有保留水样的功能。当系统出现异常或发出警报，应立即根据监控断面可能出现的特征污染物对保留水样进行在线监测或人工监测，逆向追踪污染来源。

3.1.3　环境监管预警

环保部门应充分利用环境监察等日常监管信息，进行监管预警。环境监管信息包括风险源现场监察、"12369"环境投诉举报、网络举报、企业环境监督员监督等。

3.2　跨界预警系统建设

涉及跨界影响的环保部门应建立跨界预警信息交流平台，保持通信畅通。

共享预警信息。依托和利用预警信息交流平台，环保部门应定期通报跨界断面水质状况，必要时可双方同步取样联合监测。水质自动监测断面或预警断面出现数据异常，要及时通报，实现监测预警信息共享。

通报事件信息。当突发环境事件有可能影响下游水源地安全时，上游环保部门要及时向下游通报事件原因、污染物类型、污染物排放量、可能影响下游的目标水体等基本信息。当下游环保部门发现水质恶化并确认是由上游来水所致时，应及时通报上游环保部门。

3.3　预警信息研判

建立饮用水突发环境事件预警信息研判制度。环保部门应结合水源地特点研究制定预警标准，实施分级预警。建立预警研判模板，对来自各方面的预警信息汇总研判。建立预警工作联动机制，发现异常第一时间进行监察和监测核实。

3.4　预警公告

当水源地水质受到或可能受到突发事件影响时，环保部门应建议政府立即启动预警系统，发布预警公告，设立警示牌，通报受污染水体沿岸群众污染信息和防范措施。

预警公告内容应客观科学，避免造成过度反应或反应滞后。

4　水源地环境应急准备

4.1　预案体系建设

4.1.1　预案体系

环保部门应建议政府完善水源地应急预案体系。水源地应急预案体系应包括政府总体应急预案、饮用水突发环境事件应急预案、环保（水务、卫生等）部门突发环境事件应急预案、风险源突发环境事件应急预案、连接水体防控工程技术方案、水源地应急监测方案等。

4.1.2　预案管理

根据《突发环境事件应急预案管理暂行办法》（环发〔2010〕113号）等规定，环保等相关部门和企业事业单位应对水源地相关环境应急预案的编制、评估、发布、备案、实施、修订、宣教、培训和演练等活动进行管理。管理重点：不同预案之间的有效衔接；预案的可操作性；定期举办预案应急演练；预案的及时完善和更新等。

4.2　应急指挥系统建设

环保部门应建议政府在综合应急指挥平台中建立水源地应急指挥系统，为及时有效处置饮用水突发环境事件提供科学决策平台。

4.2.1　固定应急指挥平台建设

在综合应急指挥平台中建立和完善水源地基础数据信息库。将风险源、城镇污水处理厂、河流监测断面、水源地、特征水污染物等监控系统信息整合在地理信息系统上，实现水源地环境信息动态监控。

利用综合应急指挥平台实现水源地应急指挥信息化。整合突发事件接报系统、预警信息发布、管理队伍、专家队伍、救援队伍、应急防护、处置技术、应急物资、舆情分析、预案管理和演练、档案管理、企业化学品名录、法律法规等资源，实现水源地应急指挥信息化。

形成水源地应急指挥辅助决策能力。根据水源地及所属水域污染特征，利用数据信息库，确定不同污染因子的数据分析、预测模型，有条件的建立应急处置方案智能生成系统，为现场应急指挥提供科学依据。

4.2.2　移动应急指挥系统建设

环保部门应依照环境保护部印发的《全国环保部门环境应急能力建设标准》（环发〔2010〕46号），逐步完善水源地移动应急指挥系统。整合车载应急指挥系统、数据采集系统和便携式移动通信终端，实现与固定指挥平台的实时数据传输。针对饮用水突发环境事件特点，配备高性能应急指挥、应急监测交通工具，满足水源地应急管理需要。

4.3　应急联动机制建设

水源地管理涉及多部门、多区域的，环保部门应建议政府完善部门联动和跨界联动机制。

4.3.1　部门联动机制

政府组织形成环保、水利、城建、卫生、安监等多部门联动机制。通过签订协议，确定环保、水利等部门"一岗双责"机制；通过联合发文，形成"并行管理"局面；

通过联席会议制度，确定联防联控工作重点。通过定期会晤、联合执法、案件移送、联合演练等形式，将联动机制落到实处。

4.3.2 跨界联动机制

水源地环境安全受到多行政区域污染影响的，环保部门应依照环境保护部《关于预防与处置跨省界水污染纠纷的指导意见》（环发〔2008〕64号）等的要求，建议政府建立跨界联动机制，通过信息与资源共享、定期会晤、联合执法、联合监测、联合处置、联合发布信息、联合演练等多种形式，共同维护水源地安全。

4.4 应急能力保障

4.4.1 应急能力评估

环保部门应建议政府组织对水源地环境应急能力情况进行评估。包括政府、水源管理部门、企业事业单位、供水企业的应急能力评估。评估内容具体参见表4-1。

表4-1 应急能力评估

评估对象	评估内容
政府	了解应急指挥协调、联动能力、信息管理状况、物资储备、培训演练等
水源管理部门	了解应急管理能力、应急监测能力、风险源排查能力、专家队伍建设情况、上下级、部门间联动机制情况、指挥系统建设情况、污染扩散模型、应急工程能力等技术支撑情况
企业事业单位	了解企业事业单位应急防控等级、应急防控措施、应急管理体系建设等情况
供水企业	应急物资储备、处置工艺改进、应急制度建设等情况

4.4.2 应急保障体系建设

环保部门应协助政府构建完善的水源地应急保障体系。

（1）应急资金保障。环保部门应依照环境保护部印发的《关于开展环境污染责任保险工作的指导意见》（环办〔2007〕100号），鼓励水源地所属区域、流域内石化企业，有色金属采选和冶炼企业，危险化学品的生产、储存、运输和经营企业，危险废物处置企业等环境危害大、最易发生污染事故和损失容易确定的企业投保环境污染责任保险。同时提请政府将应急准备金纳入当地财政预算。

（2）应急物资、装备保障。根据水源地污染特征，建议政府组织了解当地急需的应急物资、装备种类、数量，当地及周边地区应急资源情况、联络方式，建立信息库。完善应急物资、装备保障制度，通过建立储备库、签订储备合同等方式，建立应急物资、装备保障体系。

（3）应急技术保障。环保等部门通过立项、研发等方式，储备特征污染物处置技术，建立水源地特征污染物预警、污染扩散模型，完善应急处置技术库。

（4）应急队伍保障。建议政府组织建立健全水源地环境应急管理队伍、专家队伍、专业救援队伍、社会志愿群体，形成多层次应急队伍保障。

5 水源地环境应急响应

一旦发生饮用水突发环境事件，环保等部门和相关单位应根据《中华人民共和国突发事件应对法》《国家突发环境事件应急预案》等规定开展环境应急响应工作。

由安全事故次生或自然灾害引发的饮用水突发环境事件，相关单位应立即启动应急预案和风险防范措施，控制污染范围扩大。不明污染源头的，环保部门应立即组织排查，通过特征污染物筛查、风险源现场调查、重点监测、逆向溯源等方式，尽快确定污染来源，责成责任单位立即采取措施控制污染。

5.1 责任单位的应急响应与处置

5.1.1 事件报告

发生突发性事件造成或可能造成水源地污染的责任单位，应立即启动本单位应急预案，向事件发生地的县级以上人民政府和环保部门报告。

5.1.2 应急处置措施

切断污染源或泄漏源。发生非正常排污或有毒有害物质泄漏的，责任单位应尽快查找污染源或泄漏源，通过关闭、封堵、收集、转移等措施，切断污染源或泄漏源。

控制污染或泄漏范围。固定源责任单位因污染治理设施不能正常运行、人为因素、安全生产事故以及自然灾害造成污染或泄漏行为的，发现后应立即启动应急收集系统，保障对污染物或泄漏物质的集中收集；采取限产、停产、在厂界设立拦截设施等措施，防止污染或泄漏蔓延扩散至厂外。流动源责任单位应利用自身配备的救援器材进行先期处置，同时向有关救援人员提供运送物质的详细情况；违法倾倒的责任单位应配合有关部门对倾倒物进行回收、处置。

因尾矿库发生事故对水源地造成影响或威胁的，尾矿库所属企业应参照环境保护部印发的《尾矿库环境应急管理工作指南（试行）》（环办〔2010〕138号）进行应急处置。

5.2 环保部门的应急响应

5.2.1 接报与报告

环保部门应多渠道收集影响或可能影响水源地的突发事件信息，并按照《突发环境事件信息报告办法》等规定进行报告。

水源地受到或者可能受到影响的突发环境事件，一时无法判明等级的，事件发生地设区的市级或者县级人民政府环保部门应当按照重大（Ⅱ级）或者特别重大（Ⅰ级）突发环境事件的报告程序上报：即应当在两小时内向本级人民政府和省级环保部门报告，同时上报环境保护部；省级环保部门接到报告后，应当进行核实并在一小时内报告环境保护部。

水源地受到或可能受到影响的突发环境事件信息应当采用传真、邮寄和面呈等方式书面报告；情况紧急时，初报可通过电话报告，但应当及时补充书面报告。

5.2.2　应急指挥

饮用水突发环境事件发生后，在政府的统一指挥下，环保部门与卫生、城建等部门密切合作，组织、协调、指挥和调度应急工作，采取综合措施力保水源地安全。

当发生跨界污染影响下游饮水安全时，共同的上级环保部门可赴现场进行指导。

上级环保部门现场指导时，参加地方政府成立的指挥部，指导、协调有关工作。

5.2.3　应急监测

环保部门应依照《突发环境事件应急监测技术规范》（HJ 589—2010）开展应急监测，结合饮用水突发环境事件的类型和发展趋势，适时调整监测力量、配备监测设备、调整监测方案，快出数据，出准数据，为科学决策和治污工作服务。

5.2.3.1　应急监测方案

制定合理的监测方案是保障应急监测有序开展的重要保障。饮用水突发环境事件应急监测应注意以下几个环节：

（1）监测范围。确定的原则应尽量涵盖饮用水突发环境事件的污染范围，在尚未受到污染的区域布设控制点位。

（2）监测布点。以饮用水突发环境事件发生地点为中心或源头，结合气象和水文条件，在其扩散方向及可能受到影响的水源地合理布点，对污染带移动过程形成动态监测。

（3）现场采样。应制定采样计划和准备采样器材。采样量应同时满足快速监测、实验室监测和留样需要。采样频次主要根据污染状况确定。

（4）分析方法。凡具备现场测定条件的监测项目，应尽量进行现场监测。必要时，备份样品送实验室分析测定，以确认现场的定性或定量分析结果。

（5）监测结果与数据报告。数据处理应参照相应的监测技术规范进行。监测结果可用定性、半定量或定量方式报出。监测结果要及时向指挥部报告，可采用电话、传真、快报、简报、监测报告等形式。

（6）监测过程质量保障。应急监测过程应实施质量控制，原始样品采集、现场分析监测、实验室分析、数据统计等过程都应有相应的质量保证，应急监测报告实行三级审核。

5.2.3.2　跨界应急监测

当发生跨界饮用水突发环境事件时，可在共同的上级环保部门的协调下制定监测方案，可以共同或指定一家开展监测，必要时也可将符合条件的社会监测力量、社会监测机构纳入应急监测范畴。可以建立联合分析实验室，统一人员，统一方法，统一仪器，按照监测方案开展监测工作；联合分析实验室的监测结果经现场技术负责人确认后，及时报送现场应急指挥部、跨界区域环保部门。

5.2.4　应急处置

污染物一旦进入环境水体，环保部门应建议应急指挥部迅速采取断源、控污、治污、布防等各项应急措施，全力保障饮用水安全。

5.2.4.1　切断污染源头

在督促指导责任单位及时切断污染源头，防止危害扩大的同时，指挥部还可以根据形势，对沿江、沿河、湖库周边污染物排放企业实施停产、减产、限产措施，减轻水体污染负荷。

5.2.4.2　控制污染水体

全面启用连接水体防控工程，拦截污染水体。在河道内启用或修建拦污坝、节制闸等措施，拦截污染物；通过导流渠将未受污染的水体导流至污染水体下游，通过分流沟等将受污染水体疏导至安全区域等措施，全面控制污染范围。在汛期等特殊时期，还应充分考虑闸坝的安全性和防洪需要。

5.2.4.3　治理污染物

根据企业、专家等的意见制定综合治污方案，经指挥部确认后实施。一般采取隔离、吸附、打捞、扰动等物理方法，氧化、沉淀等化学方法，投加菌群、利用湿地生物群消解等生物方法，上游调水等稀释方法。不同的污染物治理可以根据地形地貌流域等特点采取一种或多种方式，在最短的时间内完成污染物的削减工作。全面监控并妥善处置治污载体，防止发生二次污染。

5.2.4.4　保障饮用水安全

当水源已受到污染时，指挥部应全面启动水源地防控措施，增加监测布点和监测频次，采取隔离污水、治理污染、调水稀释、停止供水、启用备用水源等方法尽快消除污染威胁。同时通知相关居民停止取水、用水，通知下游供水企业停水或采取保护措施。

供水企业应启动取水、供水应急预案，通过加入洗消剂，用活性炭处理过高有机污染物等措施，尽量保障供水安全。根据政府指令必须停止取水，应通过减压供水、改路供水、启用备用水源等措施，保障居民供水和社会经济活动的正常运转。

当饮用水供水中断后，当地政府应组织多渠道提供安全饮用水，并加大宣传和引导力度，避免群众恐慌心理。

5.2.5　信息发布

环保部门应建议指挥部注重饮用水突发环境事件舆情分析和舆论应对工作，第一时间发布事件信息，引导社会舆论，为事件处置创造稳定的外部环境。应急指挥部应安排专人调查周围群众和社会舆论动态，可通过召开新闻发布会和其他信息公开方式，在电视、广播、报纸、网络、手机等各类媒体发布。新闻发布会人员由政府官员和应急专家等组成，发布内容应包括事件发生的地点、事件、过程、主要污物的种类和数量、饮用水受影响范围及程度、已采取及拟采取的措施等。

5.2.6　应急终止

环保部门可根据现场情况和专家意见提出应急终止的建议。饮用水突发环境事件一般将"水源地威胁解除，特征污染物监测持续稳定达标"作为应急终止的必要条件。环保部门和卫生部门的监测结果作为判定的基本依据。

应急状态终止后，可建议应急指挥部对后续工作做出部署。如需继续进行环境监测，应明确后续工作的结束条件和结束程序。

6　水源地环境应急事后管理

根据《中华人民共和国突发事件应对法》的规定，应急状态结束后，地方政府应组织开展总结评估工作，对饮用水突发环境事件发生原因、责任情况、损失情况进行全面调查，并采取措施进行改进，防范类似事件再次发生。

6.1　事件总结

环保部门协助政府开展事件总结工作，主要做好以下工作：

资料整理。将事件工作日志、事件动态报告、监测数据、专家论证会会议纪要、工作协调会会议纪要等文字资料，事件现场工作照片、录像等影音像资料收集整理，集中归档，一事一档。

事件回放。对重特大或具有代表性的事件，对发生和处置过程进行梳理，利用影音像资料和水源地信息平台资料，结合污染物扩散模型，模拟事件发生、演变和处置过程，再现事件发展全过程，为事件全面总结提供资料基础。

事件总结。总结事件经验教训，形成事件总结报告。总结报告应包括事件发生过程、应急救援处置情况、经验教训、事件启示等方面内容。

6.2　原因调查与追责

应依法组成调查组对饮用水突发环境事件原因、经过、性质及责任进行调查，调查组由具有管辖权的环保部门会同同级纪检监察部门及其他有关部门组成。

事件调查。应查明事件发生的直接和间接原因、事件发生的过程、损失情况等，并查明肇事企业事业单位、地方政府及有关部门在项目立项审批、生产经营过程中污染防范、日常监督管理、饮用水安全保障以及事件发生后应急处置过程中责任履行情况。根据调查资料和事件回放情况，调查组集体对事件进行定性。

责任追究。对于违反党纪政纪的行为，由纪检监察部门就相关责任追究提出决定或建议；对于违法行为，由有关部门予以行政处罚；涉嫌犯罪的，移交司法机关追究刑事责任。

调查报告。事件调查应形成调查报告，报告应包括事件起因、性质、损失、改进措施建议、责任认定和对责任者的处理意见等内容。

6.3　事件评估

评估组织。评估工作可由政府组织具备一定环境科学、环境经济和水质安全防控等学科背景的专业组织或机构开展。环保部门配合提供事件应急处置和事件损害基本信息，配合做好与其他相关部门的协调工作。

开展评估。评估组织或机构应制定详细的评估工作计划，重点开展饮用水突发环境事件处置效果、事件影响以及污染修复方案的评估，分类统计突发事件造成的财产损害、事件应急处置费用、水源地环境修复费用等，综合分析水源地再次利用方案，科学量化事件造成的损失数额。

评估报告。评估组织或机构出具评估报告报政府。通过科学评估，为及时消除污染隐患，恢复水源水质，尽快实现正常取水供水提供保障。

6.4　措施改进

改进建议。环保部门应根据调查和评估情况，向政府提出保障水源地环境安全的改进措施建议。建议包括风险源管理、连接水体风险防控、水源地环境安全保障、预案管理、联动机制等方面的内容。

措施落实。在政府的统一领导下，相关部门和单位落实各项改进措施。环保部门应跟踪改进措施的落实情况，并建议政府适时组织开展后评估并公开相关信息，不断提高水源地的环境安全水平。

本指南由环境保护部负责解释。

关于印发《环境应急资源调查指南（试行）》的通知

环办应急〔2019〕17 号

各省、自治区、直辖市生态环境厅（局），新疆生产建设兵团生态环境局：

为指导生态环境部门、企事业单位组织开展环境应急资源调查，我部组织编制了《环境应急资源调查指南（试行）》。现印发给你们，请参照执行。

请各地加强宣传和培训，积极推动环境应急资源调查和管理水平提升。

附件：环境应急资源调查指南

下载地址：http://www.mee.gov.cn/xxgk2018/xxgk/xxgk05/201903/t20190321_696939.html

生态环境部办公厅

2019 年 3 月 1 日

关于印发《突发事件应急演练指南》的通知（2009 版）

应急办函〔2009〕62 号

各省、自治区、直辖市人民政府办公厅，国务院各部委、各直属机构办公厅（室）：

为贯彻落实《中华人民共和国突发事件应对法》和《国家突发公共事件总体应急预案》，加强对应急演练工作的指导，增强应对突发事件的能力，国务院应急办组织有关方面研究编制了《突发事件应急演练指南》，经领导同志批准，现予印发，供你们在组织指导应急演练时参考。

国务院办公厅、国务院应急管理办公室

2009 年 9 月 25 日

突发事件应急演练指南

1　总则

根据《中华人民共和国突发事件应对法》《国家突发公共事件总体应急预案》和国务院有关规定，为加强对应急演练工作的指导，促进应急演练规范、安全、节约、有序地开展，制定本指南。

1.1　应急演练定义

应急演练是指各级人民政府及其部门、企事业单位、社会团体等（以下统称演练组织单位）组织相关单位及人员，依据有关应急预案，模拟应对突发事件的活动。

1.2　应急演练目的

（1）检验预案。通过开展应急演练，查找应急预案中存在的问题，进而完善应急预案，提高应急预案的实用性和可操作性。

（2）完善准备。通过开展应急演练，检查应对突发事件所需应急队伍、物资、装备、技术等方面的准备情况，发现不足及时予以调整补充，做好应急准备工作。

（3）锻炼队伍。通过开展应急演练，增强演练组织单位、参与单位和人员等对应急预案的熟悉程序，提高其应急处置能力。

（4）磨合机制。通过开展应急演练，进一步明确相关单位和人员的职责任务，理顺工作关系，完善应急机制。

（5）科普宣教。通过开展应急演练，普及应急知识，提高公众风险防范意识和自救互救等灾害应对能力。

1.3　应急演练原则

（1）结合实际，合理定位。紧密结合应急管理工作实际，明确演练目的，根据资源条件确定演练方式和规模。

（2）着眼实战、讲求实效。以提高应急指挥人员的指挥协调能力、应急队伍的实战能力为着眼点。重视对演练效果及组织工作的评估、考核、总结推广好经验，及时整改存在问题。

（3）精心组织、确保安全。围绕演练目的，精心策划演练内容，科学设计演练方案，周密组织演练活动，制订并严格遵守有关安全措施，确保演练参与人员及演练装备设施的安全。

（4）统筹规划、厉行节约。统筹规划应急演练活动，适当开展跨地区、跨部门、跨行业的综合性演练，充分利用现有资源，努力提高应急演练效益。

1.4　应急演练分类

（1）按组织形式划分，应急演练可分为桌面演练和实战演练。

①桌面演练。桌面演练是指参演人员利用地图、沙盘、流程图、计算机模拟、视频会议等辅助手段，针对事先假定的演练情景，讨论和推演应急决策及现场处置的过程，从而促进相关人员掌握应急预案中所规定的职责和程序，提高指挥决策和协同配合能力。桌面演练通常在室内完成。

②实战演练。实战演练是指参演人员利用应急处置涉及的设备和物资，针对事先设置的突发事件情景及其后续的发展情景，通过实际决策、行动和操作，完成真实应急响应的过程，从而检验和提高相关人员的临场组织指挥、队伍调动、应急处置技能和后勤保障等应急能力。实战演练通常要在特定场所完成。

（2）按内容划分，应急演练可分为单项演练和综合演练。

①单项演练。单项演练是指涉及应急预案中特定应急响应功能或现场处置方案中一系列应急响应功能的演练活动。注重针对一个或少数几个参与单位（岗位）的特定环节和功能进行检验。

②综合演练。综合演练是指涉及应急预案中多项或全部应急响应功能的演练活动。注重对多个环节和功能进行检验，特别是对不同单位之间应急机制和联合应对

能力的检验。

（3）按目的与作用划分，应急演练可分为检验性演练、示范性演练和研究性演练。

①检验性演练。检验性演练是指为检验应急预案的可行性、应急准备的充分性、应急机制的协调性及相关人员的应急处置能力而组织的演练。

②示范性演练。示范性演练是指为向观摩人员展示应急能力或提供示范教学，严格按照应急预案规定开展的表演性演练。

③研究性演练。研究性演练是指为研究和解决突发事件应急处置的重点、难点问题，试验新方案、新技术、新装备而组织的演练。

不同类型的演练相互组合，可以形成单项桌面演练、综合桌面演练、单项实战演练、综合实战演练、示范性单项演练、示范性综合演练等。

1.5　应急演练规划

演练组织单位要根据实际情况，并依据相关法律法规和应急预案的规定，制订年度应急演练规划，按照"先单项后综合、先桌面后实战、循序渐进、时空有序"等原则，合理规划应急演练的频次、规模、形式、时间、地点等。

2　应急演练组织机构

演练应在相关预案确定的应急领导机构或指挥机构领导下组织开展。演练组织单位要成立由相关单位领导组成的演练领导小组，通常下设策划部、保障部和评估组；对于不同类型和规模的演练活动，其组织机构和职能可以适当调整。根据需要，可成立现场指挥部。

2.1　演练领导小组

演练领导小组负责应急演练活动全过程的组织领导，审批决定演练的重大事项。演练领导小组组长一般由演练组织单位或其上线单位的负责人担任；副组长一般由演练组织单位或主要协办单位负责人担任；小组其他成员一般由各演练参与单位相关负责人担任。在演练实施阶段，演练领导小组组长、副组长通常分别担任演练总指挥、副总指挥。

2.2　策划部

策划部负责应急演练策划、演练方案设计、演练实施的组织协调、演练评估总结等工作。策划部设总策划、副总策划，下设文案组、协调组、控制组、宣传组等。

（1）总策划。总策划是演练准备、演练实施、演练总结等阶段各项工作的主要组织者，一般由演练组织单位具有应急演练组织经验和突发事件应急处置经验的人员担任；副总策划协助总策划开展工作，一般由演练组织单位或参与单位的有关人员担任。

（2）文案组。在总策划的直接领导下，负责制定演练计划、设计演练方案、编写演练总结报告以及演练文档归档与备案等；其他成员应具有一定的演练组织经验和突发事件应急处置经验。

（3）协调组。负责与演练涉及的相关单位以及本单位有关部门之间的沟通协调，其成员一般为演练组织单位及参与单位的行政、外事等部门人员。

（4）控制组。在演练实施过程中，在总策划的直接指挥下，负责向演练人员传送各类控制消息，引导应急演练进程按计划进行。其成员最好有一定的演练经验，也可以从文案组和协调组抽调，常称为演练控制人员。

（5）宣传组。负责编制演练宣传方案，整理演练信息、组织新闻媒体和开展新闻发布等。其成员一般是演练组织单位及参与单位宣传部门人员。

2.3　保障部

保障部负责调集演练所需物资装备，购置和制作演练模型、道具、场景，准备演练场地，维持演练现场秩序，保障运动车辆，保障人员生活和安全保卫等。其成员一般是演练组织单位及参与单位后勤、财务、办公等部门人员，常称为后勤保障人员。

2.4　评估组

评估组负责设计演练评估方案和演练评估报告，对演练准备、组织、实施及其安全事项进行全过程、全方位评估，及时向演练领导小组、策划部和保障部提出意见、建议。其成员一般是应急管理专家、具有一定演练评估经验和突发事件应急处置经验专业人员，常称为演练评估人员。评估组可由上级部门组织，也可由演练组织单位自行组织。

2.5　参演队伍和人员

参演队伍包括应急预案规定的有关应急管理部门（单位）工作人员、各类专兼职应急救援队伍以及志愿者队伍等。

参演人员承担具体演练任务，针对模拟事件场景作出应急响应行动，有时也可使用模拟人员替代未现场参加演练的单位人员，或模拟事故的发生过程，如释放烟雾、模拟泄漏等。

3　应急演练准备

3.1　制定演练计划

演练计划由文案组编制，经策划部审查后报演练领导小组批准。主要内容包括：

（1）确定演练目的，明确举办应急演练的原因、演练要解决的问题和期望达到的效果等。

（2）分析演练需求，在对事先设定事件的风险及应急预案进行认真分析的基础上，确定需调整的演练人员、需锻炼的技能、需检验的设备、需完善的应急处置流程和需进一步明确的职责等。

（3）确定演练范围，根据演练需求、经费、资源和时间等条件的限制，确定演练事件类型、等级、地域、参演机构及人数、演练方式等。演练需求和演练范围往往互为影响。

（4）安排演练准备与实施的日程计划，包括各种演练文件编写与审定的期限、物资器材准备的期限、演练实施的日期等。

（5）编制演练经费预算，明确演练经费筹措渠道。

3.2　设计演练方案

演练方案由文案组编写，通过评审后由演练领导小组批准，必要时还需报有关主管单位同意并备案。主要内容包括：

3.2.1　确定演练目标

演练目标是需完成的主要演练任务及其达到的效果，一般说明"由谁在什么条件下完成什么任务，依据什么标准，取得什么效果"。演练目标应简单、具体、可量化、可实现。一次演练一般有若干项演练目标，每项演练目标都要在演练方案中有相应的事件和演练活动以实现，并在演练评估中有相应的评估项目判断该目标的实现情况。

3.2.2　设计演练情景与实施步骤

演练情景要为演练活动提供初始条件，还要通过一系列的情景事件引导演练活动继续，直至演练完成。演练情景包括演练场景概述和演练场景清单。

（1）演练场景概述。要对每一处演练场景的概要说明，主要说明事件类别、发生的时间地点、发展速度、强度与危险性、受影响范围、人员和物资分布、已造成的损失、后续发展预测、气象及其他环境条件等。

（2）演练场景清单。要明确演练过程中各场景的时间顺序列表和空间分布情况。演练场景之间的逻辑关联依赖于事件发展规律、控制消息和演练人员收到控制消息后应采取的行动。

3.2.3 设计评估标准与方案

演练评估是通过观察、体验和记录演练活动，比较演练实际效果与目标之间的差异，总结演练成效和不足的过程。演练评估应对演练目标为基础。每项演练目标都要设计合理的评估项目方法、标准。根据演练目标的不同，可以用选择项（如：是/否判断，多项选择）、主观评分（如：1—差、3—合格、5—优秀）、定量测量（如：响应时间、被困人数、获救人数）等方法进行评估。

为便于演练评估操作，通常事先设计好评估表格，包括演练目标、评估方法、评价标准和相关记录项等。有条件时还可以采用专业评估软件等工具。

3.2.4 编写演练方案文件

演练方案文件是指导演练实施的详细工作文件。根据演练类别和规模的不同，演练方案可以编为一个或多个文件。编为多个文件时可包括演练人员手册、演练控制指南、演练评估指南、演练宣传方案、演练脚本等，分别发给相关人员。对涉密应急预案的演练或不宜公开的演练内容，还要制订保密措施。

（1）演练人员手册。内容主要包括演练概述、组织机构、时间、地点、参演单位、演练目的、演练情景概述、演练现场标识、演练后勤保障、演练规则、安全注意事项、通信联系方式等，但不包括演练细节。演练人员手册可发放给所有参加演练的人员。

（2）演练控制指南。内容主要包括演练情景概述、演练事件清单、演练场景说明、参演人员及其位置、演练控制规则、控制人员组织结构与职责、通信联系方式等。演练控制指南主要供演练人员使用。

（3）演练评估指南。内容主要包括演练情景概述、演练事件清单、演练目标、演练场景说明、参演人员及其位置、评估人员组织结构与职责、评估人员位置、评估表格及相关工具、通信联系方式等。演练评估指南主要供演练评估人员使用。

（4）演练宣传方案。内容主要包括宣传目标、宣传方式、传播途径、主要任务及分工、技术支持、通信联系方式等。

（5）演练脚本，描述演练事件场景、处置行动、执行人员、指令与对白、视频背景与字幕、解说词等。

3.2.5 演练方案评审

对综合性较强、风险较大的应急演练，评估组要对文案制订的演练方案进行评审，确保演练方案科学可行，以确保应急演练工作的顺利进行。

3.3　演练动员与培训

在演练开始前要进行演练动员和培训，确保所有演练参与人员掌握演练规则、演练情景和各自在演练中的任务。

所有演练参与人员都要经过应急基本知识、演练基本概念、演练现场规则等方面的培训。对控制人员要进行岗位职责、演练过程控制和管理等方面的培训；对评估人员要进行岗位职责、演练评估方法、工具使用等方面的培训；对参演人员要进行应急预案、应急技能及个体防护装备使用等方面的培训。

3.4　应急演练保障

3.4.1　人员保障

演练参与人员一般包括演练领导小组、演练总指挥、总策划、文案人员、控制人员、评估人员、保障人员、参演人员、模拟人员等，有时还会有观摩人员等其他人员。在演练的准备过程中，演练组织单位和参与单位应合理安排工作，保证相关人员参与演练活动的时间；通过组织观摩学习和培训，提高演练人员素质和技能。

3.4.2　经费保障

演练组织单位每年要根据应急演练规划编制应急演练经费预算，纳入该单位的年度财政（财务）预算，并按照演练需要及时拨付经费。对经费使用情况进行监督检查，确保演练经费专款专用、节约高效。

3.4.3　场地保障

根据演练方式和内容，经现场勘察后选择合适的演练场地。桌面演练一般可选择会议室或应急指挥中心等；实战演练应选择与实际情况相似的地点，并根据需要调协指挥部、集结点、接待站、供应站、救护站、停车场等设施。演练场地应有足够的空间，良好的交通、生活、卫生和安全条件，尽量避免干扰公共生产生活。

3.4.4　物资和器材保障

根据需要，准备必要的演练材料、物资和器材，制作必要的模型设施等，主要包括：

（1）信息材料：主要包括应急预案和演练方案的纸质文本、演示文档、图表、地图、软件等。

（2）物资设备：主要包括各种应急抢险物资、特种装备、办公设备、录音摄像设备、信息显示设备等。

（3）通信器材：主要包括固定电话、移动电话、对讲机、海事电话、传真机、计算机、无线局域网、视频通信器材和其他配套器材，尽可能使用已有通信器材。

（4）演练情景模型：搭建必要的模拟场景及装备设施。

3.4.5　通信保障

应急演练过程中应急指挥机构、总策划、控制人员、参演人员、模拟人员等之间要有及时可靠的信息传递渠道。根据演练需要，可以采用多种公用或专用通信系统，必要时可组建演练专用通信与信息网络，确保演练控制信息的快速传递。

3.4.6　安全保障

演练组织单位要高度重视演练组织与实施全过程的安全保障工作。大型或高风险活动要按规定制定专门应急预案，采取预防措施，并对关键部位和环节可能出现的突发事件进行针对性演练。根据需要为演练人员配备个体防护装备，购买商业保险。对可能影响公众生活、易于引起公众误解和恐慌的应急演练，应提前向社会发布公告，告示演练内容、时间、地点和组织单位，并做好对方案，避免造成负面影响。

演练现场要有必要的安保措施，必要时对演练现场进行封闭或管制，保证演练安全进行。演练出现意外情况时，演练总指挥与其他领导小组成员会商后可提前终止演练。

4　应急演练实施

4.1　演练启动

演练正式启动前一般要举行简短仪式，由演练总指挥宣布演练开始并启动演练活动。

4.2　演练执行

4.2.1　演练指挥与行动

（1）演练总指挥负责演练实施全过程的指挥控制。当演练总指挥不兼任总策划时，一般由总指挥授权策划对演练全过程进行控制。

（2）按照演练方案要求，应急指挥机构指挥各参演队伍和人员，开展对模拟演练事件的应急处置行动，完成各项演练活动。

（3）演练控制人员应充分掌握演练方案，按总策划的要求，熟练发布控制信息，协调参演人员完成各项演练任务。

（4）参演人员根据控制消息和指令，按照演练方案规定的程序开展应急处置行动，完成各项演练活动。

（5）模拟人员按照演练方案要求，根据未参加演练的单位或人员的行动，并作出信息反馈。

4.2.2　演练过程控制

总策划负责按演练方案控制演练过程

（1）桌面演练过程控制

在讨论式桌面演练中，演练活动主要是围绕对所提出问题进行讨论。由总策划以口头或书面形式，部署引入一个或若干个问题。参演人员根据应急预案及有关规定，讨论应采取的行动。

在角色扮演或推演式桌面演练中，由总策划按照演练方案发出控制消息，参演人员接收到事件信息后，通过角色扮演或模拟操作，完成应急处置活动。

（2）实战演练过程控制

在实战演练中，要通过传递控制消息来控制演练进程。总策划按照演练方案发出控制消息，控制人员向参演人员和模拟人员传递控制消息。参演人员和模拟人员接到信息后，按照发生真实事件的应急处置程序，可根据应急行动方案，采取相应的应急处置行动。

控制消息可由人工传递，也可以用对讲机、电话、手机、传真机、网络等方式传送，或者通过特定的声音、标志、视频等呈现。演练过程中，控制人员应随时掌握演练进展情况，并向总策划报告演练中出现的各种问题。

4.2.3　演练解说

在演练实施过程中，演练组织单位可以安排专人对演练过程进行解说。解说内容一般包括演练背景描述、进程讲解、案例介绍、环境渲染等。对于有演练脚本的大型综合性示范演练，可按照脚本中的解说词进行讲解。

4.2.4　演练记录

演练实施过程中，一般要安排专门人员，采用文字、照片和音像等手段记录演练过程。文字记录一般可由评估人员完成，主要包括演练实际开始与结束时间、演练过程控制情况、各项演练活动中参演人员的表现、意外情况及其处置等内容，尤其要详细记录可能出现的人员"伤亡"（如进入"危险"场所而无安全防护，在规定的时间内不能完成疏散等）及财产"损失"等情况。

照片和音像记录可安排专业人员和宣传人员在不同现场、不同角度进行拍摄，尽可能全方位反映演练实施过程。

4.2.5　演练宣传报道

演练宣传组按照演练宣传方案作好演练宣传报道工作。认真做好信息采集、媒体组织、广播电视节目现场采编和播报等工作，扩大演练的宣传教育效果。对涉密应急演练要做好相关保密工作。

4.3　演练结束与终止

演练完毕,由总策划发出结束信号,演练总指挥宣布演练结束。演练结束后所有人员停止演练活动,按预定方案集合进行现场总结讲评或者组织疏散。保障部负责组织人员对演练场地进行清理和恢复。

演练实施过程中出现下列情况,经演练领导小组决定,由演练总指挥按照事先规定的程序和指令终止演练:

(1)出现真实突发事件,需要参演人员参与应急处置时,要终止演练,使参演人员迅速回归其工作岗位,履行应急处置职责;

(2)出现特殊或意外情况,短时间内不能妥善处置或解决时,可提前终止演练。

5　应急演练评估与总结

5.1　演练评估

演练评估是全面分析演练记录及相关资料的基础上,对比参演人员表现与演练目标要求,对演练活动及其组织过程作出客观评价,并编写演练评估报告的过程。所有应急演练活动都应进行演练评估。

演练结束后可通过组织评估会议、填写演练评价表和对参演人员进行访谈等方式,也可要求参演单位提供自我评估总结材料,进一步收集演练组织实施的情况。

演练评估报告的主要内容一般包括演练执行情况、预案的合理性与可操作性、应急指挥人员的指挥协调能力、参演人员的处置能力、演练所用设备装备的适用性、演练目标的实现情况、演练的成本效益分析、对完善预案的建议等。

5.2　演练总结

演练总结可分为现场总结和事后总结。

(1)现场总结。在演练的一个或所有阶段结束后,由演练总指挥、总策划、专家评估组长等在演练现场有针对性地进行讲评和总结。内容主要包括本阶段的演练目标、参演队伍及人员的表现、演练中暴露的问题、解决问题的办法等。

(2)事后总结。在演练结束后,由文案组根据演练记录、演练评估报告、应急预案、现场总结等材料,对演练进行系统和全面的总结,并形成演练总结报告。演练参与单位也可对本单位的演练情况进行总结。

演练总结报告的内容包括:演练目的,时间和地点,参演单位和人员,演练方案概要,发现的问题与原因,经验和教训,以及改进有关工作的建议等。

5.3   成果运用

对演练中暴露出来的问题，演练单位应当及时采取措施予以改进，包括修改完善应急预案、有针对性地加强应急人员的教育和培训、对应急物资装备有计划地更新等，并建立改进任务表，按规定时间对改进情况进行监督检查。

5.4   文件归档与备案

演练组织单位在演练结束后应将演练计划、演练方案、演练评估报告、演练总结报告等资料归档保存。

对于由上级有关部门布置或参与组织的演练，或者法律、法规、规章要求备案的演练，演练组织单位应当将相关资料报有关部门备案。

5.5   考核与奖惩

演练组织单位要注重对演练参与单位及人员进行考核。对在演练中表现突出的单位和个人，可给予表彰和奖励；对不按要求参加演练，或影响演练正常开展的，可给予相应批评。

6   附则

6.1   名词解释

（1）演练情景。指根据应急演练的目标要求，根据突发事件发生与演变的规律，事先假设的事件发生发展过程，一般从事件发生的时间、地点、状态特征、波及范围、周边环境、可能的后果以及随时间的演变进程等方面进行描述。

（2）应急响应功能。突发事件应急响应过程中需要完成的某些任务的集合，这些任务之间联系紧密，共同构成应急响应的一个功能模块。比较核心的应急响应功能包括：接警与信息报送、指挥与调度、警报与信息公告、应急通信、公共关系、事态监测与评估、警戒与治安、人群疏散与安置、人员搜救、医疗救护、生活救助、工程抢险、紧急运输、应急资源调配等。

（3）应急指挥机构。应急预案所规定的应急指挥协调机构，如现场指挥部等。

（4）演练参与人员。参与演练活动的各类人员的总称，主要分为以下几类：

演练领导小组：负责演练活动组织领导的临时性机构，一般包括组长、副组长、成员。

演练总指挥：负责演练实施过程的指挥控制，一般由演练领导小组组长或上级领导担任；副总指挥协助演练总指挥对演练实施过程进行控制。

总策划：负责组织演练准备与演练实施各项活动，在演练实施过程中在演练总指挥的授权下对演练过程进行控制；副总策划是总策划的助手，协助总策划开展工作。

文案人员：指负责演练计划和方案设计等文案工作人员。

评估人员：指负责观察和记录演练进展情况，对演练进行评估的专家或专业人员。

控制人员：指根据演练方案和现场情况，通过发布控制消息和指令，引导和控制应急演练进程的人员。

参演人员：指在应急演练活动中承担具体演练任务，需针对模拟事件场景作出应急响应行动的人员。

模拟人员：指演练过程中扮演、代替某些应急响应机构和服务部门，或模拟事件受害者的人们。

后勤保障人员：指在演练过程中提供安全警戒、物资装备、生活用品等后勤保障工作的人员。

观摩人员：指在观摩演练过程的其他各类人员。

（5）演练控制消息。指演练过程中向演练人员传递的事件信息，一般用于提示事件情景的出现和引导和控制演练进程。

（6）演练规划。指演练组织单位根据实际情况，依据相关法律法规和应急预案的规定，对一定时期内各类应急演练活动作出的总体计划安排，通常包括应急演练的频次、规模、形式、时间、地点等。

（7）演练计划。指对拟举行演练的基本构想和准备活动的初步安排，一般包括演练的目的、方式、时间、地点、日程安排、经费预算和保障措施等。

（8）演练方案。内容一般包括演练目标、演练情景、演练实施步骤、评估标准与方法、后勤保障、安全注意事项等。

（9）演练评估。由专业人员在全面分析演练记录及相关资料的基础上，对比参演人员表现与演练目标要求，对演练活动及其组织过程作出客观评价，并编写演练评估报告。

6.2 适用范围

本指南适用于各级、各类应急管理领导机构组织开展突发事件应急演练时参考。并可结合本地区、本部门、本行业、本单位的实际情况制定具体的应急演练操作细则。

生态环境保护综合行政执法事项指导目录（2020）

（应急工作摘编）

序号	事项名称	职权类型	实施依据
1	对未按规定开展突发环境事件风险评估工作、确定风险等级等行为的行政处罚	行政处罚	《突发环境事件应急管理办法》第三十八条　企业事业单位有下列情形之一的，由县级以上环境保护主管部门责令改正，可以处一万元以上三万元以下罚款：（一）未按规定开展突发环境事件风险评估工作，确定风险等级的；（二）未按规定开展环境安全隐患排查治理工作，建立隐患排查治理档案的；（三）未按规定将突发环境事件应急预案备案的；（四）未按规定开展突发环境事件应急培训，如实记录培训情况的；（五）未按规定储备必要的环境应急装备和物资；（六）未按规定公开突发环境事件相关信息的
2	对不按规定制定水污染事故的应急方案等行为的行政处罚	行政处罚	《中华人民共和国水污染防治法》第九十三条　企业事业单位有下列行为之一的，由县级以上人民政府环境保护主管部门责令改正，处二万元以上十万元以下的罚款；情节严重的：（一）不按照规定制定水污染事故的应急方案的；（二）水污染事故发生后，未及时启动水污染事故的应急方案，采取有关应急措施的

序号	事项名称	职权类型	实施依据
3	对造成水污染事故的行政处罚	行政处罚	《中华人民共和国水污染防治法》第九十四条第一款　企业事业单位违反本法规定，造成水污染事故的，除依法承担赔偿责任外，由县级以上人民政府环境保护主管部门依照本条第二款的规定处以罚款，责令限期采取治理措施，消除污染；未按照要求采取治理措施或者不具备治理能力的，由环境保护主管部门指定有治理能力的单位代为治理，所需费用由违法者承担；对造成重大或者特大水污染事故的，责令关闭，对直接负责的主管人员和其他直接责任人员处上一年度从本单位取得的收入百分之五十以下的罚款；有《中华人民共和国环境保护法》第六十三条规定的违法排放水污染物等行为之一，尚不构成犯罪的，由公安机关对直接负责的主管人员和其他直接责任人员处十日以上十五日以下的拘留；情节较轻的，处五日以上十日以下的拘留。 第二款　对造成一般或者较大水污染事故的，按照水污染事故造成的直接损失的百分之二十计算罚款；对造成重大或者特大水污染事故的，按照水污染事故造成的直接损失的百分之三十计算罚款。
4	对造成水污染事故的行政强制	行政强制	《中华人民共和国水污染防治法》第九十四条第一款　企业事业单位违反本法规定，造成水污染事故的，除依法承担赔偿责任外，由县级以上人民政府环境保护主管部门依照本条第二款的规定处以罚款，责令限期采取治理措施，消除污染；未按照要求采取治理措施或者不具备治理能力的，由环境保护主管部门指定有治理能力的单位代为治理，所需费用由违法者承担；对造成重大或者特大水污染事故的，责令关闭，对直接负责的主管人员和其他直接责任人员处上一年度从本单位取得的收入百分之五十以下的罚款；有《中华人民共和国环境保护法》第六十三条规定的违法排放水污染物等行为之一，尚不构成犯罪的，由公安机关对直接负责的主管人员和其他直接责任人员处十日以上十五日以下的拘留；情节较轻的，处五日以上十日以下的拘留。 第二款　对造成一般或者较大水污染事故的，按照水污染事故造成的直接损失的百分之二十计算罚款；对造成重大或者特大水污染事故的，按照水污染事故造成的直接损失的百分之三十计算罚款。

序号	事项名称	职权类型	实施依据
5	对违法排污造成突发环境事件的行政强制	行政强制	1.《中华人民共和国环境保护法》 第二十五条　企业事业单位和其他生产经营者违反法律法规规定排放污染物，造成或者可能造成严重污染的，县级以上人民政府环境保护主管部门和其他负有环境保护监督管理职责的部门，可以查封、扣押造成污染物排放的设施、设备。 2.《突发环境事件应急管理办法》 第三十七条　企业事业单位违反本办法规定，导致发生突发环境事件，《中华人民共和国突发事件应对法》《中华人民共和国水污染防治法》《中华人民共和国大气污染防治法》《中华人民共和国固体废物污染环境防治法》等法律法规规定的，依照有关法律规定执行。 较大、重大和特别重大突发环境事件发生后，企业事业单位未按要求执行停产、停排措施，继续违反法律法规规定排放污染物的，环境保护主管部门应当依法对造成污染物排放的设施、设备实施查封、扣押
6	对造成大气污染事故的行政处罚	行政处罚	《中华人民共和国大气污染防治法》 第一百二十二条　违反本法规定，造成大气污染事故的，由县级以上人民政府生态环境主管部门依照本条第二款的规定处以罚款；对直接负责的主管人员和其他直接责任人员可以处上一年度从本企业事业单位取得的收入百分之五十以下的罚款。 对造成一般或者较大大气污染事故的，按照污染事故造成直接损失的一倍以上三倍以下计算罚款； 对造成重大或者特别重大大气污染事故的，按照污染事故造成的直接损失的三倍以上五倍以下计算罚款

序号	事项名称	职权类型	实施依据
7	对造成固体废物污染环境事故的行政处罚	行政处罚	1.《中华人民共和国固体废物污染环境防治法》 第八十二条　违反本法规定，造成固体废物污染环境事故的，由县级以上人民政府环境保护行政主管部门处以二万元以上二十万元以下的罚款；造成重大损失的，按照直接损失的百分之三十计算罚款，但是最高不超过一百万元，对负有责任的主管人员和其他直接责任人员，依法给予行政处分；造成固体废物污染环境重大事故的，并由县级以上人民政府按照国务院规定的权限决定停业或者关闭。 2.《突发环境事件调查处理办法》 第十八条　突发环境事件调查过程中发现突发环境违法行为的，调查组应当及时向相关环境保护行政主管部门提出处罚建议。相关环境保护行政主管部门应当依法对事发单位及涉及责任人员予以行政处罚；涉嫌构成犯罪的，依法移送司法机关追究刑事责任。发现其他违法行为的，环境保护主管部门应当及时向有关部门移送。 发现国家行政机关及其工作人员、突发环境事件发生单位中由国家行政机关任命的人员涉嫌违法违纪的，环境保护主管部门应当依法及时向监察机关或者有关部门提出处分建议
8	对未妥善保存微生物菌剂生产、使用、储藏、运输和处理记录等行为的行政处罚	行政处罚	《进出口环保用微生物菌剂环境安全管理办法》 第三十一条　违反本办法规定，未妥善保存微生物菌剂生产、使用、储藏、运输和处理的环境安全控制措施和事故处置预案的，由省、自治区、直辖市环境保护行政主管部门责令改正；拒不改正的，处一万元以上三万元以下罚款

序号	事项名称	职权类型	实施依据
9	对危险废物经营单位终止从事危险废物经营活动未对经营设施、场所采取污染防治措施等行为的行政处罚	行政处罚	《危险废物经营许可证管理办法》 第十四条第一款　危险废物经营单位终止从事危险废物经营活动的，应当对经营设施、场所采取污染防治措施，并对未处置的危险废物做出妥善处理。 第二十一条　危险废物的经营设施在废弃或者改作其他用途前，应当进行无害化处理。 填埋危险废物的经营设施服役期届满后，危险废物经营单位应当按照有关规定对填埋过危险废物的土地采取封闭措施，并在划定的封闭区域设置永久性标记。 第三十四条　违反本办法第十四条第一款、第二十一条规定的，由县级以上地方人民政府环境保护主管部门责令限期改正；逾期不改正的，处5万元以上10万元以下的罚款；造成污染事故，构成犯罪的，依法追究刑事责任
10	对处理废弃电器电子产品造成环境污染的行政处罚	行政处罚	1. 《中华人民共和国固体废物污染环境防治法》 第八十二条　违反本法规定，造成固体废物污染环境事故的，由县级以上人民政府环境保护行政主管部门处二万元以上二十万元以下的罚款；造成重大损失的，按照直接损失的百分之三十计算罚款，但最高不超过一百万元，对负有责任的主管人员和其他直接责任人员，依法给予行政处分；造成固体废物污染环境重大事故的，并由县级以上人民政府按照国务院规定的权限决定停业或者关闭。 2. 《废弃电器电子产品回收处理管理条例》 第三十条　处理废弃电器电子产品造成环境污染的，由县级以上人民政府生态环境主管部门按照固体废物污染防治的有关规定予以处罚

序号	事项名称	职权类型	实施依据
11	对医疗卫生机构、医疗废物集中处置单位造成传染病传播的行政处罚	行政处罚	1.《医疗废物管理条例》 第四十七条 医疗卫生机构、医疗废物集中处置单位有下列情形之一的，由县级以上地方人民政府卫生行政主管部门或者环境保护行政主管部门按照各自的职责责令限期改正，给予警告，并处5000元以上1万元以下的罚款；逾期不改正的，处1万元以上3万元以下的罚款；造成传染病传播或者环境污染事故的，由原发证部门暂扣或者吊销执业许可证件或者经营许可证件，构成犯罪的，依法追究刑事责任： （一）在运送过程中丢弃医疗废物，在非贮存地点倾倒、堆放医疗废物或者将医疗废物混入其他废物和生活垃圾的； （二）未执行危险废物转移联单管理制度的； （三）将医疗废物交给未取得经营许可证的单位或者个人的； （四）对医疗废物的处置不符合国家规定的环境保护、卫生标准、规范的； （五）未按照本条例规定对污水、传染病病人或者疑似传染病病人的排泄物，进行严格消毒，或者未达到国家规定的排放标准，排入污水处理系统的； （六）对收治的传染病病人或者疑似传染病病人产生的生活垃圾，未按照医疗废物进行管理和处置的。 第四十八条 医疗卫生机构违反本条例规定，将未达到国家规定标准的污水、传染病病人或者疑似传染病病人的排泄物排入城市排水管网的，由县级以上地方人民政府建设行政主管部门责令限期改正，给予警告，并处5000元以上1万元以下的罚款；造成传染病传播或者环境污染事故的，由原发证部门暂扣或者吊销执业许可证件或者经营许可证件；构成犯罪的，依法追究刑事责任。 第四十九条 医疗卫生机构、医疗废物集中处置单位发生医疗废物流失、泄漏、扩散时，未采取紧急处理措施，或者未及时向卫生行政主管部门和环境保护行政主管部门报告的，由县级以上地方人民政府卫生行政主管部门或者环境保护行政主管部门按照各自的职责责令改正，给予警告，并处1万元以上3万元以下的罚款；造成传染病传播或者环境污染事故的，构成犯罪的，依法追究刑事责任。 第五十一条 不具备集中处置医疗废物条件的农村，医疗卫生机构未按照本条例的要求处置医疗废物的，由县级人民政府卫生行政主管部门或者环境保护行政主管部门按照各自的职责责令限期改正，给予警告，逾期不改正的，处1000元以上5000元以下的罚款；造成传染病传播或者环境污染事故的，由原发证部门暂扣或者吊销执业许可证件；构成犯罪的，依法追究刑事责任。

序号	事项名称	职权类型	实施依据
12	对医疗卫生机构、医疗废物集中处置单位造成传染病传播的行政处罚	行政处罚	2.《医疗废物管理行政处罚办法》 第十五条 有《条例》第四十七条、第四十八条、第四十九条、第五十一条规定的情形，医疗卫生机构造成传染病传播的，由县级以上地方人民政府卫生行政主管部门依法处罚，并由原发证的卫生行政主管部门暂扣或者吊销执业许可证件；造成环境污染事故的，由县级以上地方人民政府环境保护行政主管部门依照《中华人民共和国固体废物污染环境防治法》有关规定予以处罚，并由原发证的卫生行政主管部门暂扣或者吊销执业许可证件。 医疗废物集中处置单位造成传染病传播的，由县级以上地方人民政府卫生行政主管部门依法处罚；造成环境污染事故的，由县级以上地方人民政府环境保护行政主管部门依照《中华人民共和国固体废物污染环境防治法》有关规定予以处罚，并由原发证的环境保护行政主管部门暂扣或者吊销经营许可证件